3D Modeling and Printing
A Complete Guide to
Autodesk 123D Design
Second Edition

3D打印建模

Autodesk 123D Design详解与实战

第2版

陈启成 编著

图书在版编目（CIP）数据

3D 打印建模：Autodesk 123D Design 详解与实战 / 陈启成编著 . — 2 版 . —北京：机械工业出版社，2018.6（2024.8 重印）
（3D 打印技术丛书）

ISBN 978-7-111-60342-9

I. 3… II. 陈… III. 立体印刷 - 印刷术 IV. TS853

中国版本图书馆 CIP 数据核字（2018）第 133665 号

3D 打印建模：
Autodesk 123D Design 详解与实战 第 2 版

出版发行：机械工业出版社（北京市西城区百万庄大街 22 号 邮政编码：100037）
责任编辑：陈佳媛 责任校对：殷 虹
印 刷：北京捷迅佳彩印刷有限公司 版 次：2024 年 8 月第 2 版第 2 次印刷
开 本：186mm × 240mm 1/16 印 张：26
书 号：ISBN 978-7-111-60342-9 定 价：79.00 元

客服电话：（010）88361066 68326294

Preface 前　　言

当机械工业出版社通知我要对《3D 打印建模——Autodesk 123D Design 详解与实战》进行第 4 次印刷时，我的心情非常激动，没想到该教程能得到广大读者的肯定，网易云阅读上的点击率已过百万，京东上有百余条关于此书的评论，而且绝大多数是好评。第 1 版是从 2014 年 7 月开始编写的，2015 年 3 月初截稿。那时没有什么参考资料，连官方帮助文件也没有，仅凭着我对 3D 打印的热情，独自摸索着编写出来。当时由于舆论宣传的助推，3D 打印很火爆。但人们对 3D 非常陌生，不像现在 3D 打印已进入了中小学课堂，人们已不再对之感到新奇。经过几年的产业化，3D 打印已渗透到社会生活中的多个行业，悄然改变了人们的生活。特别是在教育领域，人们越来越意识到了 3D 打印对学生成长的启发益智功能，使基于项目的学习成为可能，STEAM 教育逐步改变了传统教育的理念。

时过境迁，出于公司发展战略的调整，2016 年年初，3D Systems 关闭了 Cubify 云平台，2017 年年初，Autodesk 关闭了 123D 网站。123D Design 的版本到 2.2 截止，不再维护了。该软件 2.1 版本没有提供官方中文语言，但 R2.2 版本提供了中文语言，国内用户无须再面对英文界面了。这一免费软件到 R2.2 成了最好用的版本，应用于国内中小学 3D 打印教学活动中，就连小学生也没什么障碍了。

根据官方介绍，123D Design 采用的是直接建模方式，可以随时编辑对象的构成元素（点、边线和面），但不保留构造历史，无法返回去编辑原始对象（参数化设计软件具有此功能）。对于初级用户而言，整个过程不受模型建立过程和复杂的参数关联所约束，直接建模的方式使构建模型的过程更容易接受。不同于基于特征的参数化 3D 设计系统，直接建模能够让使用者以最直观的方式对模型直接进行编辑，所见即所得，自然流畅地操作模型，无须关注模型的创建过程。直接建模的思想大致始于 2004 年，现在典型的设计软件是 SpaceClaim，其他主流的设计软件还有 CREO、UG NX、CATIA 等，都已混合了直接（同步）建模技术。

构思第 1 版时，我考虑的是一套建模流程。在此前，我已有专业软件设计流程的经验，实现了 CAD 设计与多边形建模之间互通。因此，以 123D Design 为主体，导入任意的平面图形，完成建模后用雕刻软件雕刻，按这样的设计思路，完成了第 1 版。

本次修订依然保留了第 1 版的布局，对内容做了如下调整：

1）应用 123D Design R2.2 版本，剔除掉第 1 版中的英文标注部分，包括插图中的英文。

2）剔除了旧版本中的内容。

3）对新增功能进行了补充和完善。

4）剔除借助 Illustrator 导入 AutoCAD DWG 格式文件的内容，改为用 123D Design 直接打开 DWG 文件。

5）增加了一个乐高机器人建模实例。

2017 年 10 月，教育部印发了《中小学综合实践活动课程指导纲要》。在新发布的《中小学综合实践活动课程指导纲要》的附件中，有一个活动叫“手工制作与数字加工”，试图通过信息技术的学习实践，提高利用信息技术进行分析和解决问题的能力以及数字化产品的设计与制作能力。2018 年 1 月，教育部又印发了《普通高中课程方案和语文等学科课程标准（2017 年版）》，3D 打印进入了普通高中课程标准加分项，3D 设计与创意成为学生可选的内容。3D 打印正式成为基础教育中的学科内容，这将为培养具备合格数字化素养的人才提供政策保障。

未来就在我们的身边。3D 打印技术已在制造业、设计行业、医疗行业、教育行业得到了广泛应用。据报道，新开通的武汉地铁 8 号线徐家棚站的艺术柱，就是应用了 3D 打印建筑技术施工的。随着 3D 打印技术的不断突破，将来会需要大量懂得 3D 打印建模的人才。希望本书能够继续为普及 3D 打印相关知识和技术起到一些作用，引领更多读者进入 3D 打印设计领域。

由于作者的水平有限，书中难免有错误和疏漏之处，恳请广大读者批评指正。

陈启成
2018 年 3 月

Contents 目　录

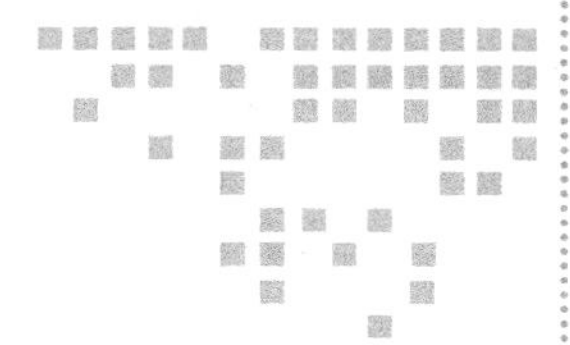

第 1 章 Chapter 1

计算机中的 3D 世界

有兴趣翻开本书的人，想必已听说过“3D 打印”这个名词了，所以不再做更多解释。不过，对于计算机中的 3D 世界，或许有人还没有太多的概念，还是有必要先简单地阐述一下。

在日常生活中，人们大部分时间会接触计算机中的应用程序，如办公软件、排版软件、平面图像处理软件、CAD 制图软件等，它们可以用来制作文档、电子表格，或者处理照片。你的计算机中是否安装了 3D 设计程序？除了专业的设计人员，可能大部分人都没有安装，这是因为在过去，3D 设计程序使用起来非常复杂，普通人并不容易理解和掌握它们。

随着 3D 打印的逐渐兴起，人们会看到、听到越来越多的有关 3D 打印的各种相关报道，会对这个新兴事物充满好奇心，也想使用 3D 打印机制作自己的物品。但首先遇到的问题是，如何创建计算机中的 3D 模型？因为 3D 打印机要使用物体的 3D 数字模型，才能打印出实物。

1.1 什么是 3D 设计

3D 设计是建立在 2D 设计的基础上，让设计对象更立体化、更形象化的一种新兴的设计方法。利用计算机强大的运算能力，使用计算机图形工具（3D 设计软件）可以创建出对象的三维数字模型。

使用 3D 软件和用 2D 软件制作图像的区别是：3D 图形的原始文件描述了物体三维空间的信息，图像由此计算出来。在初中我们都学过平面几何，在高中会学习立体几何的知识，遵循的是从平面到立体的规则。3D 设计的目的主要是研究如何创建出立体的对象。在日常生活中，我们接触的都是实实在在的立体实物，比如汽车、毛毛熊玩具等各种交通工具、生活用品。即使没有学过立体几何的人，也会对立体有感性的认识。简而言之，3D 设计是对现实世界中的各种物体，在计算机上使用 3D 设计软件进行模拟，还可以创建出现实生活中所不存在的对象，比如游戏中的角色、道具等。

下面给出示例，看一看 2D 设计和 3D 设计的差别，如图 1-1 和图 1-2 所示。

图 1-1 2D 设计软件设计的图形

图 1-2 3D 设计软件设计的模型

1.2 计算机 3D 图像的应用领域

在现代生活中，随处可见计算机设计的 3D 模型，例如每晚中央电视台《新闻联播》的片头等。3D 软件应用于创建 3D 游戏、3D 电影、建筑设计与表现、产品广告、工业设计；用于法庭辩论、事故模拟分析、科学可视化图解；用于医学、航空和运动领域的培训；用于学生教学等多个领域。在影视行业中也应用了大量的 3D 图像，完成了真人根本无法拍摄的镜头，比如爆破、灾难等场景。

对于不同的 3D 应用，产品的传输途径也完全不同。在影片中，即使是一个简单的枪击镜头，也是由成百上千个图片合成的高分辨率的图像。因此，在电影工业中，后期制作的工作也是主要的部分，如冯小刚导演的电影《唐山大地震》特效花费了 3000 万元，而 3D 电影《阿凡达》则花费了数亿美元进行后期制作，而且它们都非常耗时。对于实时和网上 3D 游戏，则要先对几何图形制作动画，并进行纹理贴图，然后就可以输出到游戏引擎或者嵌入网页中。很多 3D 打印爱好者发现，打印游戏模型时，模型在计算机中显示得很漂亮，但打印出来的效果不理想，这是因为游戏模型为适应与玩家的快速交互，一些效果主要是靠贴图来实现的，所以模型的实际精度较低。

以上主要讲了 3D 图像在视觉方面的应用，离本书的主题有些远。接下来，转入正题，介绍一下 3D 打印在工业生产领域中的应用。

所有新技术的出现都是要满足人类的某种需求。3D 设计在生产领域中的应用越来越广泛，数控加工（CNC）设备目前基本上已取代了传统的加工设备，其中计算机辅助设计（CAD）起到了决定性的作用。要生产某个零件，首先必须在计算机中构建出这个零件的 3D

数字模型。全部的数字模型可以装配到一起，进行运动模拟、应力分析等测试，如图 1-3 所示。这属于计算机辅助工程（CAE）的范畴。计算机辅助制造（CAM）是利用计算机进行生产设备的管理控制和操作过程。它的输入信息是零件的工艺路线和工序内容，输出信息是刀具加工时的运动轨迹（刀位文件）和数控程序。

实际上，工程设计软件设计出来的 3D 模型与艺术领域中软件设计出的 3D 模型有着本质的差别，这也是我为什么要写这一章的原因。

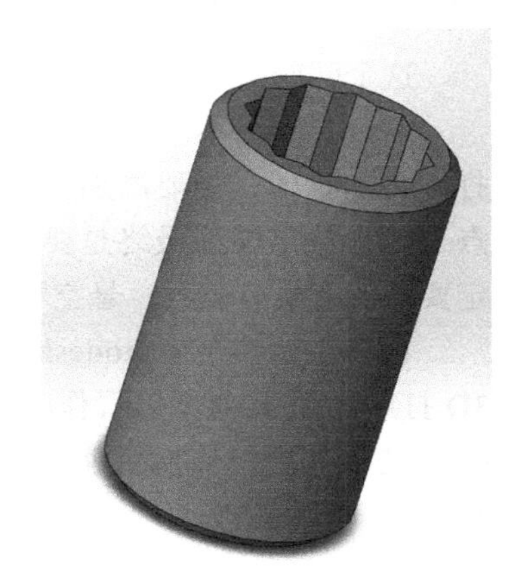

图 1-3 使用工程设计软件设计出来的模型

1.3 艺术与工业模型的区别

在计算机图形学（CG）领域中，模型大致可以分为两类，即曲面模型与实体模型。这里笼统地把主要应用于视觉传达领域中的模型称为曲面模型，而应用于工业生产中的模型称为实体模型。曲面模型通常以网格的形式来表达一个面，即用网格来组成一个三维物体的形状（也就是只有外皮，内部是空心的）；而实体模型是实体，是实心的（通过各种操作变成空壳的除外）。例如一个球体，曲面模型好比是足球，实体模型就好比是铅球，它们之间可以相互转化。

由工业领域中的 CAD 类软件设计生成了实体模型，由艺术领域中的建模软件生成了曲面模型。曲面模型的构建又分多边形（Polygon）建模和 NURBS 建模。多边形建模软件以 3DS Max、Maya、Cinema 4D、Modo 等为代表，应用于影视、游戏行业；NURBS 建模软件主要以 Alias、Rhino 等为代表，实际上 NURBS 建模软件主要用于工业外观设计，如珠宝设计、汽车外观设计。

CAD 类型的 3D 软件，也就是通称为参数化建模的那些软件，以 Pro-E、Solidworks、Catia、UG 等为代表。事实上，CAD 类型的软件并不是绘图软件，而是一种用来进行产品设计开发的软件，这是一个非常重要的基本认知。

一般来说，一个产品的开发流程会经过诸如外形设计、结构设计、结构分析，以及其他必要的物理性分析、模具设计、模流分析、成本分析、制程设计等复杂的流程，而所谓 CAD 类型软件的重心是试图将整个产品开发的常见流程加以数字化，以提高工作效率。因此在 CAD 类型的软件中，绘制出对象并不是我们使用这个软件的最终目的，而只是进行其后的众多开发流程的一个必要起点而已。这就是一般人之所以缺乏了解，而认为 CAD 软件是一种用来绘图（建模）软件的根本原因。

如果在产品的制造流程中，必须使用软件以数控加工方式产生模具，那么就一定要使用 CAD，或至少使用 NURBS 建模类的软件来产生所需的数据，因为数控加工机器只能取用这些类型的数据格式。

1.4 3D 打印使用什么类型的软件建模

这个问题的答案是：什么类型的软件都可以。

不过，因为不同成型方式的 3D 打印机有各自不同的特点，有的模型在一种类型的 3D 打印机上打印，需要添加支撑结构，而在其他类型的打印机上则不需要支撑。还要注意一点，因为数字模型最终是要打印出来，特别是在使用多边形建模软件设计模型时，所以一定要注意有没有破面、悬空等情况，杆状物体的直径不能过细，曲面要有一定的厚度。

本书主要讲的 Autodesk 123D Design 是基于实体建模的免费设计软件。要理解一点，3D 打印本质上也可以看作一种生产工艺。有了物体的数字模型，随后要经过切片软件对模型进行处理，转换为能够被 3D 打印机所识别的 G 代码，从而用来驱动 3D 打印机进行打印。

1.5 小结

作为一本入门教程，本章简单地讲解了 3D 建模的相关知识。后续的章节中，我们会详细讲解 Autodesk 123D Design 的具体操作，帮助大家进入 3D 设计的大门。保持足够的热情，多掌握一些方法，你也能够设计出自己的模型，并把它打印出来。

让我们从头开始吧！

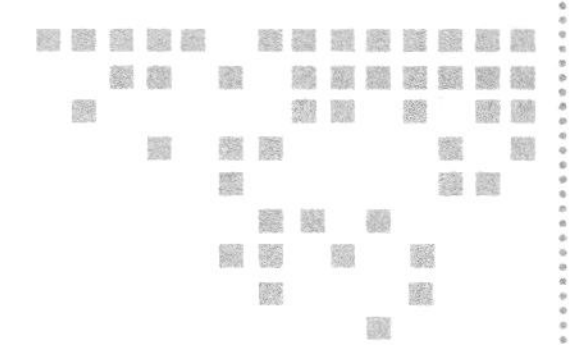

第 2 章 Chapter 2

初识 123D Design 软件

Autodesk 公司于 2012 年推出了 Autodesk 123D 系列软件，其间有一些成员的变更，截至 2016 年年底，Autodesk 123D 系列归入了 7 款应用程序，包括了 123D Catch、123D Circuits、123D Design、123D Make、123D Sculpt+、Fusion 360 以及 Tinkercad。2017 年年初，Autodesk 公司整合了其 123D 软件套装系列，更新了 Tinkercad、Fusion 360 和 ReMake。2017 年 3 月底，Autodesk 公司关闭了 123D 网站，停止了对 123D 系列软件的更新维护，123D 套装系列成为了历史。现在，这套系列软件只能在网上搜索并下载了。

本书主要讲解 123D Design 的最终版本——R2.2，以前的版本是英文版，而这个版本提供了官方中文语言，对国内用户而言，是个福音，彻底扫除了语言障碍。

经过近几年的实际应用，123D Design 在全球拥有广泛的用户，尤其是对中小学阶段的 3D 打印课程的推广普及起到了重要作用。国外一些 3D 教育专家和教育工作者普遍对 123D Design 失去维护表示遗憾，因为他们认为，作为 CAD 入门软件，123D Design 的难度适中，界面简洁，容易被初学者所接受，能为将来学习 Fusion 360、Solidworks 等软件打下良好基础。

过多感慨没有什么意义了，还是在网上搜索 123D Design R2.2 吧，如图 2-1 所示。找到后收藏到你的计算机中。

很多有心人也收藏了这个版本。由于它本身就是免费软件，Autodesk 也不会追究什么版本，放心使用好了。

需要注意一点，要依据你的计算机操作系统，选择要下载的是 32 位版本，还是 64 位版本。在此我选择了 64 位版本，单击 64-bit version 会出现一个选择下载文件存储位置的对话框，选择要保存文件的位置，如图 2-2 所示。当然可以选择使用迅雷下载，那样速度会快一些。下载完成后得到的文件名是 123D_Design_R2.2_WIN64_2.2.14，这样，免费且功能强大的软件就下载到你的计算机里了。

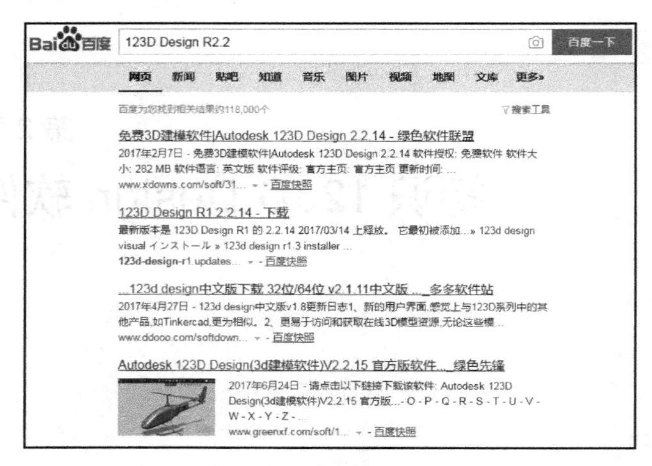

图 2-1 在百度上搜索 123D Design R2.2

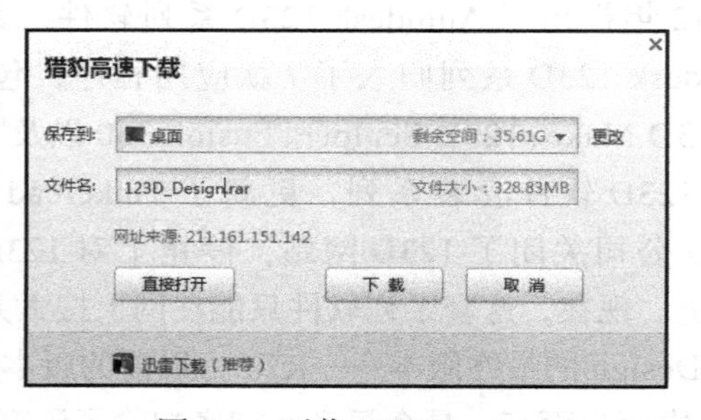

图 2-2 下载 123D Design

注意 现在，大部分程序已不支持 Windows XP 了。拥有一台性能良好的计算机，对 3D 设计是非常有利的。

2.1 安装 123D Design

在下载的文件上双击鼠标，稍等一会儿，出现了最终用户注册界面，在左边可以更改程序的安装位置。选择保留默认的路径，单击右下角的 Accept & Install 按钮，如图 2-3 所示。随后出现了可以选择语言的界面，123D Design 直到 R2.2 版本才开始支持简体中文。点开 Select Language（选择语言）右侧的▾，单击其中的“简体中文（Simplified Chinese)”选项，然后再单击最右边的 Install 按钮，安装后的程序将会是中文版，如图 2-4 所示。

接着开始安装程序，下面的进度条显示了程序的安装进度，如图 2-5 所示。需要等待一段时间，结束了安装过程，出现如图 2-6 所示的界面。下面的两个按钮，分别是 Join/Sign In（注册 / 登录）、Done（完成）。我们现在先不去做什么，单击 Done。

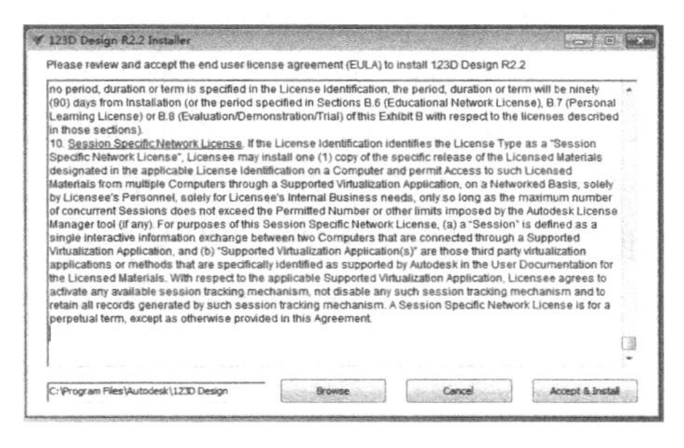

图 2-3　最终用户注册界面

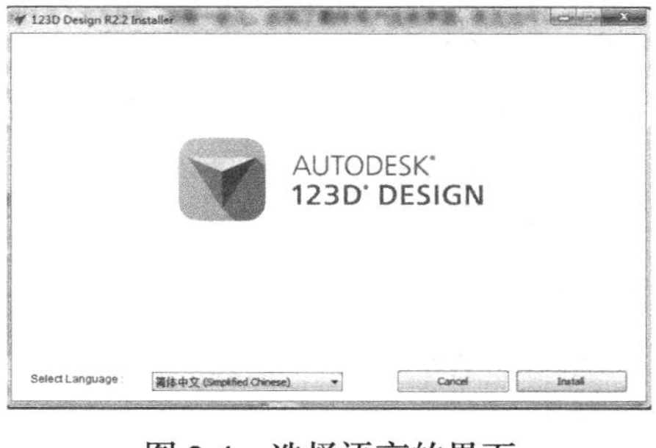

图 2-4　选择语言的界面

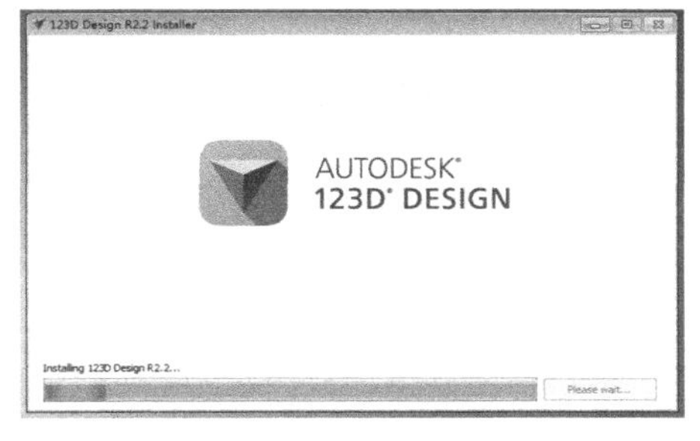

图 2-5　安装进度

图 2-6　询问安装完毕所要执行的操作

现在，看看你的计算机桌面，已经添加了一个新图标 。

恭喜你！已经完成了 123D Design 的安装。

2.2　第一次启动 123D Design

双击桌面上的 123D Design 图标，将会启动应用程序。屏幕上出现的第一个画面，如图 2-7 所示。进入 123D Design 程序后，我们看到了软件的欢迎界面，如图 2-8 所示。

图 2-7　123D Design 的第一个画面

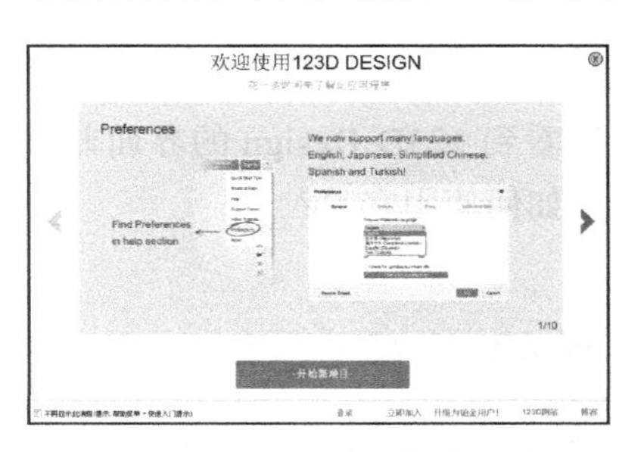

图 2-8　123D Design 的欢迎界面

2.3 欢迎界面中的内容

先把工具栏中的按钮放在一边，我们看看欢迎界面中的内容。上面的标题是“欢迎使用 123D DESIGN”，中间显示的是新增工具和性能改进的说明，可以单击屏幕中的▶或者◀进行前后翻页，由于图片中的说明文字仍然是英文，对于国内读者而言并没有太大的推介作用，可以不用看它们。最下面是“开始新项目”按钮，单击它就会进入 123D Design 的主界面。左下角有个“不再显示此消息（提示：帮助菜单 > 快速入门提示）”复选框，勾选它，下次启动时，将不再显示欢迎界面。右下方有“登录”“立即加入”“升级为铂金用户！”按钮，与成为 Autodesk 123D 的会员有关系。由于 123D 网站已关闭，现在单击它们也不会起什么作用。

先了解这些就可以了，单击欢迎界面右上角的ⓧ按钮，关闭欢迎界面。接下来我们就直接进入 123D Design 的界面，如图 2-9 所示。

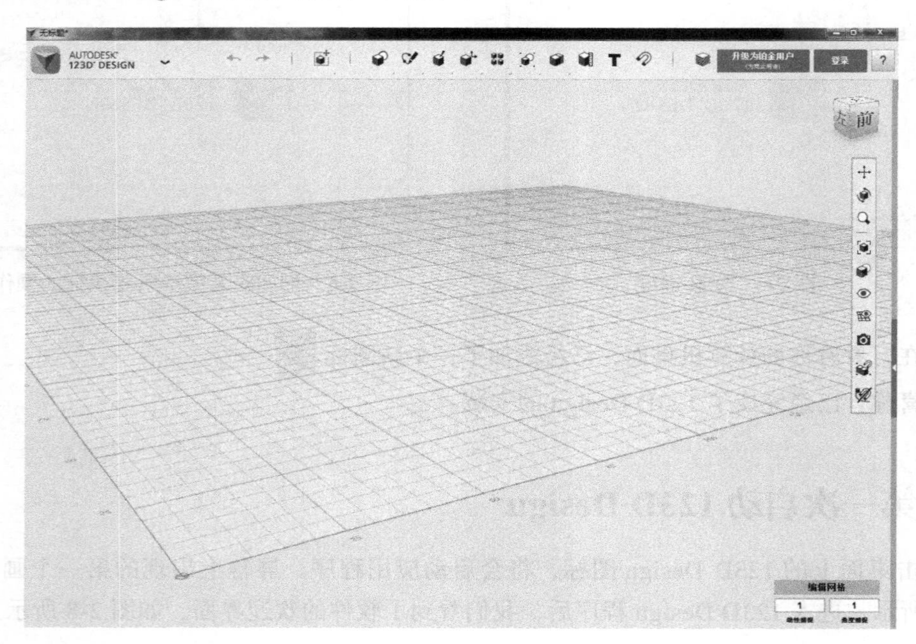

图 2-9　123D Design 的界面

可以看到 123D Design 的界面非常简洁，只有一些小按钮，没有更多的属性面板和选项卡。该如何使用它呢？

2.4 体验一下 123D Design

此刻，你是不是很想上手试试？

我也主张大胆地去试，只有亲自动手，才能够掌握如何操作它。不过，还是稍等片刻吧。有件事情需要说明一下：屏幕中的网格代表了什么？

在现实生活中，一张纸就是一个平面，它有两个方向：X 方向和 Y 方向，如图 2-10 所示的坐标纸更形象地说明了这一点。现在，在计算机软件中，要实现对三维物体的模拟，还需要再增加一个维度，这就是 Z 方向。在 123D Design 的窗口中，屏幕中的网格是绘图参考平面，称为栅格（3DS Max 中有类似的栅格）。可以想象一下，X、Y 平面平铺在你面前的一张桌面上，再把坐标纸平铺在桌面上，X 方向水平指向屏幕的内部、远离你的方向，Y 方向沿水平向右，而 Z 方向则指向上方，也可以理解为指向天空，这和现实世界中是一致的。

再来看工作空间的那张坐标纸，左下角的位置是原点，X、Y 方向的两侧都标有刻度值，以方便建模时直观地估算出模型的尺寸。

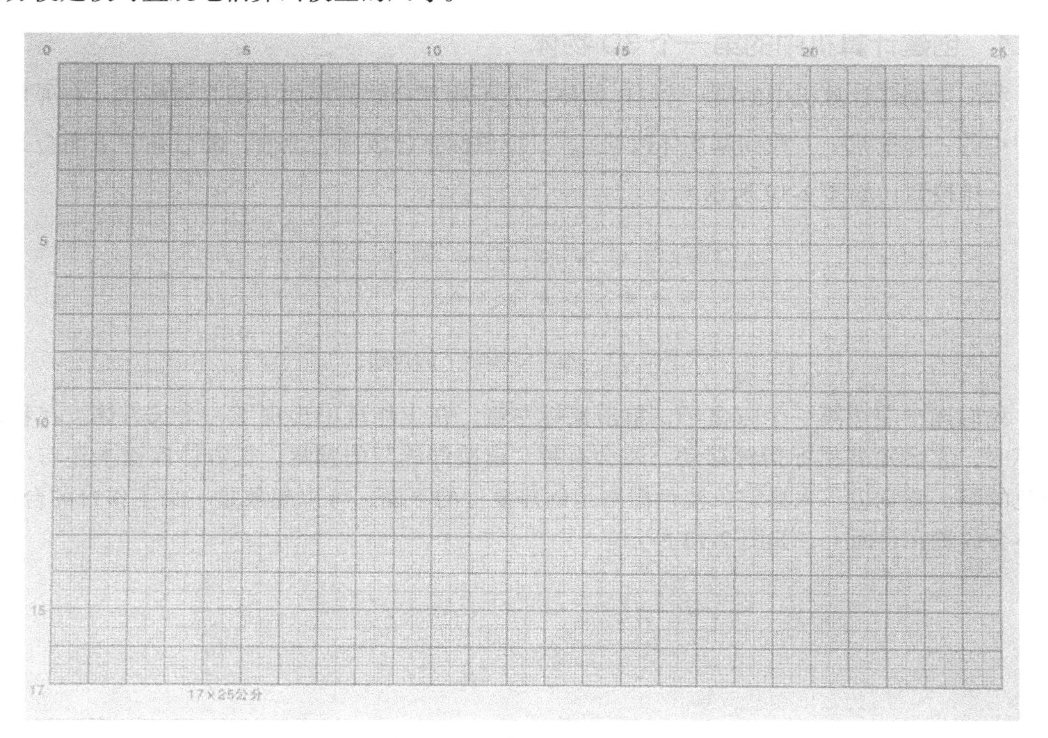

图 2-10　日常所用的坐标纸

一定要理解这个概念，这就是计算机 3D 建模软件中的空间坐标系。为了加深理解，我在栅格上画出空间坐标系，如图 2-11 所示。

你在头脑中建立起这样一个坐标系，就可以在工作空间创建物体了。

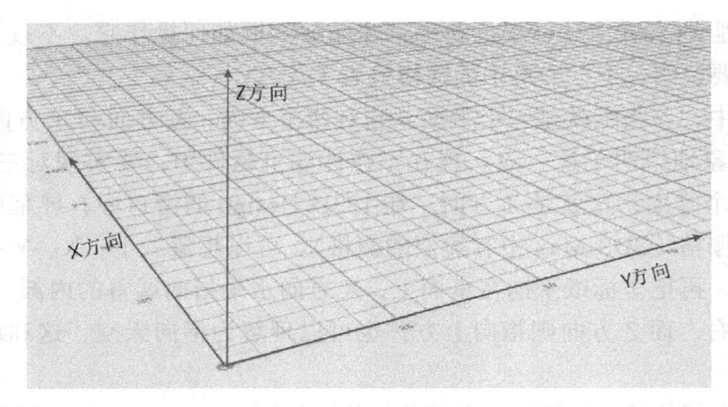

图 2-11　123D Design 中的空间坐标系

2.4.1　创建计算机中的第一个 3D 物体

我们来创建计算机中的第一个 3D 物体。先不用理会软件界面中的其他按钮，在屏幕顶部中央的一排按钮中，找到基本体按钮，把鼠标指针放到它上面，随后在它下面会又出现了一排按钮，如图 2-12 所示。

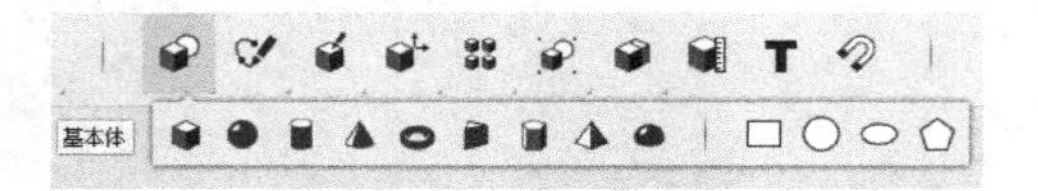

图 2-12　基本体按钮下的按钮

我们选中左边第一个方盒子，单击鼠标左键，在工作区中出现了一个长方体。在移动鼠标时，它会随着鼠标指针移动，还会有种“磕磕绊绊”的感觉。长方体底面上还有一个白色的圆，感觉也不太稳定。蓝色栅格是创建模型的平面，可以想象是一个工作台的台面，物体会放置在台面上，如图 2-13 所示。

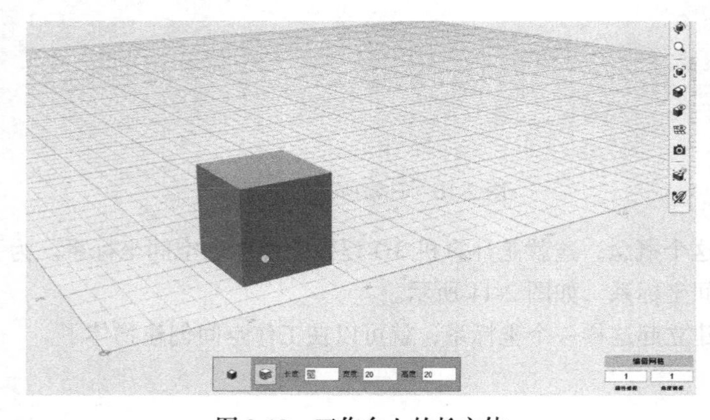

图 2-13　工作台上的长方体

在栅格上找一个适当的位置，单击鼠标左键确定。这时，长方体上的白色的圆消失，长方体的颜色变深。再把鼠标指针放到长方体上，它四周出现了亮绿色，移动鼠标，可以看到它不再随着鼠标指针移动了，它的位置确定了。

图 2-14　确定长方体的位置

或许你以前使用的都是平面设计软件，这可能是你创建的第一个 3D 物体。祝贺你已经迈进了 3D 设计的大门。你也许会问，这么简单的东西有意义吗？当然有意义，把它存储起来，转换为 3D 打印机识别的格式就能够打印出来。把它给小孩玩，让他们认识到这是长方体；当高中生学习《立体几何》时，让学生在实物上画线、测量，学习起来会更加直观。

我们继续往下操作，再次添加一个长方体。按上述的操作步骤，单击长方体的图标，这次要注意屏幕下方出现的对话框，它是用来设置长方体的长宽高数值的。操作方法是用鼠标选中数字，然后输入新的数值，依次更改相应的数值。或者使用键盘上的退格键（←Backspace），删除输入框中的数字，输入新的数值后，按 Tab 键跳转到下一个输入框，接着更改数值，如图 2-15 所示。

图 2-15　设置长方体的长度、宽度及高度

这次，依次把长宽高设为 20、30、40，移动鼠标，围着第一个长方体四周转动。有时第 2 个长方体还会倒下，有时与第一个长方体有重叠的部分，如图 2-16 所示。

此时，介绍一下 3 种对视图的操作，分别是缩放、平移和旋转视图。滚动鼠标中键，可以放大或缩小显示的长方体和栅格；按住鼠标中键，再移动鼠标，能够平移栅格及长方体；按住鼠标右键，可以旋转视图。不要忘记，栅格代表了工作台面，当拖动长方体时，它目前还只在栅格的上方移动，如图 2-17 所示。

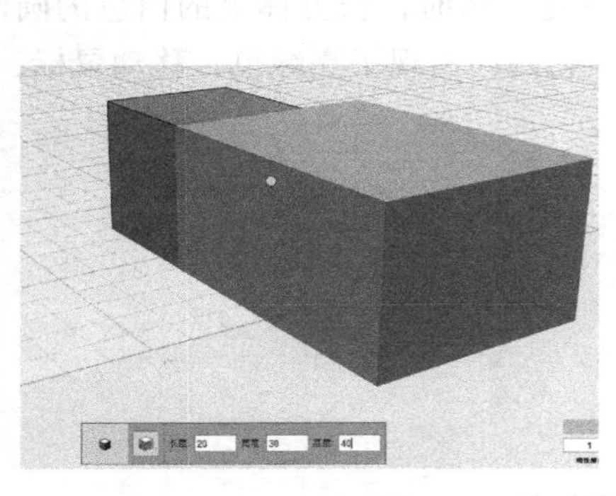

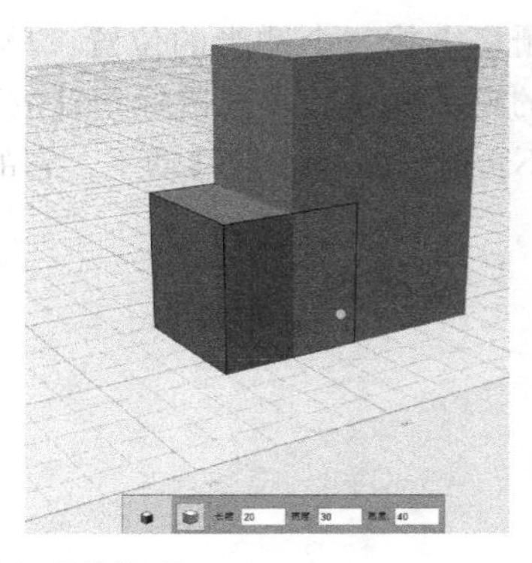

图 2-16　拖动第二个长方体时出现的情形

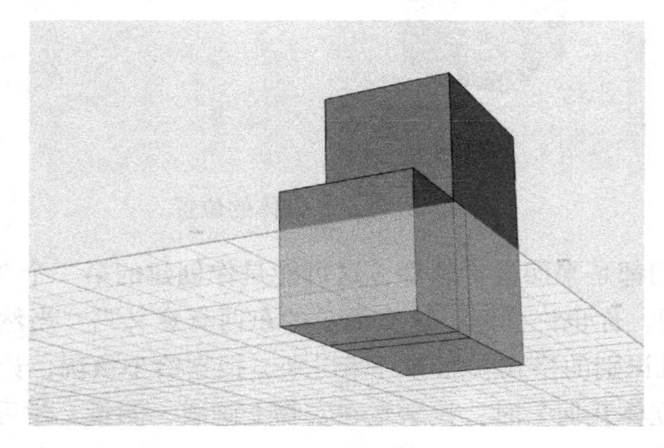

图 2-17　物体位于栅格之上

在所有 3D 设计软件中都要使用这 3 种操作，在屏幕上还没有太多物体时，可以多练习一下，有助于后续的学习。我们把两个长方体靠在一起，但不要重叠，如图 2-18 所示。

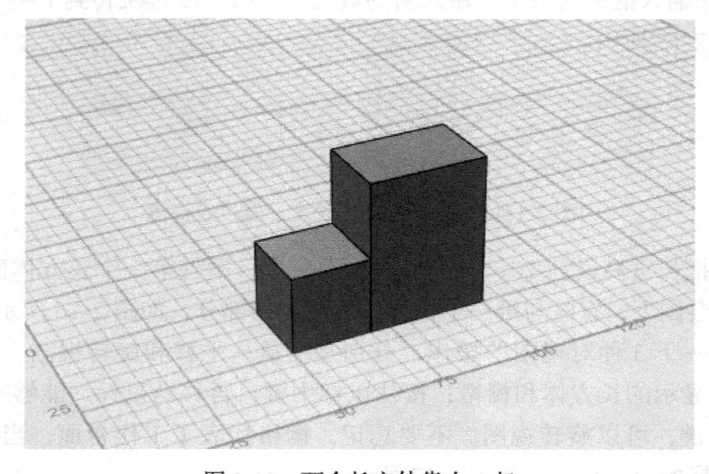

图 2-18　两个长方体靠在一起

在没有确定长方体的位置之前，如果不想添加这个长方体，按下键盘左上角的 Esc 键，可以取消操作。在确定了长方体的位置后，如果不满足要求，可以用鼠标单击那个长方体，按 Delete 键删除它。如果删除错误，可以单击界面顶部的按钮撤销删除。或者使用快捷键 Ctrl+Z，同样可以撤销删除，这个是标准的 Windows 操作，记住它会节约一些时间。建模过程中，都会犯些错误的，要及时更正。

我只讲解了长方体，也可以用来创建 3D 物体。就像是在堆积木，不断向栅格上添加不同尺寸的长方体，就能创建出一些物体。《俄罗斯方块》使用的就是长方体，发挥一下想象力吧！

2.4.2 创建一张桌子

使用上面的方法，来创建一张桌子。

既然要设计一个物体，事先要考虑一下该物体的大致尺寸。桌子很简单，有一个桌面和 4 条桌腿。木匠在制作桌子时，四条腿是等高的，否则桌子就不会稳当，上面的东西就有可能滑落下来。假设每条桌腿的尺寸是 5 × 5 × 60，桌面是 60 × 80 × 5。来吧，我们一步一步来完成它。

按照前述的方法，在屏幕顶部的按钮中找到长方体按钮，单击它。在下面的对话框中，分别输入 5 × 5 × 60，在栅格上出现了一个长方体的模型。我们想把它放置到原点，移动鼠标，拖动它到原点的位置。当靠近原点时，程序会自动捕捉位置，如图 2-19 所示。

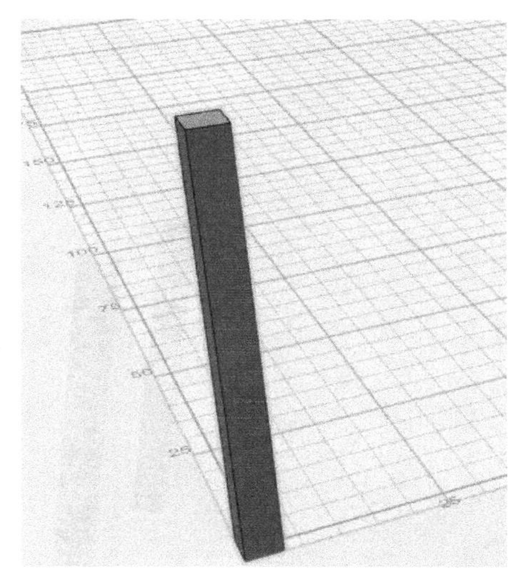

图 2-19 把第一根长方体放置到原点

接下来，再创建 3 根同样尺寸的长方体，不过放置的位置有所不同。滚动鼠标中键，放大显示，看一看栅格的划分尺寸，每一个小格代表了 5 个单位。在 X 方向上，在 50 的位置放置一根长方体；沿着栅格的 Y 方向，在 70 的位置（75 向左一个格）处，放置一根长方体；第 4 根长方体，可以沿着 X 为 50 的那根线，移动到 Y 为 70 的线上，如图 2-20 所示。定位时，可以放大和平移视图，来帮助我们确定准确的位置。

接下来，我们创建桌面的模型。还是找到长方体的图标，单击它，输入前面设定的数值 60 × 80 × 5，一块木板出现在栅格上。我们想要把它放到 4 条桌腿的上方，该如何操作？在拖动桌面的过程中，你会发现，当桌面中的白色小圆捕捉到桌腿的竖直边缘时，它会竖立起来，有点像在屏幕中翻跟头的感觉，如图 2-21 所示。

那么，当这个白色小圆捕捉到桌腿的上截面的 4 个边缘时，桌面就与栅格平行。试试看，可以让小圆顺着竖直边缘向上爬，爬到桌腿的上表面，如图 2-22 所示。

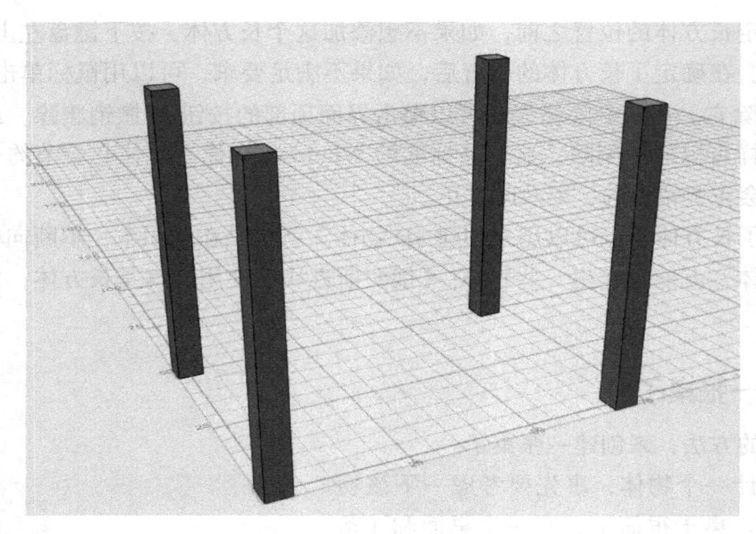

图 2-20　建好的 4 条桌腿

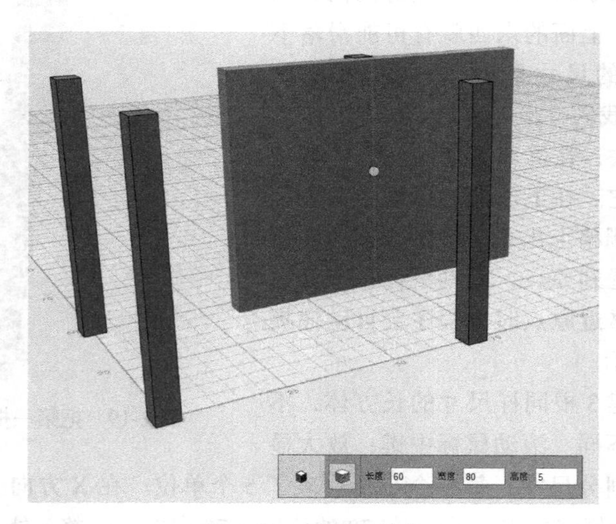

图 2-21　桌面竖起来

单击鼠标确定。若位置不对也不要紧，可以对它进行调整。

单击桌面的上表面，把鼠标指针放到上表面上，按下鼠标左键，可以移动桌面。先在一个方向上，把它与桌腿对齐。然后按右键旋转视图，对齐另一个方向的位置，如图 2-23 所示。不追求精确的位置，大致看得过去就行。

为了增加真实效果，我们给桌子赋予一种材质。单击桌面，然后在屏幕顶部右侧，找到按钮，这是材质按钮。单击它，将会出现材质面板，如图 2-24 所示。

选择并单击其中的天然木材材质，桌面会出现纹理。但不像木材，还需要把右边颜色轮中的圆圈拖动到红色和黄色之间的区域。在拖动过程中，桌面的颜色发生变化，变得越来越像木材了，如图 2-25 所示。

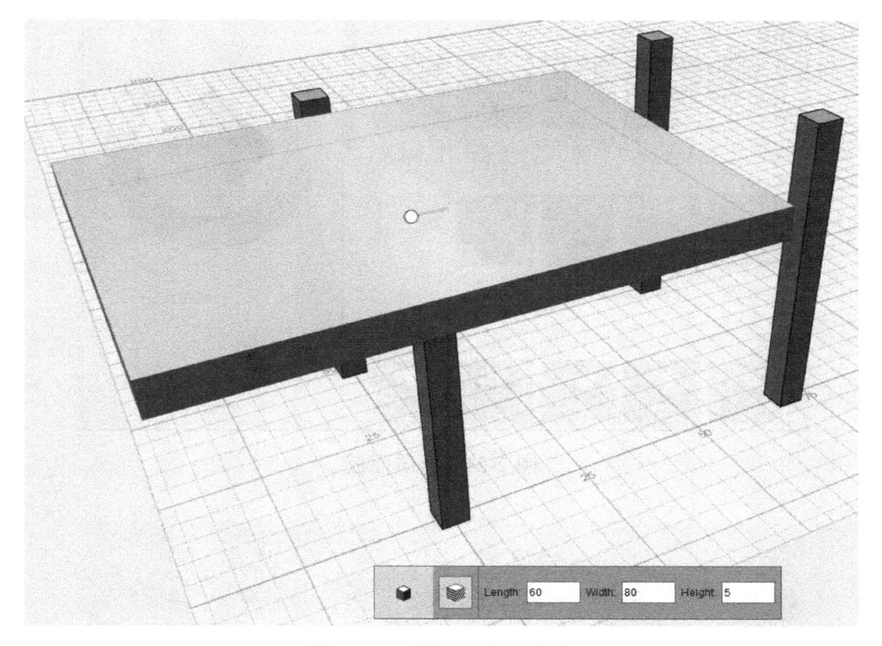

图 2-22 桌面呈水平状态

图 2-23 制作完成一张桌子

我们已经创建了桌子，并给桌面赋予了一种材质，目的是让大家理解建模的简单流程。理解这些，已经有很大进步了。这个桌子不是成品，但如果想要保存它，把鼠标移动到屏幕左上角的区域，单击，会出现下拉式菜单，找到“保存”→“到我的计算机”，再为项目取个名字，并指定保存文件的路径，单击“保存”按钮，项目就被保存起来。

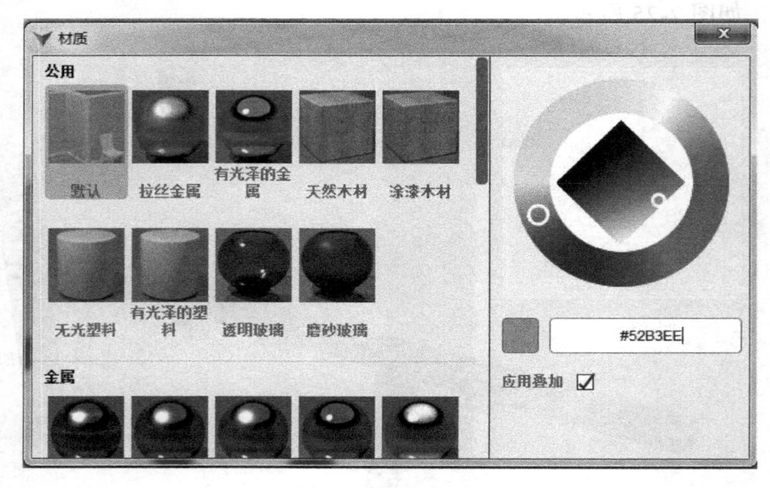

图 2-24 材质面板

图 2-25 为桌面赋予材质

2.5 关于材质

有必要解释一下什么是计算机中的材质。在计算机图形领域，通俗地讲，材质是这个模型模拟的物体所使用的材料，比如前面所讲的桌子是用木材制成的。附着在它上面的还有一层纹理贴图，形象地讲，就是在桌面上铺了一层桌布，有各种图案，并且可以反射光线。在视觉传达艺术领域中，纹理贴图非常复杂，它使用很多手段来模拟自然效果，力求逼真。而在工业生产领域，并不去过分追求纹理贴图的效果。简单地为模型赋予一种材质，能够在设计时区分不同的对象，可以直观地传递产品信息，就已经足够了。因为这个模型最终要生产出来，不会只保存在计算机里。

个人爱好者和创客更多地关注模型的形状、结构能否利用自己的3D打印机打印出来。123D Design软件的设计初衷也是为3D爱好者提供建模工具，并不是要满足生产领域中的设计需求。Autodesk是工业领域中编写设计软件的领导者，该公司制作了很多行业领先的软件，涉及了机械、建筑、电子、影视、游戏等行业。但专业的软件大都复杂难学，不适合业余爱好者。另外，全彩色的3D打印机已经存在，如Projet 660，使用石膏粉末打印。目前国内的3D造像馆大多使用这种机器。但该机器价格昂贵，耗材的价格也是非常高的，离爱好者的距离很遥远。因此我们在整个学习过程中，也不会在材质上花费太多的精力。

2.6　小结

本章讲解了如何下载并安装123D Design软件，并进行了第一次3D设计的体验。应用长方体创建出一张桌子的模型，并简单地为桌面赋予了材质。看似简单，实际上这就是建模的基本流程。在这个过程中，要对视图进行缩放、旋转、平移操作，以帮助确定对象的位置。

要想构建出物体的模型，在日常生活中需要多观察物体的构成，并想象一下，它的基本形状是什么，能够分解成长方体，还是圆柱体？业余爱好者没有经过专业的设计训练，对物体的三维视图没什么概念，要弥补这一点，多观察思考是个很好的途径。

你已经进入3D设计领域了，还需做些必要的功课。如果你是个真正的爱好者，建议通过网络学习一下画法几何，这是机械工程师的基础课。而3D打印也可以看作一种生产工艺。多去了解一些三维视图的概念吧。

Chapter 3 第 3 章

123D Design 建模的 3 种基本方法

在介绍 123D Design 的所有功能之前，先谈谈 3D 建模的基本方法。在计算机图形学中，建模有很多种方式，如多边形建模、NURBS 建模、细分曲面（SubD）建模、实体建模、雕刻、直接建模、参数化设计等。这些名词往往会使初学者感到困惑，而又不得不去面对它们。其实，也不必太过纠结，作为初学者，大致了解自己所用的工具软件是基于哪一类的，然后去掌握对应的建模方法即可。

本书所用的 123D Design 软件是基于实体的建模工具，它与工程设计类软件是一脉相承的。剖开模型，内部是实心的。而后面讲解的 Cubify Sculpt 程序是基于黏土的雕刻软件，相当于使用一团泥巴进行雕塑。这两款软件都不需要考虑模型的面数。本章主要讲解 123D Design 中的 3 种基本建模方法：基本几何体的组合方法、由绘制的 2D 草图通过构造工具创建 3D 模型，以及通过各种针对模型的编辑手段修改已有模型，从而得到新模型。

实际上，对于实体建模，经典的工程设计（CAD）软件使用的基本上都是上述这些方法。基本几何体也是由 2D 图形预先生成的，因为经常要用到这些几何体，所以就事先设计好，使用者后续可以直接调用它们。在面向影视、游戏动画（CG）的 3D 软件中，大都提供了种类更多的基本几何体。相反，在 CAD 软件中，却不提供这类基本几何体，都是使用者自己去创建。

将 Solidworks 中的特征工具与 123D Design 中的构造工具进行一下对比，如图 3-1 所示。

123D Design 提供了拉伸、扫掠、旋转、放样 4 种手段，由 2D 草图图形生成 3D 模型。对于 2D 草图，也可以进行对比，如图 3-2 所示。

图 3-2b 的左边是基本图形的绘制工具，包括矩形、圆形、椭圆形和多边形；中间部

分是多段线、样条曲线和弧形工具；右边是对草图的 2D 图形进行编辑的工具，包括倒角、修剪、延伸和偏移曲线，最后一个是投影曲线。这里更多地沿用了 AutoCAD 的 2D 绘图功能。

a）Solidworks 特征工具栏

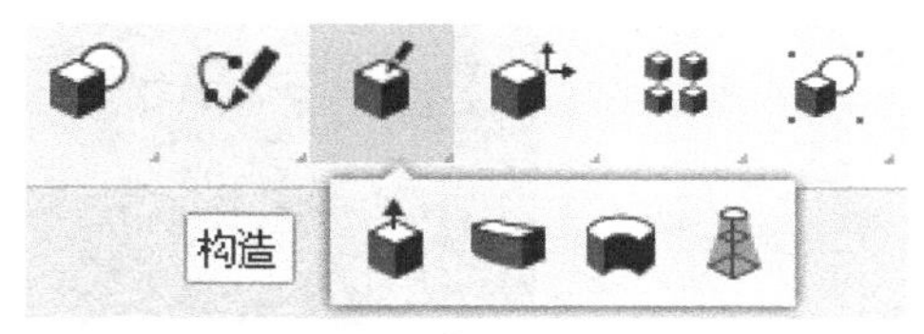

b）123D Design 构造工具栏

图 3-1　Solidworks 特征工具栏与 123D Design 构造工具栏的对比

a）Solidworks 草图工具栏

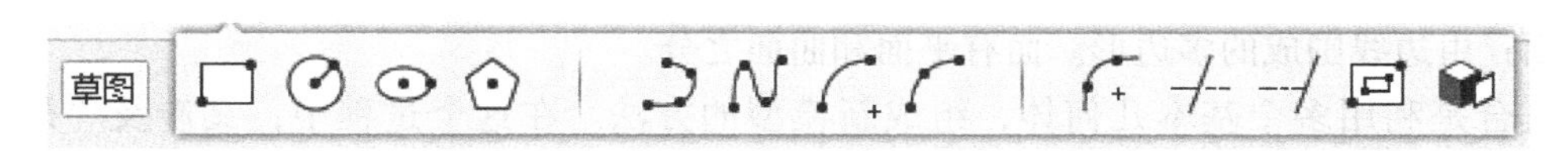

b）123D Design 草图工具栏

图 3-2　Solidworks 与 123D Design 草图工具栏的对比

了解了这一点，就会明白其实我们是在做产品设计、生产，因此我们要掌握一些设计方法。

3.1　基本几何体的组合方法

上一章里我们所创建的桌子模型实际上利用的就是这种方法。123D Design 提供了 9 种基本几何体，可以组合出很多种类的模型。比如，可以把桌子腿换成圆柱体、用长方体和圆柱体组成方头锤子，用圆柱和圆环制作杯子等。

3D 设计程序中的基本几何体是基本的建模对象，有一些对象是基于它而创建的。下面大致讲解关于立体图形的基本概念。一个立体图形包括点、线、面的概念，我们用长方体来说明它们，如图 3-3 所示。

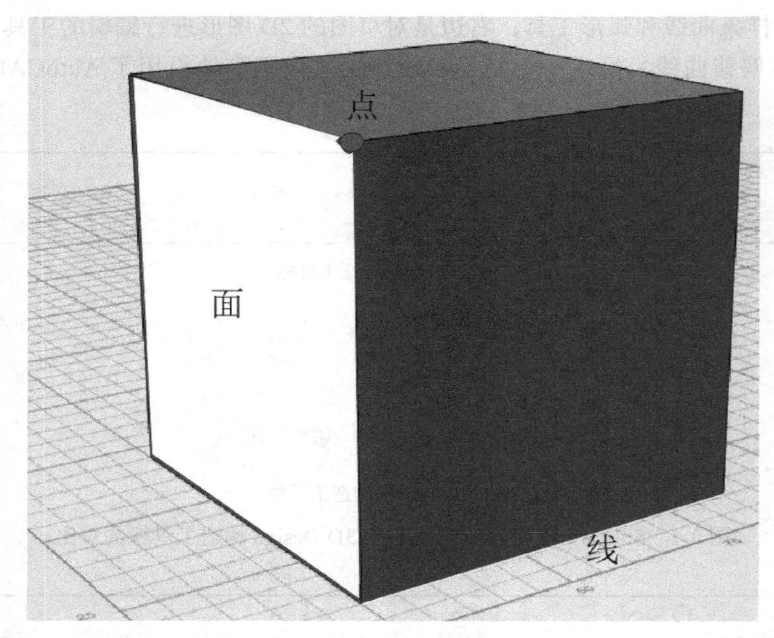

图 3-3　立体模型中的点、线、面

点：空间的一个坐标。当一个点被一条线段连接到另一个点上时，该点称为顶点。

线段：连接两个顶点的线。如果线段界定了一个多边形，就称它为边。

面：由边线围成的多边形。面有平面和曲面之分。

组合是利用多个基本几何体，组成新模型的方法。在这个过程中，又涉及“布尔运算”的概念。不谈逻辑上的意义，我们把它转化为可以理解的操作方式。这里主要是指“合并”“相减”“相交”的操作。用平面图形与立体图形对照着说明，也许更容易理解它们的含义。

3.1.1　合并操作

例如，有一个矩形和一个圆形，执行了“合并”操作的结果如图 3-4 所示。简单地说，合并就是把两个图形拼接起来，成为一个整体，就像焊接工艺把物体焊在一起一样。这个过程，先选哪一个都可以，不存在因选取顺序不同而结果不同的问题。就像堆雪人，不停往雪人上添加物体即可。

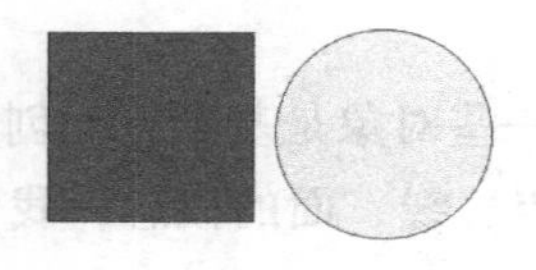
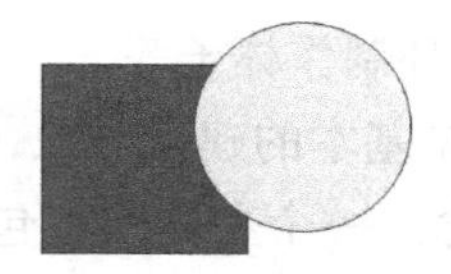

图 3-4　平面图形的合并操作

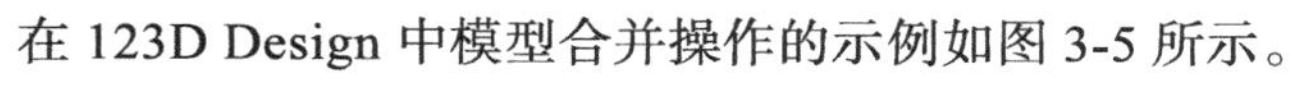

在 123D Design 中模型合并操作的示例如图 3-5 所示。

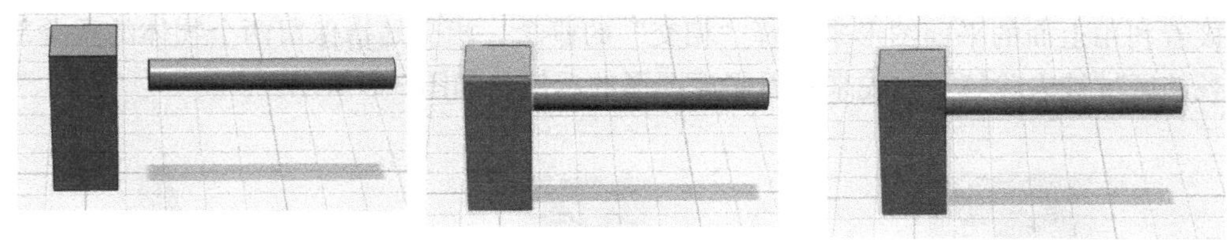

图 3-5　123D Design 中模型的合并操作

这是一个长方体和圆柱体合并起来的示例。未合并之前，可以分别选择长方体和圆柱体，通过合并操作，它们就成为一个整体，模型周围的亮绿色表示这是一个物体。如果长方体和圆柱体的比例设置得当，就可以创建出一把锤子模型。

3.1.2　相减操作

还是先利用平面图形来解释"相减"的含义。简单地说，相减操作是利用一个图形，在另一个图形上抠掉它们之间重合的部分，图 3-6 演示了这个过程。

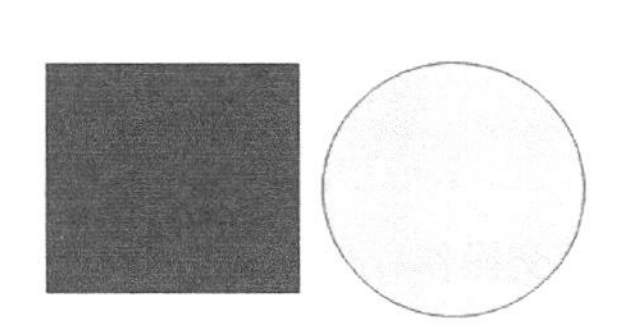
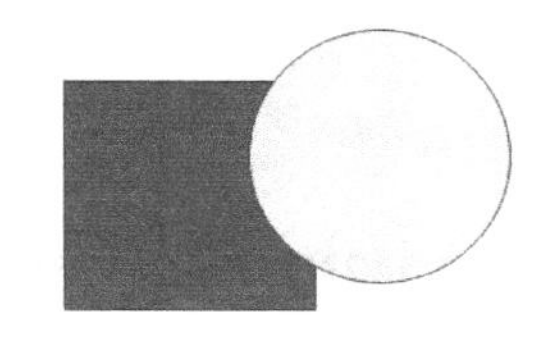
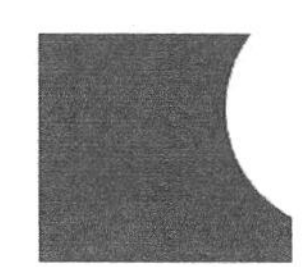

图 3-6　平面图形的相减操作

不过要注意，这个操作的选择是有说法的，目标实体指的是执行完相减操作后要保留下来的物体，例如图中的矩形；源实体指的是要被当作工具使用的、从目标实体中减去的那个物体。当然，两个物体必须有重合的部分。

123D Design 中模型相减操作的示例如图 3-7 所示。

图 3-7　123D Design 中模型的相减操作

把源实体当作工具，图 3-7 中右边的图形显示了球体被挖掉了圆柱体的结果。你可以把球体当成地球，圆柱体是插入地面的一根桩子，然后把桩子拔出来，留下地面的一个洞，这就相当于相减操作。

3.1.3 相交操作

接着利用上面的平面图形来解释“相交”的概念。相交是指保留两个物体的重叠部分，不重叠的区域被去除掉了。先来看看平面图形的示例，如图 3-8 所示。

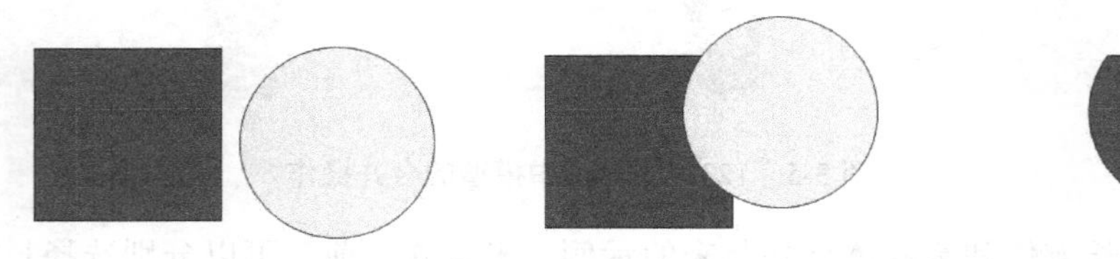

图 3-8 平面图形的相交操作

这是执行相交操作后得到的结果，没有重叠的部分都不会保留。

123D Design 中模型相交操作的示例如图 3-9 所示。

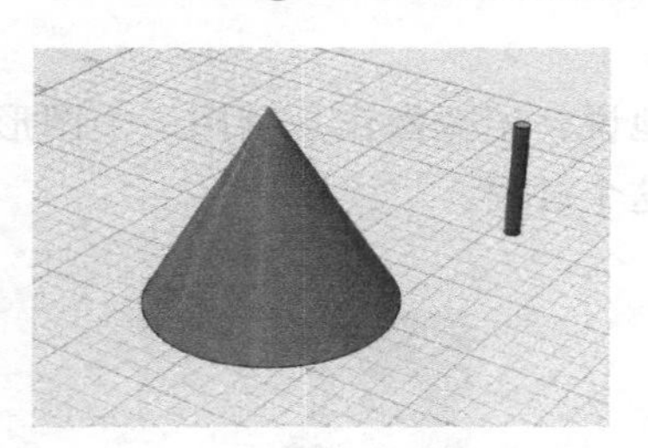
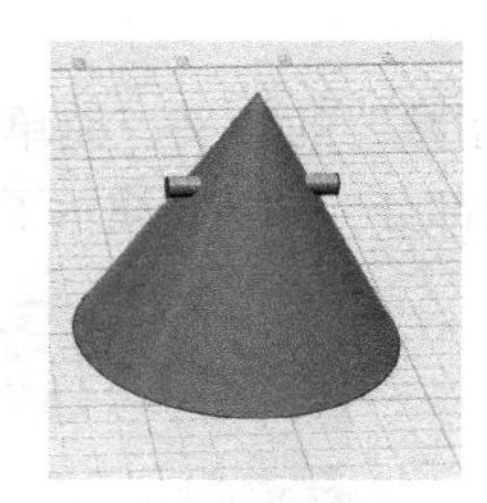
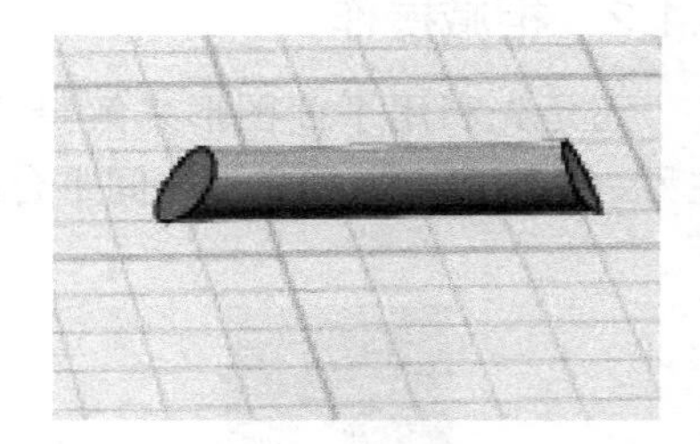

图 3-9 123D Design 中模型的相交操作

一个圆锥体和一个圆柱体执行了相交操作后，得到了图 3-9 中右边的结果。由于两个物体的重合部分是唯一的，因此选择哪个物体作为工具，对结果都没有影响。可以自己动手试试，凡事多体验，就会理解得更透彻。

举个例子帮助大家理解相交操作。在南方地区，人们不怎么吃面食，家里也没有必需的包饺子工具，那么如果要包饺子怎么办？他们的做法是先把面团压成薄片，然后用杯子在面片上压一下，就抠出一个圆的面皮。杯子就是工具，杯口与面片相交的部分，就是我们想要的结果，其执行的就是相交操作。

布尔运算在 3D 建模过程中的应用非常广泛，它是非常重要的建模手段。深入理解这 3 种操作方式，并恰当地运用它们，能够创建出比较复杂的模型，如图 3-10 所示

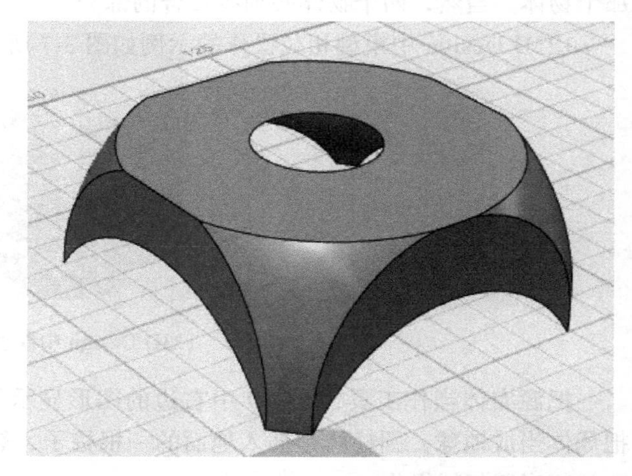

图 3-10 对长方体和球体进行两次布尔运算得到的模型

为对长方体和球体进行两次布尔运算得到的模型。

3.2　根据 2D 草图创建 3D 模型

我们已经知道，基本几何体也是由 2D 草图生成的 3D 模型，为了使用方便而单独提供它们给设计者使用。接下来，我们解释由 2D 草图生成立体模型的过程，这实际上分为两部分：绘制 2D 图形和利用该图形生成 3D 模型。3D 模型是由多个面构成的，绘制 2D 图形就是确定主要构成面的形状。例如，长方体是通过拉伸矩形而形成的，绘制这个矩形的过程就是绘制 2D 草图，而拉伸它则是实现平面图形立体化的手段。这是最灵活的创建 3D 模型的方法。

大部分 CAD 软件都提供了丰富的工具，用于绘制 2D 图形。工程领域广泛使用的 AutoCAD 软件拥有最广泛的客户群，这是因为它绘制平面图形的手段多样，可以快速地绘制出所需要的图形。123D Design 中绘制 2D 草图的工具虽然不多，但也能满足大部分画图的需求。而且，还可以直接调用 AutoCAD 绘制的平面图形，后面我们会讲解调用的方法。

专业 CAD 软件实现 2D 草图立体化的手段也是多种多样的。我们要深刻领会 123D Design 提供的 4 种方法：拉伸、扫掠、旋转、放样，这也是最基本的立体化手段，专业 CAD 软件都提供了同样的手段。后面的章节中会详细解释这些成形方法。本节的任务是要理解 2D 图形转化为 3D 模型的过程。

3.2.1　2D 草图

为什么说是草图？在 3D 设计软件中，2D 图形最终是要生成三维图形的，绘图相当于前期的辅助环节。为使大家容易理解，我们先试着画一个平面图形。123D Design 的草图工具位于屏幕顶部的下面，把鼠标指针放在它上面，下面会出现一排绘制和编辑 2D 图形的按钮，如图 3-11 所示。

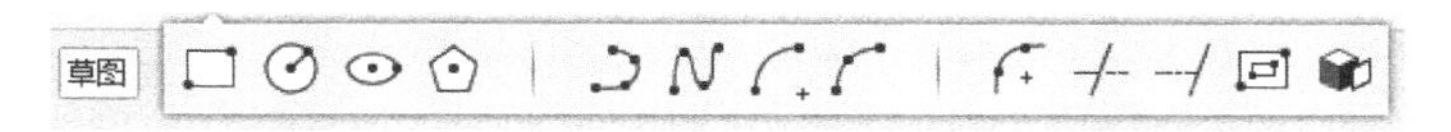

图 3-11　绘制和编辑 2D 图形的按钮

单击【草图圆】工具，在平铺的栅格上随便单击一处，确定圆心，然后再移动鼠标，先不管尺寸大小，拉出一个圆形。再次单击鼠标左键确认，一个平铺着的圆形就绘制完成了，如图 3-12 所示。

怎么看着这么别扭，明明看着是个椭圆，却是个圆形。这是因为在 3D 空间绘制图形，除非是对制图非常熟练的人，才会采用这种视图去画 2D 草图图形。一般要把栅格正视于屏幕，以方便准确地绘制图形。我们把栅格立起来再画。单击屏幕右上角的上面的“上”，这个称为视图方块，它用来控制屏幕中视图的显示，上面的文字表示显示的是哪个视图。现在栅格应该立起来了，按住鼠标中键，把它移动到如图 3-13 所示的位置。

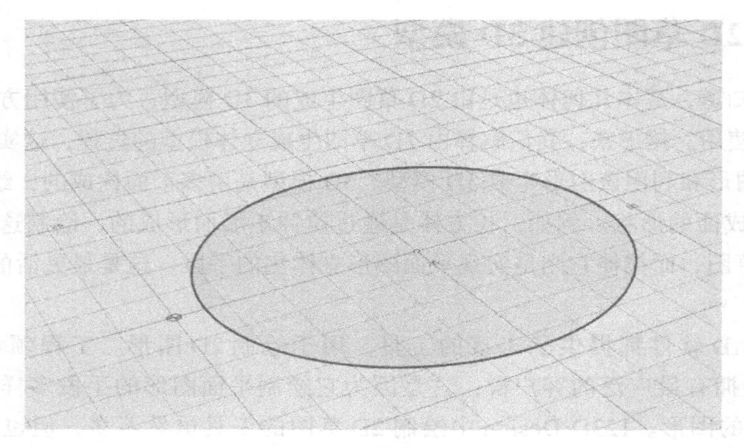

图 3-12　圆平面图形

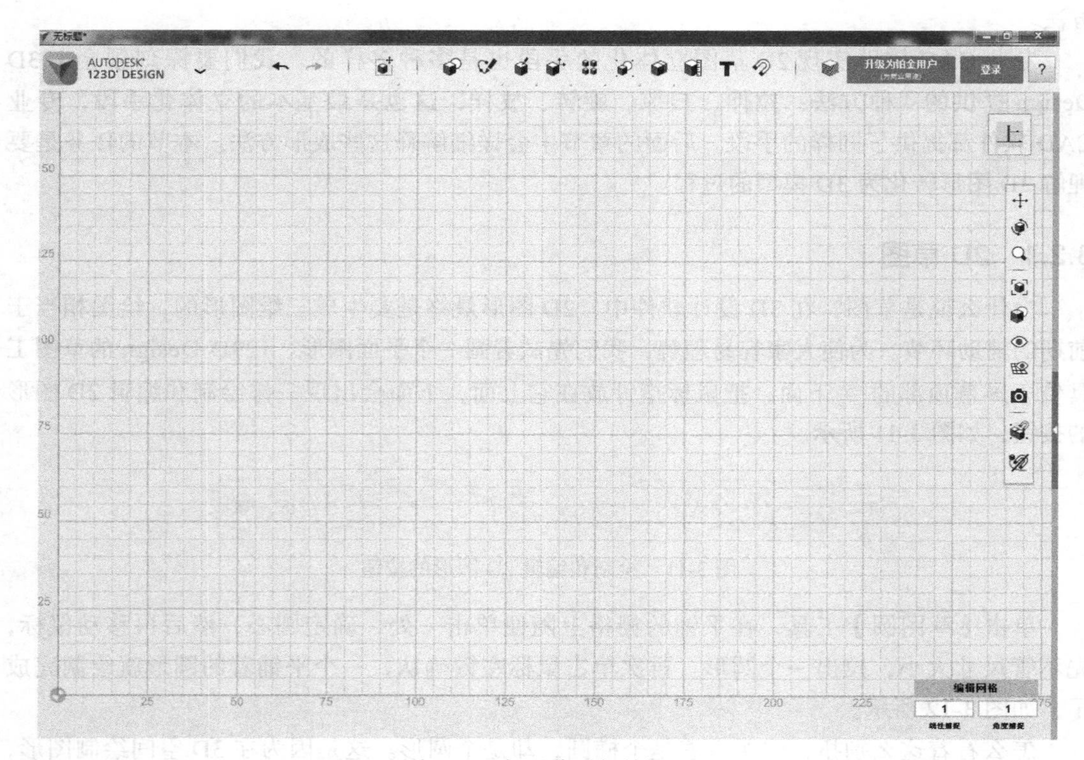

图 3-13　与屏幕平行的栅格

这看起来非常像坐标纸，原点在左下角。而视图方块上的文字是“上”，表明显示的是上视图（俯视图），即从上方垂直向下看到的图形情况。视图区域还没有图形，这次我们画一个五角星，然后把它立体化。

选择草图子菜单中的按钮，它叫【多段线】工具，可以连续画线段。先在栅格上任意单击一下，屏幕中会出现一个图标，表示现在进入草图状态。接下来要确认绘制的第1个起点，有点像一笔画，尽可能一气呵成地画完，形状近似就可以了，后续可以对它进行调整。把鼠标指针在栅格上的一点处单击，连续绘制出五角星的形状，绘制完毕，按回车键结束。绘制的五角星如图3-14所示。

单击图标，退出草图状态。要修改图形的形状，把鼠标指针移到连接两条线的顶点处的小圆，按下鼠标左键，拖动鼠标就改变了图形的形状，如图3-15所示。点到线段时，线条颜色会变成黑色，按下鼠标左键移动鼠标，也会改变五角星的形状。若不想修改图形，按住鼠标右键旋转视图，把栅格旋转到平放的位置即可。

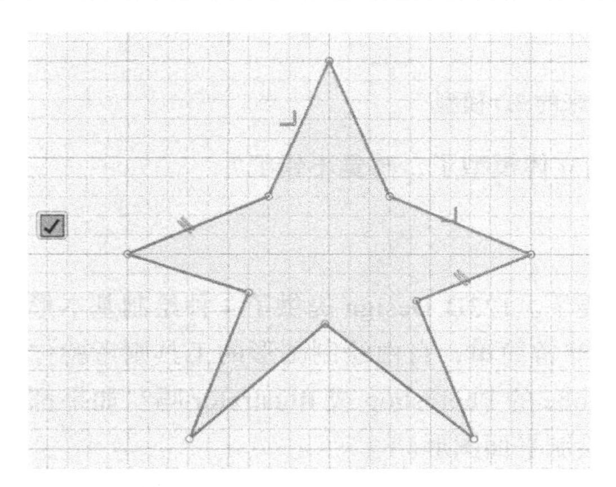

图3-14　使用多段线绘制的五角星

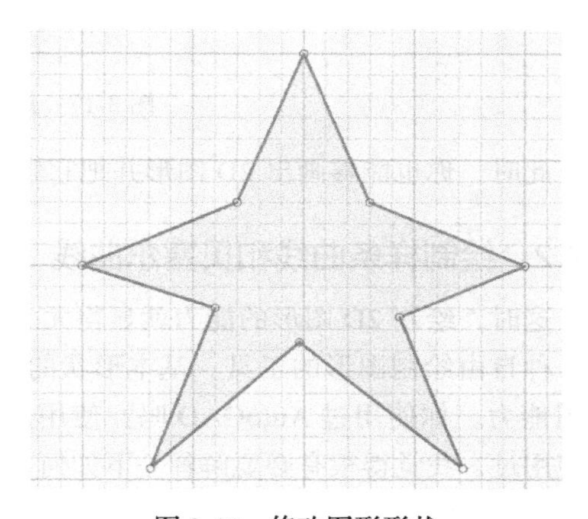

图3-15　修改图形形状

接下来拉伸这个图形。单击【构造】下的【拉伸】工具，在五角星的内部单击，会出现一个向上的箭头，鼠标指针移到它上面时，变成了一个抓手。向上拖动鼠标，五角星跟随着鼠标向上延长。数值输入框中的数字指示了拉伸的高度值，如图3-16所示。

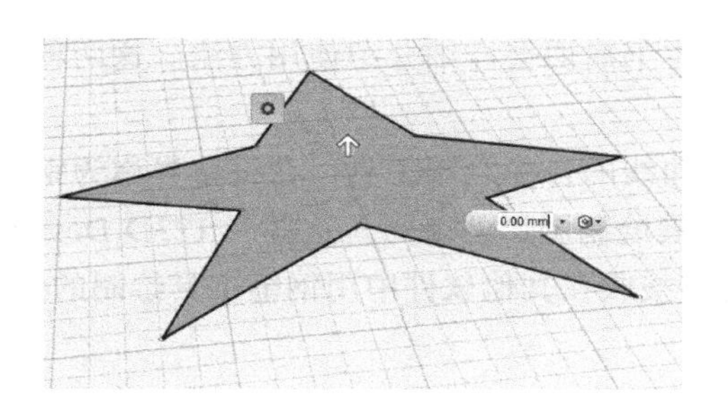

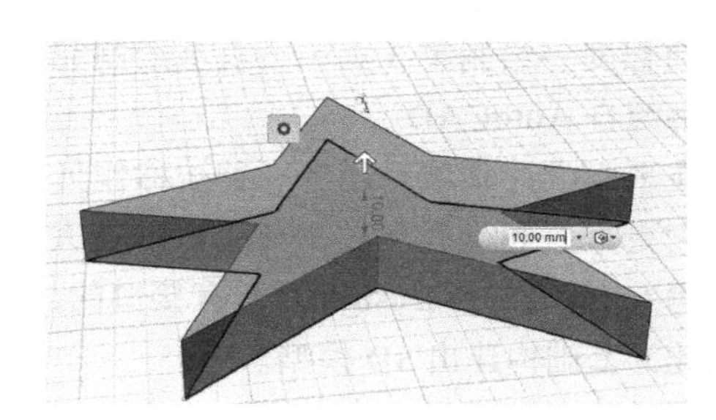

图3-16　向上拉伸的过程

当高度合适时，单击鼠标左键确认。单击右边工具栏中的按钮，选择最下面的隐藏草图选项，将 2D 图形隐藏显示，得到了如图 3-17 所示的五角星 3D 模型。

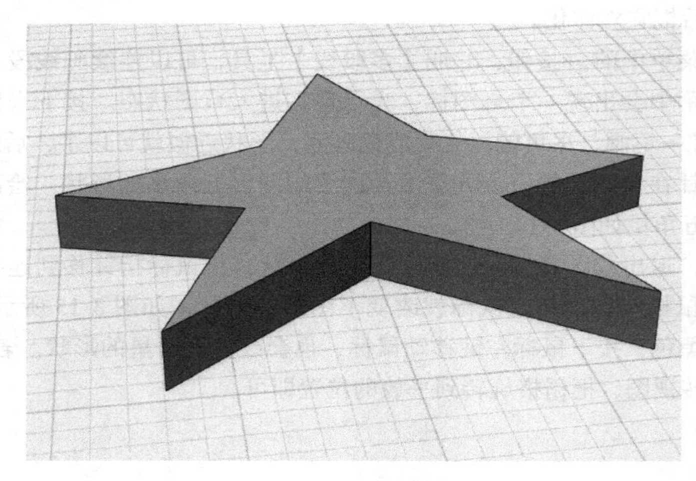

图 3-17　拉伸出来的 3D 模型

此时，你也能够画出 2D 图形并把它转化为立体模型了，感觉不错吧？

3.2.2　绘制样条曲线和贝塞尔曲线

这时，绘制 2D 图形的能力就显得尤为重要了。123D Design 提供了 4 种绘制基本形状和 2 种自由绘制图形的工具。基本形状的绘制非常简单，自由绘制图形的工具则考验你的绘图能力。你使用过 AutoCAD 吗？使用过 Adobe 的 Photoshop 或 Illustrator 吗？如果都没有使用过，我觉得很有必要解释一下如何自由绘制平面图形。

123D Design 提供了【多段线】和【样条曲线】两种自由绘制工具，而后者比前者更加灵活自由，能够绘制更复杂的形状。多段线是绘制直线的变种，可以绘制不规则连续的线，绘制方法是绘制线段起始点到终点，不断连续重复绘制。而样条曲线是一种以节点控制弯曲程度的、顺滑的自由曲线，通过编辑（移动、删除）节点可以很容易地调节曲线的曲率和走向，对于绘制不规则的轮廓图形非常方便。绘制方法是绘制起点→绘制第 2 点→调节曲线弯曲程度→绘制第 3 点……直至绘制完成，本书后面会详细介绍使用方法。这两种绘制工具都源自 AutoCAD。

在平面设计领域，还有一种被称作贝塞尔曲线的自由绘制工具，在设计界称为钢笔工具。它更加直观，有多种调节手段，能大大扩展绘制图形的能力。这些与 123D Design 有关系吗？有，123D Design 是留有接口的，能够接收在其他软件中用钢笔工具绘制的图形，并以此为基础构建出 3D 模型。

在计算机图形学中，贝塞尔曲线与样条曲线的构成比较复杂，我们只要知道这是两种曲线就可以了。贝塞尔曲线与标准样条曲线的最大区别是标准样条曲线将通过数组中的每一点，一对相邻点之间的曲线有时被称为整条曲线的“一段”，每一段曲线的形状都是由这段曲线的起点和终点（当然）以及其他两个相邻的点控制的。在外观上，贝塞尔曲线与样条曲线的示例如图 3 -18 所示。

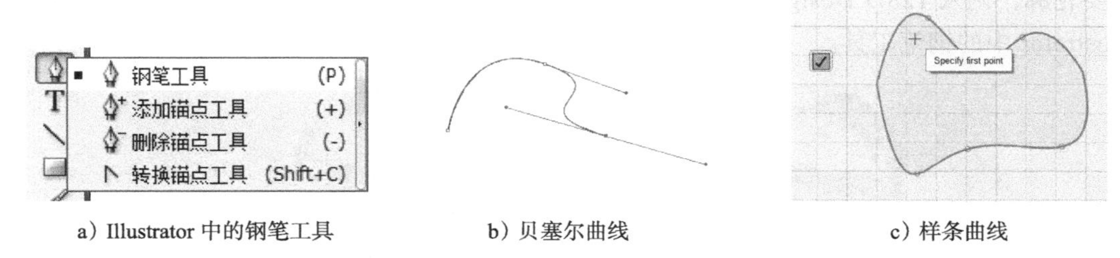

a) Illustrator 中的钢笔工具　　b) 贝塞尔曲线　　c) 样条曲线

图 3-18　绘制的样条曲线的比较

在大家熟知的 Photoshop 软件中，也提供了同样的钢笔工具。练习一下，掌握钢笔工具，那么绘制 2D 图形就很容易了，并且会使 2D 草图具有更大的自由度。

每天都有大量的艺术家和设计工作者在使用 AutoCAD、Photoshop 或 Illustrator 创建各种平面图形，所以不必犯愁图形的来源。不过，我们鼓励你去学习一下平面设计软件，掌握绘图工具，自己绘制 2D 图形。至于如何将平面图形导入 123D Design，后面会讲解具体的方法。

下面来解释一下平面设计领域中的两个基本概念：图形与图像。一般来讲，日常我们所看到的照片就是图像，在计算机中是由像素点构成的，称为位图；而图形，就是绘制的各种形状，在计算机中是由带方向的线构成的，称为矢量图。更详细的解释请查看讲解平面设计的书籍，本书不深究。AutoCAD 中绘制的平面图形、Photoshop 或 Illustrator 中钢笔工具所绘制的图形都是矢量图。也许有人会问，照片可不可以转成 3D 模型？一个物体的多角度照片，现在是可以转换为 3D 模型的，Autodesk 的 ReMake 就提供了这个功能，这也是 3D 建模的一个方向。

下面给出钢笔工具的几个使用示例，如图 3-19、图 3-20 及图 3-21 所示。

图 3-19　重新描绘位图图像，并将它转为矢量图

这好像离主题有点远了。还是简单地说一句，如果想要对一个物体建模，可以用手机从它的几个角度拍照，然后使用钢笔工具把它的轮廓描出路径，导入 123D Design 中，再

使用构造工具把它立体化。很多 3D 设计软件都可以把物体的 3 个视图的图片作为参照，重新创建 3D 模型。123D Design 没有导入图片的功能，但我们可以在 Illustrator 程序中画好主要轮廓，调入 123D Design 中使用。如果有能力的话，建议大家认真地学习 Photoshop 或 Illustrator 中的钢笔工具。

图 3-20 抠像去除背景

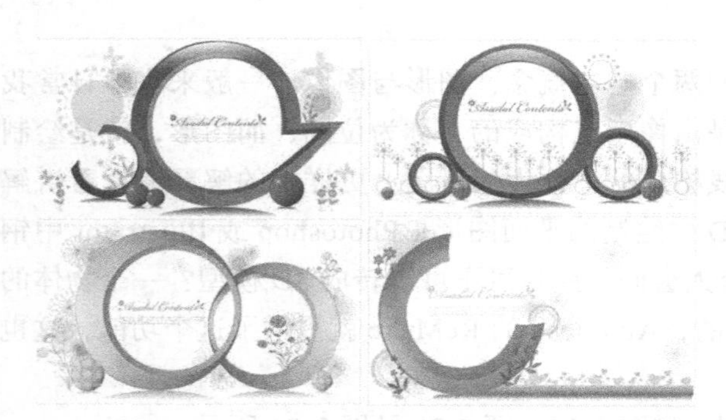

图 3-21 用钢笔工具设计出各种图形

3.2.3 由 2D 草图构建 3D 模型的方法

前面讲解了如何在一个平面内绘制 2D 平面图形，现在讲解由平面图形构建 3D 图形的方法。123D Design 提供了 4 种方法，分别是拉伸、扫掠、旋转、放样。在上面的示例中，我们已经使用了拉伸工具，其实就是选定 2D 草图，然后使它向上或向下生长出厚度的过程。在 123D Design 中，不能拉伸开放的曲线，而这在其他 CAD 软件中是允许的。拉伸的结果是曲面，不过这对于 3D 打印没有意义，因为曲面没有厚度，所以它无法被打印出来。

下面将解释其他 3 种构造方法的基本过程。扫掠是将封闭的草图或者实体上的表面，沿着一条路径扫掠而形成实体的过程。如果轮廓图形与作为路径的曲线在同一个平面上，则无法进行扫掠操作。下面给出扫掠操作的示例，如图 3-22 所示。

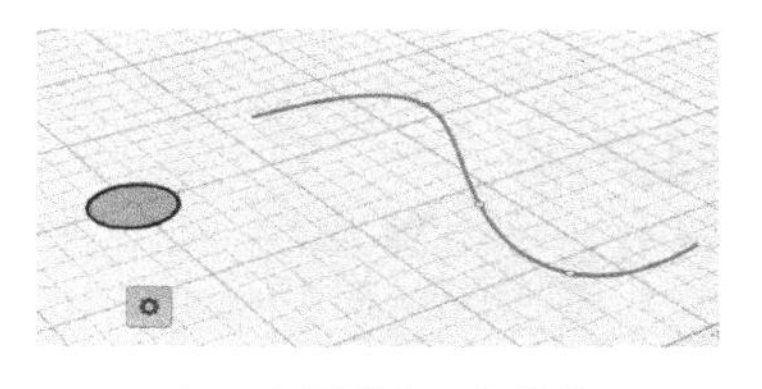

a）一个圆形和一条曲线

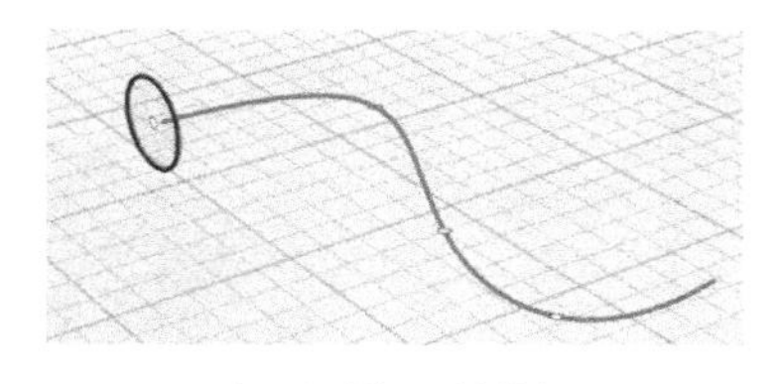

b）圆形绕 X 轴旋转

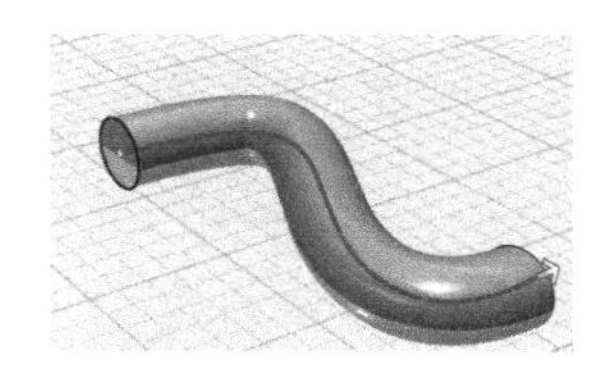

c）扫掠结果模型

图 3-22 扫掠操作的示例

在图 3-22a 中，绘制了一个圆形和一条曲线。在图 3-22b 中，把圆形绕 X 轴旋转 90°，圆形作为轮廓，曲线作为扫掠路径，执行扫掠操作后，得到如图 3-22c 所示的模型。就像一条蛇的身体，以一个圆形截面沿着骨骼包裹形成蛇的身体。又像一条水渠，开闸放水后，水沿着沟渠流动，填满一段水渠的过程。扫掠操作的轮廓和路径曲线都可以自由绘制，非常灵活，有很强的建模能力。

旋转操作是以一个轮廓绕旋转轴旋转而得到模型。日常生活中存在大量的旋转体，例如圆形的酒瓶，化妆品的瓶子，锅、碗、瓢、盆等容器。如图 3-23 所示为一个脚轮的例子。

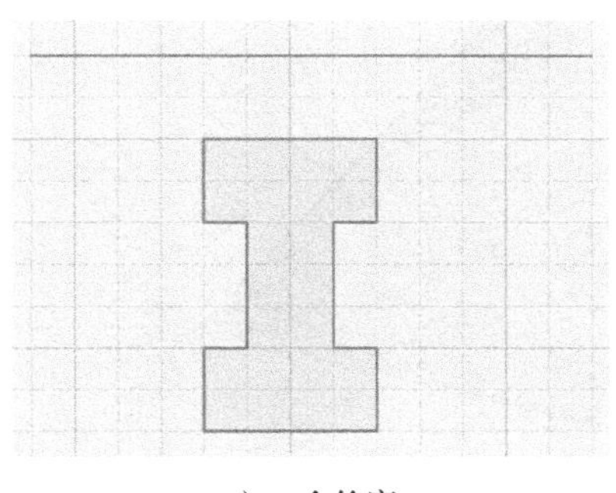

a）一个轮廓

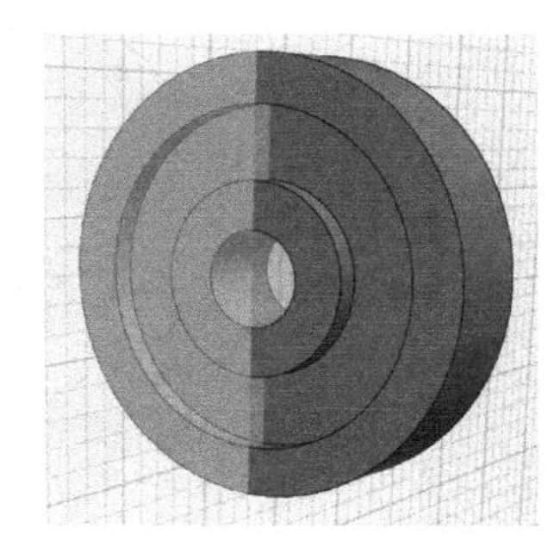

b）旋转后得到的模型

图 3-23 旋转操作的示例

在图 3-23a 中，工字形轮廓以直线为轴，执行旋转操作，旋转 360°，得到如图 3-23b 所示的模型。对一些边线进行适当的倒角，就形成脚轮。旋转操作最明显的例子是棉花糖机，不停旋转的容器把糖丝甩出来、冷却，逐渐堆积成蓬松的形状。下面再举个碗的例子，如图 3-24 所示。图 3-24a 绘制出薄壁的图形，绕着直线旋转一周，就得到碗的雏形。接下来执行倒角操作，就可以得到如图 3-24b 所示的模型，比较像一个碗了。

第 4 种利用 2D 草图创建模型的方法是放样，即通过指定一系列横截面创建新的模型。横截面用于定义模型的截面轮廓（形状），必须指定至少两个横截面才能执行放样操作。如图 3-25 所示是一个放样的示例。

这是一个矩形和椭圆形截面执行放样操作得到的结果。在 123D Design 中的操作基本如此，但在专业 CAD 软件中，放样操作还有一些其他控制选项，千万不要以为只是如此简单。我们继续使用这种方法，利用 3 个截面，创建出一个雨伞的模型，如图 3-26 所示。

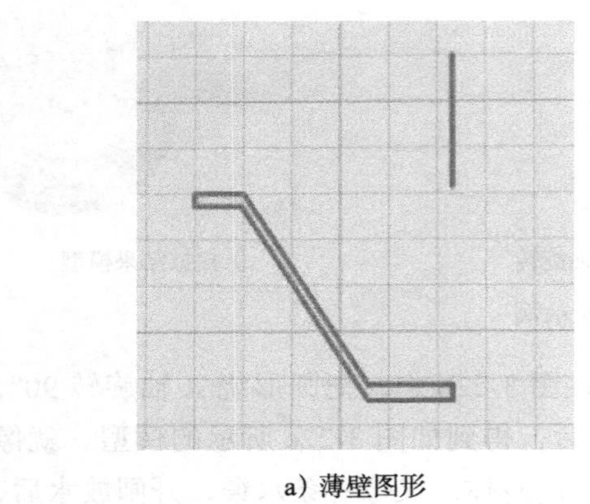

a）薄壁图形

b）旋转一周得到碗的模型

图 3-24　旋转操作可以制作碗的模型

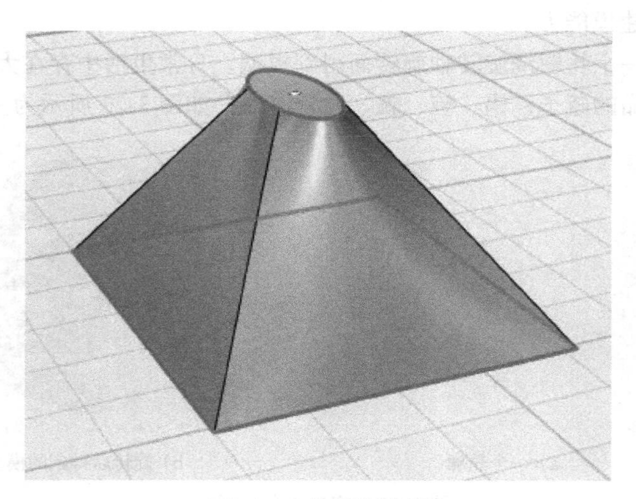

图 3-25　放样的示例

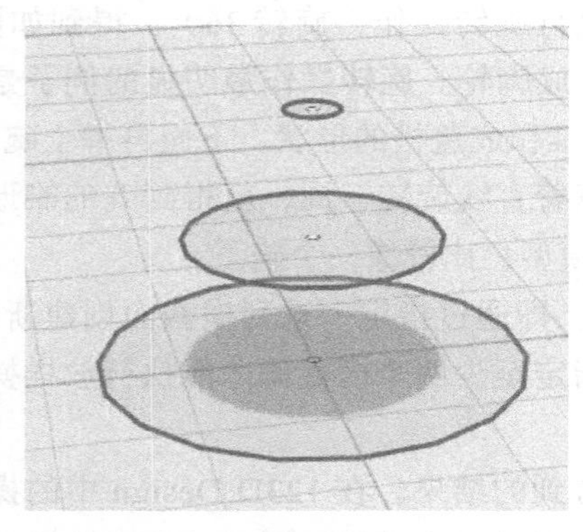

a）3 个截面

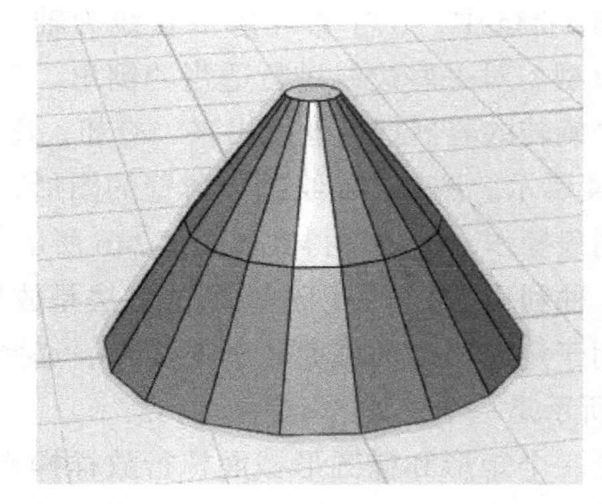

b）雨伞模型

图 3-26　3 个截面放样出雨伞的模型

首先绘制的是一个 18 条边的多边形，然后复制出一个副本，把尺寸缩小，在 Z 方向上向上移动一段距离。然后绘制一个小圆形，也上移到一定的高度。执行放样操作，就可以得到如图 3-26b 所示的模型。

3.3 修改已有几何体建模

在已有模型的基础上，对模型的面、体进行修改，也可以生成新模型。常用的修改有复制、删除、旋转、缩放等操作。分为整体编辑和局部编辑两类，整体编辑是对模型整体进行平移、缩放、旋转等操作，局部编辑是对模型的部分结构进行修改。对模型的局部编辑主要有修改模型的面、分割模型和细部结构修改 3 种情况，编辑的结果一般是改变现有模型的结构、形状或体积。

1. 修改模型的面

对面进行修改后，模型的其他部分实施关联变化，因而，修改实体的面后，其结果还是一个完整的实体。对面的修改主要有下面几种操作。

（1）拉伸面

通过将某个面沿某个方向拉伸形成新复合体。执行过程中需要先选择面，然后选择拉伸方式。拉伸方式有两种：一种是通过输入数值指定拉伸厚度的方式进行拉伸，输入正值沿面的一个方向拉伸，输入负值沿相反方向拉伸；另一种是通过手动操作进行。

（2）移动面

通过将选中的面移动到新位置来改变已有模型。移动模型的表面可改变实体的体积，移动模型内部的面（例如用“相减”操作形成的孔）可改变模型内部结构位置。移动面只改变所选取的面，不影响其他面的方向。移动面不进行缩放操作，因而不能改变面的方向。

（3）倾斜面

通过将选定的面倾斜一定的角度来形成新结构，需要指定倾斜方向及倾斜角度。

（4）旋转面

通过指定轴和旋转角度来旋转复合模型的表面，用于改变模型面的方位。

（5）删除面

用于去除圆角、倒角及挖空（相减）所形成的内部面。

2. 分割模型

分割即将实体一分为二。通过分割可以去除模型中多余的部分，从而形成新的模型。

3. 细部结构修改

可以通过一些编辑命令来处理局部结构。常用的修改有倒圆角和倒斜角等。

圆角就是通过一个指定半径的圆弧（或圆弧面）光滑地连接两个对象。可以对 3D 面进行圆角处理。进行圆角处理的主要参数是指定圆角半径，它是连接圆角对象的圆弧半径。

倒角就是通过一条直线（或平面）来连接两条非平行线（或面）。可以对两个非平行的三维面进行倒角。进行倒角处理的主要参数是指定倒角距离。

在实际建模的过程中，可以将上述3类方法组合使用，以创建复杂的模型。

3.4 几点建议

要想提高建模水平，应该先练习多画一些图形，根据生活中的物体，尽可能多画。对于建模来说，从多个角度观察对象是非常重要的。要选择适合于自己的建模方式，因为适合一个人的建模方法，对另外一个人来说也许是麻烦的。几乎每一个建模目标都可以用多种方法来实现，建模并不是1+1=2的事情，所以多练习一些方法吧。

在刚开始学习建模时，也许会产生多次错误，这个过程并没有什么。如果已经做了足够多的练习，认为自己理解了所有工具，想创建复杂的建模，就需要花费一些时间用于设计和规划。知道自己要做什么以及如何去做是非常重要的，一定要对自己想要创建的模型有个大致的设想。

需要经常保存文件，计算机有可能一次次地出现问题，导致前功尽弃，这与硬件和个人的操作都有关系。不要抱怨什么，养成良好的习惯，随时保存文件，把损失降到最低。

3.5 小结

本章主要讲解了3D设计的3种基本建模方法，也涉及了一些外部软件的相关知识。这3种方法就像小学数学中的四则运算一样重要，要深刻地理解和掌握它们。2D是3D的基础，有很多平面设计的知识需要了解。我们生活在3D世界里，而计算机领域还在用2D的工具模拟3D世界。

对于这些内容，如果有不太理解的，除了查找相关资料弄明白以外，也可以先放一下。从第4章开始，我们真正地去研究123D Design各个环节，以逐步掌握这个免费而强大的工具。

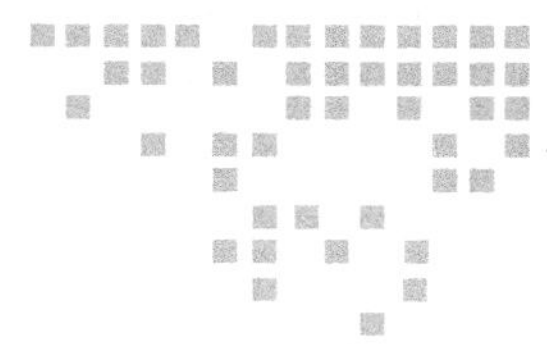

第 4 章 Chapter 4

123D Design 的界面

从本章开始，我们详细讲解 123D Design 软件的使用方法。首先，认真地看一下软件的界面，我们要长期与它打交道了。在开始介绍软件的使用之前，有必要对一些术语做约定。

模型——模型是实际物体在计算机中的数学表示，它描述了物体的几何信息和拓扑信息。几何信息是指物体在欧氏几何空间中的形状、位置和大小，拓扑信息则是指物体各分量的数目及其相互间的连接关系。计算机中常用的 3D 模型有线框模型、表面模型和实体模型 3 种。线框模型利用顶点和棱边来描述物体，因此不能完全反映物体的信息。表面模型是用面的集合来表示物体，但它只能够反映物体的外表面信息。实体模型能完整地反映物体的所有形状信息，能方便地计算实体的各种物理属性。

建模——在计算机中构造物体模型的过程称为建模。建立实体模型的过程称为实体建模。

对象——构成模型的单个几何体。比如杯子是由杯体和杯把构成的，每一部分都称作对象。

草图——在平面中绘制的 2D 图形。

4.1 123D Design 软件的界面

如图 4-1 所示，我们在第 2 章里见到过它，这里，我们要详细地看一看它各个部分的作用。123D Design 的屏幕中央宽阔的工作区域中，有一块平放的工作平面，我们在前面称它为栅格，继续沿用栅格的称呼，这里是用来创建模型的区域。界面四周主要分为 5 个部分：屏幕左上角、屏幕顶部中央、屏幕右上角、右边竖直的工具栏和右下角。

先看看左上角部分的图标 AUTODESK 123D DESIGN ⌄。用鼠标单击 3 个部分中的一个，会出现 123D Design 的程序菜单。后面带有…的菜单表示其中还有子菜单。如图 4-2 所示为 123D Design 的程序菜单。

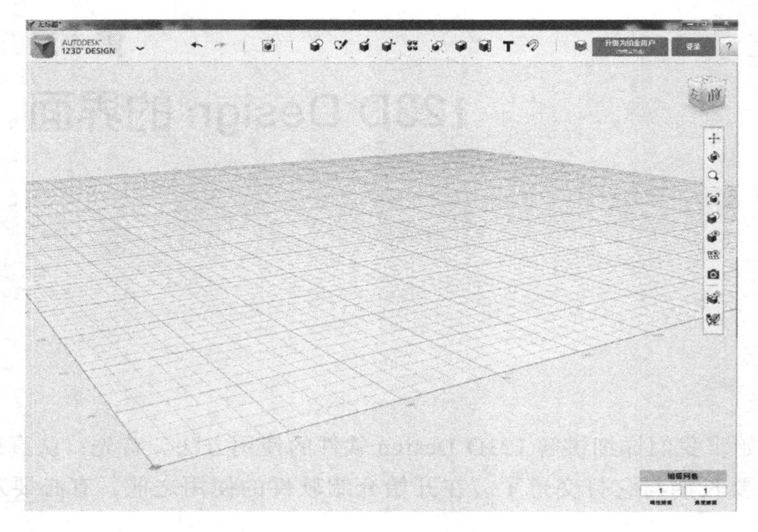

图 4-1　123D Design 软件界面

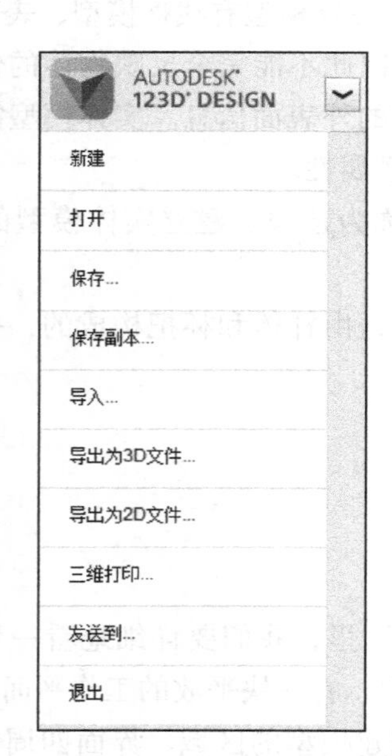

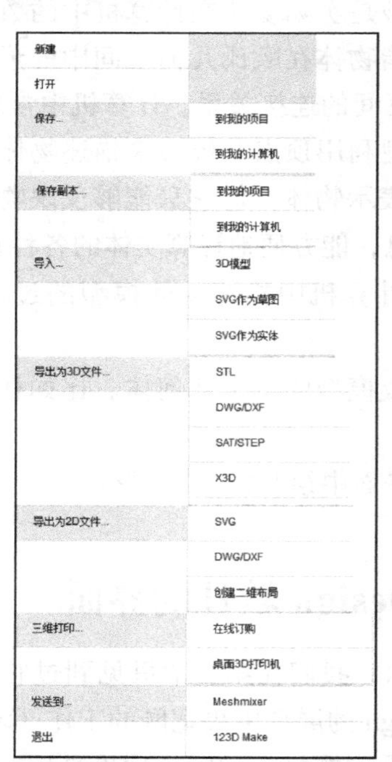

图 4-2　123D Design 的程序菜单

接着是撤销和重做按钮。

屏幕顶部中央是一排工具按钮，这些是 123D Design 的主要操作工具，如图 4-3 所示。

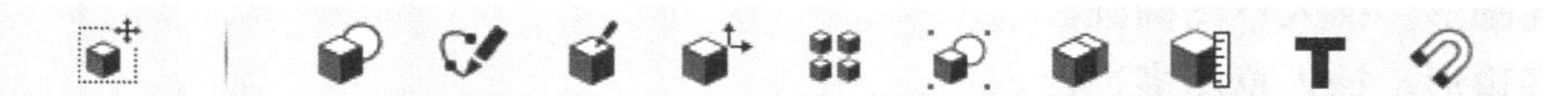

图 4-3 工具按钮

紧靠这一排还有一个材质按钮。这是有意分开的，实际上它们都处于一排，而撤销和重做操作、指定材质都不是直接用于建模的，所以将它们分开。大家要重点关注这部分的建模工具，这些按钮就是用来建模的“十八般兵器”，需要熟练掌握它们的使用方法。

大部分工具按钮的右下角都有一个灰色的小箭头，表示这个按钮下面还有子菜单。把鼠标指针放到这个按钮上面，就会弹出所包含的子菜单。把鼠标移到这些子菜单中的按钮上，会出现工具的功能、快捷键，还有相应的文字提示。下面是这些子菜单的按钮说明。

1）**变换**。变换包括 6 个子命令，如图 4-4 所示。

- 移动 / 旋转。对选择的一个或多个对象执行移动或旋转操作。
- 对齐。对齐选定对象。
- 智能缩放。选定一个或多个对象来进行智能缩放。

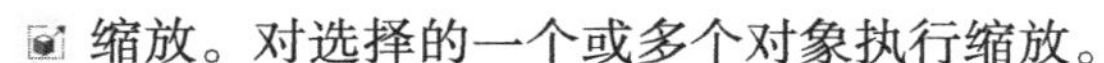

- 缩放。对选择的一个或多个对象执行缩放。
- 标尺。测量标尺原点与对象之间的距离。
- 智能旋转。围绕面来放置对象。

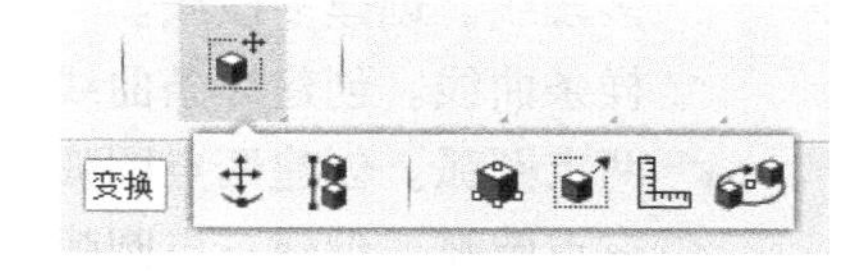

图 4-4 变换菜单

2）**基本体**。基本体包括了 9 种 3D 基本原型和 4 种 2D 基本图形，如图 4-5 所示。

图 4-5 基本体菜单

- 长方体。插入长方体。
- 球体。插入球体。
- 圆柱体。插入圆柱体。
- 圆锥体。插入圆锥体。
- 圆环体。插入圆环体。
- 楔形体。插入楔形体。
- 棱柱体。插入棱柱体。
- 椎体。插入锥体。
- 半球体。插入半球体。

□ 矩形。插入草图矩形。

○ 圆。插入草图圆。

⬭ 椭圆形。插入草图椭圆。

⬠ 多边形。插入草图多边形。

3）**草图。**草图包括了 8 种绘图工具和 5 种编辑图形的工具，如图 4-6 所示。

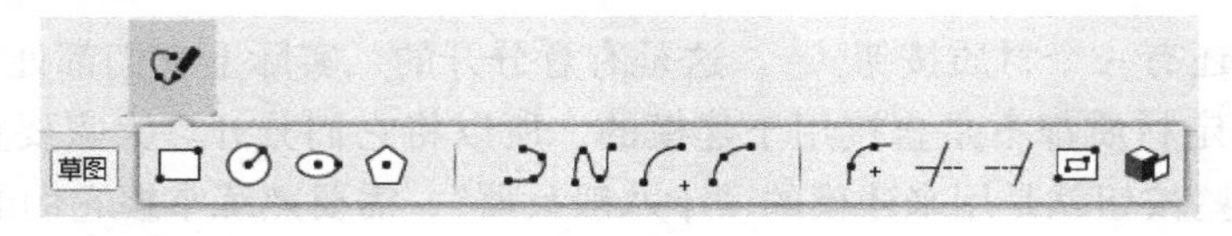

图 4-6 草图菜单

□ 草图矩形。创建矩形草图。

○ 草图圆。创建圆形草图。

⬭ 草图椭圆。创建椭圆形草图。

⬠ 草图多边形。创建多边形草图。

多段线。创建多段线。

样条曲线。创建样条曲线。

两点圆弧。创建两点圆弧。

三点圆弧。创建三点圆弧。

草图圆角。创建草图圆角。

修剪。修剪草图轮廓。

延伸。延伸草图轮廓。

偏移。偏移草图轮廓。

投影。在草图平面上投影另一个草图轮廓或面。

4）**构造。**123D Design 提供了 4 种利用 2D 草图创建 3D 模型的工具，如图 4-7 所示。

图 4-7 构建 3D 模型的工具

拉伸。选择封闭草图或实体的面进行拉伸。

扫掠。沿着引导路径扫掠封闭的草图或者实体的面，来创建实体模型。

旋转。围绕旋转轴旋转封闭的草图或者实体的面，来创建模型。

放样。使用封闭草图或实体的面创建放样。

5）**修改。**123D Design 也提供了一些对已有模型进行修改的工具，从而创建出新的对象，如图 4-8 所示。

压 / 拉。通过移动实体的面，以最小的扭曲来调整零件的大小。快捷键是 P。

扭曲。通过移动实体的面或边，扭曲或倾斜零件。快捷键是 K。

分割面。使用草图或实体来分割实体的面。

图 4-8　对已有模型进行修改的工具

圆角。创建圆角边。快捷键是 E。

倒角。创建展开的斜角边。快捷键是 C。

分割实体。使用草图或实体来分割实体。快捷键是 Alt+B。

抽壳。通过选择实体的面挖空实体。快捷键是 J。

6）**阵列**。123D Design 提供了矩形阵列、环形阵列、路径阵列和镜像复制对象的工具，如图 4-9 所示。

图 4-9　阵列工具

矩形阵列。创建选定实体沿着两个方向的矩形阵列。

环形阵列。创建选定实体围绕轴的环形阵列。

路径阵列。创建选定实体沿路径的阵列。

镜像。创建选定实体围绕镜像平面的镜像。

7）**分组**。这是把几个对象分组，以方便选择、移动等操作，如图 4-10 所示。

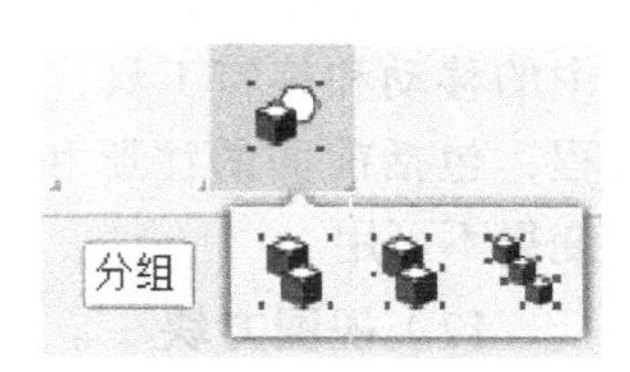

图 4-10　分组工具

分组。对所选定的实体进行分组。快捷键是 Ctrl+G。

解组。将实体从选定的组中解组。快捷键是 Ctrl+ Shift +G。

全部解组。将实体从选定组及其子组中解组。

8）**合并**。这里主要是对实体的布尔运算，提供了合并、相减和相交的操作。此外，还有一个分离命令，如图 4-11 所示。

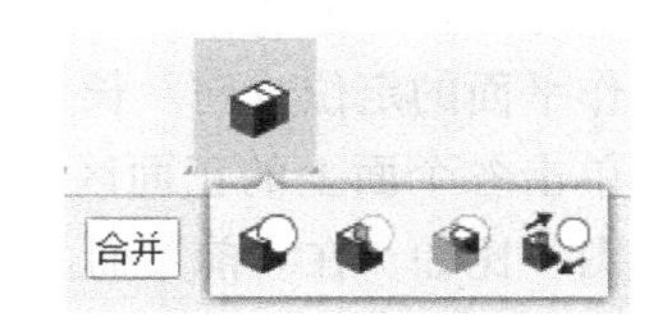

图 4-11　组合工具

合并。合并选择的实体。快捷键是 [。

相减。排除重叠部分。快捷键是]。

相交。保留相交的部分。快捷键是 \。

分离。由一个选择的对象生成多个部件。快捷键是 Shift+P。

9）随后的 3 个按钮没有子菜单，它们分别是测量、文字和吸附工具。

测量。测量对象的距离、面积和体积等数值。快捷键是 Shift+M。

T 文本。用来创建 3D 文字的工具。快捷键是 T。

吸附。用来摆放两个实体的辅组工具，像一块磁铁，可以使两个实体的选定的面连接在一起。快捷键是:（冒号）。

10）最右边是一个单独的按钮，这是材质按钮，快捷键是`（主键盘靠近数字 1 的键）。材质在视觉传达软件中是非常复杂的部分，用于模拟自然界中物体外观特征。在 123D Design 中，提供了简单的金属、木材等材质，变化不多。在普通桌面型的 3D 打印机上，目前打印模型的颜色主要取决于打印材料自身的颜色，要还原计算机模型的色彩是不可能的。所以，123D Design 并没有过多关注模型的材质信。

11）屏幕的右上角部分，有两个蓝色背景的按钮和“?”号，如图 4-12 所示。

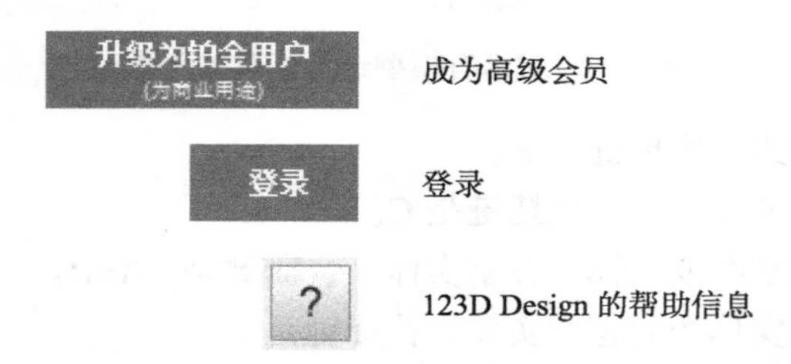

图 4-12 注册会员和帮助信息按钮

这两个蓝色背景的按钮是要引导进入 123D 注册和登录页面，还有成为高级会员的一些要求。而帮助信息菜单中，提供了如图 4-13 所示的功能。

在这些项目中，非常有用的是“快捷键”，随着越来越多地使用该软件，适当掌握一些快捷键的使用，会极大地加快建模的速度。推荐先掌握一个快捷键“Ctrl+T”，这是调用变换操作中的移动和旋转工具，使用的频率非常高。至于论坛和视频教程，包括前面的注册和登录网站，因 123D 网站已关闭，所以变得不可用。

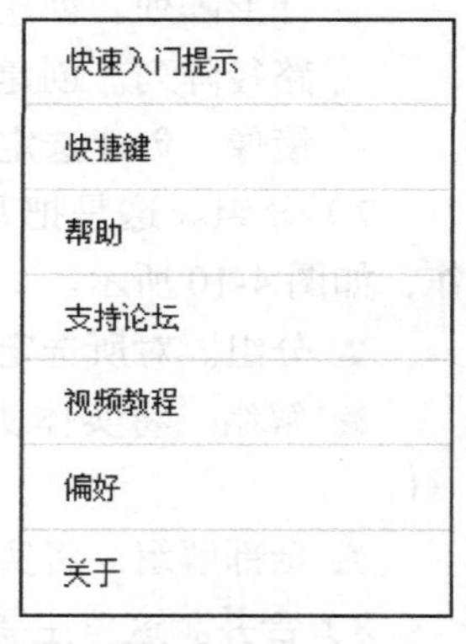

图 4-13 123D Design 的帮助信息菜单

12）**视图方块**。视图方块位于屏幕的右上角。仔细看一下，它由 3 个图标构成，左上角有个小房子，中间是标有文字的长方体，右下角有个向下的按钮。中间的长方体表示当前工作平面的定位方向。长方体的每个面也分正面区域和边线区域，单击各个面上的正面区域，屏幕显示就可以切换到所代表的视图，比如，在“前”面上单击，屏幕就显示了前（主）视图；单击“上”面，就显示为上（俯）视图；而单击边线区域，屏幕就显示为从相邻两个面相交的 45° 边线处观看的视图。视图方块右上方的小房子是复位按钮，单击它，屏幕中的栅格（工作平面）可以恢复到默认的位置；单击右下方的按钮，会出现下拉式菜单，可以选择屏幕中所显示的是透视图还是正交视图，如图 4-14 所示。

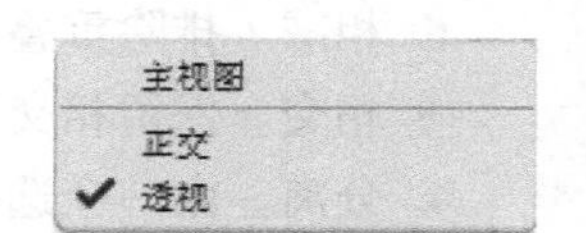

图 4-14 视图方块右下按钮的下拉菜单

13）**导航栏**。在屏幕右侧视图方块的下方，有一个竖直的工具栏，这些是控制屏幕显示的工具按钮，称为导航栏。它分为 3 个组，具体工具的作用如图 4-15 所示。

这些工具用于在建模时，从不同角度查看模型的细节以及隐藏和显示实体、网格和草图，还有对栅格的显示控制。

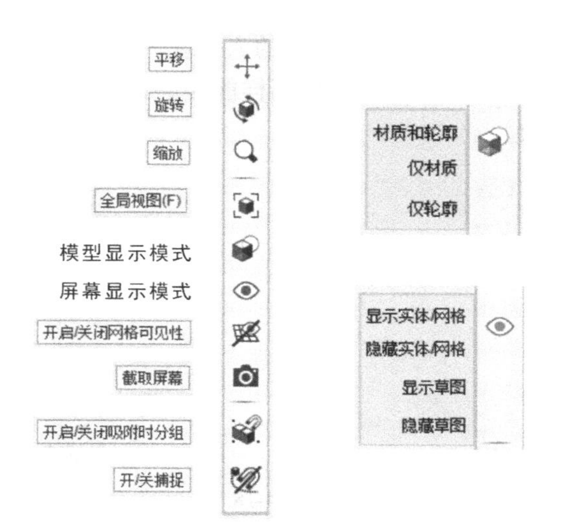

图 4-15　导航栏 3 个分组的作用

14）在屏幕右下角有编辑网格标签和两个选择框，可以设置视图区中栅格的单位和显示尺寸，以及屏幕线性捕捉精度和角度捕捉，如图 4-16 所示。

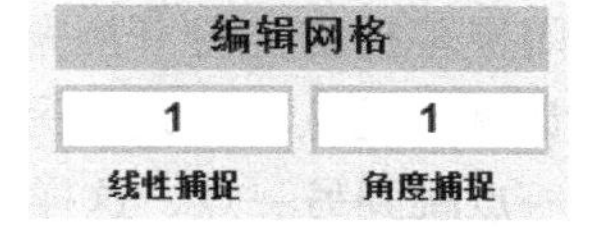

图 4-16　编辑网格标签

单击编辑网格标签，将弹出偏好对话框，里面有几个选项卡，这与在帮助信息中的偏好设置相同。偏好设置了 123D Design 运行时有关事项，单位和网格选项卡中的单位设置了程序所使用的单位是毫米、厘米还是英寸，创建用于 3D 打印的模型，应保留默认设置的毫米单位。网格设置了视图区中栅格（工作台或 3D 打印机的打印床）尺寸，可按自己的 3D 打印机构建平台尺寸进行设置，不过，这并不强求。点开“默认”右侧的 ˅，展开的下拉列表中给出了不同的打印机型号，选择某一种类型的打印机，就切换到相对应的尺寸。如果要更改到自己的 3D 打印机平台尺寸，选择“自定义”，然后输入具体的宽度和高度值（应该是长度和宽度，程序翻译如此，自己试一下就会理解）。

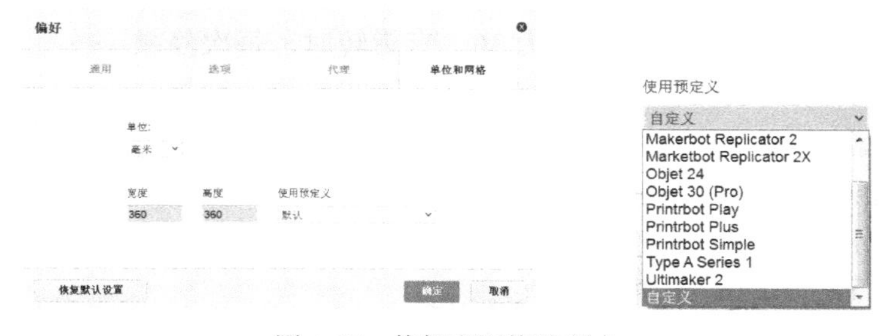

图 4-17　偏好和网格选项卡

至于其他 3 个选项卡，可以点开看一下，基本不需要更改任何设置。

在此处的线性捕捉指的是屏幕捕捉，即在屏幕上移动对象时，每一次捕捉到屏幕上栅格的精度。对于没有接触过 AutoCAD 的人来说，这有些费解。123D Design 沿用了 AutoCAD 的这个功能，又没有像 AutoCAD 那样能够解释清楚。我们试着用一张图来解释这个概念，如图 4-18 所示。

a）屏幕中的栅格

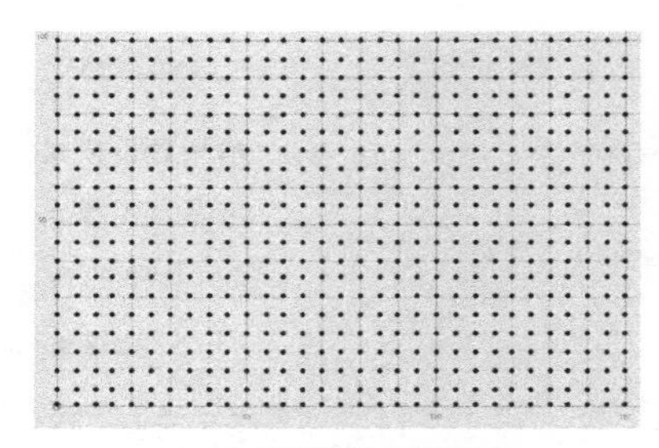

b）屏幕捕捉的模拟图示

图 4-18

图 4-18a 中是 123D Design 中栅格的截屏，图 4-18b 中的黑点是加上去的，这些黑点就是隐含分布于屏幕上的栅格，而捕捉的精度就是设置两个黑点之间的距离。当绘图时，光标会落到这些点上。当然，在 123D Design 中，并不会出现这些黑点。在绘制图形时，关闭屏幕捕捉与打开屏幕捕捉感觉是不同的。慢慢移动鼠标，并认真体验光标的移动，会感觉鼠标是从一点跳到另一点的。捕捉特性像看不见的磁性点一样，当移动鼠标时，光标从一点跳到另一点，这样就能够快速画图。根据需要，可以随时关闭捕捉。

123D Design 中根本不会出现如图 4-18b 中所示的黑点，它只是我们为了举例说明设置捕捉精度的作用而添加上。

理解了设置捕捉精度的含义，接下来看看弹出菜单中的内容，如图 4-19 所示。程序默认的精度为 1，也可以设置为其他数值。选择最下面的“关闭”，则关闭了屏幕捕捉功能。你会注意到，屏幕中依然显示栅格，所以栅格和捕捉是两种特性。

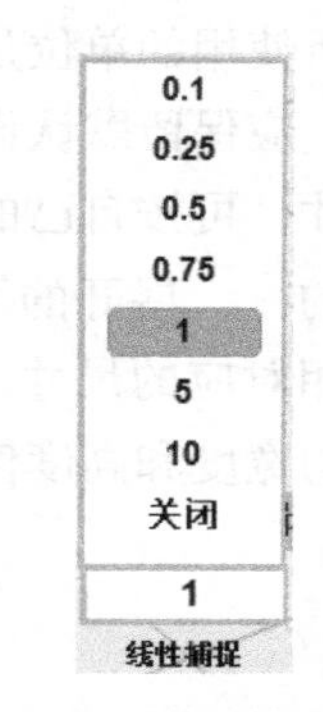

图 4-19 线性捕捉的弹出菜单

右边的角度捕捉，设置了程序中涉及旋转时能够捕捉到的角度值，如图 4-20 所示。例如，如果设置为 30，当旋转时，每次停顿时的角度是 30 的倍数，如 30、60、90……这样就能够快速捕捉到某些特定的角度。

15）在右边屏幕的中央，有一个蓝色背景的竖条，单击这个竖条，现在会出现正在加载的字样。原来这里是他人已建好的模型库，由于 123D 网站已关闭，现在不可用了，如图 4-21 所示。

16）当工作区中有对象时，根据所选择元素的不同，会出现不同的快速菜单（上下文菜单）。它包含了一些快速工具按钮，用来调整模型，而无须再到屏幕上方的工具栏中去选择相应的工具。选择屏幕中的一个对象，既可以选择这个对象本身，也可以选择对象上的点、线、面，随之会出现不同的快速菜单。下面分别解释。

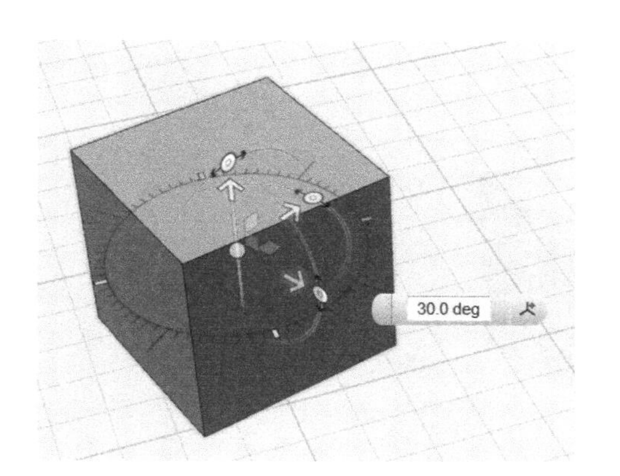

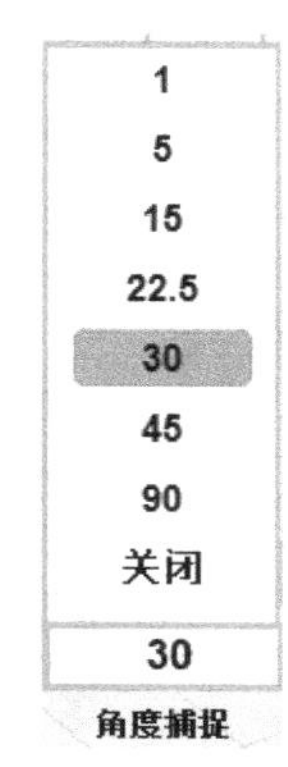

图 4-20 角度捕捉的弹出菜单

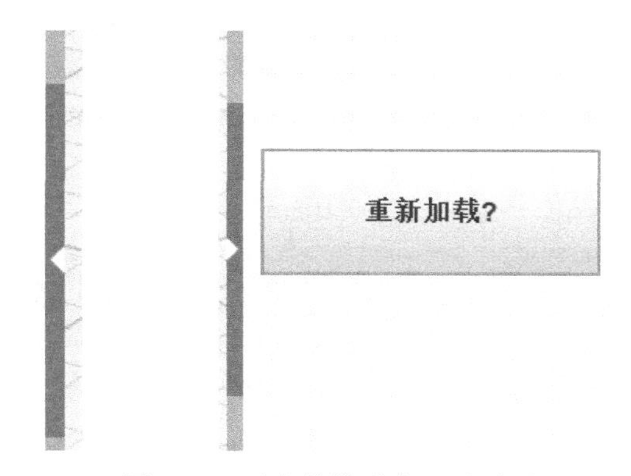

图 4-21 过去的模型库已不可用

在屏幕中的工作区拖入长方体，确定位置后，在整个模型上单击鼠标，模型四周会出现亮绿色的边缘，表示现在选择的是整个对象。屏幕下方会出现一些快速工具按钮，可以用来调整对象，如图 4-22 和图 4-23 所示。

在屏幕上方的工具栏中可以找到前面 5 个按钮；后面的"导出当前选择"按钮可以把选定的对象输出为单个文件；最后的 3 个按钮，如果没有安装相应软件的话，单击后会提示发送到 Meshmixer 和 123D Make，否则会直接运行这两个软件，这不是本书关注的内容。

在选定模型的状态下（单击模型一次），把鼠标指针移动到长方体的某一个顶点上，这个顶点位置会出现一个圆圈。单击鼠标左键，屏幕中会出现一个齿轮形状的图标，把鼠标移到它上面，出现了快速菜单，如图 4-24 所示。选择顶点时，只有一个扭曲工具。

而当选择一条边线时，屏幕中也会出现一个齿轮形状的图标，把鼠标移到它上面，则出现 3 个工具按钮，分别是扭曲、圆角和倒角，如图 4-25 所示。

接下来，要选择长方体的一个面，可以单击长方体，然后再把鼠标移动到所要选择的面上，再次单击鼠标，这个面四周的边线为亮绿色。屏幕中也会出现一个齿轮形状的图标，把鼠标移到它上面，则会出现 3 个工具的按钮，分别是扭曲、压 / 拉和抽壳，如图 4-26 所示。

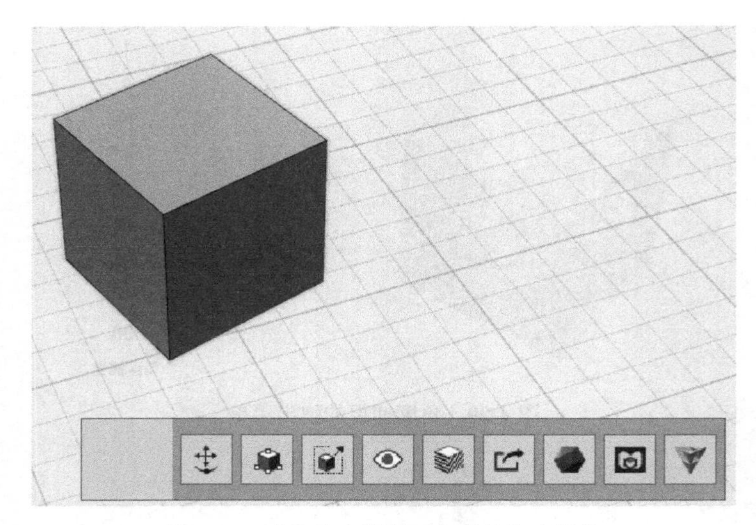

图 4-22　选择整个模型时出现的快速菜单

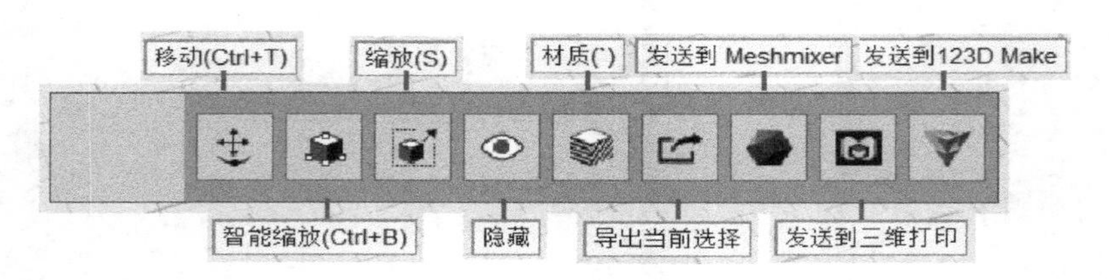

图 4-23　快速工具按钮

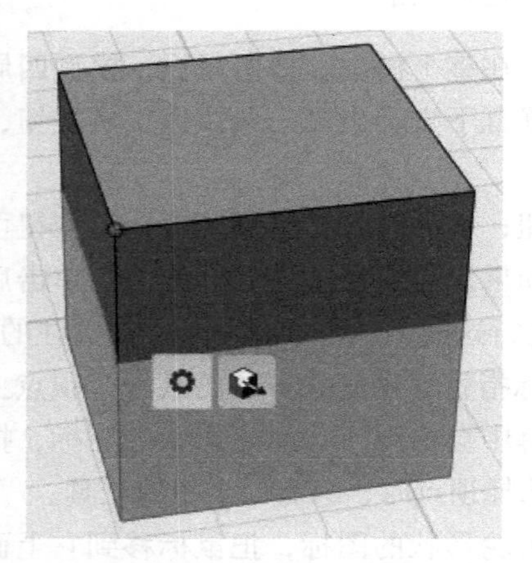

图 4-24　在选择对象的顶点时出现的快速菜单

图 4-25　在选择对象的边线时出现的快速菜单

以上对 123D Design 中的菜单和工具按钮做了简单的介绍，关于工具的使用方法，会在后面分章节做更详细的解释，还会给出实际操作的例子。接下来要对程序菜单和基本项目做些说明。

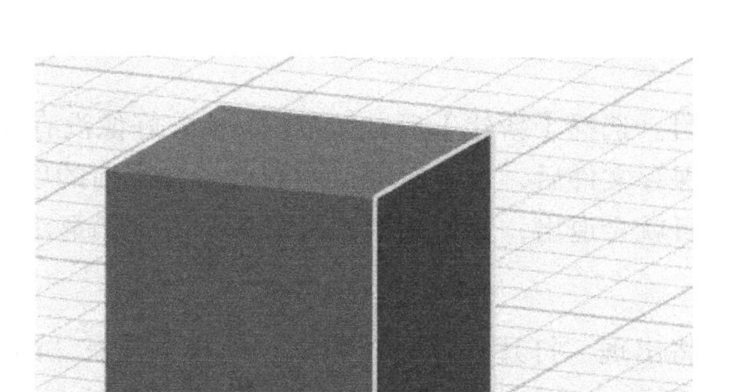

图 4-26 在选择对象的面时出现的快速菜单

4.2 123D Design 的程序菜单

单击屏幕窗口的左上角 ，出现了 123D Design 的程序菜单，如图 4-27 所示。这些是管理文件及输出文件的命令。启动应用程序后，屏幕中的栅格上还是空空如也，好比一个新建的居民小区，土地划分好了，要开始施工，这就是一个工程项目。在屏幕的左上角有“ ”，表明这个项目还没有命名。开发商会给小区起个名字，比如“丽水花园”等，我们也需要为项目命名，然后保存起来。先拖入一个长方体到工作区中，然后选择程序菜单中的“保存”→“到我的计算机”，命名为“练习”，单击“保存”后，会看到左上角显示为“ ”，这个项目就叫作“练习”。“到我的项目”已不再可用，不能保存到网上了，如图 4-27 所示。

在项目施工的过程中，对工程进度要进行管理。在使用计算机建模过程中，也要及时保存文件，这也相当于在管理工程进度。及时保存文件可以避免因意外而丢失已完成的工作。在施工时，需要不断运进工地一些材料，菜单中的“导入”命令，也可以把由其他程序建立的文件导入 123D Design 程序中。而工地上有时还需要把材料送到外面去加工，菜单中的“导出为 3D 文件”命令也是把建好的模型向其他程序传递，大致类似吧。总之，计算机建模就相当于进行一个工程项目，程序菜单中的命令类似于项目管理的工作。下面让我们来熟悉它们。

Untitled*

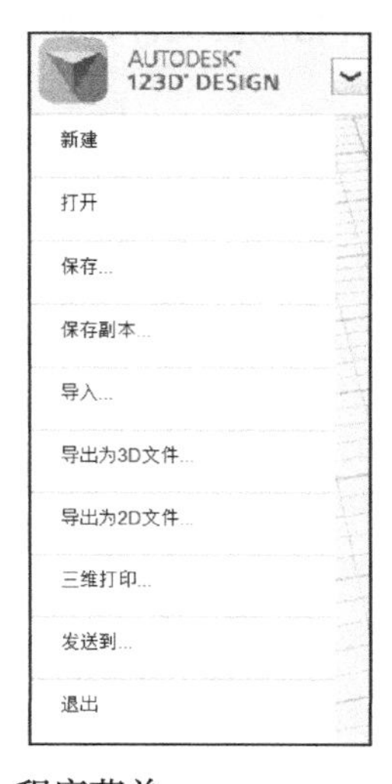

图 4-27 程序菜单

1. 新建

在工作区建立新项目。选择【新建】后，123D Design 好像没有发生什么变化，前面已经解释过，要经过一次保存文件后，才会有项目的名称。在当前的项目中工作时，选择【新建】后，正在工作的项目就会退出，开始新的项目，屏幕左上角显示为 Untitled。

2. 打开

选择“打开”后，将出现“打开项目”对话框。现在，只有“浏览‘我的电脑’”选项卡是可用的，如图 4-28 所示。

图 4-28 “打开项目”对话框

单击“浏览”按钮，弹出“打开”对话框，单击“打开”按钮，就可以在工作区中打开指定的文件，如图 4-29 所示。

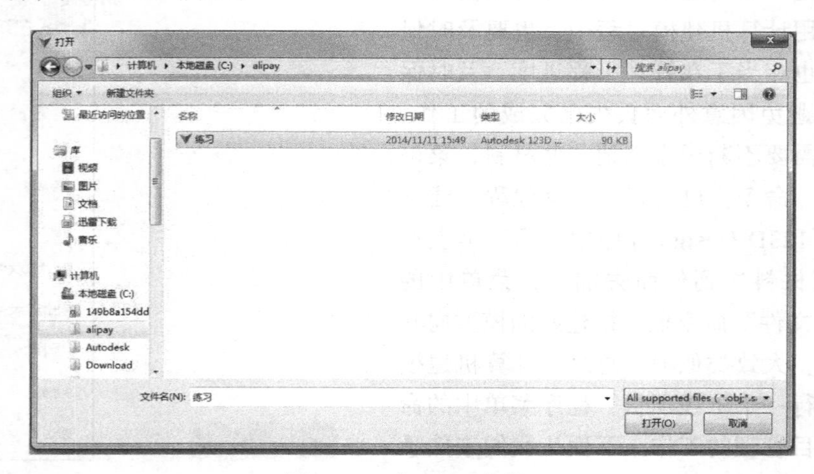

图 4-29 “打开”对话框

3. 保存

前面已经解释过，建模的过程相当于施工的过程，需要及时保存项目，并给项目起个名字。如果还没有保存过项目，选择“保存”，再选“保存到我的计算机”，会出现“另存为”对话框，在这里可以选择保存项目的路径，并为项目起个名字。单击“保存”按钮，项目就保存了。重申一次，养成随时保存文档的习惯是很重要的，任何计算机都会出现问题，及时保存工作进度，可以使损失降到最低。

图 4-30　保存文档对话框

4. 保存副本

保存副本命令的功能与保存类似，可以把一个文件存储到本地计算机。当然也可以在计算机上保存两个文件，有备无患。对于大的项目，保存一个副本很有必要。记住，保存文件就是保存你的工作进度，千万别偷懒。

5. 导入

使用这个命令，既可以导入 3D 模型，也可以把 SVG 格式的文件导入 123D Design 中。导入 3D 模型时，能够接收外部程序设计的多种格式文件，其中可以导入 .obj 格式的多边形网格模型，并进行部分编辑。通过导入 SVG 格式，可以把外部程序如 Illustrator 绘制的平面图形导入 123D Design 中，这极大地扩展了 123D Design 的绘制 2D 平面图形的能力。导入 SVG 时，有两个选项：作为草图和作为实体导入。先了解这些，后面章节中会详细讲解这个命令的使用方法。

6. 导出为 3D 文件

这个命令有 5 个选项：STL、DWG\DXF、SAT\STEP、X3D 和 VRML。STL 文件是在计算机图形应用系统中，用于表示三角形网格的一种文件格式。它的文件格式非常简单，应用也很广泛。STL 用三角形网格来表现 3D 模型，是目前 3D 打印机采用的标准文件类型。在本书中，我们最终会把建好的模型通过这个命令导出为 STL 格式的文件。

DWG\DXF、SAT 格式是 AutoCAD 的标准格式；STEP 格式是国际标准格式，可以使用专业工程设计软件打开处理；X3D 是一种专为互联网而设计的三维图像标记语言；VRML 即虚拟现实建模语言，是一种用于建立真实世界的场景模型或人们虚构的三维世界的场景建模语言，具有平台无关性。初学者无须关注这几种文件格式。

不要以为输出 STL 的过程高深莫测，这个命令的用法相当简单。选择“导出为 3D 文件”→ STL，会出现“网格细分设置”对话框，允许设置三角网格的精度，如图 4-31 所示。

图 4-31 “网格细分设置”对话框

单击“确定”后，出现了“导出为 STL”对话框，为文件指定存储路径并起个名字，然后单击“保存”按钮，就完成了输出 STL 的过程，如图 4-32 所示。

图 4-32 “导出为 STL”对话框

7. 导出为 2D 文件

这个命令有 3 个选项：SVG、DWG\DXF 和创建二维布局。该命令是依据所选择的面，把对象在这个面上的轮廓图形导出为 SVG、DWG\DXF 格式的 2D 文件，是与 3D 建模相反的过程，初学者无须深究。创建二维布局过去是云端的应用，且是收费的，现已停用。

8. 三维打印

选择【三维打印】后，选桌面 3D 打印机，如果你的计算机中没有安装 Autodesk Meshmixer，会出现一个对话框，询问是否下载 Meshmixer。过去，123D Design 与 Meshmixer 是互通的，Meshmixer 对于 3D 打印前的模型检查与准备非常有用。笔者已编写了《3D 打印建模：Autodesk Meshmixer 实用基础教程》，该书已出版，本书中不涉及这款软件的内容。

也就是说，从 123D Design 中选择“三维打印”，要经过 Meshmixer 对模型进行处理，我们不应用这个流程，也就意味着不使用这个命令。常规的流程是把建好的模型导出为 STL 文件，经切片软件处理后，生成 G 代码，再用 3D 打印机打印出来。

至于“在线订购”，现在已不可用了。

9. 发送到

这个命令的功能是把在 123D Design 中设计的模型传递给其他软件处理。有两种软件可选：Meshmixer 和 123D Make。

前面已提到了 Meshmixer 软件，而 123D Make 是一款模型制作程序，当制作完 3D 模型之后，你就可以利用 123D Make 来将它们制作成实物了。它能够将数字三维模型转换为二维切割图案，用户可利用木料、布料、金属、塑料等低成本材料将这些图案迅速拼装成实物，从而再现原来的数字化模型。两款软件都是非常好用的，我们不去过多涉及这些后续流程。

10. 退出

执行该命令，将会退出 123D Design。如果对当前的项目进行了编辑而没有保存，则会出现提示，询问是否在关闭前保存项目，如图 4-33 所示。

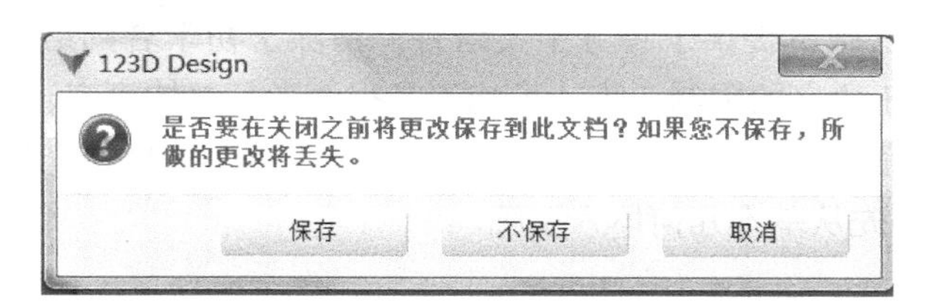

图 4-33 保存提示

4.3 撤销和重做

这是基本的编辑命令。“撤销”是恢复最近一次对当前对象所做的修改，使其复原到未做最近一次修改的状态，快捷键是 Ctrl+Z。可以连续撤销已完成的操作。

“重做”是执行了“撤销”以后，觉得执行该操作是正确的，于是恢复了对该对象所做的修改。快捷键是 Ctrl+Y。

这两个命令在建模过程中将频繁使用，如果觉得单击屏幕很浪费时间，就记住这两个快捷键吧。

还有一个功能是关闭正在工作的项目，快捷键是 Ctrl+W。应用此快捷键后，会出现询问是否保存工作中的项目的对话框，随后会开启新的项目。该功能也是非常有用的。

4.4 主谓操作与动宾操作

这是沿用了AutoCAD的两种操作方法，这里有必要解释一下。所谓主谓操作，就是先选择一个对象，然后在已选择的对象上执行一种命令，例如删除（键盘上的Delete键）操作。而动宾操作则是先选择要操作的命令，然后再选取要执行操作的对象，比如【合并】菜单中的3个工具：合并、相减和相交，如果要把两个对象组合到一起，先选择【合并】工具，然后再选择目标实体和源实体，最后按回车键确认。其他工具也可以这么操作，例如【倒角】命令，先选择【倒角】工具，然后选择要倒角的边，再按回车确认。

在初学时，建议还是用主谓顺序操作，先选择要操作的对象，再选择要执行的命令。但是有的命令只允许动宾操作方式。

4.5 小结

本章详细介绍了123D Design的界面、菜单和工具按钮的作用。初学者或许会感到有些繁杂，不过相对于3DS Max、Solidworks等专业软件（有人形象地评价那些程序有着“瀑布一样的菜单”），这个程序实在是简洁明了的。耐心摸索软件的各部分功能，熟悉它后就可以灵活应用了。

123D Design R2.2版本提供了官方中文语言，消除了初学者的语言障碍。不过，其中有极少数提示信息由于语言的限制，表达可能不是很清晰，总体而言，无关大局。

从下一章起，我们会使用软件所提供的工具，应用第3章里所介绍的方法，逐步深入3D建模环节。让我们先从基本几何体入手吧。

第 5 章 Chapter 5

基本几何体

我们先从基本几何体开始建模。123D Design 提供了 9 种基本几何体，利用它们可以创建一系列模型。在第 2 章里，我们已经创建了一个桌子。在本章中，我们会详细介绍这 9 种基本几何体。

123D Design 的工具栏中翻译为基本体，或许加上“几何”二字更容易理解，指的是长方体、球体等基本造型。此外，原来程序的工具栏中提供了 5 种最基本的形体，新增加了楔形体等 4 种形体，方便了建模时直接调用，无须再使用程序提供的工具来制作它们了。

5.1 9 种基本几何体

5.1.1 长方体

把鼠标悬停到基本体按钮上，工具栏中出现的第 1 个图标就是长方体。单击它，就可以在栅格上拖动长方体，以确定它的位置。长方体的底面出现了白色小圆，这是底面的中心。拖动过程中，如果右下角的捕捉功能是开启的，长方体的底面中心还会捕捉到栅格上的点。关于这一功能，前面已经解释过。在拖动的同时还可以按住鼠标右键旋转视图，也可以按住鼠标中键平移视图，以方便查看。拖到合适的位置，再次单击鼠标，长方体就定位了。

在未确定位置之前，可以在屏幕下方出现的数值输入框中键入数字，来修改长方体长宽高的数值。在第 2 章里已经介绍了输入数值的方法。

1）把鼠标指针移动到基本体按钮上，单击长方体图标，拖出一个长方体，如图 5-1 所示。

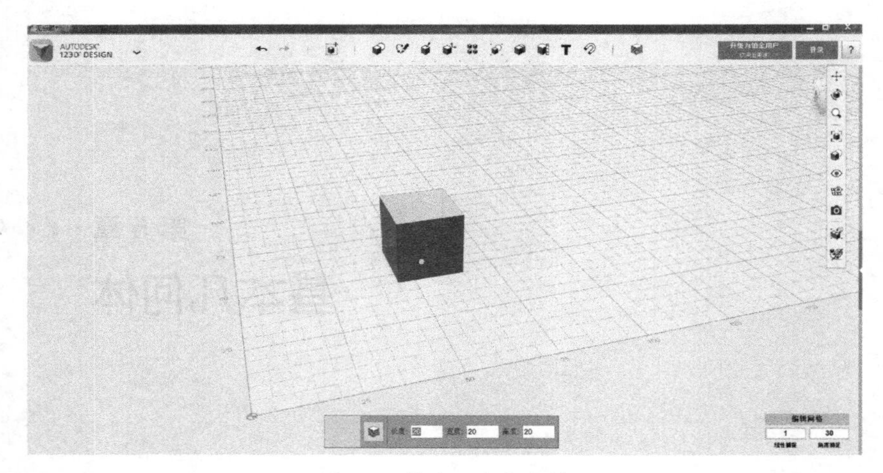

图 5-1　拖出一个长方体

2）在屏幕下面的数值输入框中，分别输入 20、30、40，在适当的位置单击鼠标确定，如图 5-2 所示。

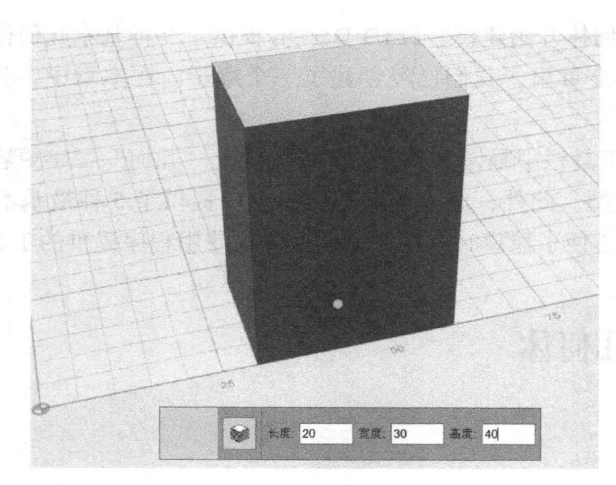

图 5-2　输入长宽高数值

这也太简单了，但不要小瞧这个长方体，你可以改变它的尺寸，将它作为建模的基本形体，比如板式家具、空调、洗衣机等。

5.1.2　球体

接下来，我们拖出一个球。

1）把鼠标指针移动到基本体按钮上，单击球体图标，拖出一个球体，如图 5-3 所示。

2）球体的尺寸只有一个半径参数，在屏幕下面的数值输入框中输入 30，在适当的位置单击鼠标，确定球体的位置，如图 5-4 所示。

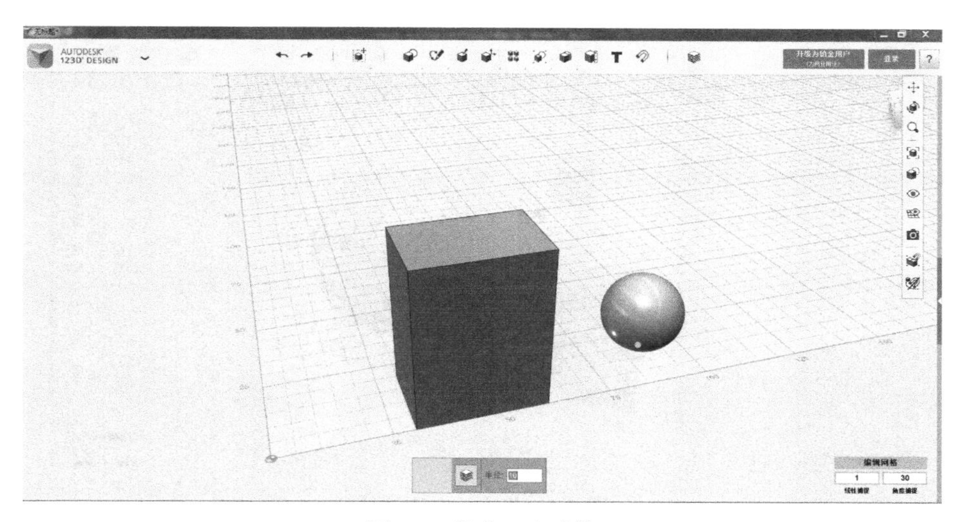

图 5-3　拖出一个球体

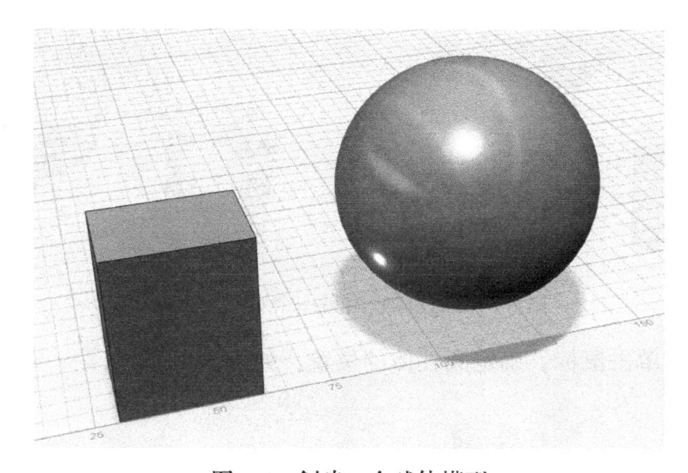

图 5-4　创建一个球体模型

5.1.3　圆柱体

向工作区中添加一个圆柱体。

1）把鼠标指针移动到基本体按钮上，单击圆柱体图标，拖出一个圆柱体，如图 5-5 所示。

2）圆柱体的尺寸有半径和高度两个参数，在屏幕下面的数值输入框中，输入半径 10、高度 30。圆柱体能够吸附另一个对象的表面，先把圆柱体拖到球体的表面上看一下，然后再拖到长方体的表面上看看，结果如图 5-6 所示。

你会看到，当拖动一个对象接近另一个对象时，对象的一个面会自动吸附到另一个对象的表面，特别是当圆柱体接近长方体时，圆柱体就会翻一个跟头。

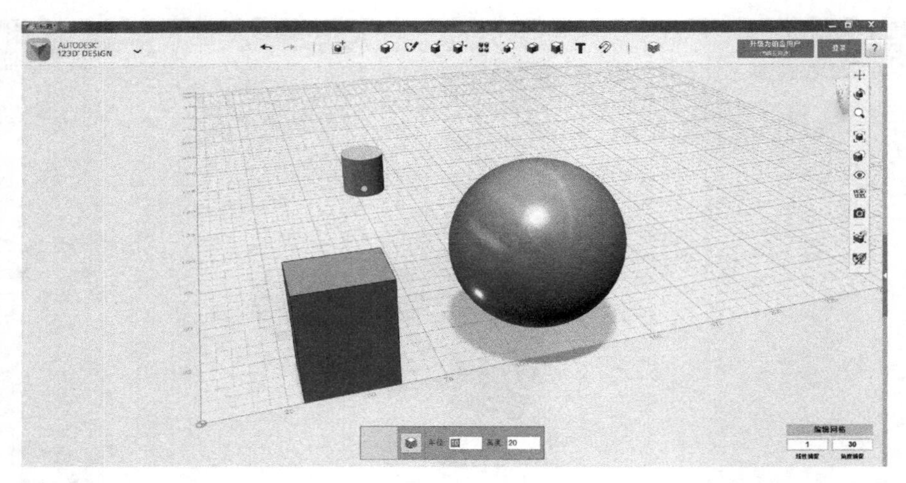

图 5-5　拖出一个圆柱体

图 5-6　圆柱体吸附另一个对象的表面

3）在空白区域单击鼠标，确定圆柱体的位置，如图 5-7 所示。

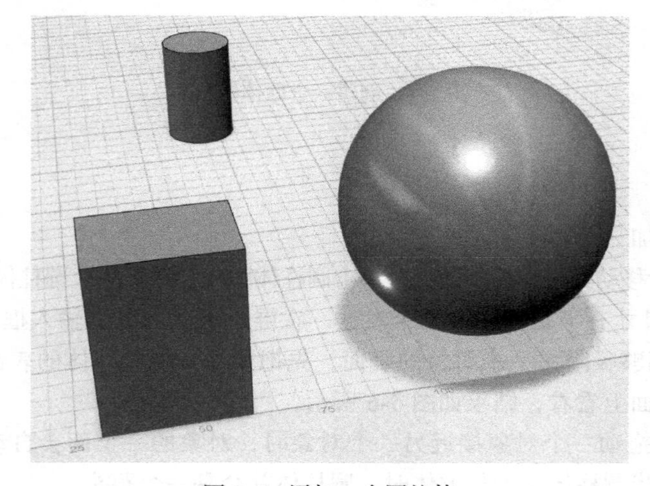

图 5-7　添加一个圆柱体

5.1.4　圆锥体

向工作区中添加一个圆锥体。

1）把鼠标指针移动到基本体按钮上，单击圆锥体图标，拖出一个圆锥体，如图 5-8 所示。

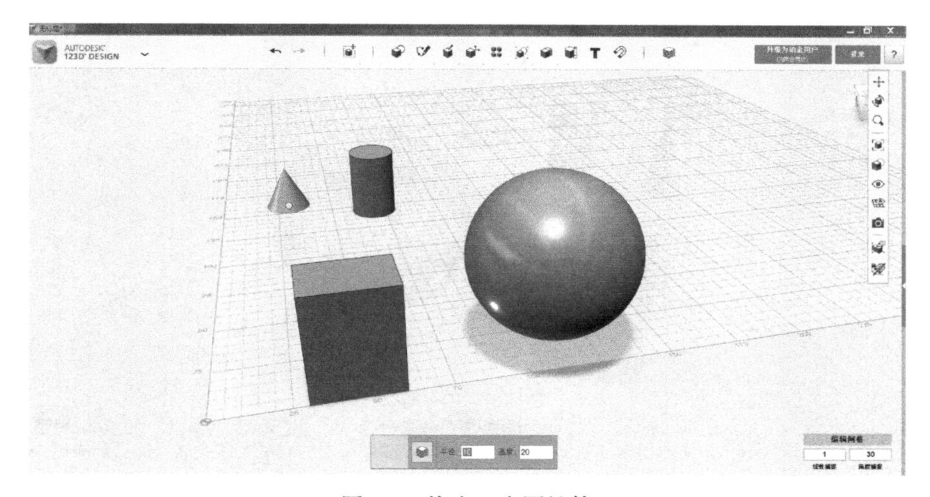

图 5-8　拖出一个圆锥体

2）圆锥体的尺寸有半径和高度两个参数，在屏幕下面的数值输入框中，输入半径 8、高度 40，在空白区域单击鼠标确认，如图 5-9 所示。

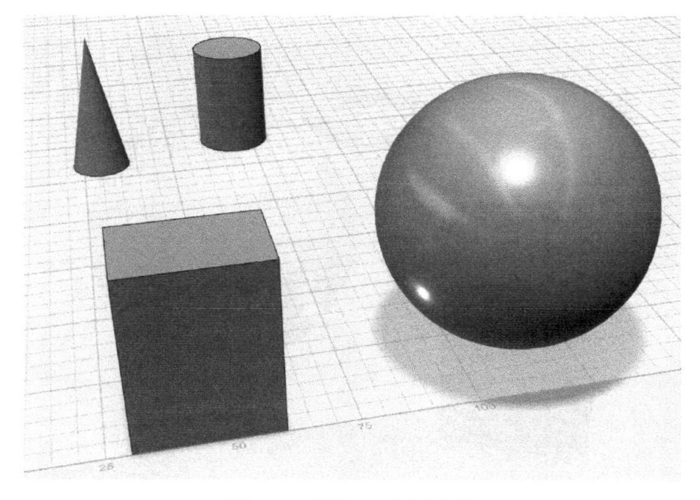

图 5-9　添加一个圆锥体

5.1.5　圆环体

拖一个圆环体放置到工作区中。

1）把鼠标指针移动到基本体按钮上，单击圆环体图标，拖出一个圆环体，如图 5-10 所示。

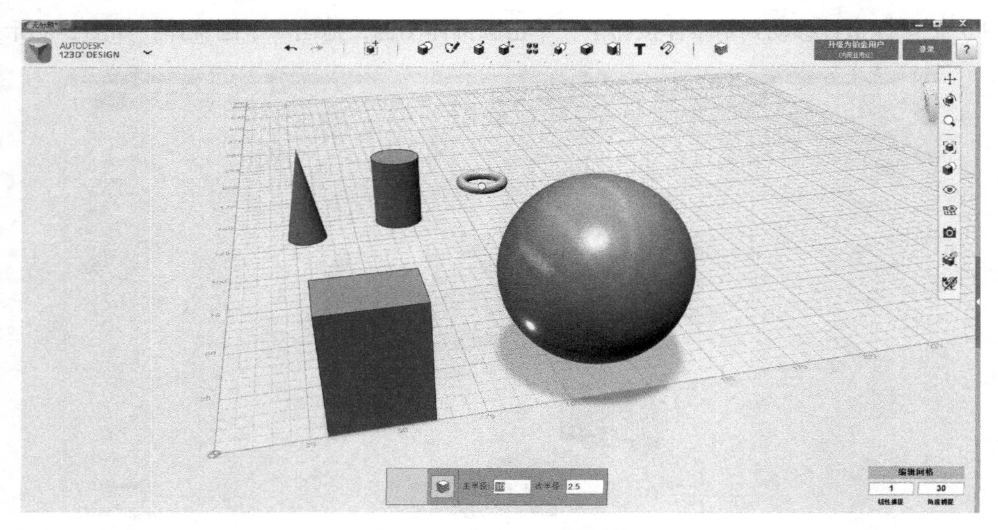

图 5-10　拖入一个圆环体

2）圆环体的尺寸有主半径和次半径两个参数，比如一个手镯，主半径是类似手臂的半径，次半径是手镯环体的半径。在屏幕下面的数值输入框中，输入主半径 20、次半径 6，在空白区域单击鼠标确认，如图 5-11 所示。

图 5-11　添加一个圆环体

5.1.6　楔形体

向工作区中添加一个楔形体。

1）把鼠标指针移动到基本体按钮上，单击楔形体图标，拖出一个楔形体，如图 5-12 所示。

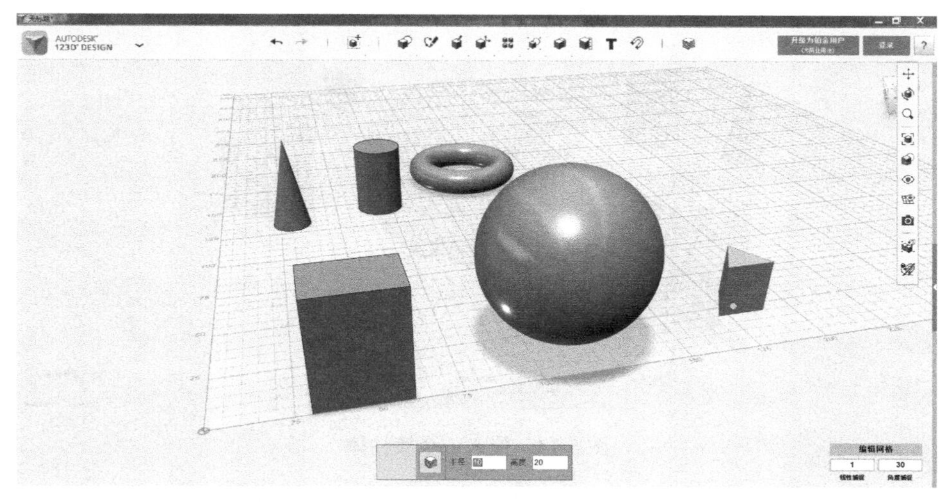

图 5-12　拖入一个楔形体

2）楔形体的尺寸有半径和高度两个参数，在屏幕下面的数值输入框中，输入半径 20、高度 30，在空白区域单击鼠标确认，如图 5-13 所示。

图 5-13　添加了一个楔形体

5.1.7　棱柱体

向工作区中添加一个棱柱体。

1）把鼠标指针移动到基本体按钮上，单击棱柱体图标，拖出一个棱柱体，如图 5-14 所示。

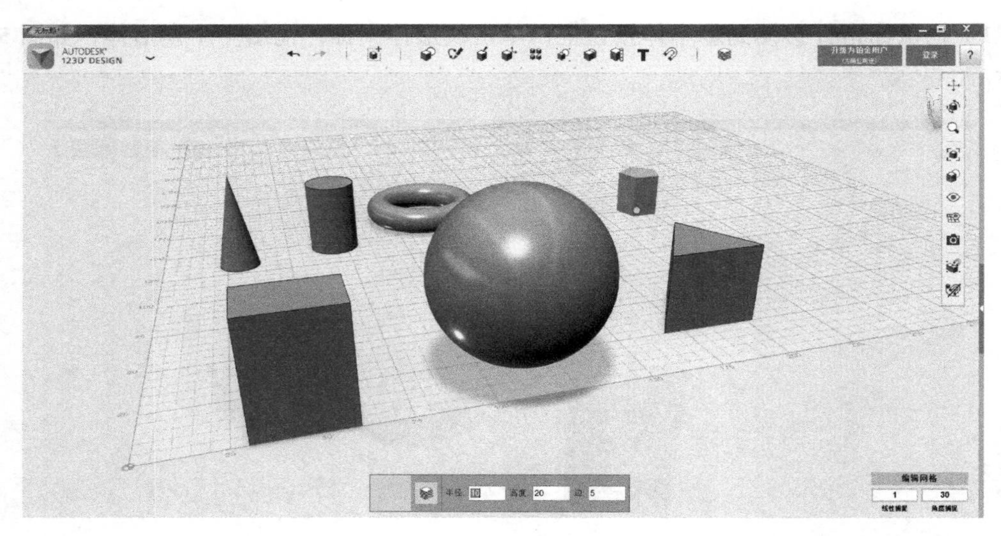

图 5-14　拖入一个棱柱体

2）棱柱体的尺寸有半径、高度和边数 3 个参数，在屏幕下面的数值输入框中，输入半径 15、高度 40、边数 6，在空白区域单击鼠标确认，如图 5-15 所示。

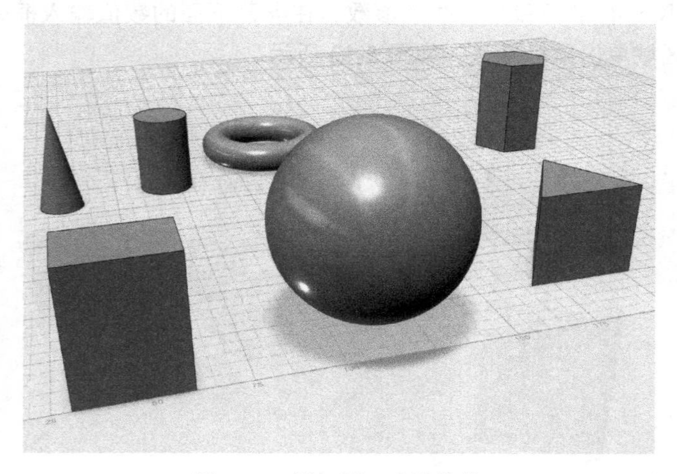

图 5-15　添加了一个棱柱体

5.1.8　锥体

向工作区中添加一个锥体。这里的椎体指的是棱锥。

1）把鼠标指针移动到基本体按钮上，单击锥体图标，拖出一个锥体，如图 5-16 所示。

2）锥体的尺寸有半径、高度和边数 3 个参数，在屏幕下面的数值输入框中，输入半径 20、高度 50、边数 4，在空白区域单击鼠标确认，如图 5-17 所示。

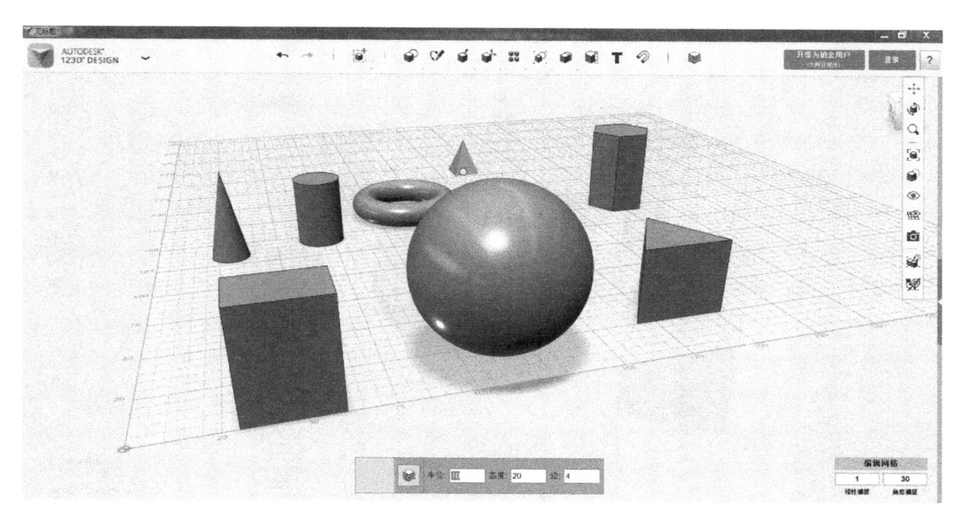

图 5-16　拖入一个锥体

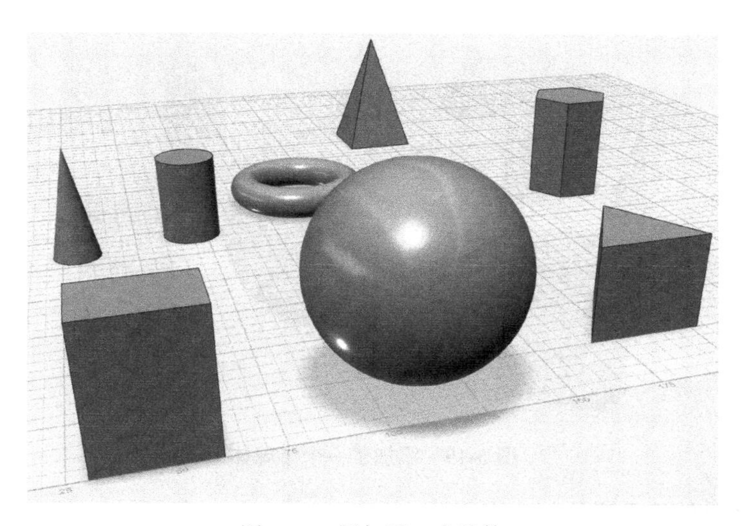

图 5-17　添加了一个锥体

5.1.9　半球体

向工作区中添加一个半球体。

1）把鼠标指针移动到基本体按钮上，单击半球体图标，拖出一个半球体，如图 5-18 所示。

2）半球体的尺寸只有一个半径参数，在屏幕下面的数值输入框中输入 30，在适当的位置单击鼠标，确定球体的位置，如图 5-19 所示。

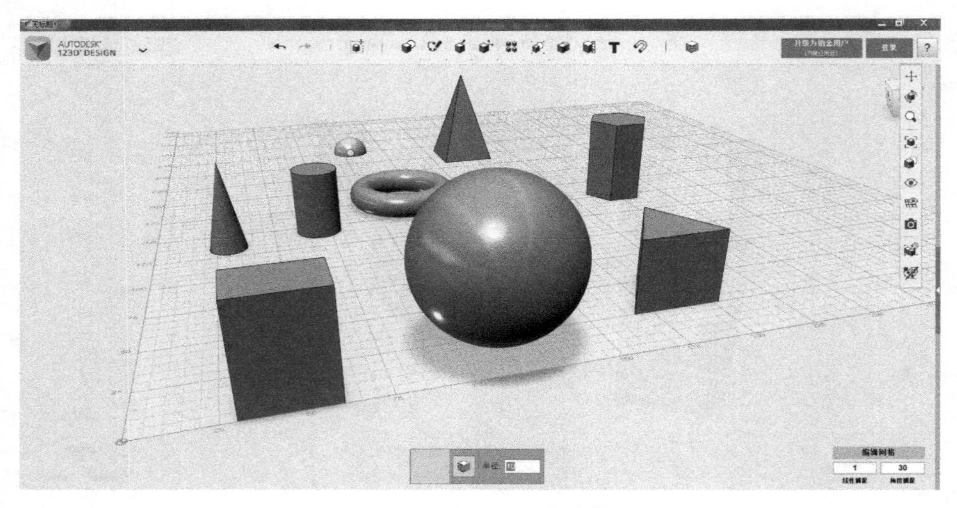

图 5-18 拖入一个半球体

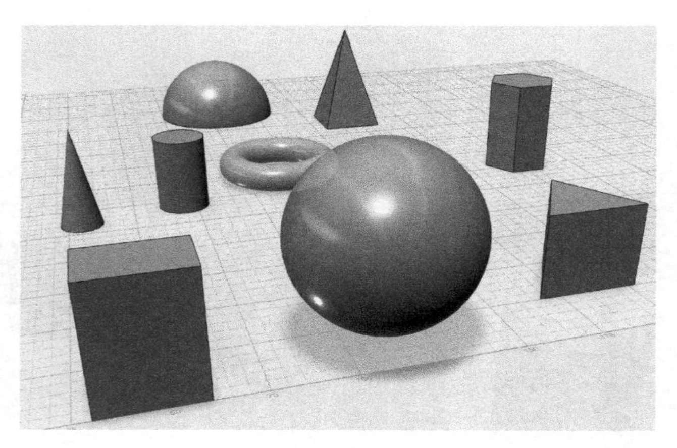

图 5-19 添加了一个半球体

这些基本体足够堆叠形体创建模型了。

5.2 对屏幕视图的操作

当工作区中有很多个对象时，就需要掌握针对屏幕显示的操作，以方便观察对象的细节部分。最简单的操作是按住鼠标右键，旋转视图。不过，这种方法比较随意，当希望从某个特定角度观察对象时，可以使用屏幕右上角的视图方块，来确定准确的观察方向。

在前面我们已经知道，可以选择视图方块的顶点、边线和面，来观察工作区中的对象。视图方块在不同的观察角度时，四周会出现不同的图标。当选择从一个顶点观察时，出现图标；当选择一条边线观察时，出现图标；当选择正向观察时，在长方体的四周则出现了指示方向的小三角，还有两个旋向相反的箭头。单击 4 个小三角，可以切换到它所指向的视图，比如单击上面向下的小三角，就会切换到上视图。而单击旋转的箭头，就会围绕着视图的方向翻转 90°。当要从正向视图中退出时，可以把鼠标指针移到长方体的 4 个顶点之一，出现蓝色标识后，单击鼠标，也可以按住鼠标右键任意旋转一下。试一试，就会理解它们的作用。

屏幕右边导航工具栏中的从上向下的 4 个工具按钮也与屏幕操作有关。第 1 个按钮是平移视图工具，单击它，在屏幕中任意位置点击一下，就可以拖着视图平移。第 3 个像放大镜的按钮是【缩放】工具，与滚动鼠标中键实现的功能相同，用于对屏幕显示进行放大和缩小。第 4 个按钮是全局视图按钮，当缩放的倍率过大，看不见屏幕中的模型时，单击这个按钮，所有对象都会在屏幕中显示出来。第 2 个按钮是动态检视工具（程序中叫旋转，容易引起误解），这里说明一下它的用法，如图 5-20 所示。

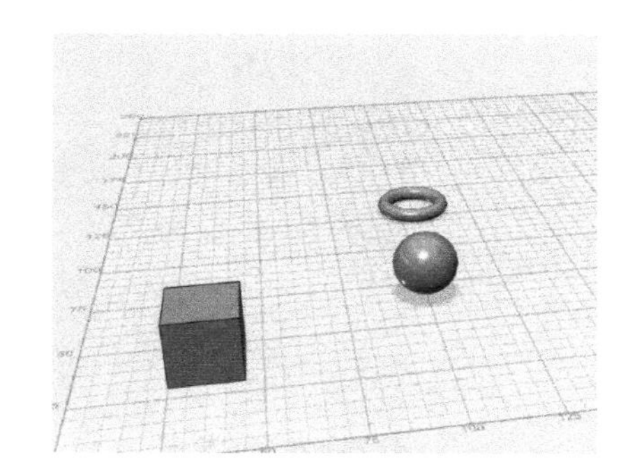
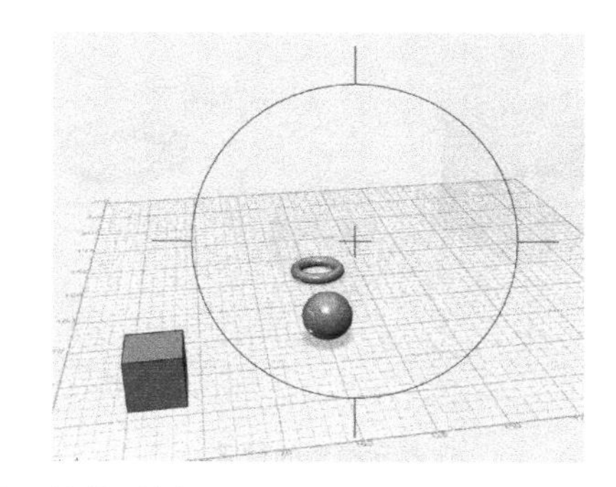

图 5-20　动态检视工具的示例

如图 5-20 中的视图区中有 3 个对象，单击动态检视工具按钮以后，屏幕中会出现了像靶标似的图形，中间是十字星，这是什么意思呢？假如想要查看长方体，就在长方体上单击鼠标，长方体就立刻移动到十字星所处的位置。实际上，这个十字星就是你观察的焦点，如图 5-21 所示。

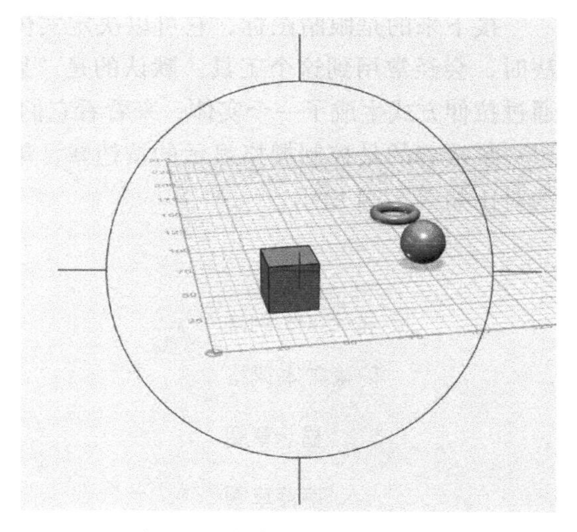

图 5-21　十字星是观察的焦点

把鼠标放到两个水平线上，会出现图标，可以水平旋转视图来查看长方体。而放到两个垂直线上，则会出现图标，能够垂直旋转视图，以方便查看。而把鼠标放在圆的内部，出现的是图标，可以在任意方向上旋转视图。

5.3 3个显示控制按钮

屏幕右侧的导航栏中，有3个工具按钮用来控制模型的显示模式、对象及草图的显示与否和工作区中是否显示出栅格。先看第1个控制模型的按钮，它的3种显示如图5-22所示。

a）控制模型的按钮

b）显示模型的材质和轮廓

c）显示模型的材质

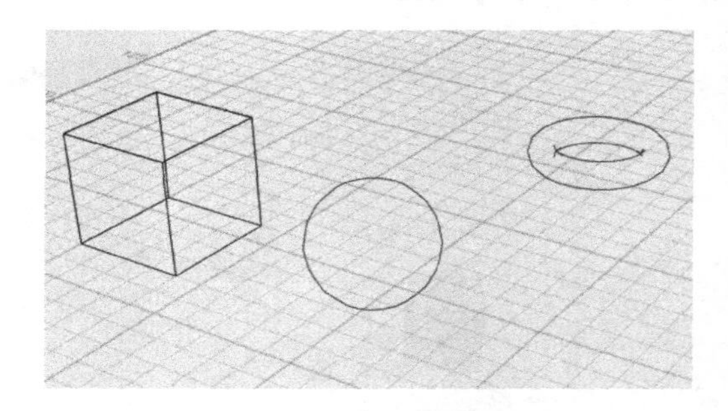

d）显示模型的轮廓

图 5-22

接下来的是眼睛图标，它可以决定实体和草图是否显示，在采用由草图生成实体的方法时，会经常用到这个工具。默认的是“显示实体/网格”。这里先绘制了一个草图图形，通过拉伸方式生成了一个实体，来看看它们各有什么样的效果，如图5-23所示。

紧接着的是控制栅格显示的按钮，单击它，屏幕中不再显示栅格。显示与隐藏栅格的对比如图5-24所示。

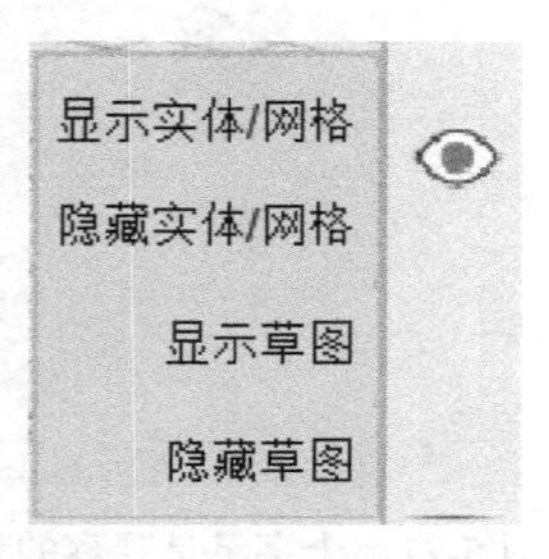

a）由草图生成实体的按钮

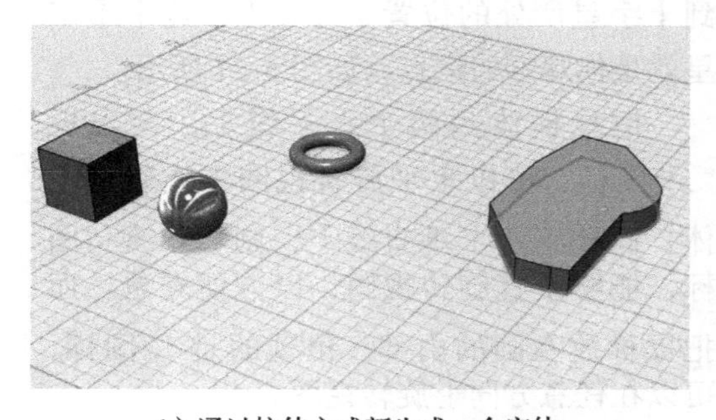

b）通过拉伸方式新生成一个实体

图 5-23

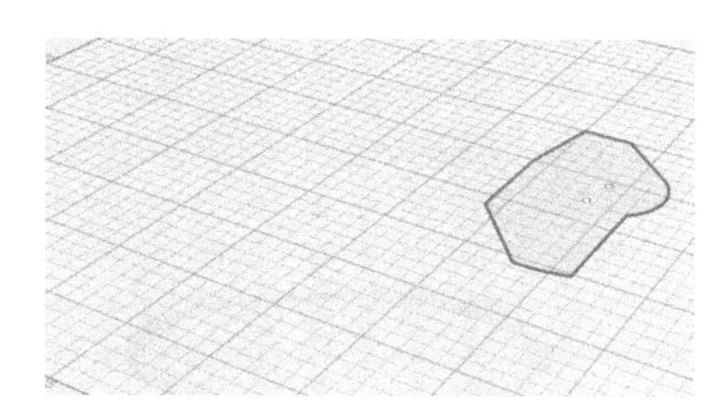

c）隐藏实体 / 网格后，只剩下草图

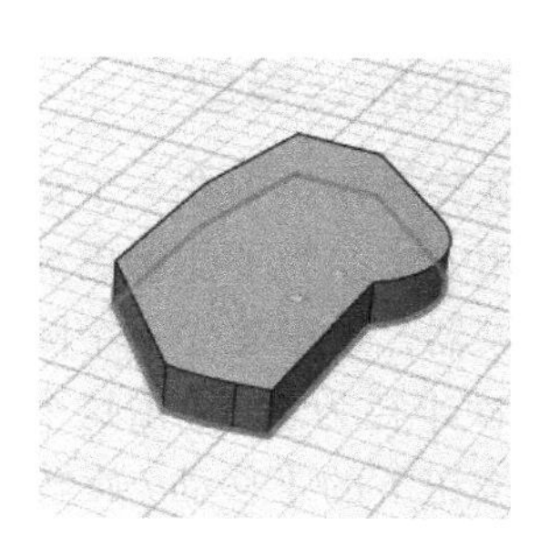

d）显示草图

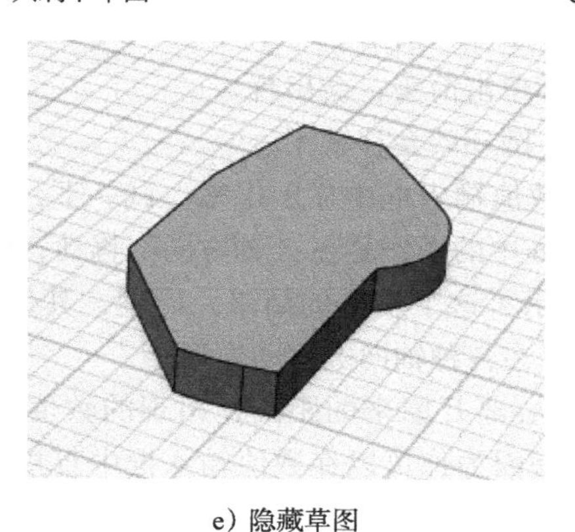

e）隐藏草图

图　5-23（续）

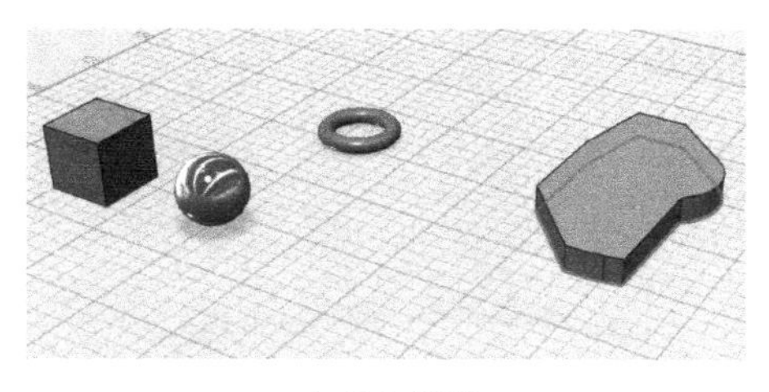

a）显示栅格

b）隐藏栅格

图　5-24

对于初学者，还是应该保留显示栅格的状态，相当于一个工作平台，否则会有没有根基的感觉。熟练以后，再去掉栅格的显示，此时能够更好地观察对象。

导航栏中其他的工具按钮在后面会陆续解释。

5.4　3 个基本编辑命令：移动、旋转和缩放

我们来看看屏幕上部工具栏中变换子菜单中的移动、旋转和缩放工具，它们包含了编辑模型的 3 个基本操作：移动、旋转和缩放。

5.4.1 移动和旋转模型

移动和旋转操作集中在一个按钮中，下面先看看它的使用方法。为了能够更清楚地看到屏幕中出现的操纵器，这里建立一个圆环的模型，主半径为 20，次半径为 1。单击这个圆环，然后单击“变换”按钮下的【移动 / 旋转】工具，圆环上就出现了操纵器，如图 5-25 所示。

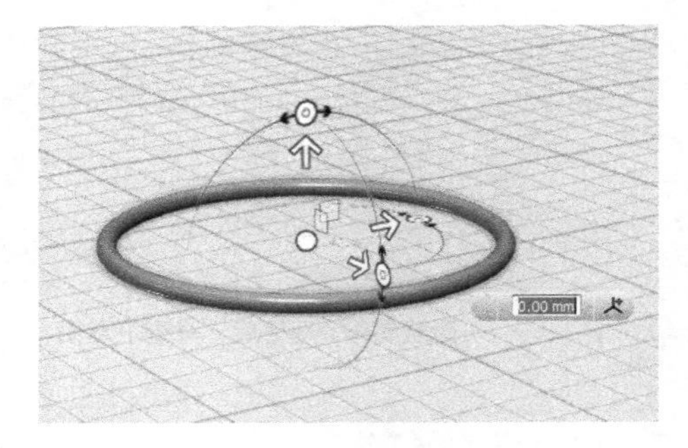

图 5-25 出现的操纵器

屏幕中的操纵器上有 4 种图标：箭头、小平面和小圆和双环小圆。用鼠标单击箭头，会出现抓手的图标，向上拖动鼠标，圆环就会移动了一段距离，这个距离在右边的数值输入框中显示出来。试一下，抓住这个箭头，只能是在箭头所指的轴向上移动，图 5-26 中的操作是在 Z 轴方向上移动，而不能在 X、Y 轴向上移动。栅格上出现的阴影形象地展示了这个动作的结果。同理，其他两个箭头分别表示了 X、Y 轴，用鼠标抓住它们，就可以在各种轴向上移动模型。

图 5-26 中会标出圆环中心离开原来的距离，出现的数值输入框中也显示了移动的距离。为什么要这样显示？这是因为你可以在数值输入框中直接输入要移动的距离。这种操作方式是先单击圆环，然后单击【移动 / 旋转】工具，在出现的操纵器上单击向上的箭头，悬停鼠标，箭头会变为黄色，然后在数值输入框中输入要移动的距离，例如 30，圆环就上移 30mm，如图 5-27 所示。如果感觉数值不对，可以重新输入数值，比如 50，圆环就会继续上移。确认移动的距离正确无误后，再按回车键结束。

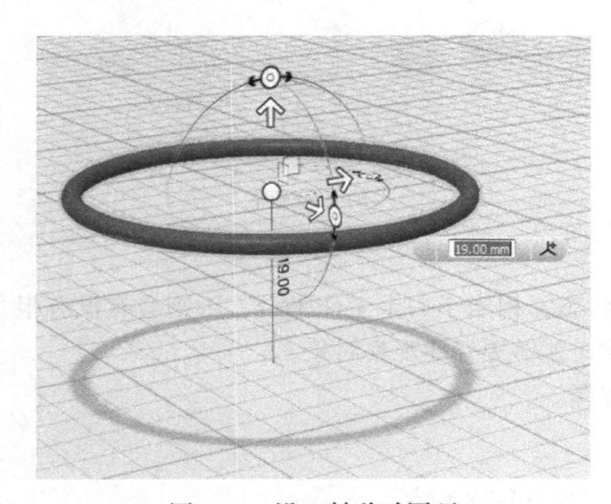

图 5-26 沿 Z 轴移动圆环

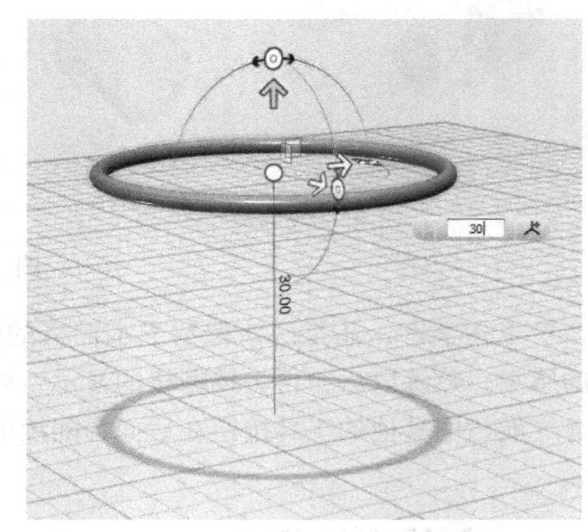

图 5-27 利用数值输入框移动圆环

数值输入框右边有个图标，用鼠标单击一次，会出现停止重定向提示，图标也随之改变为，此时再输入新的数值，移动的是操纵器本身，而不是圆环。再次单击它，又改

变为 ，出现开始重定向提示，再输入新的数值，又可以移动模型了。允许重定向操纵器状态下，可以移动和旋转操纵器，建立自己的用户坐标系，如图 5-28 所示。这个操作易对初学者造成困扰，所以本教程不建议使用这个功能。

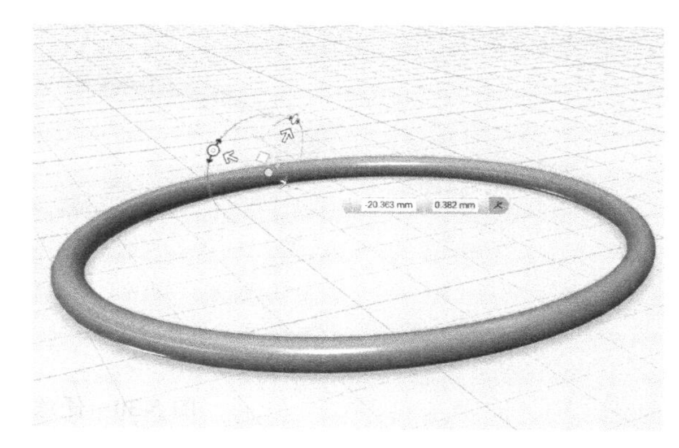

图 5-28　建立用户坐标系

实际上，123D Design 完全能够精确建模，不过对于初学者来说先不要有那么高的要求。

仔细看操纵器的中央，还有 3 个小平面 ，用鼠标抓住它们，可以分别在 XY 平面、XZ 平面和 YZ 平面上移动模型。我们把鼠标放在水平的 XY 小平面上，移动鼠标，圆环始终在栅格上移动，而不会上下移动（Z 方向）。值输入框会有两个输入数值的位置，可以确定在一个平面内要移动的位置坐标。在 XY 平面上移动时，左边的输入框代表的是 X 坐标，右边的输入框代表的是 Y 坐标；在 XZ 平面上移动时，左边的输入框代表的是 X 坐标，右边的输入框代表的是 Z 坐标；在 YZ 平面上移动时，左边的输入框代表的是 Y 坐标，右边的输入框代表的是 Z 坐标。要确定它们分别代表的是哪一个坐标轴，只要保持一个输入框为零，另一个输入数值既可以判定出来。这里烦琐地写这么多文字，是要使读者清晰地理解 123D Design 中的世界坐标系。

操纵器上还会出现 3 个圆形轨道和 3 个双环小圆，单击圆形轨道，会出现把圆周分割的刻度尺，在双环小圆上单击并拖动鼠标，可以在沿着那个平面内旋转圆环体。分别选择 3 个圆形轨道，旋转圆环体试一下，可以体会圆环体沿着不同的平面旋转的效果。而出现的数值输入框中可以输入一个旋转角度值，如图 5-29 所示。

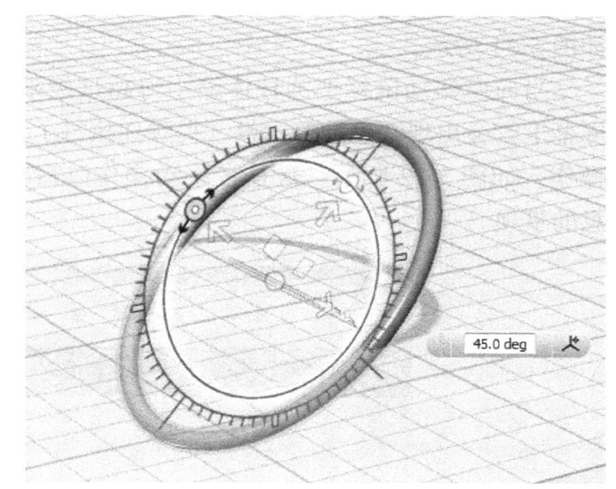

图 5-29　旋转圆环体

还可以输入负的角度值，试一试，体会一下正值和负值的区别。如果直接按住代表坐标系原点的小圆拖动鼠标，圆环体可以移到任意位置，如图 5-30 所示。但很随意，不容易掌控方向。

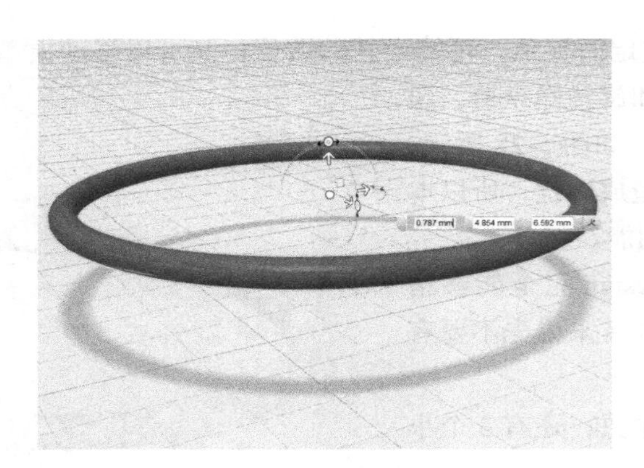

图 5-30　任意移动圆环体

5.4.2　缩放模型

实际建模过程中，经常要改变对象的大小，这就要使用【变换】中的【缩放】工具。

这次，我们用圆柱体来演示【缩放】工具的用法。在工作区中新建一个圆柱体，单击这个圆柱体，选择【变换】子菜单中的【缩放】工具，圆柱体上会出现一个箭头。用鼠标抓住这个箭头，向右移动，则放大圆柱体；向左移动，则缩小了圆柱体，如图 5-31 所示。

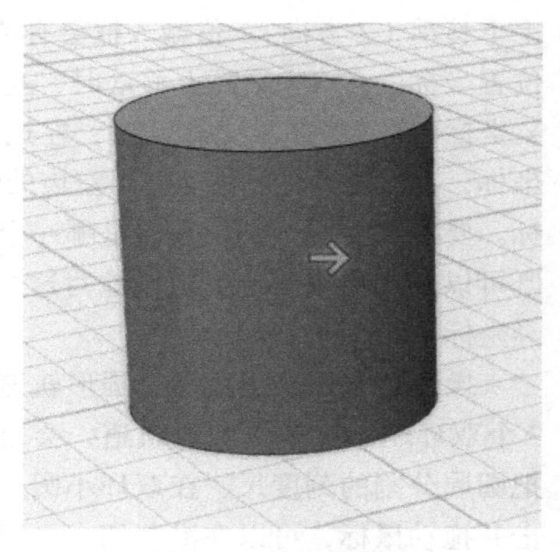

图 5-31　缩小圆柱体

当向左移动鼠标把圆柱体缩小得超过极限时，屏幕上方会出现红色的警示框，提醒你执行了无效操作，如图 5-32 所示。这是在手动操作时需要注意的事项。

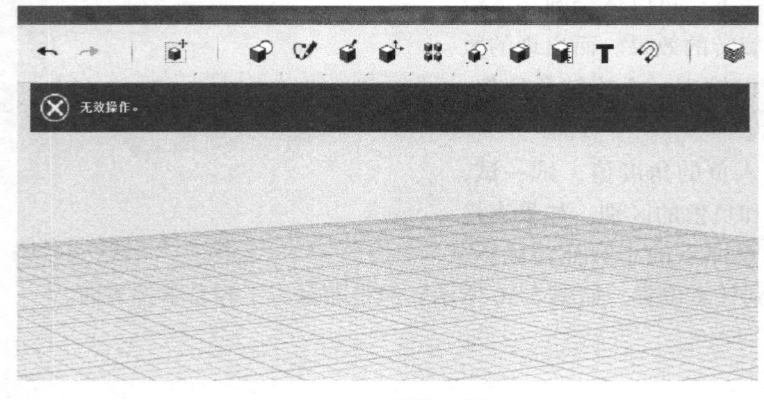

图 5-32　无效操作警示

看一下屏幕下方的数值输入框，这里有两个项目：缩放类型和缩放比例因子。当前的缩放类型是等比缩放，如图 5-33 所示。在右边的输入框中输入要缩放的因子，也可以缩放圆柱体。输入 2，观看一下效果。

接下来，选择缩放类型为非等比缩放，圆柱体上出现了 X、Y、Z 三个方向的箭头，屏幕下面也出现了 X、Y、Z 三个输入框，如图 5-34 所示。

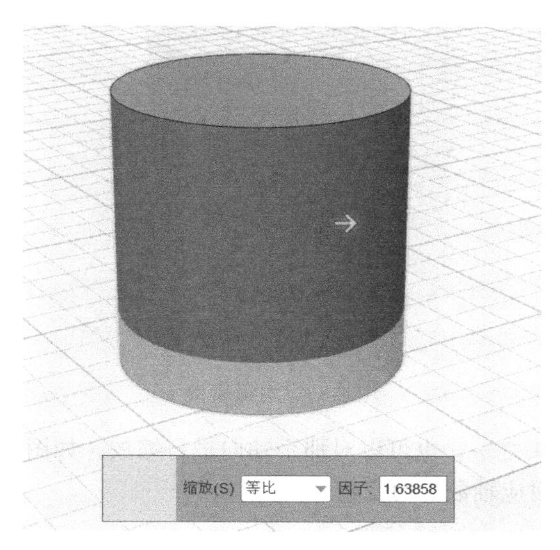

图 5-33 等比缩放

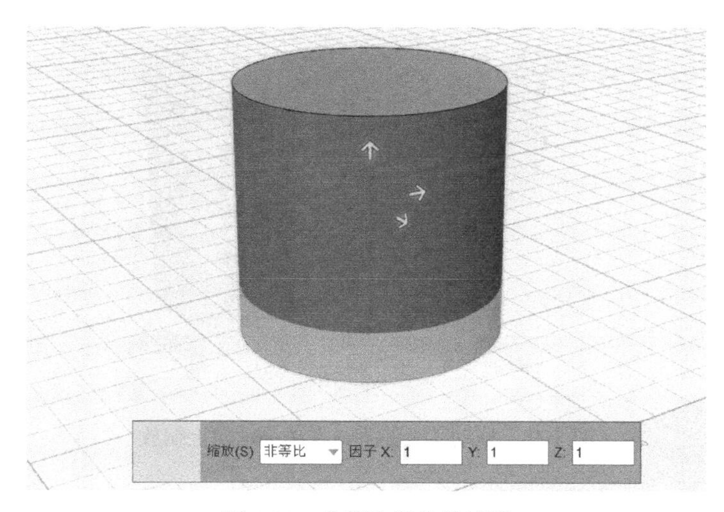

图 5-34 非等比缩放的情况

只不过现在可以对 X、Y、Z 三个轴向分别进行控制，在输入框中输入不同的值，例如，输入 1、1.5 和 2，模型将不再是圆柱体了，而是一个扁桶模型，如图 5-35 所示。

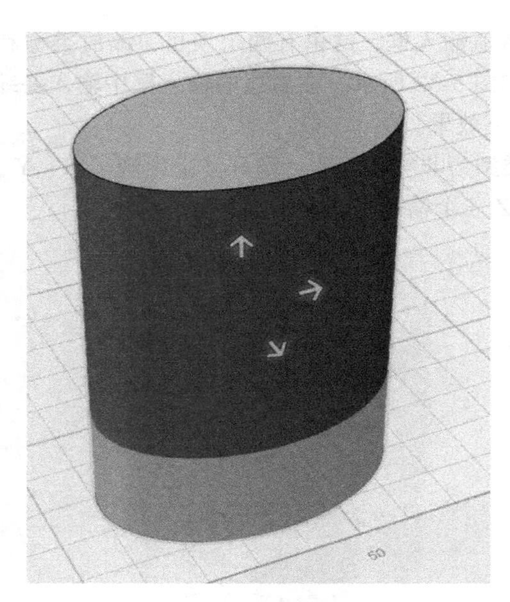

图 5-35　扁桶模型

用鼠标拖动 3 个箭头之一，也可以对那个轴向进行缩放，如图 5-36 所示。在拖动过程中，注意察看输入框中对应轴数值的变化。

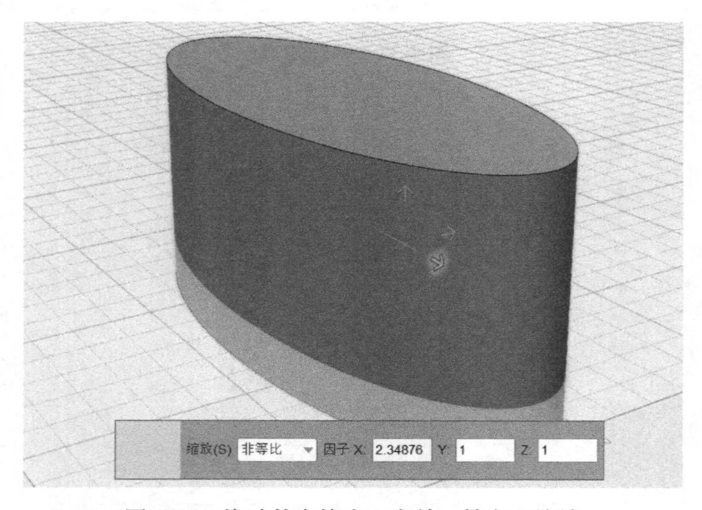

图 5-36　拖动某个箭头，在单一轴向上缩放

5.5　正交视图和透视图

在视图方块的右下方有个按钮，单击它会出现下拉式菜单，可以从中选择屏幕中所

显示的是透视图还是正交视图。这里解释一下两种视图的含义。

透视图把立体三维空间的对象按照人眼的视觉习惯在二维平面构成画面，透视图提供了近大远小的真实视觉效果。透视图参照了西方绘画的点透视，图只有一个焦点，一般视域只有 60 度，就是人眼固定不动时所能看到的范围，视域角度过大的景物不能包括到画面中。透视图有很强的立体空间表现力，如图 5-37 所示。

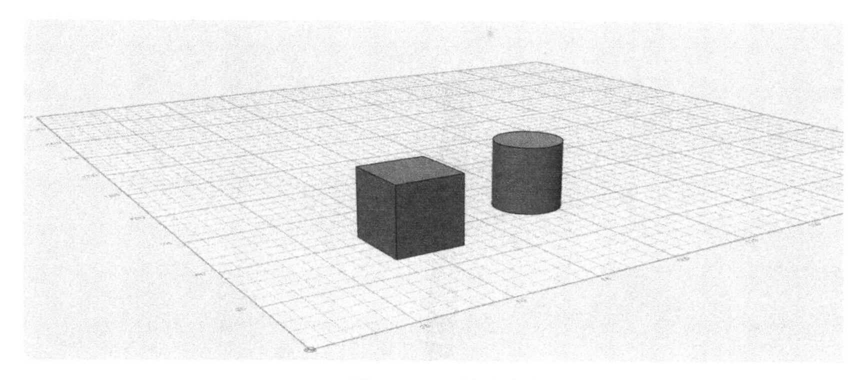

图 5-37 透视图

正交视图则是不考虑物体的透视效果，只是将物体所在三维空间的点一一对应到二维视图平面上的成像，有点类似于国画中的散点透视效果。正交视图中的对象，远近一样大小，如图 5-38 所示。正交视图能准确表达物体在空间中的位置和状态，便于观察三维空间里平行线条的分布。但看起来有些别扭，因为它不符合人的视觉习惯。

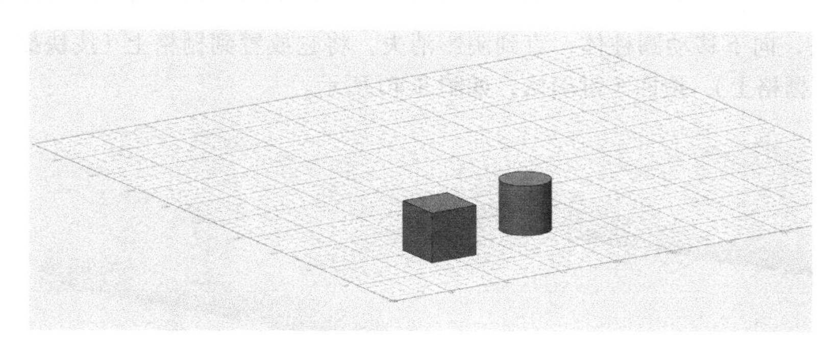

图 5-38 正交视图

观察以上两幅图中的栅格也会看出这一特点，透视图中相邻线往一起聚拢，但并不是平行的，而正交视图中的相邻线是平行的。

5.6 实例

上面我们讲解了基本几何体，了解了对屏幕视图的操作和模型的基本编辑工具的用法。

接下来应用这些知识来建立一个模型。

5.6.1 创建铅笔模型

1）选择基本体中的圆柱体按钮，拖出一个圆柱体，设置半径为2，高度为40，在栅格适当的位置点击鼠标确定，如图5-39所示。

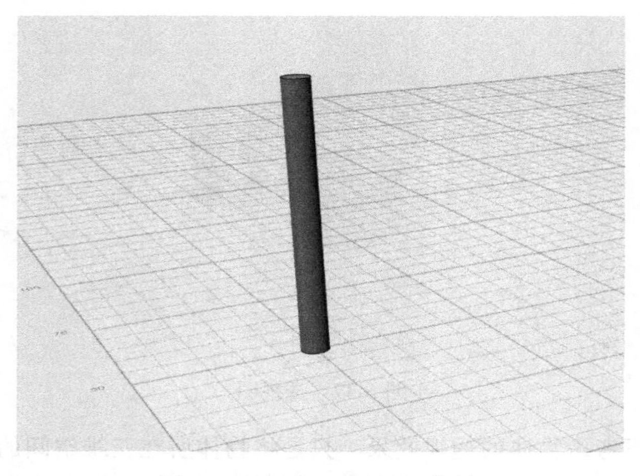

图5-39 创建一个细长圆柱体

2）单击这个圆柱体，选择【变换】中的【移动/旋转】工具，用鼠标单击YZ平面上的圆形轨道，将圆柱体旋转−90°，注意数值输入框中的数值应为−90。将它放平。然后抓住向下的箭头，向下移动圆柱体，直到阴影消失，将它放置到栅格上（按快捷键D可以将对象直接落到栅格上），按回车键确认，如图5-40所示。

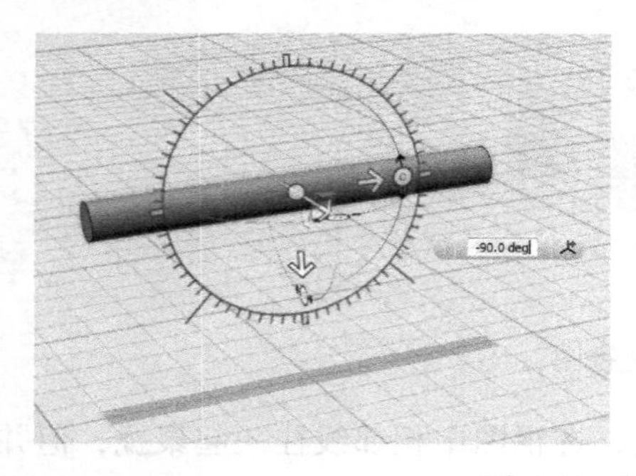

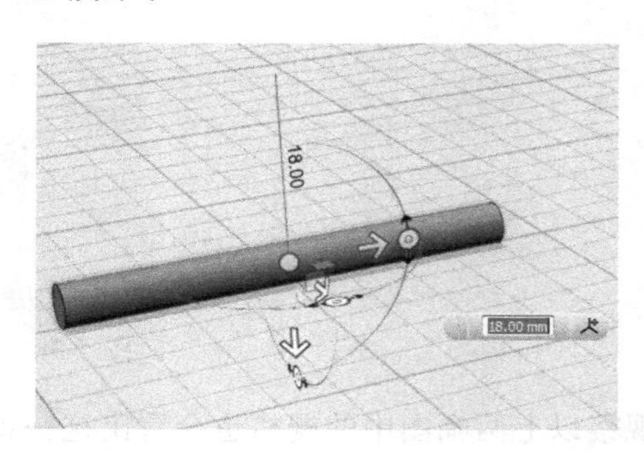

图5-40 旋转并放置圆柱体

3）选择基本体中的球体（也可以用半球体，不过需要旋转它），半径设置为2，把它放置到圆柱体左边的位置。单击这个球体，再选择【变换】中的【移动/旋转】工具，拖动球体靠近圆柱体的左端，只留半球在圆柱体的外端。按回车键确认，如图5-41所示。

4）选择基本体中的圆锥体，半径设置为2，高度设置为10，把它放置到圆柱体右边的位置。单击这个圆锥体，再选择“变换”中的“移动/旋转”工具，也将它旋转90°，然后把它下移，放到栅格上，再拖动圆锥体靠近圆柱体的右端，按回车键确认，如图5-42所示。

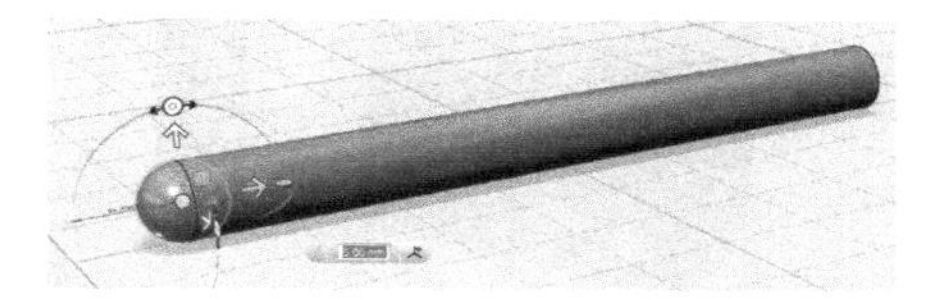

图5-41　把球体与圆柱体靠在一起

图5-42　把圆锥体与圆柱体靠在一起

把它们组合起来的操作会在后面讲解。本例主要练习对于基本体的操作，还有【移动/旋转】工具的使用练习。图5-42中的结果像铅笔吧？

5.6.2　创建带轮子的小车

接下来，让我们建一个带轮子的小车。

1）选择基本体中的长方体按钮，拖出一个长方体，尺寸分别设置为10、20、15，尽可能将长方体的一个角放置到栅格的一个交点上，以方便后续确定尺寸，如图5-43所示。

图5-43　拖出一个长方体

2）创建一个圆柱体，半径设置为3，高度为20，把它放置到长方体的长度值一半的那条线上。然后单击圆柱，再选择【移动/旋转】工具，将圆柱旋转到水平位置，注意数值输入框中的值应为为90°，如图5-44所示。

3）向左移动圆柱体，把它放置到长方体的中心位置。在透视图中，要完成这个任务还是有难度的。我们要先切换视图到前视图来进行移动操作。单击视图方块中的“前”，视图就显示为前视图，同时，选择正交模式，如图5-45所示。

在前视图中，移动圆柱体到长方体的中央，先目视差不多就行。我们在切换到俯视图和左视图中看一下，来确定圆柱体长度方向上是否位于长方体的中心，如图5-46所示。

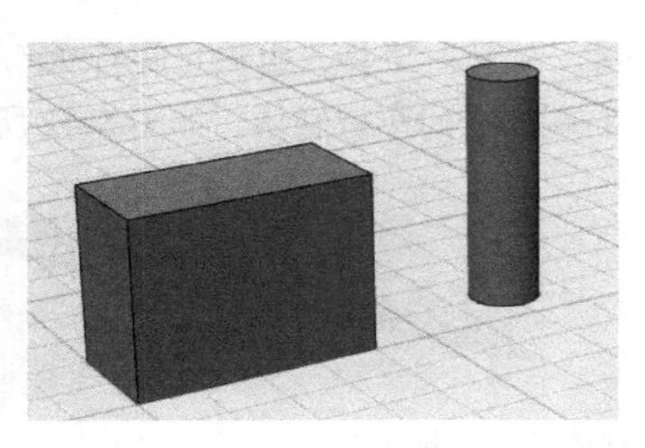

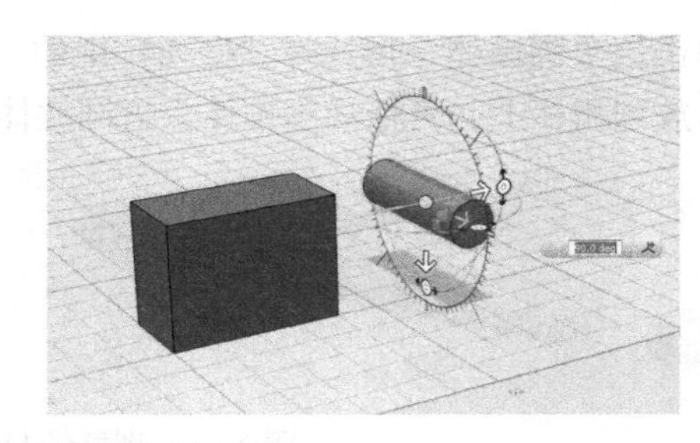

图 5-44 将圆柱旋转到水平放置

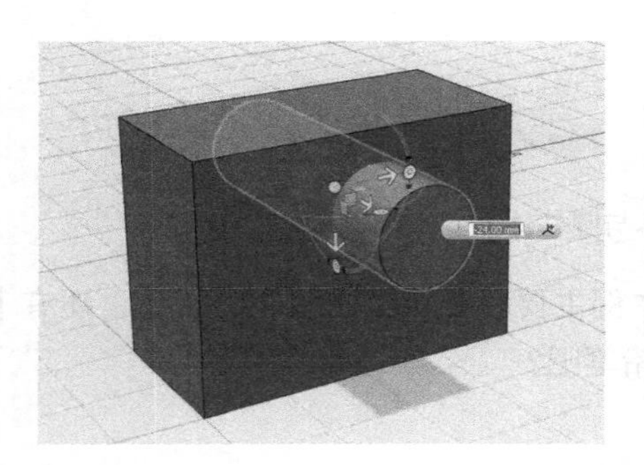

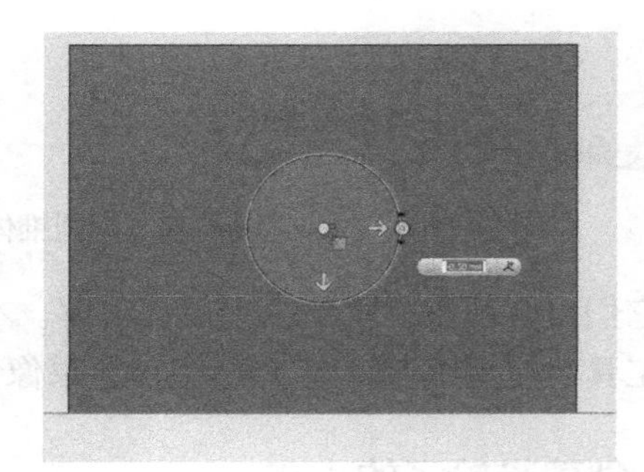

图 5-45 切换视图为前视图

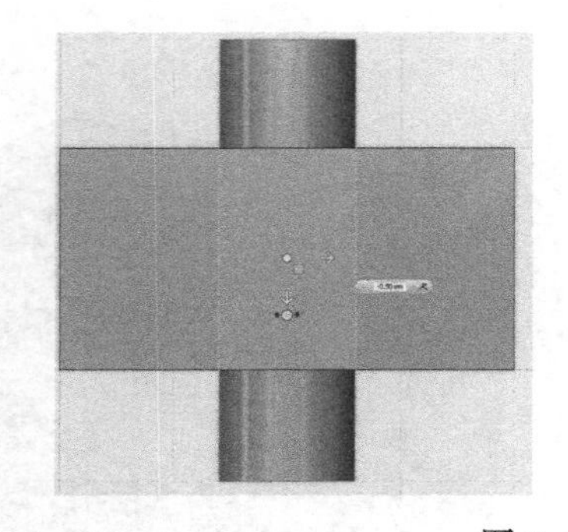

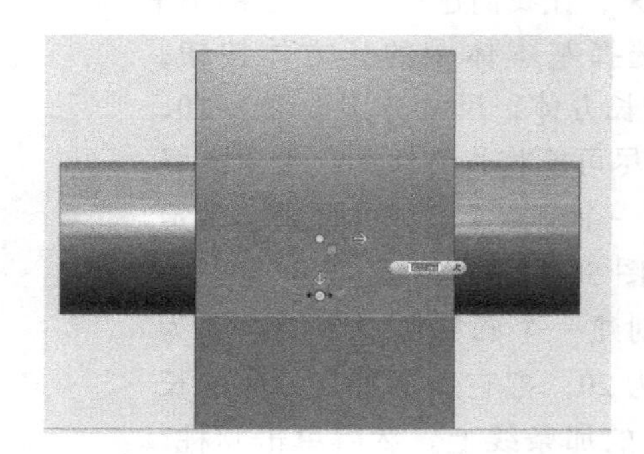

图 5-46 俯视图和左视图

能够正确反映物体长、宽、高尺寸的正投影工程图（主视图、下视图、左视图 3 个基本视图）为三视图，这是工程界对物体几何形状约定俗成的抽象表达方式。将人的视线规定为平行投影线，然后正对着物体看过去，将所见物体的轮廓用正投影法绘制出来的图形称为视图。一个物体有 6 个视图：从物体的前面向后面投射所得的视图称前（主）视图，它能反映物体前面的形状；从物体的上面向下面投射所得的视图称上（俯）视图，它能反映物体的上面形状；从物体的左面向右面投射所得的视图称左（侧）视图，它能反映物体的左面形状，还有其他 3 个视图不是很常用。三视图就是前视图（主视图）、上视图（俯视图）、左视图（侧视图）的总称。一个视图只能反映物体一个方位的形状，不能完整地反映物体的结构形状。三视图是从3个不同方向对同一个物体进行投射的结果。另外还有如剖面图、半剖面图等做为辅助，基本能完整地表达物体的结构。

三视图的规则是主视图和俯视图的长要相等，主视图和左视图的高要相等，左视图和俯视图的宽要相等。在许多情况下，只用一个投影不加任何注解，是不能完整清晰地表达和确定形体的形状和结构的。有时，两个形体在同一个方向的投影完全相同，但两个形体的空间结构却有可能不相同。可见只用一个方向的投影来表达形体形状是不行的。一般必须将形体向几个方向投影，才能完整清晰地表达出形体的形状和结构。

以上是工程中三视图的定义，还需要自己去找些资料，认真地了解一下。这个概念是做3D建模必备的基础，需要自己去学习它。

4）在这之前，我们并没有按回车键或者单击鼠标，确认圆柱的位置。现在，圆柱的位置已摆放正确，按回车键确定。我们还想要加上轮子，现在开始创建圆环体。从基本体中选择圆环体，设置主半径为6，次半径为3。拖动圆环到圆柱体附近，可以捕捉到圆柱的中心，单击鼠标确认。如图5-47所示。切换到左视图，然后单击圆环体，再选择【移动/旋转】工具，把圆环体向长方体方向移动，然后单击鼠标确认。

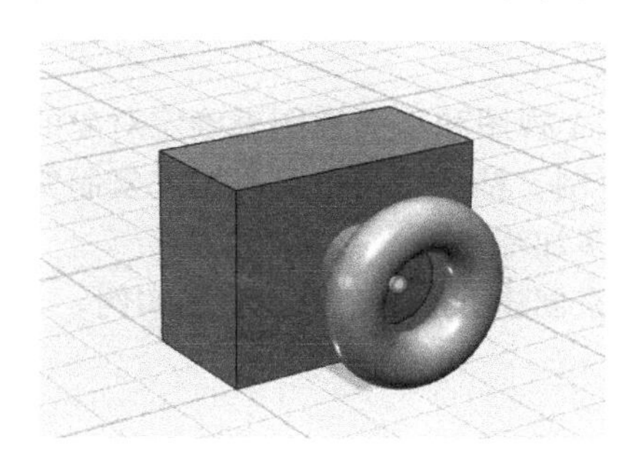

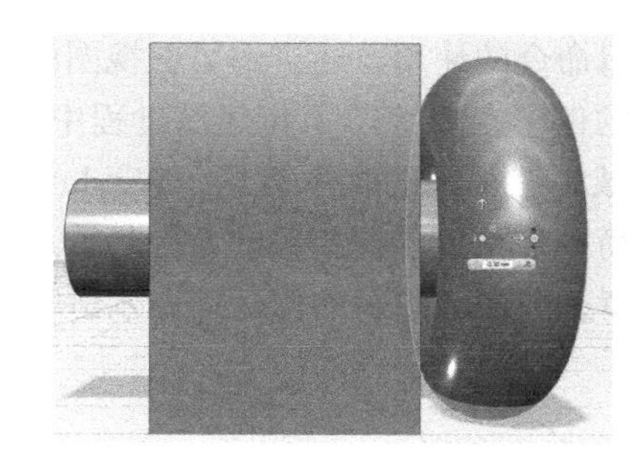

图5-47　创建一个圆环体

5）单击圆环体，按Ctrl+C（复制），再按Ctrl+V（粘贴），这是标准的Windows功能，在123D Design中，也可以用来复制实体。在左视图中，选择正交模式，把复制出的圆环体移动到另一侧。就这样，确定好圆环的位置，单击鼠标确定，如图5-48所示。

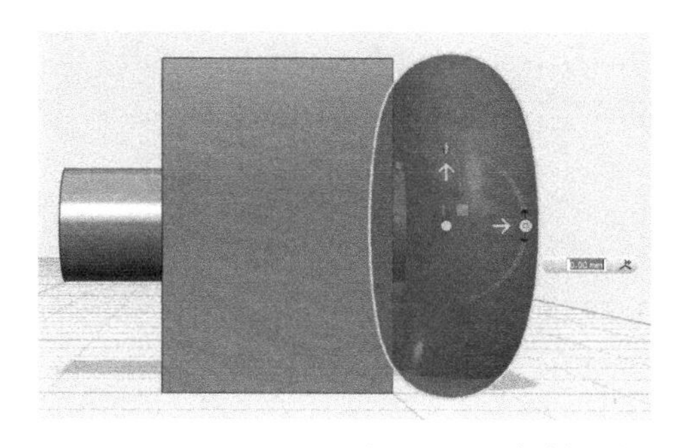

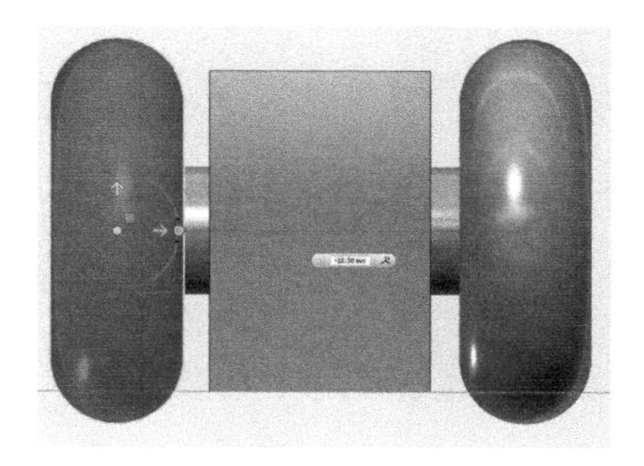

图5-48　再复制一个圆环体，放置到另一侧

6）再创建一个圆锥体，半径设为5，高度设为20，把它放置到长方体上。在捕捉的同时，可以按住鼠标右键旋转视图，以观察位置是否合适。最终得到的模型如图5-49所示。

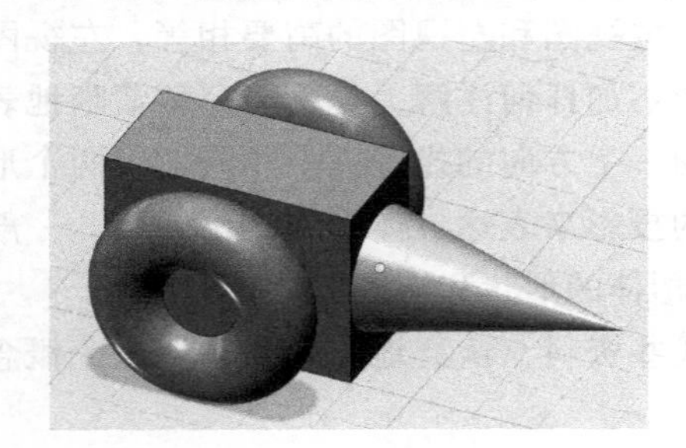
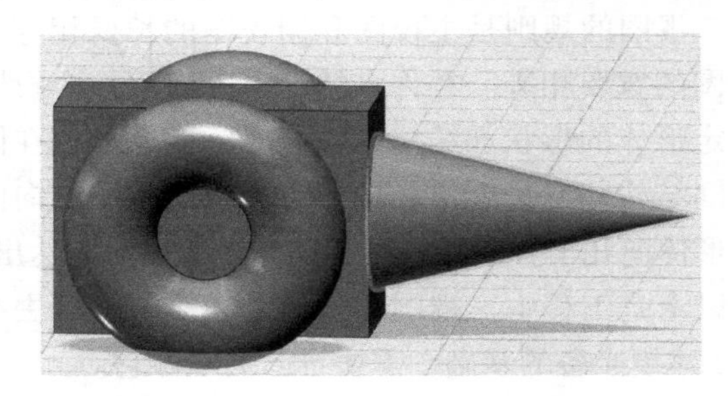

图5-49　最终得到的模型

5.7　小结

本章详细介绍了123D Design中的9种基本体，也介绍了屏幕视图的操作以及对模型的基本编辑命令的使用，还讲解了三视图的概念。

本章的例子主要练习了在建模过程中使用3个视图和正交视图来确定对象的位置，还有工程领域中三视图的基本概念，Windows的复制、粘贴命令也可以用来复制实体。创建的模型挺简单，不过掌握相关的命令是重点，要多加练习。

下一章，我们会讲解如何运用布尔运算操作来创建更加复杂的模型的实例。

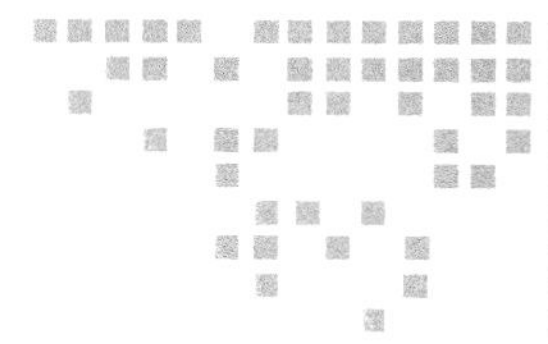

第 6 章 Chapter 6

布尔运算实例

在第 3 章中，我们解释过布尔运算的 3 种操作的含义。对应于工具栏中【合并】菜单中的 3 种操作：合并、相减和相交。布尔运算允许使用两个对象来创建一个新的对象。

在本章中，我们来详细讲解它们的操作步骤。

6.1 合并操作

合并操作就是将两个对象组合到一起，形成一个新的对象。第 5 章中铅笔的例子，我们没有合并它们，它是由 3 个对象组成的。将来在 3D 打印时，没有合并的对象或许会出现一些问题。

1）选择基本体中的长方体按钮，拖出一个长方体，尺寸分别设置为 10、10、10，选择屏幕中适当的位置，单击鼠标确定。再选择球体，拖出一个球体，半径设为 5，把它放置到正方体的顶部中心，借助捕捉可以做到这一点，如图 6-1 所示。

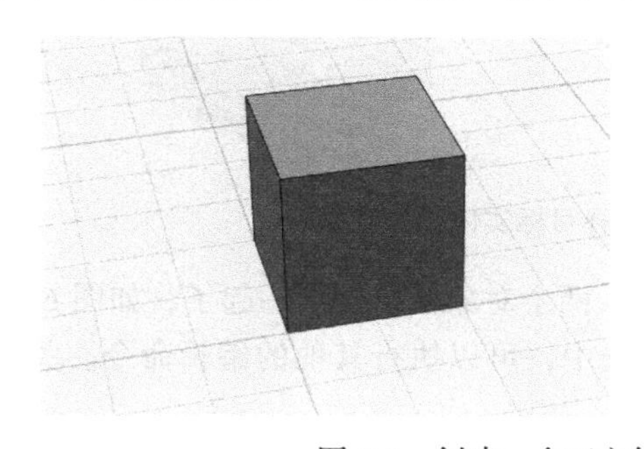

图 6-1 创建一个正方体和球体

2）这有点像方形的印章。先单击鼠标确认。然后，单击球体，选择【移动 / 旋转】工具，把球体向下移动一些，使下面的半球与正方体有相交的部分。观察球体与正方体的相交部分，旁边的数值输入框中所显示的数值 −2.00，表示球体向下移动了 2mm，如图 6-2 所示。

图 6-2　向下移动球体

3）选择【合并】子菜单中的【合并】工具，屏幕中出现了 目标实体/网格 源实体/网格 。

默认是先选择目标实体操作，它的背景是深灰色的。我们先单击一下正方体，随后选择源实体 / 网格的背景变为深灰色，意味着执行选择源实体操作。接着再单击一下球体，如图 6-3 所示。

图 6-3　选择目标实体和源实体

4）到了关键的一步，按回车键确认，两个对象就结合到一起了，如图 6-4 所示。

再次选择时，模型作为一个整体被选中，可以执行其他的编辑命令。关于源实体，把它看作一个工具。

图 6-4　两个对象合并为一个实体

6.2　相减操作

我们继续对上面的模型执行相减操作。通俗地讲，相减操作就是使用一个源实体（工具），从目标实体中挖去重叠的部分。

1）选择基本体中的圆柱体按钮，拖出一个圆柱体，设置半径为 2，高度为 10，把它放置到长方体的棱边上，如图 6-5 所示。单击鼠标确认。

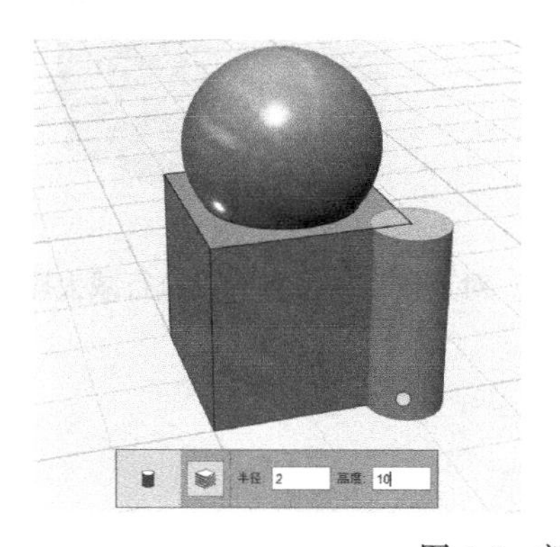

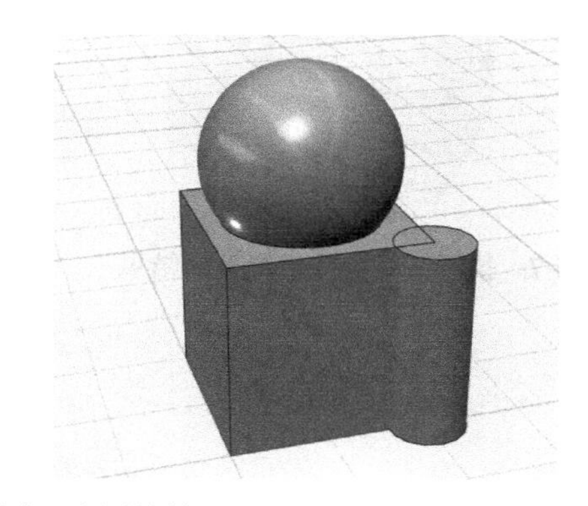

图 6-5　新创建一个圆柱体

2）选择【合并】菜单中的【相减】工具。先选择目标实体，单击正方体；再选择源实体，单击圆柱体，如图 6-6 所示。

3）按回车键确认，就从正方体上减去了与圆柱体相重叠的部分，如图 6-7 所示。

4）对正方体其他 3 条竖直的边也执行与上述相同的操作，得到的结果如图 6-8 所示。

5）接下来，我们对正方体的底面也执行减去操作。先创建一个圆环体，主半径设为 4，次半径为 0.3，把它放置到长方体的底部平面上，如图 6-9 所示。借助捕捉功能应该很容易做到这一点。

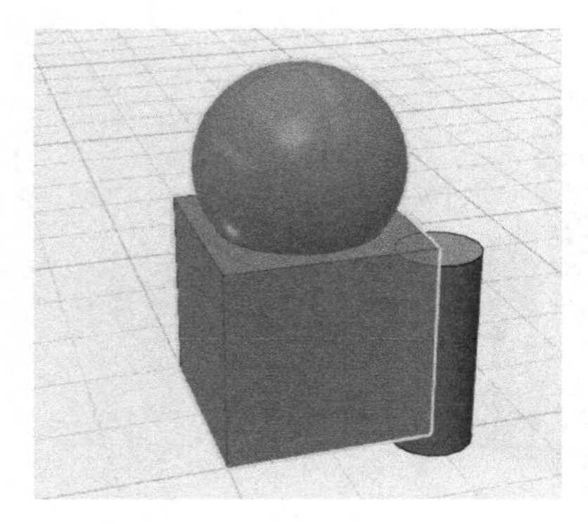

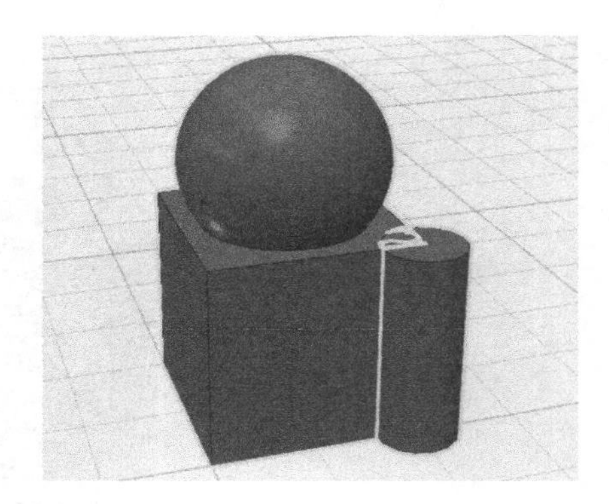

图 6-6　选择目标实体和源实体

图 6-7　执行减去操作后得到的结果

图 6-8　对正方体四条竖直边执行减去操作后的结果

图 6-9　把圆环体放置到正方体的底部中心位置

6）我们要把圆环体向上移动一些，切换到前视图，并选择正交显示模式。单击圆环体，然后选择【移动/旋转】工具，再单击向上的箭头，在数值输入框中输入0.3mm（这是圆环体的小半径数值），圆环体上移0.3mm，单击鼠标确定，如图6-10所示。

图6-10　把圆环向上移动0.3mm

7）选择【合并】菜单中的【相减】工具，在正方体上单击，选择了目标实体，然后在圆环体上单击，选为源实体，按回车键确定，如图6-11所示。

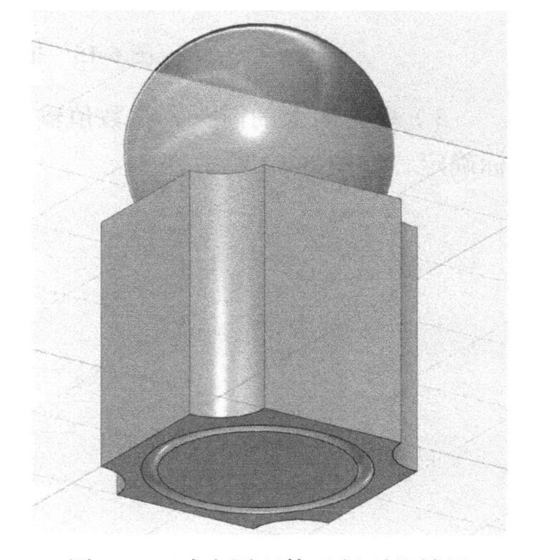

图6-11　减去圆环体后得到的结果

真实的印章上，图案和文字是向外凸出的，本例只是练习相减操作的步骤。可以把圆环体和文字合并到正方体上，创建出真正的印章。

如果想要保存上面的项目，在文件菜单中选择“保存”，把它保存起来。

接下来，我们再举一个相减操作的例子，要在长方体上挖去一个孔洞。在前面我们讲过，按Ctrl+W可以关闭正在工作的项目，开始一个新的项目，实际操作试试。

1）选择基本体中的长方体按钮，拖出一个长方体，尺寸分别设置为10、10、10，把它放置到栅格的一个交点上。接着创建一个圆柱体，半径设为3，高度设为14，把它放置到栅格上的另一个交点上，如图6-12所示。

2）我们知道，当前的捕捉精度设置为1，圆柱体的中心与正方体的中心之间的距离是25mm，我们把圆柱体移动到正方体的中心位置。单击圆柱体，选择“移动/旋转”工具，再单击向右的箭头，在数值输入框中输入25mm，就把圆柱体精确地移动到了正方体的中心位置，如图6-13所示。

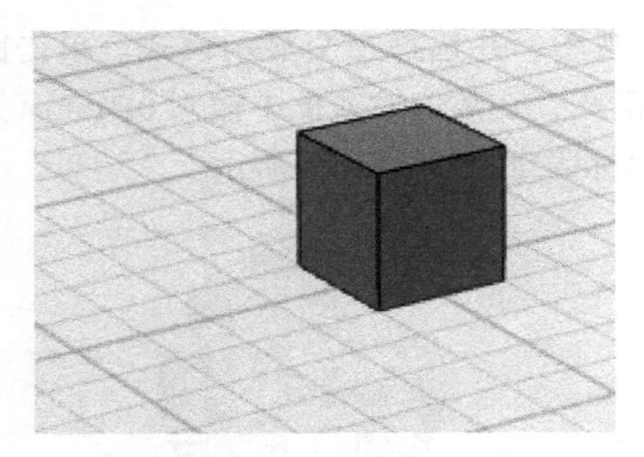

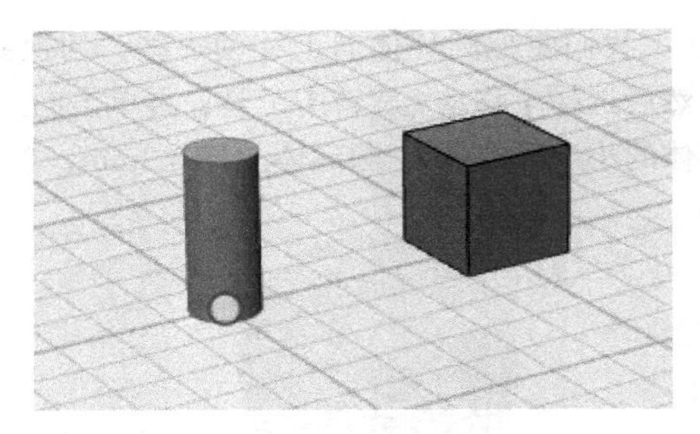

图 6-12　创建的正方体和圆柱体

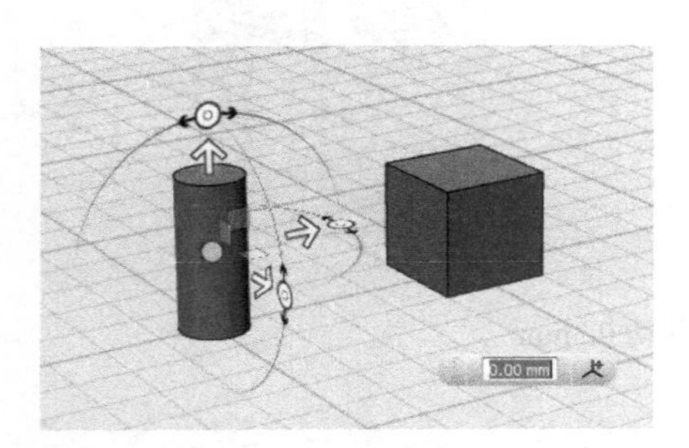

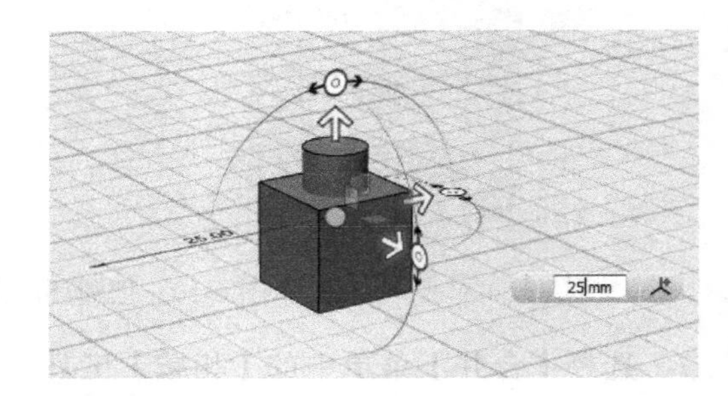

图 6-13　把圆柱体移动到正方体的中心位置

3）单击向上的箭头，在数值输入框中输入 -2mm，把圆柱体向下移动了 2mm。单击鼠标确定，如图 6-14 所示。

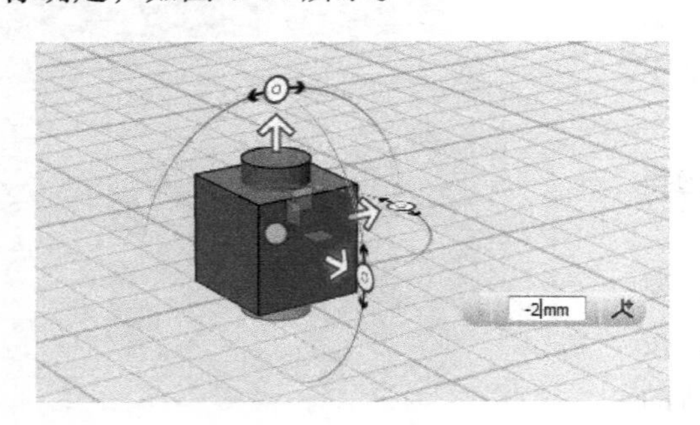

图 6-14　把圆柱体向下移动 2mm

4）选择【合并】子菜单中的【相减】工具。在正方体上单击，选择了目标实体；然后在圆柱体上单击，选为源实体。按回车键确定，结果是在正方体上挖出一个孔洞，如图 6-15 所示。接下来才是本例的重点，在长方体中孔上单击一次，再单击一次，出现图标，选择其中的【扭曲】工具，出现操纵器，如图 6-16 所示。这个工具的用法与【移动 / 旋转】工具相似，我们先用它来调整一下孔的位置，后面会详细介绍它的使用方法。

5）单击向右的箭头，出现了抓手图标，向右拖动，会看到孔也跟着向右移动，数值输入框中的数值也在发生变化。当然也可以直接输入数值，不过用抓手拖着移动的感觉更直观。把孔的部分拖出长方体之外，数值为 3mm，观察一下，可以按鼠标右键来旋转视图，如图 6-17 所示。

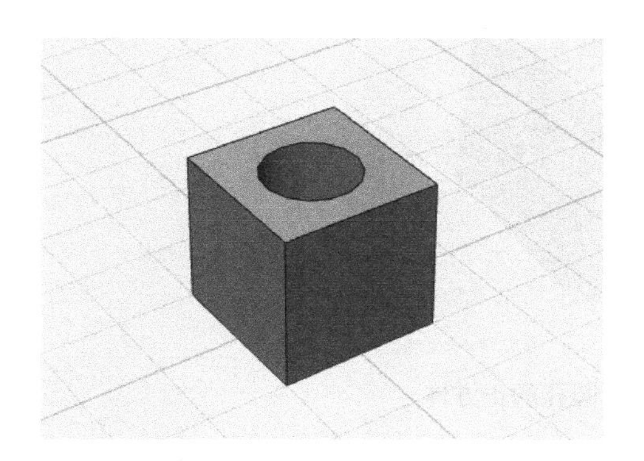
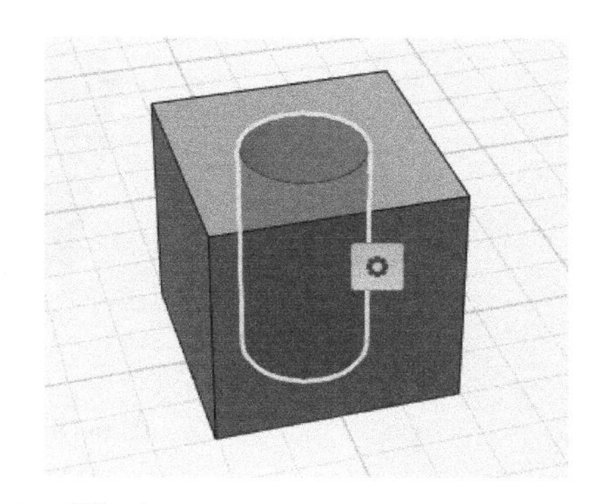

图 6-15　单击孔两次后出现图标

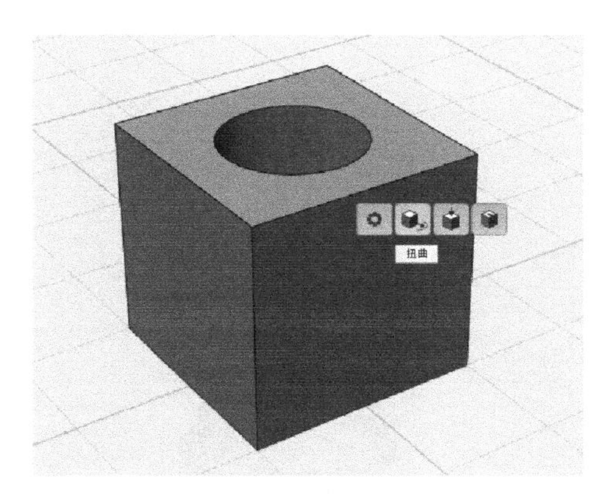

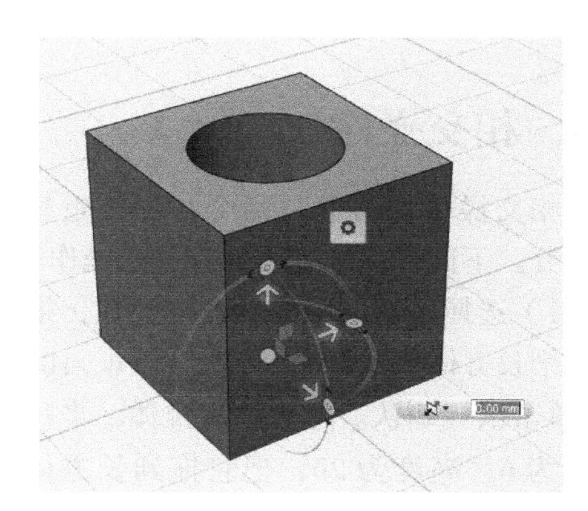

图 6-16　选择【扭曲】工具

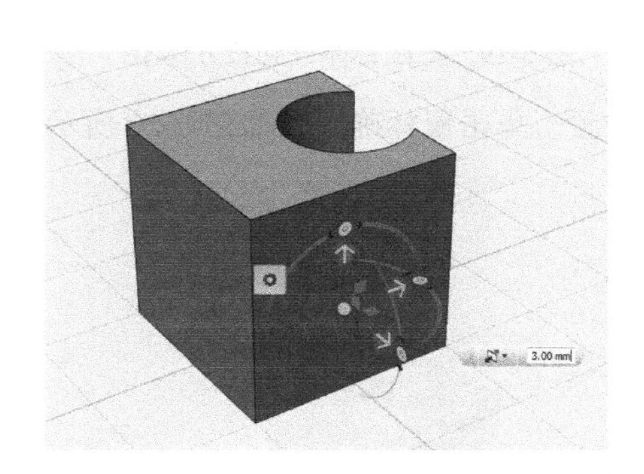

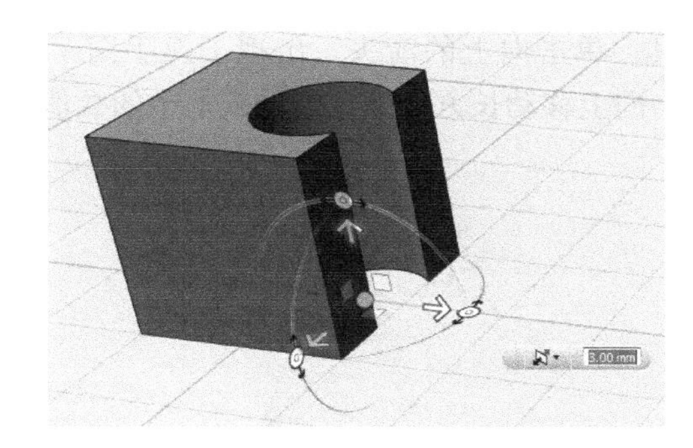

图 6-17　旋转视图

6）单击鼠标确定。单击孔的内部，再次单击一次，有时可能要多单击几次，当出现齿轮图标时，如果不想要这个孔，可以按 Delete 键，删除它，如图 6-18 所示。

图 6-18 删除掉了圆孔的正方体

上面的例子，解释了执行【合并】工具操作后，当选择进入子层级元素时，仍然可以通过编辑得到想要的结果，甚至可以删除它们。

6.3 相交操作

相交操作保留的是两个对象相重叠的部分。下面举例来说明如何进行操作。

1）选择基本体中的长方体按钮，拖出一个长方体，尺寸分别设置为 10、10、3，单击鼠标确认。再选择圆锥体，半径设置为 6，高度为 20，把它拖到长方体上，单击鼠标确定，如图 6-19 所示。

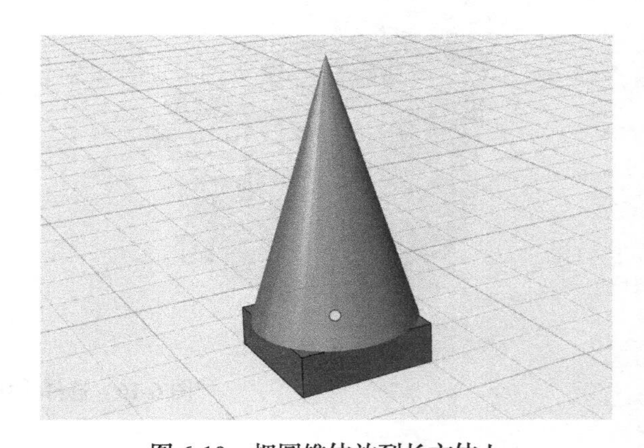

图 6-19 把圆锥体放到长方体上

2）单击长方体，选择【移动 / 旋转】工具，单击向上的箭头，出现了抓手图标。向上移动长方体到数值输入框中的数值为 8 的位置，单击鼠标确定，如图 6-20 所示。

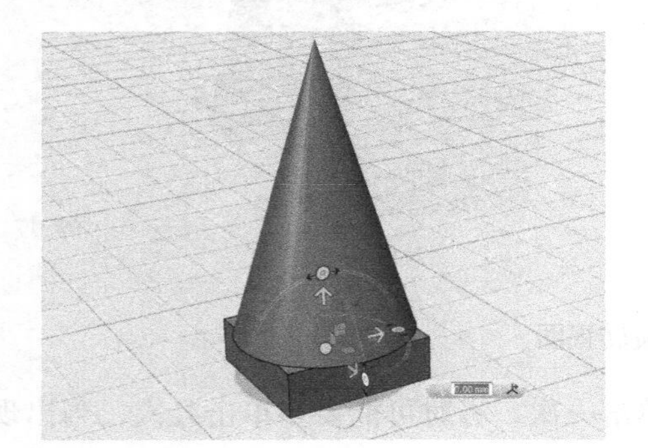

图 6-20 把长方体向上拖动 8mm

3）选择【合并】子菜单中的【相交】工具，目标实体选择圆锥体，源实体选择长方体，按回车键确认，得到如图 6-21 所示的圆台。

【合并】工具栏中的 3 种工具用法基本相似，只是执行“相减”操作时，要注意选择实体的顺序。【相交】操作可以创建出一些实体，把它们保存起来，可作为基本几何体之外的扩展几何体，供今后直接调用。下面再举一个例子。

1）选择基本体中的长方体按钮，拖出一个长方体，尺寸分别设置为 16、16、4，单击鼠标确认。再选择圆环体，设置主半径为 8，次半径为 2，把它拖到长方体上，单击鼠标确定，如图 6-22 所示。

图 6-21　相交操作得到圆台

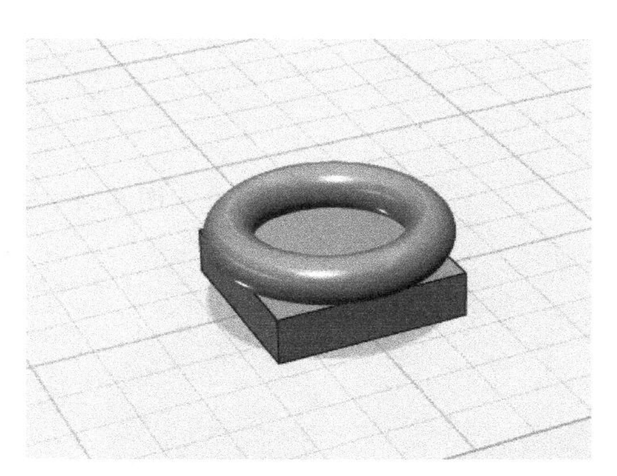

图 6-22　把圆环体放到长方体上

2）单击长方体，选择【移动 / 旋转】工具，单击向上的箭头，出现了抓手图标。向上移动长方体到数值输入框中的数值为 4 的位置，单击鼠标确定，如图 6-23 所示。

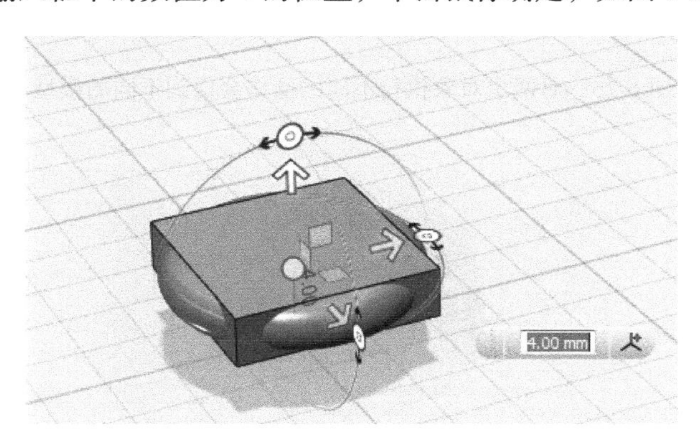

图 6-23　把长方体向上拖动 4mm

3）选择【合并】子菜单中的【相交】工具，目标实体选择圆环体，源实体选择长方体，按回车键确认，得到如图 6-24 所示的实体。

再比如，一个球体和一个圆锥体，如果合并在一起，就是一个跳棋的模型；如果把球体变大，使圆球包含了圆锥体，再执行【相交】操作，得到了底部是圆弧形的圆锥体，如

图 6-25 所示。还可以再使用其他对象继续进行布尔运算，所以，灵活使用【合并】子菜单中的工具，能够创建出比较复杂的模型，如图 6-26 所示。

图 6-24 相交操作得到的结果

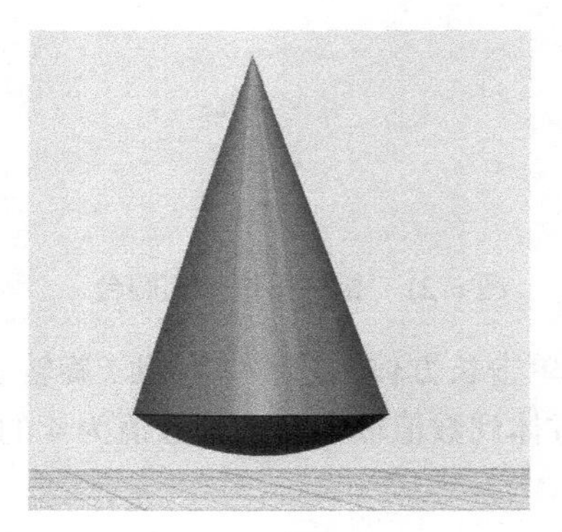

图 6-25 对两个对象执行不同的操作会得到不同的模型

图 6-26 再对模型执行相减操作

现在，应该对布尔运算的3种操作有了深刻的认识。多练习一下不同对象的组合操作，真正理解它们的含义，在建模过程中就可以灵活运用了。

6.4　分离工具

【合并】菜单中还有一个【分离】工具，这是进行布尔运算之后的辅助工具，能对结果做进一步的修改。下面介绍一下它的用法。

向工作区拖入一个长方体和球体，它们之间是有间隔距离的。使用【合并】工具，把它们组合成一个整体，如图6-27所示。

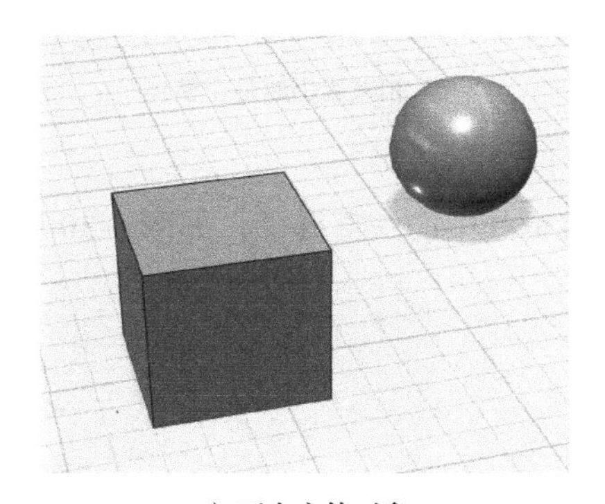

a）两个实体对象

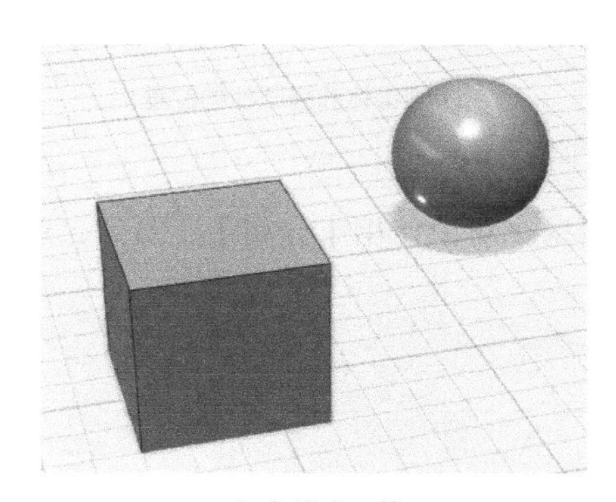

b）合并成一体

图　6-27

如果想要把它分开，成为两个对象，该怎么办？这时候，【分离】工具就该上场了。单击【分离】工具的图标，选择合并后的整体对象，左键单击或者按回车键，就分离为两个对象。选择球体移动它，体验一下，如图6-28所示。

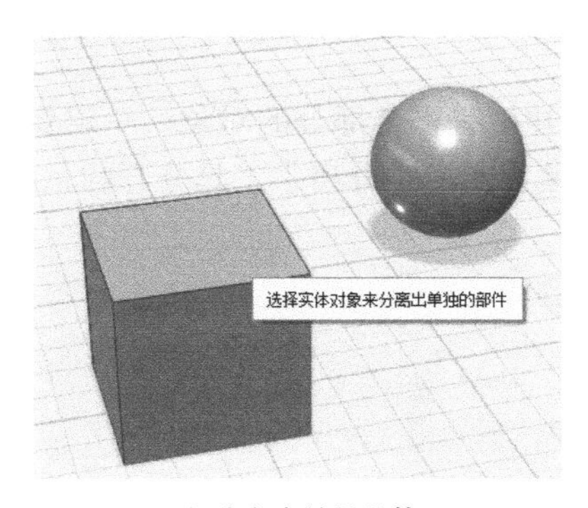

a）分离合并的整体

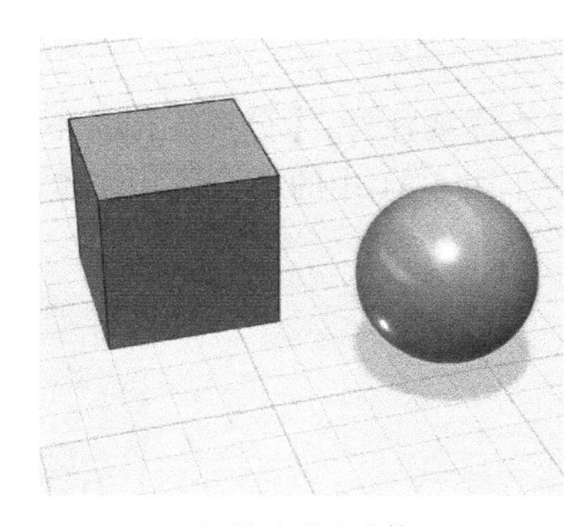

b）单独移动球体

图　6-28

还有一种情况，例如一个圆锥体穿过一个扁圆柱，减掉相交的部分。虽然现在模型中有了间隙，但仍然是一体的，如图 6-29 所示。

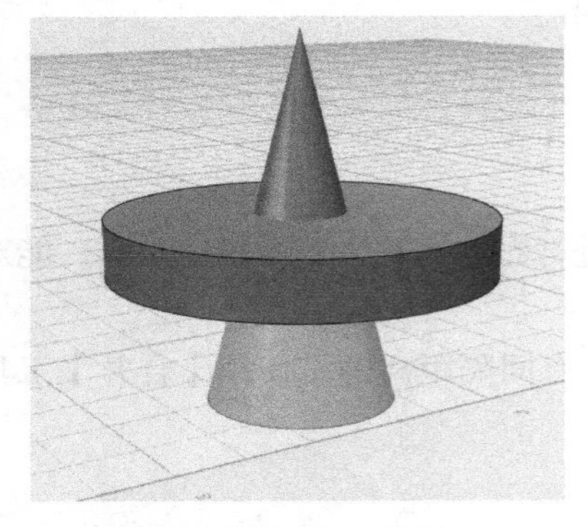

a）圆锥体和扁圆柱的位置

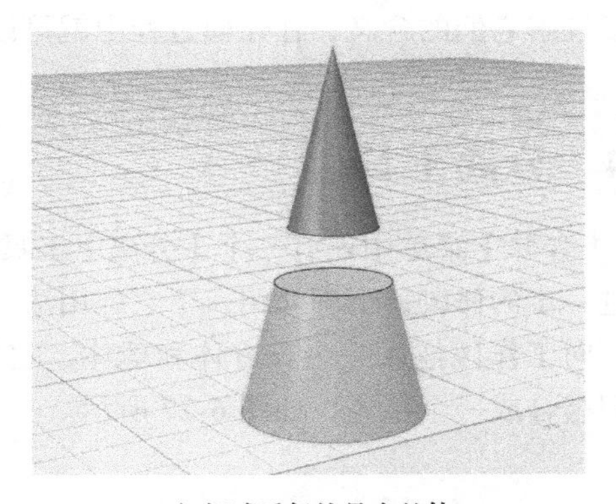

b）相减后仍然是个整体

图 6-29

对这个对象使用【分离】工具后，就能够单独编辑其中的一部分了，如图 6-30 所示。

a）分离相减后的对象

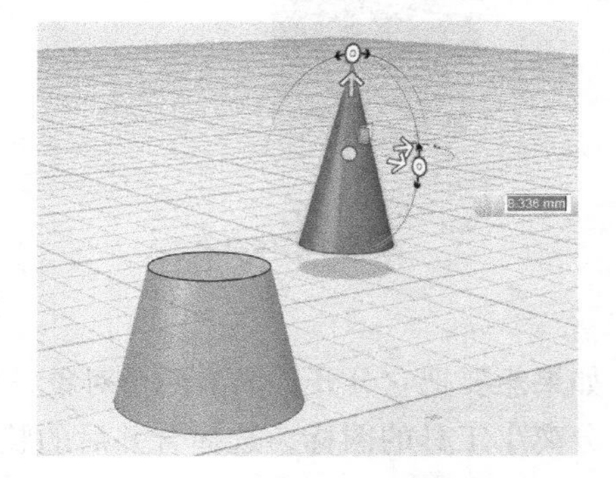

b）可以单独移动上面的圆锥

图 6-30

有一点需要注意，【分离】工具不能分开两个合并后有重合部分的对象，一定要有间隔距离。对于图 6-31 中的长方体和球体，合并操作后是不能用【分离】工具分开的，切记！

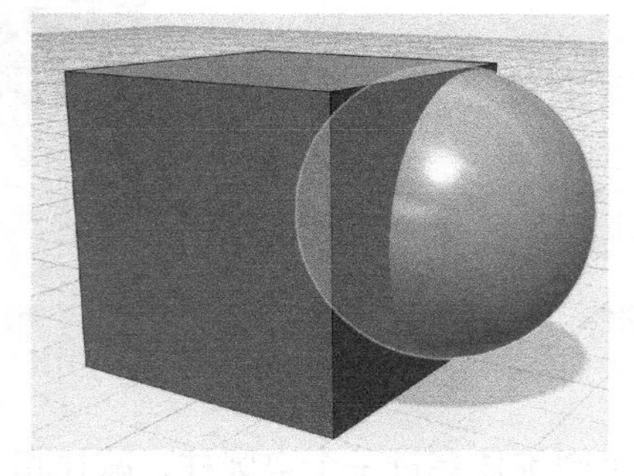

图 6-31　不能分离合并后有重合部分的对象

6.5　应用基本图形切削实体

在基本体工具栏中，分为两组：9 个基本的立体图形按钮和 4 个平面图形。我们接下来解释一下这 4 个平面图形的用途，如图 6-32 所示。

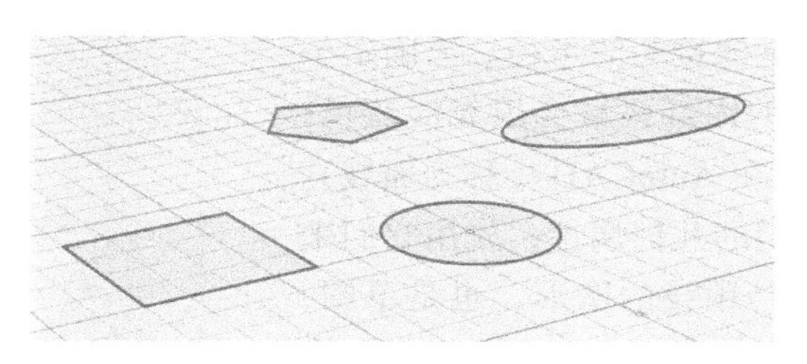

图 6-32　4 个平面图形

与几何体相似，可以选择它们中的一个，拖出来放置到栅格上。以矩形为例，放置时可以在栅格上拖动，矩形的中心处有个小圆圈，屏幕下方有数值输入框，可以设置矩形的长宽数值，单击鼠标确认。放置图形后，拖动四角的小圆，可以改变形状，如图 6-33 所示。

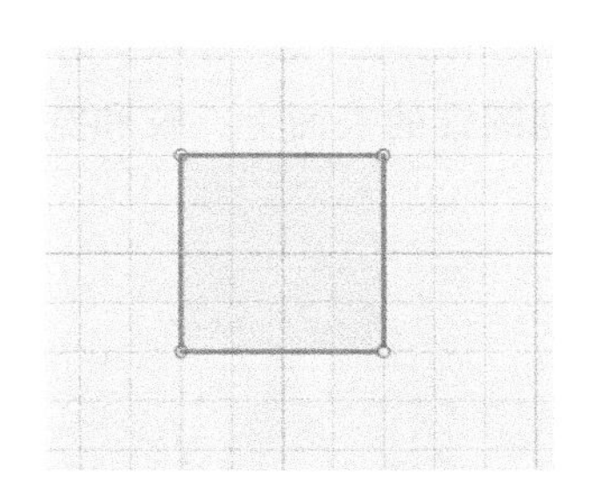

a）放置矩形

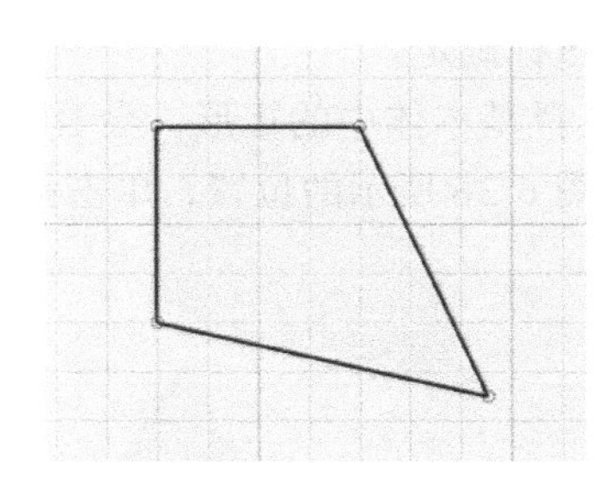

b）改变形状

图　6-33

把鼠标放在矩形的某一条边上，线条变成黑色，按下鼠标直接拖动它，也可以更改图形的形状，如图 6-34 所示。

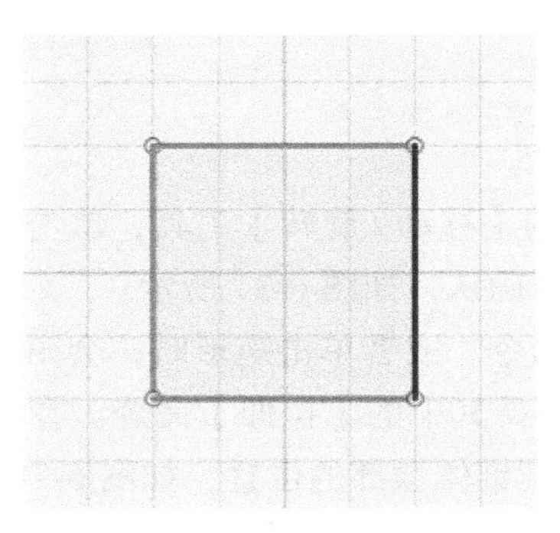

a）靠近一条边

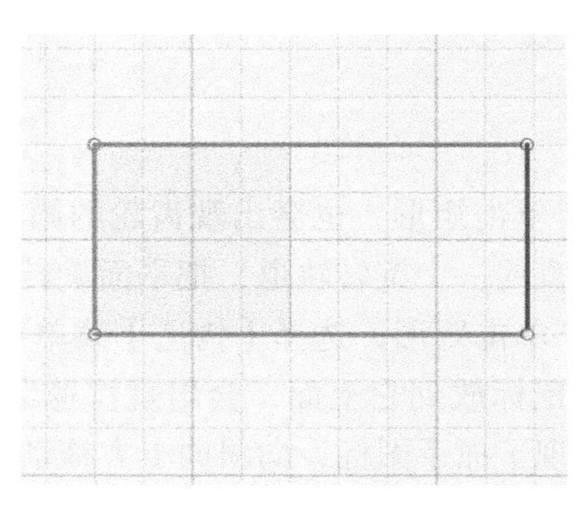

b）改变形状

图　6-34

如果直接单击某一条边，会出现尺寸标注，允许直接更改数值，如图 6-35 所示。后面会介绍具体操作。

圆形只有半径一个参数；椭圆形有长轴和短轴两个参数；多边形有半径和边数两个参数，它内接于一个圆内，半径指的是内接圆的半径。当确定了在栅格中位置后，图形的内部区域会填充淡蓝色，表示是一个封闭的图形（在 AutoCAD 中称为面域）。我们先不去过多关注它们的几何属性，先用它们来构建一些模型。这 4 个是预设的图形，也是草图，并没有厚度。所以，要参与建模时，需要把它们构建成实体。

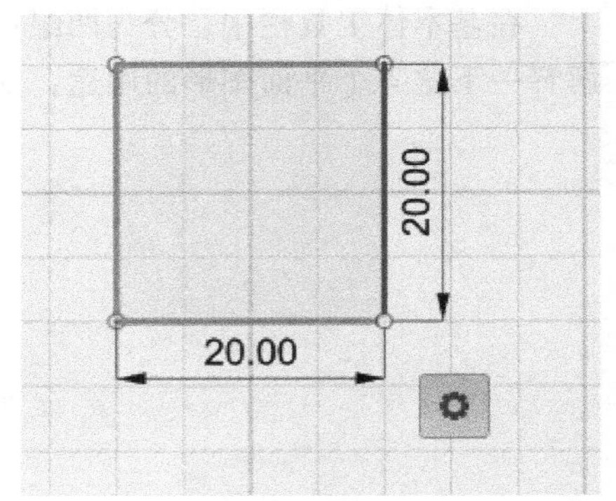

图 6-35　尺寸标注

由于这些图形只是草图，我们还会用到【构造】子菜单中的命令。

1）选择基本体中的圆锥体按钮，使用默认的参数设置就可以了。拖出来创建一个圆锥体，单击鼠标确定。

2）选择基本体中的矩形，会看到矩形也可以捕捉到圆锥的表面上，长和宽都设为 30，放置到如图 6-36 所示的位置，单击鼠标确认。

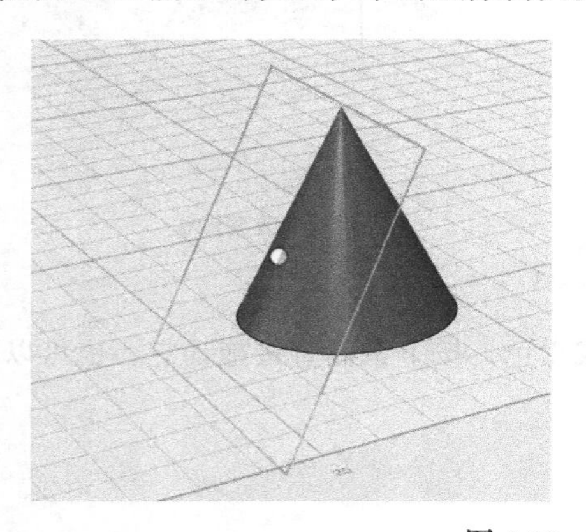

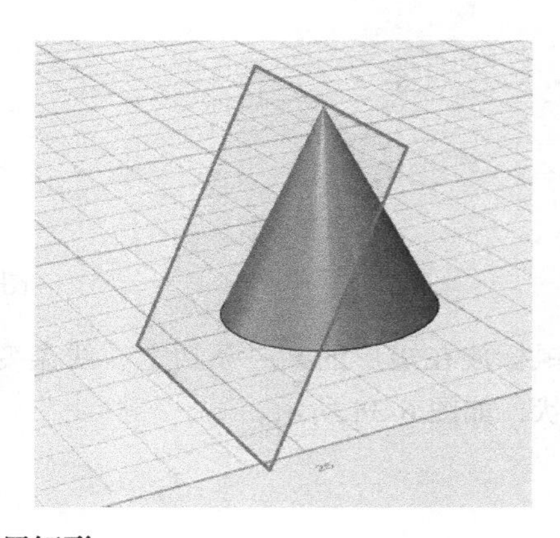

图 6-36　放置矩形

3）单击矩形，也会出现齿轮的图标，选择其中的【移动 / 旋转】工具，单击与这个平面相垂直的一个旋转轨道，把平面旋转 45°，单击鼠标确认，如图 6-37 所示。

4）单击矩形，选择【构造】菜单中的【拉伸】命令。或者单击矩形时，会出现齿轮图标，把鼠标放到它上面，会出现快速菜单，也可以选择其中的【拉伸】命令。在箭头上单击，出现了抓手图标，向斜向上方拖动，直到超过了圆锥体顶部的位置，如图 6-38 所示。

5）单击鼠标确定。矩形平面上方的圆锥体就被切削掉了，得到了如图 6-39 所示的实体。

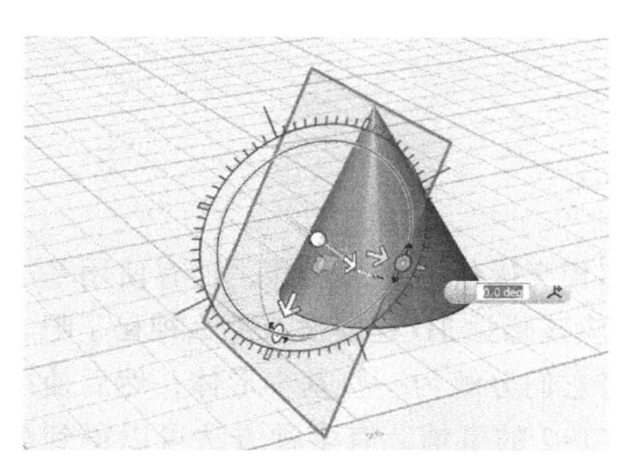

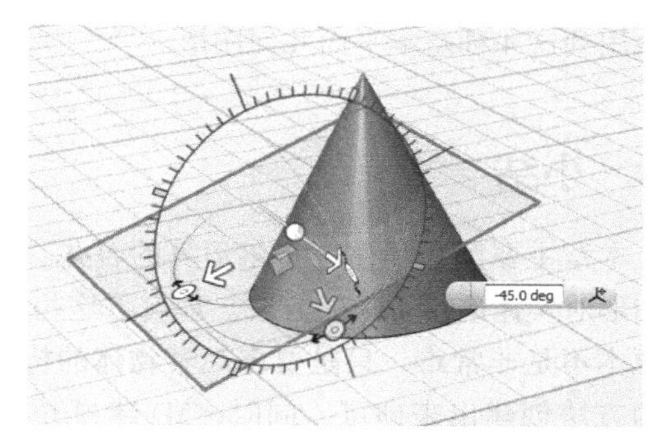

图 6-37　将平面旋转 45°

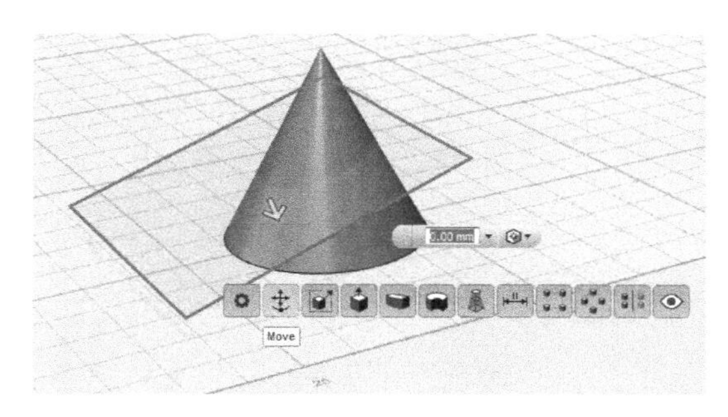

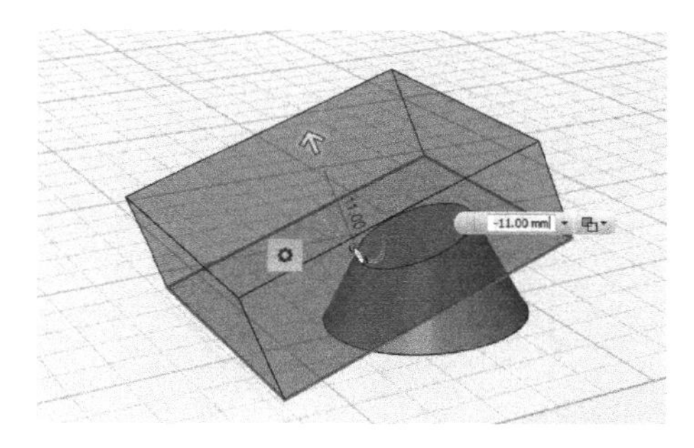

图 6-38　拖动平面

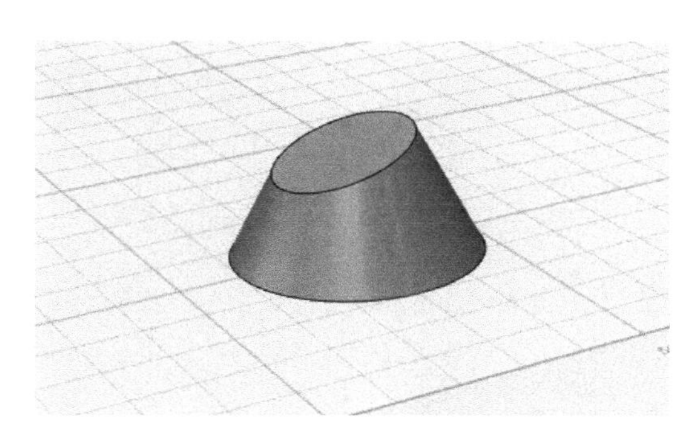

图 6-39　切削后得到的实体

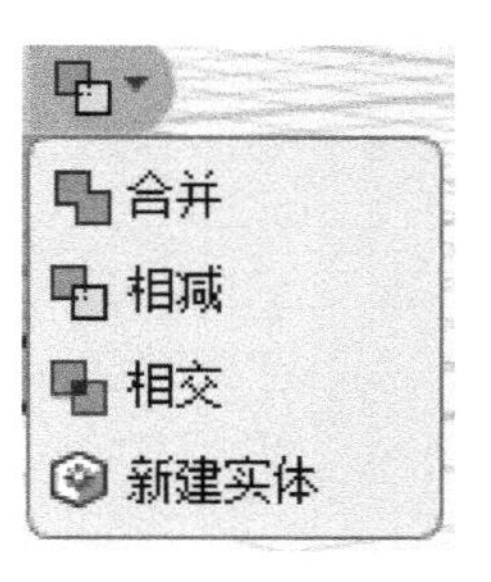

图 6-40　布尔运算按钮

使用基本体中的平面图形，可以对实体进行切削。将图形拖动到适当的位置以后，注意看数值输入框右侧的图标，在向下的小三角上单击，出现了下拉菜单，前 3 个选项就是【合并】【相减】【相交】操作，第 4 个选项是新建实体，如图 6-40 所示。可以在未单击鼠标之前逐一进行体验，看看会得到什么样的结果。按照上述的步骤，默认执行的是相减操作，这样就可以切削实体而得到新的模型。

在建模过程中，经常会用到基本平面图形。矩形和圆形拉伸之后，得到长方体和圆柱体，而椭圆形和多边形经过拉伸之后，会得到椭圆柱和棱柱。另外，在其他的构建方法中，也会用到这 4 种基本平面几何图形。

6.6 小结

本章主要解释了使用布尔运算的合并、相减和相交操作的详细步骤，还有使用基本平面图形对实体进行切削的方法。理解了这些知识，应该感觉 3D 建模没有那么神秘了吧。事情原本不是非常难，只是要多观察物体的构成，将它们分解为一些基本形体，然后使用适当的方法创建出来即可。同时，3D 建模并不是 1+1=2 的事情，有多种方法可以得到最终模型。

第7章 Chapter 7

倒　角

倒角是机械工程中的术语。比如在一块木板上钻眼，完成后孔壁和板面为90°直角。倒角就是在90°的棱边上再弄一个一般为45°的小斜平面，这样这个平面与内壁面和板面之间就都是45°了。这样做的好处是在向孔里插东西的时候不至于被卡住，更方便些。倒角的另一个作用是去除毛刺，使之更加美观。但是对于图纸中特别指出的倒角，一般是安装工艺的要求，例如，轴承的安装导向，还有一些圆弧倒角（或称为圆弧过渡）可以起到减小应力集中，加强轴类零件强度的作用。此外，还可以使装配更容易。

在现实生活中，可以看到大部分容器的边缘都是光滑的过渡，而不会是锐利的棱边，这都是使用倒角工艺处理后的结果。那么，我们在3D建模时，也需要对模型的边线进行倒角，一般倒角的尺寸都不大。

123D Design在【修改】子菜单中，提供了两种倒角工具：圆角和倒角。接下来我们使用这两种工具，对模型的边缘进行修饰。

7.1 【圆角】工具

倒圆角是把3D实体的边线，切削成指定半径的圆弧而形成的圆角。我们用实例来解释如何使用这个工具。

1）选择基本体中的长方体按钮，拖出一个长方体，尺寸分别设置为20、20、5，把它放置到栅格上，单击鼠标确定。再拖出一个圆柱体，半径设置为5，高度设置为10，将它放置到长方体之上。选择【合并】子菜单中的【合并】工具，目标实体选择长方体，源实体选择圆柱体，按回车键确定，将两个对象组合为一个实体，如图7-1所示。

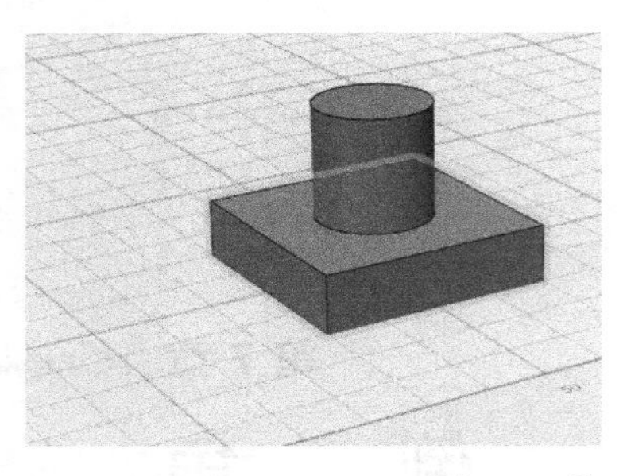

图 7-1　将两个对象合并为一个实体

2）选择【修改】菜单中的【圆角】工具，屏幕下方出现了数值输入框，可以设置圆角的半径。先介绍一个词：相切链。这是一个非常专业的术语，在工程建模软件中会出现，大致的意思是比如做两个连续的四边曲面，曲面 A 引用了曲线 1，则在创建曲面 B 时，最好引用 A 的相切链而不是其原始曲线。因为尽管原理上 A 的边即曲线 1，但在生成曲面后，它的边已经和原始曲线有了精度上的偏差。所以为了保证曲面的连续性，应尽量选用相切链。在定义边界条件时，相切链无须选择曲面（因为本来就在曲面上），而曲线则需选择相切曲面，也就是先前通过此曲线创建的曲面。默认为勾选，我们无须去深究它。

将圆角半径设置为 1，移动鼠标到圆柱体上部的边缘，捕捉到它的边线。单击鼠标，则出现了箭头和抓手图标，如图 7-2 所示。

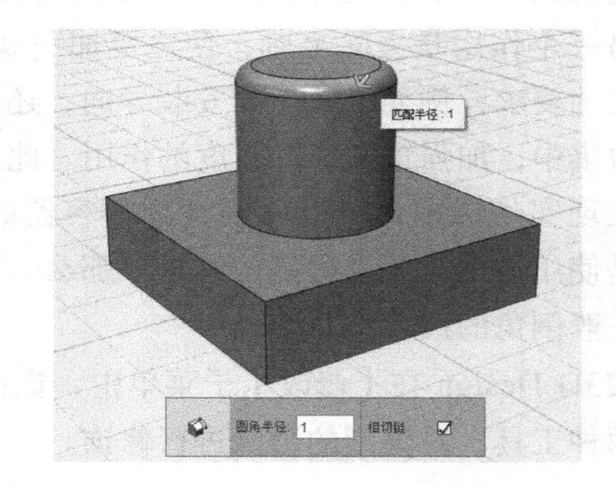

图 7-2　选择要倒圆角的边线

用鼠标拖动箭头，可以改变圆角半径。向下移动鼠标，当数值输入框中出现 4.5 时的结果如图 7-3 所示。数值更大时，屏幕上方会出现红色的警示框，提示执行了无效操作。

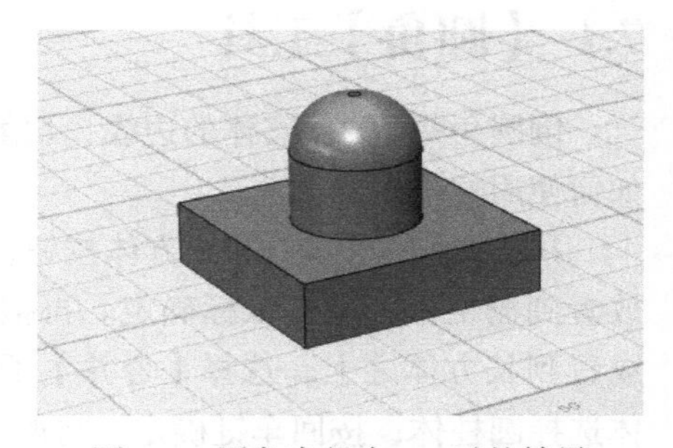

图 7-3　圆角半径为 4.5 时的结果

3）对圆柱体与长方体结合处的边线也执行倒圆角操作。选择“修改”菜单中的“圆角”工具，在数值输入框中设置圆角半径为 −2。移动鼠标到圆柱体与长方体结合处的边线处，单击鼠标确认，也会出现一个箭头图标。如果认为 −2 这个数值是我们所需要的，就再次单击鼠标确定。我们在未确认前，拖动箭头到极限值，然后单击确认，如图 7-4 所示。

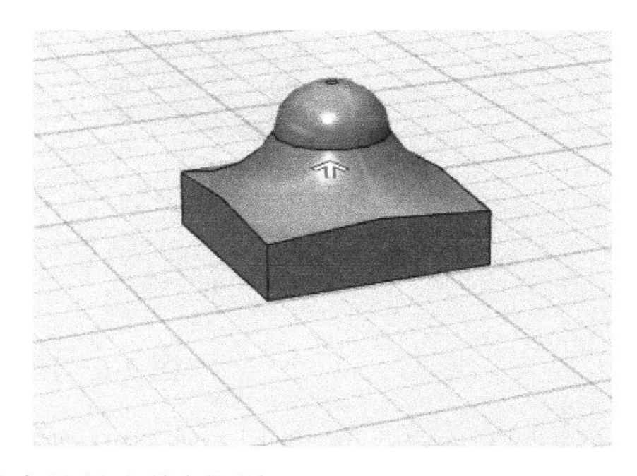

图 7-4 对圆柱体与长方体结合处的边线倒圆角

这个工具经常会使用，最好记住它的快捷键 E，会节约一些时间。

7.2 【倒角】工具

倒角是把模型的某些棱边变成平的斜角的过程，在日常生活中用得也很多，例如，做背景墙和吊顶时会用到这种操作。通俗地讲，倒斜角就是把长方体的棱边切去一角的过程。

1）选择基本体中的长方体按钮，拖出一个长方体，尺寸保留默认值，把它放置到栅格上，单击鼠标确定。选择【倒角】工具，快捷键是 C，屏幕下方出现了数值输入框，输入的参数是距离值，默认的是倒 45° 斜角。右边是相切链，默认勾选，我们仍不理会它，如图 7-5 所示。

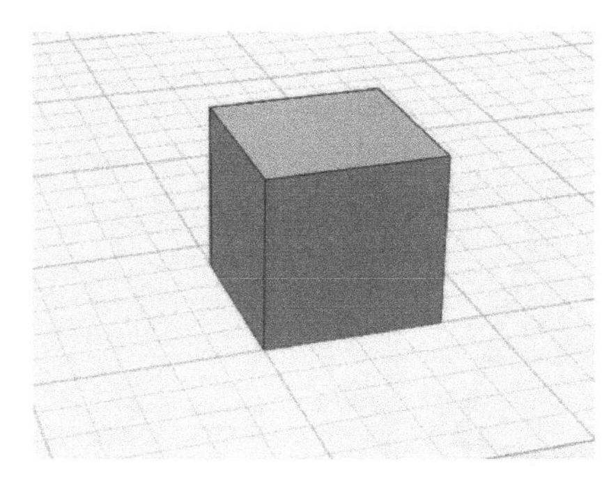

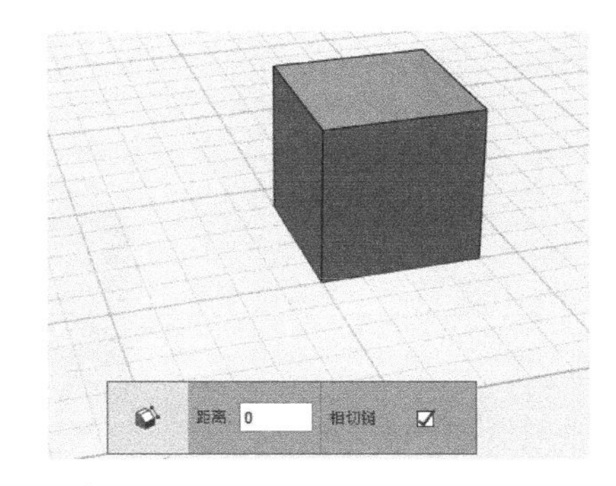

图 7-5 输入距离

2）输入倒斜角的距离为 2。把鼠标放到要倒斜角的边线上，单击鼠标，这条边的位置就出现了斜切的平面。也有一个箭头图标，向下拖动它，可以改变倒斜角的距离。极限是切去长方体的一半，我们试一下，如图 7-6 所示。

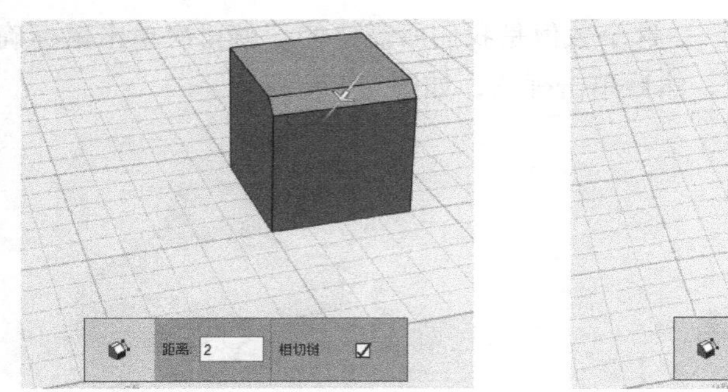

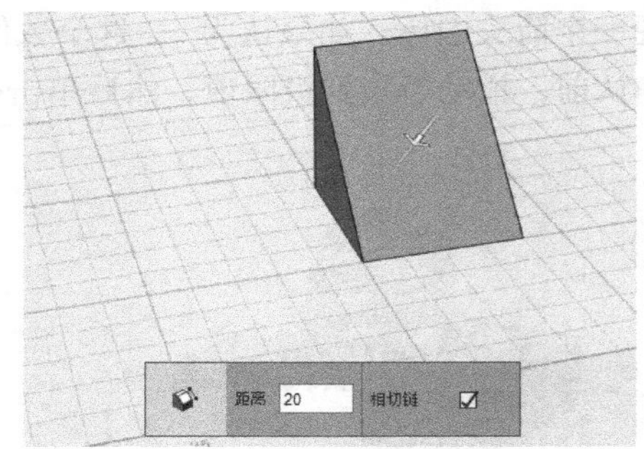

图 7-6　向下拖动箭头得到的结果

继续向下拖动，屏幕上方则会出现红色的警示框，提示执行了无效操作。

3）继续对边线进行倒角操作。选择【倒角】工具，倒斜角距离设置为 2，先用鼠标单击一条要倒角的边，然后按住 Ctrl 键，再单击其他要倒角的边，然后按回车键确认，如图 7-7 所示。

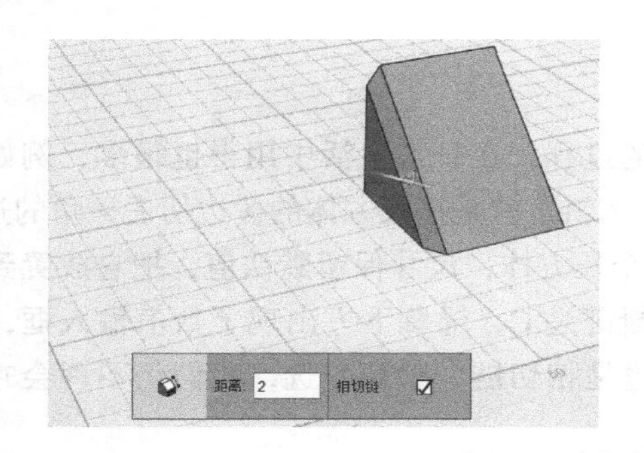

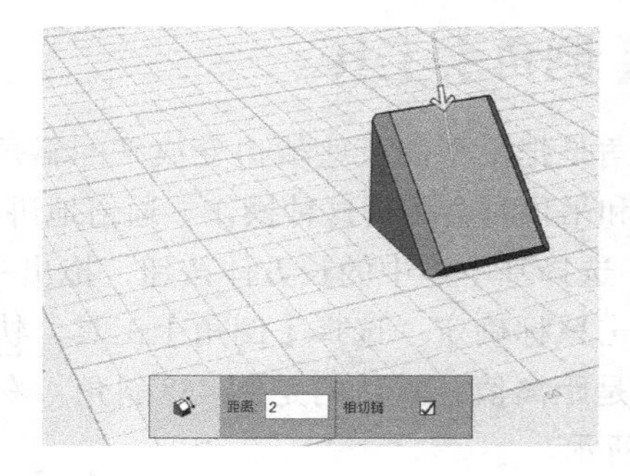

图 7-7　同时多选几条边

图 7-8　同时对几条边倒斜角得到的结果

结果，这几条边都执行了倒角操作，如图 7-8 所示。这种操作方法，在使用【圆角】工具时也是适用的。

7.3 门把手实例

下面，我们通过门把手的建模过程，来讲解倒角工具的应用。

1）选择基本体中的圆柱体，拖出一个圆柱体，半径设置为 30，高度设为 4，把它放置到栅格上，单击鼠标确定。接着再拖出一个圆柱体，半径设置为 10，高度设置为 16，把它放置到前面那个圆柱体的中心上。如果不能确定是否在中心上，可以选择正交模式，切换到上视图进行查看。单击视图方块旁边的小房子图标，可以随时切换到默认的视图，如图 7-9 所示。

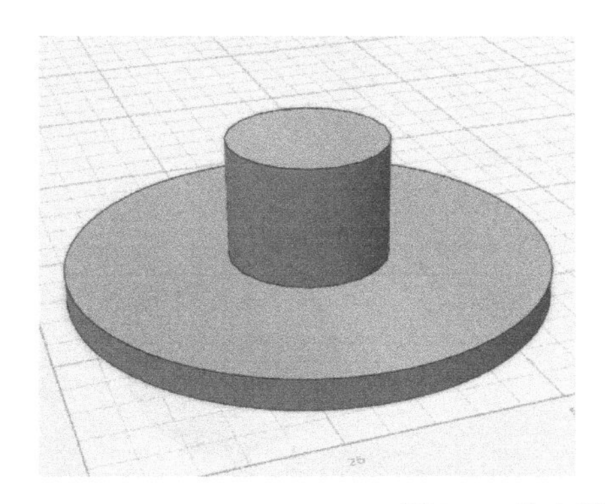
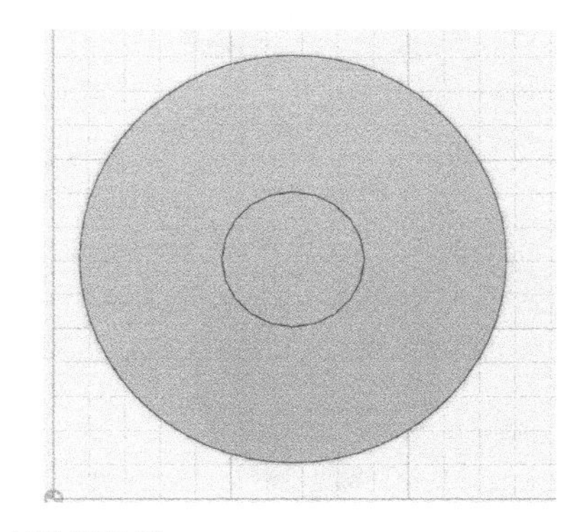

图 7-9 从上视图查看圆柱体

2）再拖出一个圆柱体，半径设置为 6，高度设为 10，放置到第 2 个圆柱体的中心，如图 7-10 所示。

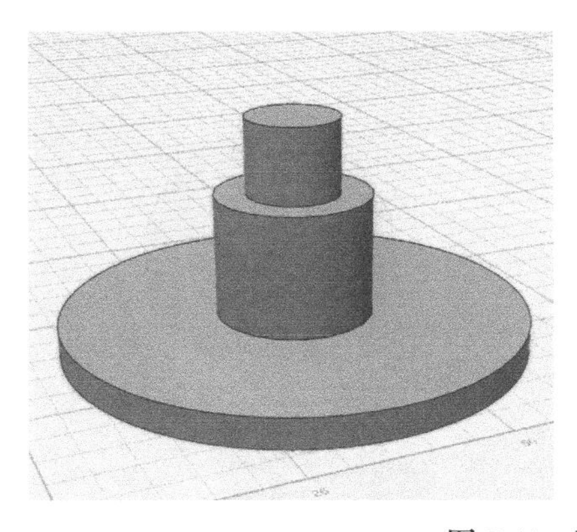
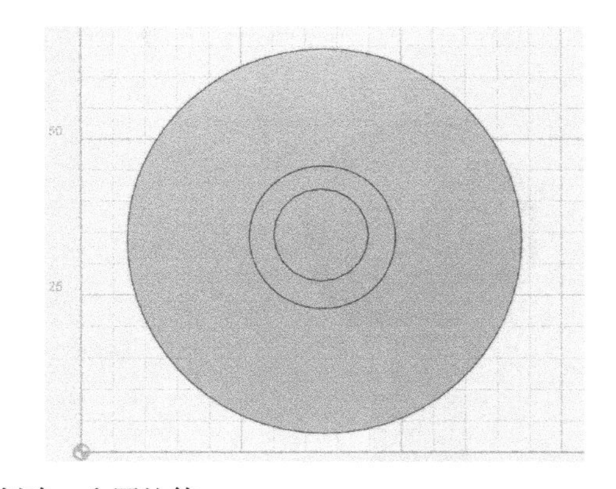

图 7-10 再创建一个圆柱体

3）创建一个球体，半径设置为 25，也把它捕捉到第 3 个圆柱体顶面的中心，如图 7-11 所示。

4）选择基本体中的矩形，长和宽设置为 50，把它放到第一个圆柱体上如图 7-12 所示的位置。单击这个矩形，选择【移动 / 旋转】工具，单击向下的箭头，向上移动矩形到数值

输入框中数值为 −30 的位置，单击鼠标确认，如图 7-13 所示。

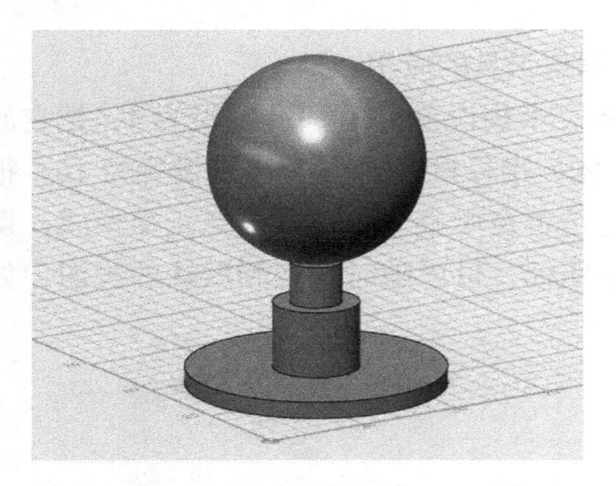

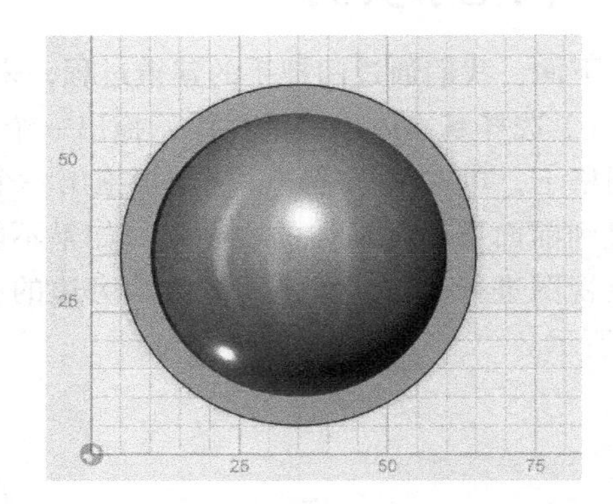

图 7-11　创建一个球体

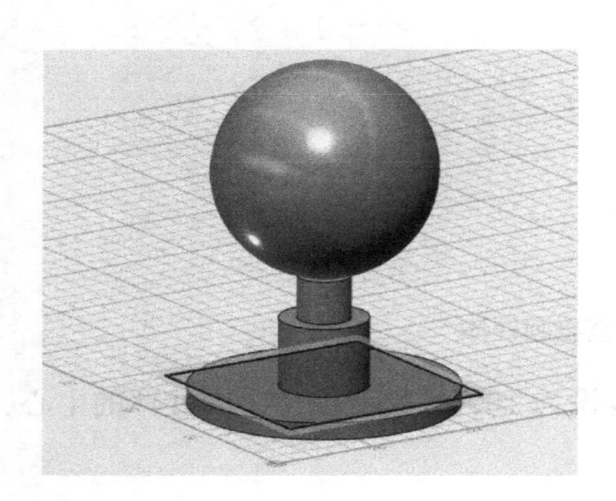

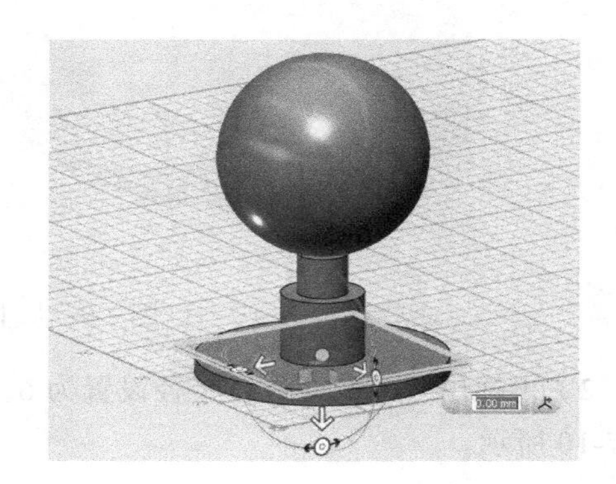

图 7-12　创建一个矩形

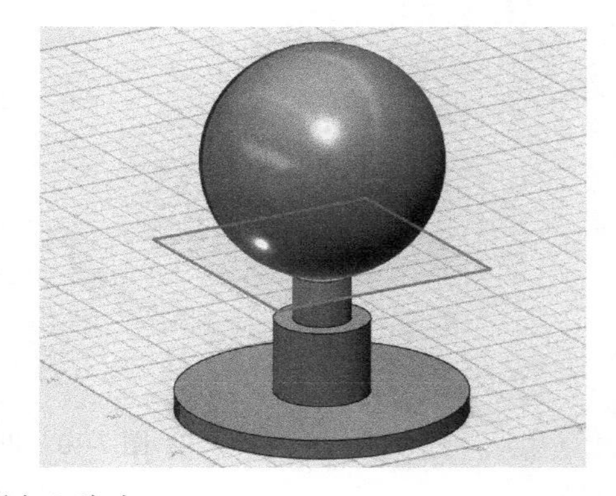

图 7-13　把矩形向上移动

5）再次单击矩形，选择【拉伸】工具。为了便于观察，切换视图为主视图，向下拖动箭头，数值为 5，也就是到第 3 个圆柱体的顶面上，为的是削去矩形平面之下的球体部分，如图 7-14 所示。

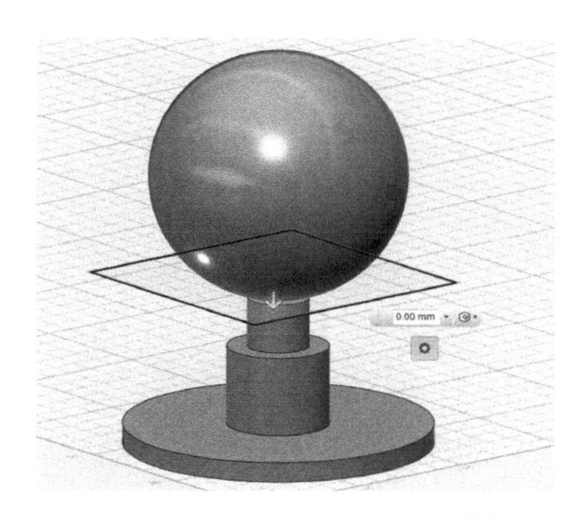

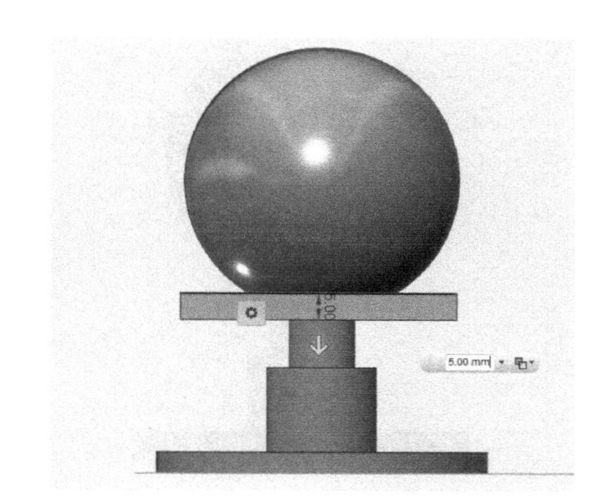

图 7-14 向下拉伸矩形

单击鼠标确认后，得到如图 7-15 所示的结果。

6）再次单击矩形，选择【移动 / 旋转】工具。单击向下的箭头，向上移动矩形到数值输入框为 −40 的位置，单击确认。再次单击矩形，选择【拉伸】工具，为了便于观察，切换视图为前视图，向上拖动箭头，把矩形之上的球体削去，如图 7-16 所示。

图 7-15 拉伸矩形后得到的结果

7）单击确认，就得到了我们想要的鼓形。单击右侧导航栏中的眼睛图标，选择【隐藏草图】，能看得更清楚一些，如图 7-17 所示。

8）单击鼓形，选择【移动 / 旋转】工具。单击向上的箭头，向下拖动到数值为 −5 的位置，与圆柱体的顶面接触，单击鼠标确认，如图 7-18 所示。可以按鼠标右键旋转视图，观察一下。

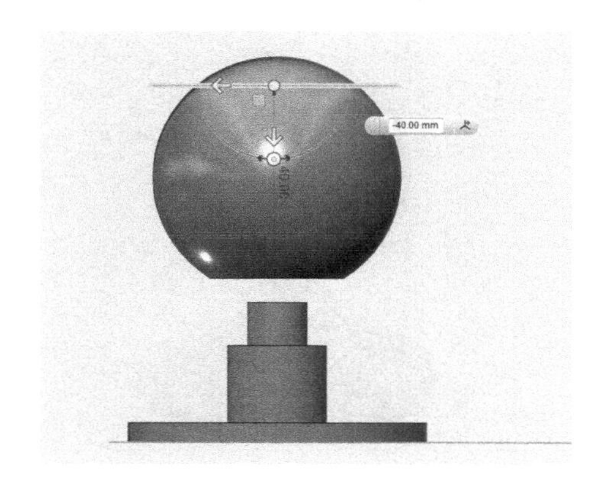

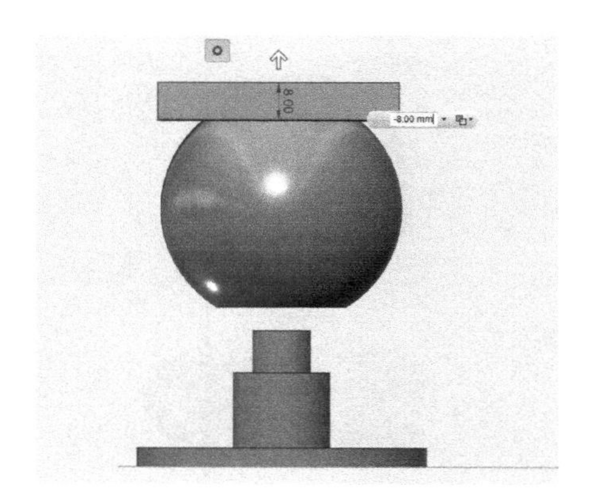

图 7-16 向上拉伸矩形

图 7-17 隐藏草图

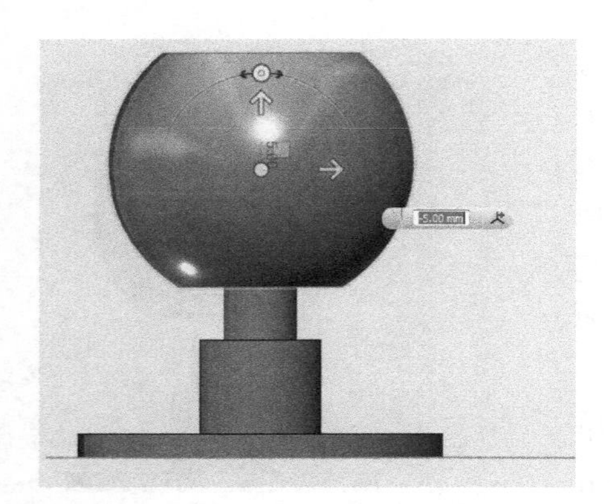

图 7-18 使鼓形与圆柱体接触

9）使用【合并】工具，把这 4 个对象组合起来，成为一个整体。这是非常简单的，自下向上操作，先合并下面两个和上面两个对象，再把它们组合起来。选择【合并】菜单中的【合并】命令，按图 7-19 所示的顺序将它们合并为一个整体。

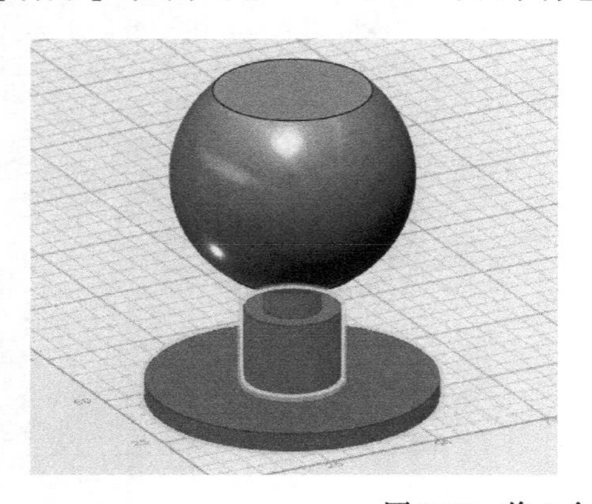

图 7-19 将 4 个对象合并为一个整体

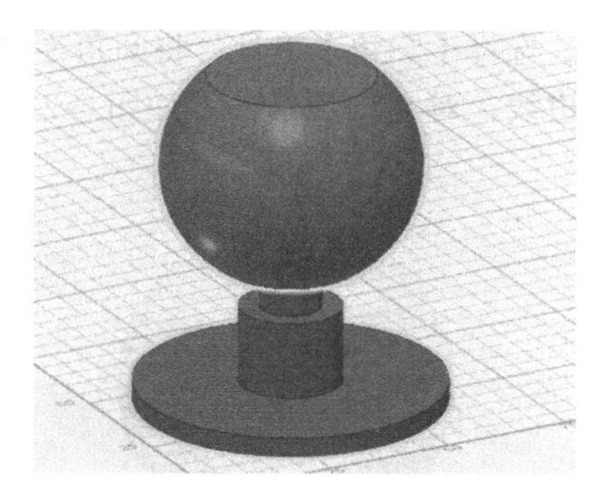

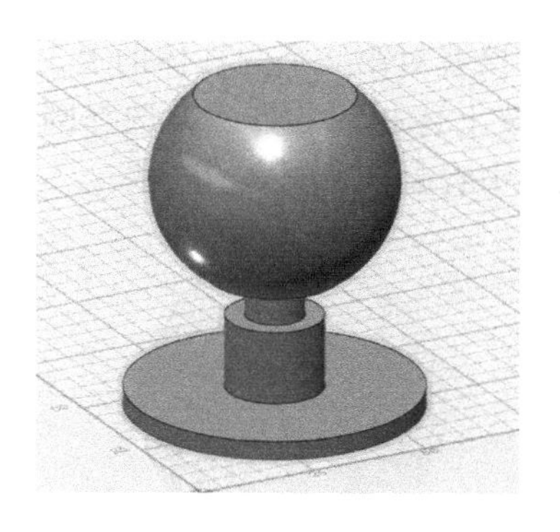

图 7-19 （续）

10）使用【圆角】工具，对一些边线倒圆角。选择【修改】菜单中的【圆角】命令，将圆角半径设置为 2，先选择鼓形的上边线，再按 Ctrl 键，单击鼓形的下边线，单击鼠标确定，倒圆角后的结果如图 7-20 所示。

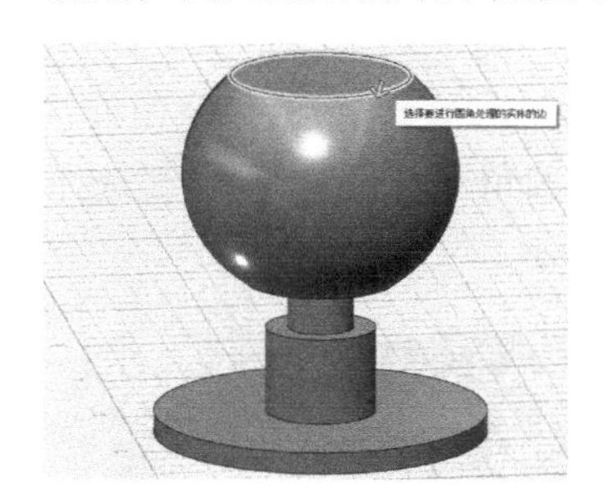

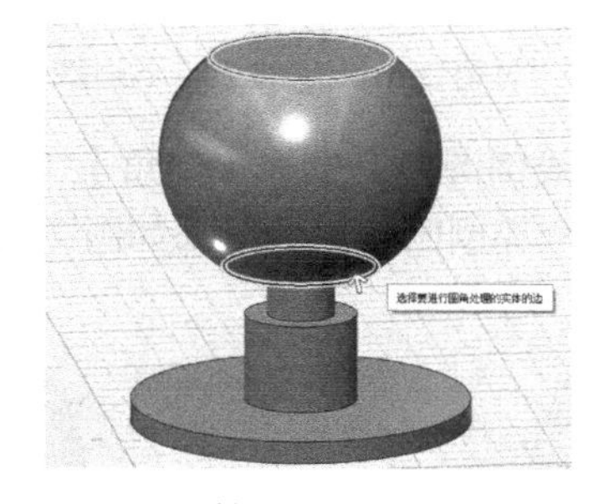

图 7-20 对鼓形的上下边线倒圆角

11）接着对第 3 个圆柱体的上下边线倒圆角。选择【圆角】工具，将圆角半径设置为 1，选择圆柱体的上、下边线，当视图隐藏了它们而不好选择时，可以按住鼠标右键旋转视图，或者滚动鼠标滚轮放大视图。你会发现，在未确定之前，所选的位置处会有一个箭头，按回车键确认，如图 7-21 所示。

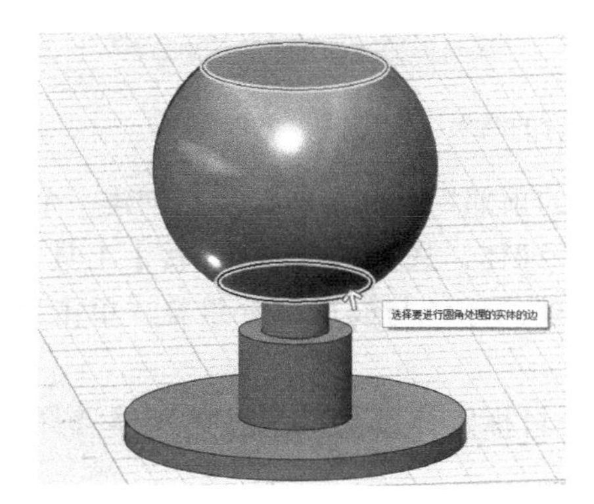

图 7-21 对第 3 个圆柱的上、下边线倒圆角

12）接着对第2个圆柱体的上、下边线倒圆角。选择【圆角】工具，将圆角半径设置为1.5，按上述相同的方法，选择圆柱体的上、下边线，对它们倒圆角，如图7-22所示。在前视图中看起来可能更清晰些。

图7-22 对第2个圆柱的上、下边线倒圆角

13）对第1个圆柱体的上边线倒圆角。选择【圆角】工具，圆角半径设置为2.5，选择圆柱的上边线，单击鼠标确认。全部倒圆角后的结果如图7-23所示。

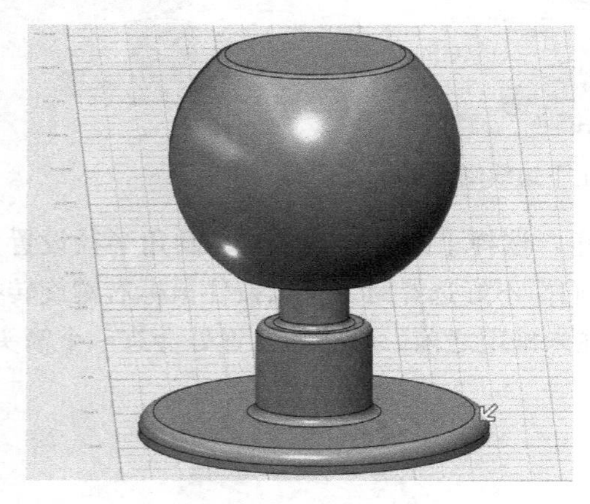

图7-23 全部倒圆角后的结果

14）为了使它更像一个门的把手，我们把鼓形的顶部挖出一个凹面。新创建一个球体，半径设为30，把它放置到顶面的中心。再单击这个球体，选择【移动/旋转】工具，单击向上的箭头，向下拖动到数值为 −2 的位置，使新建的球体与鼓形部分重叠，单击鼠标确认，如图7-24所示。

15）选择“合并”子菜单中的“相减”命令，目标实体选择鼓形，源实体选择球体，按回车键确定，得到了如图7-25所示的结果。

图 7-24 新建的球体与鼓形部分重叠

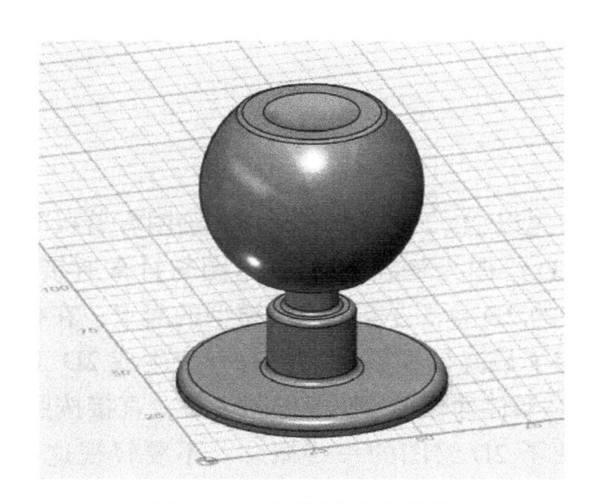

图 7-25 最终得到的结果

7.4 小结

本章主要讲解了两种倒角操作，它们并不复杂，但在 3D 建模时经常要用到。建议最好记住它们的快捷键。然后，用一个实例来体验它们的具体应用。

到目前为止，我们都是在应用基本几何体来创建 3D 模型。从下一章开始，我们会讲解从绘制 2D 草图开始，创建 3D 模型。这是前面讲过的第 2 种建模方法，也是应用最广泛、最灵活的建模方式，目前主流的工程设计软件都使用这种方式。让我们真正享受实体建模的乐趣吧。

Chapter 8 第8章

2D 草图

在实体建模过程中，首先以2D绘图为基础。2D绘图有着极其重要的作用，同时，工程图和装配图的建立也是以2D绘图为基础的。2D草图与日常所接触的AutoCAD绘制的平面图有些不同，工程设计软件的2D草图是创建3D模型的起点，在构建实体模型的过程中，有很多细节需要修改，在确定了最终模型以后，都有一个生成2D工程图的环节。而日常所说的AutoCAD制图，对应的是实体建模的2D工程图环节，直接按照平面图纸进行生产。

在第3章中，我们介绍了2D绘图的一些概念。不要轻视这个环节，它是自由设计3D模型的基础。甚至可以这么讲，绘制2D草图的能力越强，就能够创建出更加复杂的3D实体模型。鉴于此，在后面的章节中，将讲解如何导入Illustrator程序绘制的矢量图形到123D Design软件中，目的就是要扩展并增强绘制2D草图的能力，然后去创建3D模型。

前面也提到过，123D Design提供了绘制4种基本形状和两种自由绘制图形的工具。基本形状的绘制比较简单，使用自由绘制图形的工具也可完成，这与个人的绘图能力有关系。也无须过分担心以前没有绘图基础，从这一章开始，认真体会绘制图形的过程，完全能够克服这一障碍。让我们先从基本图形开始吧。

123D Design的草图工具划分为3个部分，左边是基本图形的绘制工具，包括草图矩形、草图圆、草图椭圆和草图多边形；中间部分是绘制多段线、样条曲线和绘制弧形工具；右边是对绘制的2D图形进行编辑工具，包括草图圆角、修剪、延伸和偏移曲线；最后是投影工具。

8.1 绘制基本图形

你也许会问，草图的4种基本图形绘制工具与基本体菜单中的基本图形有什么区别？

前面已经讲过，基本体中的所有图形，由于要频繁地使用它们，因此预先设计好了，可以随时调用，以简化一些操作步骤。仔细观察它们的图标，基本体中的 4 个平面图形代表着 4 种形状，而草图部分的 4 种基本图形绘制工具上都带有小黑点，这表示绘制这种图形需要确定的控制点，例如，绘制矩形需要确定两个对角点。

当拖出基本体中的平面图形时，图形可以在栅格上平移，图形的中心位置有个小圆，而屏幕下方会出现数值输入框，与拖出的 9 种立体图形的行为是一致的。而使用草图部分的基本图形绘制工具的操作步骤是：首先选取要使用的工具，例如【草图矩形】工具，随后出现了“单击网格、草图或实体面以开始绘制”的提示，我们需要确认绘制的位置，在栅格上单击鼠标，屏幕中会出现一个图标，表示已进入了绘制草图的状态，接着会出现具体绘制工具的操作提示。对于矩形工具，出现的是“单击以指定矩形的第一个角点”，在想要绘制图形的位置单击鼠标，接着出现了“单击以指定矩形的大小”，同时，矩形的尺寸线上的数字框中的数值在不断变化，也可以在数值输入框中输入具体的数值。拖到想要的尺寸后，再次单击鼠标确定，如图 8-1 所示。单击那个绿色背景的对钩图标，将结束草图状态。接下来可以对绘制的矩形构建 3D 模型的操作。

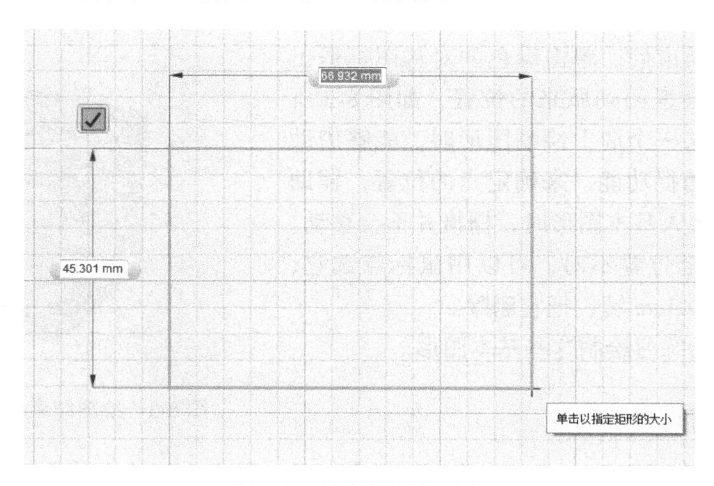

图 8-1　绘制矩形的过程

简单地总结一下，使用草图工具绘制图形时，有个开始和结束草图的过程。进入草图状态后，实际上是绘制 2D 图形，与在 AutoCAD 中绘制平面图形很相似。在 Solidworks 中，2D 草图与 3D 建模是分开的。而 123D Design 中没有明确的设置 2D 草图的功能按钮，不过，屏幕中如果有绿色背景的对钩图标，则意味着此时处于绘制 2D 图形的状态中，这一点需要理解的。

还有一点要注意：可以放置基本体中的基本图形到实体的面上，也可以在实体的某个面上绘制图形。我们实际操作来体验一下。创建一个长方体，长宽高 3 个尺寸都设置为 30，拖到栅格之上。先从基本体中选择矩形，把它放置到正方体的一个面上，这个操作应该很简单。再从草图工具中选择绘制草图圆工具，在正方体的另一个面上绘制出圆形，半径随意。你会发现，当选择了绘制草图矩形工具后，在正方体的不同的面上移动鼠标时，栅格也会跟随着移动，指示着绘图平面，如图 8-2 所示。在正方体的某一个面上单击鼠标，就会出现绿色背景的对钩图标，可以开始在那个平面上绘图了。

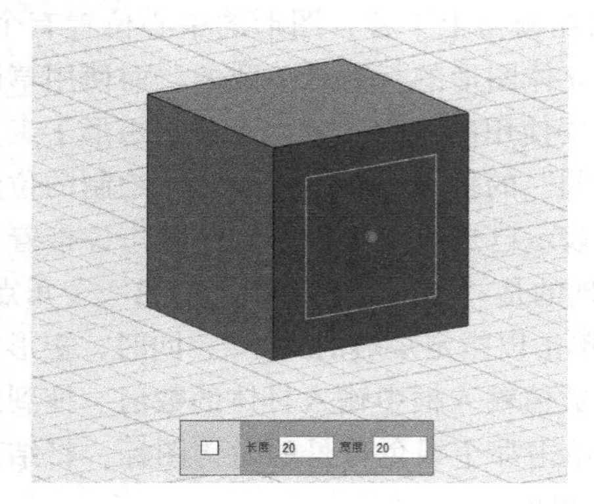
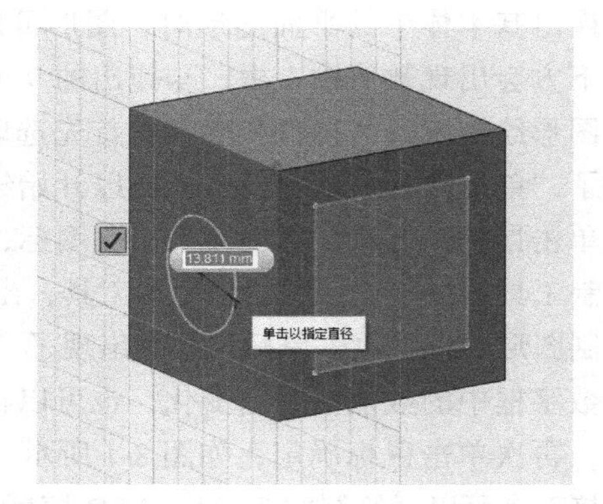

图 8-2 在正方体不同的面上绘制图形

当绘制图形结束后，单击绿色的对钩图标退出草图状态，栅格会返回到原来的位置，如图 8-3 所示。这样，当在某一个面上绘制图形时，能够借助栅格，通过使用捕捉功能，来确定点的位置，辅助完成绘制图形。插入基本图形时，栅格并不会移动。如果所绘制的图形位置不对，可以用鼠标点选它，然后按键盘上的 Delete 键，把它删除。

下面我们开始练习绘制这些基本图形。

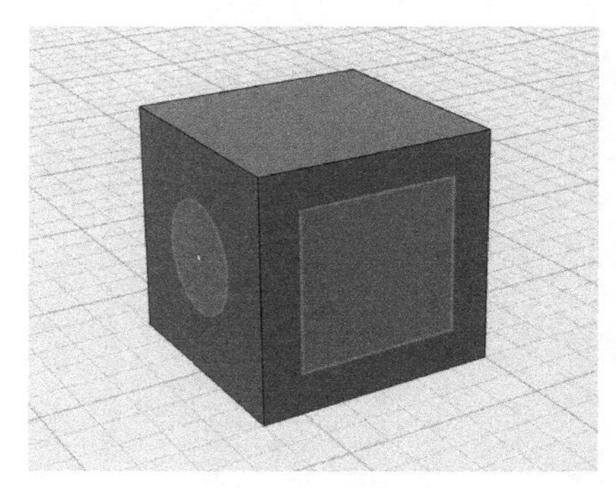

图 8-3 绘图结束后，栅格自动复位

8.1.1 绘制矩形

1）从【草图】子菜单中选取【草图矩形】工具，我们在栅格上绘制矩形。为了便于绘图，把视图切换到上视图。在栅格上的任意位置单击鼠标，屏幕中出现了绿色背景的对钩图标，表明已经进入了草图状态。在屏幕的任意位置处单击一下。

2）在任意方向上移动鼠标，会看到开始形成一个矩形。此时，矩形是浮动的，可以在尺寸线上的数值输入框中输入需要的数值，按 Tab 键，可以跳转到另一个输入框。也可以用鼠标拖动，同时观察输入框中的数值是否是所需要的数值。单击鼠标确定第 2 个点，生成矩形，如图 8-4 所示。

3）屏幕中，依然有绿色背景的对钩图标，可以继续绘制矩形。在屏幕中任意位置单击鼠标，执行与刚才相同的操作，绘制出第 2 个矩形，如图 8-5 所示。

可以在栅格上绘制出多个图形，分别选择单个图形，进行构建 3D 模型的操作。也可以按住 Ctrl 键，单击多个图形，使它们都参与建模操作。

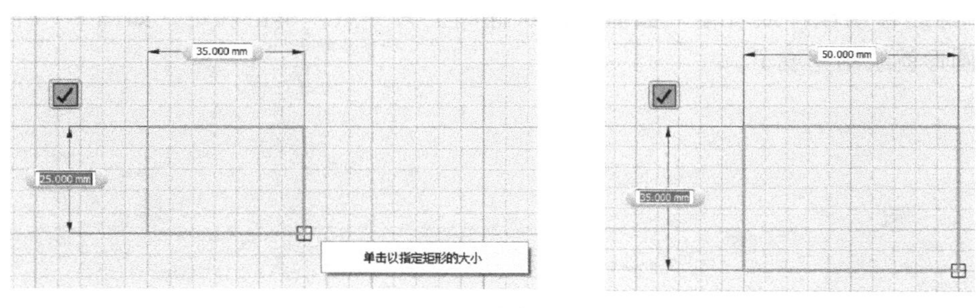

图 8-4 绘制矩形

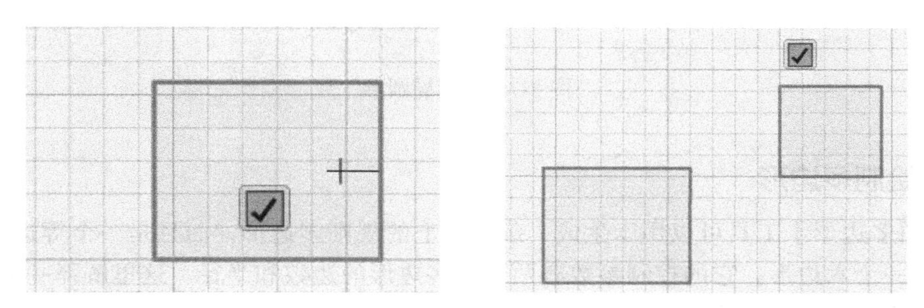

图 8-5 绘制第 2 个矩形

8.1.2 绘制圆形

绘制圆形非常简单，从【草图】菜单中选取【草图圆】工具，单击鼠标进入草图状态。在屏幕中任意位置处单击一点作为圆心，移动鼠标来确认半径。也可以在尺寸线上的数值输入框中直接输入半径的数值，单击确认，如图 8-6 所示。

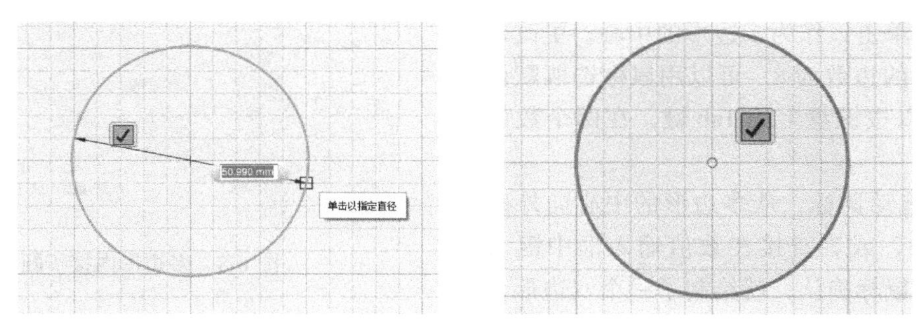

图 8-6 绘制圆形

8.1.3 绘制椭圆形

1）从【草图】菜单中选取【草图椭圆】工具，单击鼠标进入草图状态。在屏幕中任意位置单击，作为椭圆的中心。然后移动鼠标确认椭圆一根轴上的点，单击确认。

2）继续移动鼠标或者输入数值以确认椭圆上另一点，单击确定，如图 8-7 所示。此时，椭圆形就绘制完成了。

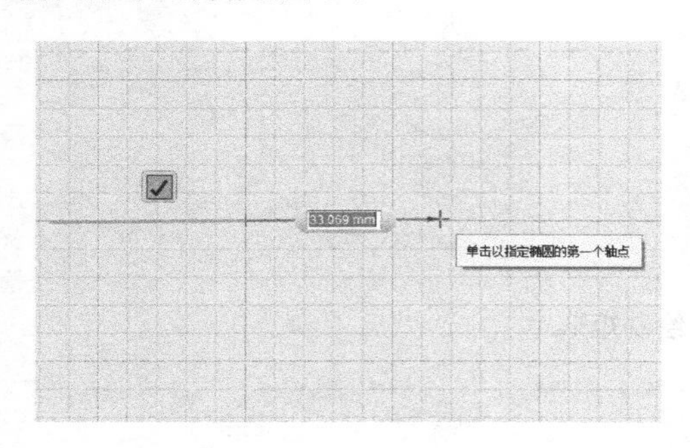

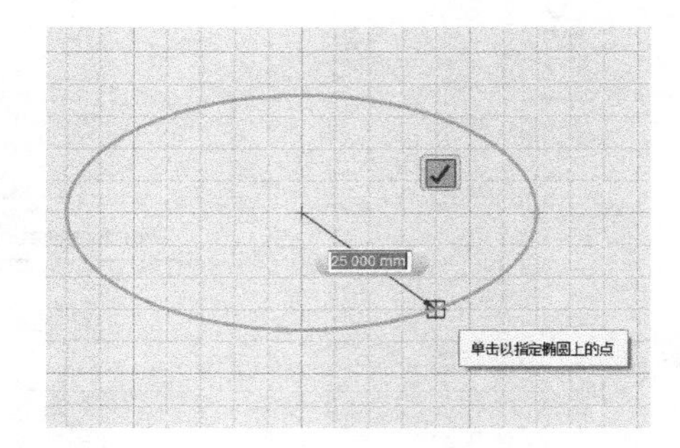

图 8-7 绘制椭圆形

8.1.4 绘制多边形

【草图多边形】工具可以用于生成 3 条边以上的规则多边形，而且是一个等边多边形，默认的是一个六边形。它的控制参数有两个：多边形的边数和半径。这里解释一下，为什么使用一个半径值？实际上，123D Design 程序中绘制的多边形是内接于圆的，如图 8-8 所示。

从图 8-8 中可以看出，多边形的顶点都落在一个圆上。所设定的这个数值，就是内接圆的半径。下面，我们绘制一个八边形。

1）从【草图】工具栏中选取【草绘多边形】工具，单击鼠标进入草图状态。在屏幕中任意位置单击，作为多边形的中心。更改数值输入框中的边数为 8，可以用鼠标选取默认的 6，也可以按键盘上的 Tab 键，在两个数值之间切换。

2）拖动鼠标，从多边形的中心向外确定半径大小，或者直接在数值输入框中键入数值。单击鼠标确认，就绘制了一个八边形，如图 8-9 所示。

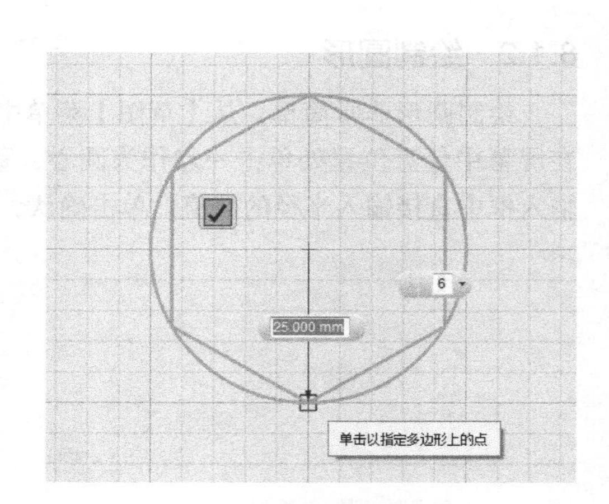

图 8-8 多边形内接于圆

以上讲解了草图中基本图形的绘制过程。123D Design 提供了两种确定数值的方法：直接用鼠标拖动和在数值输入框中输入数值，而后者是精确控制尺寸的操作方式。理解之后，应该逐步应用输入数值的方式来绘制图形。

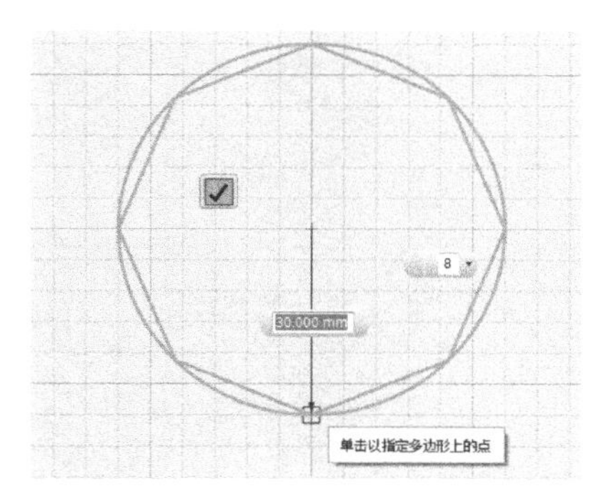

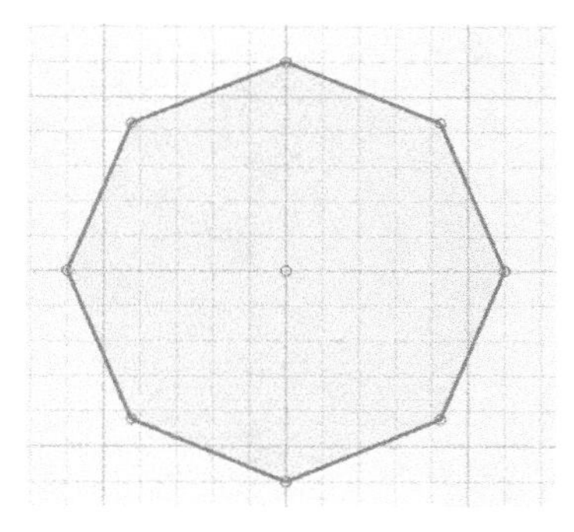

图 8-9　绘制多边形

8.2　绘制多段线和样条曲线

8.2.1　绘制多段线

有别于其他平面绘图软件，123D Design 没有单独提供绘制直线的工具。这也是有原因的。单独绘制的直线，图元数量会增加，而且不是封闭的，不能用来生成实体模型。123D Design 提供了多段线来绘制连续的直线和弧线的方法，整条多段线是一个整体，所绘制出的闭合图形，能够用来构建实体模型。

1. 绘制连续直线

实际上，基本图形中的矩形，就是使用多段线绘制出来的。我们把视图切换为上视图，并选择正交模式。

从【草图】菜单中选取【多段线】工具，单击鼠标进入草图状态。在屏幕中任意位置单击，作为起始点，然后单击第 2 点、第 3 点、第 4 点……最后移动鼠标到起始点位置，将会自动捕捉到这个点，单击确定，就形成了封闭的矩形，如图 8-10 所示。

在单击第 2 点时，会出现尺寸线和数值输入框，允许输入数值来确定点的位置。控制点的参数是距离和与垂直方向的夹角。

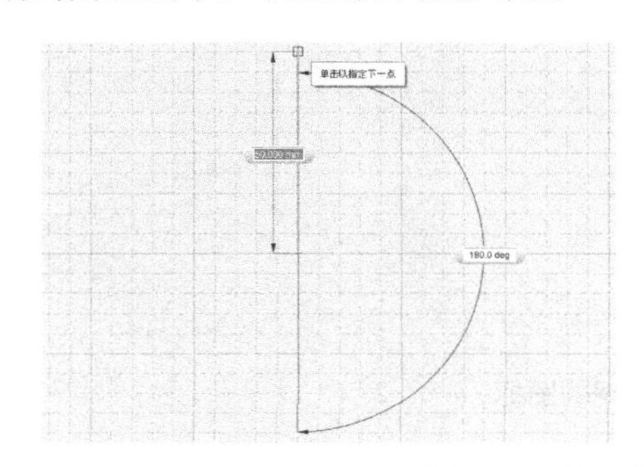

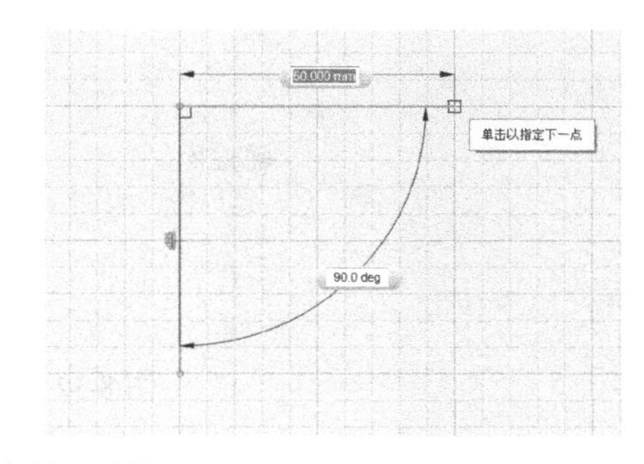

图 8-10　使用多段线绘制矩形的过程

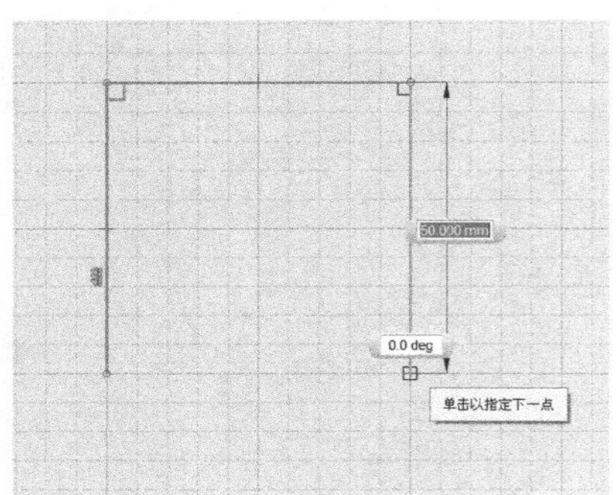

图 8-10 （续）

在绘制过程中，如果所绘制的点通过了某个点的水平线或垂直线，就会出现一条黑线，这是预览的线条，表示此时可画出一条水平线或垂直线。若偏离了位置，则黑线消失，如图 8-11 所示。

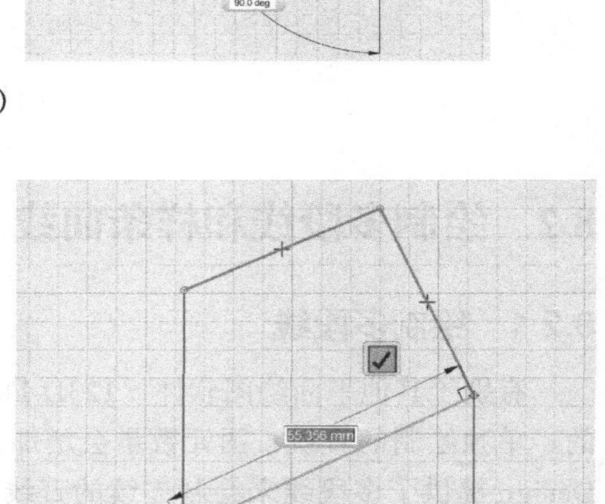

图 8-11 所绘制的点通过了某一个点的垂直方向

当捕捉到一条直线的中点时，会出现一个三角号。而当绘制的线是水平时，也会出现对地平行的图标，如图 8-12 所示。这都是辅助绘图的一些手段，应用了 AutoCAD 的一些捕捉功能。

最后，我们使用多段线绘制了一个矩形，这是一个封闭的矩形，如图 8-13 所示。

使用【多段线】绘制工具画折线是非常简单的，方法就是单击鼠标，再单击下一点。应该可以画出如图 8-14 所示的图形。

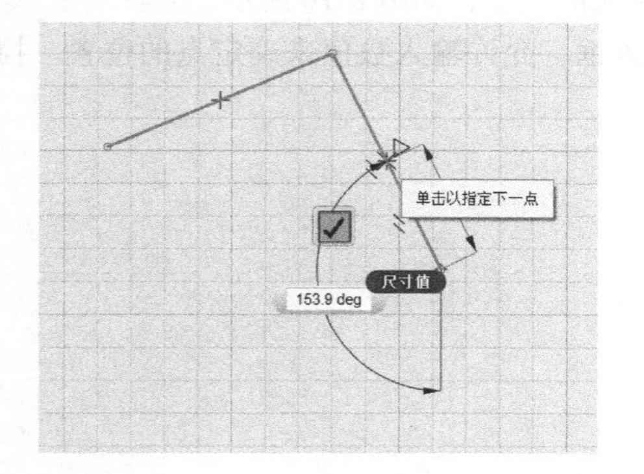

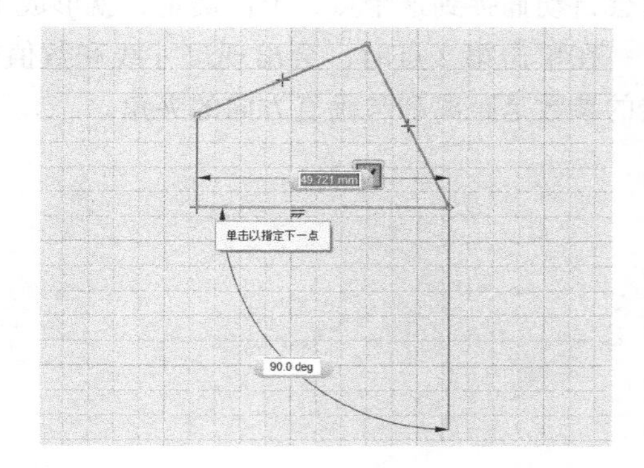

图 8-12 绘图时出现的图标

图 8-13　用多段线绘制的矩形

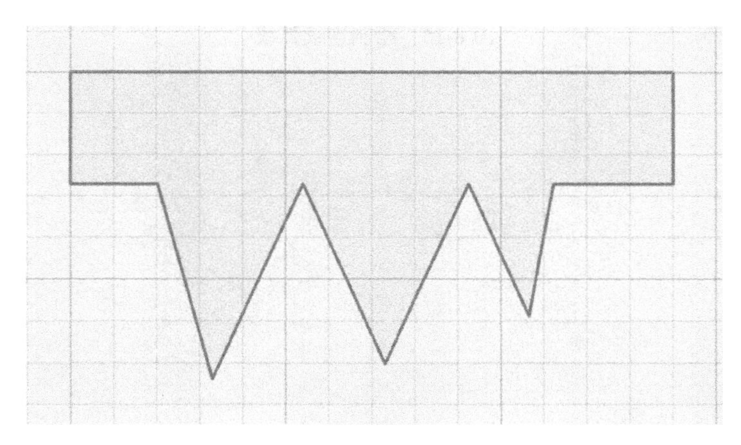

图 8-14　绘制折线

2. 绘制连续弧线

使用【多段线】工具，还可以绘制连续的弧线，方法是选择【多段线】工具，在栅格上单击一下，进入草图状态。再单击一下作为起始点，再单击相同的位置，同时按住鼠标左键向四周滑动鼠标将会绘制弧线。继续执行这样的操作，可以绘制出连续的弧线。记住，单击某一点两次，按住左键向外滑动鼠标，就可以绘制连续的弧线，如图 8-15 所示。而绘制折线就是不断单击鼠标，没有按住鼠标滑动的过程。刚开始，你也许会感到有点别扭，多练习一下，找到有点像“扯橡皮筋”的感觉。

3. 绘制直线和弧线的混合图形

当知道如何使用【多段线】工具时，单纯地单击鼠标，画出的是直线。而单击鼠标，并按住鼠标左键拖动，可以画出弧线。两种绘图方式混合使用，就可以绘制出如图 8-16 所示的图形。

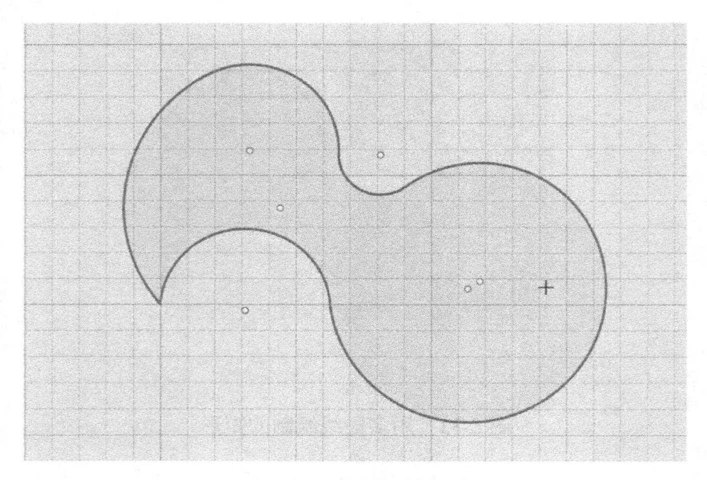

图 8-15　绘制连续弧线

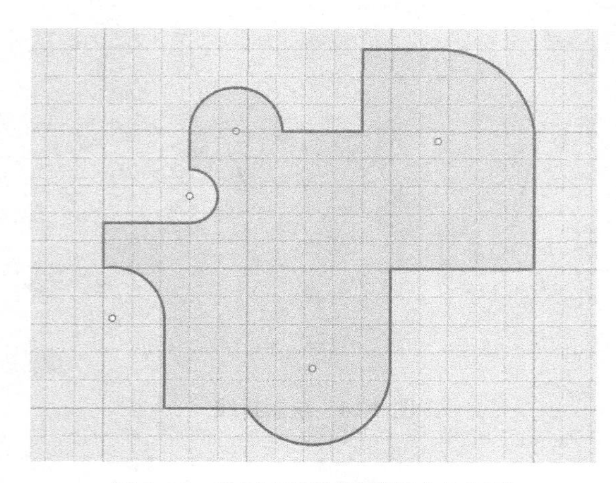

图 8-16　绘制直线和弧线混合的图形

实际上，用【多段线】绘制弧线并不容易控制，更多的是用它来画直线。而接下来所要讲的【样条曲线】命令，才是用来画曲线的工具，想要用它画直线，你到觉得不容易画直。

8.2.2　绘制样条曲线

所谓样条曲线是指给定一组控制点而得到一条曲线，曲线的大致形状由这些点控制。一般可分为插值样条和逼近样条两种，插值样条通常用于数字化绘图或动画的设计，逼近样条一般用来构造物体的表面。最初，样条曲线都是借助于物理样条得到的，放样员把富有弹性的细木条（或有机玻璃条），用压铁固定在曲线应该通过的给定型值点处，样条做自然弯曲所绘制出来的曲线就是样条曲线。样条曲线不仅通过各有序型值点，并且在各型值点处的一阶和二阶导数连续，即该曲线具有连续的、曲率变化均匀的特点。

非均匀有理B样条曲线（NURBS）是一种用途广泛的样条曲线，它不仅能够用于描述自由曲线和曲面，而且还提供了包括能精确表达圆锥曲线曲面在内的各种几何体的统一表达式。自1983年，SDRC公司成功地将NURBS模型应用到它的实体造型软件中以来，NURBS已经成为计算机辅助设计及计算机辅助制造的几何造型基础，得到了广泛应用。AutoCAD就是使用这种NURBS数学模型来创建样条曲线的，因此，123D Design也使用NURBS模型创建样条曲线。还有一些基于NURBS建模的非常有名的软件，例如犀牛（Rhino）等。简单地说，NURBS就是专门做曲面物体的一种造型方法。NURBS造型总是由曲线和曲面来定义的，所以要在NURBS表面生成一条有棱角的边是很困难的。就是因为这一特点，我们可以用它做出各种复杂的曲面造型和表现特殊的效果，例如人的皮肤、面貌或流线型的跑车外观等。

大致知道样条曲线是用来创建曲面的就可以了，我们更关注这个工具的使用方法。

1）从【草图】子菜单中选取【样条曲线】工具，单击鼠标进入草图状态。在屏幕中任意位置单击，再单击第2个点。慢慢地来回移动样条曲线的端点，并注意观察曲线如何变化，如图8-17所示。

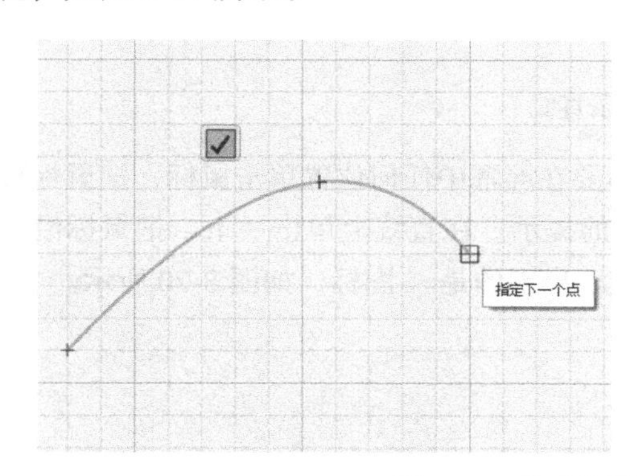

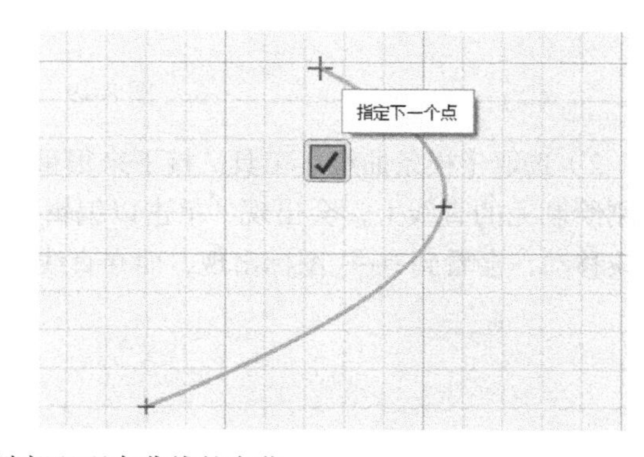

图8-17　移动曲线的端部以观察曲线的变化

2）继续选取一系列点，可以同时移动端点，来调节曲线的形状。最后，移动鼠标到第1点位置可以捕捉到起始点，单击确认，封闭这个图形，如图8-18所示。如果在绘制图形时，单击绿色背景的图标，退出草图状态，可以绘制开放的曲线，这也是有用的。

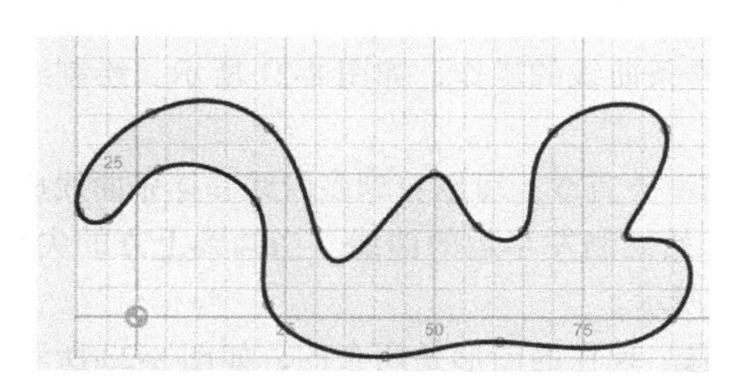

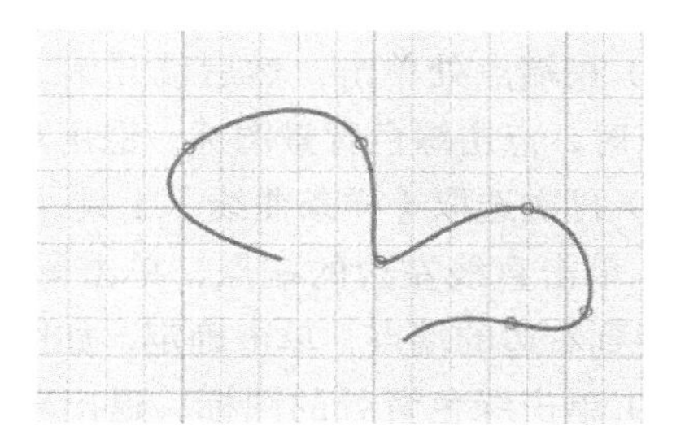

图8-18　闭合的和开放的样条曲线

绘制样条曲线的方法就这么简单，基本上是单击—调整的过程。不要小看它，只要有足够的耐心，这个工具能够绘制出很复杂的图形。我们的建议是绘直线用多段线工具，画曲线用样条曲线工具，结合起来使用。

下面讲解具体的操作步骤。

1）从【草图】工具栏中选取【多段线】工具，单击鼠标进入草图状态。在屏幕中栅格的一个格点上单击，再单击第2个点。单击绿色背景的图标，退出草图状态，画出一条直线，如图8-19所示。

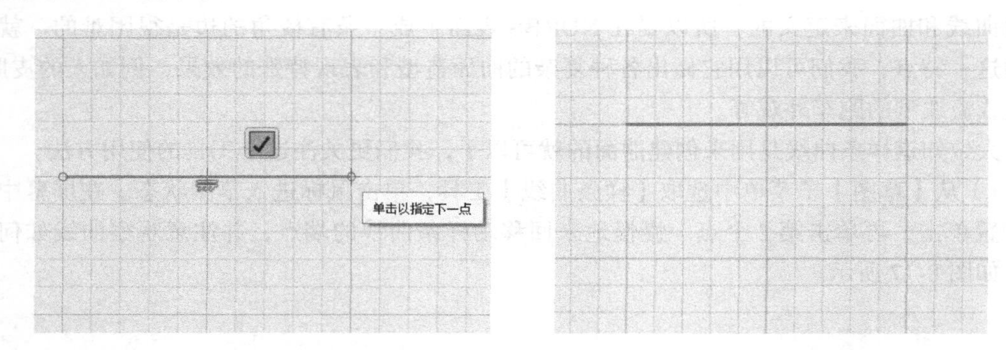

图8-19 画出一条直线

2）选取【样条曲线】工具。接下来很重要，不要在屏幕中任何位置单击鼠标，把鼠标移到刚绘制完的直线上，会出现“单击以编辑草图”的提示。在直线上单击一下，把鼠标沿着直线移动，会看到有-×-图标出现，而在直线的端点，出现的是-□图标，如图8-20所示。

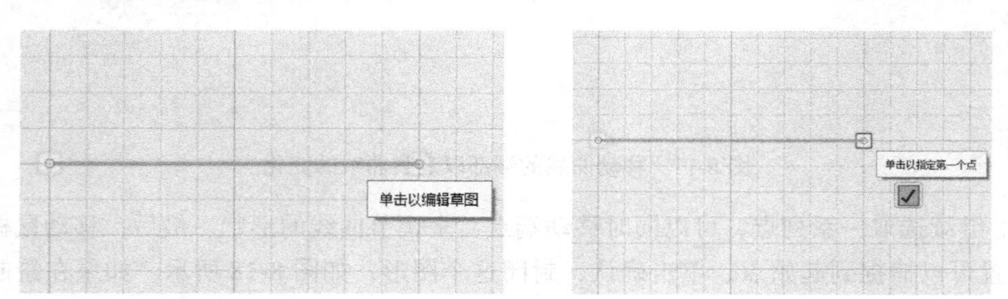

图8-20 单击后出现的图标

3）在端点处单击，然后就开始了绘制样条曲线的操作，如图8-21所示。绘制到上部的顶点时，点击绿色背景图标，退出草图。

4）再次选取【样条曲线】工具，先单击一下直线，可以看到多段线和样条曲线成为了一体。单击直线左边的端点，单击鼠标，开始绘制左半边的曲线。当画到上方的尖角时，会捕捉到右边的端点，单击确定，如图8-22所示。

5）单击绿色背景的图标，退出草图状态。现在的图形是闭合的，如图8-23所示。可以用来创建实体模型了。

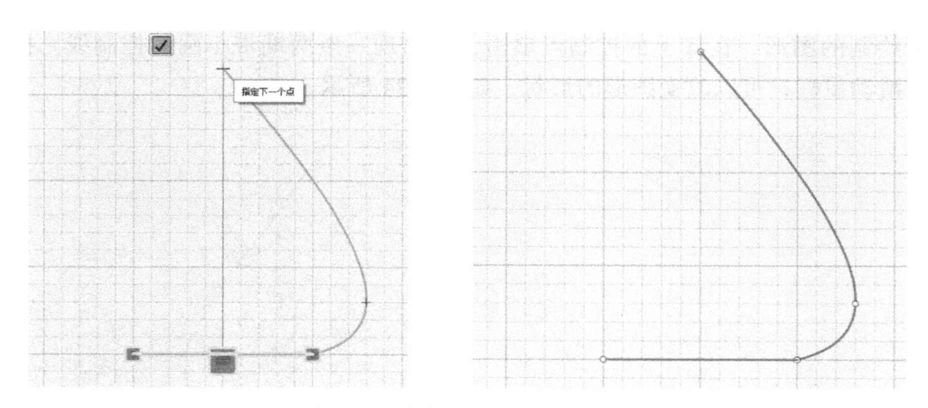

图 8-21 绘制右半边的样条曲线

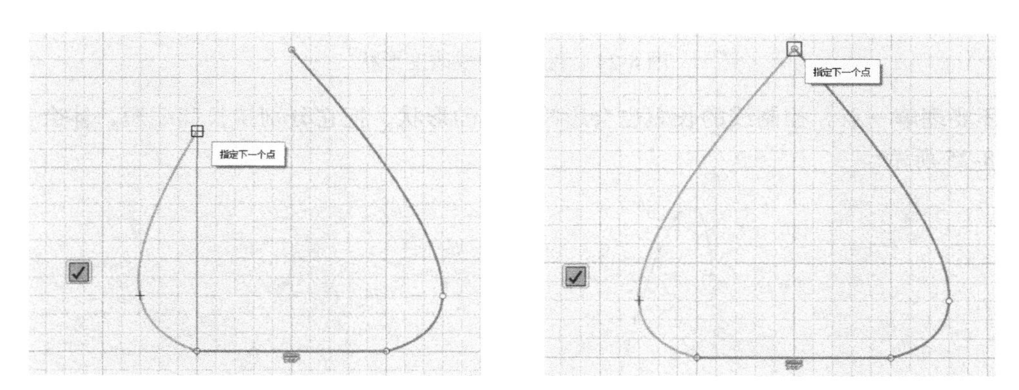

图 8-22 绘制左半边的样条曲线

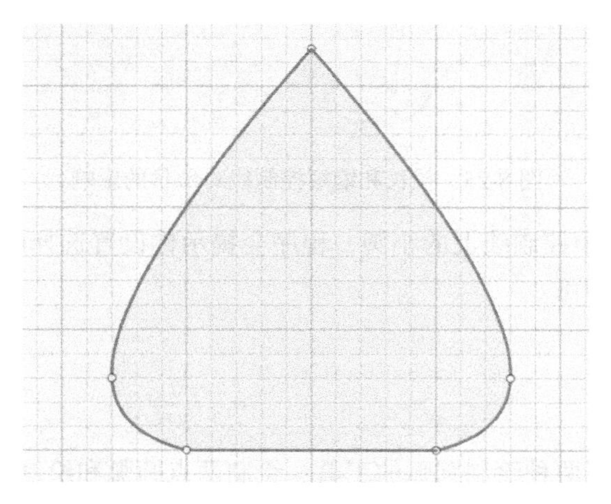

图 8-23 绘制出闭合的图形

使用这种方法，能够快速地绘制出复杂的图形。这是 123D Design 绘制平面图形的强大的方法，一定要理解并掌握它。

对于绘制的图形，在其上的控制点单击，会出现一条两端带小圆的控制线。抓住两端的小圆并滑动鼠标，可以改变图形的形状，如图 8-24 所示。

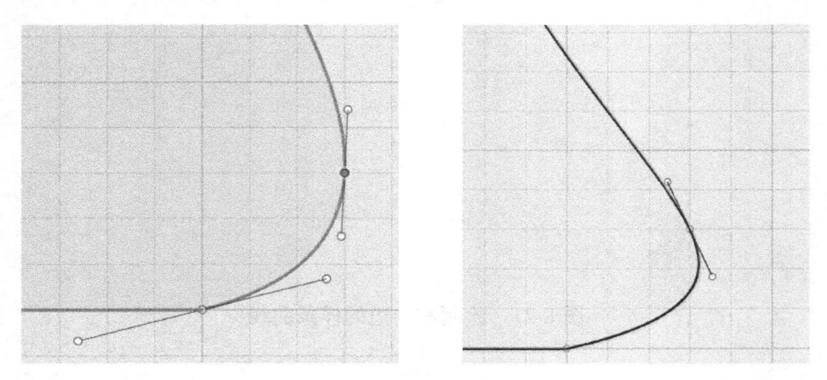

图 8-24　利用控制线改变形状

还要理解一点，控制线的长短也会影响图形的形状，把它分别拉长和缩短，体会一下，如图 8-25 所示。

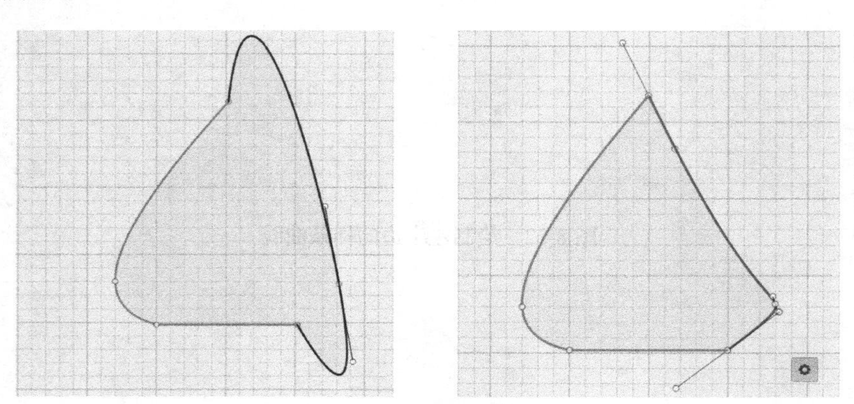

图 8-25　拉长和缩短控制线对形状的影响

有时，不太容易选中控制线上的小圆，程序会提示你设置选择的是草图的点还是曲线，单击对钩确认 即可。

8.3　绘制圆弧

123D Design 提供了两种绘制圆弧的工具：绘制两点圆弧和绘制三点圆弧。

8.3.1　绘制两点圆弧

1）从【草图】工具栏中选取【两点圆弧】工具，单击鼠标进入草图状态。在屏幕中栅格上的一个格点上单击，作为圆弧的中心点。然后移动鼠标，单击另一个格点，这样确定了圆弧半径，同时确定了圆弧的起始点。再移动鼠标画出圆弧，如图 8-26 所示。

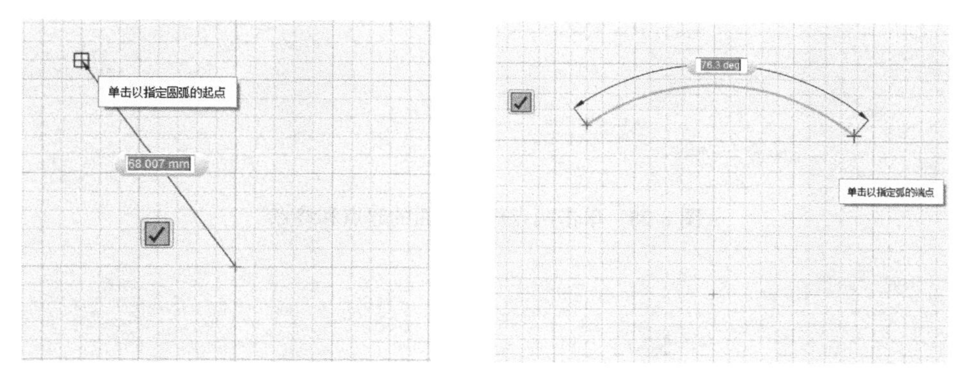

图 8-26 绘制两点圆弧

在确定起点时，可以在尺寸线上的输入框中输入圆弧半径的尺寸；而在确定第 2 点之前，可以输入圆弧的角度，如果输入 360°，则绘制的是一个圆形。

2）拖出合适的圆弧角度后单击鼠标确认，就得到了圆弧，如图 8-27 所示。

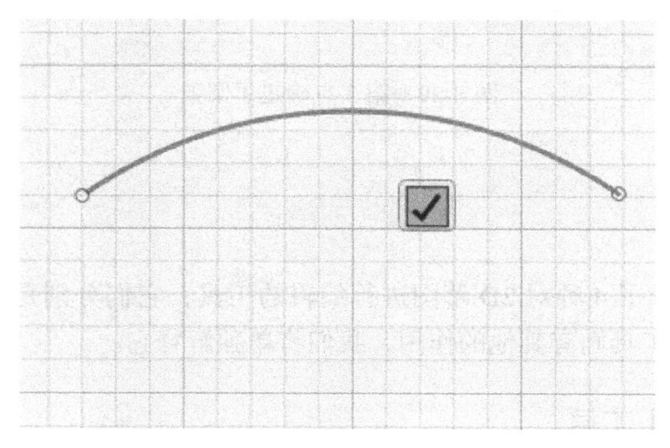

图 8-27 绘制出了圆弧

8.3.2 绘制三点圆弧

1）从草图工具栏中选取绘制【三点圆弧】工具，单击鼠标进入草图状态。在屏幕中栅格上的一个格点上单击，作为圆弧的起点，然后再单击另一个格点，作为圆弧的终点，如图 8-28 所示。

2）移动鼠标会出现弧线，向四周移动鼠标可以扩大或缩小圆弧的半径。第 3 个点是要确认圆弧上一点，若感觉弧线合适，单击鼠标确定，如图 8-29 所示。

绘制圆弧是比较简单的操作，多练习就能够掌握它。

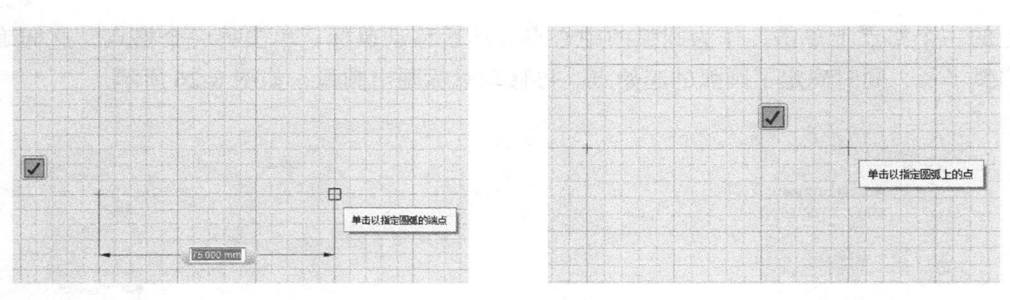

图 8-28 单击两点作为圆弧的起点和终点

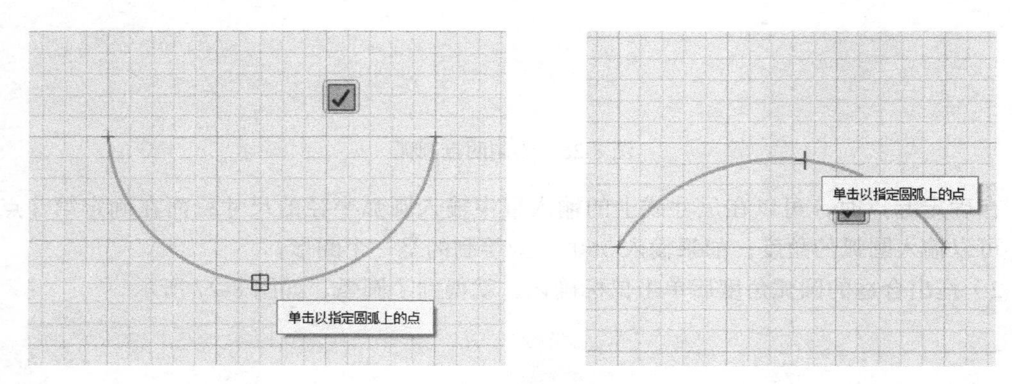

图 8-29 第 3 点确定了圆弧

8.4 编辑草图

123D Design 提供了 4 种对 2D 草图进行编辑的工具，它们分别是草图圆角、修剪、延伸和偏移工具。投影工具则有其他的作用，我们将单独解释它。

8.4.1 【草图圆角】工具

对草图图形进行倒圆角，就是把草图图形中尖角部分修改为圆角的过程。

1）先绘制如图 8-30 所示的草图，从【草图】子菜单中选取绘制【草图圆角】工具。单击一下草图，出现了绿色背景图标，则进入草图状态。可以在屏幕下方的数值输入框中输入想要使用的圆角半径，也可以先选择要倒圆角的顶点，再拖动选择圆角的大小。选择一个角点会出现一个小圆弧，圆弧呈现红色，单击鼠标确认，如图 8-30 所示。

2）随后会出现一个箭头，拖动这个箭头，可以调整圆弧的大小，同时在输入框中显示出具体的数值，如图 8-31 所示。

3）当调整适当则的圆弧大小后，单击确认，则完成了整个倒圆角操作过程。对其他的 3 个顶点也执行倒圆角操作，如图 8-32 所示。

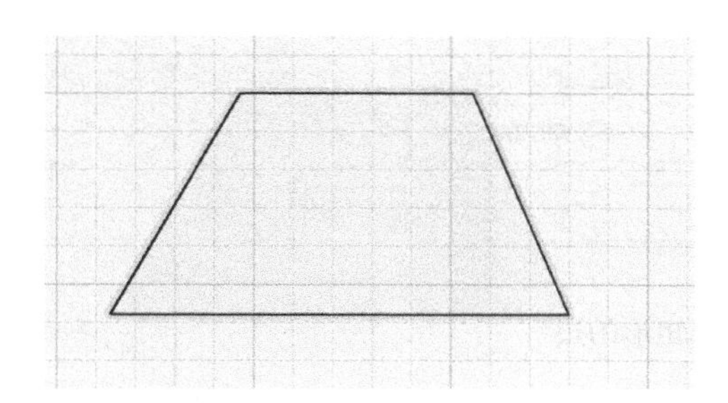

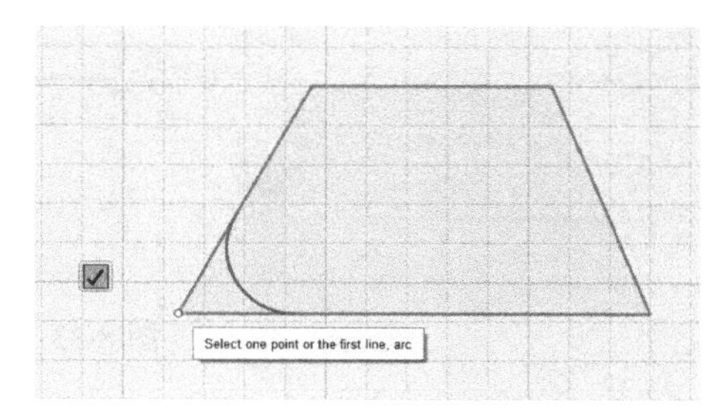

图 8-30　选择要倒圆角的角点

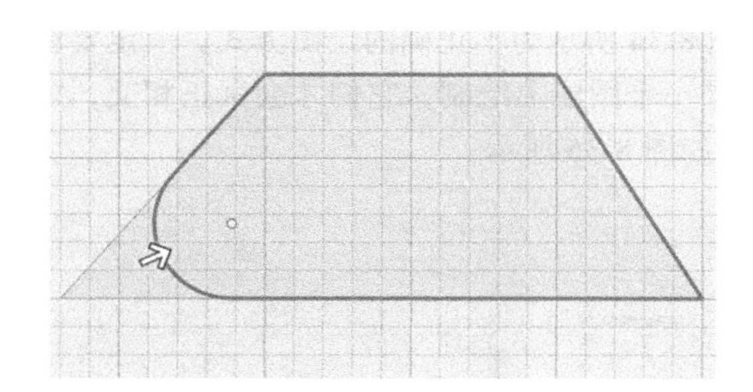

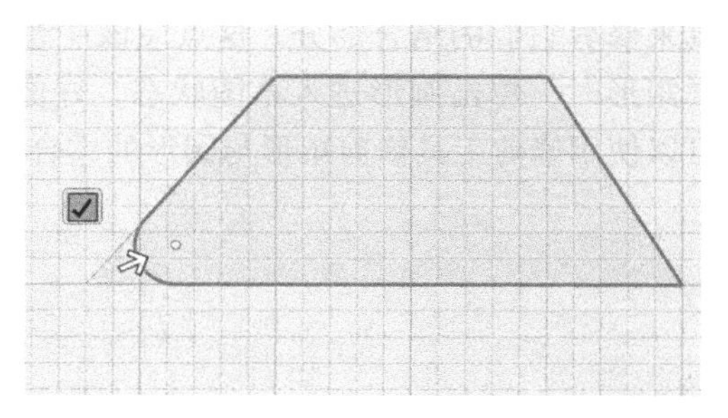

图 8-31　调整圆弧大小

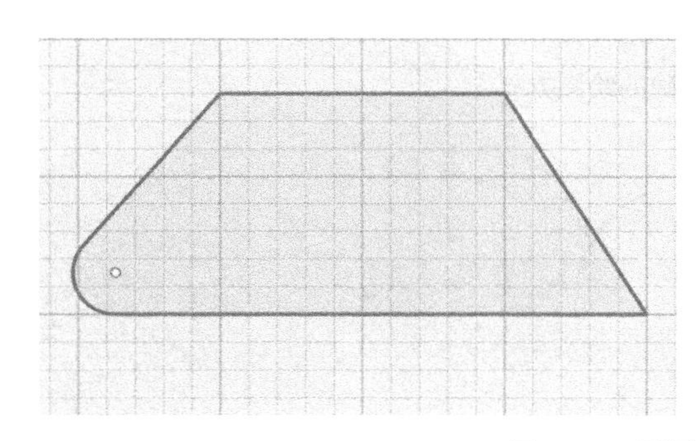

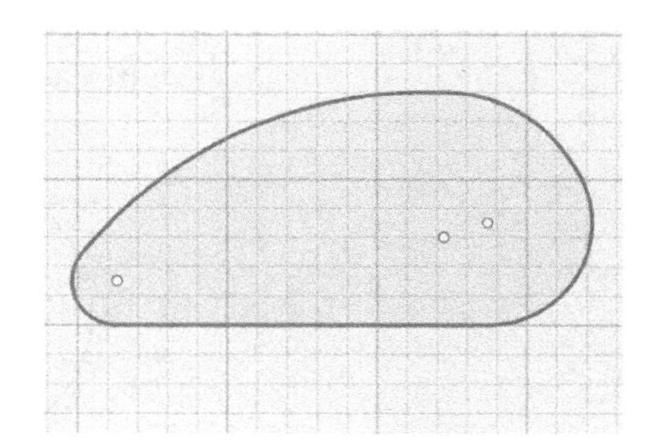

图 8-32　倒圆角后的结果

8.4.2 【修剪】工具

【修剪】工具是重要的草图编辑工具，它所起的作用是把不想要的线条修剪掉。灵活运用该工具可以修剪出复杂的 2D 图形。

在这里，先简单介绍一下 AutoCAD 中“图元”的概念。“图元”是 Autodesk 公司为了区分不同数据信息，对某一类数据所取的名字。图元指的是图形数据，所对应的就是绘图界面上看得见的实体。在 AutoCAD 原版的英文中，图元的名字为 entity，翻译为中文有“图素”“图元”“实体”等意思。比如，用多段线画的矩形有 4 条边，就是有 4 个图元。如图 8-33 所示的矩形，应用【修剪】工具，可以剪去一条边，顺次地可以把 4 条边都剪去。

图 8-33　修剪掉矩形的边

在绘制图形时，例如，先绘制一个圆形，再绘制一个矩形，如果单击屏幕中圆形之外的区域进入的草图状态，那么，虽然你画的矩形与圆形看起来重叠，但也不能使用修剪工具来修剪它们的结合部分。这点应该注意。如图 8-34 所示为不正确的绘图方式。一定要在画矩形时，单击圆形进入草图状态，好像是在同一个图层上绘制，它们才会真正相交，才可以使用修剪工具修剪矩形与圆形的重合部分，如图 8-35 所示。

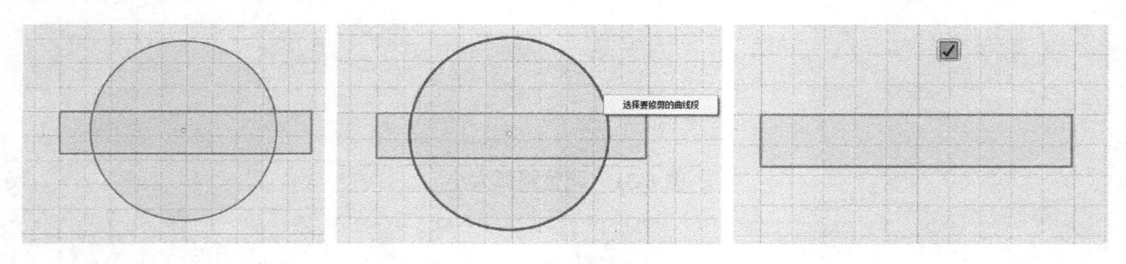

图 8-34　不正确的绘图方式

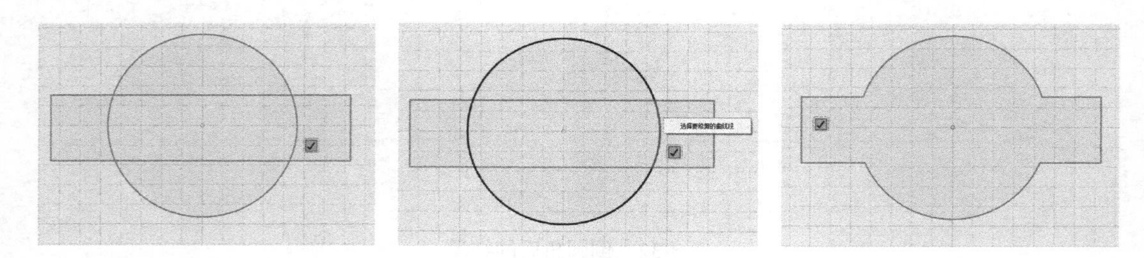

图 8-35　正确的绘图方式

我们先绘制出下面图形，然后练习【修剪】工具的使用方法。

1）先绘制如图 8-36 左图所示的草图图形，注意圆心捕捉到一个角点上。从【草图】子菜单中选取【修剪】工具。单击一下草图，出现了绿色背景图标，进入了草图状态。可以使用【修剪】工具，修剪掉圆形中的直线。把鼠标放置到一条直线上，这条线会变成红色，如图 8-36 中图所示。单击鼠标，直线就消失了，如图 8-36 右图所示。

2）继续单击圆形中的 3 条直线，把它们都修剪掉，如图 8-37 所示。

3）把内部的弧线修剪掉，如图 8-38 所示。

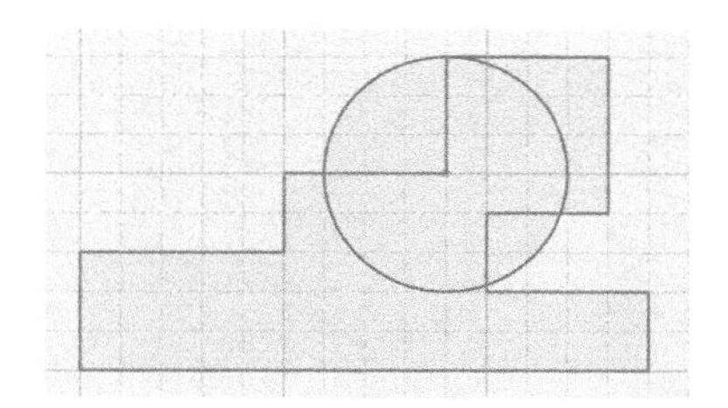
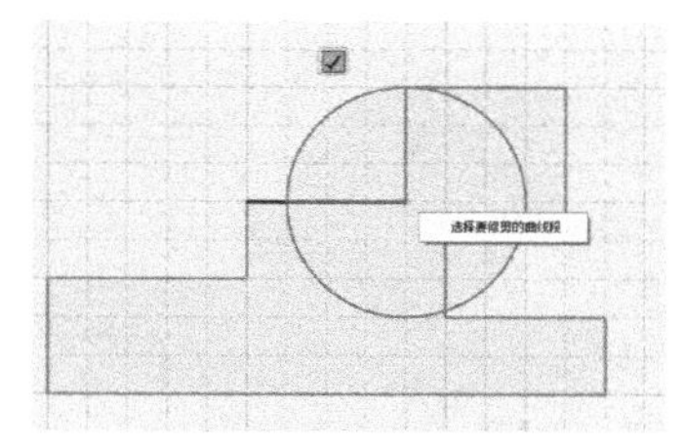
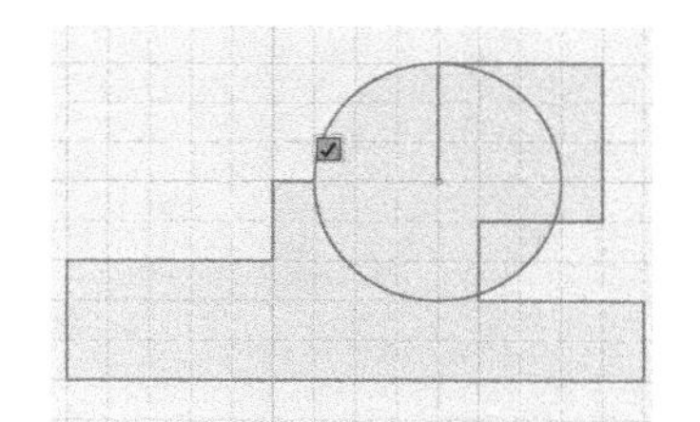

图 8-36　修剪掉圆形中的一条直线

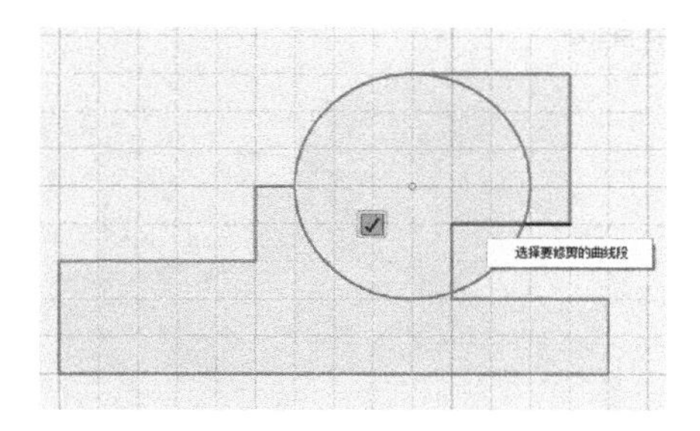

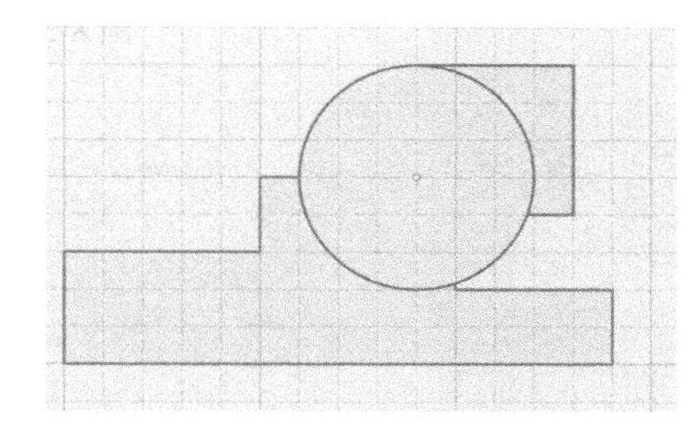

图 8-37　修剪掉圆形中的所有直线

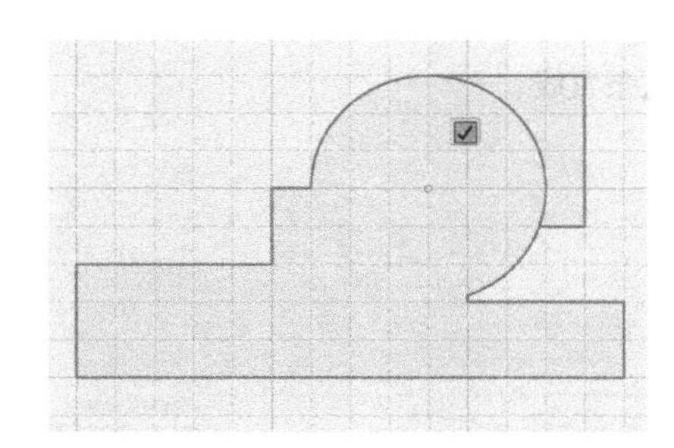
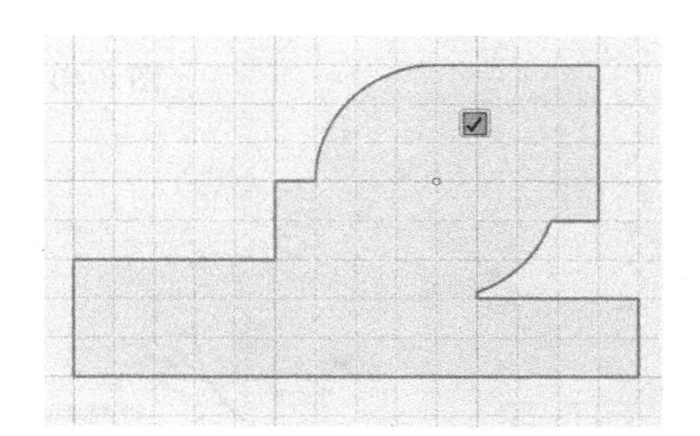

图 8-38　修剪掉内部的圆弧

8.4.3 【延伸】工具

【延伸】工具是把直线或曲线延长。我们使用上面的草图来进行练习。

1）从【草图】子菜单中选取【延伸】工具。单击一下草图图形，然后把鼠标放置到不同的线上，就会出现了红色的延长部分，单击鼠标确认，这条直线就会延长了一些，如图 8-39 所示。

2）把鼠标放置到刚刚延长的直线上，它会继续延伸，再次单击鼠标确认，如图 8-40 所示。

3）试着延伸圆弧。同样地，把鼠标放置到圆弧上，可以看到圆弧会继续延伸，单击鼠标确认，如图 8-41 所示。

4）连续延伸这些弧线，最后形成了一个圆，如图 8-42 所示。

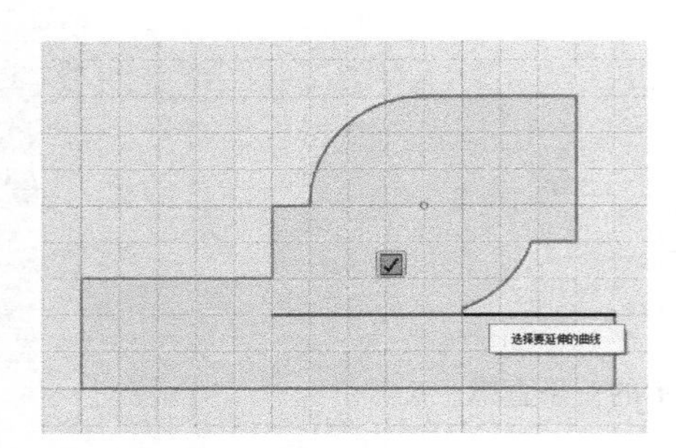

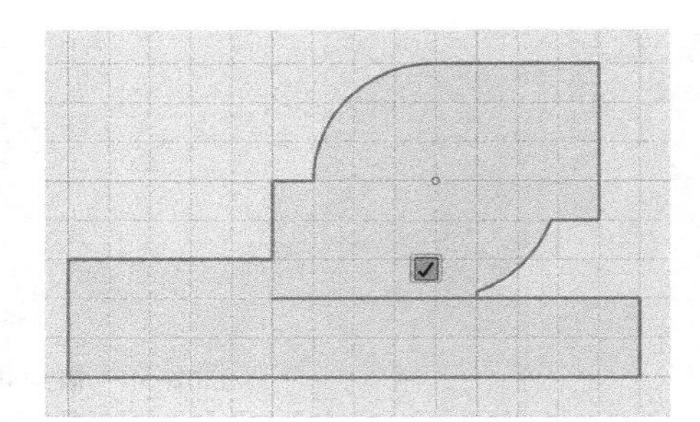

图 8-39　延伸一条直线

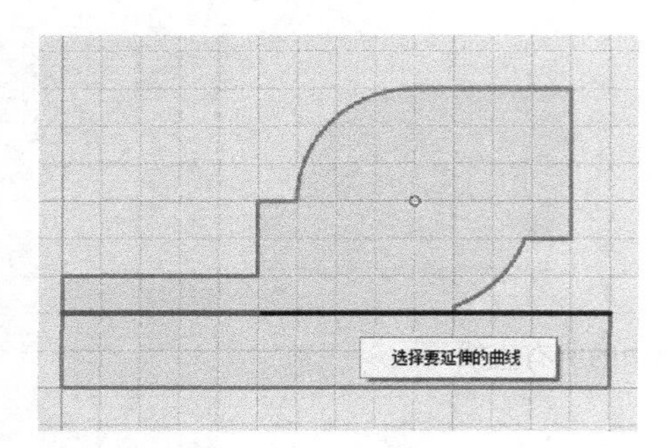

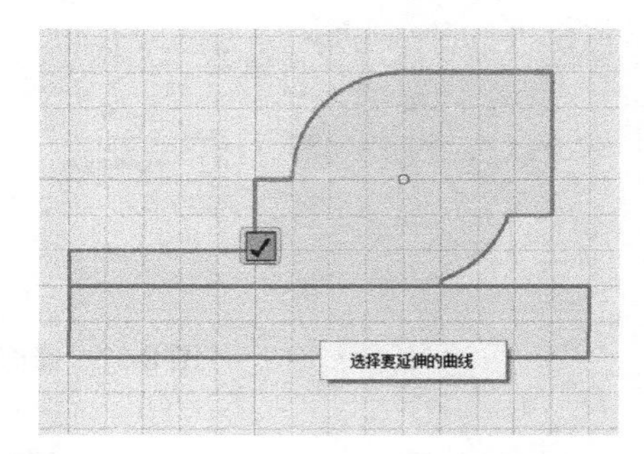

图 8-40　继续延伸这条直线

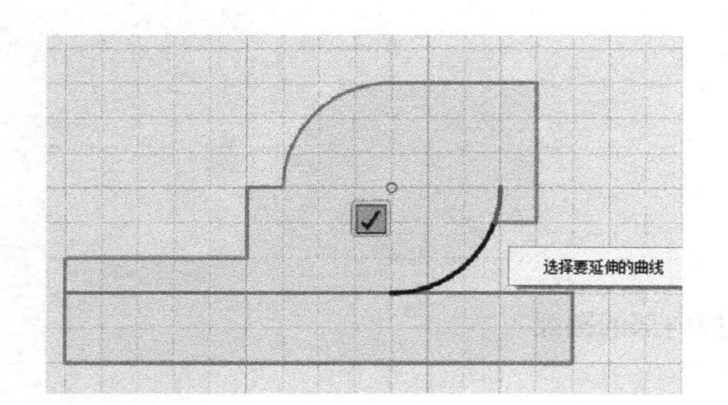

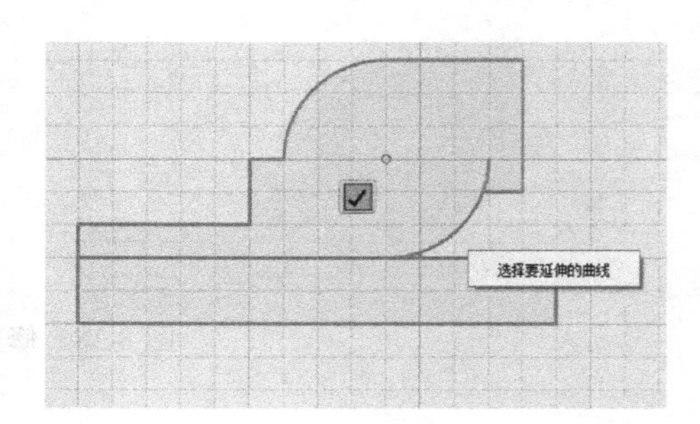

图 8-41　延伸圆弧

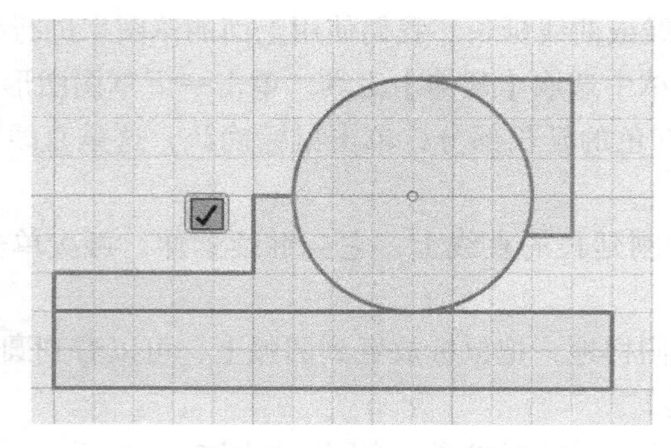

图 8-42　形成圆形

8.4.4 【偏移】工具

偏移工具提供了一种对曲线、圆和直线进行等距偏移的复制方法。仍然使用上面的草图图形，来练习偏移工具的操作。

1）从【草图】工具栏中选取【偏移】工具，单击一下草图圆形。向内或向外移动鼠标，可以看到出现红色的同心圆，也就是又偏移出了一个圆，如图 8-43 所示。

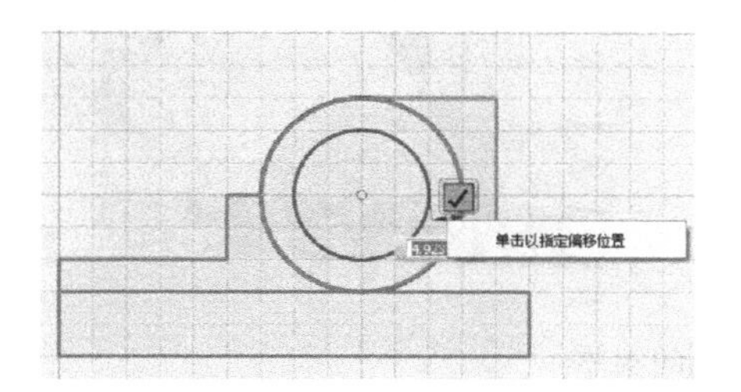

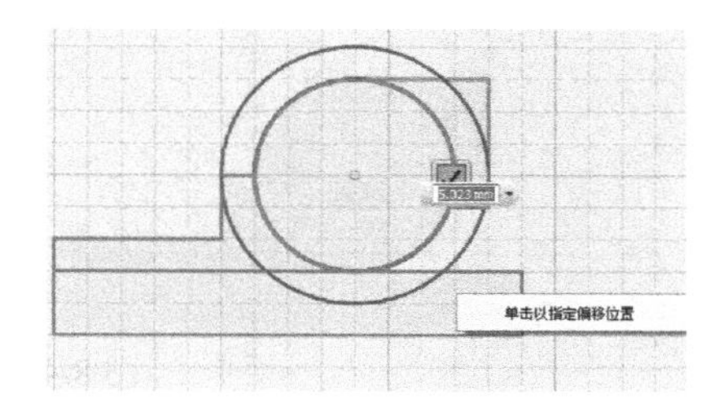

图 8-43　偏移出了圆形

2）单击确认。继续在新偏移出来的圆形上单击，并向外拖动，又会出现一个圆形，如图 8-44 所示。

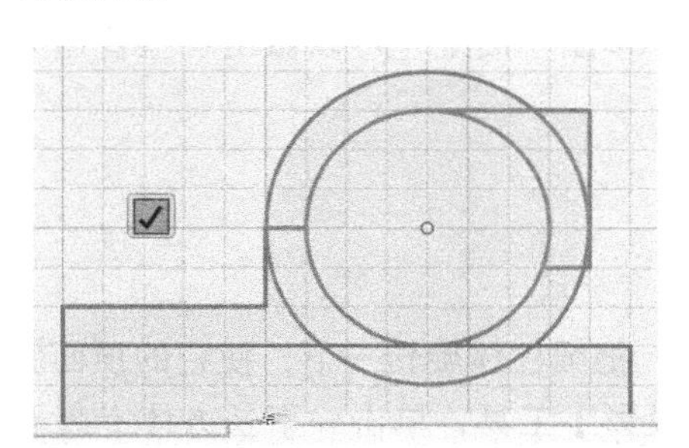

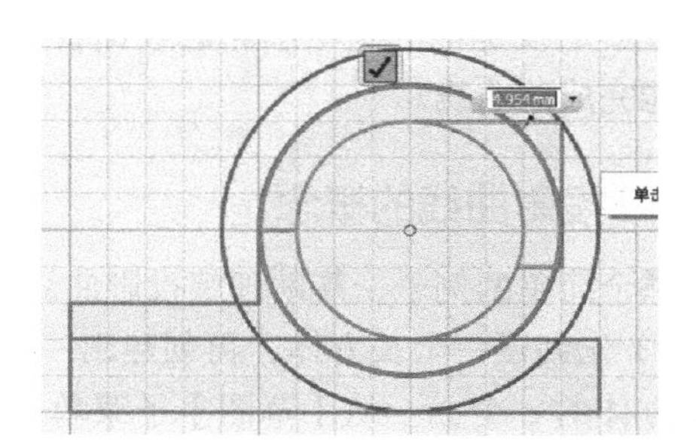

图 8-44　又偏移出一个圆形

3）单击确定，结果如图 8-45 所示。

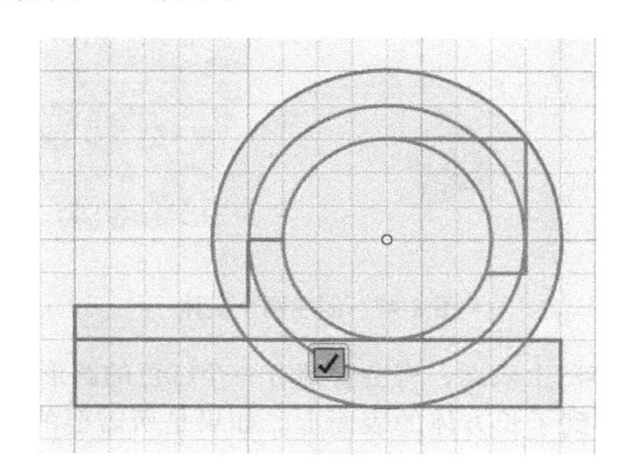

图 8-45　得到的最终结果

以上介绍了 4 种草图编辑工具的使用方法。这些工具对修改草图图形非常有用，特别是【修剪】工具，使用得更频繁。例如，可以使用【修剪】工具修剪图 8-44 的图形，然后，经过拉伸而得到一个实体模型，如图 8-46 所示。

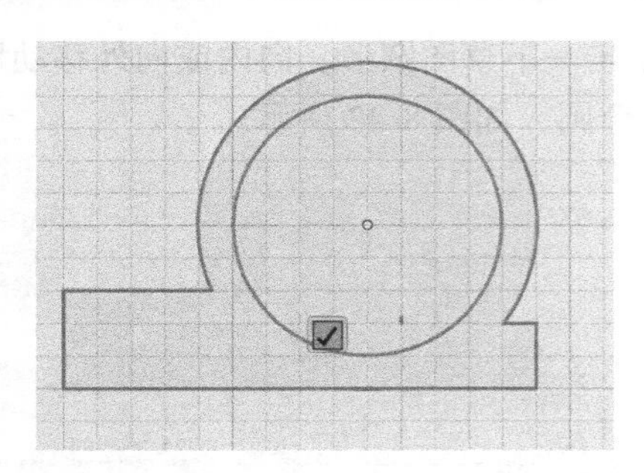

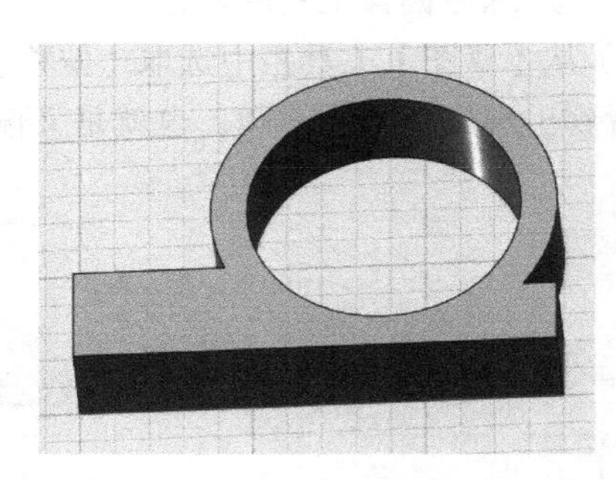

图 8-46　拉伸得到的实体

8.5　投影曲线

投影曲线是把一个草图轮廓或面投影到另一个草图平面上，可以做出一些普通方法几乎不能完成的曲线。

8.5.1　投影曲线的概念

举个简单的例子，帮助理解投影曲线的概念。

1）先创建一个长方体，再创建出一个圆柱体，把圆柱体旋转一下，使它的顶面斜着朝向长方体的一个面。从【草图】子菜单中选取【投影】工具，单击一下长方体上想要投影曲线的那个面，会看到栅格移动到那个面上，如图 8-47 所示。

图 8-47　创建两个实体

2）把鼠标移到圆柱体的上表面，将会看到有一个红色的圆形出现在长方体上，这就是把圆柱体的圆形轮廓投影到了长方体的表面上。如果是所需要的结果，就单击鼠标确认，如图 8-48 所示。

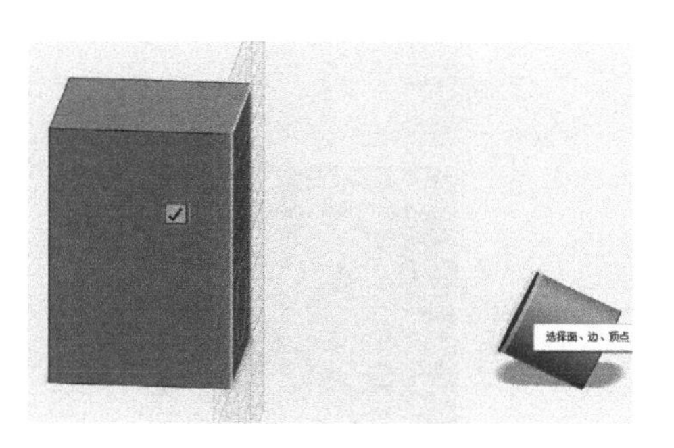

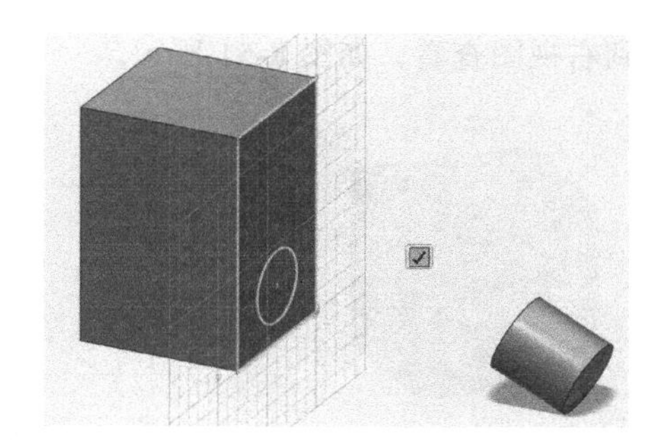

图 8-48 把圆柱的顶面投影到长方体上

现在应该明白了，投影曲线就是把一个轮廓曲线投射到一个平面上。不过，在 123D Design 中，并不能把曲线投影到一个曲面上，这是我们需要注意的地方。

8.5.2 草图曲线投影实例

也可以把草图的轮廓投影到一个平面上。下面我们对使用草图工具在栅格上绘制的曲线进行投影。

1）先创建一个长方体，再从【草图】子菜单中选择【草图圆】工具，绘制一个小圆。接着选择绘制【草图椭圆】工具，绘制出一个小椭圆，如图 8-49 所示。因为这两种工具绘制的曲线进行投影时有相同的操作方式，所以我把它们放到一起进行解释。

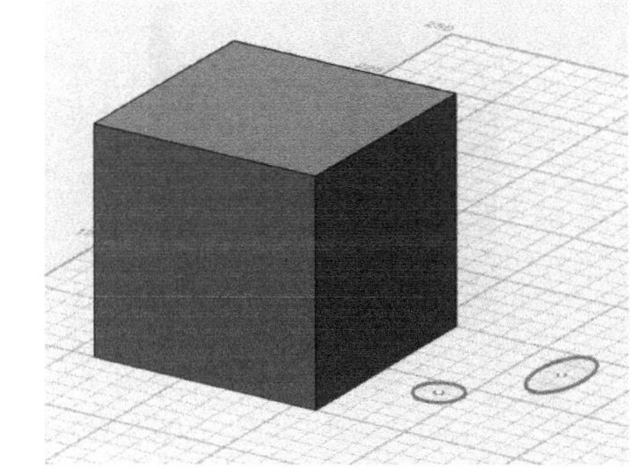

图 8-49 绘制一个圆形和一个椭圆形

2）单击圆形，选择【移动 / 旋转】工具，把这个圆形旋转 90°，使它立起来，同时向上移动一些距离，如图 8-50 所示。

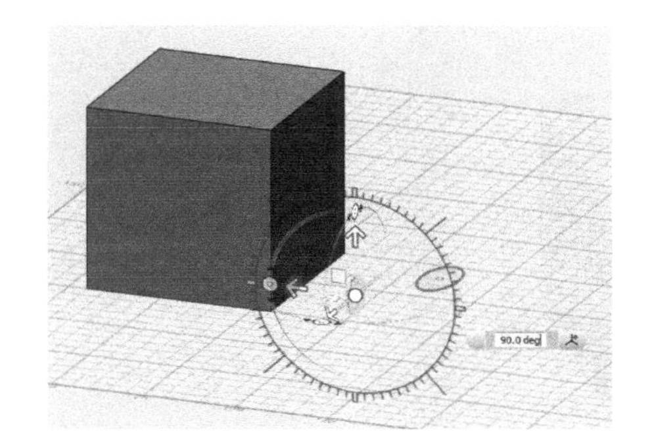

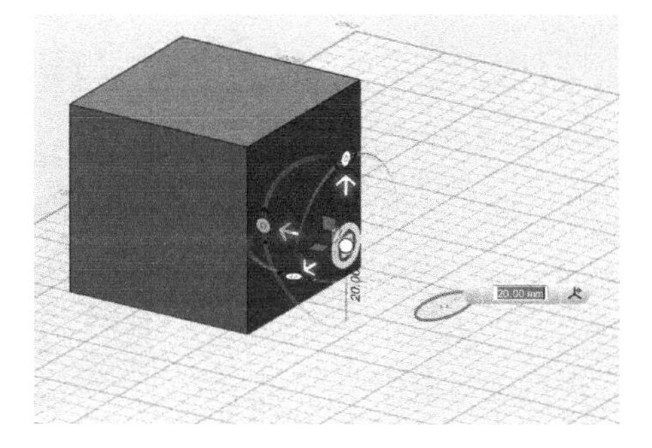

图 8-50 旋转并向上移动圆形

3）对椭圆形执行同样的操作。为了观察两个曲线是否都能投影到长方体的面上，可以切换到右视图查看，如图 8-51 所示。

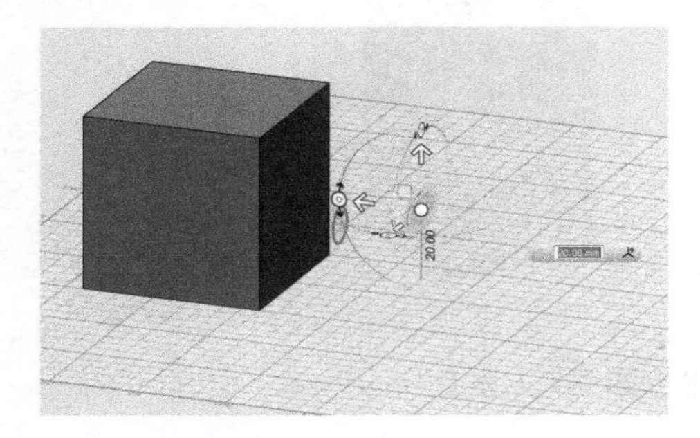
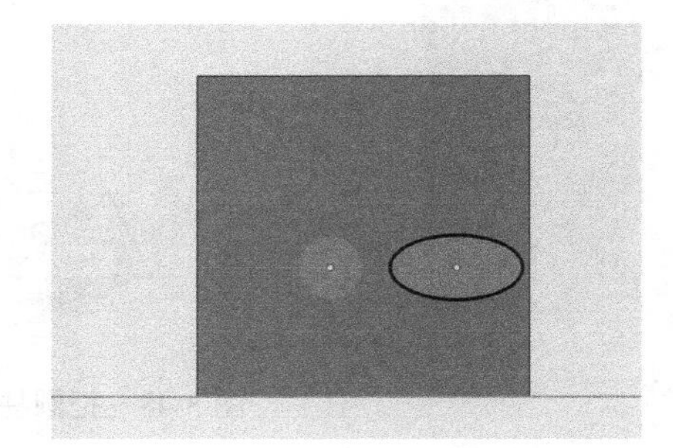

图 8-51　把两个曲线都旋转竖立起来

4）选择【投影】工具，再选择长方体的侧面作为投影平面，栅格会与这个面重合。把鼠标放到圆形上，在长方体的面上会出现红色的圆形，这是草图投影到平面上生成的。如果把鼠标放置到椭圆形上，在长方体上也会出现椭圆形的投影，如图 8-52 所示。

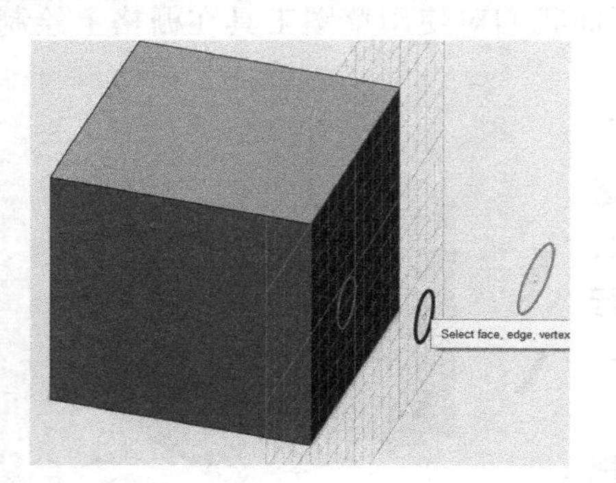

图 8-52　圆形和椭圆投影到长方体的面上

5）单击确认后，单击绿色背景图标退出，得到如图 8-53 所示的结果。

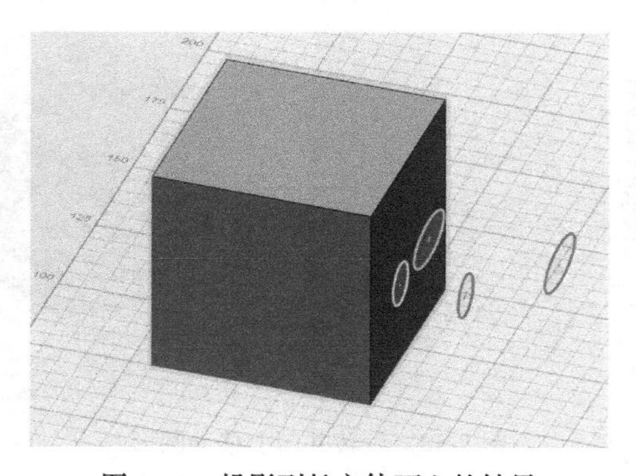

图 8-53　投影到长方体面上的结果

接下来，我们再绘制出矩形和多边形草图。

1）先创建一个长方体，绘制出矩形和多边形，用鼠标左键拖出一个矩形选框。把它们同时选中，执行和上面相同的操作，把它们旋转 85°，并且向上移动一些，如图 8-54 所示。

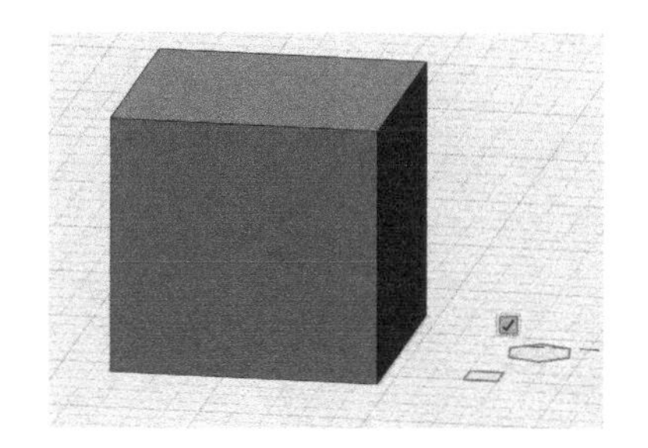

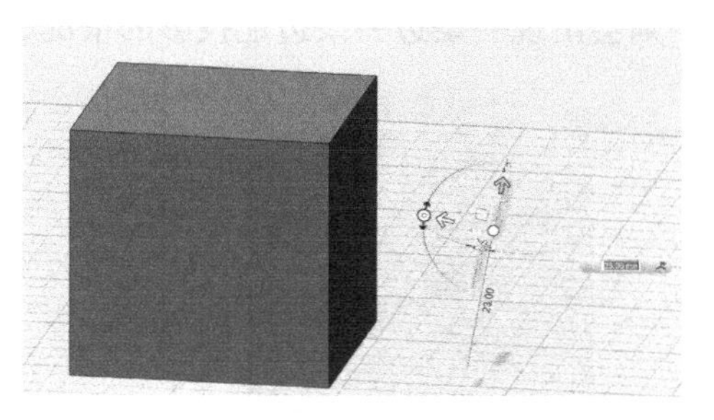

图 8-54　绘制矩形和多边形草图

2）选择【投影】工具，并选择长方体的侧面作为投影平面。这次，单击矩形，并不会一次把四周的直线都投影到长方体的面上，而把鼠标放到四周的直线上，会一条线一条线地投影。依次单击矩形的 4 条边，把它们投影到长方体的侧面上，如图 8-55 所示。对于多边形，也是如此操作。

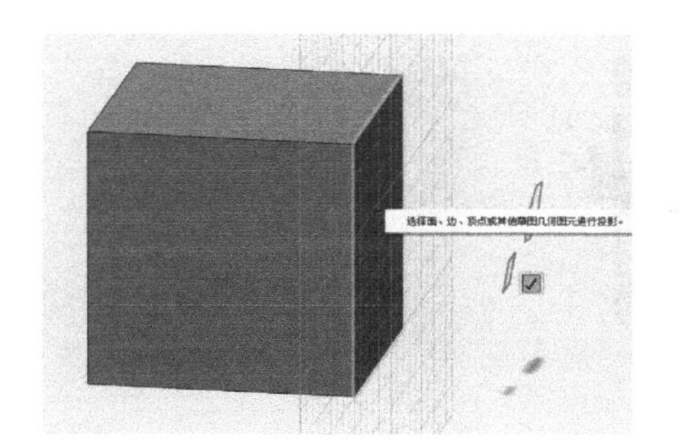

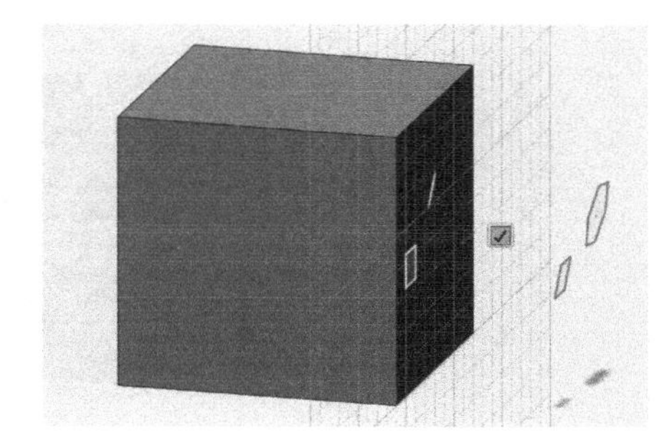

图 8-55　一条边一条边地投影矩形和多边形

我们再看看多段线和样条曲线绘制的图形投影时是什么情况。

1）先创建一个长方体，接着使用【多段线】工具和【样条曲线】工具各画出一个形状，也把它们旋转并且上移一些，如图 8-56 所示。

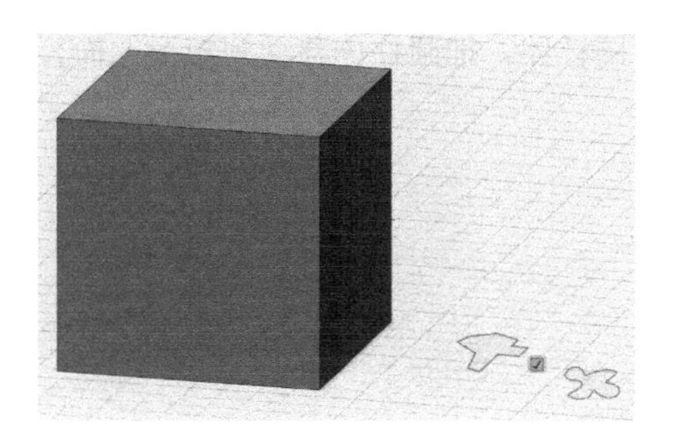

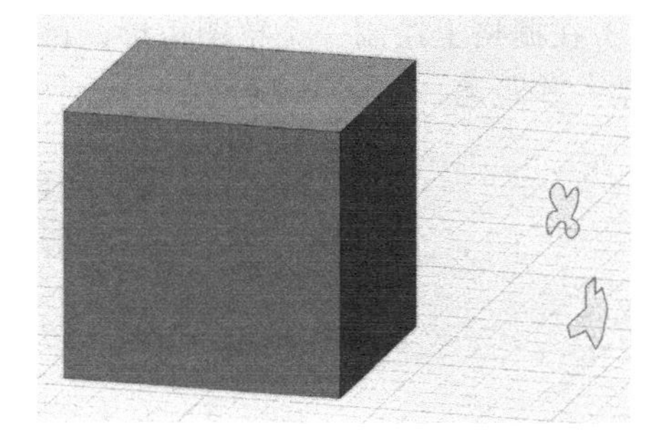

图 8-56　绘制长方体、多线段和样条曲线草图

2）选择【投影】工具，并选择长方体的侧面作为投影平面。这次，把鼠标放到用样条曲线绘制的图形上，一次把图形投影到长方体的侧面；而把鼠标放到用多段线绘制的图形上，则会出现一条边一条边地投影的情况，如图 8-57 所示。

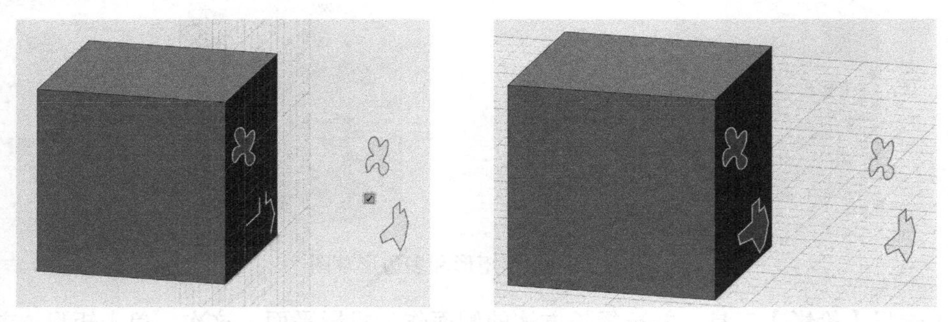

图 8-57　多段线与样条曲线绘制的图形的投影方式不同

投影到长方体侧面的图形可以使用【拉伸】等工具，创建出新实体，如图 8-58 所示。

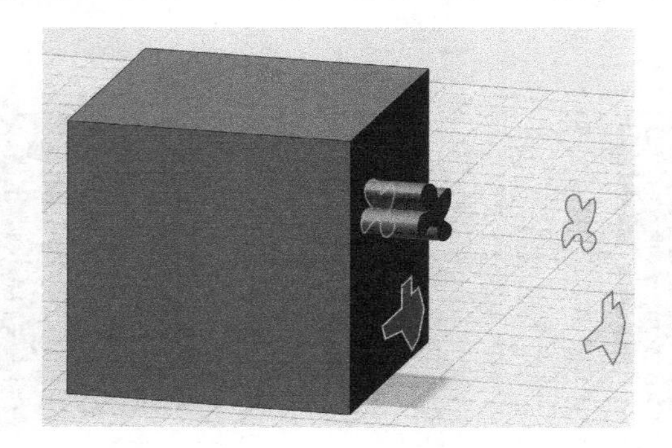

图 8-58　利用投影的图形拉伸出实体

8.5.3　实体轮廓投影到草图平面上

我们已经讲解了把草图图形投影到实体上。接下来，我们讲解把实体轮廓投影到草图平面的操作。

1）在栅格上绘制一个草图矩形，再创建一个圆柱体，把圆柱体移动到矩形上面，并向上移动一些距离，如图 8-59 所示。

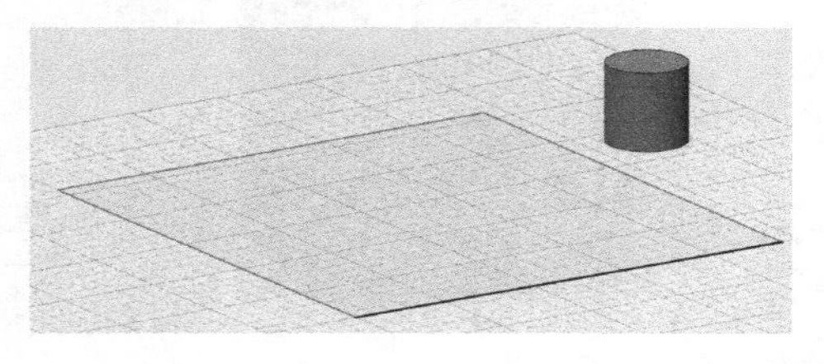

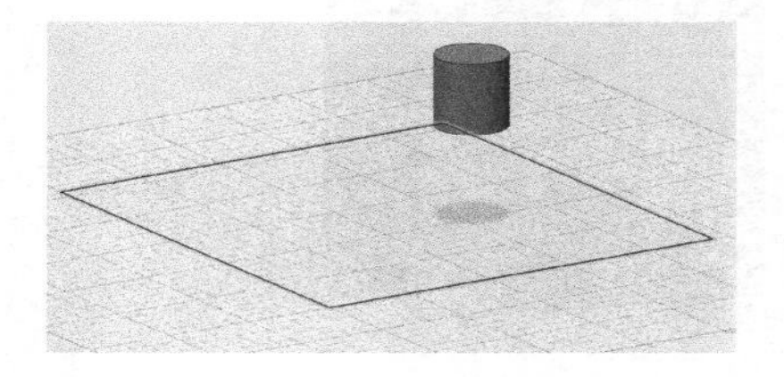

图 8-59　把圆柱体移动到矩形上面

2）选择【投影】工具，单击矩形作为投影平面，再单击圆柱体的底面或者圆形轮廓，将圆形投影到矩形上，按回车键确认，如图 8-60 所示。

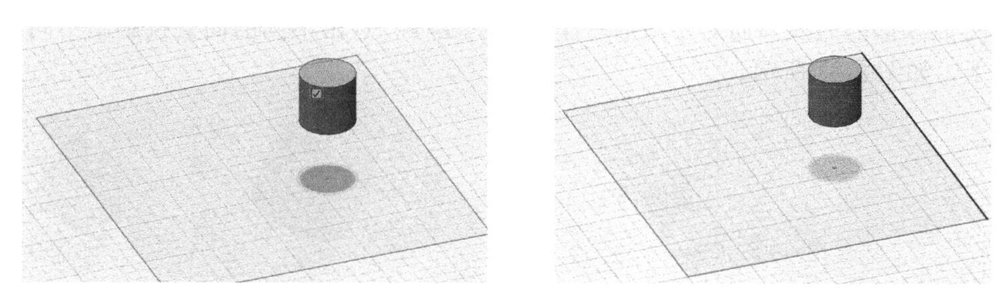

图 8-60　圆形投影到矩形上

3）单击矩形，选择【拉伸】工具，向上拖动箭头，拉伸出一个带孔的平板，如图 8-61 所示。

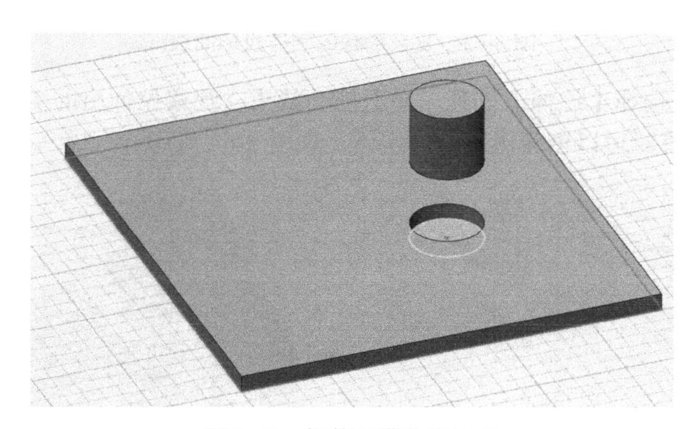

图 8-61　拉伸出带孔的平板

这是一个简单的投影实体轮廓的例子。下面看一些复杂的模型投影效果。

1）创建一个长方体，进行适当的旋转。再创建一个扫掠的实体，一个经过相减和切除操作的圆柱体，如图 8-62 所示。并不要求你创建这些实体，只是先看一下它们的投影轮廓是什么样子的。在栅格上绘制一个草图矩形。

图 8-62　创建复杂形状的实体

2）选择【投影】工具，单击矩形作为投影平面，再单击长方体的一个面，可以看到会投影出一个菱形，如果单击一条边，会投影下来一段直线。对于扫掠的实体，单击底面，投影出类似S形的曲线。而对于最后一个复杂的实体，点击不同的面会投影出不同的曲线到矩形上，如图 8-63 所示。

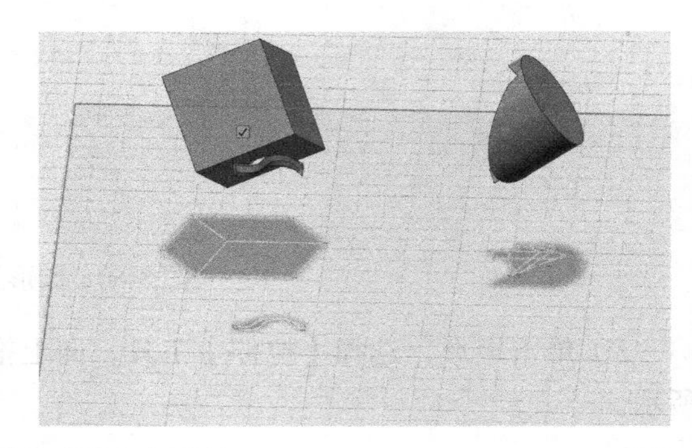

图 8-63 复杂形状的实体投影曲线

3）单击矩形，选择【拉伸】工具，向上拖动箭头，观察拉伸出的实体的孔的形状。可以看到，投影曲线有时可以创建出复杂的实体，如图 8-64 所示。

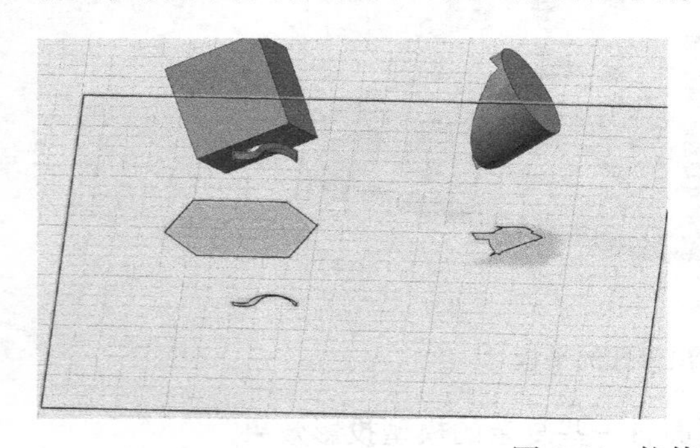
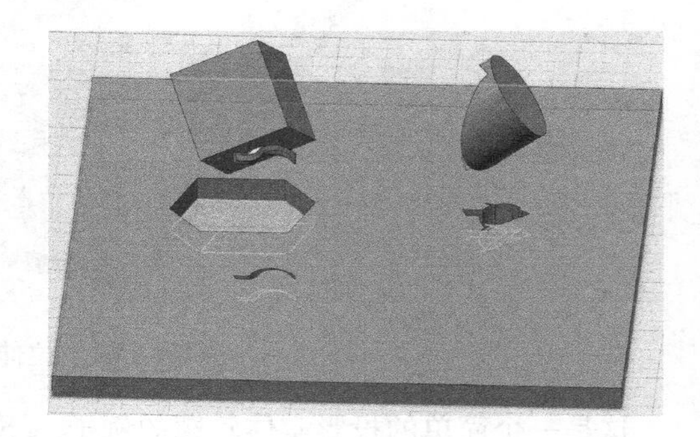

图 8-64 拉伸出的孔的形状

8.5.4 实体轮廓投影到另一个实体平面上

利用上面的例子，接着练习把一个实体的轮廓投影到另一个实体平面上。把圆柱体的变形实体缩小，并适当地移动位置。选择【投影】工具后，单击长方体倾斜的面作为投影面，然后单击圆形顶面，会看到一个圆形投射到长方体侧面，如图 6-65 所示。

投影曲线是比较复杂的，需要用这么长的篇幅来讲解。还有一点需要注意，投影曲线是遵从投影关系的，例如，如果是倾斜的，而不是垂直关系，那么如图 8-65 所示的投影图形则是椭圆而不是圆。学习专业制图时，都会讲解投影关系，有兴趣可以了解一下。

图 8-65　把一个实体的轮廓投影到另一个实体上

8.6　草图基本练习

绘制 2D 草图非常重要，要灵活使用绘制工具，绘制出所需要的草图。

8.6.1　草图基本图形的变化

草图工具中有 4 种基本形状，我们可以利用布尔运算的思维，使用【修剪】工具，对它们进行一些操作，得到一些复杂的图形。绘图时，先将视图切换为上视图。

1）绘制一个矩形，在矩形的一个角点处绘制一个圆形。使用【修剪】工具，对图形进行修整，如果要得到布尔运算的【合并】效果，就把圆内部的线条都修剪掉；要得到【相减】的效果，就把矩形外部的圆弧及两段圆内的直线修剪掉，如图 8-66 所示。

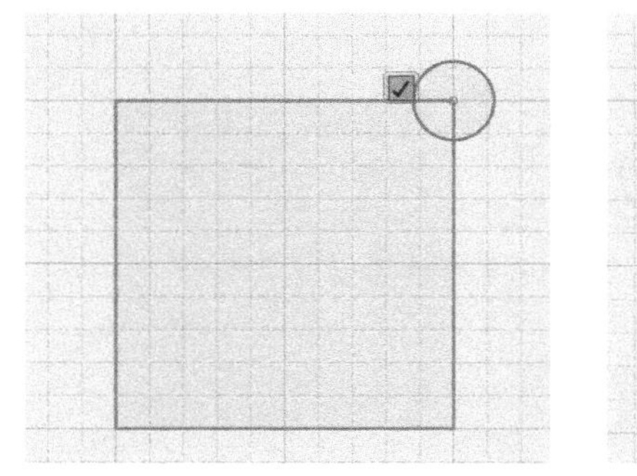

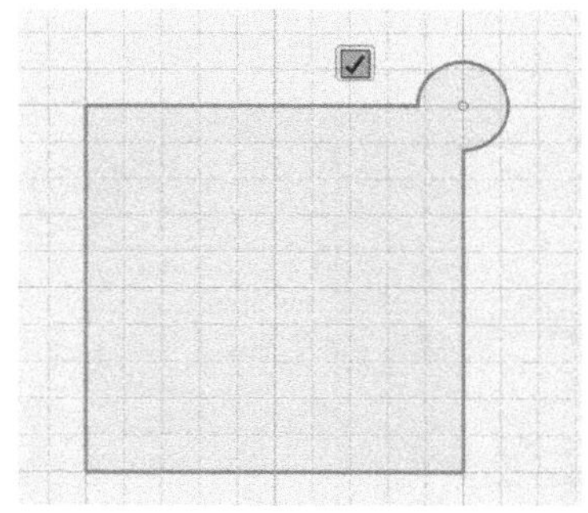

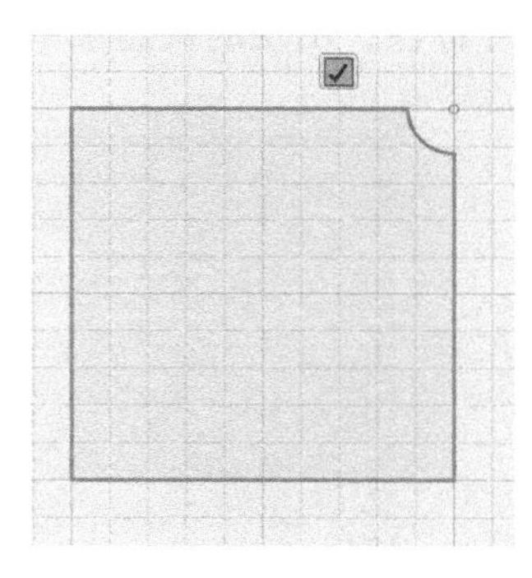

图 8-66　修剪出布尔运算的效果

2）绘制一个多边形和一个椭圆形，使用【修剪】工具，根据布尔运算【相交】的概念，把外围的线条修剪掉，得到了如图 8-67 所示的结果。

灵活运用这些工具，也可以得到所要的图形，然后构建 3D 实体。

现在，我们讲解草图中阵列的操作，作为绘制图形的一种方式，阵列可以节约一些时间。阵列是复制的一种，就是按照某种规则排列，生成大量形状相同或相近的对象，常用于快速、准确地创建数量较多、排列规则且形状相同或相近的一组结构。123D Design 屏幕上方的【阵列】工具并不能应用在草图图形上，只能针对实体使用。而草图的阵列是在快速菜单中选择的。具体操作是单击一个草图图形，在出现的齿轮图标菜单中，有两种阵列方式可以选择：矩形阵列和环形阵列。下面我们讲解它们的使用方法。

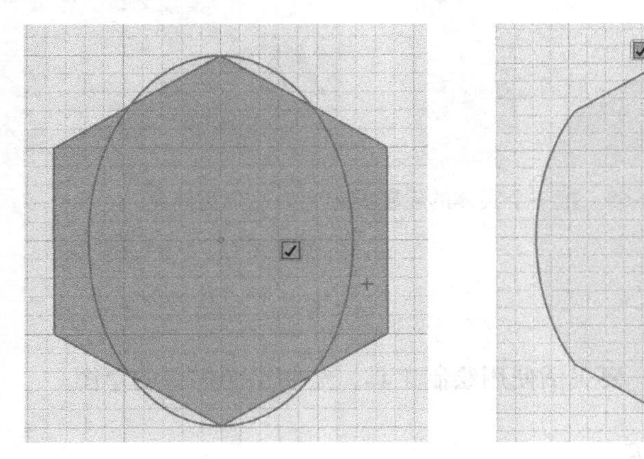

图 8-67 修剪出【相交】的效果

1. 矩形阵列

举个简单的例子，就会理解矩形阵列的操作过程。

1）绘制一个矩形，并在矩形内部绘制一个小圆形。用鼠标单击小圆内部，在出现的快速菜单中，选择【矩形阵列】，如图 8-68 所示。注意，如果单击小圆的轮廓线，则会出现尺寸标注，出现的快速菜单是 。

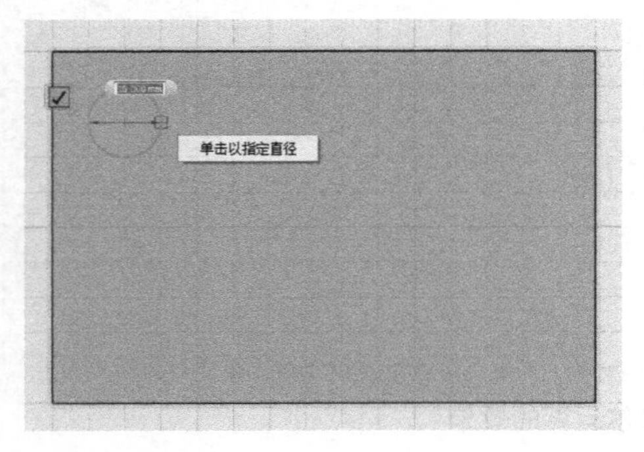

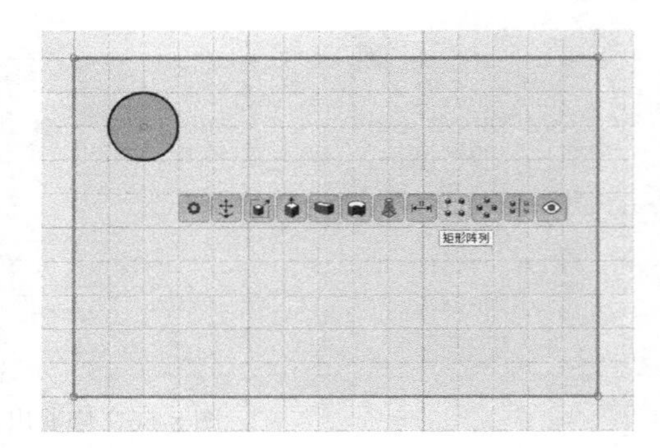

图 8-68 从快速菜单中选择【矩形阵列】

2）屏幕上会出现 草图实体 方向，左边是选择草图实体，右边是选择方向。单击圆形的轮廓，选定阵列的图形，圆形上会出现两个方向的箭头，还会出现数值输入框，可以输入间隔距离和阵列的数量。输入数量为 4，间距采用拖动的方式确定。单击选择方向，在矩形的水平线上单击鼠标，确定水平方向。然后用鼠标向右拖动水平方向的箭头，可以看到水平阵列出了 4 个圆形，如图 8-69 所示。

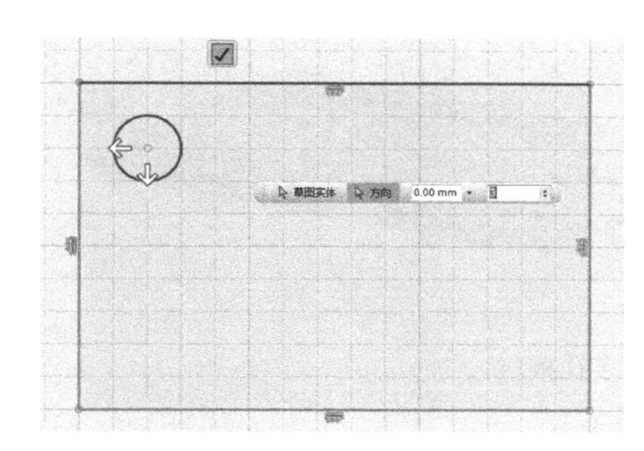

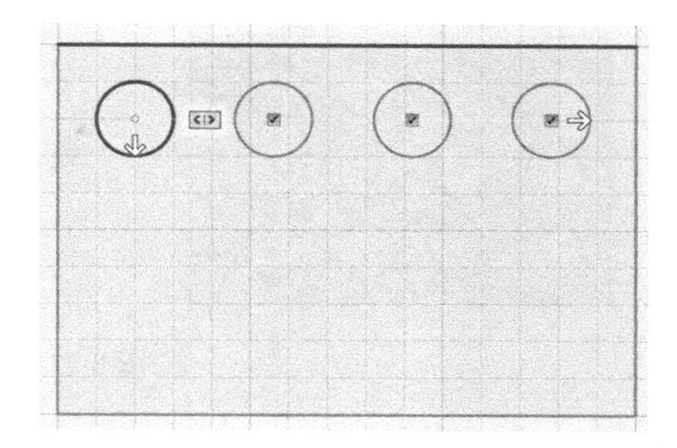

图 8-69 水平阵列出 4 个圆形

需要对图 8-69 中出现的图标说明一下，每个圆形的中心会有一个图标，单击一次，就取消了这个位置的阵列，再单击一次，圆形又会出现。提示“激活抑制 / 解除抑制引用”中抑制的概念在 Autodesk 公司的建模软件中有，此时不必去深究它，理解就可以了。还有图标是用来增减阵列的数量的，按住它向右拖动鼠标，阵列的个数变为 3 个圆形，向左拖动，两端的圆形位置保持不动，在其间可以增加很多圆形，如图 8-70 所示。这里，我们仍保持阵列 4 个圆形。

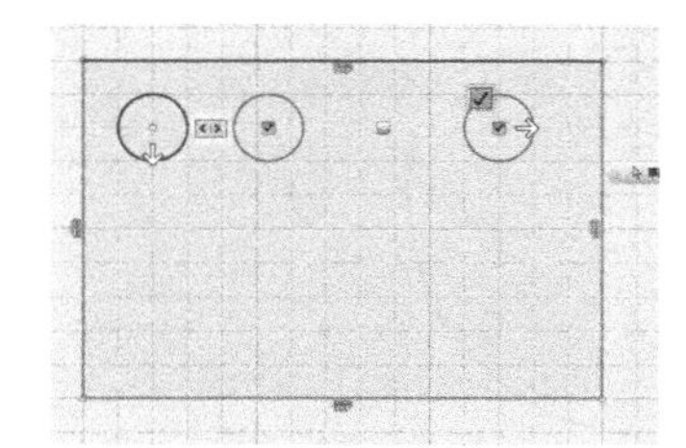
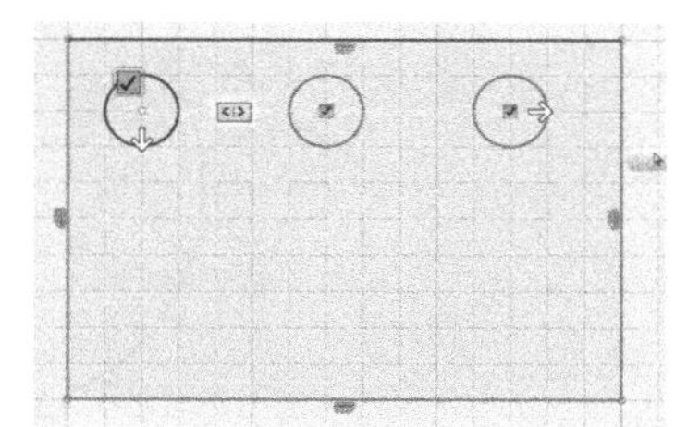
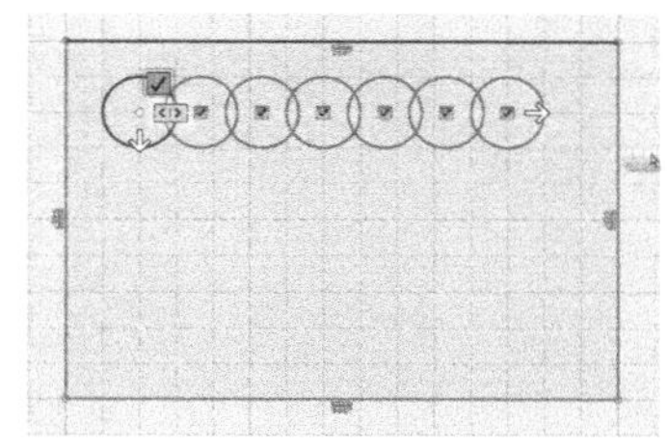

图 8-70 图标的功能说明

3）按垂直的箭头向下拖，垂直阵列出 3 行。出现的图标具有上述的功能，使用它们可以增加阵列的行数，也可以取消不需要的圆形。最后，我们保留的是阵列出 3 行的圆形草图图形，供后面使用如图 8-71 所示。

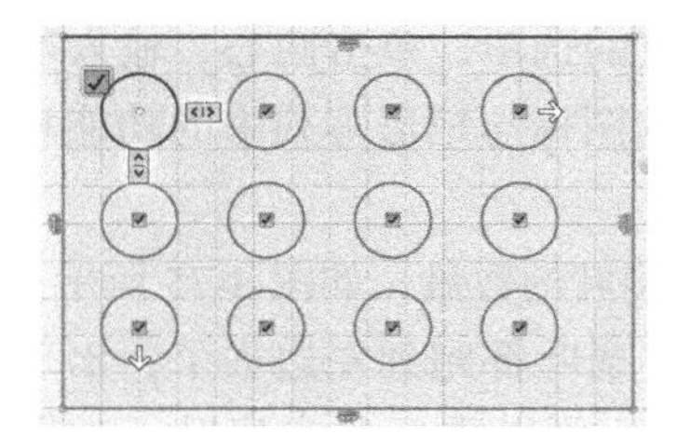
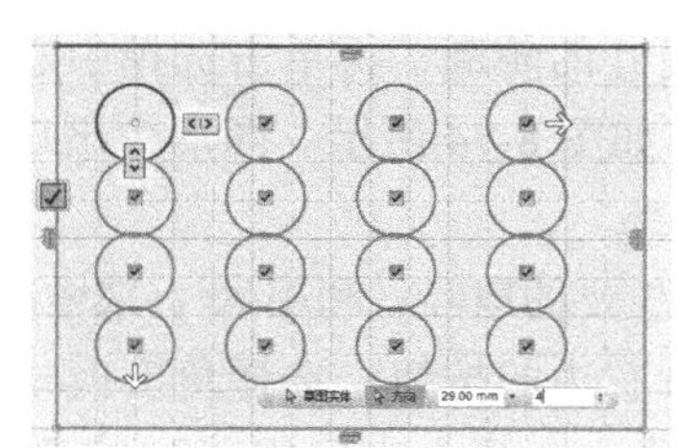
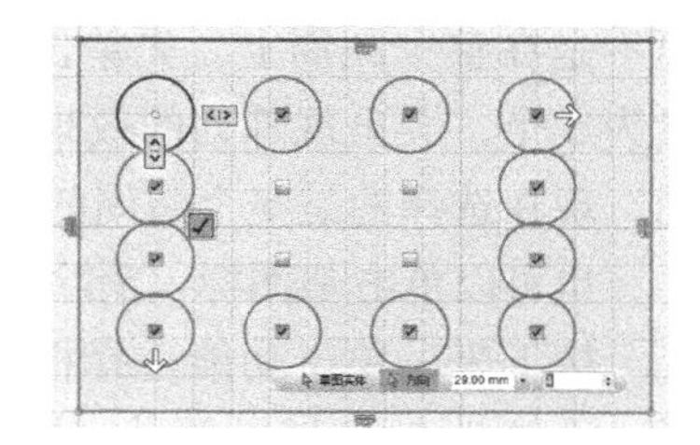

图 8-71 垂直阵列

4）利用这个草图图形，使用【拉伸】工具，可以创建出一个多孔板，如图 8-72 所示。

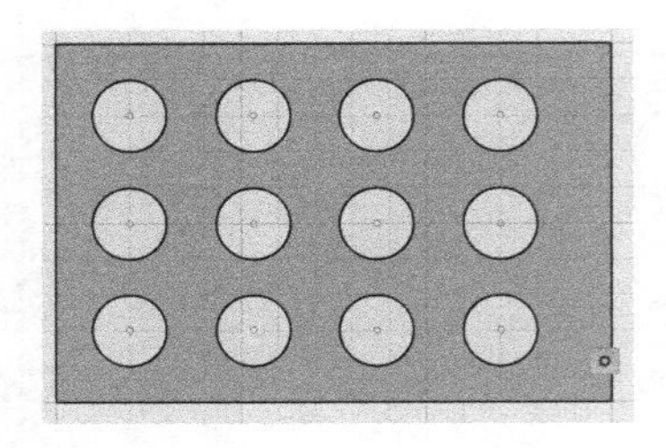

图 8-72 创建多孔板

2. 环形阵列

练习环形阵列，我们不准备阵列基本图形，试着用多段线和样条曲线来绘制些形状，然后阵列出来。

1）绘制一个圆形。使用【样条曲线】工具，在圆上绘制出类似扇叶的形状。不必封闭，绘制结束后，可以看到它形成了一个面域；再使用【多段线】工具，记住选择工具后，一定要先在圆形中单击一下，然后再绘制齿形，如图 8-73 所示。

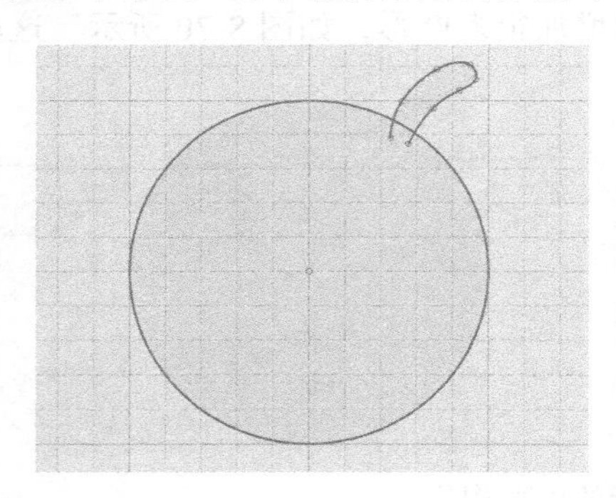
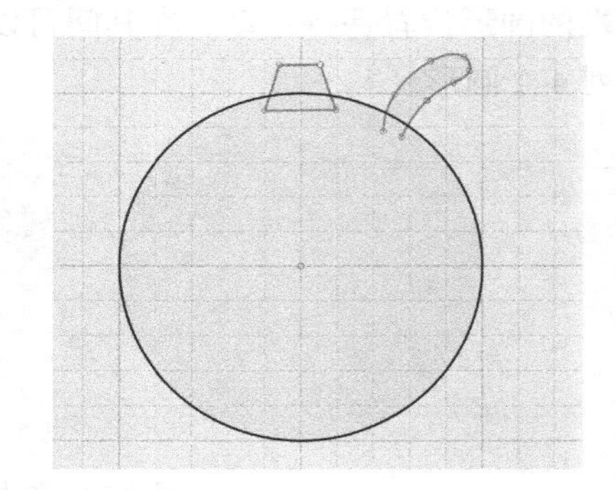

图 8-73 绘制要阵列的图形

2）单击样条曲线绘制的扇叶，从快速菜单中选择【环形阵列】，则出现了功能选择框。与矩形阵列类似，左边选择的是草图实体，右边选择的是阵列的中心点。点开最右边图标的倒三角后，会出现两个选项：圆周和角度。角度选项允许在一定的角度值内阵列，而不是在整个圆周上。先单击扇叶的轮廓，再单击选择中心点的选项，单击圆心，输入数量为 5 个，会出现阵列的效果，如图 8-74 所示。图形中出现的图标与矩形阵列中的功能相同，现在选择的是整个圆周的结果。

也可以单击图标，消除不想要的扇叶，利用，来增减扇叶的数量，如图 8-75 所示。

接下来，单击功能选择框最右边的按钮，选择角度模式，扇叶都跑到左边去了，出现了一个逆时针旋转的箭头。拖动这个箭头来确定阵列的角度，可以重新分布扇叶，如图 8-76 所示。

我们还用多段线绘制了齿形，之所以分开介绍，是因为选择多段线的图形与样条曲线不同。还要记住，多段线每画一次就生成一个图元。现在我们看看如何选择它们。

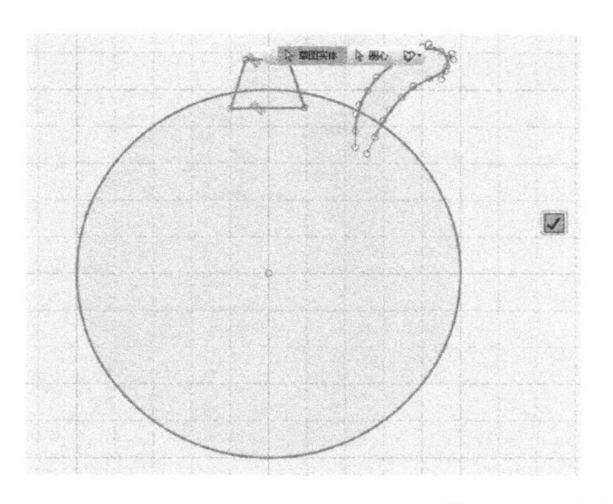
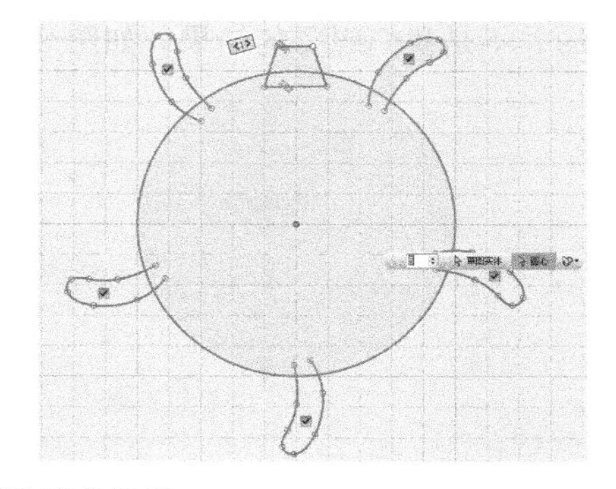

图 8-74　环形阵列的结果

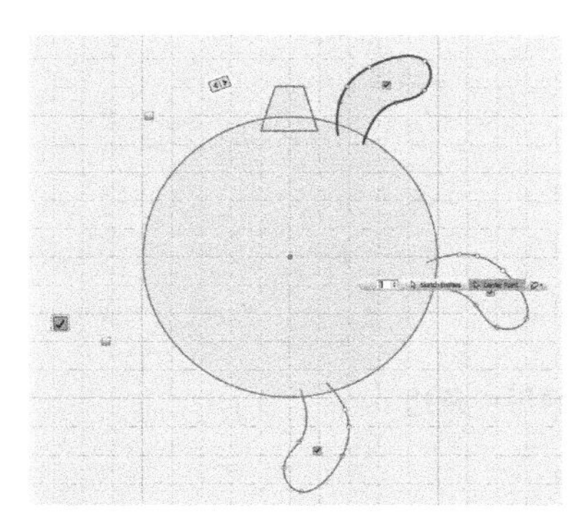
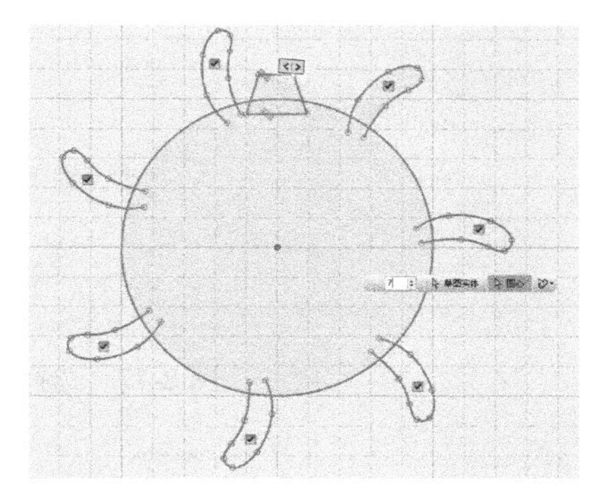

图 8-75　使用图标增减扇叶数量

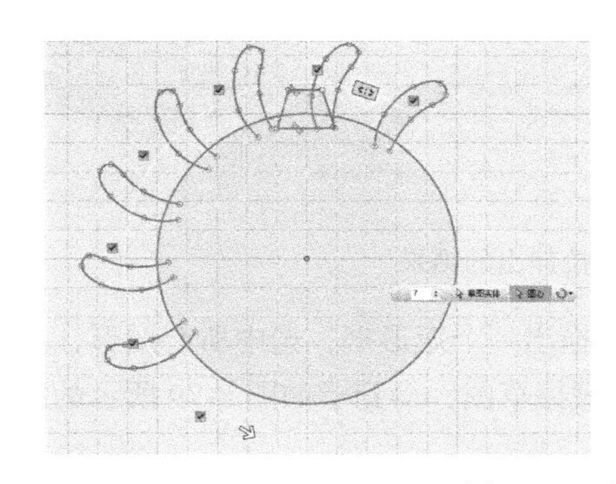
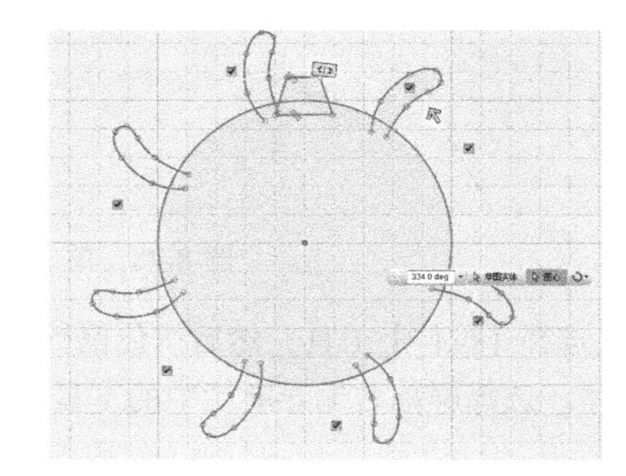

图 8-76　重新分布扇叶

1）在齿形内部单击，从快速菜单中选择【环形阵列】。接下来选择草图实体，会发现齿形是由一段一段的线条构成的，用鼠标依次单击每一根线段，都选上。再单击一次选择中心点，然后单击圆心，会出现阵列的结果。把数量设置为 5，此时列出来 4 个齿形，内部是空心的。单击绿色背景图标，退出草图，它们又变实心了，如图 8-77 所示。

2）利用这个草图图形构建实体。齿形伸入圆形内部的部分可以不理会，如果觉得太杂乱，也可以使用【修剪】工具，把圆内部的线条都修剪掉。如果单击圆的内部，然后拉伸它，出现的并不是我们想要的结果，如图 8-78 所示。

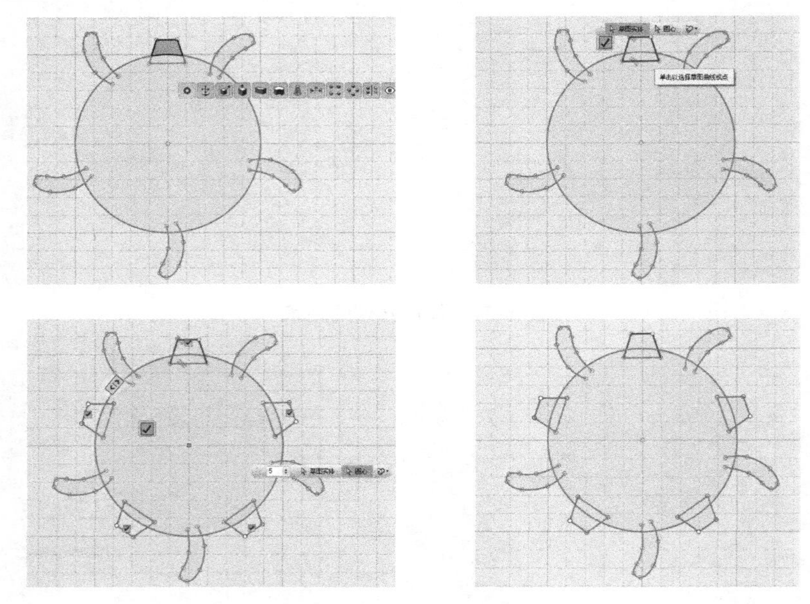

图 8-77　选择齿形的每一条边

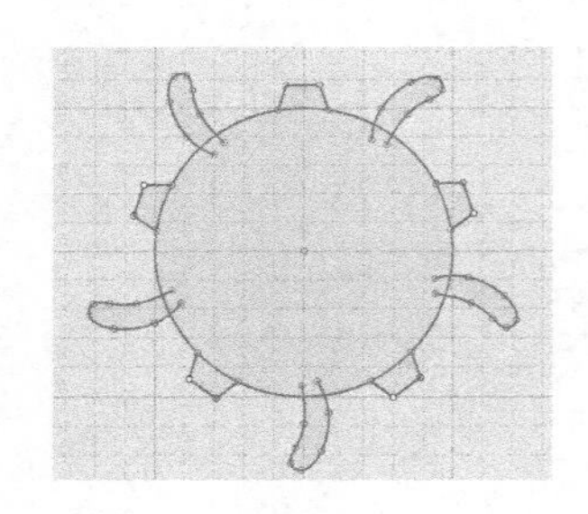
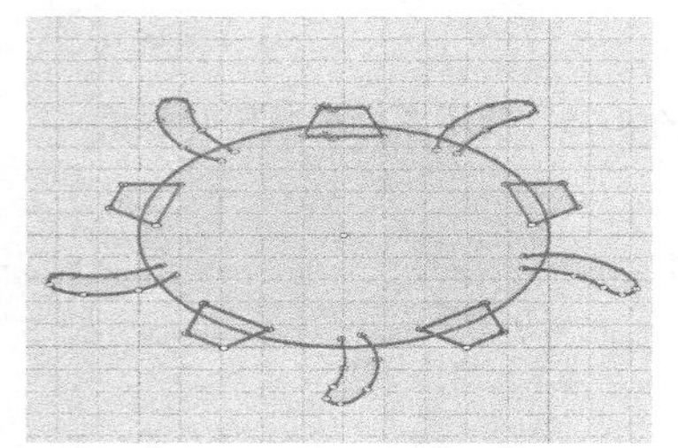
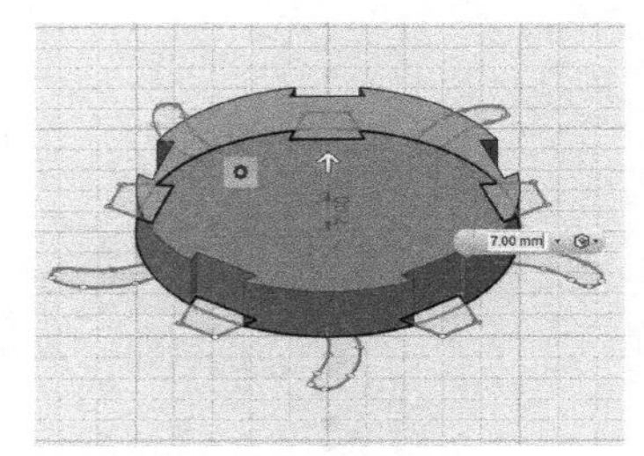

图 8-78　单击圆形拉伸出的结果

3）先选择【拉伸】工具，然后按住鼠标左键拖出一个矩形框，选中所有图形，拖动箭头，拉伸出实体。选择屏幕右侧导航栏中的工具，隐藏掉草图，得到了如图 8-79 所示的结果。

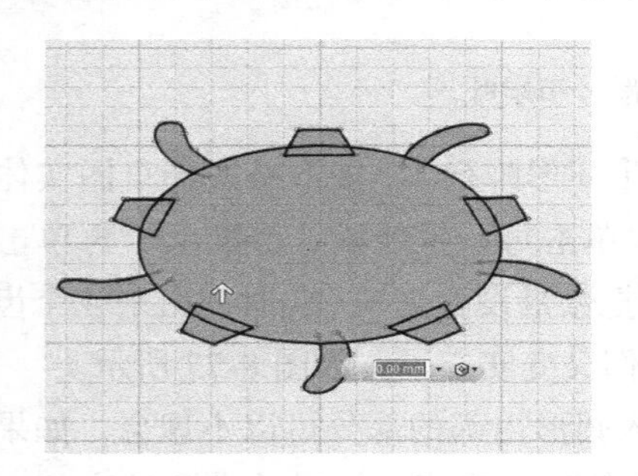
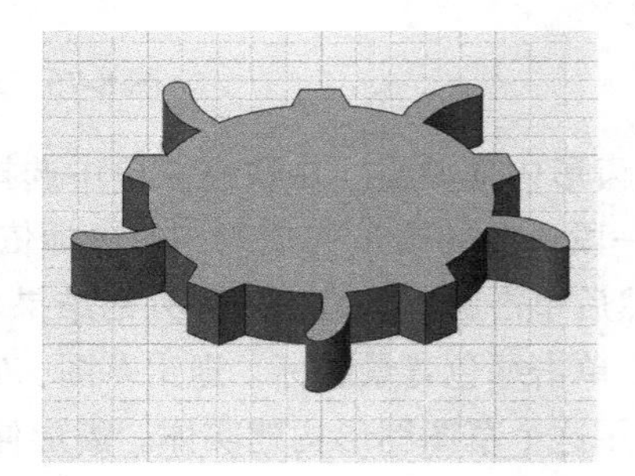

图 8-79　拉伸出想要的实体

3. 镜像操作

当你站在镜子前时，镜子中出现一个与你左右相反的影像，这就是镜像。有时候，有必要生成图形、图形的细部或对象的镜像。因为复制出的对象与母本是反向的，所以不能通过复制和粘贴命令来实现。

这里，主要探讨针对草图的镜像操作。

1）使用【样条曲线】工具，画出一个草图图形。接着使用绘制【多段线】工具，在先前的轮廓上单击一下，绘制出一条垂线，如图 8-80 所示。

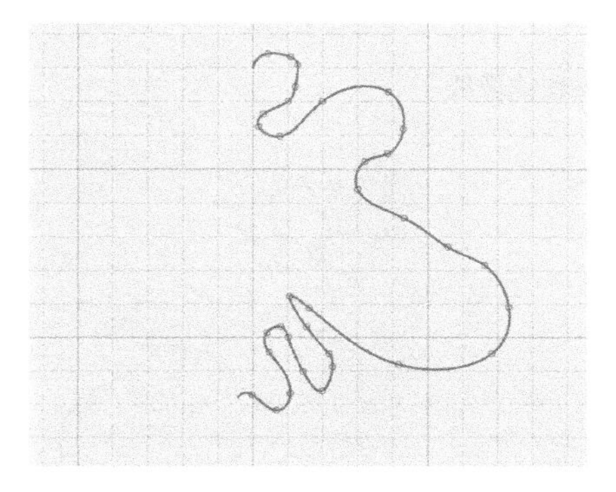
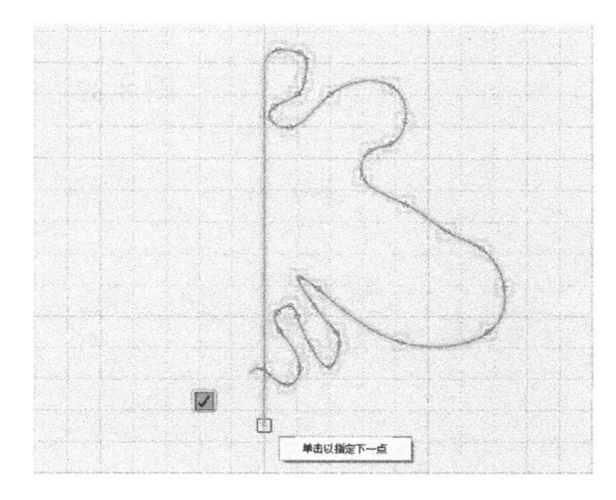

图 8-80　绘制两种线条

使用【修剪】工具，把下方样条曲线多出的一段修剪掉，如图 8-81 所示。

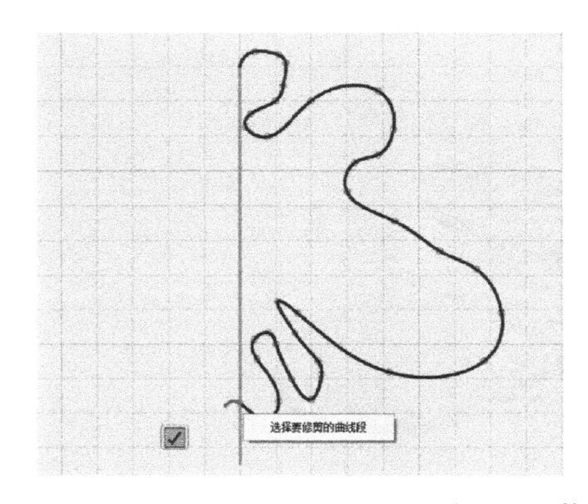

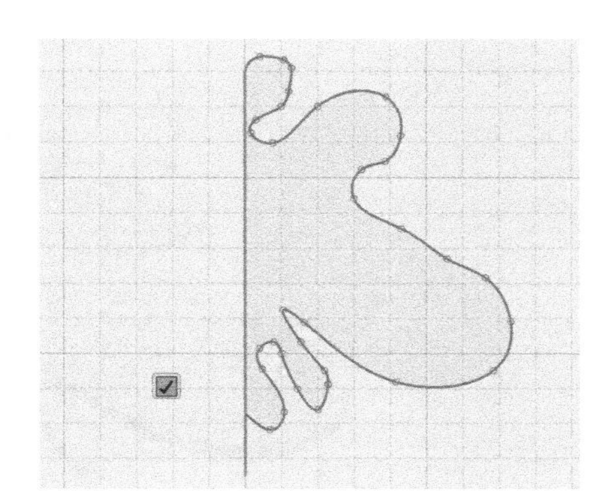

图 8-81　修剪掉多余的部分

2）单击图形内部，从快速菜单中选择【镜像】工具。功能选择框左边是选择草图实体，右边是选择镜像线。先单击样条曲线轮廓，然后再单击选择镜像线，接着单击直线，如图 8-82 所示。

左边也复制出一个反向的曲线，如图 8-83 所示。接下来，可以使用【拉伸】工具构建出实体了，如图 8-84 所示。

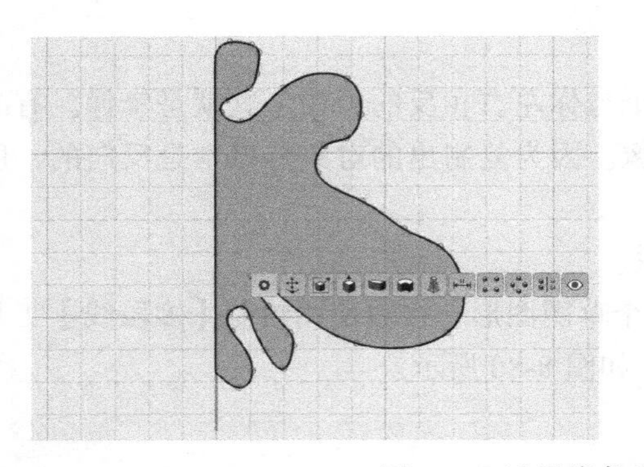
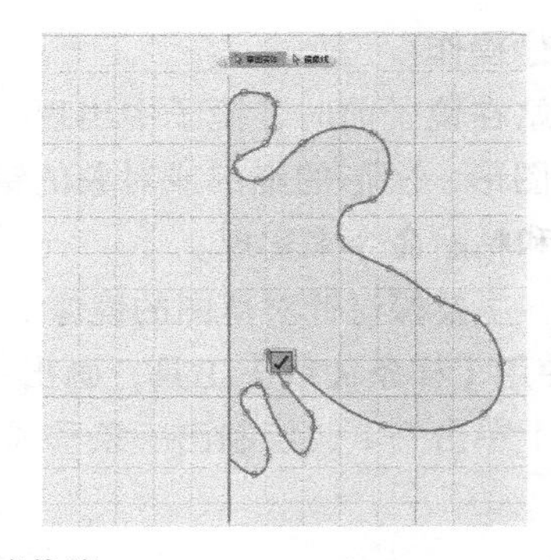

图 8-82 选择线条和镜像线

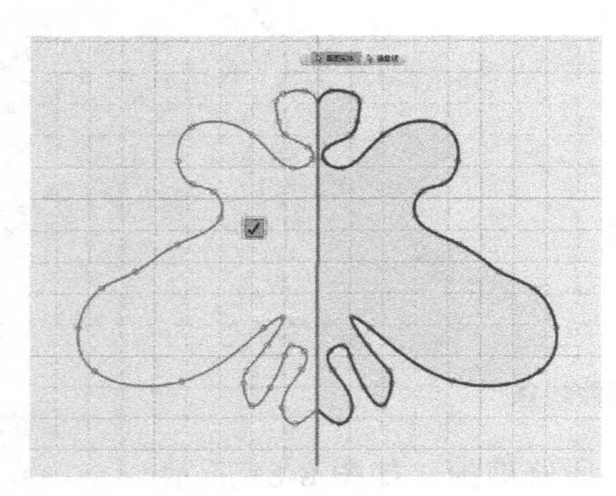
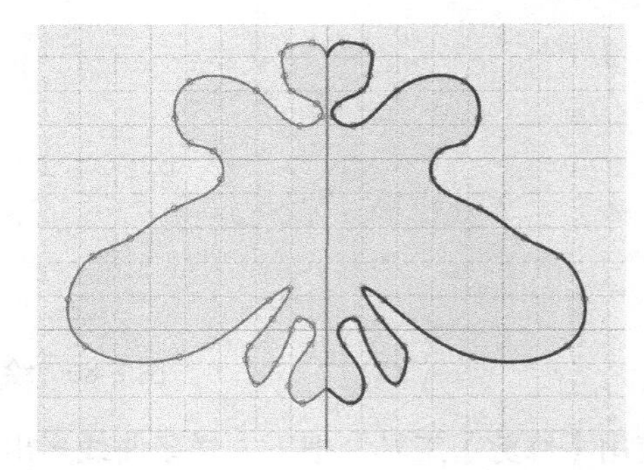

图 8-83 镜像出另一半

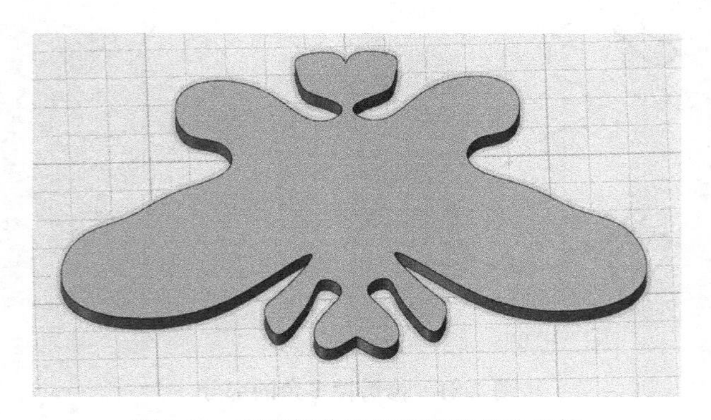

图 8-84 利用镜像出的草图拉伸出实体

8.6.2 多段线和样条曲线绘图实例

1. 临摹一张图片

图 8-85 是我们从网上搜索到的图片，练习使用多段线和样条曲线来绘制它。123D Design 没有提供把图片作为背景来绘制图形的功能，但并不影响我们创建它。多观察一下，

你会发现它是对称的结构，虽然两个齿的齿顶有一点差异，我们可以在后面修正它。

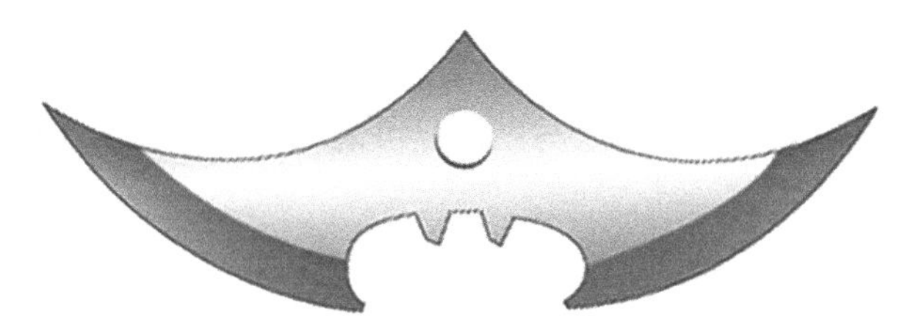

图 8-85　练习绘制的图片

1）使用【样条曲线】工具，从图片的上部开始画图。先绘制一条曲线，在绘制这条线时，在中间单击两次，图片绘制的只能是大概形状。然后单击鼠标左键一次。这里比较重要，因为在前面使用【样条曲线】工具时，都是顺次单击下来，那样的话，只能绘制出曲线，根本不能绘制尖角。而现在，在曲线的端点处单击一次鼠标，这条曲线就是一个图元，有点类似多段线的操作。在第一条线的端点处再次单击一次鼠标，接着画第 2 条曲线，如图 8-86 所示。

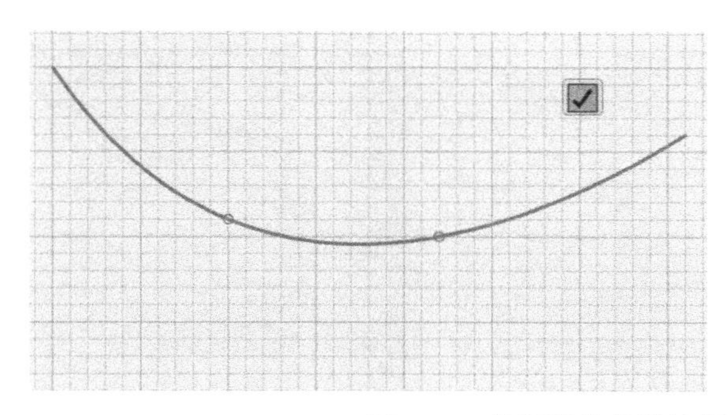

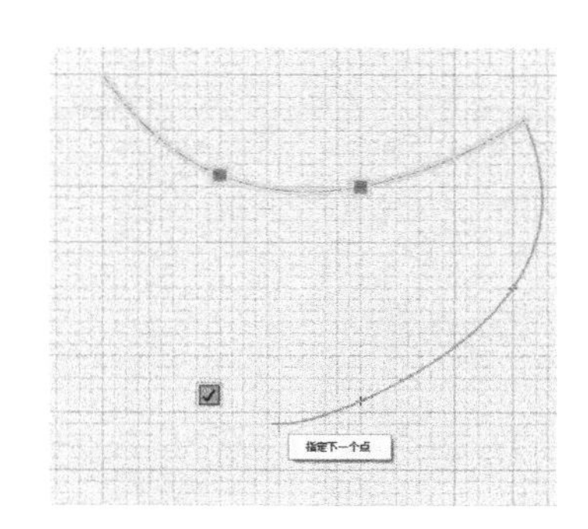

图 8-86　使用样条曲线绘制分段的曲线

2）接着绘制图形的大致轮廓，如图 8-87 所示。

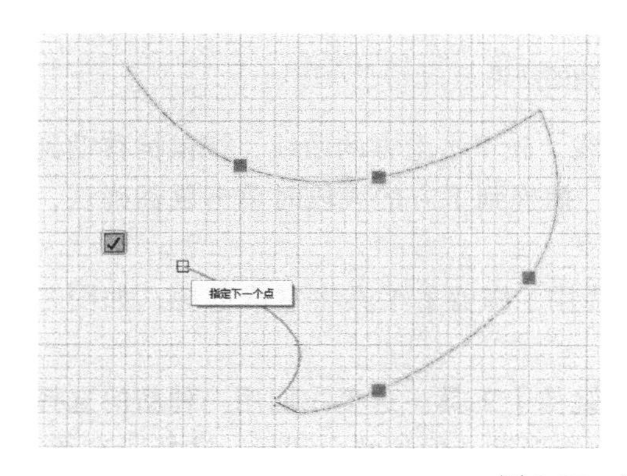

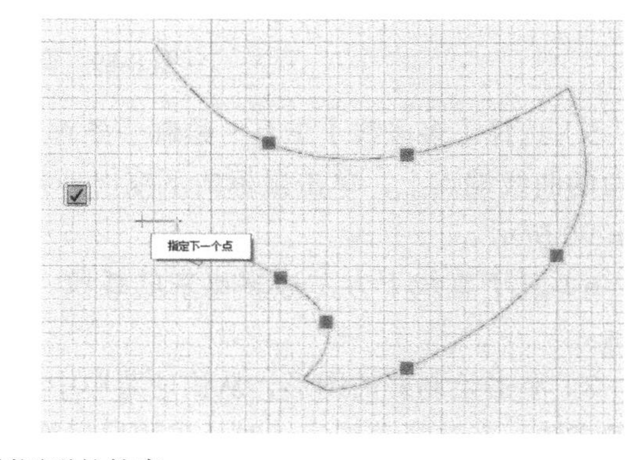

图 8-87　绘制图形的轮廓

3）绘制出的图形还需要进一步调整。把鼠标放在一条曲线的端点上，会出现一个小圆，拖动小圆就可以调节端点的位置，而曲线会随着移动。按住 Ctrl 键，可以同时选择几个端点。对于曲线上的小圆，可以用鼠标拖着移动它，从而改变了曲线的弯曲程度。剩下要做的就是对着图片慢慢来调整，使之与图片尽可能地相近，如图 8-88 所示。

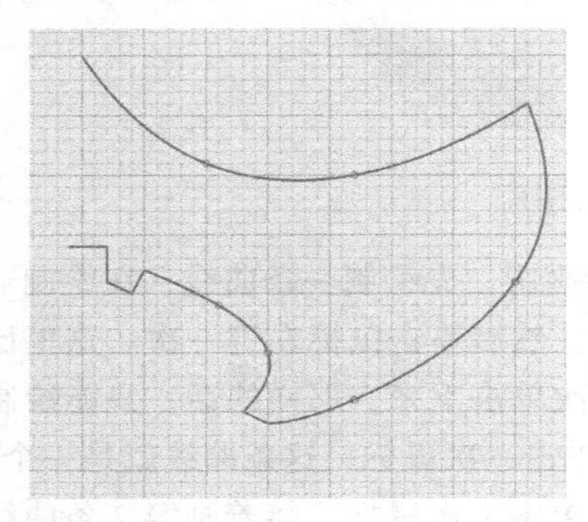
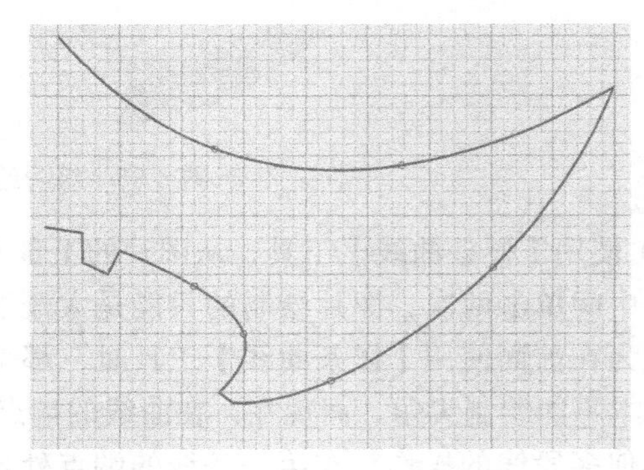

图 8-88　调整图形的轮廓

4）经过对照调节的过程，得到了如图 8-89 所示的图形。

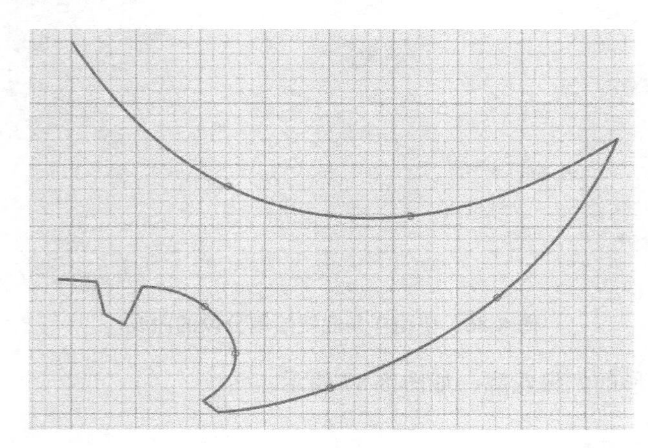

图 8-89　调整后得到的结果

5）选择【多段线】工具，绘制一条垂直的直线。先单击上方的曲线，把鼠标移动到左上角的曲线端点上，单击鼠标向下拖出一条直线，捕捉到下方的线段时单击鼠标确认，如图 8-90 所示。

6）对于直线下方左边多出来的线段，可以使用【修剪】工具将它修剪掉，如图 8-91 所示。

7）单击绘制好的图形，从快速菜单中选择【镜像】工具。这里我们用一种新的选择图元的方法：在选择草图实体时，先用鼠标拖出一个矩形框，框住整个图形，选择所有图元，然后按住 Ctrl 键，单击垂直线，即剔除选择这条直线，如图 8-92 所示。

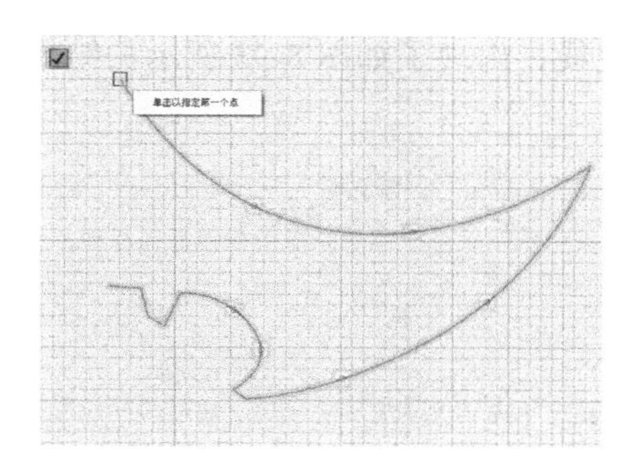

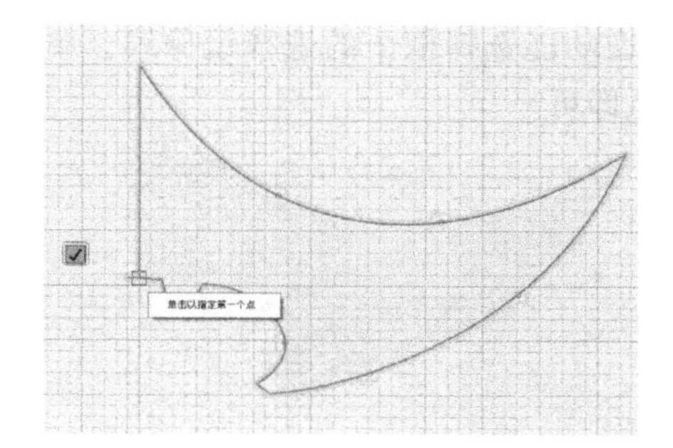

图 8-90　绘制垂直线

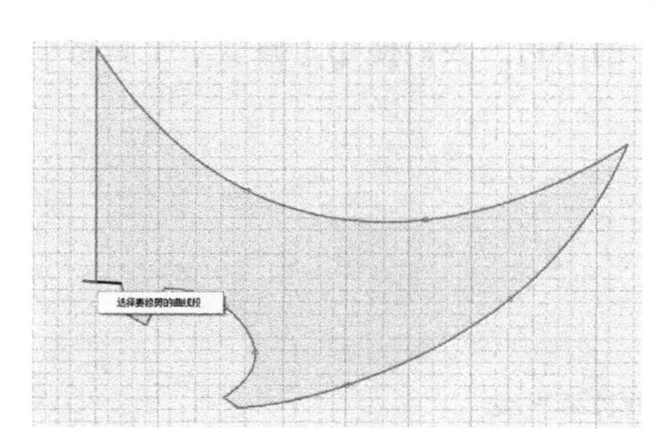

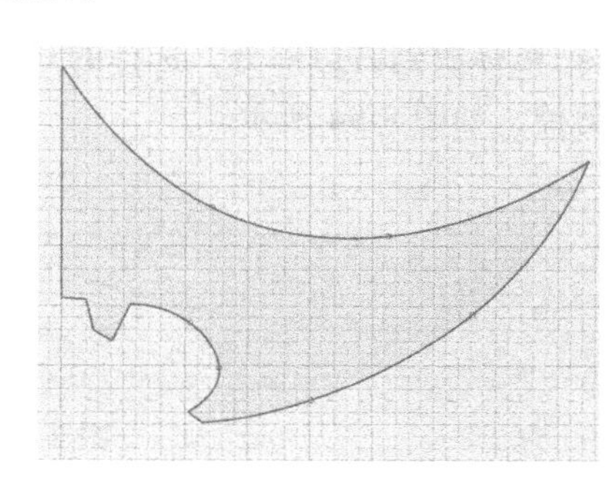

图 8-91　修剪掉多余的线段

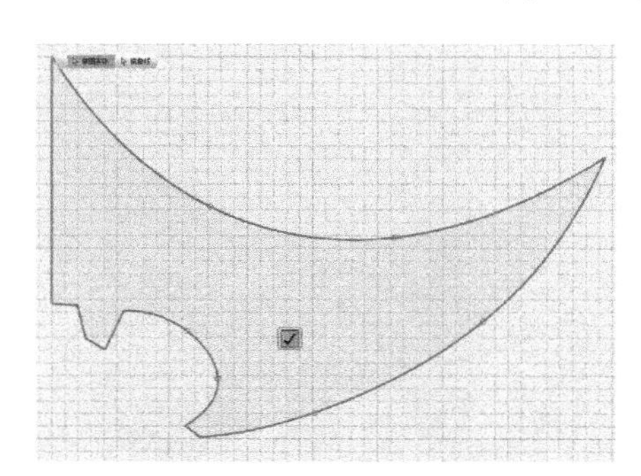

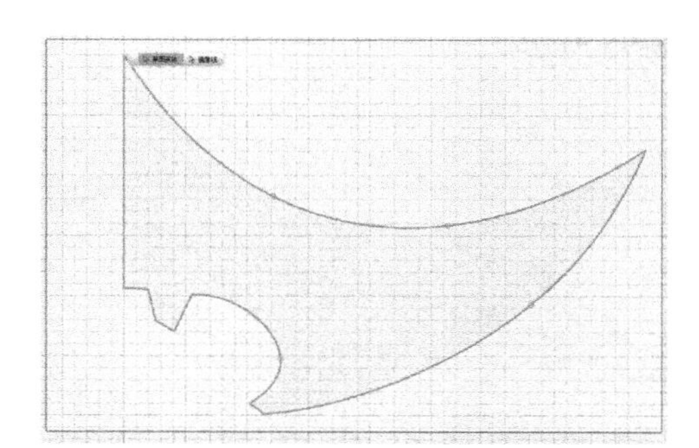

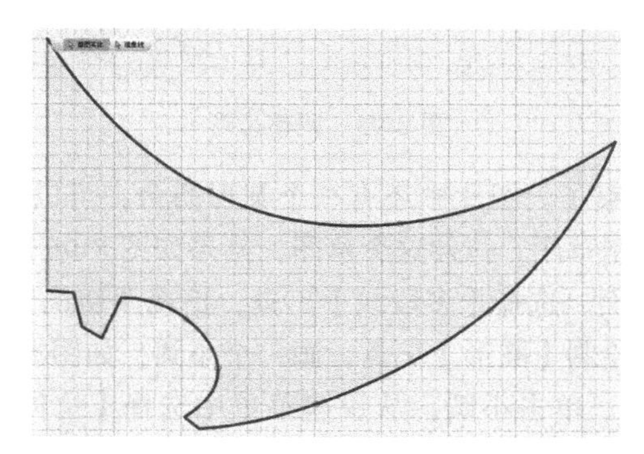

图 8-92　一种新的选择图元的方法

8）在功能选择框中的选择镜像线，单击垂直线，出现了如图 8-93 所示的结果。单击鼠标确认即可。

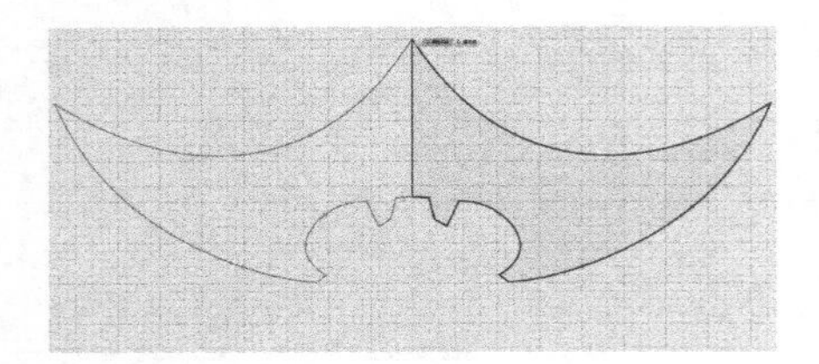

图 8-93 镜像后的结果

9）把鼠标放到右边部分，选择的只是图形的半边。我们使用【修剪】工具将中间的垂直线修剪掉，如图 8-94 所示。

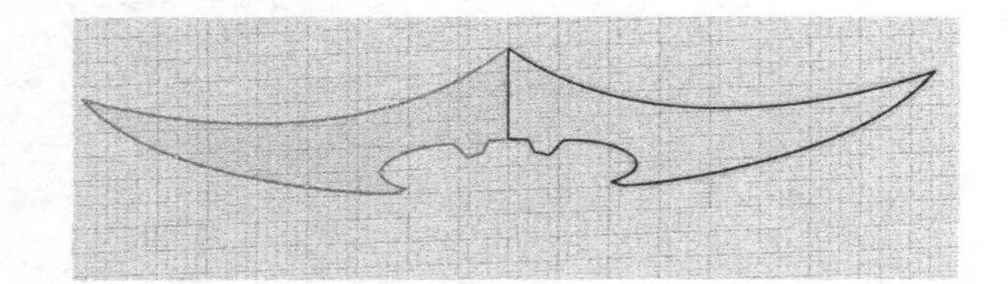
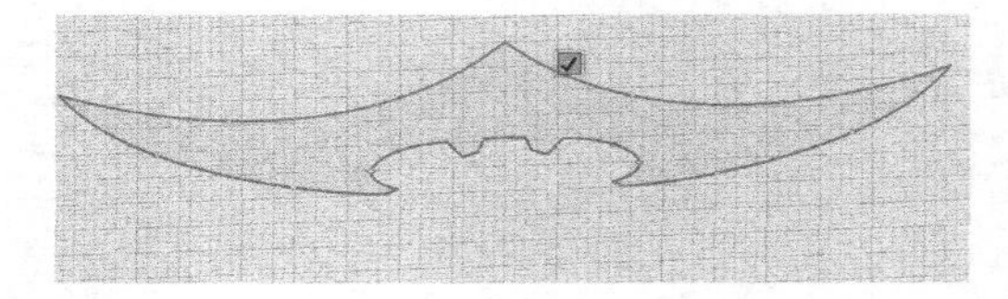

图 8-94 修剪掉垂直线

10）中间的两个齿并不是对称的，拖动左边两个顶点把它们调整到和右边相同的形状，如图 8-95 所示。

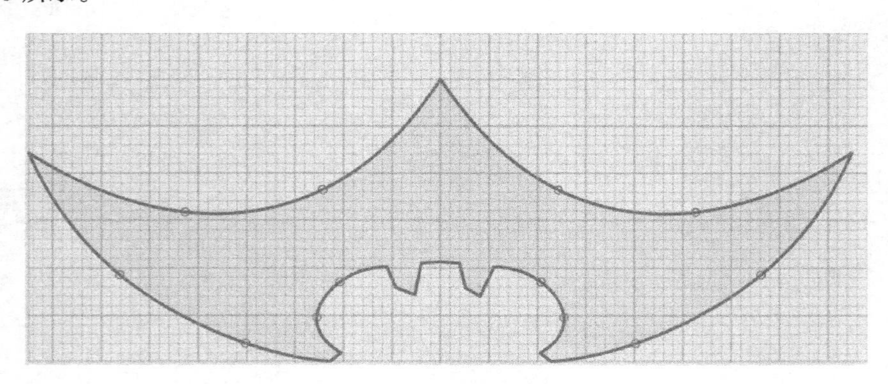

图 8-95 调整齿形

11）草图部分已经结束了。图片中还有一个圆形凸台，可以等拉伸之后再加上去。也可以在实体的一个面上绘制草图，拉伸这个草图，结果如图 8-96 所示。

12）单击实体的上表面，选择【多段线】工具，把视图切换为上视图，绘制一条直线，以帮助确定圆心。再选择绘制【圆形】工具，画一个小圆，如图 8-97 所示。

13）删除绘制的直线。单击小圆，从快速菜单中选择【拉伸】工具，拉伸这个圆形。最终结果如图 8-98 所示。

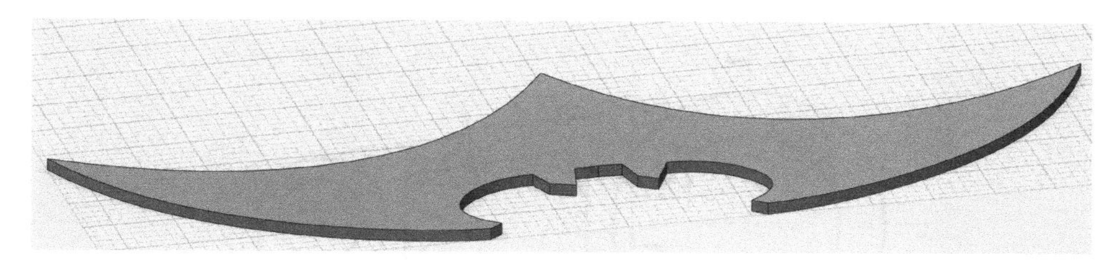

图 8-96 拉伸草图

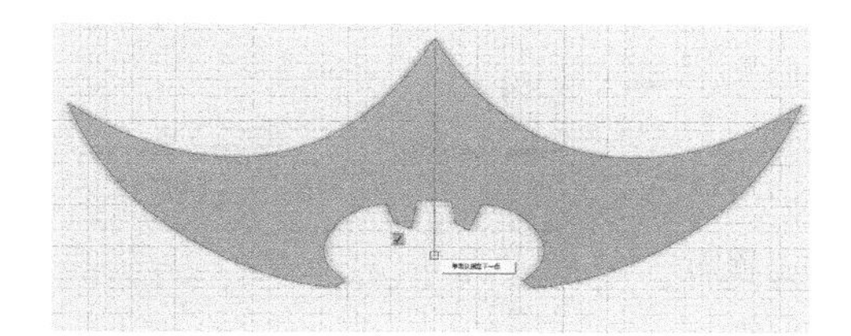

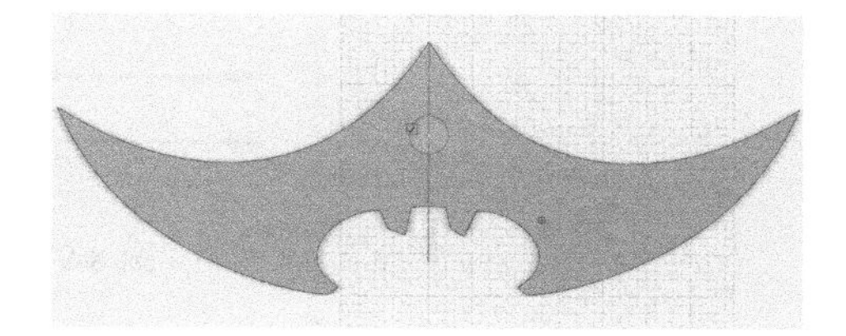

图 8-97 绘制小圆

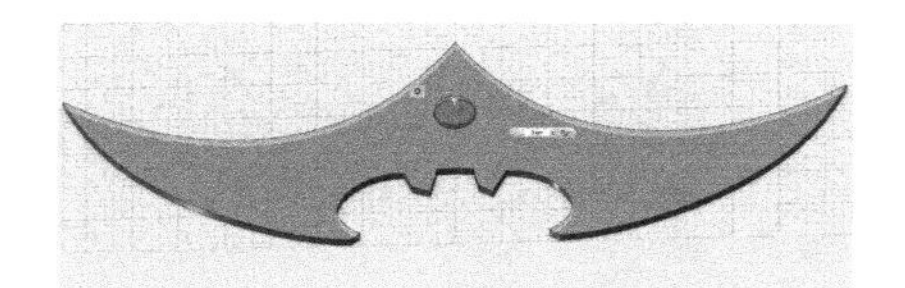

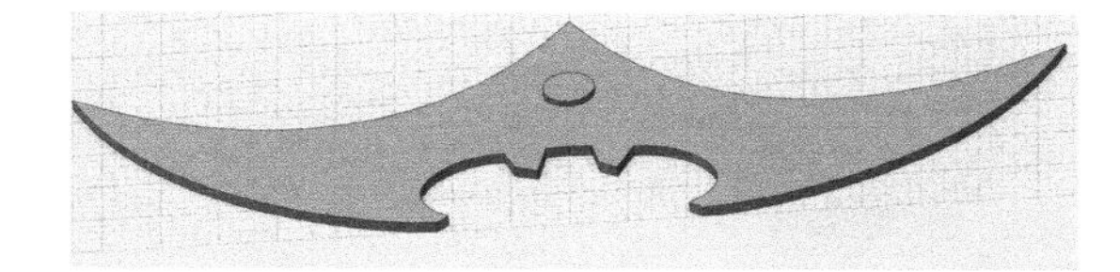

图 8-98 最终得到的结果

本例主要提供一种思路，先使用搜索工具找到一幅图片，然后使用【多段线】和【样条曲线】工具来绘制它们。目前，还只能在屏幕上对照着图片绘制大致的轮廓，在本书的后面，我们会介绍在外部程序中，使用图片作为背景，将它描绘出来，再导入 123D Design 中的方法。

2. 绘制简单工程图

123D Design 能够绘制很复杂的工程图。下面先举个简单 2D 工程图的例子，如图 8-99 所示。

或许很多人都没有接触过工程图纸，试着慢慢去学会看图。3D 打印的实体模型也是制造领域的范畴，工程图纸才是传达数据信息的载体。

1）切换视图为上视图，选择【草图圆】工具，分别画出一个直径为 28 和一个直径为 42 的同心圆，借助捕捉功能，这很容易做到的。在绘制过程中要输入具体数值。为帮助确定右边两个圆的圆心，使用【多段线】工具，从圆心向右绘出一条长为 66 的直线。选择【草图圆】工具，先单击一下直线，然后向右移动鼠标到端点处，在直线上移动时，光标显示为 X，而在端点处显示为一个口。分别绘制直径为 13 和 20 的两个同心圆，如图 8-100 所示。

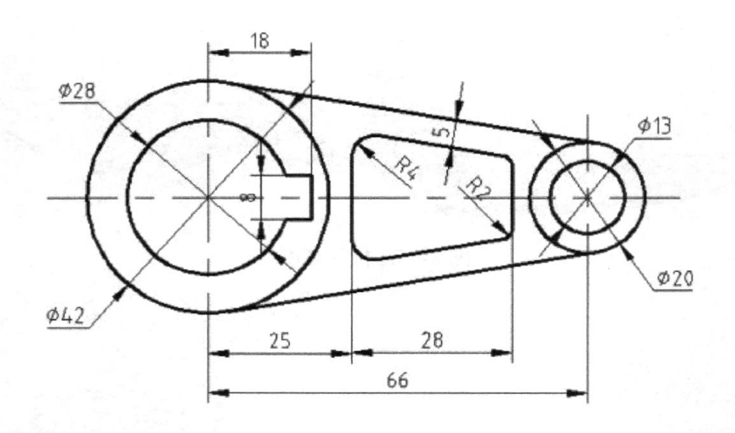

图 8-99 2D 工程图

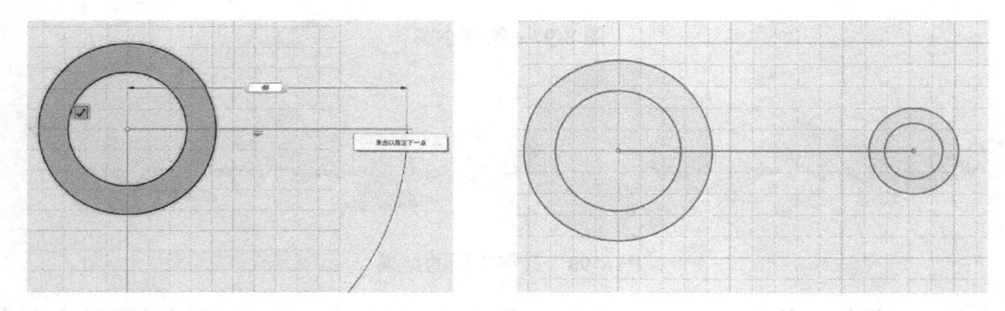

图 8-100 绘制左右 4 个圆

2）删除辅助定位的直线。使用【多段线】工具，在左右圆的圆心处各绘制一条垂直线，方法是先单击圆，然后把鼠标放置到圆心上，向下引出一条黑色线，再单击鼠标，向上画出直线，长短不限，如图 8-101 所示。这两条线就是辅助线，在专业制图软件中，应该有绘制虚线的工具，这里都用直线代替。

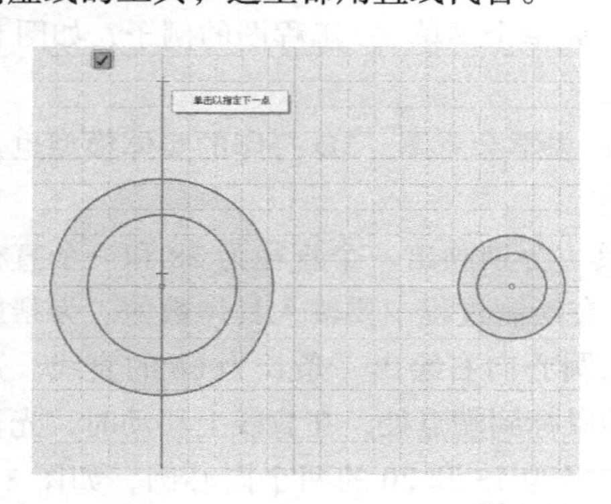

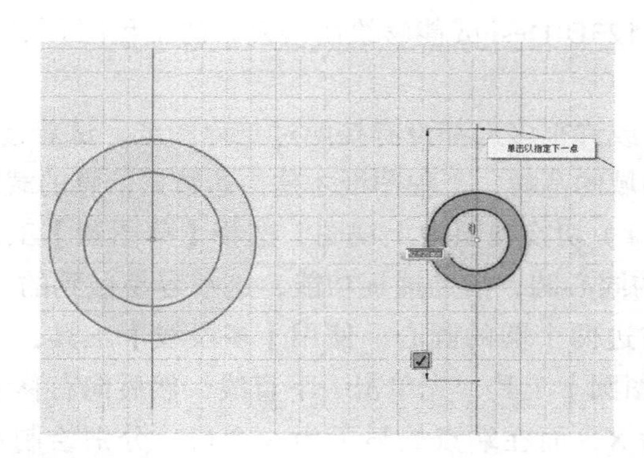

图 8-101 绘制两条垂直线

3）我们观察到上、下两条斜线是从右边的小圆与辅助线的交点引出的，与左边的大圆相切。先从右向左，画出上边的斜线。使用【多段线】工具，先单击右边辅助线与圆的交点，再向左引向大圆的圆周。当捕捉到切点时，光标变为小圆形，单击鼠标确定。用同样的方法绘出下面的斜线，如图 8-102 所示。

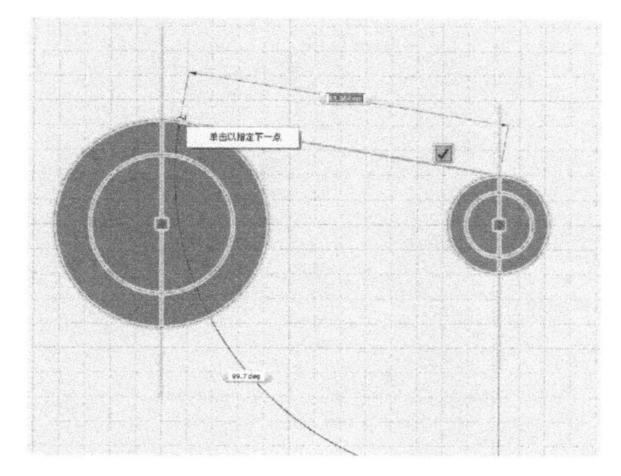

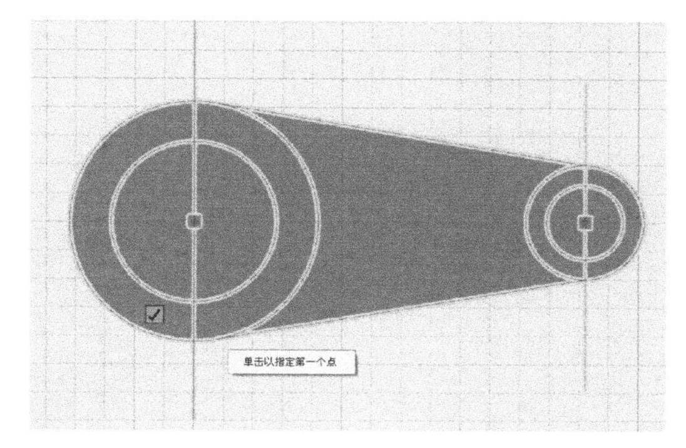

图 8-102　绘制上、下斜线

4）接下来，要偏移左边的垂直线。单击一下垂直线，再次单击它，输入偏移距离 18。再一次偏移这条线，偏移距离为 25；接着偏移刚才偏移量为 25 的直线，输入偏移距离为 28，如图 8-103 所示。

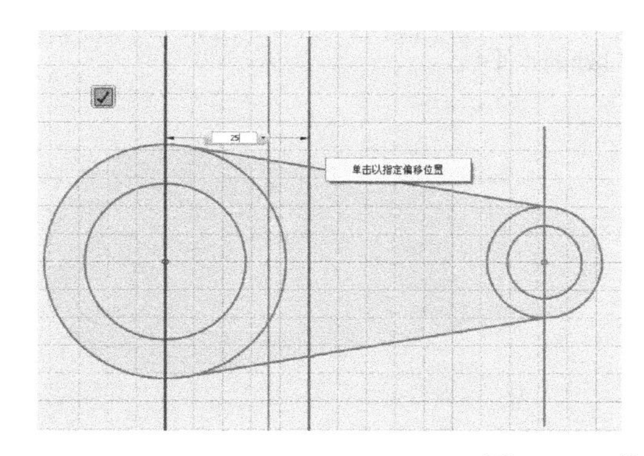

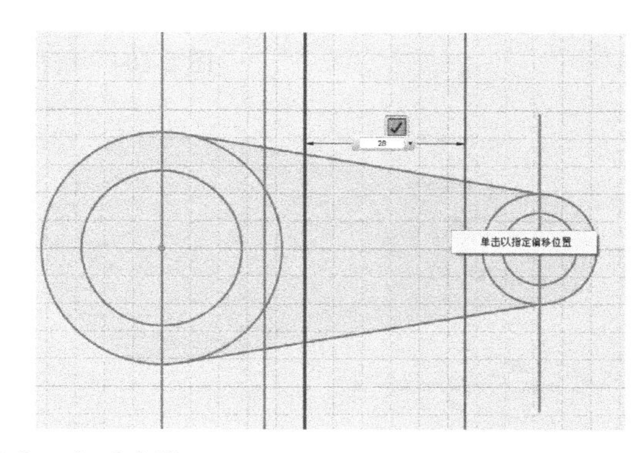

图 8-103　偏移出 3 条垂直线

5）继续使用【偏移】工具，向内偏移两条斜线，偏移距离为 5。接下来，处理左边圆中的槽口部分，距离为 8，上下对称。先在圆内水平画一条直线，然后使用【偏移】工具，上下各偏移出一条偏移量为 4 的直线，得到如图 8-104 所示的结果。

6）使用【修剪】工具，对照图纸，把多余的线全部修剪掉。再使用【草图圆角】工具，分别绘出半径为 4 和 2 的圆角，如图 8-105 所示。最终，完成了这个工程图的草图。

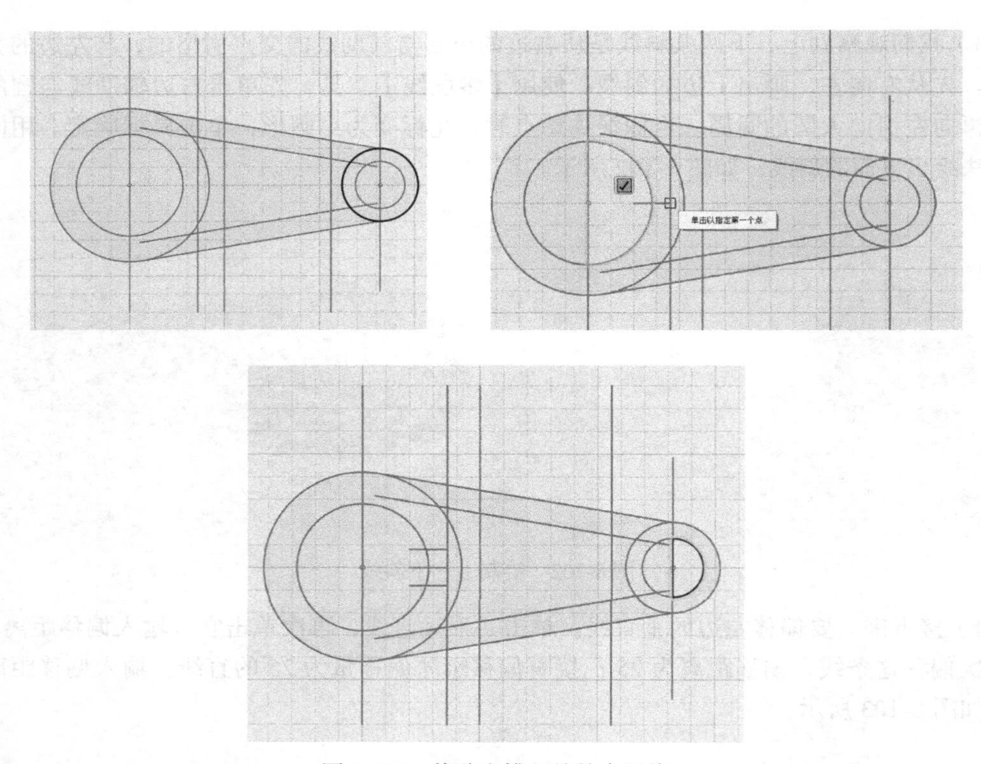

图 8-104　偏移出槽口处的水平线

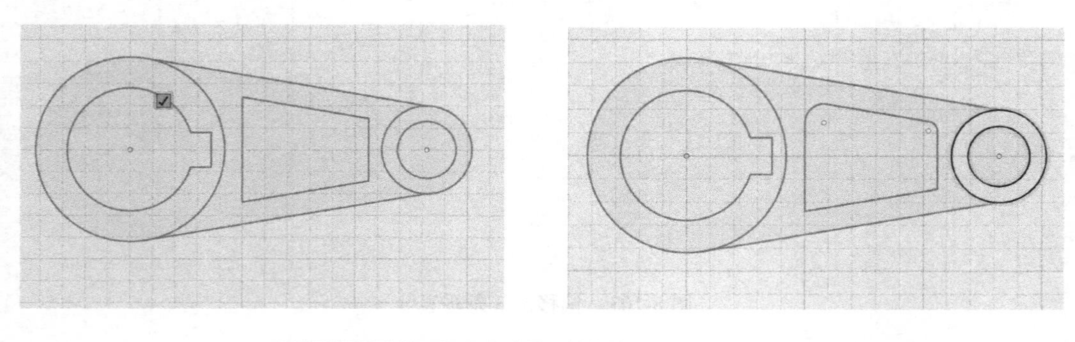

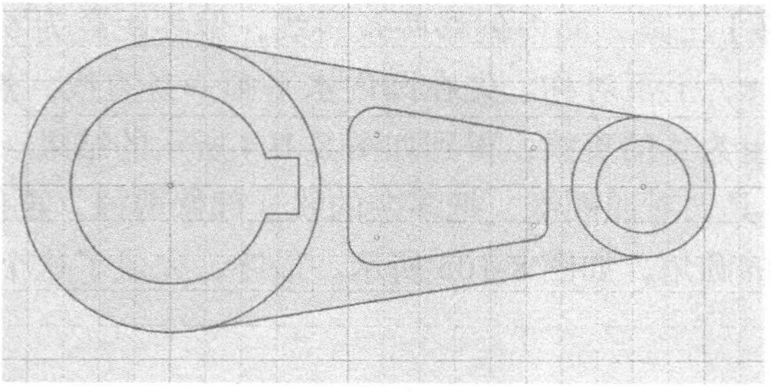

图 8-105　修剪和倒圆角

8.7 小结

本章讲解了 2D 草图的基本知识和各种工具的使用方法。2D 草图是 3D 建模的基础，主流的工程设计软件都是以 2D 草图为基础来构建 3D 实体模型的。无论你以前有没有 CAD 绘图的基础或平面设计的基础，从现在开始都要认真练习这些工具的使用，熟练掌握绘制 2D 草图的基本功，才能够灵活地运用它们，以此为基础去创建更加复杂的实体。

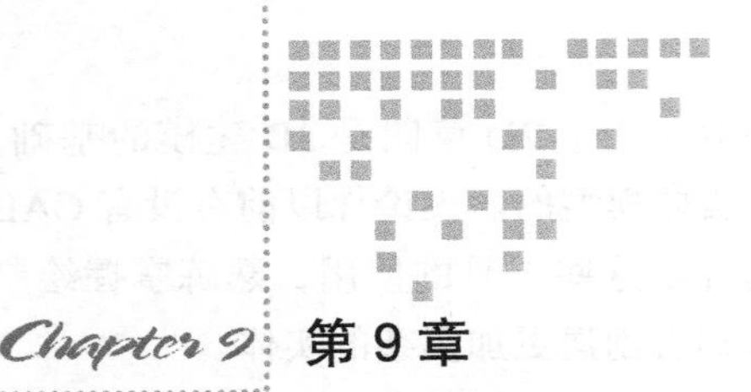

Chapter 9 第 9 章

利用 2D 草图构建实体

123D Design 提供了 4 种利用 2D 草图创建 3D 模型的方法，它们位于【构造】菜单下，分别是【拉伸】、【扫掠】、【旋转】和【放样】工具。在第 3 章里，讲解了这些工具的建模方式，下面来练习具体的操作步骤。

9.1 【拉伸】工具

【拉伸】是最常用的实体建模方式，可以用来拉伸一个 2D 草图或者实体的一个面。前面我们已经使用它来拉伸 2D 草图，它的控制参数有两个：拉伸厚度和方向。123D Design 中的【拉伸】工具非常简单，没有复杂的控制项，而主流实体建模软件中一般会有更多的控制项，可以生成更复杂的特征。下面使用与第 3 章所用的不同方法，练习创建一个五角星。

1）切换屏幕视图为上视图，从【草图】工具栏中选择【草图多边形】工具，边数设置为 5，在栅格上绘制一个正五边形，如图 9-1 所示。

2）从【草图】工具栏中选择【延伸】工具，在五边形上单击一次，再把鼠标放置到另一条边上，你会发现这条边上有一条向外延伸的红色线条，鼠标放置到靠近直线哪一侧的端点，就从那一侧向外延伸直线，单击鼠标确定。接着单击五边形上相对的另一条边，延伸它，便构成五角星的一个角，如图 9-2 所示。

3）依次执行相同的操作，延伸出五角星的其余 4 个角。此时五角星的位置看起来不端正，和日常摆放的位置不同，没关系，把它们全部选上，使用【移动 / 旋转】工具，把位置摆正，如图 9-3 所示。

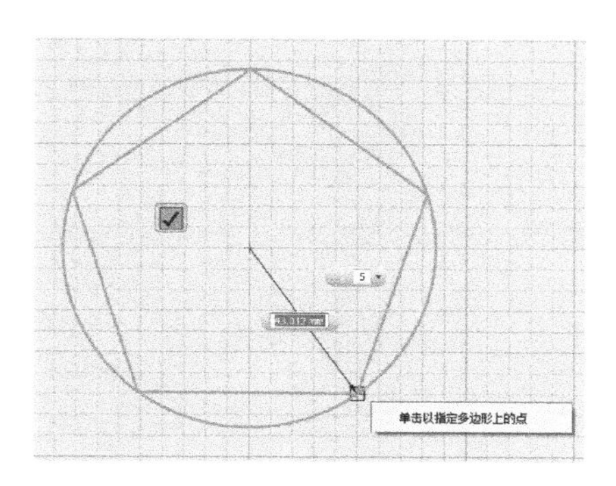

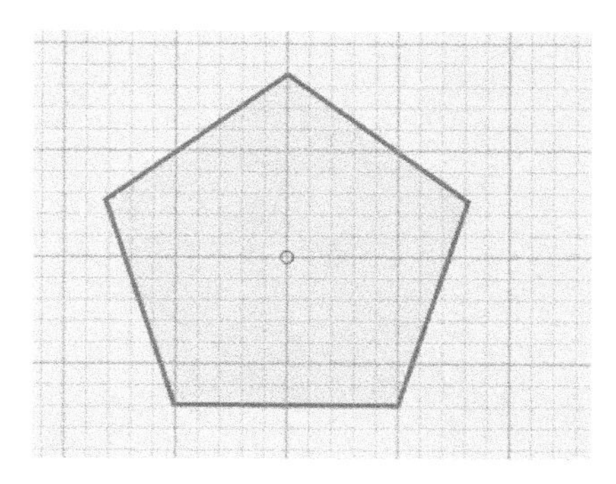

图 9-1　绘制正五边形

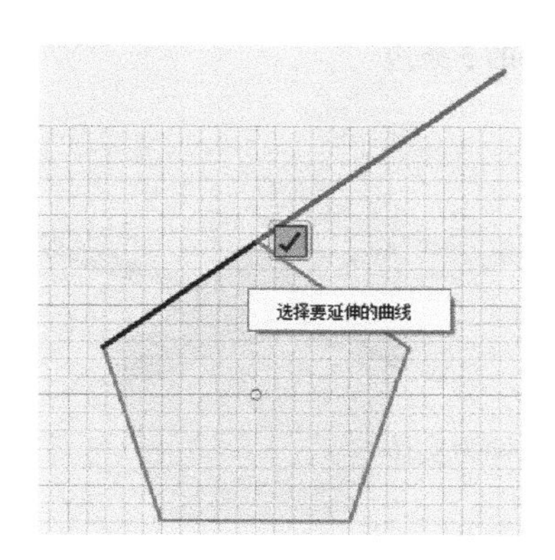

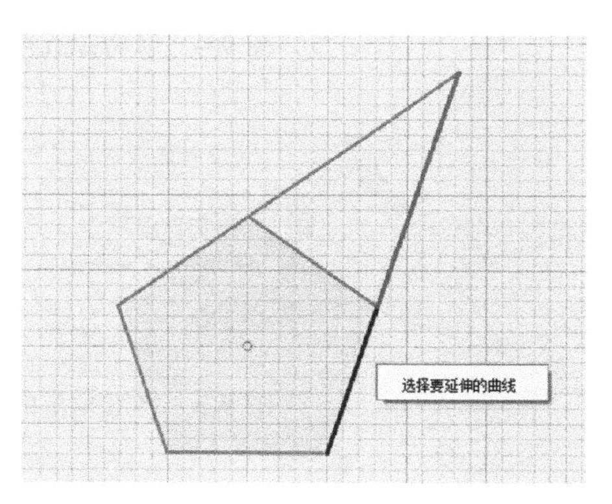

图 9-2　延伸得到五角星的一个角

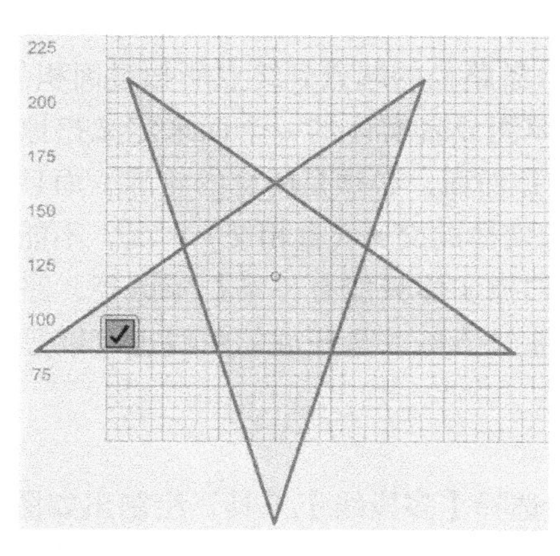

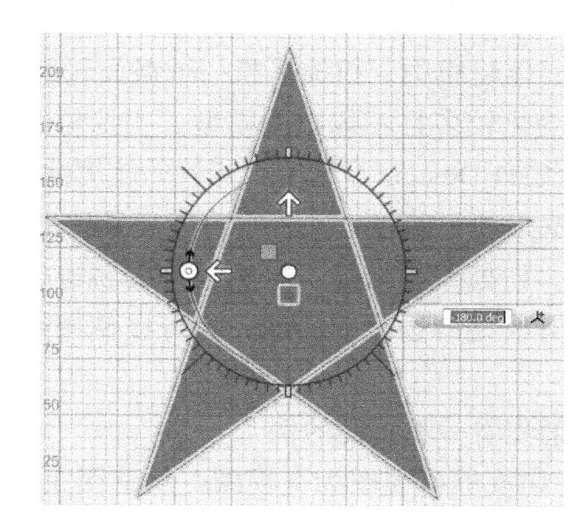

图 9-3　摆正五角星位置

4）这时，把鼠标放置到图形上，会发现它是一块一块构成的。我们使用【修剪】工具，将原始五边形的 5 条边修剪掉，如图 9-4 所示。

5）使用【构造】菜单中的【拉伸】工具，将它拉伸成为一个实体，如图 9-5 所示。

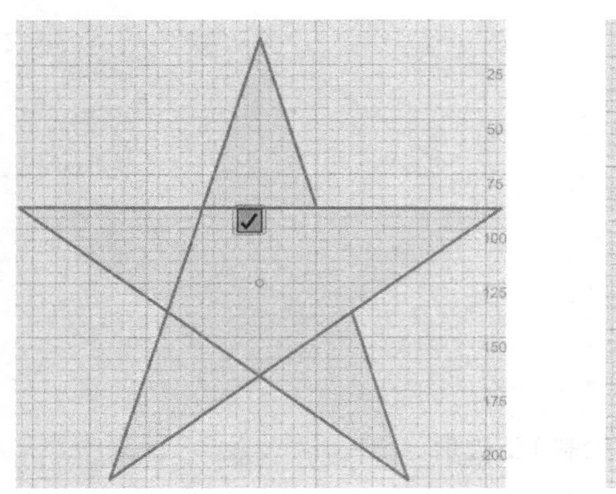

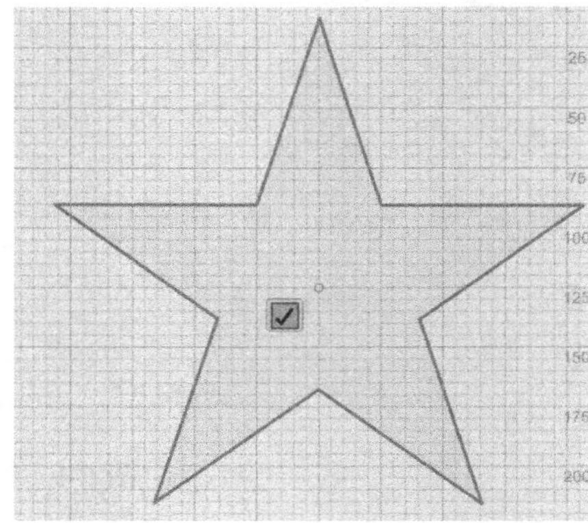

图 9-4　修剪掉五角星内部的 5 条边

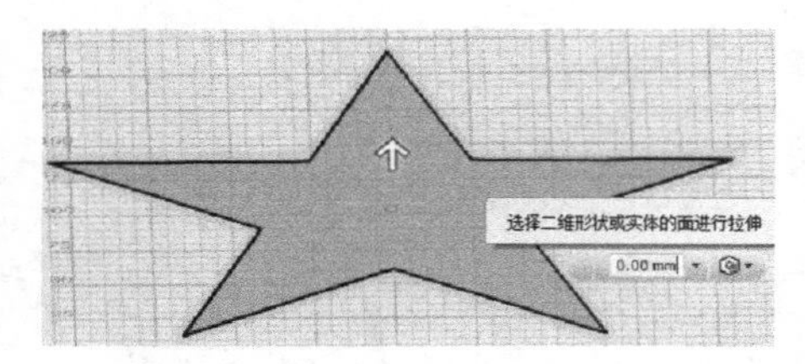

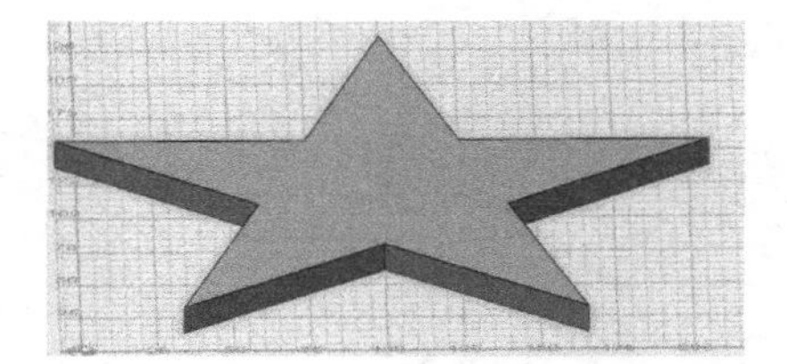

图 9-5　将五角星的草图拉伸为实体

9.2 【扫掠】工具

在实体建模中，扫掠是指一个截面轮廓沿着一条路径的起点到终点所扫过面积的集合，常用于变化较多且不规则的模型。扫掠轮廓使用草图或者实体的一个面来定义扫掠实体的截面，123D Design 不能使用开放的轮廓曲线来扫掠曲面，必须是闭合的轮廓，而且扫掠截面的轮廓尺寸不能过大，否则可能会导致出现扫掠实体的交叉（自相交）情况，不能完成扫掠操作。扫掠路径描述了轮廓运动的轨迹，一个扫掠实体只能有一条扫掠路径，路径可以使用已有模型的边线或曲线，也可以使用绘制的曲线，可以是开放的曲线也可以是封闭的曲线。

我们先看一看下面的例子。

1）切换屏幕视图为上视图，从草图工具栏中选择【多段线】工具，绘制出如图 9-6 所示的形状。当然，也可以使用【样条曲线】工具，画出任意的闭合图形。再绘制一个大一些的矩形，选择【移动 / 旋转】，把绘制的十字形立起来。

2）接着把十字形移动到矩形的边线处，大致使其中心位于线上，如图 9-7 所示。

3）选择【构造】菜单中的【扫掠】工具，单击十字形，选择扫掠的轮廓。接着单击功能选择框中的选择路径按钮，再单击矩形的轮廓，就会出现扫掠的结果，如图 9-8 所示。

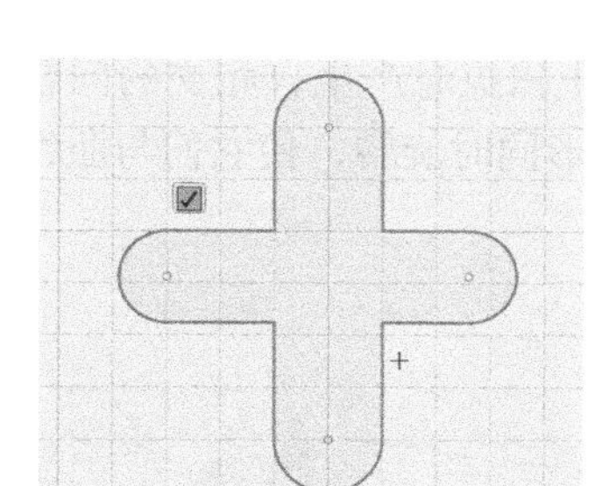

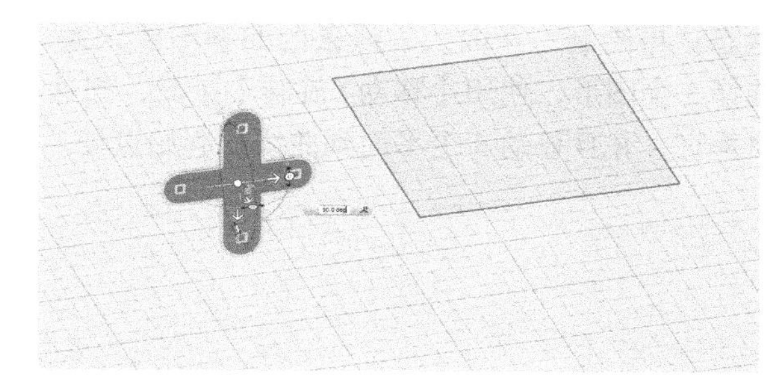

图 9-6　将绘制的形状立起来

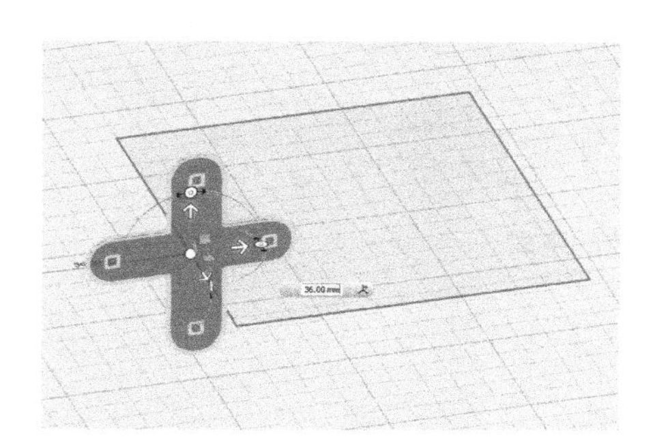

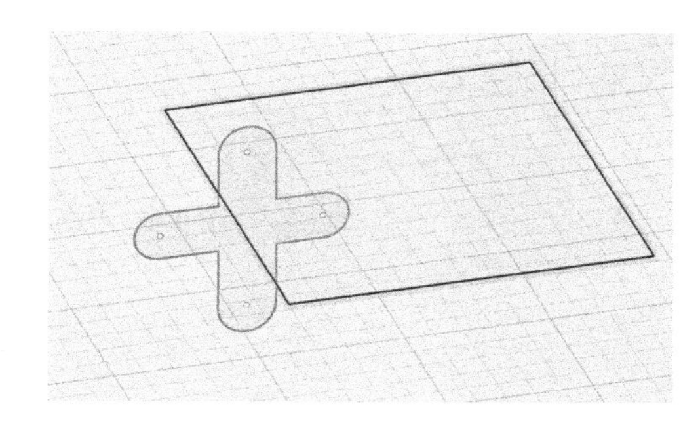

图 9-7　把十字形移动到矩形的边线处

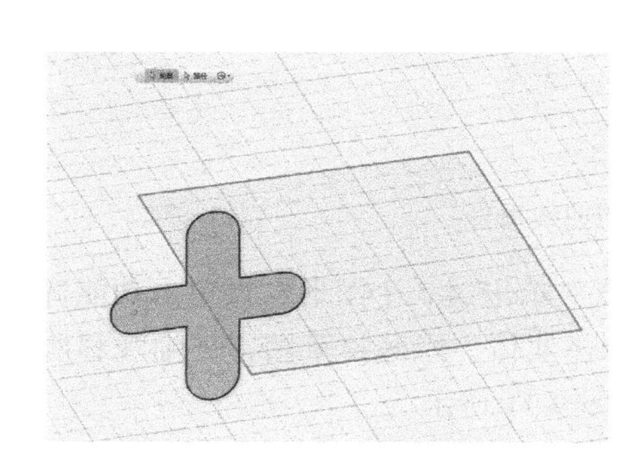

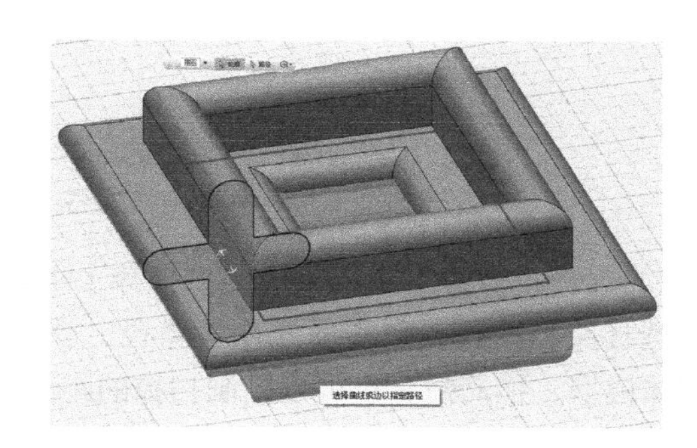

图 9-8　扫掠后出现的结果

4）轮廓附近有两个方向的箭头图标，可以拖动它，手动控制扫掠的距离。一直拖动，遇到转折处它会自动转弯。持续拖动也可以形成闭合的实体模型。两个箭头图标指向的是不同的扫掠方向，类似于沿顺时针或逆时针路径扫掠，如图 9-9 所示。

要说明一点，扫掠的轮廓并不只针对单个草图图形，只要几个草图图形在一个平面上，也就是每次绘图时都是单击同一个图形进入草图状态，就可以执行扫掠操作。下面举例说明。

1）切换屏幕视图为上视图，从【草图】工具栏中分别选择【草图多边形】、【多段线】和【样条曲线】工具，画出如图 9-10 所示的 3 个图形。注意，每次要单击同一个图形进入草图状态。再绘制一条曲线，线条的曲率不要太大，以防止扫掠时产生自相交的问题。接下来选择 3 个图形，使用【移动 / 旋转】工具，把这 3 个图形同时旋转，使它们与曲线所在的平面垂直，并且移动 3 个平面到曲线的起始点处。

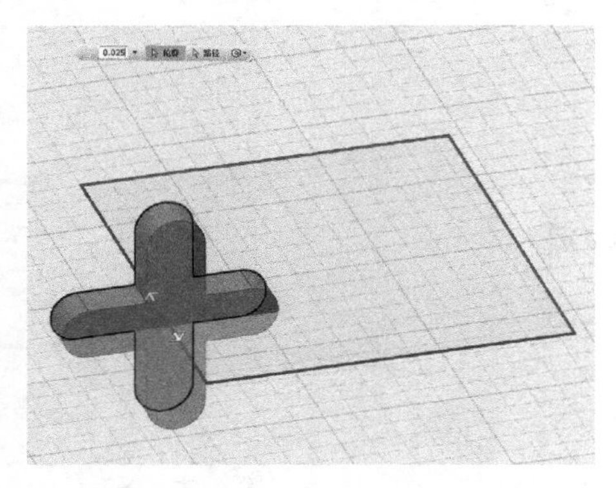
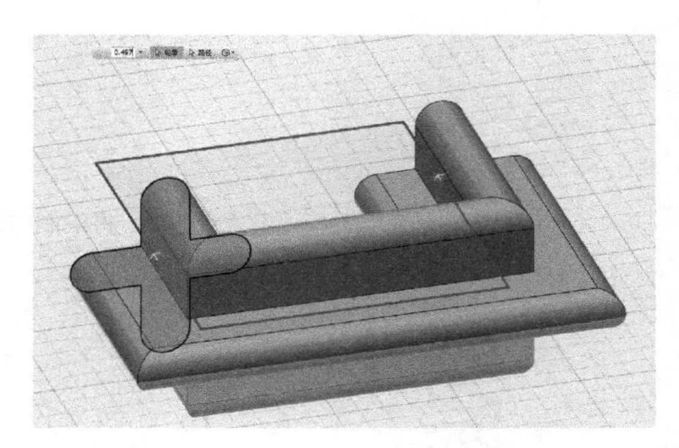

图 9-9 手动控制扫掠的距离

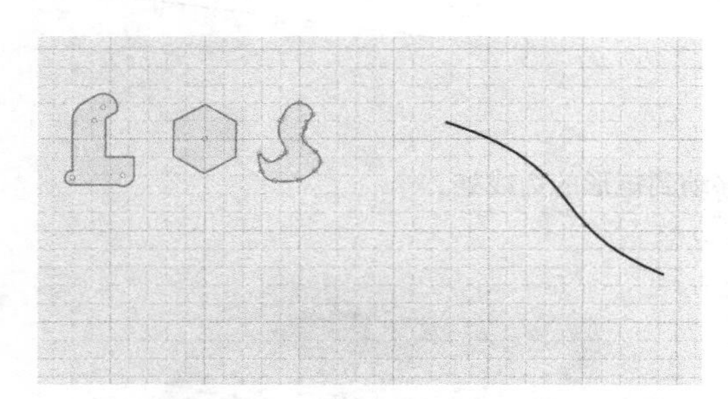
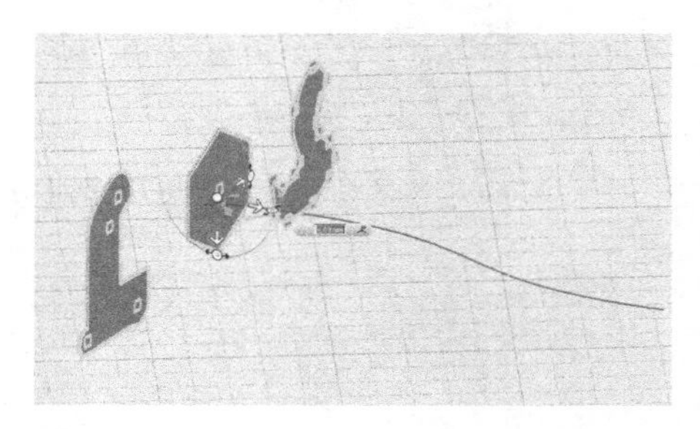

图 9-10 使 3 个图形与曲线垂直

2）选择【构造】子菜单中的【扫掠】工具，依次单击这 3 个图形，再单击功能选择框中的选择路径按钮，单击曲线作为路径，就会扫掠出实体。隐藏掉草图，仔细观察所生成的实体模型。拖动箭头也可以控制扫掠的距离，如图 9-11 所示。

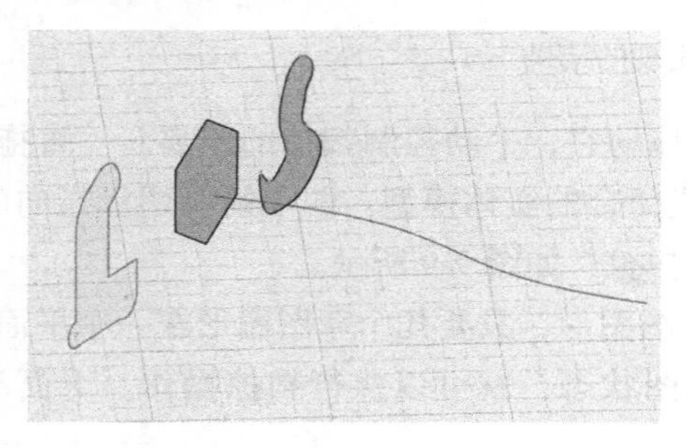
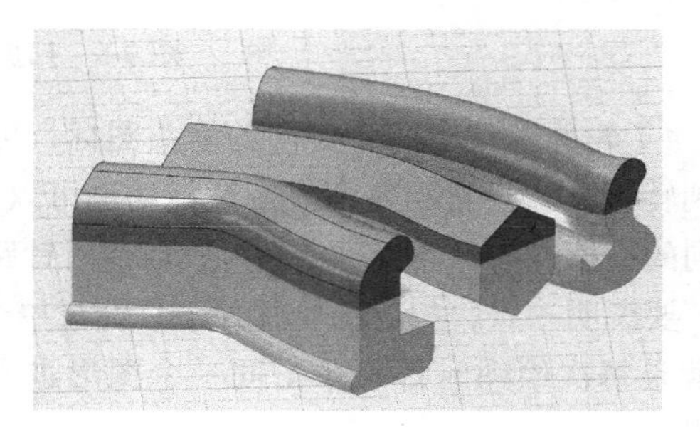

图 9-11 3 个轮廓扫掠出的实体

9.3 【旋转】工具

【旋转】操作是轮廓围绕着一个旋转轴转动一定的角度而得到实体的过程。草图中包含一条构造直线，草图轮廓以该直线为轴旋转，就可以构建旋转的实体。也可以使用草图中的直线作为旋转轴，建立旋转实体。

在生产领域，有一些零件可以通过【旋转】操作建立实体，如球或含有球面的零件、有多个台阶的轴和盘类零件、“O”形密封圈等。日常生活用品中有很多物品可以通过旋转操作来实现，如碗、杯子、瓶子等。可口可乐玻璃瓶的图片如图 9-12 所示，我们试着建立它的实体模型。

图 9-12　可口可乐玻璃瓶的图片

1）切换屏幕视图为上视图，从【草图】工具栏中选择【样条曲线】工具，在栅格上试着画出可口可乐瓶的外轮廓，只要画出大概就可以了。如果实在不像的话，可以先退出草图状态，然后编辑它，方法是拖动草图上的小圆圈，慢慢调节。要想同时移动多个小圆，可以按住 Ctrl 键单击多个小圆，然后拖动。接着，使用【多段线】工具，在草图的右侧画出一条垂直线，作为旋转轴，如图 9-13 所示。

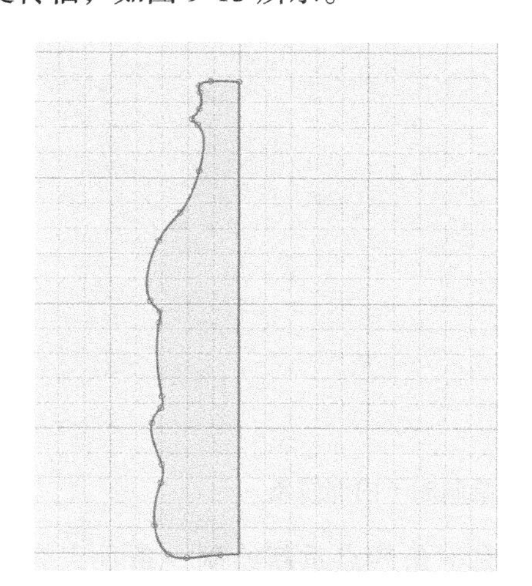

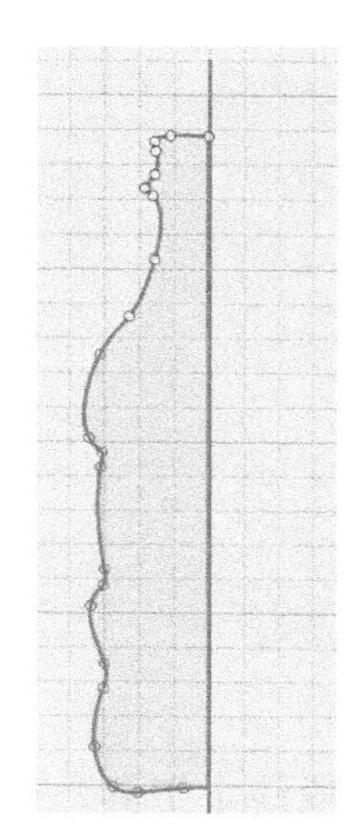

图 9-13　绘制瓶子的外轮廓和旋转轴

2）选择【构造】子菜单中的【旋转】工具，单击瓶子的图形选择草图轮廓，然后单击功能选择框中的选择旋转轴按钮，单击垂直线，在出现的数值输入框中输入 360，此时一个瓶子的模型就完成了，如图 9-14 所示。但这是一个实心瓶子，不能装液体。

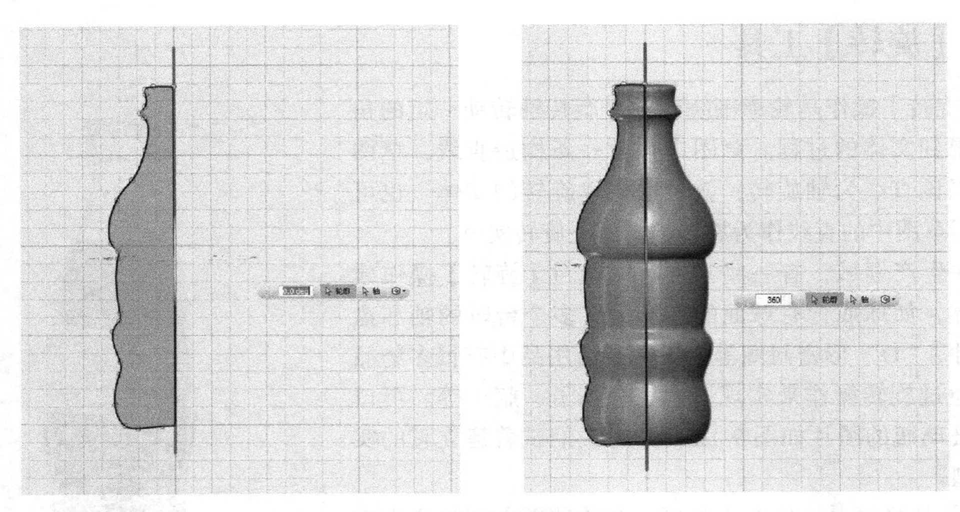
图 9-14　瓶子的实体模型

3）单击撤销按钮，返回到草图图形。选择瓶子轮廓中的直线，按键盘上的 Delete 键将它删除。选择绘制【样条曲线】工具，在草图轮廓上单击一次，把鼠标移到曲线的一个端点上，开始绘制轮廓的内侧线条。需要注意的是轮廓的右下角部分，弧线不能向右超过下面的端点，否则会因自相交而不能旋转这个轮廓，如图 9-15 所示。

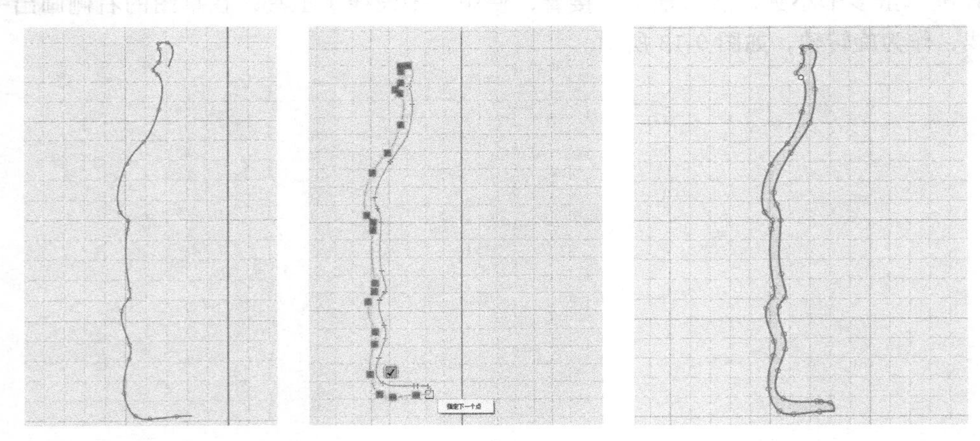
图 9-15　绘制瓶子内部线条

4）使用【多段线】工具，通过图形右下角的点重新绘制一条垂直线，再次选择【构造】子菜单中的【旋转】工具，单击瓶子的图形，然后单击功能选择框中的选择旋转轴按钮，单击新绘制的垂直线，在出现的数值输入框中输入 360。此时，我们得到一个空心的可乐瓶，如图 9-16 所示。

掌握了这种方法，你就能够创建很多日常生活中常见的容器和包装了。我们接下来再看看绘制高脚杯的过程。

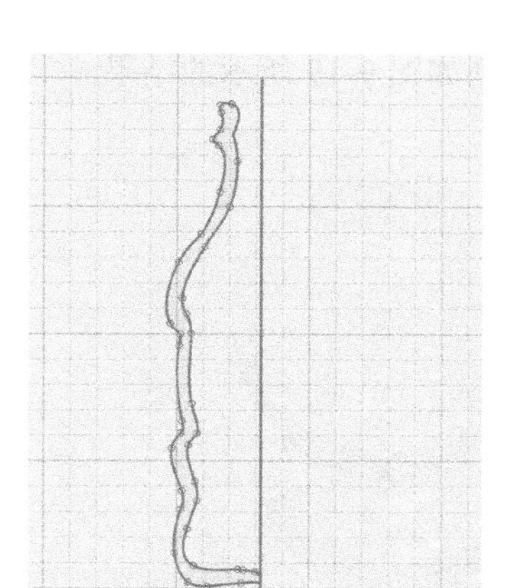
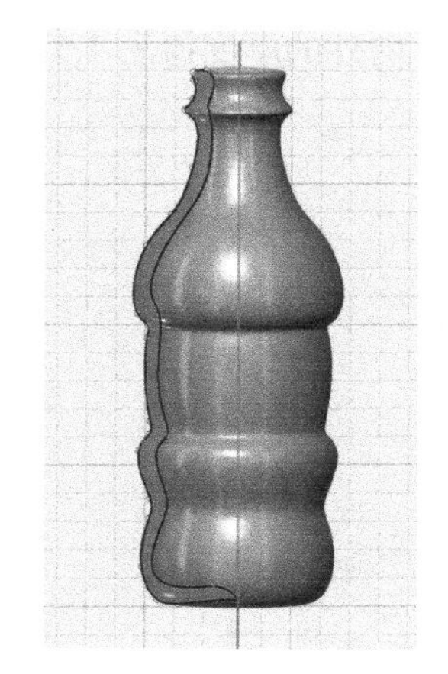
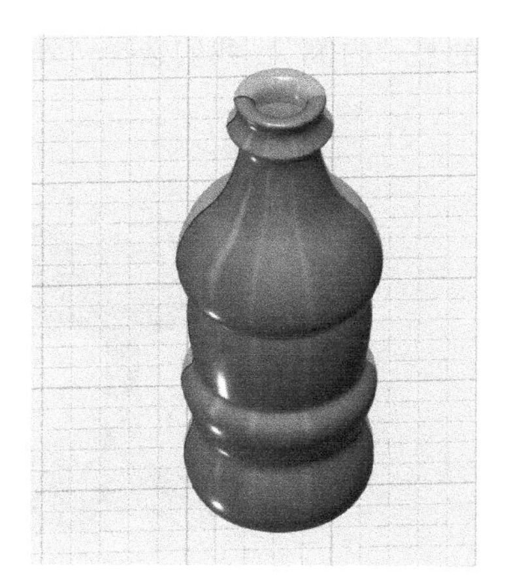

图 9-16 旋转得到的空心瓶子

1）切换屏幕视图为上视图，从【草图】子菜单中选择【多段线】工具，先画出一条垂直线。然后使用【样条曲线】工具，画出杯子的外轮廓。在绘制过程中，需要尖角的地方，可以先断开。然后再使用【样条曲线】工具，在先前画的曲线上单击，移动到端点处接着绘制。绘制出的高脚杯轮廓如图 9-17 所示。

2）选择【构造】工具栏中的【旋转】工具，单击杯子的草图作为轮廓。然后单击功能选择框中的选择旋转轴按钮，再单击草图左侧的垂直线作为旋转轴，输入角度为 360，就得到如图 9-18 所示的图形。

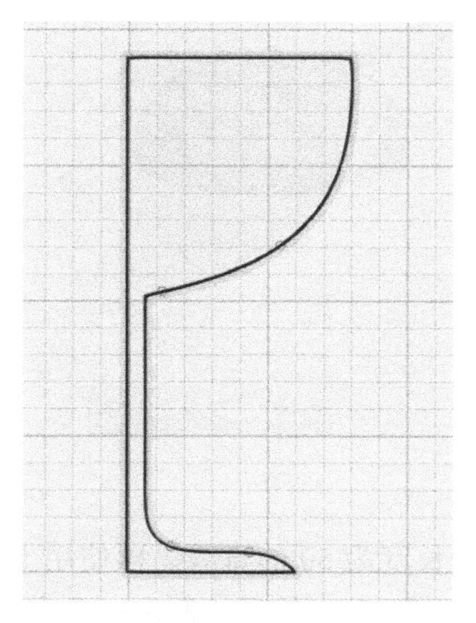

图 9-17 绘制出高脚杯的轮廓

图 9-18 旋转得到的高脚杯模型

3）在这里，我们会接触到一个新工具，这就是【修改】子菜单中的【抽壳】工具。在第 4 章的工具栏介绍中，你能够找到【抽壳】工具。选择【抽壳】工具，在杯子的上表面单击一下，如果出现红色的非法操作警示，原因可能是屏幕下方数值输入框中“方向”默认的是“内侧”。我们选择“外侧”，向外的厚度值为 1.5，得到如图 9-19 所示的结果。

图 9-19　抽壳后的高脚杯模型

9.4　创建一个台灯

下面我们使用【扫掠】和【旋转】工具，建立一个台灯的模型。

1）创建台灯的底座。选择基本体中的圆柱体，拖出一个圆柱体，半径设为 20，高度设为 15。然后使用【圆角】工具，倒角半径设置为 15，对圆柱体顶部的轮廓倒圆角，单击鼠标确认，如图 9-20 所示。

图 9-20　创建台灯底座

2）创建台灯的支架。使用【多段线】工具，绘制一条长度为 50 的直线，再使用【样条曲线】工具，画出弯曲的部分。记得绘制时要把它们连接在一起。然后绘制出一个小圆，这样，就绘制出扫掠的轮廓和路径，如图 9-21 所示。

使用【移动 / 旋转】工具，旋转圆形，并把它移动到曲线的起始处。接下来选择【构造】子菜单中的【扫掠】工具，单击圆形作为扫掠轮廓。再单击一次功能选择框中的选择路径按钮，单击绘制的曲线，就会扫掠出支架模型，如图 9-22 所示。

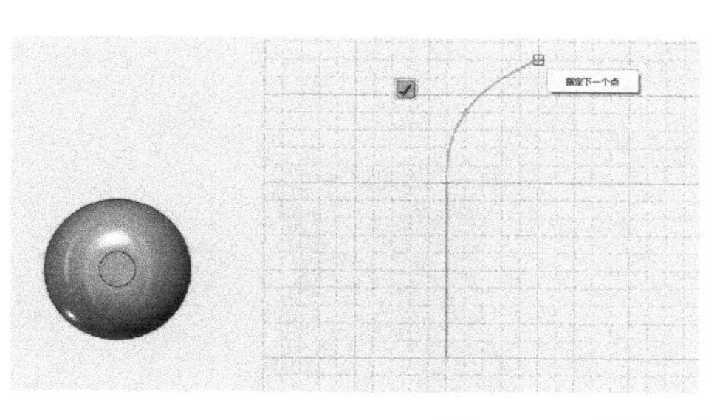

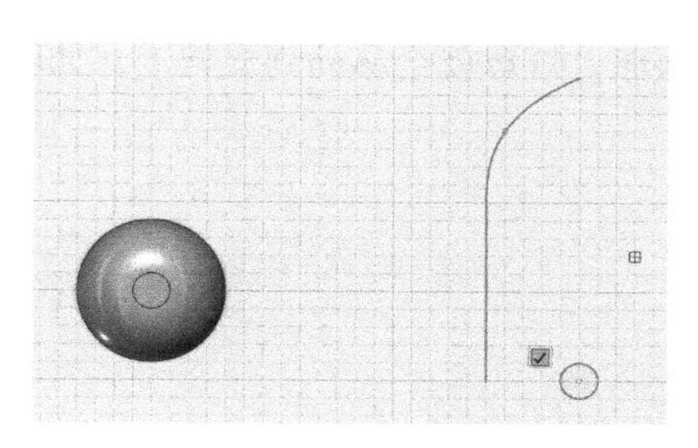

图 9-21　绘制出扫掠的轮廓和路径

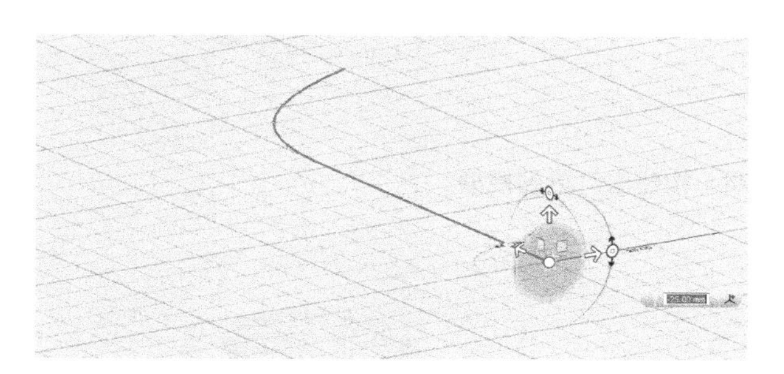

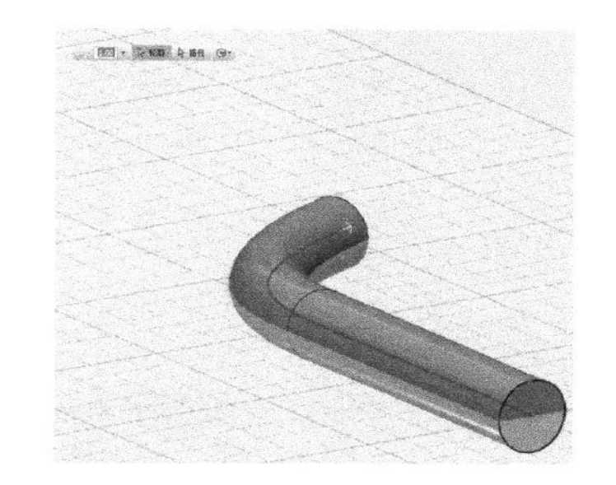

图 9-22　使用【扫掠】工具构建支架

3）选择工具栏中的【吸附】工具（虽然第一次接触这个工具，试着用一下），先单击支架模型的一个底面，再单击灯座的顶面，支架就会立在底座之上，如图 9-23 所示。

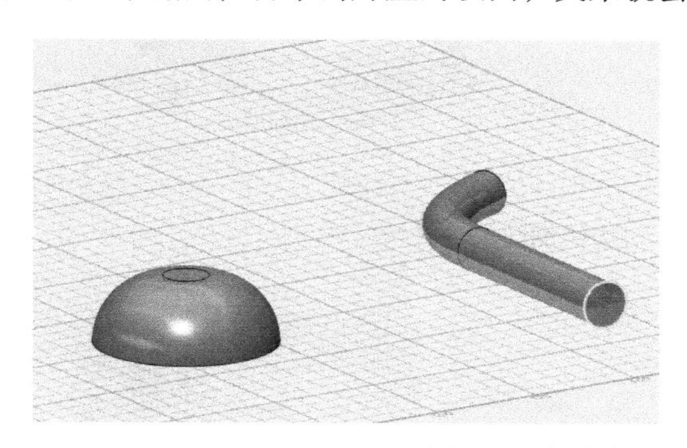

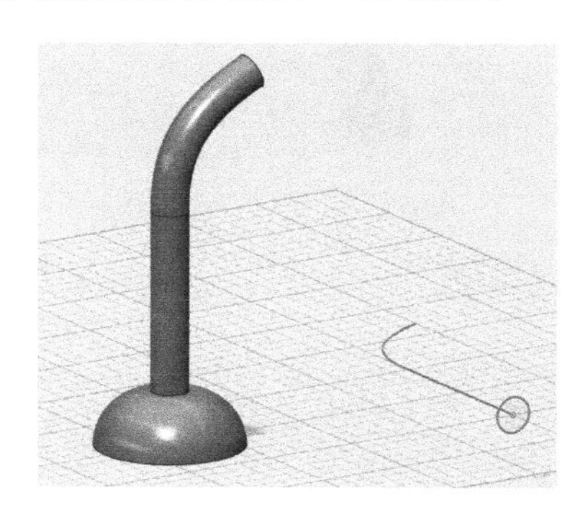

图 9-23　把支架立在底座之上

4）开始创建灯罩。使用【样条曲线】工具，绘制出如图 9-24 左图所示的灯罩轮廓。绘制直角的方法前面已经解释过，可以先断开，然后单击线条端点继续绘制。如果不太像，还可以退出草图后编辑曲线。然后使用【旋转】工具，单击绘制的图形作为旋转轮廓，选择右边的垂直线段作为旋转轴，就构建出灯罩的模型，如图 9-24 右图所示。

为了使它更像一个灯罩，我们使用【圆角】工具对模型上部的边线和下部的内侧边线分别倒圆角，如图 9-25 所示。

5）选择【吸附】工具（操作过程中可以旋转视图），先单击灯罩的顶部，再单击支架上部的顶面，灯罩就会移动到支架上，如图 9-26 所示。

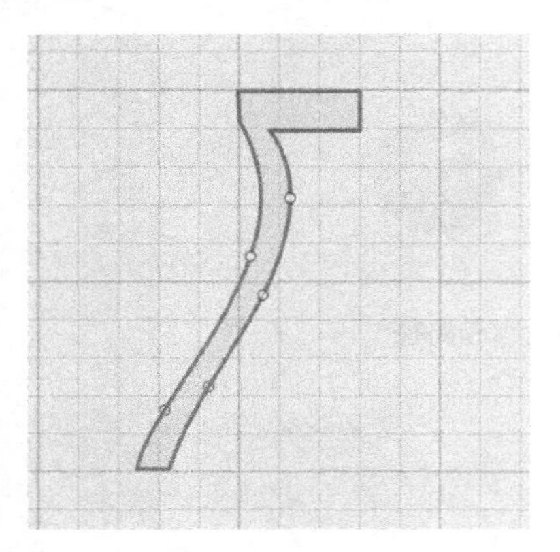

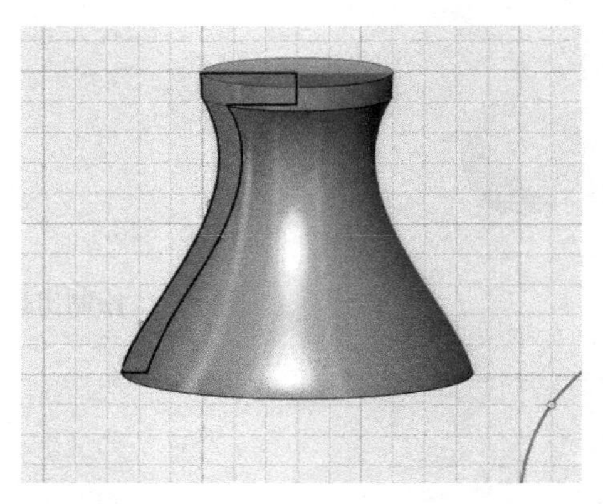

图 9-24 构建出灯罩的模型

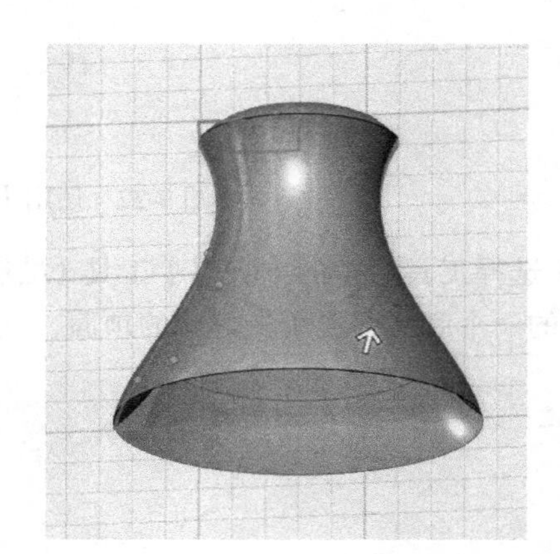

图 9-25 对边线倒圆角

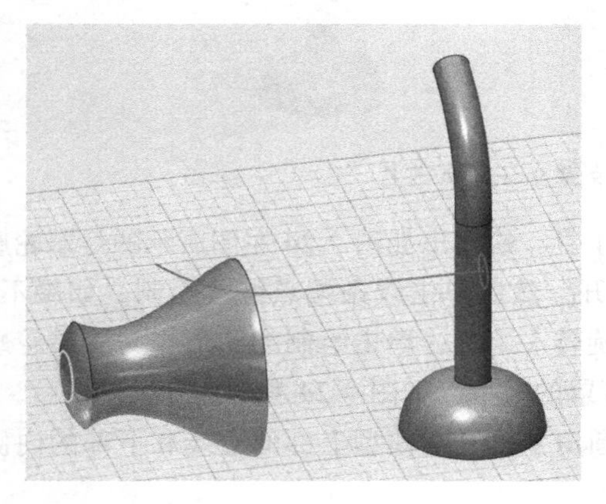

图 9-26 使用【吸附】工具装配灯罩

显然，灯罩的位置是不对的，正常的台灯是照亮下方的。隐藏掉草图图形，接着使用【移动 / 旋转】工具，把灯罩的喇叭口旋转朝向下方，如图 9-27 所示。

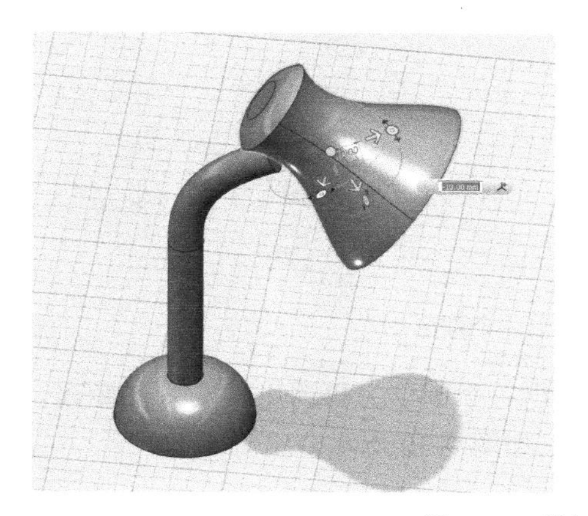

图 9-27　使灯罩朝下方

在旋转和移动灯罩的过程中，可以切换视图为前视图和上视图，以便于观察位置。这样就得到了一个台灯的模型，如图 9-28 所示。

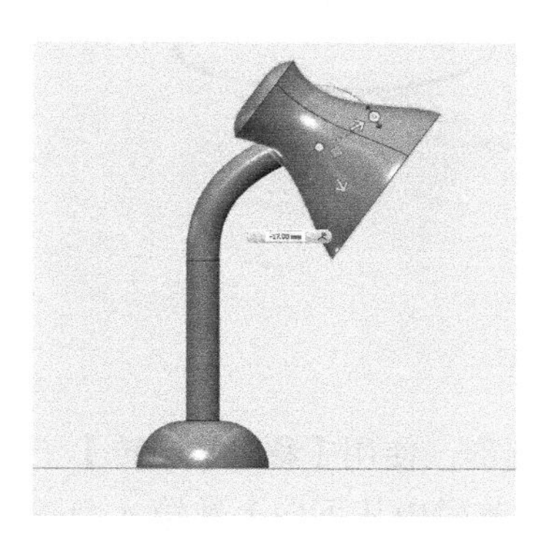
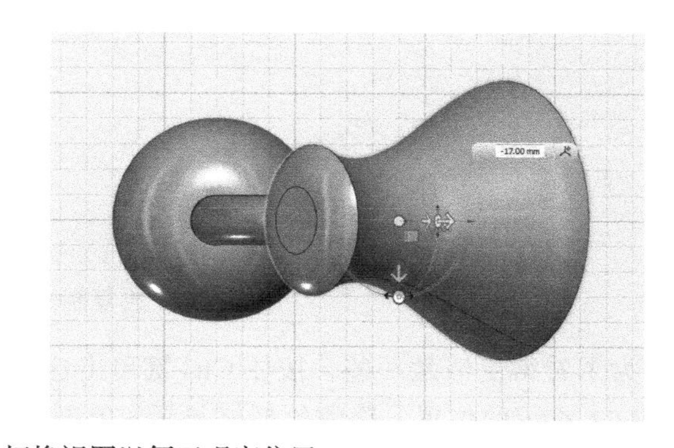

图 9-28　切换视图以便于观察位置

9.5 【放样】工具

放样操作相对复杂一些，所以要多花一些篇幅来讲解这个工具。在第 3 章中，我们已经接触了放样的概念，放样通过在轮廓之间进行过渡而生成实体。

9.5.1　放样的基本操作

1）选择【草图】子菜单中的【草图圆】工具，在栅格上绘制一个圆形。然后按 Ctrl+C 键和 Ctrl+V 键，复制出一个圆形。屏幕中出现的操纵器允许移动和旋转操作。我们把圆形向上移动一段距离，如图 9-29 所示。

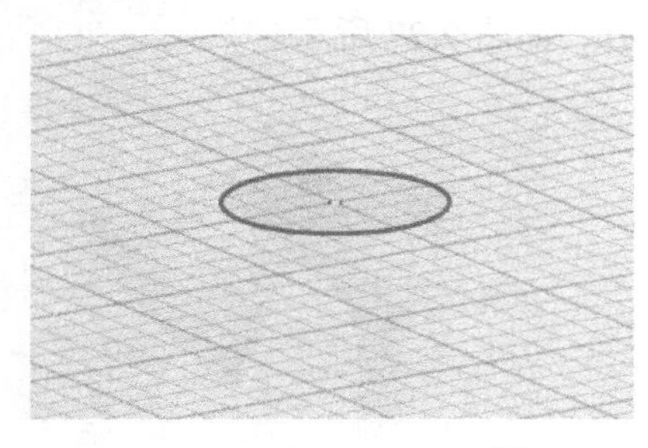

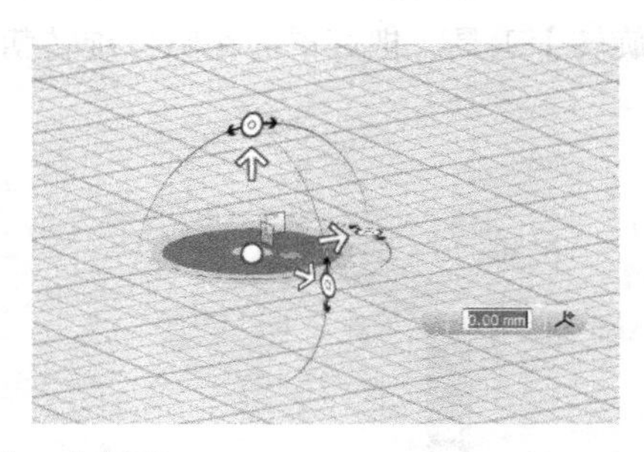

图 9-29 复制出一个圆形

2）再次按 Ctrl+C 键和 Ctrl+V 键，又复制出一个圆形，再向上移动一些距离。单击中间的圆形，选择【缩放】工具，将它放大一些，如图 9-30 所示。

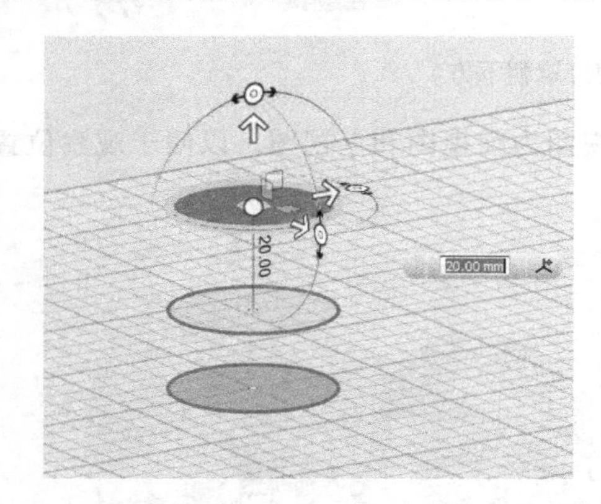

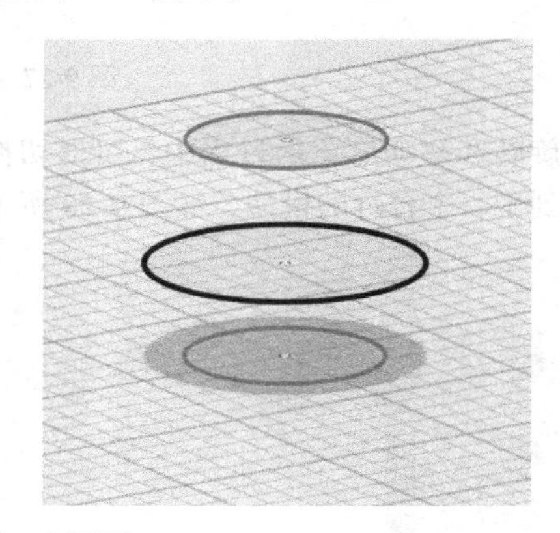

图 9-30 再复制一个圆形

3）为了看得更清楚一些，按住 Ctrl 键单击这 3 个圆形，使用【移动 / 旋转】工具旋转到如图 9-31 所示的位置。隐藏掉栅格显示（单击右侧导航栏中从下向上数第 4 个图标，它控制栅格的可见性）。

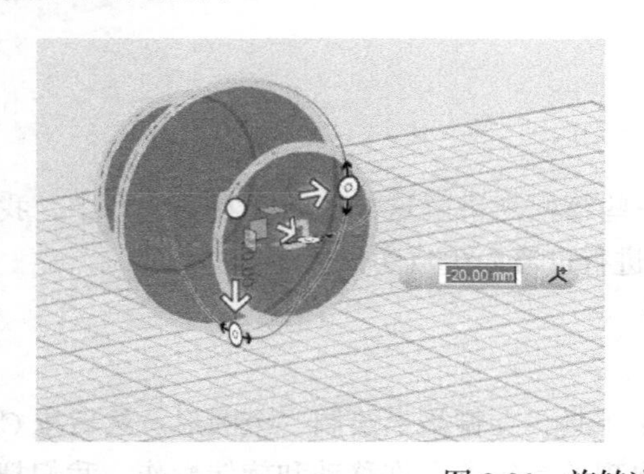

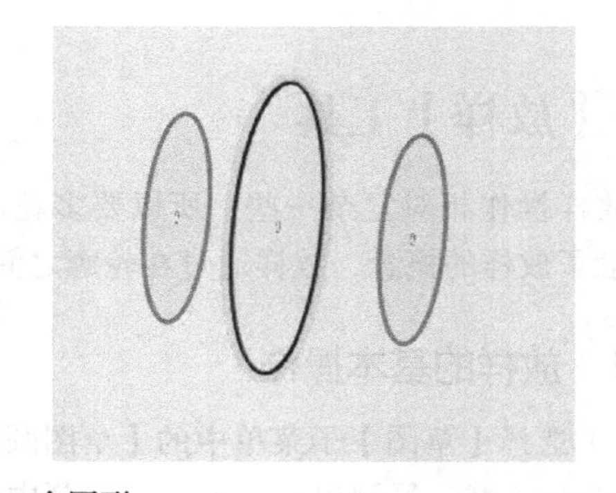

图 9-31 旋转这 3 个圆形

4）选择【构造】子菜单中的【放样】工具，单击最左边的圆形，然后单击中间的圆形，就会生成放样的实体。而且上面还有两个小圆圈，后面再讲解它们所起的作用，先单击鼠标确定。再次选择【放样】工具，单击中间的圆形和右边的圆形，生成了右半部分的放样实体，如图 9-32 所示。

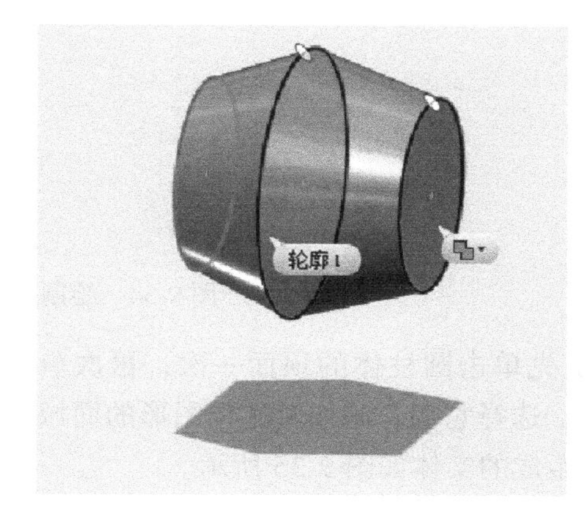

图 9-32 放样生成的实体

5）使用【移动 / 旋转】工具，将生成的实体移开一段距离，会看到草图图形仍处在原来的位置。这一次，我们先按住 Ctrl 键，依次单击 3 个圆形，将它们都选中，再选择【放样】工具，则生成一个中央光滑过渡的实体。也就是说，一次将草图都选中与两两单击草图图形，会得到不同的放样结果，如图 9-33 所示。

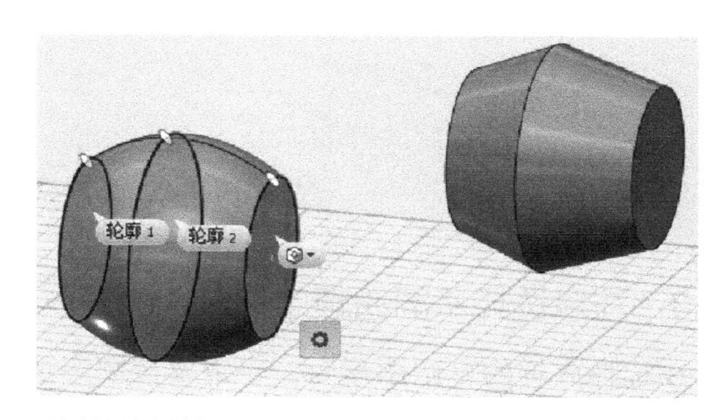

图 9-33 不同的放样结果

9.5.2 对不同的几何形状执行放样操作

可以对几个不同的几何形状执行放样操作，也可以选择实体的一个表面作为轮廓。接下来，看看下面的例子。

1）绘制出如图 9-34 所示的一些草图，并创建一个圆柱体。将中间的两个图形旋转到与栅格垂直的位置，最右边的图形不旋转，仍处在栅格平面上。

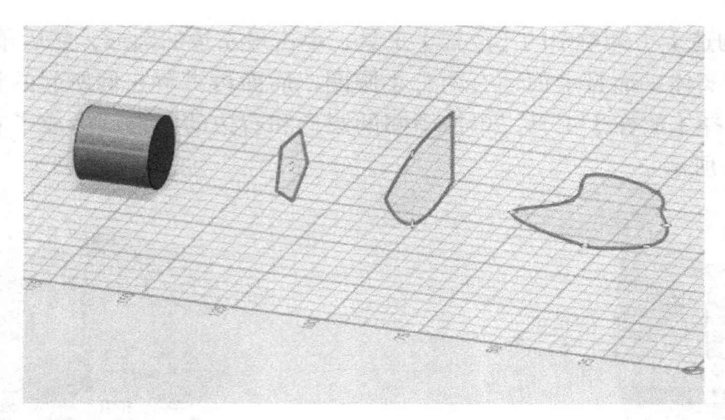

图 9-34　绘制出不同的草图图形

2）先单击圆柱体的顶面一次，再次单击它，把它选中，按住 Ctrl 键依次单击 3 个草图图形，选择它们。记住要选中图形的面域，而不是选择它们的轮廓。然后，选择【放样】工具，生成的实体如图 9-35 所示。

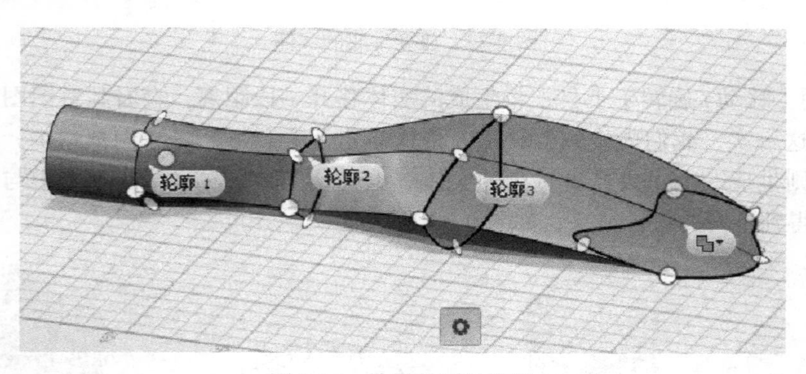

图 9-35　放样得到的结果

9.5.3　注意选择草图的顺序

在选择放样的草图图形时，一定要按顺序选择它们，不能来回地选择草图图形，否则就不能执行放样操作。

1）绘制出如图 9-36 所示的一些草图，很简单。使用【草图】工具栏中的【绘制圆形】工具，先绘制出一个圆形，然后切换到主视图，用鼠标拖出一个框并选择它，用 Ctrl+C 键和 Ctrl+V 键复制出一个圆，向上移动一些距离。然后使用【缩放】工具，设置缩放的比例因子为 0.6，依次执行同样的操作，如图 9-36 所示。

2）选择绘制的图形，单击最下面的一个圆形后，按住 Ctrl 键，自下而上单击圆形的内部。然后应用【放样】工具，如果出现了图 9-37 左边所标注的顺序，则不能完成【放样】操作，这是因为选择的顺序不是连续的，由图 9-37 中可以看出选择顺序。所以，在选择轮廓时，一定要按顺序单击。可以滚动鼠标中键放大来单击图形，以得到放样的实体，如图 9-37 所示。

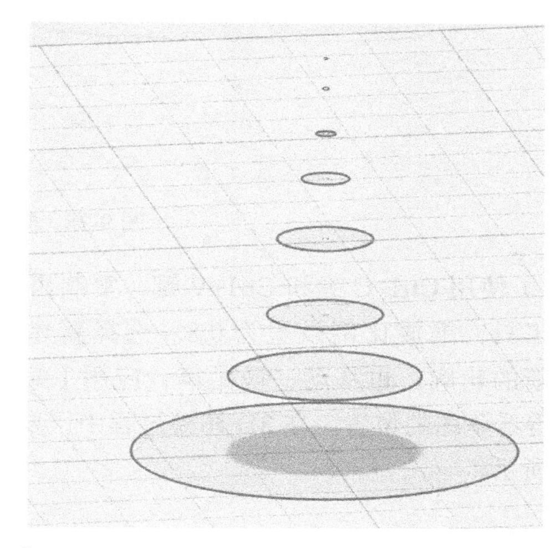

图 9-36　生成一些圆形

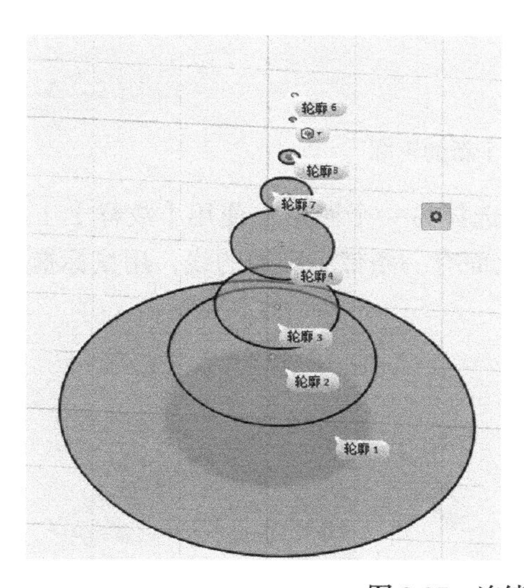

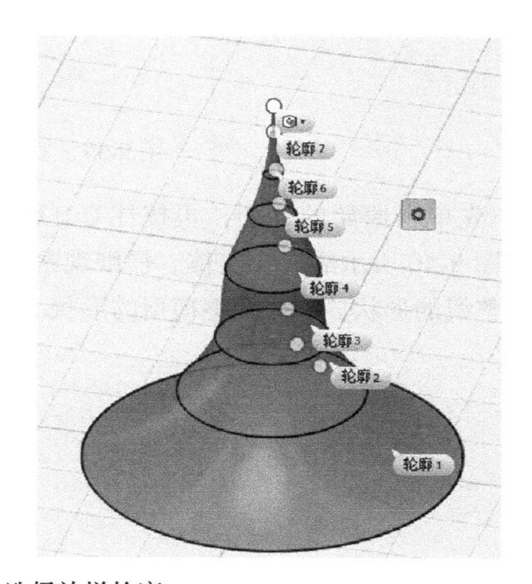

图 9-37　连续地选择放样轮廓

9.5.4　几个放样的例子

下面来看几个放样的例子。首先，我们来试着创建飞机的机翼。飞机的机翼是呈流线型的，所以使用【样条曲线】工具来绘制草图。

1）使用【样条曲线】工具，在栅格上绘制出如图 9-38 左图所示的图形。接着使用【移动 / 旋转】工具，将它旋转 90°，与栅格垂直，如图 9-38 右图所示。

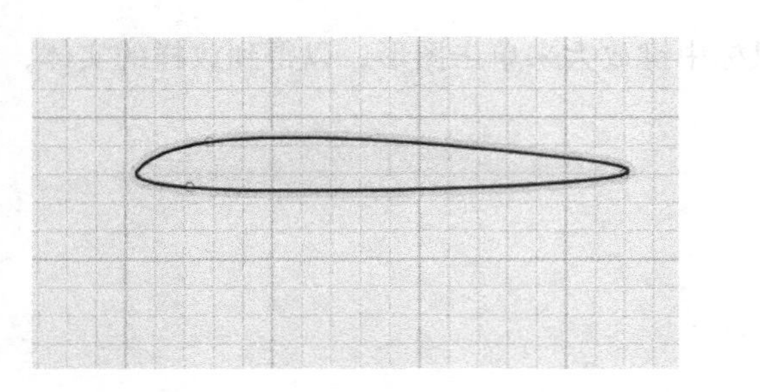
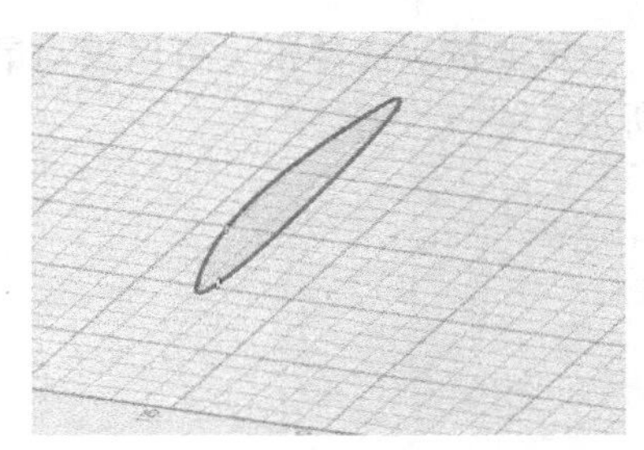

图 9-38　绘制草图轮廓

2）使用 Ctrl+C 键和 Ctrl+V 键，复制出一个轮廓，并向一侧移动一段距离，应用【缩放】工具，缩放比例设置为 0.8。选择新建的轮廓，再次使用 Ctrl+C 键和 Ctrl+V 键，复制出新的轮廓，也移动一段距离，应用【缩放】工具，缩放比例设置为 0.1。切换到前视图，看看草图的位置。在 3D 建模过程中，要经常切换不同的视图来查看图形的位置，如图 9-39 所示。

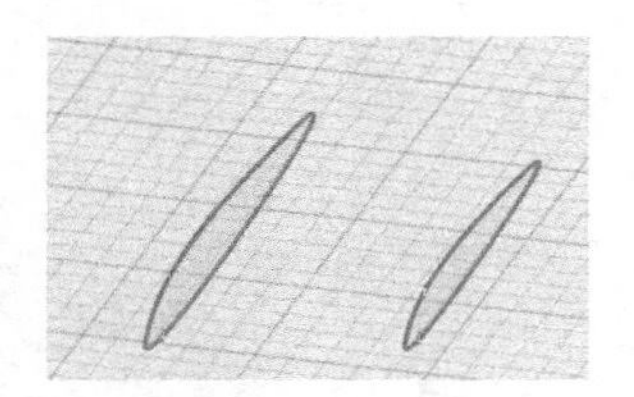
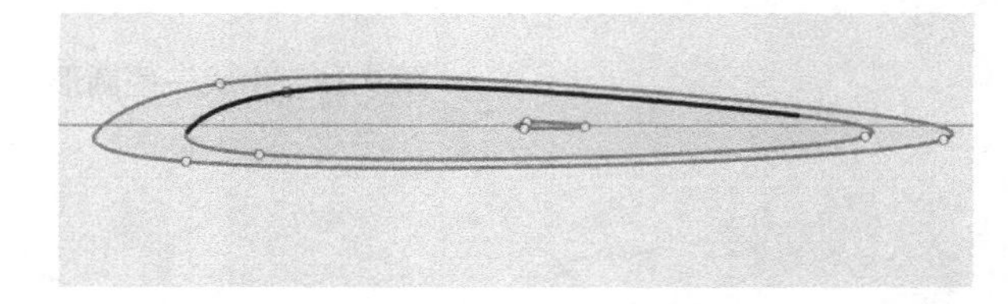

图 9-39　复制出两个新的轮廓

3）先单击原始的草图，再按住 Ctrl 键依次选择另一个图形，使用【放样】工具，会出现如图 9-40 所示的放样实体。仔细观察模型上面有一条带小圆圈的线，用鼠标拖动小圆圈，调整线的形状，进而调整模型的形状。

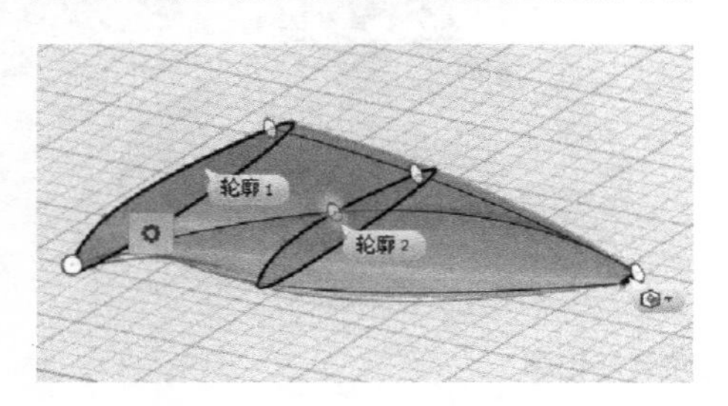

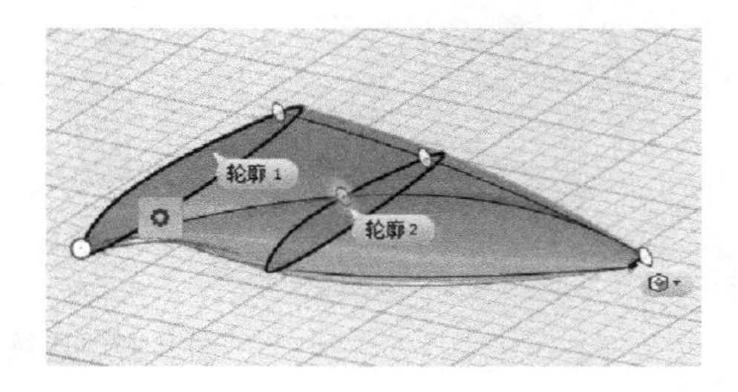

图 9-40　拖动小圆可以调整模型的形状

接下来，我们来看一看偏移草图轮廓中心的例子。

1）使用【草图圆】工具，在栅格上绘制出一个圆形草图。选择这个圆形，使用 Ctrl+C 键和 Ctrl+V 键，再复制出一个圆形，向上移动一些距离，同时也水平移动一些距离，使之与第 1 个圆形不同心。使用【缩放】工具，比例因子设为 1.2。再选择第 1 个圆形新复制一个圆形，向上移动超过刚才复制出的那个圆形，同时调整圆心的位置。最后，再复制出一个圆形，调整后的结果如图 9-41 左图所示。依次选择这些圆形，执行放样操作得到放样的模型，如图 9-41 右图所示。

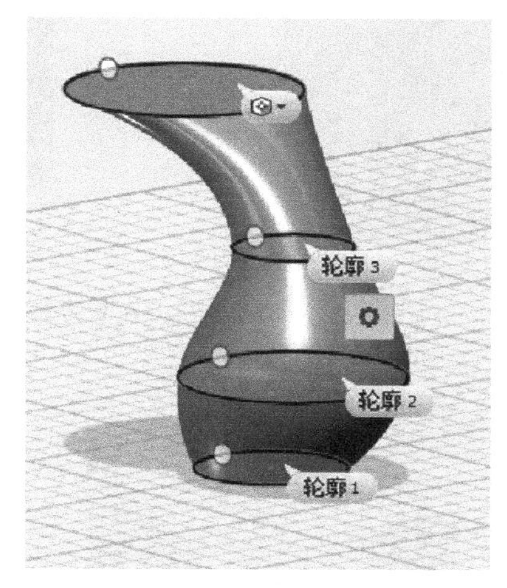

图 9-41 执行放样操作得到的模型

2）拖动模型中的小圆圈，它会在圆形轮廓上移动，移动到极限位置，屏幕中会出现红色的警示框。在程序允许的范围内拖动，得到了如图 9-42 所示的模型。

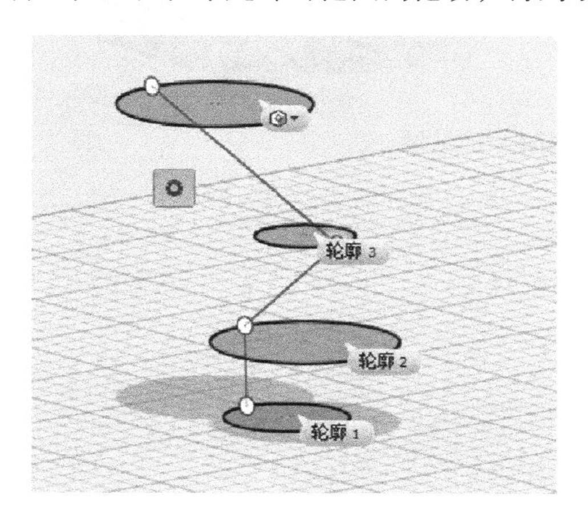

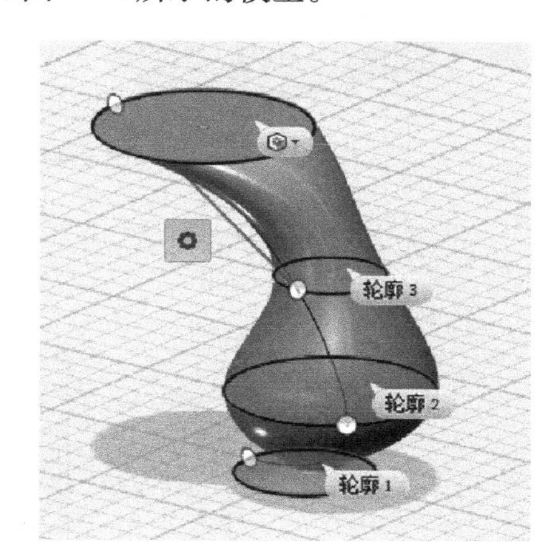

图 9-42 调节模型是有限度的

下面的例子涉及在实体的面上绘制草图和放样时可以选择的选项。

1）使用【基本体】中的【长方体】工具，拖出一个长方体。使用【草图圆】工具，在长方体的一个面上绘制一个圆形，在这个面相对的面上绘制一个矩形，如图 9-43 所示。

2）选择圆形和矩形，应用【放样】工具，单击按钮上倒立的小三角，会出现下拉式菜单，选择里面的【合并】与【新建实体】选项，看不出模型有什么改变。而当选择【相减】和【相交】时，分别会出现不同结果，其结果分别如图 9-44 和图 9-45 所示。

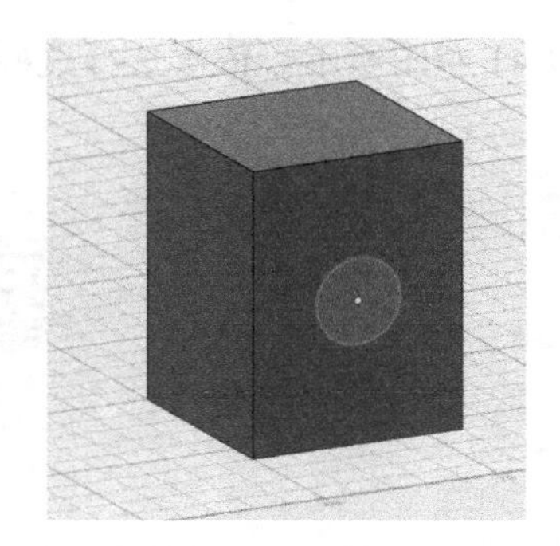
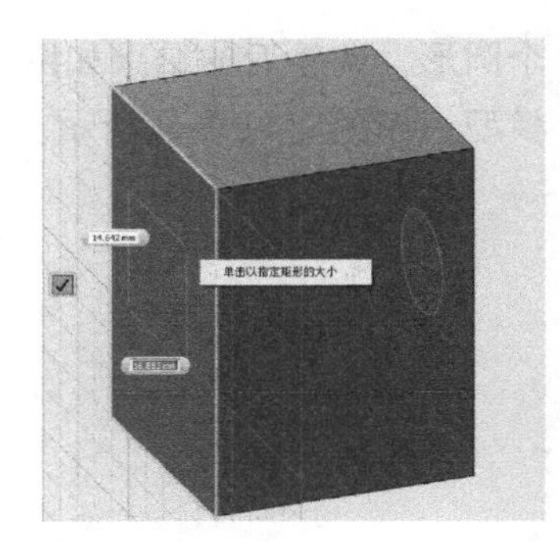

图 9-43　在长方体的面上绘制出圆形和矩形

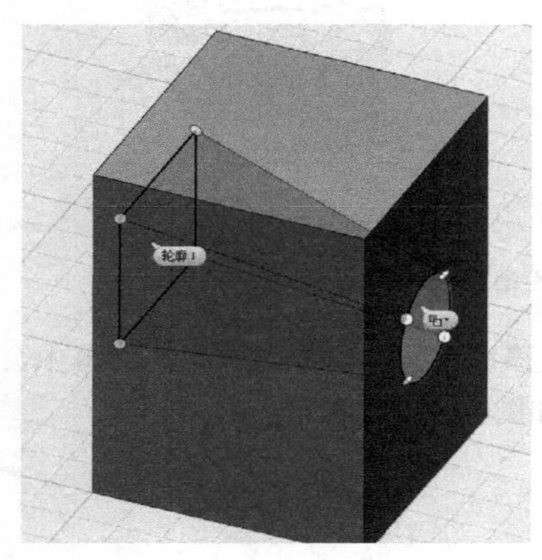

图 9-44　执行相减后的结果

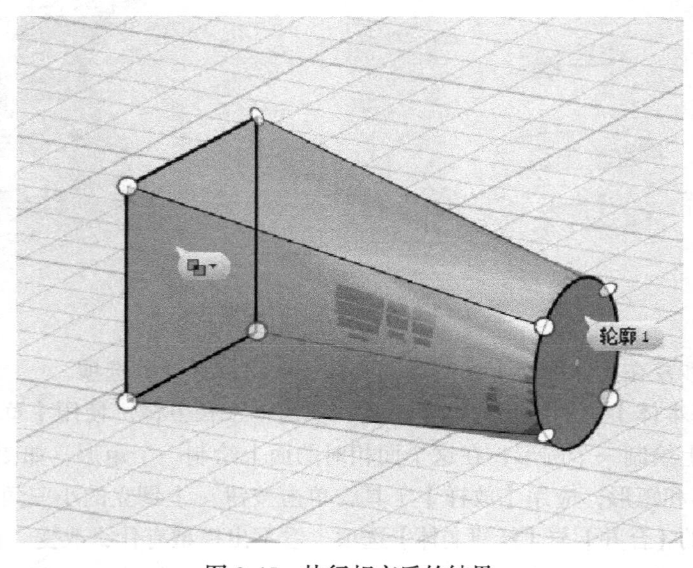

图 9-45　执行相交后的结果

使用这些选项，就可以在实体模型上打出异形的孔洞。

9.5.5　使用放样工具创建台灯灯罩

接下来，我们使用【放样】工具创建出前面所构建的台灯灯罩。

1）先绘制一个圆形，然后选择它，使用【移动 / 旋转】工具，将它旋转 90°，使其与栅格垂直，如图 9-46 所示。

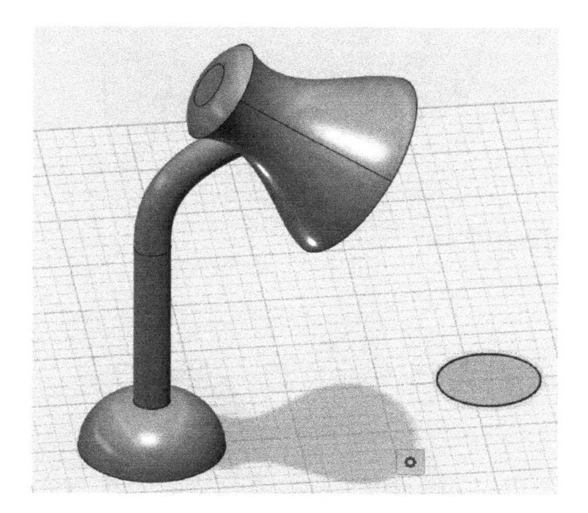

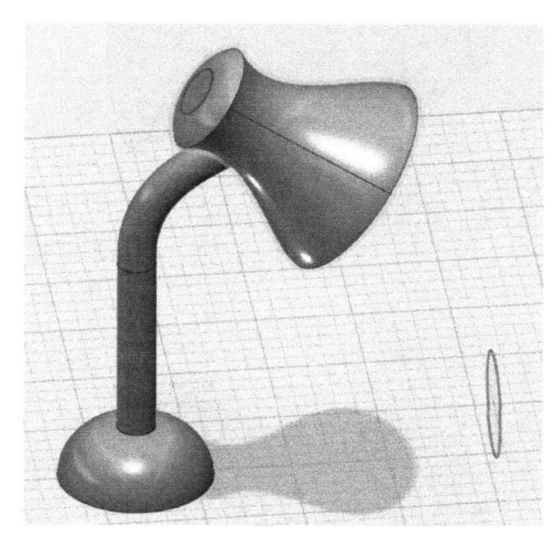

图 9-46　绘制一个圆形

2）分别使用 Ctrl+C 键和 Ctrl+V 键，在圆形的左右各复制一个圆形，并进行相应的缩放，如图 9-47 所示。也可以切换到主视图来观察一下大致的比例。

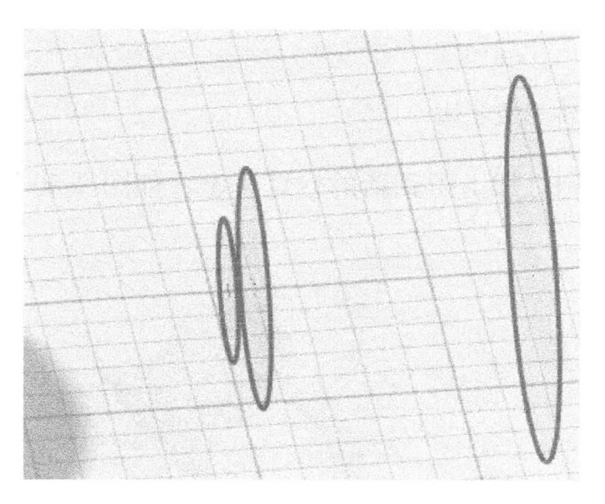

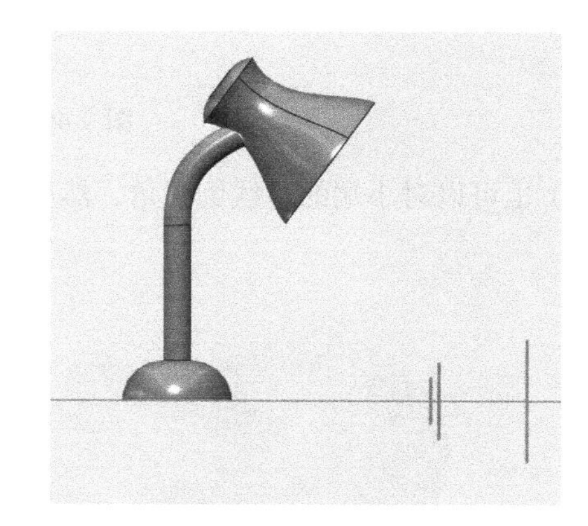

图 9-47　复制出其他的两个圆形

3）依次选择这些圆形，然后执行【放样】操作，分别拖动草图上的小圆圈来调节模型的轮廓，如图 9-48 所示。

4）这是一个钟形的实体，并不是空心的。选择【修改】菜单中的【抽壳】工具，单击钟形的大端面，就可以挖空这个实体，如图 9-49 所示。【抽壳】工具比较简单，现在先接触一下，在后面的章节里会详细讲解【抽壳】工具的用法。

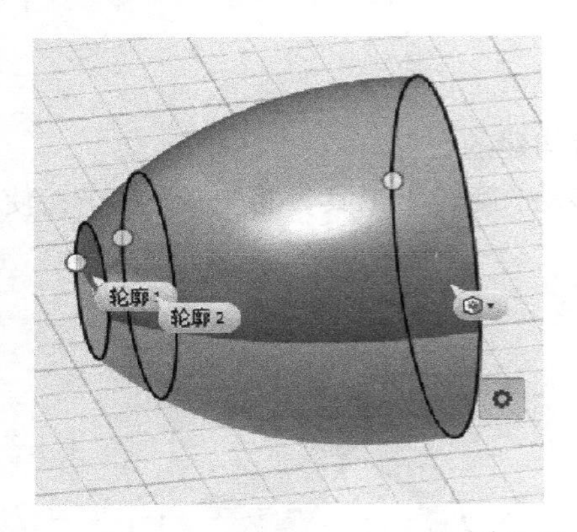

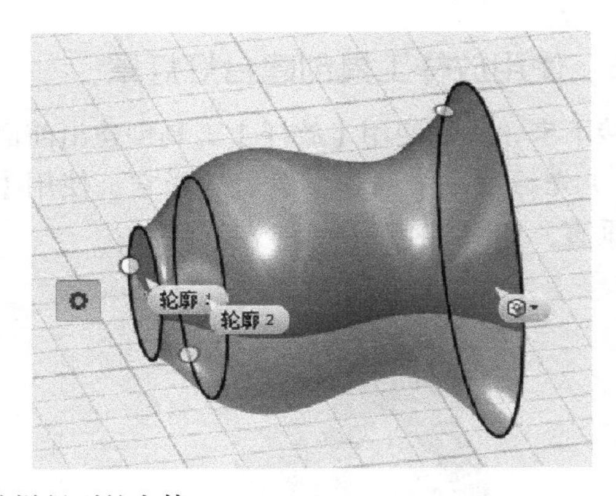

图 9-48　放样得到的实体

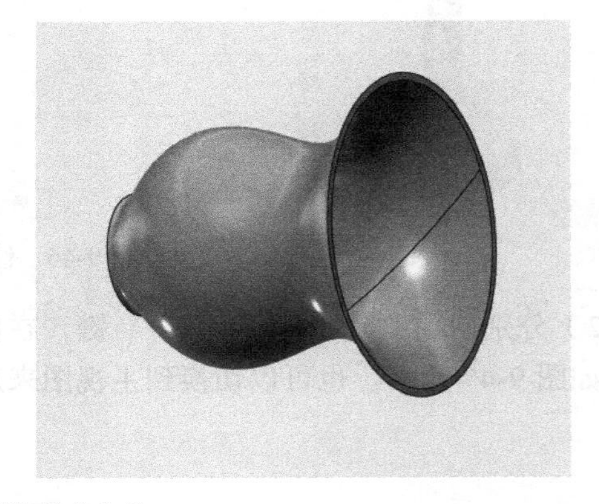

图 9-49　抽壳钟形成实体

5）也可以对小端的边线倒圆角，然后放置到灯架上得到新的台灯模型，如图 9-50 所示。

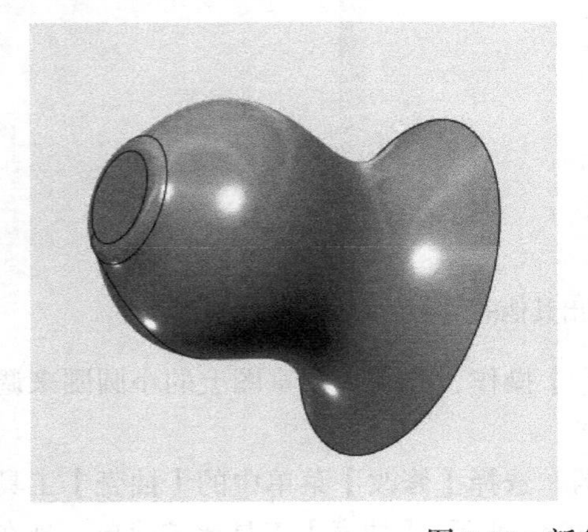

图 9-50　新台灯模型

【扫掠】和【放样】是构建复杂形体的主要工具，值得去多揣摩、多练习。创建一个模型可以有多种方法，要根据自己熟悉哪一种方法来做决定。

9.6　修改草图尺寸

回头看一下，以上 4 种构建实体的操作都依赖草图。还有一个非常重要的事情，就是草图的尺寸问题。123D Design 能够精确地控制草图的尺寸，前面我们绘制图形都是比较随意的，接下来就要注意尽可能精确地控制草图的尺寸。

既可以在绘制图形时精确地输入尺寸，也可以在绘制完成后重新编辑它。下面，我们看看如何修改草图的尺寸。

1）将视图切换为上视图，画出如图 9-51 左图所示的图形。单击这个图形，从快速菜单中选择“编辑标注”，进入草图状态。单击图形的一条边，向外拖动，可以看到出现了尺寸线和具体的数值。在数字附近的尺寸线上单击鼠标，出现了数值输入框，输入新值，例如 35，按回车键，这条边的值就更改为 35，如图 9-51 右图所示。

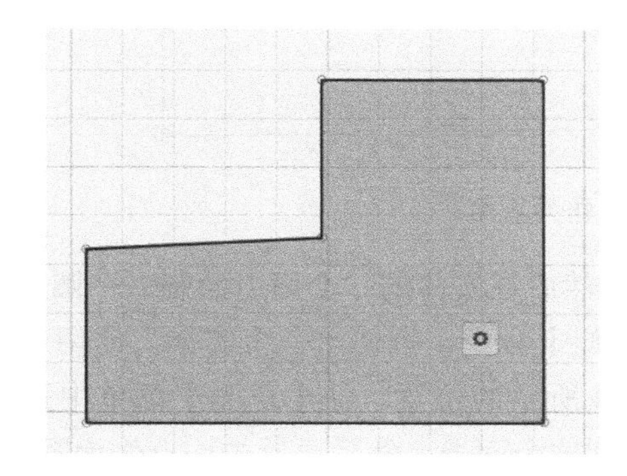

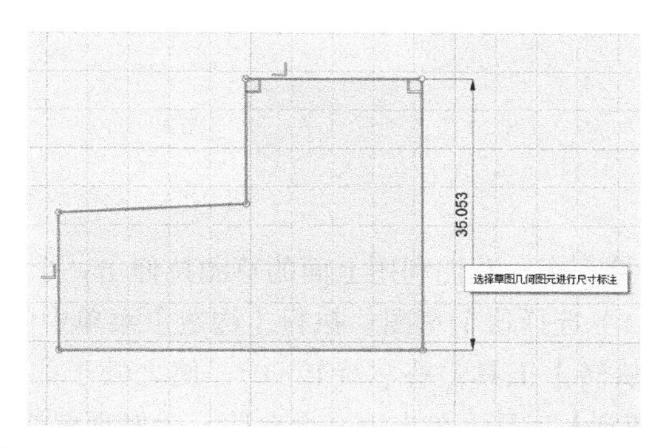

图 9-51　修改草图的尺寸

2）作为练习，依次将图 9-51 中的边长改为整数。注意，当单击底部的边线时，可以拖出尺寸线和数值，再用鼠标单击想要修改该值时会出现红色的警示框，警告执行了无效操作。这是由于上部两条线的尺寸已确定，已不能再改变底部这条边的数值，如图 9-52 所示。

3）分别单击图 9-53 中拐角处的两条边，然后向夹角处移动鼠标，可以拖出角度的标注。目前它不是直角，因此也要单击数值位置，输入角度值为 90。修改完成后，按回车键确定。

这样，我们就掌握了修改草图尺寸的方法。复杂图形的尺寸标注涉及尺寸链的概念，感兴趣的读者可以去了解一下，这里不过多解释。

当使用草图创建一个实体后，如果拉伸它，草图仍然是存在的，则可以再次编辑尺寸，利用它生成新的实体。

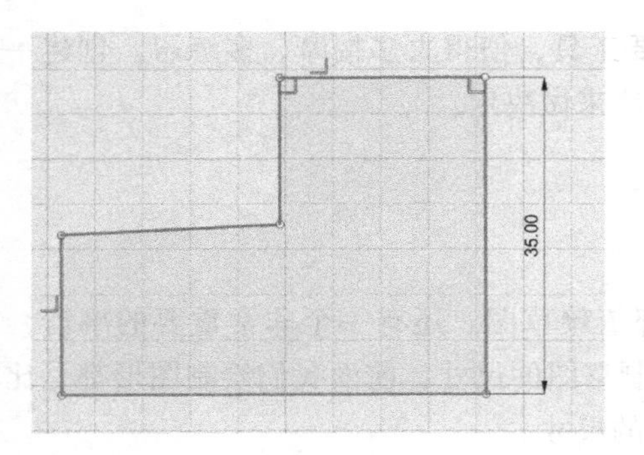

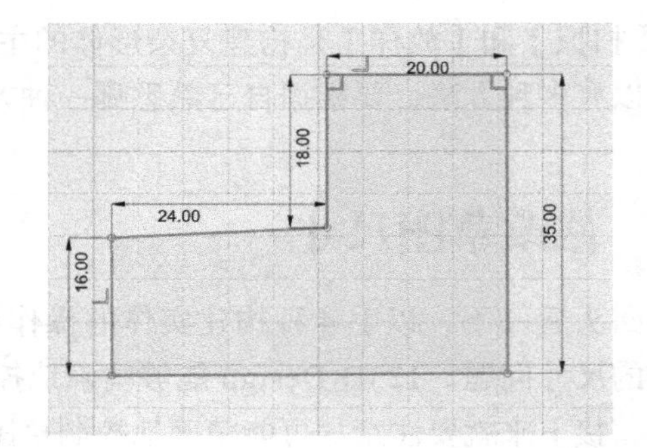

图 9-52　依次修改边的尺寸

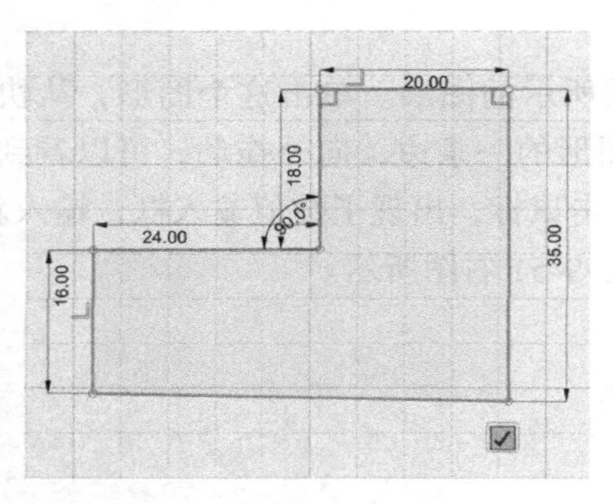

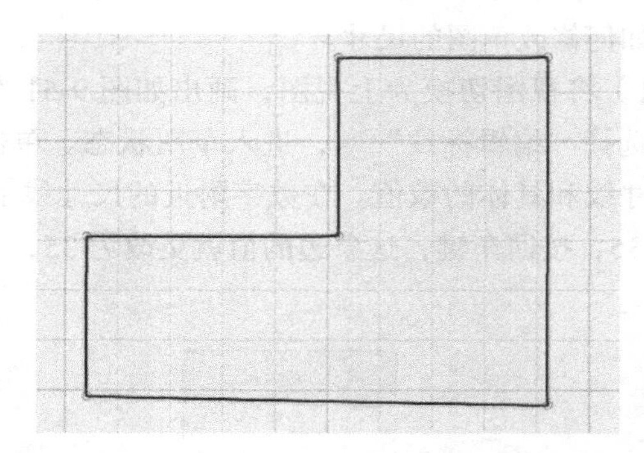

图 9-53　调整两条线的夹角为直角

接下来，我们利用上面的草图拉伸出一个实体，然后在实体的一个面上绘制一个圆形。

1）选择这个草图，执行【构造】菜单中的【拉伸】命令，拉伸出一个实体。使用【移动 / 旋转】工具，将它旋转 90°，使之处于如图 9-54 所示的位置。从【草图】菜单中选择【草图圆】工具，单击第一个台阶，会发现栅格也移到这个面上，然后再单击一点作为圆心，拖出一个圆形，单击鼠标确认。123D Design 允许在实体模型的任何平面上绘制草图，但不能在曲面上绘制图形。

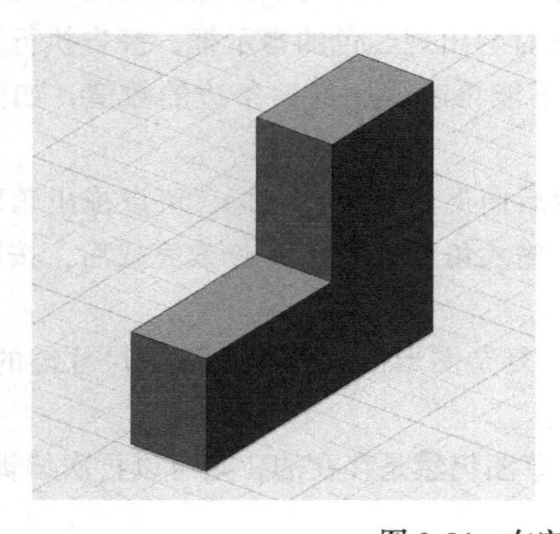

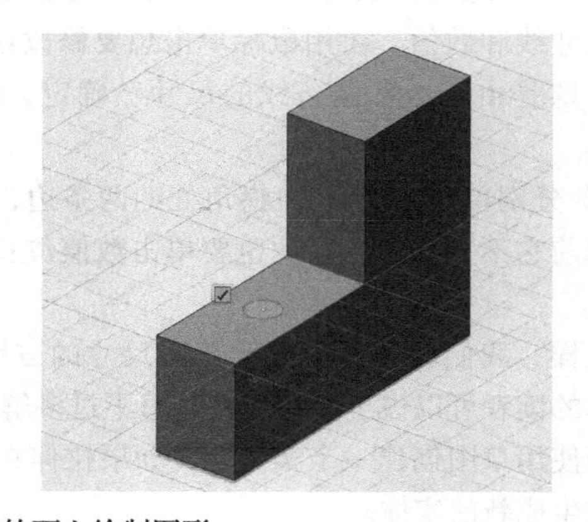

图 9-54　在实体的面上绘制图形

2）确定圆形的直径和距离边线的距离。单击圆形，从快速菜单中选择【编辑标注】命令，再次单击圆形，向外拖出尺寸标注，单击数值位置，输入直径为 5，按回车键确认。要想确认圆心距离边线的距离，需要先单击这个圆形。从【草图】工具栏中选择最右边的【投影】工具，单击圆形所处的实体平面，然后退出草图状态，就可以确定圆心的位置了。单击圆心，再单击一条边线，向外拖动鼠标可以拖出尺寸标注。单击数值附近的位置也可以输入新的距离值，如图 9-55 所示。

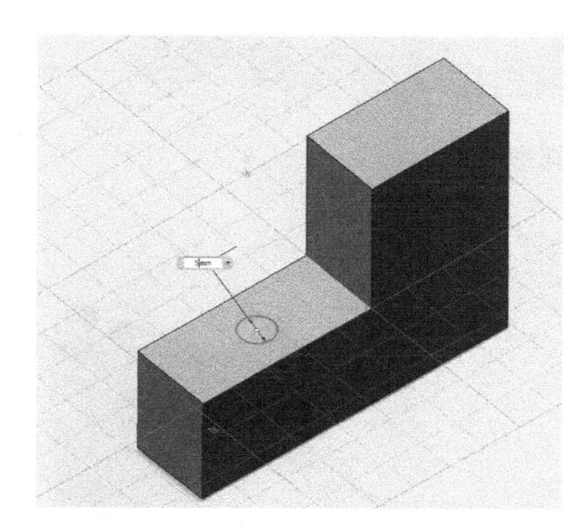
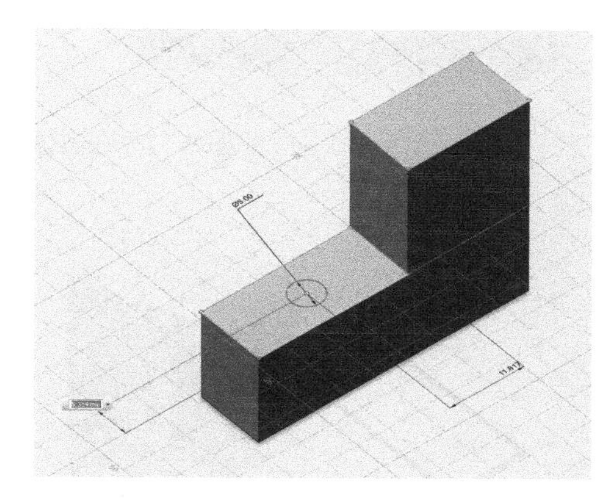

图 9-55 确定圆心在实体表面的位置

这是很重要的操作，构建一个模型时要清楚地知道上面孔的具体位置，才能满足以后装配的需求。

3）利用这个圆形，可以向下拉伸切出一个圆孔。注意看出现的操纵器，旋转它，可以改变圆孔末端的形状，如图 9-56 所示。

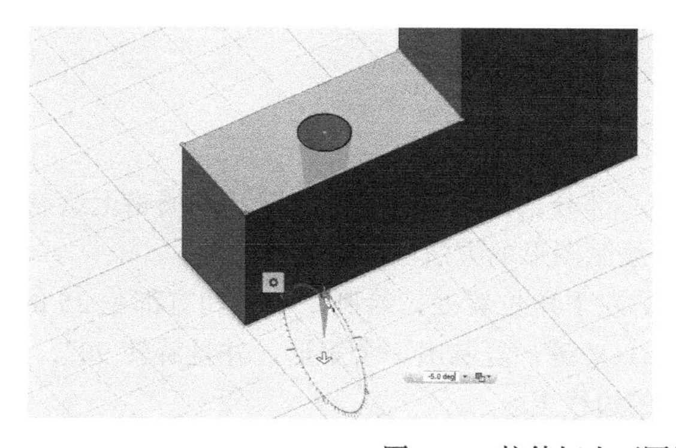
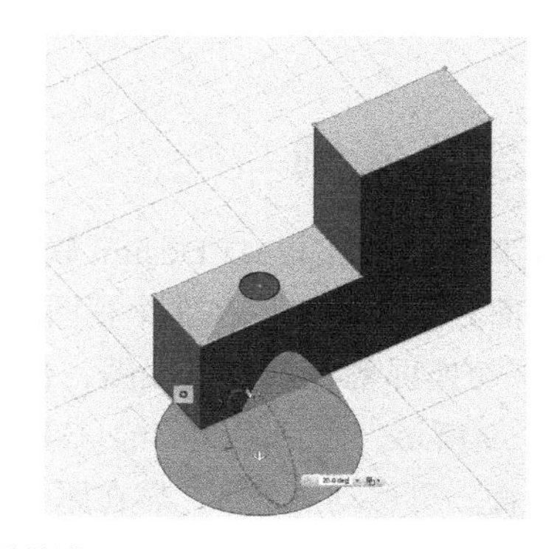

图 9-56 拉伸切出不同类型的孔

还可以旋转出弯曲的对象，或者在实体上挖出弧形的圆孔，如图 9-57 所示。如果在竖直面上画出一个多边形，也可以执行同样操作，如图 9-58 所示。

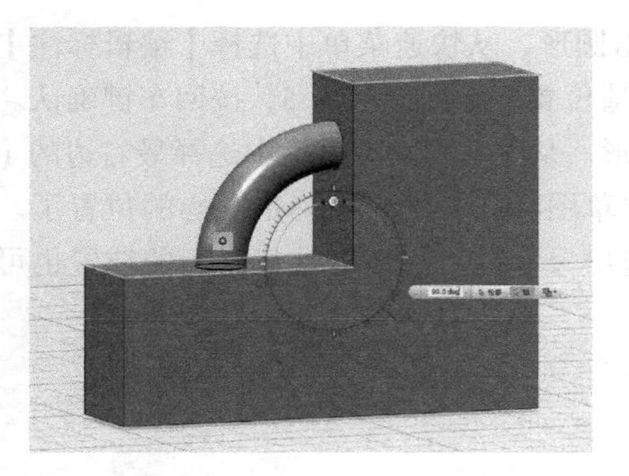
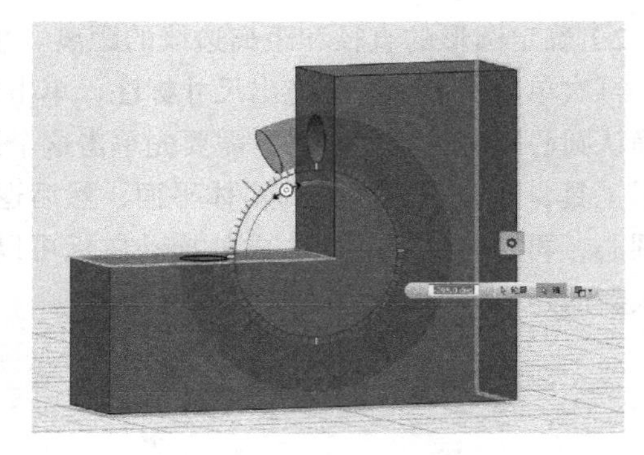

图 9-57　在实体上挖出弧形的圆孔

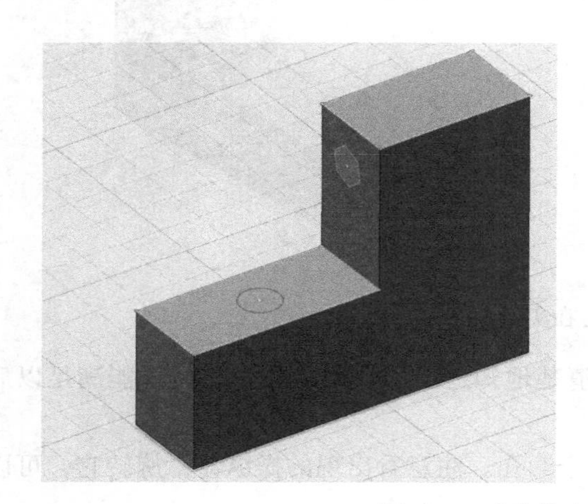
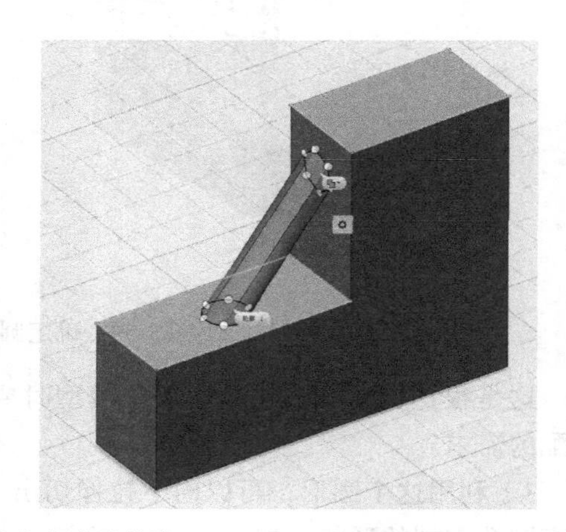

图 9-58　在实体上挖出多边形的孔

9.7　雪人实例

接下来将介绍 123D Design 软件的核心部分。我们一直在系统默认的栅格上绘制 2D 草图，下面介绍一种实现在 3 个视图上自由绘制图形的方法。

1）切换屏幕视图为上视图，在栅格的左下角位置处，绘制一个长和宽都是 25 的矩形，如图 9-59 所示。然后使用 Ctrl+C 键和 Ctrl+V 键，复制出一个矩形，并且旋转 90°，使它与栅格垂直。再移动 −12.5，靠在原始矩形的边线上。

2）同样，再复制第 2 个矩形，也旋转 90°，并移动 12.5。可以在上视图中查看它们是否对齐，最终组成如图 9-60 所示的图形。

建议保存好这个文件，作为今后建模的模板文件。这是因为通过利用所构建的图形中的 3 个平面作为绘图的参考平面，就能像主流的 3D 设计软件一样，在 3 个视图中任意绘制草图图形了。所以一定要保存好这个文件。

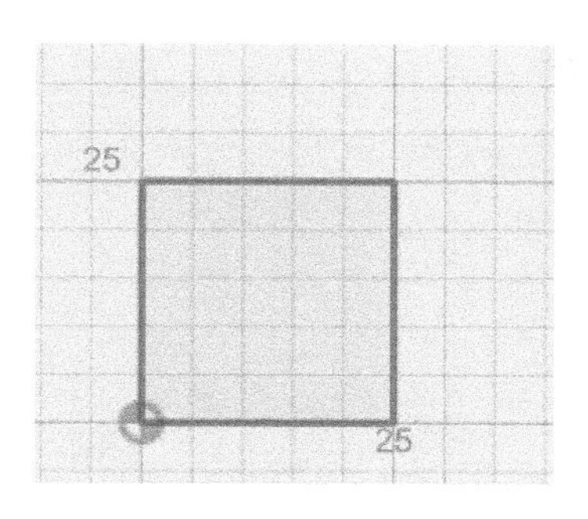

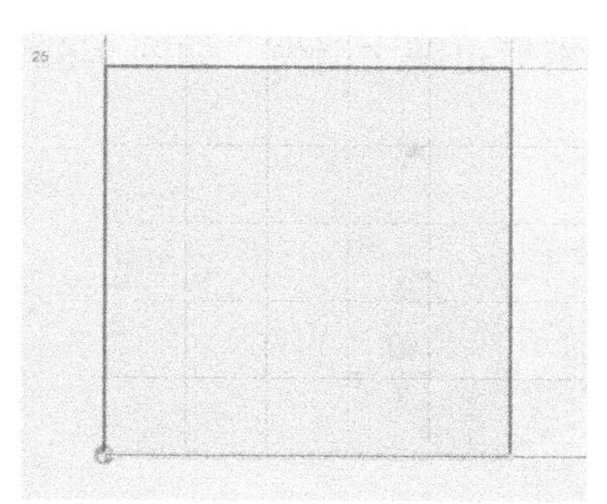
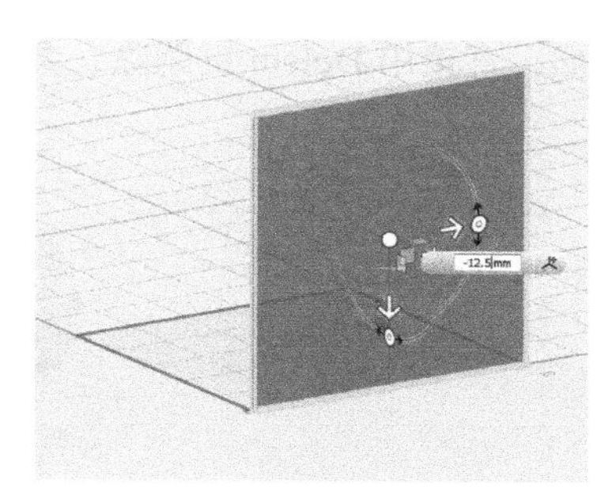

图 9-59　复制矩形并旋转 90°

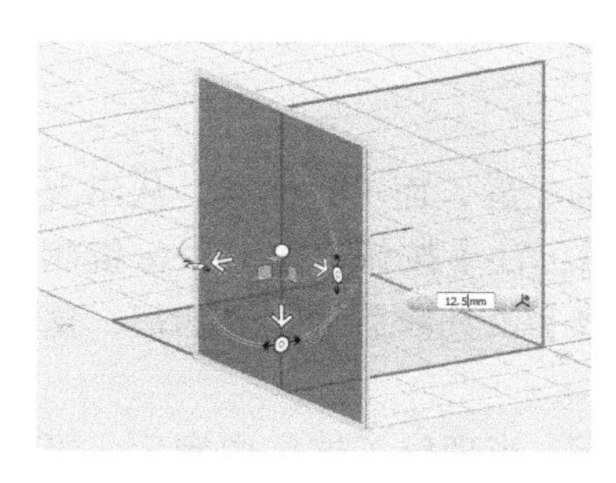
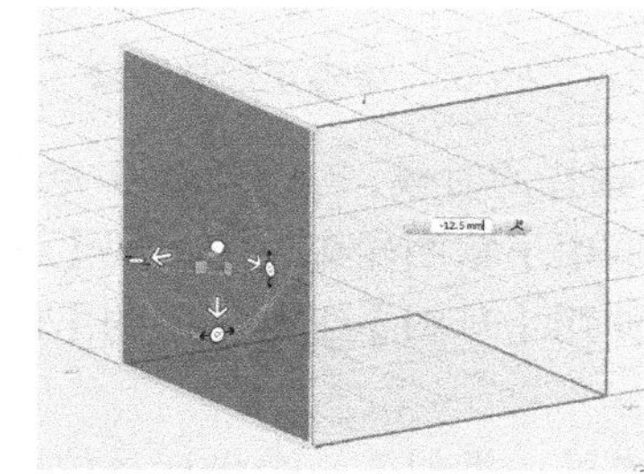
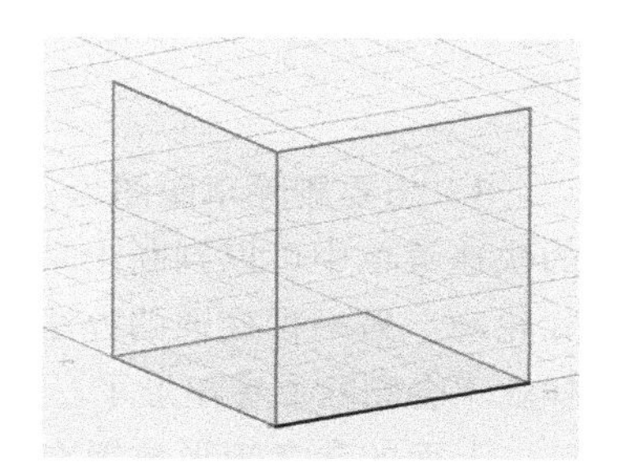

图 9-60　最后构成的图形

在使用这个模板文件时，还有一点要注意的地方，下面举例说明。

1）在透视图中，从【草图】子菜单中选择【样条曲线】工具，把鼠标移动到前视图中绘制的矩形，会看到栅格竖立起来，贴到这个矩形上。单击鼠标，再绘制的图形将与参考矩形位于同一个平面内。此时，可以像以前在栅格上一样绘制 2D 草图了，而且也有栅格来作为参考。大致画出的图形如图 9-61 所示。

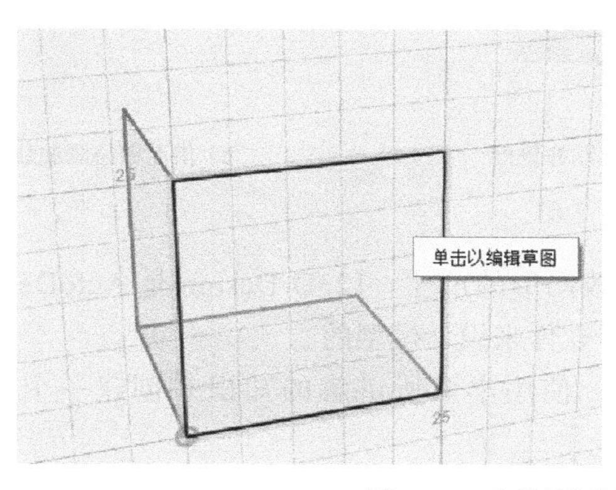

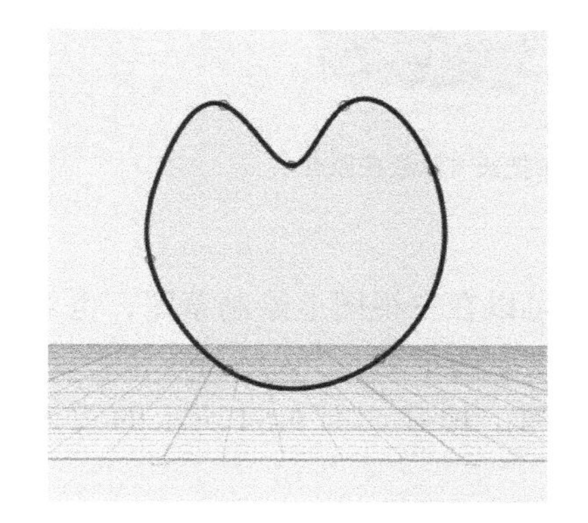

图 9-61　在前视图中绘制一个图形

2）选择这个图形，使用【拉伸】工具拉伸出一个实体。选择这个实体，按 Delete 键删除它，留下草图图形。如果在绘制完图形后感觉绘制得不好，可以删除草图。选中这个图形，直接用 Delete 键删除，参考矩形也随之消失，如图 9-62 所示。

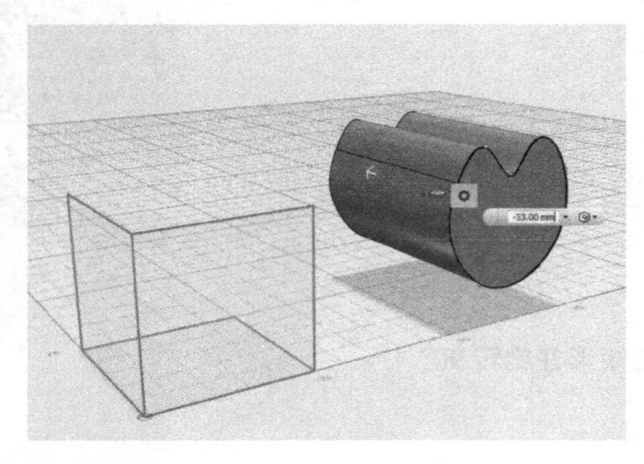

图 9-62　参考矩形被删除

3）想要删除草图图形，在选择的时候，一定要选中草图的轮廓，而不是面域。从出现的快速菜单中可以判断出来，选中了草图轮廓，会出现【编辑标注】按钮，按 Delete 键删除轮廓。另一种变通的办法是使用【草图】工具栏中的【修剪】工具修剪掉这个图形，这样就不会删除参考矩形了。

上面的参考矩形放置在原点处，类似于一个坐标系的图标。当理解了这些内容后，可以直接拖出一个长方体放置在原点处，借助长方体的侧面来定义绘图平面。还可以根据需要，移动长方体的位置。这样，你可以直接在空间绘制曲线了，如图 9-63 所示。

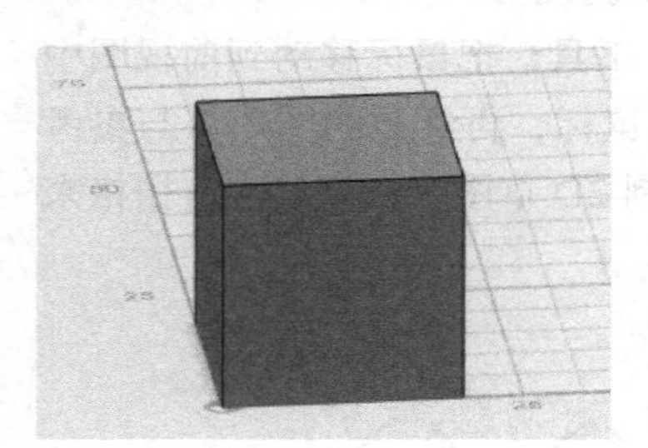

a）把长方体放在原点

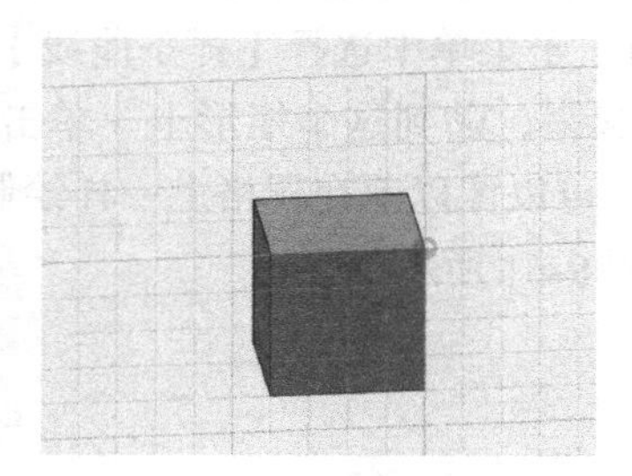

b）栅格贴齐侧面

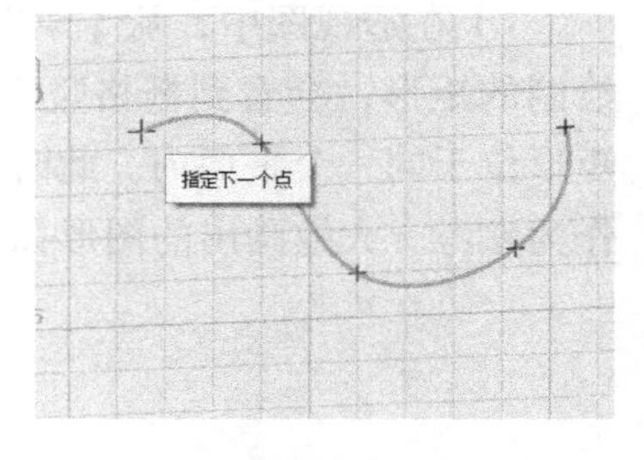

c）借助栅格画曲线

图　9-63

既可以在三视图上绘制草图，也可以修改图形的尺寸。123D Design 是 AutoDesk 公司提供给大家的福利，Shapeways 也是使用这个软件来设计模型的。

从网上搜索如图 9-64 所示的雪人图片，使用本章所讲解的知识来创建一个雪人的模型。

首先分析雪人的构成，它是由躯干、头部、帽子、手臂和领结构成的，躯干是个椭球体，头部也是个椭球体，帽子可以用放样操作来实现。下面我们一步一步地进行操作。

1）使用上面所建成的模板文件开始工作。从【草图】工具栏中选择【草图椭圆】工具，单击前视图的参考矩形进入草图状态，栅格已经竖立起来了，把视图切换为前视图，绘制出一个椭圆形。再使用【多段线】工具，通过椭圆中心画出一条垂直线，如图 9-65 所示。

图 9-64　雪人图片

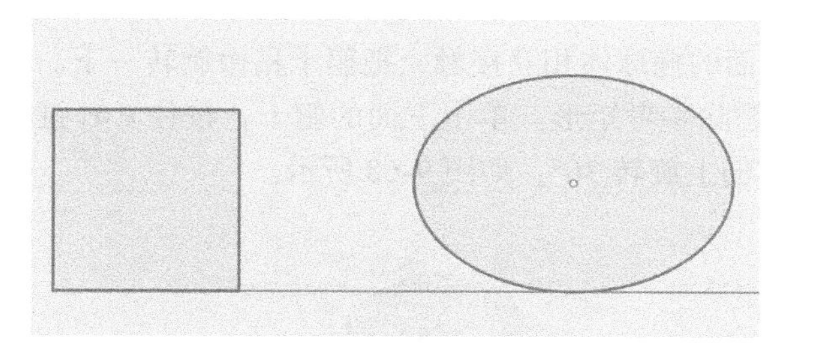

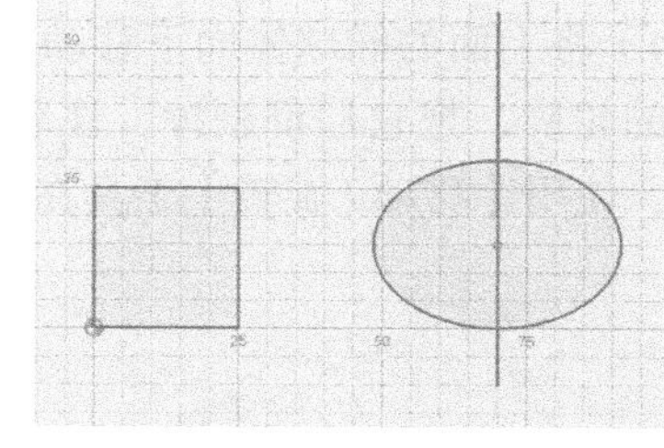

图 9-65　在前视图中绘制一个椭圆形和中心线

2）使用【草图】工具栏中的【修剪】工具，将椭圆的右半部分修剪掉。再使用【构造】工具栏中的【旋转】工具，选择椭圆形的左半部分作为轮廓，选择垂直线为旋转轴，角度输入 360，旋转出一个椭球体，作为雪人的躯干，如图 9-66 所示。

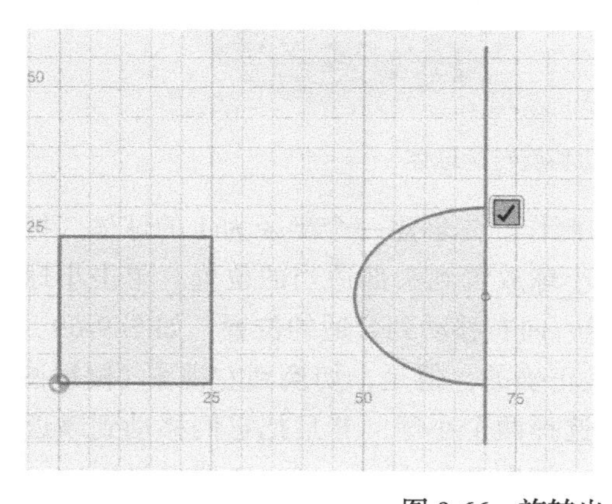

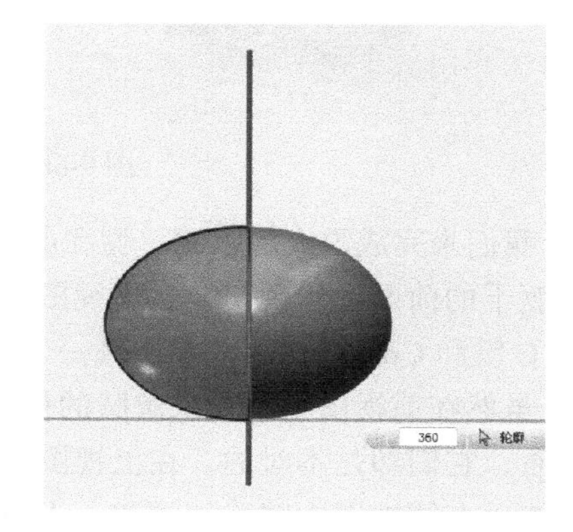

图 9-66　旋转出一个椭球体

3）使用【样条曲线】工具，绘制出如图 9-67 所示的轮廓。再旋转出一个椭球体作为头部。这样做的原因是【草图椭圆】工具画出的图形太规则了，所以要画一个图形出来。

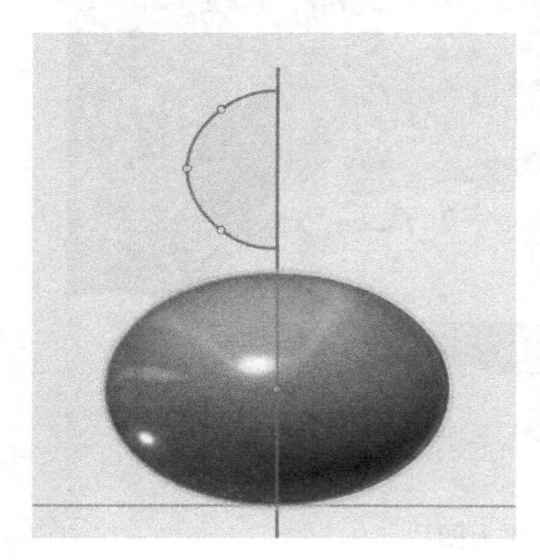
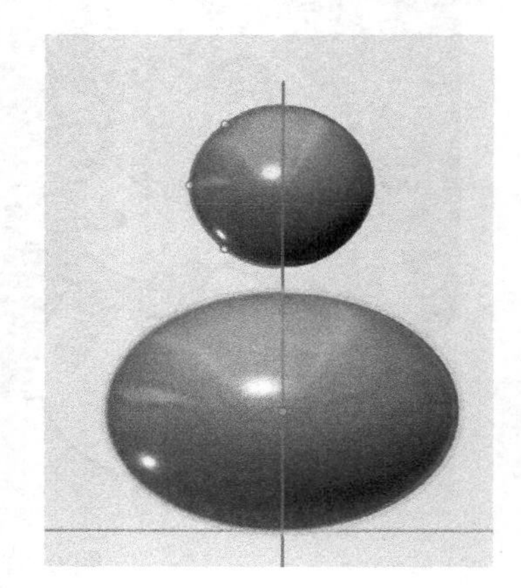

图 9-67 旋转出头部

4）将上面的椭球体向下移动，与下面的椭球体相互接触，把躯干稍微旋转一下。选择草图的轮廓，把它们都删掉，注意不要删除参考矩形。单击下面的躯干，按住 Ctrl 键单击头部，使用【移动 / 旋转】工具在水平方向上旋转 30°，如图 9-68 所示。

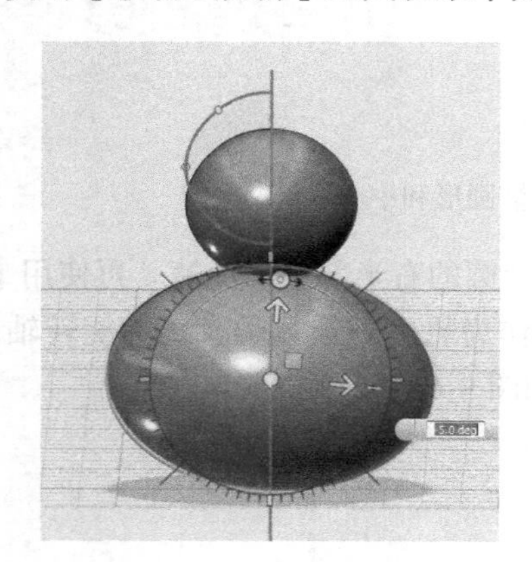

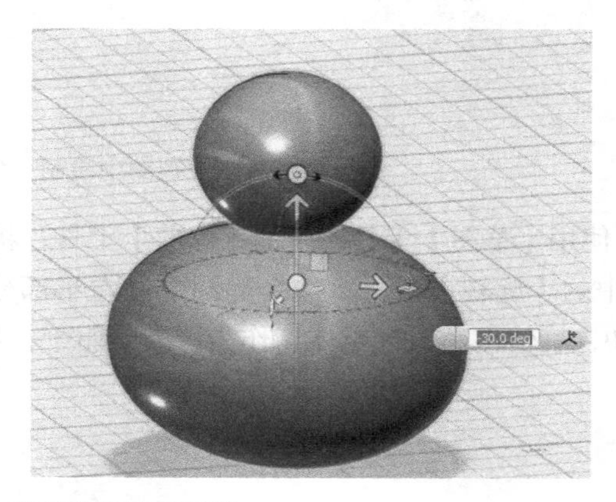

图 9-68 移动和旋转椭球体

5）我们来完成雪人的眼睛、嘴和鼻子的制作。先创建一个半径为 1 的球体，把它移动到雪人躯干的前面。然后切换到前视图，把小球放置到头部适当的位置。单击小球，然后按 Ctrl+C 键和 Ctrl+V 键再复制出来一个小球，向右移动到合适的位置，如图 9-69 所示。

6）虽然在前视图中看起来眼睛的位置是正确的，但是，切换到左视图（侧视图）或上视图看看，它们却是不对的。在上视图中，选择两个小球，并且把它们移动到靠近头部的位置，然后在侧视图中精确地调整一下位置，如图 9-70 所示。在 3D 建模过程中，有时需要切换到不同的视图来确定对象的位置。

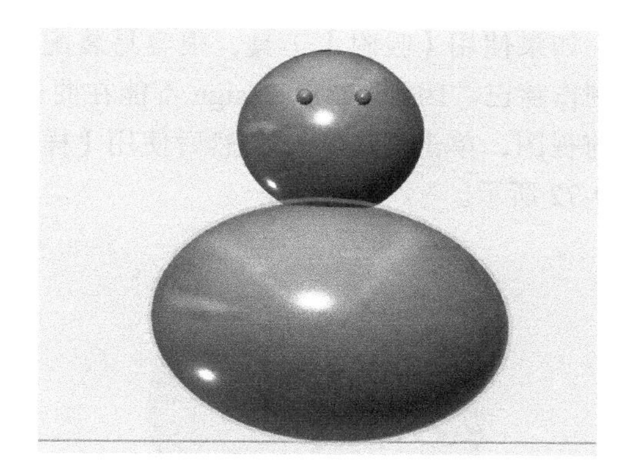

图 9-69　摆放眼睛的位置

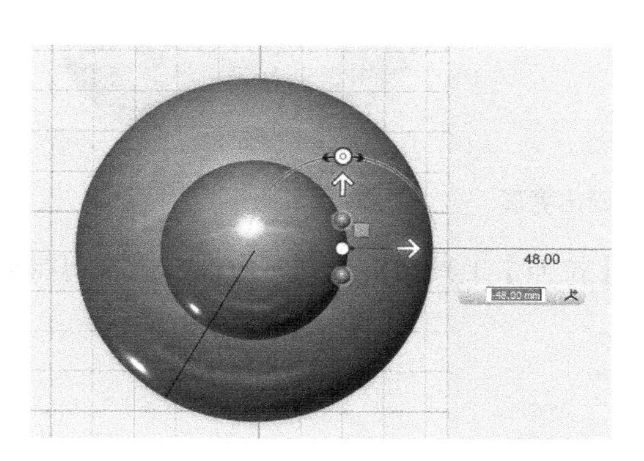

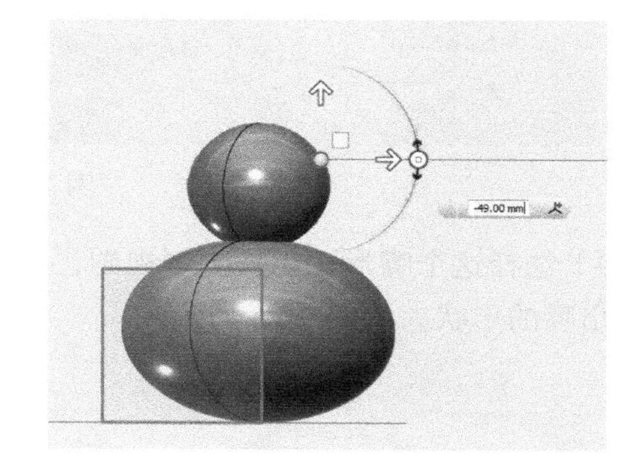

图 9-70　精确调整两个眼球的位置

7）想要做得复杂一点，可以使用【相减】工具挖一个眼窝，继续操作。先把两个小球各复制一个，拖到一边去。接着使用【相减】工具，目标实体选择头部，源实体选择小球，按回车键，挖出了眼窝。然后使用【圆角】工具对眼窝进行倒角，倒角半径设置得要小些，如图 9-71 所示。

图 9-71　挖出眼窝并倒角

8）再把眼球移动到眼窝中。因为复制出的小球只在一个方向拖出，再移动回去是很容易的。如果使用【吸附】工具，很容易装配它，以后会讲解如何使用这个工具。接下来，我们制作嘴巴。因为 123D Design 不能在曲面上绘制图形，我们需要想其他的办法。先切换到前视图，单击参考矩形，然后使用【样条曲线】工具，在嘴巴的位置画出一个嘴形，如图 9-72 所示。

图 9-72 画出嘴形

9）选择这个嘴形，切换到侧视图，使用【拉伸】工具向头部方向拖动，会看到在头部切削出嘴的形状，如图 9-73 所示。

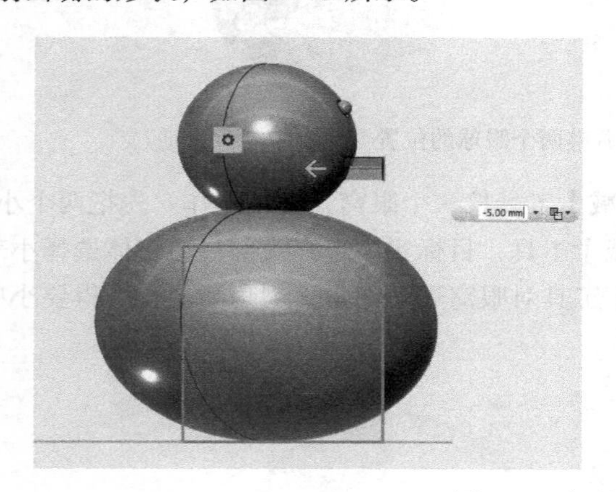

图 9-73 切削出嘴形

10）鼻子的制作比较简单。创建一个半径为 1、高度为 10 的圆锥体就可以了。先把圆锥体拖出来，然后切换到侧视图，对齐到头部合适的位置，如图 9-74 所示。期间可能会需要旋转视图，以确保位置正确。

11）下面使用【放样】工具来制作帽子。先在栅格上绘制一个圆形，然后使用 Ctrl+C 键和 Ctrl+V 键再复制出 3 个圆形，根据图中帽子的形状设置缩放比例因子，如图 9-75 所示。先从下面开始，单击第 1 个和第 2 个圆形，执行放样操作。

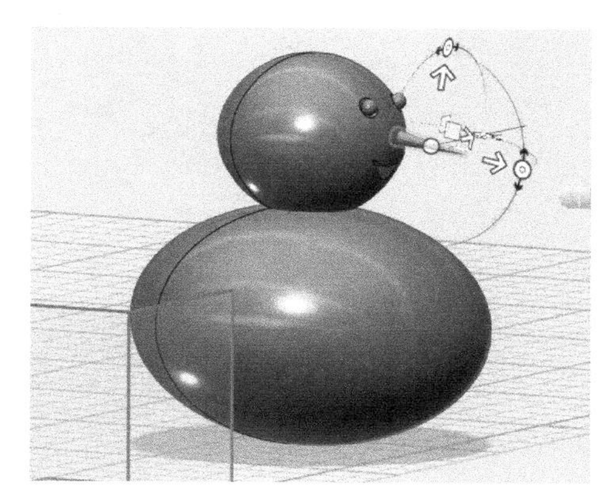

图 9-74　安装鼻子

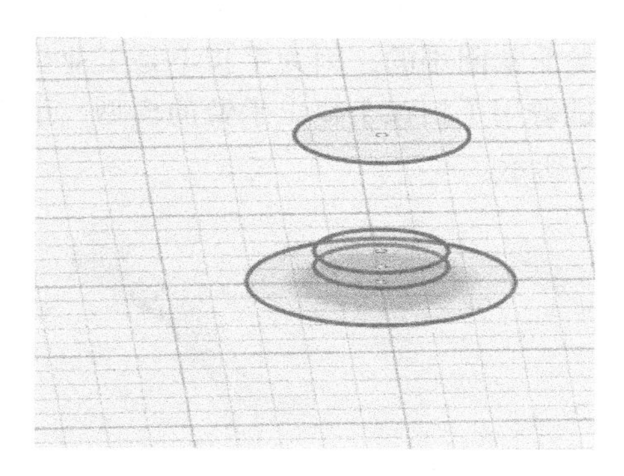
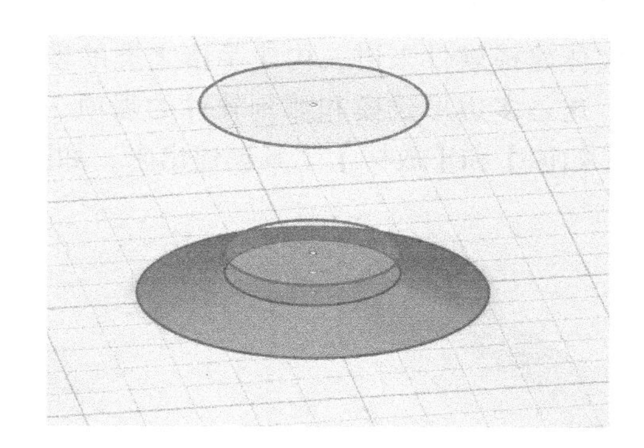

图 9-75　对圆形进行放样操作

接下来，选择第 2 个、第 3 个和第 4 个圆形，再次执行放样操作，得到如图 9-76 所示的结果。然后，选择【修改】工具栏中的【抽壳】工具，单击帽子的底面使之成为空腔。

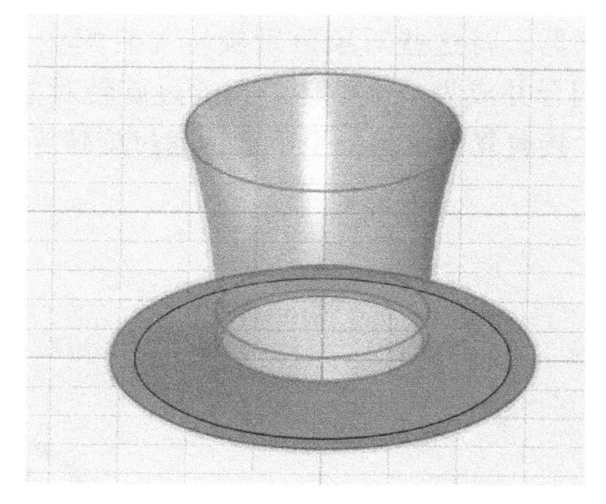

图 9-76　得到了一顶帽子

12）选择帽子，利用不同的视图移动帽子到雪人的头部，然后给它戴上，如图 9-77 所示。

图 9-77 给雪人戴上帽子

13）原图中的手臂是根树枝，这有点难处理，我们试着用【扫掠】工具做一下。对主流的实体建模软件来讲，构建手指之类的模型也是非常困难的，因为手指不是工业生产的模型，这是多边形建模和雕刻软件的强项。我们试着用【扫掠】建出手臂的模型，手指分别用【扫掠】和【放样】工具创建出来，如图 9-78 所示。

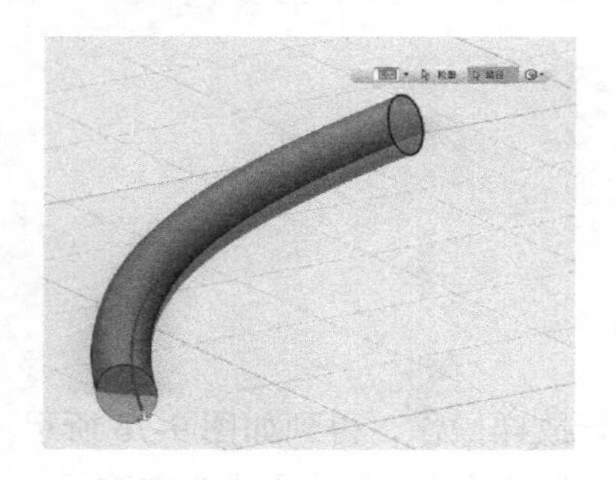
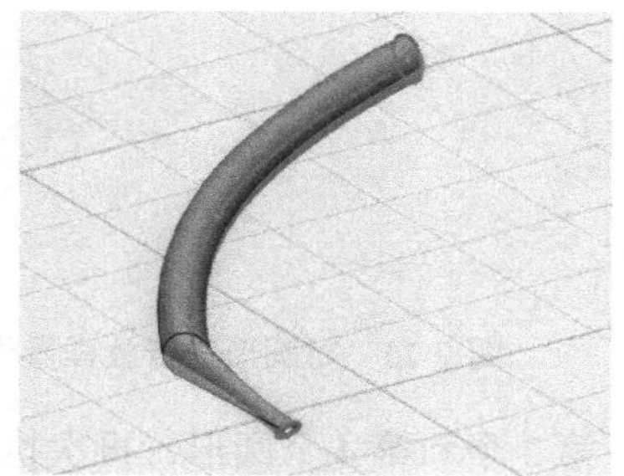
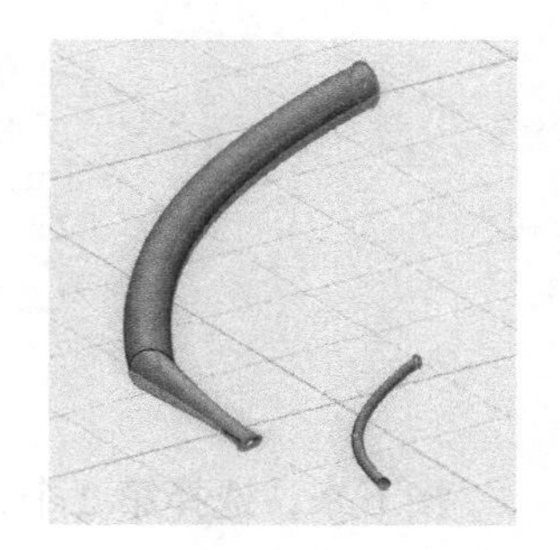

图 9-78 创建手臂模型

然后，将这些对象分别旋转并装配在一起，使用【合并】子菜单中的【合并】工具，将它们合并成为一个整体。再通过旋转对象，切换到不同的视图，将手臂安装到雪人的躯干上。接着复制出另一个手臂，通过旋转等操作，安放到躯干的另一侧，如图 9-79 所示。

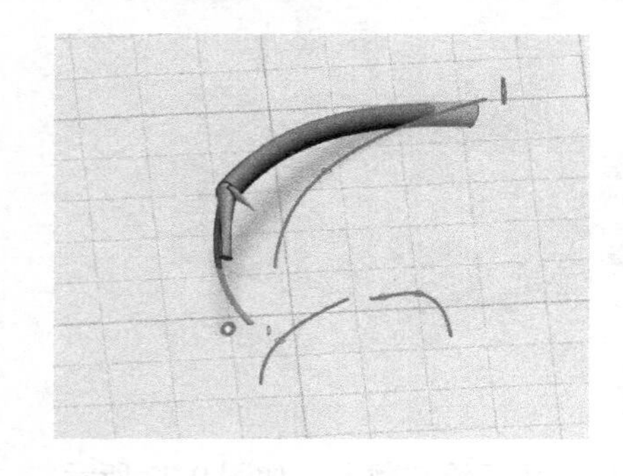

图 9-79 安装手臂

它看起来还好，不过 3D 打印机很难打印出这样的手臂，即使添加支撑也比较困难。所以在建模时，如果想用 3D 打印机打印出来，就必须考虑细节。我们只是为了模拟这张雪人的图片，才这样处理手臂的。

14）原图中的雪人还戴了一个领结，我们现在来构建它。选择【草图】工具栏中的【多段线】工具，在栅格上绘制一条直线。接着使用【样条曲线】工具，绘制领结上部形状的一半，再绘制出领结下半部分的一半，如图 9-80 所示。绘制完成后，如果感觉不像领结，可以调整曲线的轮廓。

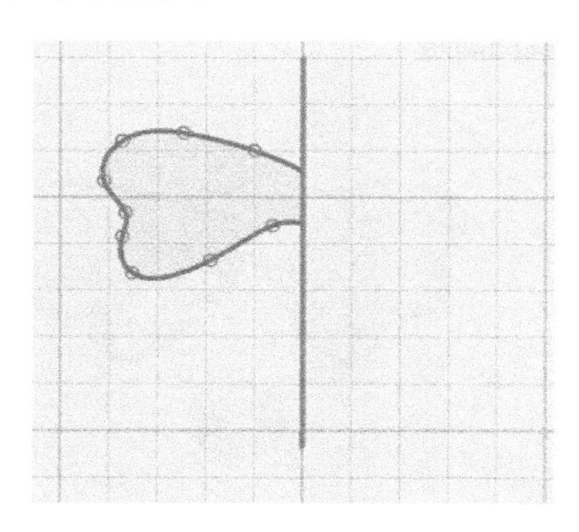
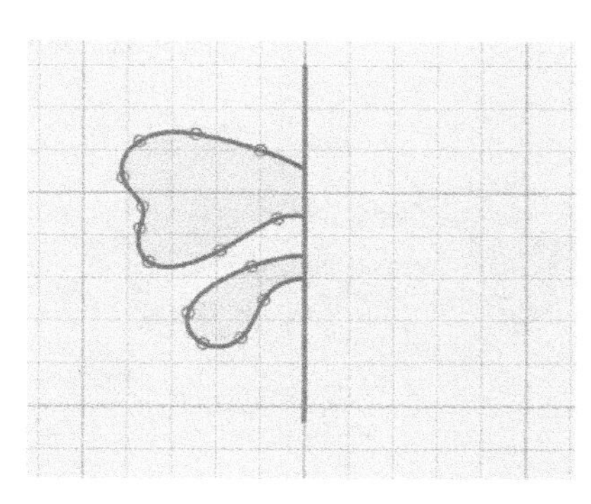

图 9-80 绘制领结的轮廓

15）单击上部的草图轮廓，从快速菜单中选择【镜像】按钮，选择领结上部的轮廓作为草图实体，单击直线作为镜像线，镜像出另外一边。重复刚才的操作，镜像出领结下部的轮廓。然后使用【拉伸】工具，拉伸上部轮廓，厚度设置为 3。再次使用【拉伸】工具，拉伸厚度设置为 2，拉伸下面的轮廓，如图 9-81 所示。

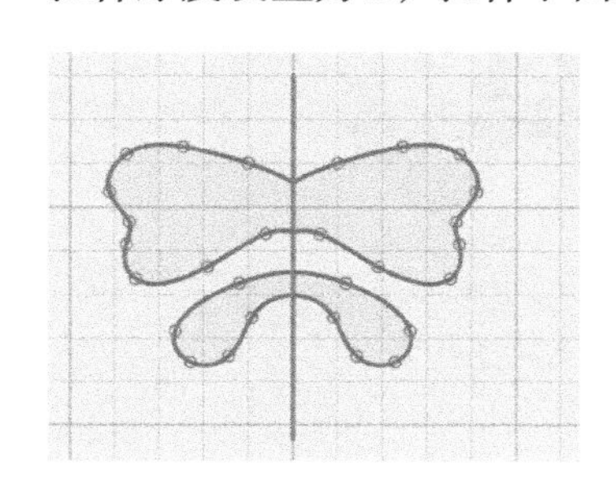

图 9-81 镜像绘制的轮廓并拉伸它们

16）对领结上部的实体边线倒圆角，半径设置为 1.5，对上、下边线分别操作。接着对领结下部的实体边线也执行倒圆角操作，半径设置为 1，如图 9-82 所示。

17）选择领结下部的实体，使用【移动 / 旋转】工具，在水平方向上移动，使它靠近上部的实体，再向上移动 0.5。接着绘制一个圆形，拉伸它，拉伸厚度设置为 3。当然，你也可以创建一个小圆柱体来实现。对这个小圆柱体的上边线倒圆角，倒角半径设置为 2，如图 9-83 所示。

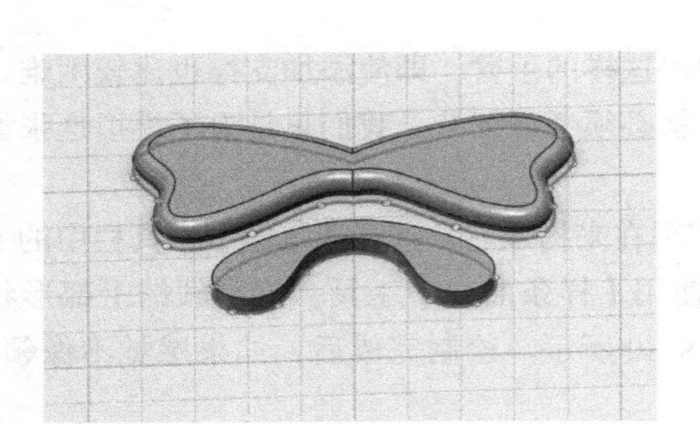
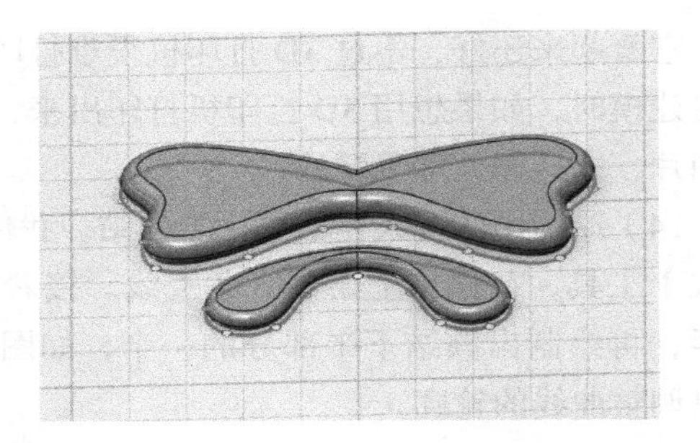

图 9-82 对领结边线倒圆角

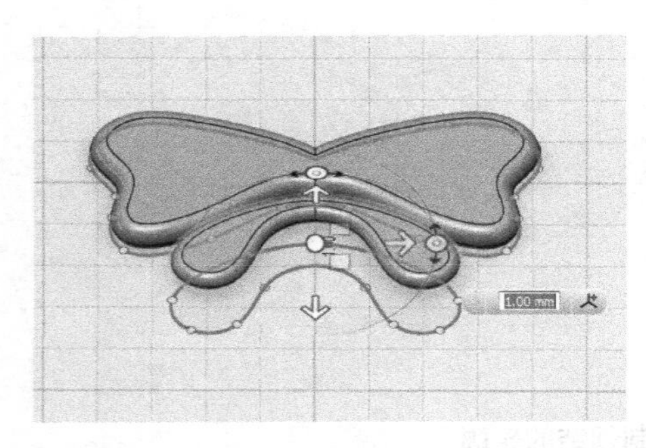

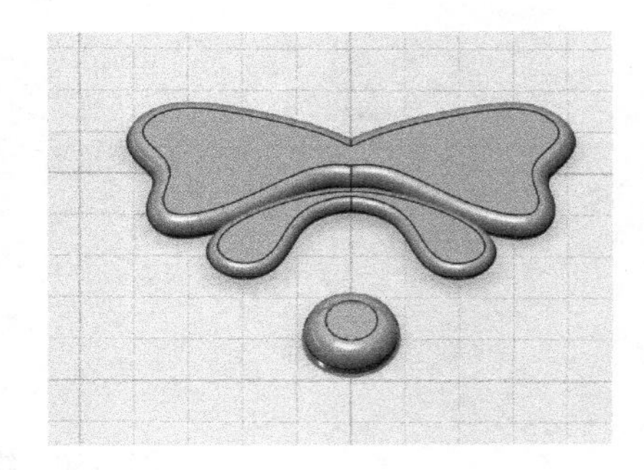

图 9-83 对齐实体的位置并再创建一个圆柱体

18）把圆柱体移动到领结实体的上方，然后使用【合并】工具栏中的【合并】命令，依次把这 3 个对象合并为一个实体，就完成了制作领结的过程，如图 9-84 所示。

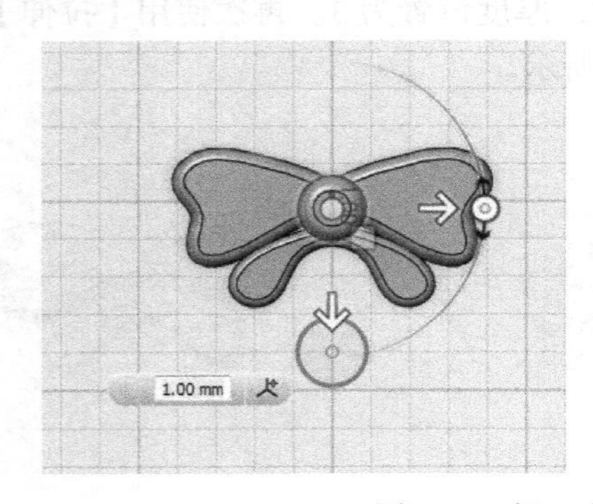

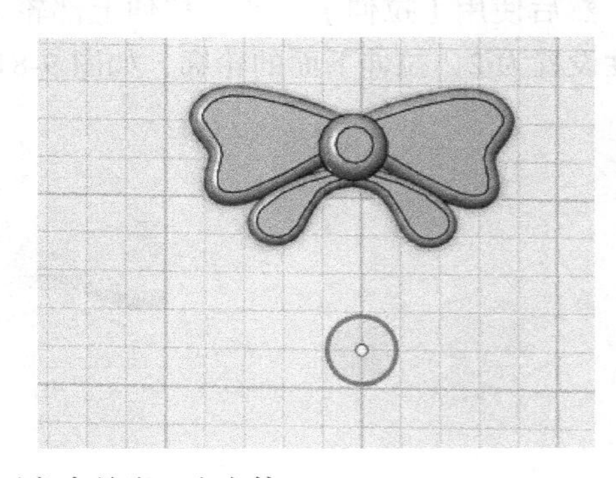

图 9-84 把 3 个对象合并为一个实体

19）把领结通过移动和旋转等操作，放到雪人身上合适的位置。这个过程需要切换到不同的视图来对齐位置，3 个视图才能确定对象的位置，这是要时刻牢记的。如果感觉领结大了，可以使用【缩放】工具，把它缩小一些，如图 9-85 所示。现在，切换到透视图看一看，它与图片还是有些像的。

20）如果感觉很好，想要上网秀一下或晒到朋友圈，可以使用屏幕右侧导航栏从下往上数第 3 个图标，它的功能是截取屏幕，但与 QQ 中的截屏工具不同，它只截取视图中的模型而不会截取背景栅格。保存的文件格式为 .png，支持透明效果，可以理解为无背景。

图 9-85　为雪人戴上领结

单击截取屏幕图标，随后出现了“另存为”对话框，起个文件名，并指定存储路径，单击“保存”按钮，就完成了截屏功能。打开保存的图片，会看到只有模型的一个角度的图片，而没有背景，如图 9-86 所示。

图 9-86　截取屏幕功能

9.8　小结

本章讲解了 3D 实体建模最本质的部分——使用 2D 草图创建 3D 实体的 4 种方法：拉伸、扫掠、旋转和放样。主流实体建模软件都包含这些方法，只不过还有更多的控制选项。同时，讲解了在 123D Design 中通过设置参考平面可以实现在 3 个视图上绘制图形，这一点更类似于主流实体建模软件，大大增强了软件的设计能力。

请记住，3D 建模可以用多种方法来实现同一模型。

到现在为止，我们已经了解了多种建模的手段。多观察日常生活中的物体，练习创建它们的实体模型，是提高建模能力的必经之路。

Chapter 10 第 10 章

功能强大的修改工具

在建模过程中，建好大致的模型后，经常需要对它进行局部修改。123D Design 提供了一些修改工具，可以完成模型细节的处理。在前面的章节中，我们已经讲解了【倒角】和【圆角】工具，在本章，我们会详细讲解其他修改工具的用法。

10.1 【压 / 拉】工具

这是 AutoCAD 2007 中出现的工具，在 123D Design 中，可以使用此工具沿着封闭区域的垂直方向等截面拉伸实体的面或封闭的草图。该工具的名称直接表达了工具的功能，即按下或拉伸。它是一种修改工具，不能对实体表面的轮廓进行操作。下面，我们将它与【拉伸】工具做个对比，来讲解【压 / 拉】工具。首先，绘制和创建出如图 10-1 所示的草图和实体。

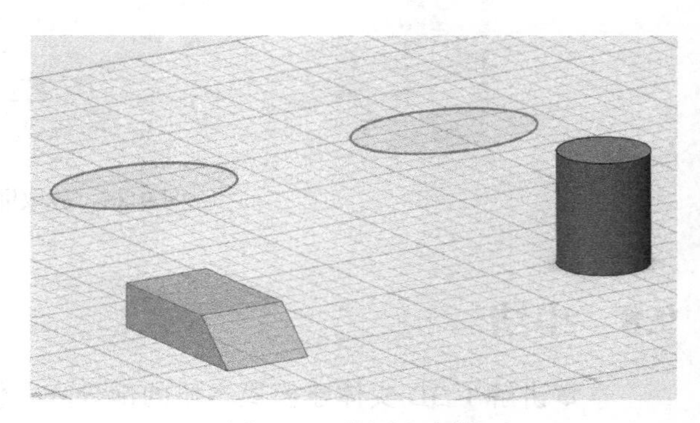

图 10-1　草图和实体

对图 10-2 中左边的圆形，执行【拉伸】命令，拉伸厚度设置为 5。接着，单击旋转轨道，会看到圆柱顶部的半径会扩大或缩小。

随后，从【修改】工具栏中选择【压 / 拉】工具，单击图 10-3 中右边的圆形，拖动向上的方向箭头，距离设置为 5。也单击旋转轨道并拖动，同样地，圆柱顶部的半径也会扩大或缩小。

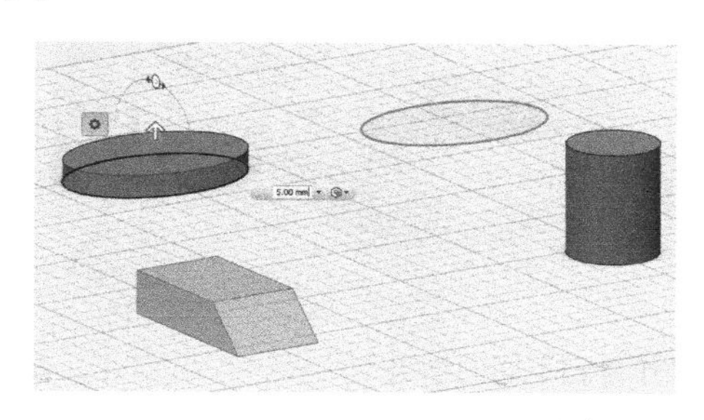
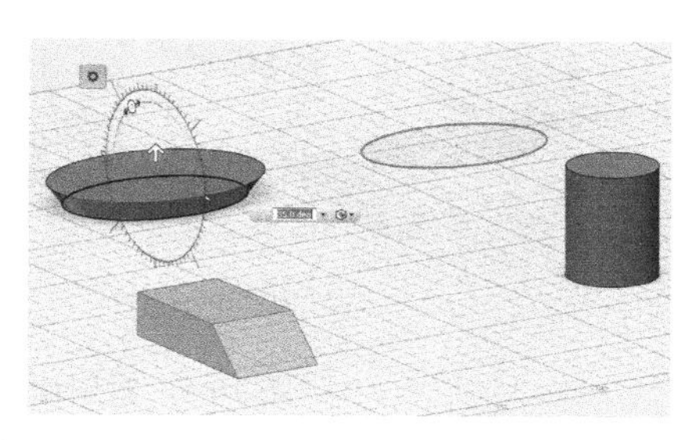

图 10-2　拉伸圆形

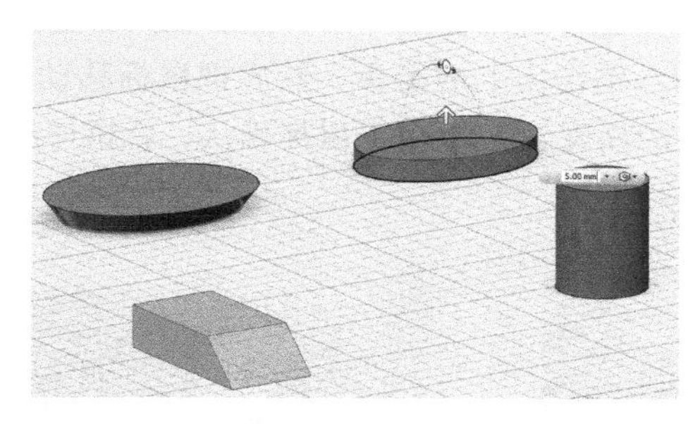
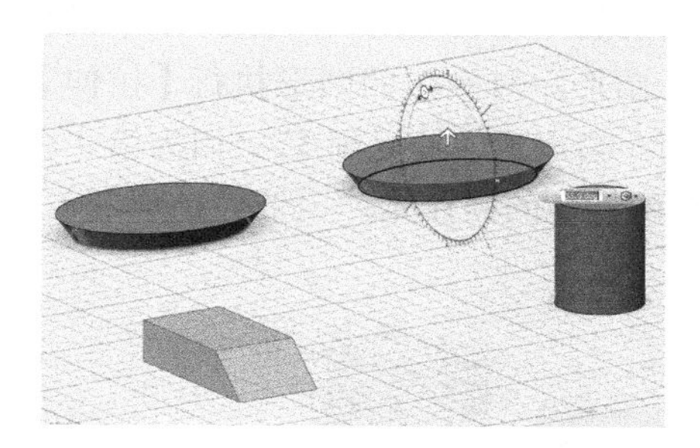

图 10-3　使用【压 / 拉】工具拖动圆形

下面，对圆柱体的顶面执行【拉伸】命令，拉伸厚度设置为 15，会看到圆柱体向上拉伸了 15。按 Ctrl+Z 键撤销这个操作，接着使用【压 / 拉】工具，单击圆柱体的顶面，也向上拖动 15，你会发现，圆柱也拉伸了 15，如图 10-4 所示。

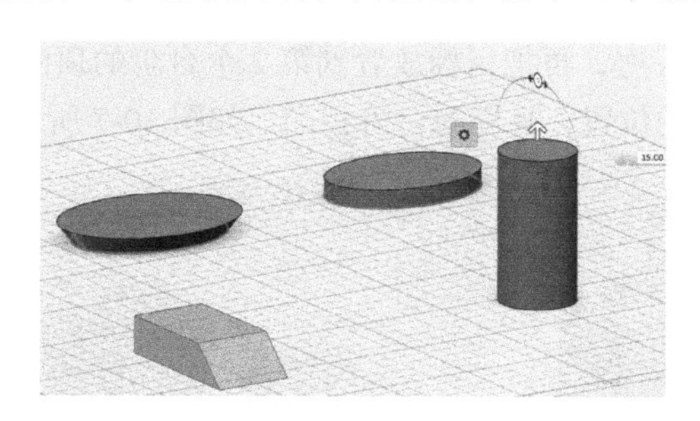
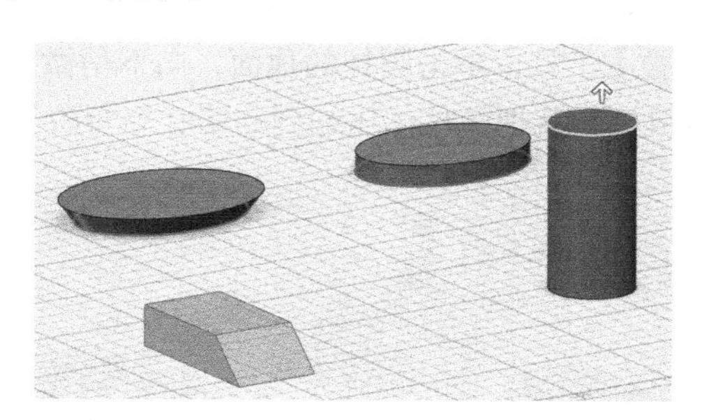

图 10-4　对圆柱顶面分别执行两种操作

此时，你可能会觉得两种工具的功能是相同的。先别急着得出这个结论，下面我们对楔形的斜面再执行这两种操作。为了对比，先复制出一个楔形。先使用【拉伸】工具，单击斜面，拖动箭头，会发现实体被沿着斜面的垂直方向拉伸。再使用【压 / 拉】工具，单击右边楔形的斜面，拖动箭头，这时，楔块只是水平向前拉伸，如图 10-5 所示。

【压 / 拉】工具是一种修改模型的工具，使用它拉伸圆柱体，并不能生成新实体，只是拉长了圆柱体；而使用【拉伸】工具对圆柱体顶面的操作，也拉伸长了一段圆柱体。

图 10-5　对斜面两种操作得到不同的结果

【压 / 拉】工具还有一个功能，我们对照讲解一下，这就是实体建模软件中的成型到一个面的功能。先创建出如图 10-6 所示的模型，并且再复制出来一个，然后在凸台上各绘制出一个圆形。对左边的圆形执行【拉伸】操作，单击向上的箭头，然后把鼠标移动到第 2 个台面，会出现“捕捉到 5”（因为第 2 个台阶的高度为 5），单击鼠标确认，就拉伸出与第 2 个台阶等高的圆柱体。

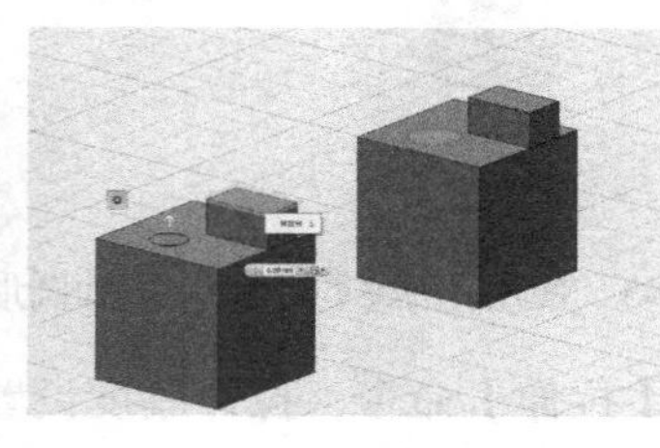
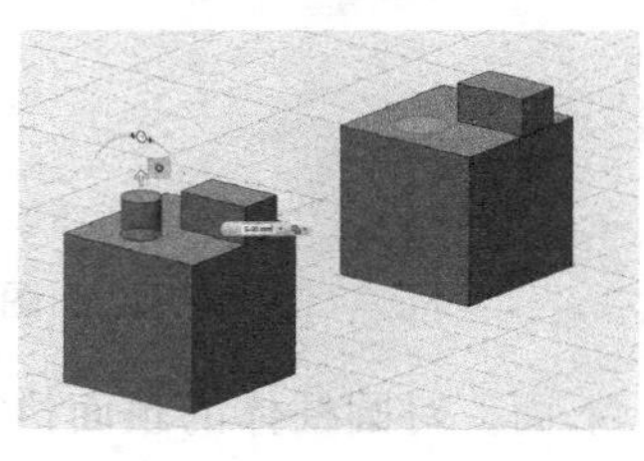

图 10-6 【拉伸】工具的成型到一个面的操作

【压 / 拉】工具也具有这种功能。把右边实体上的圆形拉伸出高一些的圆柱体，然后选择【压 / 拉】工具，单击圆柱的顶面，向下稍微拖动一些，再把鼠标放置到第 2 个台阶的顶面上，单击鼠标，就把圆柱体压缩到与第 2 个台阶等高的位置，高度与台阶相同，如图 10-7 所示。

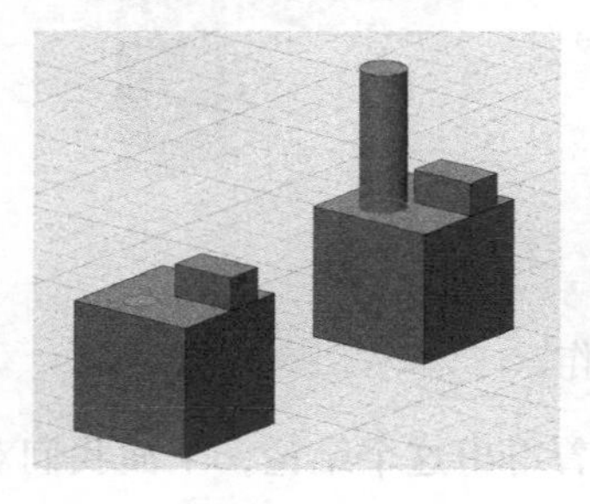
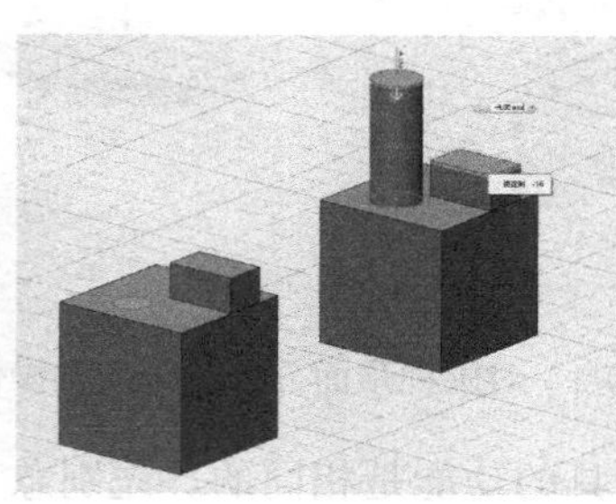
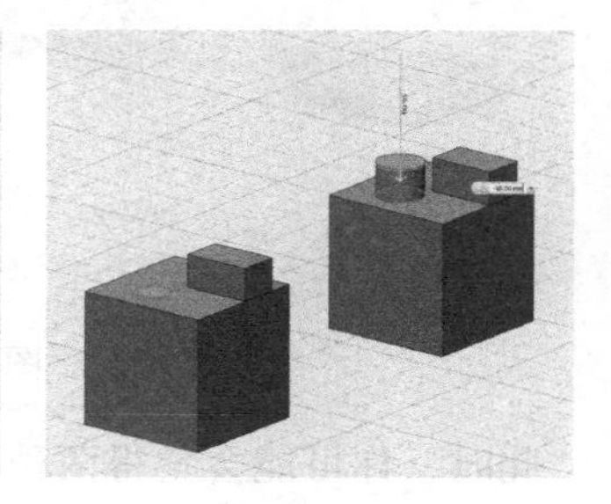

图 10-7　压缩圆柱体的高度与第 2 个台阶相同

10.2 【扭曲】工具

在 123D Design 中，【扭曲】工具是个非常灵活的工具，可以对实体模型的点、线和面进行移动和旋转操作，极大地提高了建模的灵活性。它是相当重要的工具，使用得非常频繁。为了看得更直观，利用长方体来讲解【扭曲】工具的用法。

先创建一个长方体，在长方体上单击一下，然后把鼠标放置在长方体的一个顶点上。单击鼠标，选择这个顶点，在快速菜单中只有一个【扭曲】工具按钮，使用【扭曲】工具后，出现的操纵器与【移动 / 旋转】工具相似。可以沿着一个箭头的方向拖动，会看到这个顶点向着拖动的方向移动。用鼠标抓住操纵器中心的小圆圈，可以往任意方向拖动，如图 10-8 所示。

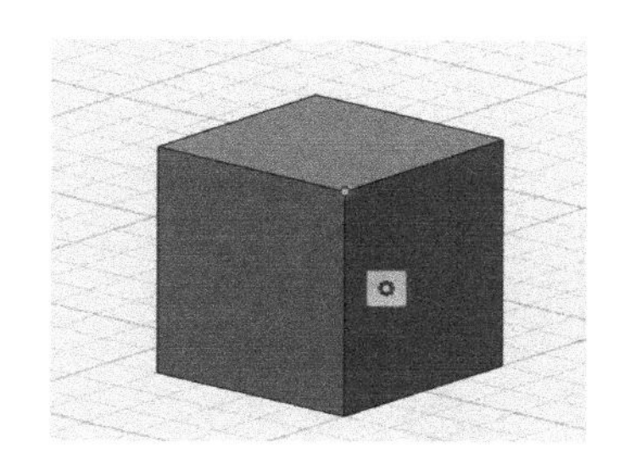
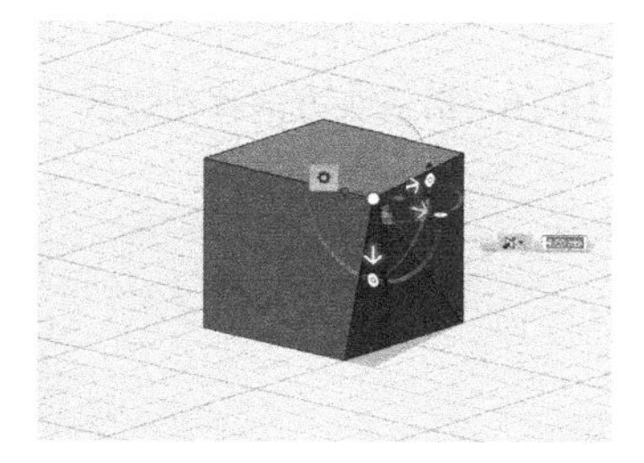
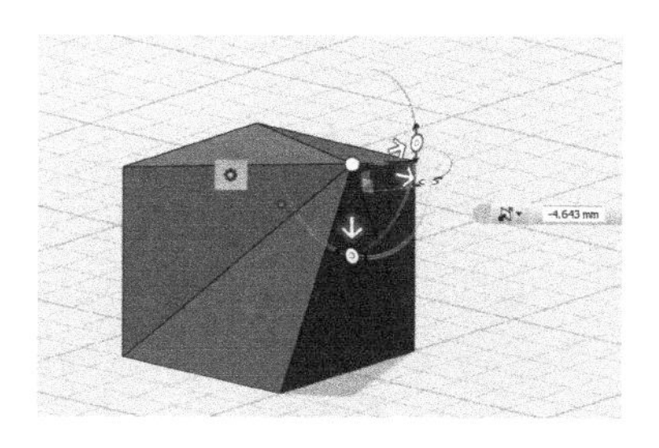

图 10-8　顶点向拖动的方向移动

只单击旋转轨道然后旋转，则不会对顶点产生影响，不过可以改变箭头的指向，然后在箭头方向上拖动。还有一点要注意，单击数值输入框左侧的小三角，会出现下拉菜单，可供选择的 3 个选项分别是延伸、移动和三角化。在延伸模式下，受到拖动影响大的那个面会分割成三角形；在移动模式下，所有的面都不分割；而在三角化模式下，在拖动顶点时非平移的面都分割为三角形，如图 10-9 所示。

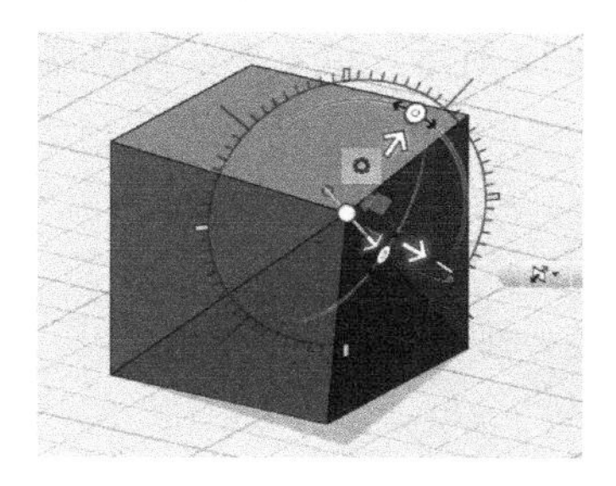
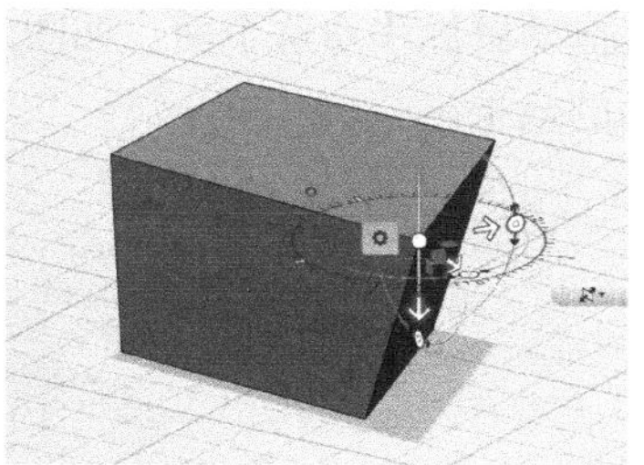
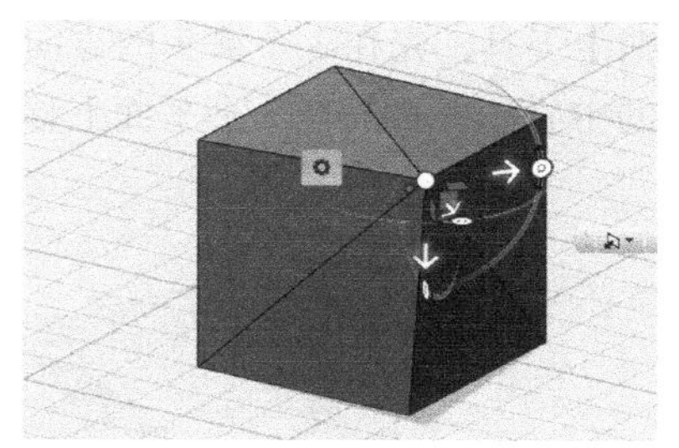

图 10-9　3 种模式下移动顶点的结果

接下来看一看选择一条边的情况。选定一条边，然后使用【扭曲】工具，分别沿着 3 个箭头方向拖动一段距离。别忘了，操纵器中还有 3 个小平面，抓住它们可以在一个平面内移动边线，试一下就会理解，如图 10-10 所示。

3 个旋转轨道中，有一个是以这条边线为旋转轴的轨道，拖动它旋转，模型不会产生变化。而在另外两个轨道上拖动并旋转这条边线，都会使模型发生改变，如图 10-11 所示。

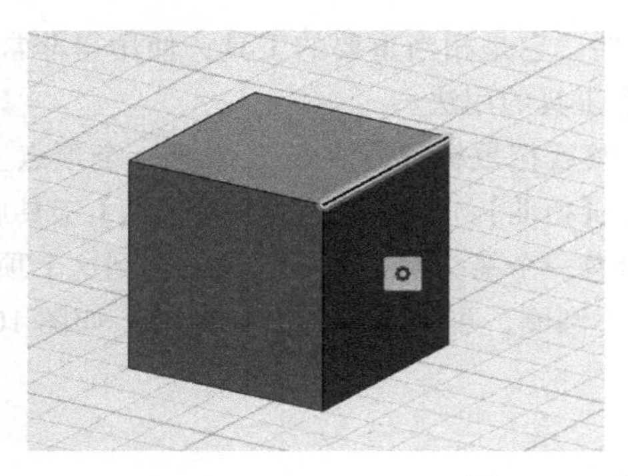

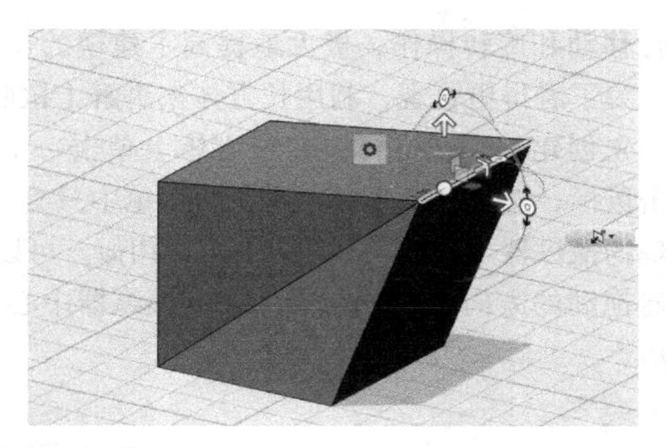

图 10-10　沿箭头方向移动边线

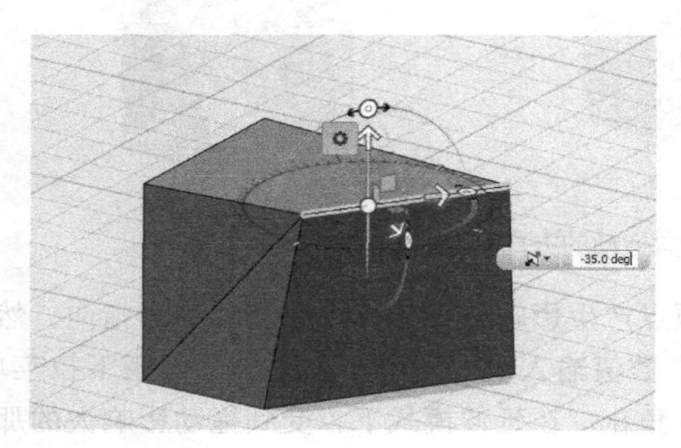

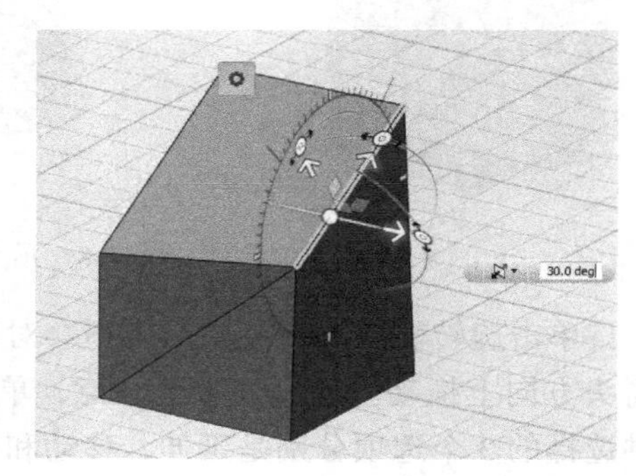

图 10-11　旋转边线产生的结果

我们再来看一看对实体的一个面的操作。选择长方体的一个面，从快速菜单中选择【扭曲】工具，先在 3 个箭头的方向上拖动鼠标移动这个面，如图 10-12 所示。试着拖动操纵器的中心，看一下在 3 个平面上移动的效果。

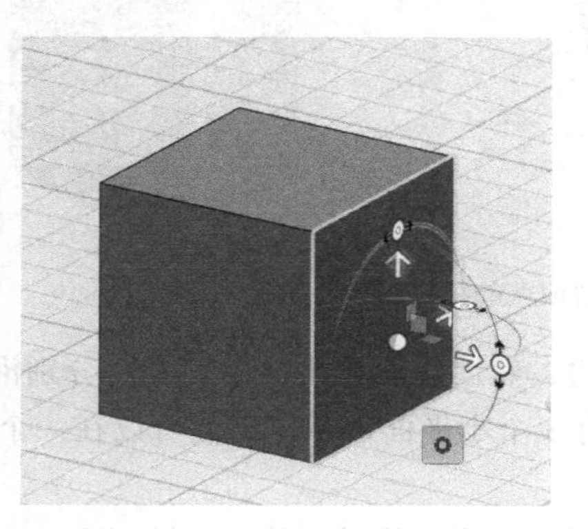

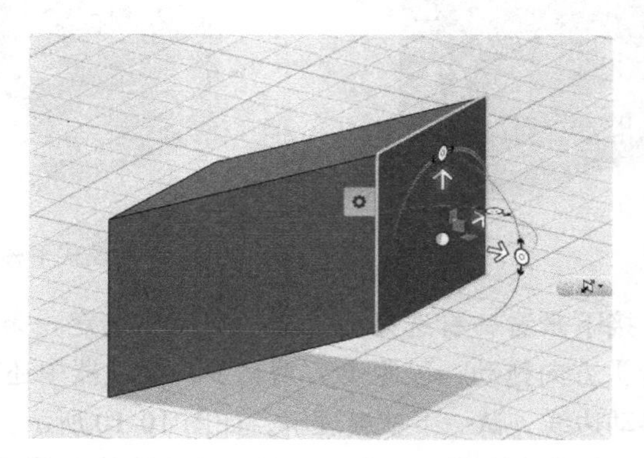

图 10-12　移动实体的一个面

当沿着 3 个旋转轨道旋转时，在其中两个轨道上旋转能够使模型产生变化，而在另一个与面重叠的轨道上旋转时，模型是旋转的，另一端也不断发生变化，如图 10-13 所示。

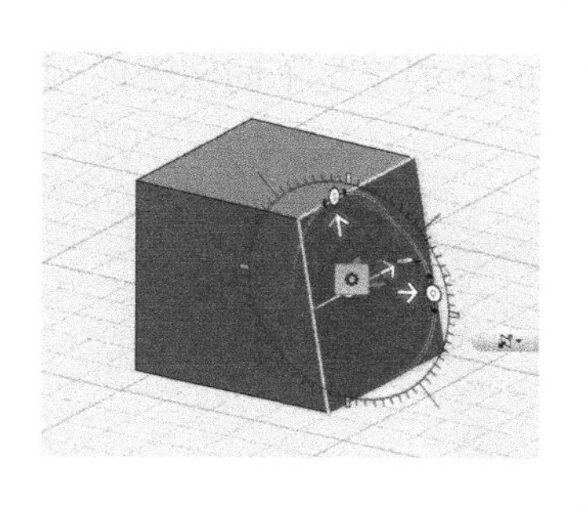
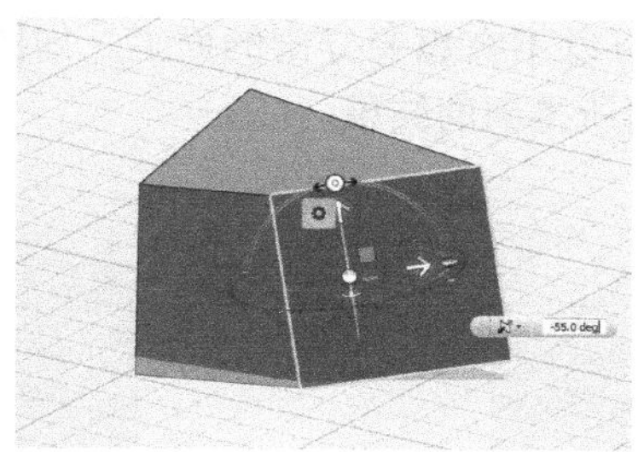

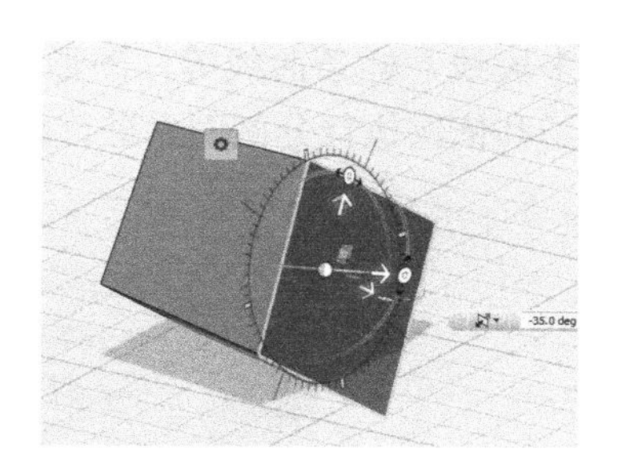

图 10-13　旋转实体的一个面

【扭曲】工具能够对构成实体的 3 种元素进行调节，在建模时它有很多用法。例如，拖动长方体的一条边，调整成如图 10-14 左图所示的形状；旋转圆柱体的顶面，使之成为斜面等，如图 10-14 右图所示。

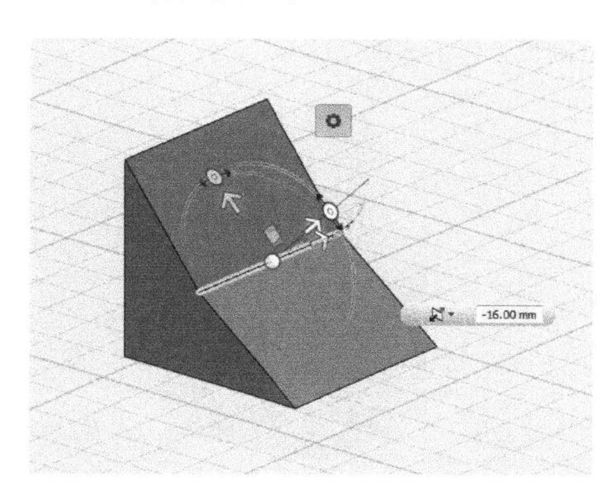

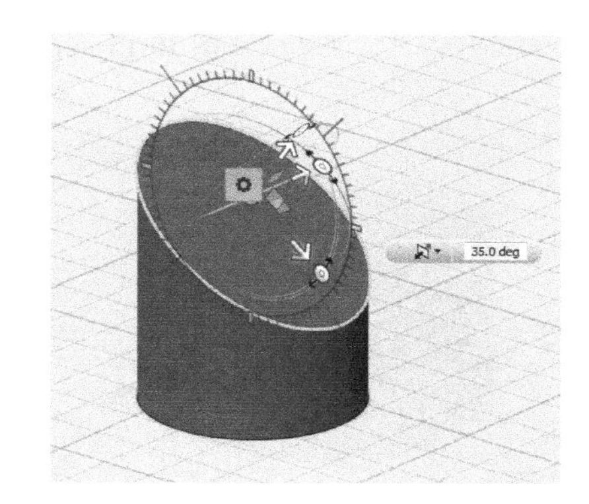

图 10-14 【调整】工具的应用

在第 3 章中，我们知道利用已有的几何体，通过修改工具建模，这也是一种建模方法。在艺术设计的建模软件中，会提供更丰富的修改工具，以方便处理模型的细节。

10.3 【分割面】工具

【修改】工具栏中的【分割面】工具，可以对实体模型的一个面重新分割。先看一个简单的例子，来理解什么是分割面。创建一个长方体，在长方体的顶面上画一条直线，然后选择【修改】工具栏中的【分割面】工具。在出现的功能选择框中，左边是选择想要分割的面，单击长方体顶面；右边是选择想要使用去分割的工具，单击直线，按回车键确认，如图 10-15 所示。

执行这个操作的结果就是把长方体的上表面分割为两部分。可以选择其中的一个面，使用【扭曲】工具，向上拉出一个凸台，如图 10-16 所示。

可以使用多种图元作为分割工具，如直线、草图的基本图形、绘制的开放的或封闭的多段线、样条曲线等，图形也可以不在想要分割的面上。如图 10-17 的字是不同图元的例子和依次执行分割面后进行编辑所得到的结果。

图 10-15 用直线分割长方体上表面

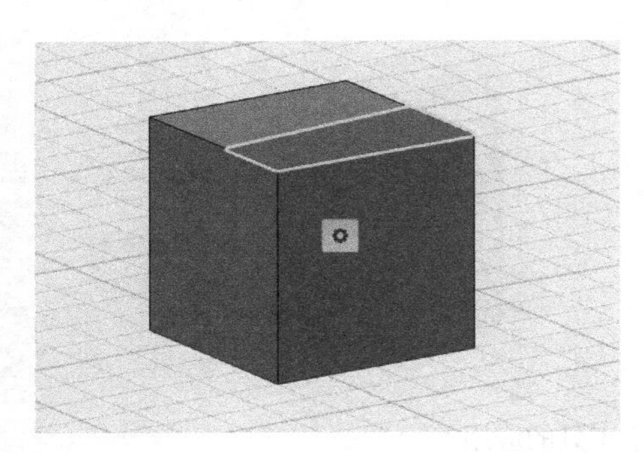
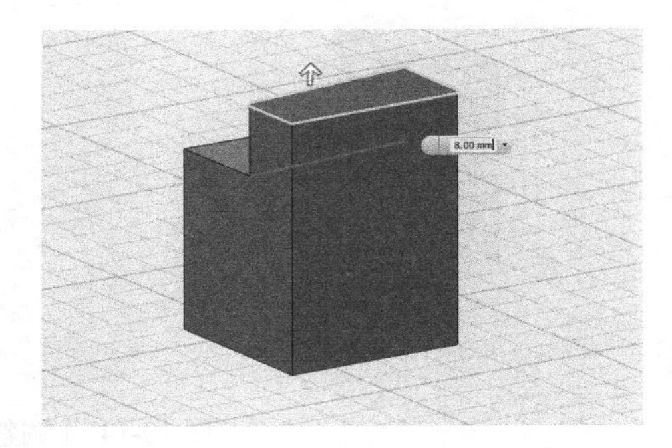

图 10-16 对分割的面执行扭曲操作

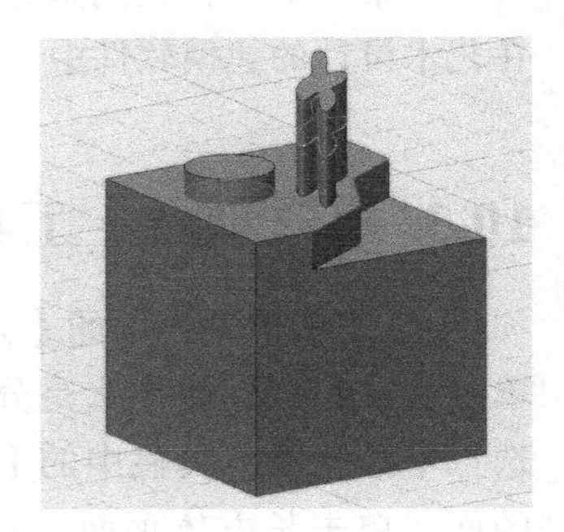

图 10-17 使用不同图形进行分割面

下面，我们再来看看分割面比较复杂的应用。创建一个长方体，并绘制出两个尺寸不同的矩形，但不要超出长方体的轮廓尺寸，还有一个小多边形，它们不在一个平面上。执行【分割面】操作，要分割的面选多边形所面对的长方体一侧表面，分割工具选相对较大的矩形，按回车键确认。结果是长方体的表面出现一个矩形，把这个面分割成两部分，但在长方体上相对一侧的面上，不会出现矩形，如图 10-18 所示。

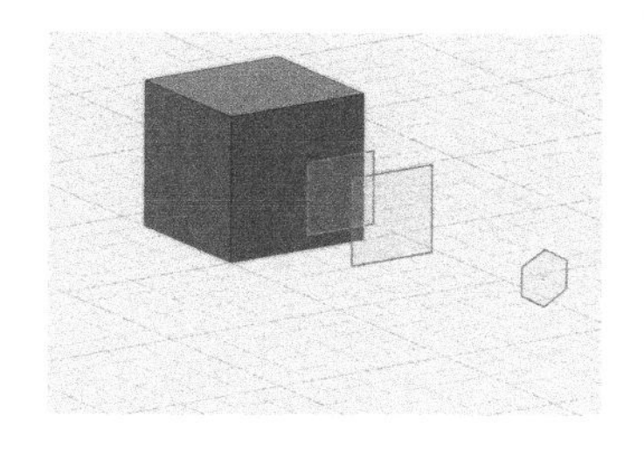
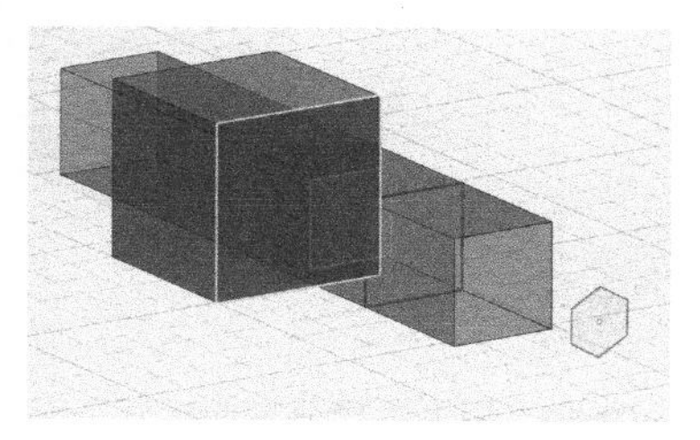
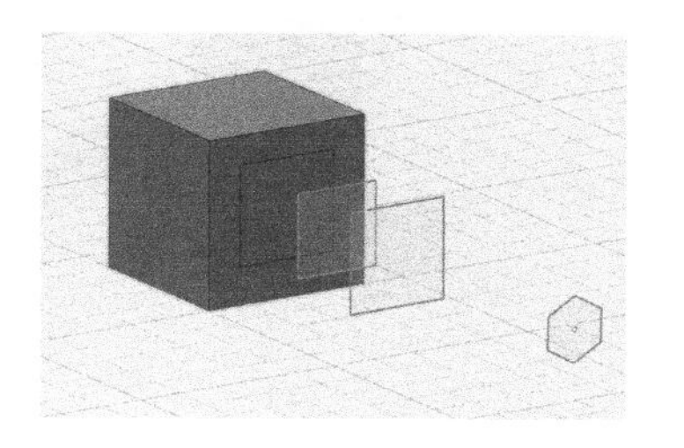

图 10-18 分割选中的面

再执行一次分割面，这次选择要分割的面时，单击长方体上小矩形的内部，旋转视图，按 Ctrl 键，再单击相对一侧的面，分割工具选小一些的矩形，按回车键确认。这次，长方体相对的两个面上都会出现矩形，如图 10-19 所示。

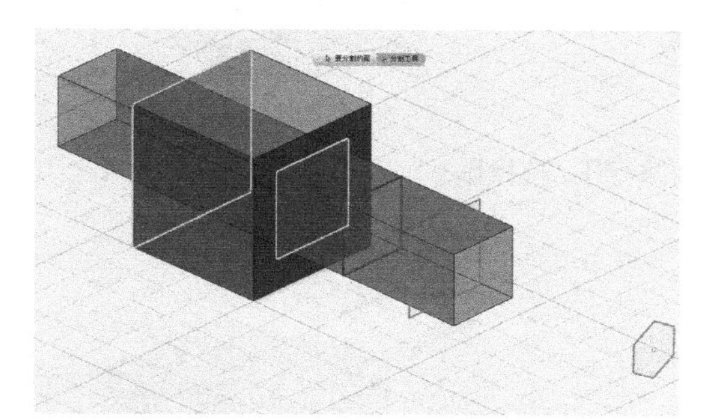
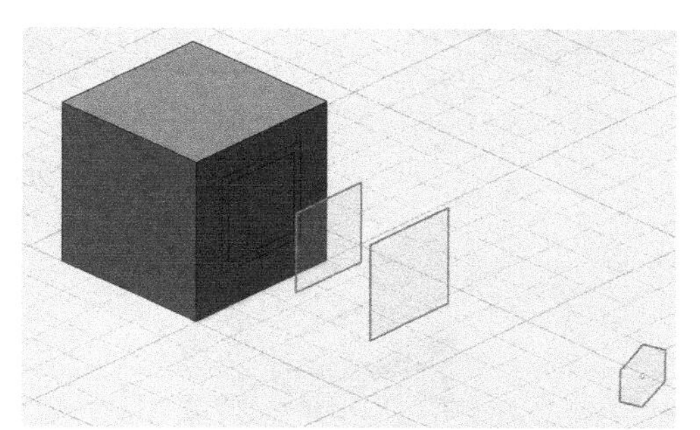
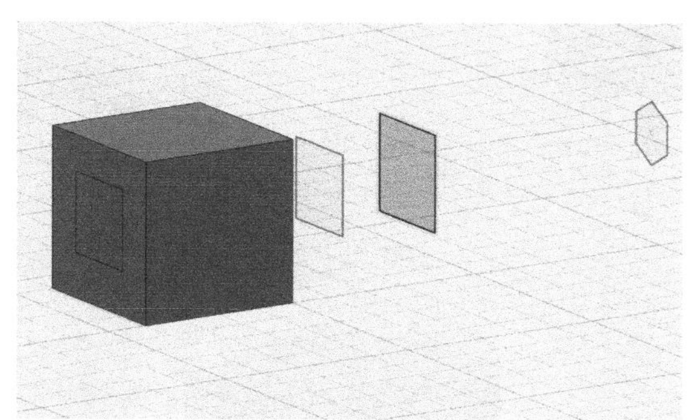

图 10-19 同时选择两个面进行分割

再次选择前后两个面，用多边形分割，如图 10-20 所示。

同时选择长方体侧面分割的多边形和矩形框，使用【压 / 拉】工具，向长方体内侧推压，得到如图 10-21 所示的结果。

对于背面一侧的分割面，使用【拉伸】工具拉伸多边形，使用【扭曲】工具来拖出矩形与多边形形成的面域，最后形成的结果如图 10-22 所示。

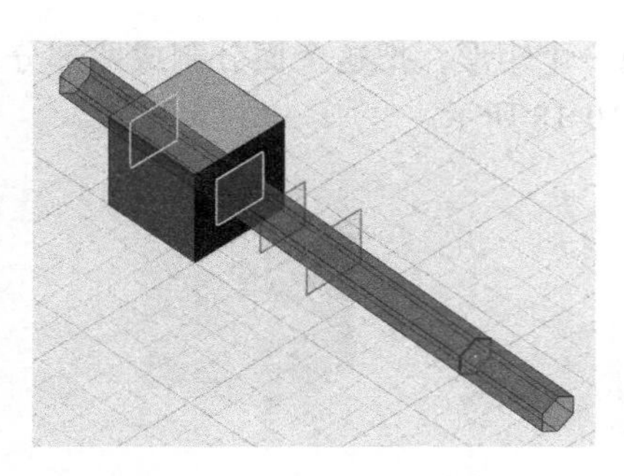

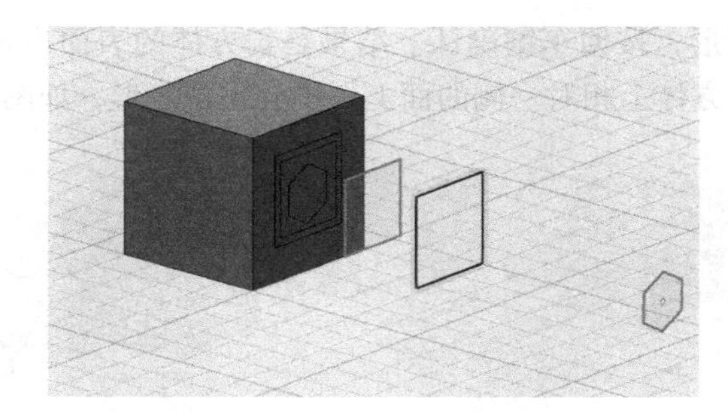

图 10-20　用多边形分割前后两个面

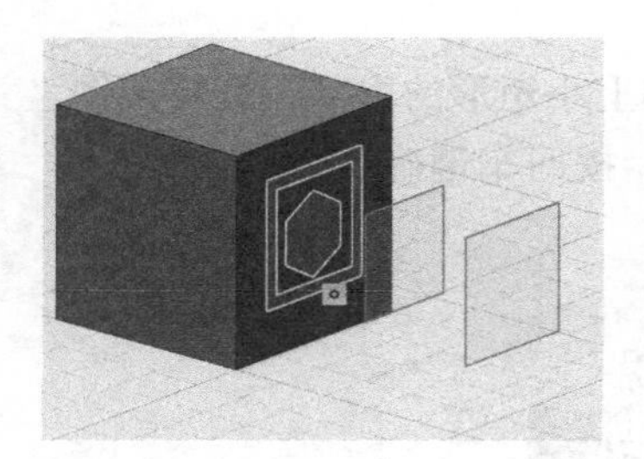

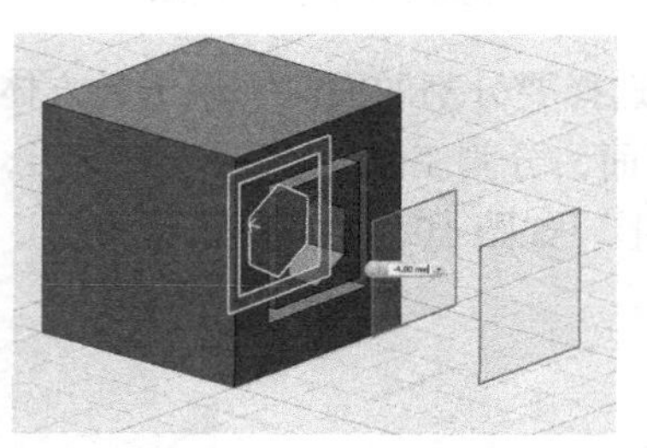

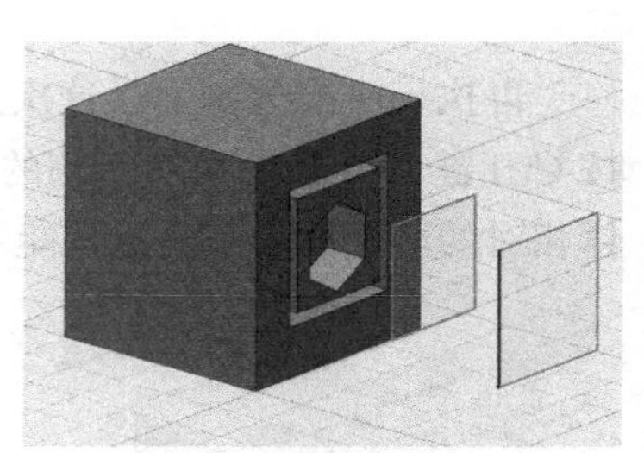

图 10-21　对分割的面执行压 / 拉操作

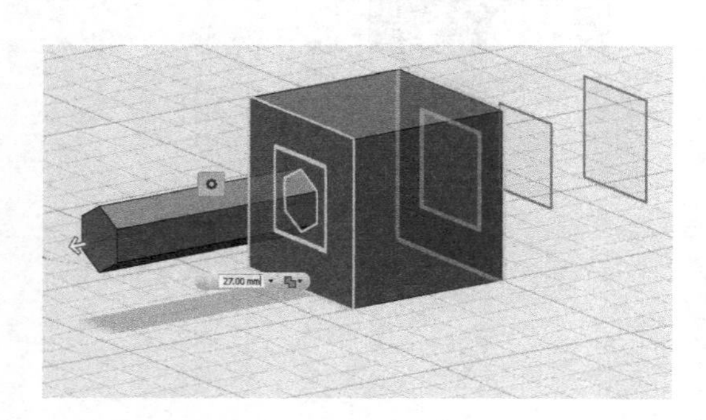

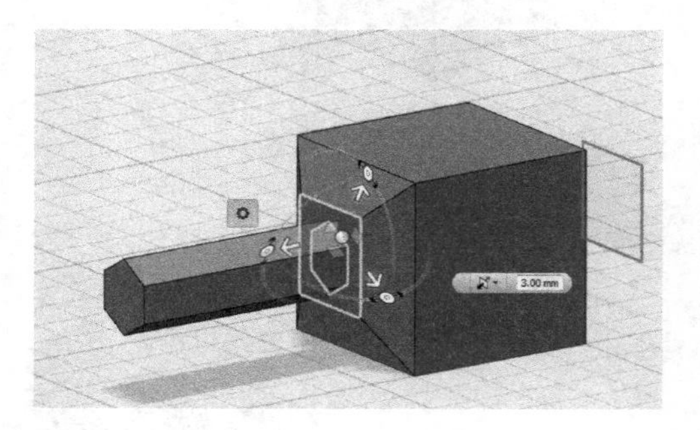

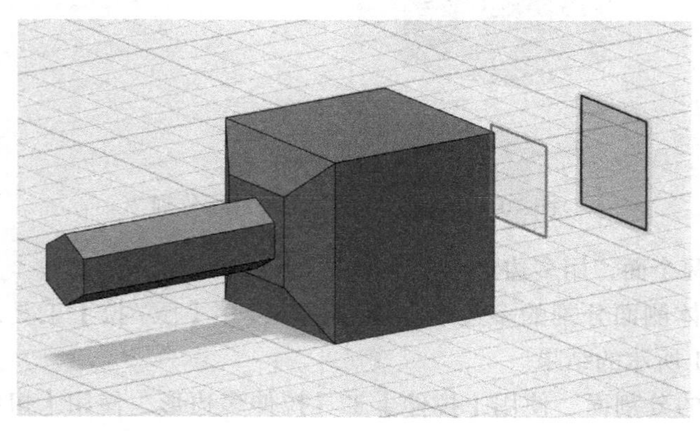

图 10-22　对分割的面进行不同操作后的最终结果

对于分割工具，可以用【样条曲线】工具画出很复杂的图形，然后去分割一个面。

10.4 【分割实体】工具

我们已经有了分割面的基础，也就比较容易理解分割实体的操作了。只不过这次首先选择的是要分割的实体，下面先举个简单的例子。

创建一个长方体，使用【多段线】工具，在长方体的顶面上绘制出一条折线。选择【修改】工具栏中的【分割实体】工具，在出现的功能选择框中 要分割的实体 分割工具 ，左边是选择要分割的实体，单击长方体；右边是选择想要使用的分割工具，单击折线，按回车键确认。长方体已被分割成两部分，使用【移动 / 旋转】工具，把其中的一部分拖开一些，如图 10-23 所示。

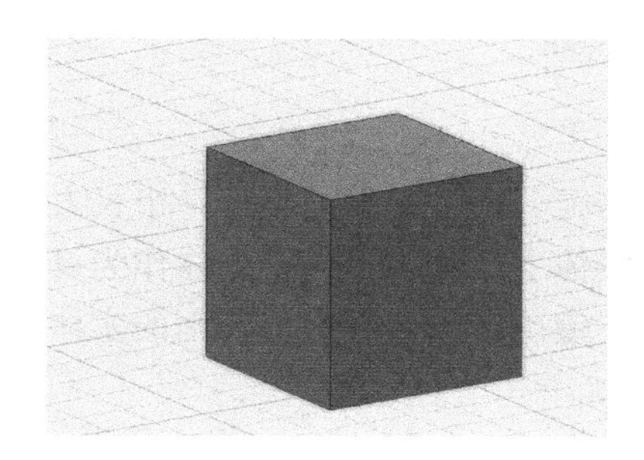

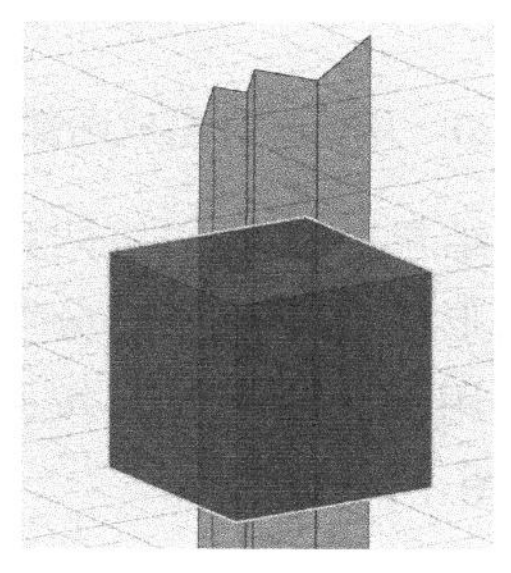

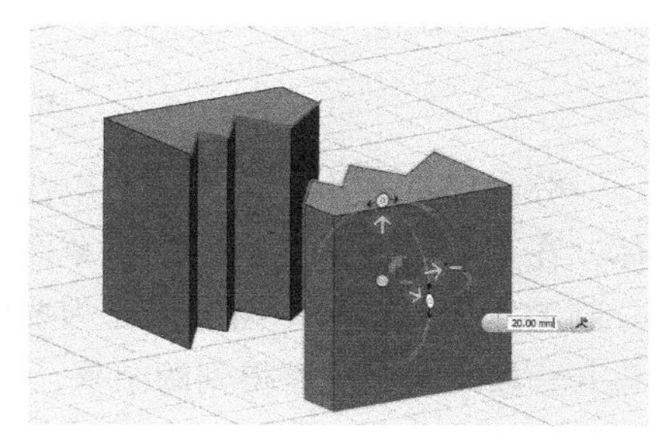

图 10-23　长方体被分割成两部分

我们还可以使用实体对象去分割另一个实体，下面继续讨论这个工具的用法。创建一个球体和一个长方体，把长方体向下移动一段距离，使它与球体部分重叠，如图 10-24 所示。

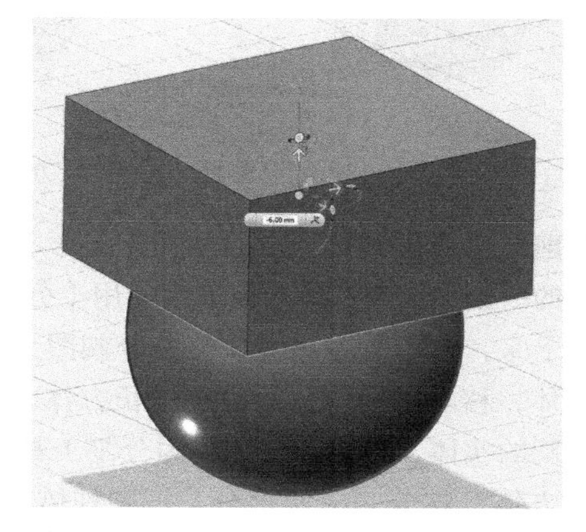

图 10-24　使两个实体部分重叠

选择【分割实体】工具，单击球体作为要分割的实体，分割工具单击长方体的底面，按回车键确认。然后把长方体移开，单击上面部分的球体，现在也可以移动它了，如图10-25所示。

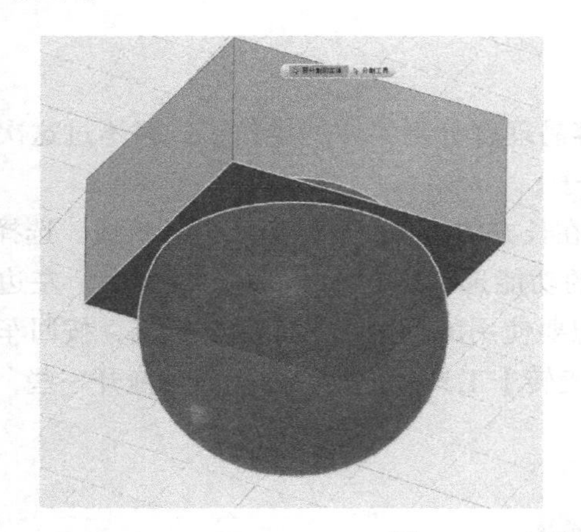
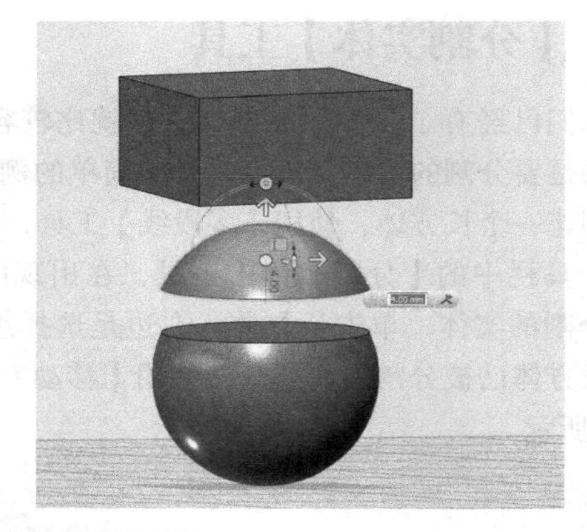

图 10-25 球体被分割成两部分

分割工具若小一些，会产生什么结果呢？我们按两种情况分别看一下。创建一个长方体，在其中的一个面上绘制出草图图形。接着选择【分割实体】工具，单击长方体作为要分割的实体，单击草图图形作为要使用的分割工具，按回车键确定。然后，把分割的实体移开一段距离，观察得到的结果，如图10-26所示。

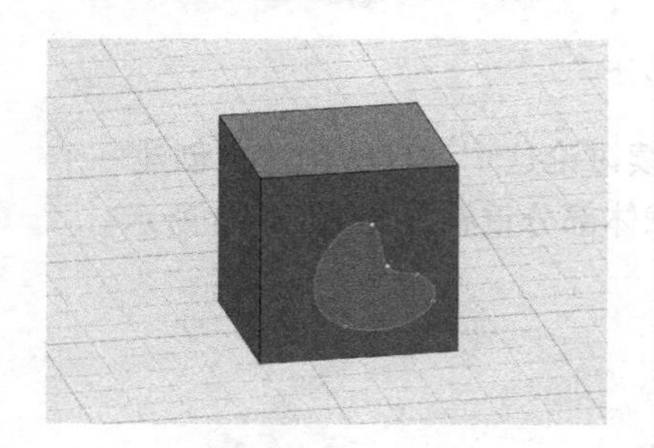
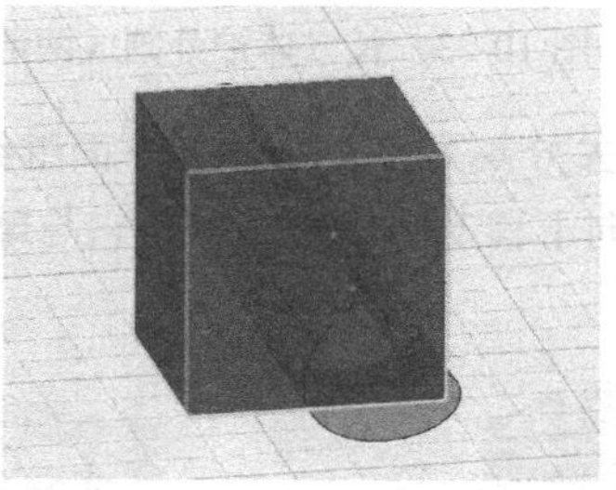
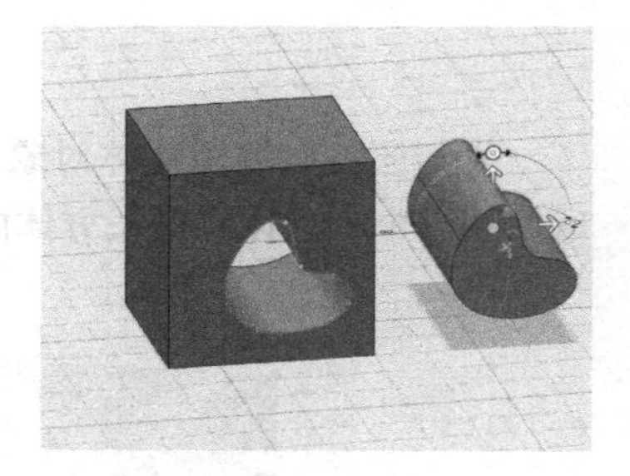

图 10-26 长方体被分割成为两部分

在前面已经讲到过，可以使用【投影】工具，把草图轮廓或者另一个实体的轮廓投影到实体的一个平面上，就可以继续使用【分割实体】工具对模型进行分割了。

接下来，我们看看用实体作为分割图元，分割实体所得到的结果。先创建一个长方体和圆柱体，移动圆柱体，使它穿过长方体。接下来使用【分割实体】工具，单击长方体作为要分割的实体，单击圆柱体作为分割工具，按回车键确认。看起来好像什么也没有发生，其实长方体已被分割成两部分。把圆柱体和分割后得到的圆柱体移开，观察得到的结果，如图10-27所示。

这些操作看起来很简单，实际上提供了一种灵活的建模方法。有时候，直接创建一个模型比较困难，可以通过对实体进行切割来得到所需要的模型。如图10-28所示的圆筒就是利用上述分割得到的圆柱体，再用一个垂直的圆柱体分割它，然后拉伸切除形成空筒。这里提供的是一种思路，具体建模时要灵活运用这些工具。

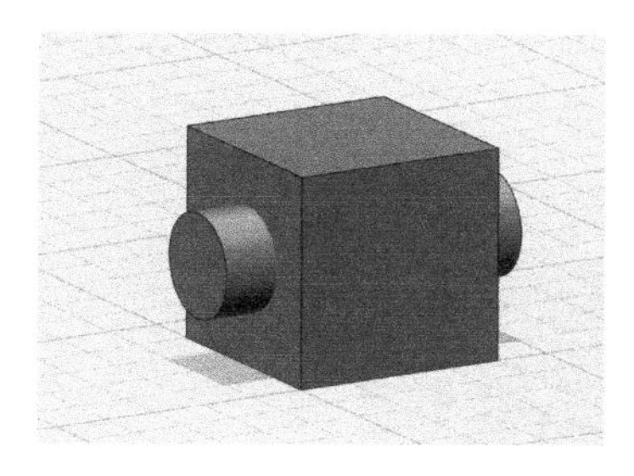
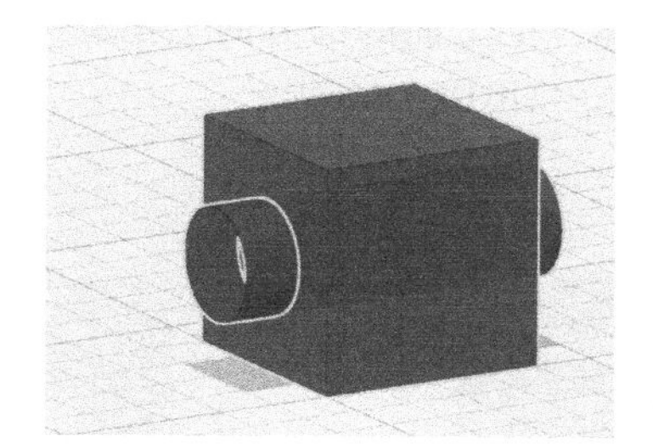
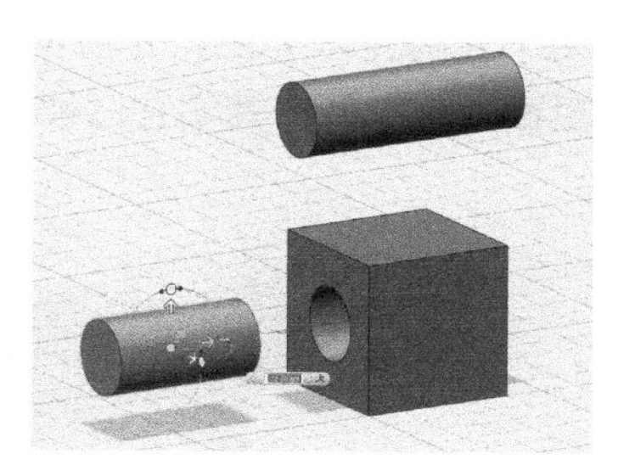

图 10-27　长方体被圆柱体分割为两部分

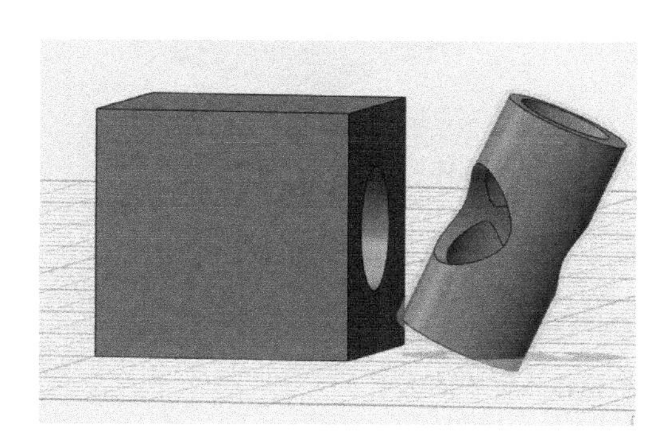
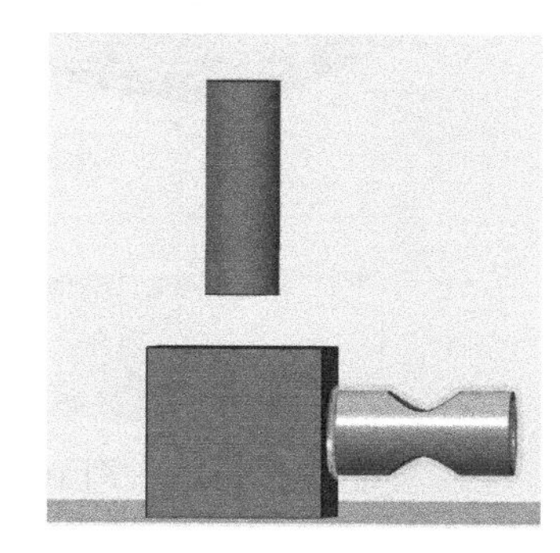

图 10-28　一种建模思路的示例

10.5 【抽壳】工具

【抽壳】工具可以挖空模型，所选择的面要敞开，在其他面上生成薄壁。通俗地讲就是将西瓜瓤挖去，留下西瓜皮，这是实体建模软件中常用到的功能。我们先看看如何实现这个功能。

创建一个长方体，选择【修改】工具栏中的【抽壳】工具，屏幕下方出现了数值输入框，内侧厚度输入 2，单击长方体的顶面，就挖空了长方体。拖动出现的箭头，可以调节壁厚，如图 10-29 所示。

下面解释一下如图 10-30 所示的数值输入框中的选项。

图 10-30 右边的方向有 3 个选项：内侧、外侧和两侧。左边的内侧厚度会随着右边选项的变化而有所变化。另一个是外侧厚度，选择两侧时，显示的是内侧厚度和外侧，可以分别输入两个值。图 10-31 清楚地标明这种关系。

下面，我们来看看【抽壳】工具的几种应用。

先创建一个长方体，然后选择【抽壳】工具，单击长方体。注意，不要选择某一个面，而是要选择整个长方体。如果不适应的话，可以先选择长方体，然后选择【抽壳】工具，输入壁厚值。确认后，长方体看起来没什么变化。在长方体的一个面上画出一条直线，应用【分割实体】工具分割长方体，把上面的部分向上拖动一段距离，可以看到原来长方体里面是中空的，其实它已被挖空，如图 10-32 所示。

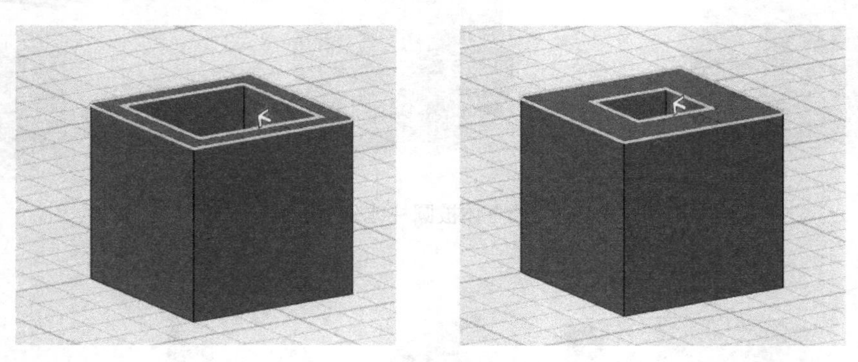

图 10-29　抽壳长方体

图 10-30　数值输入框中的选项

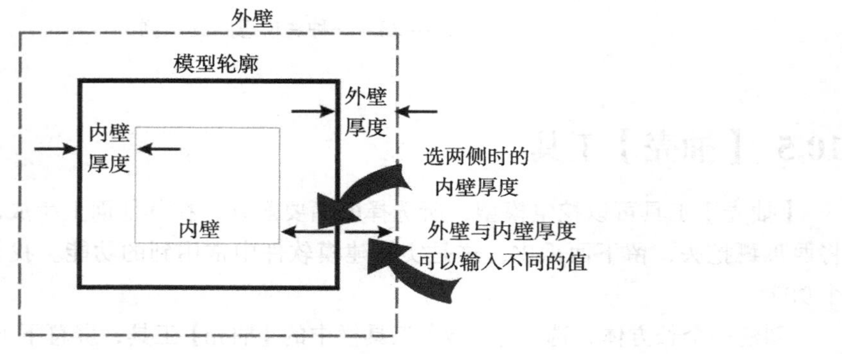

图 10-31　壁厚度与各选项的关系

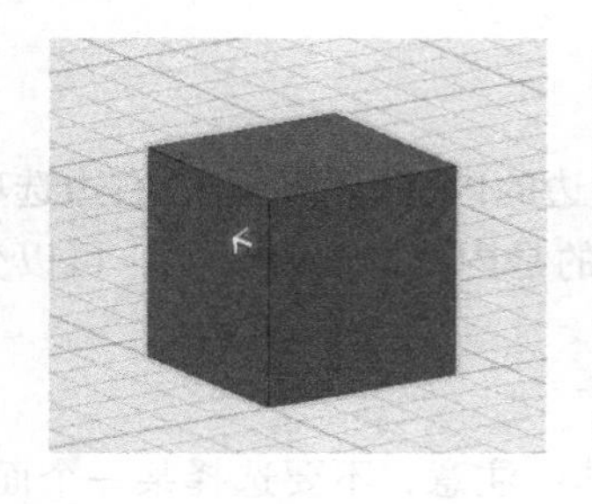
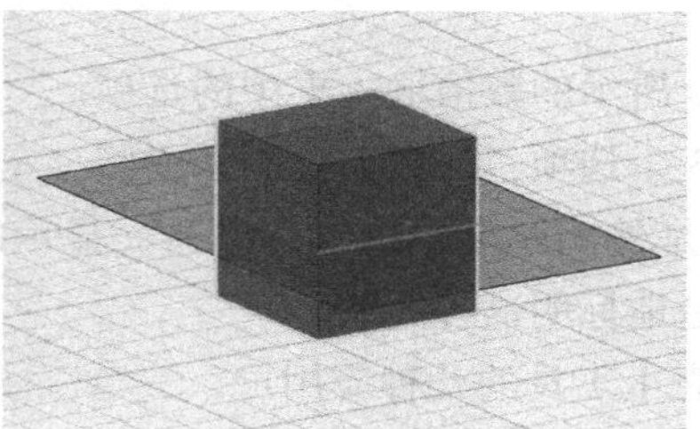
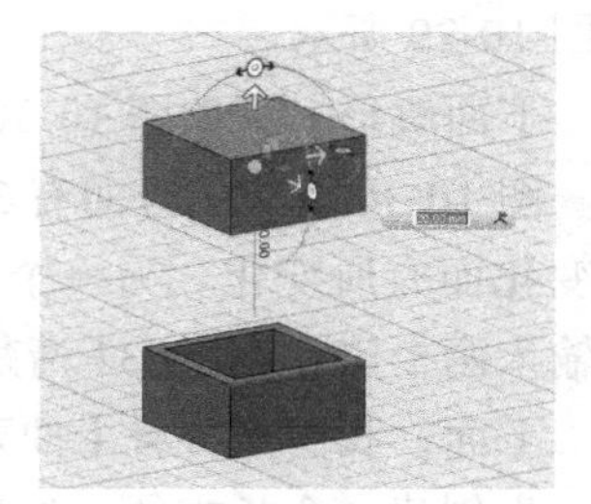

图 10-32　挖空长方体

接着，再创建两个球体，在球体附近绘制一个草图矩形，把它上移一段距离。先单击右面的球体，然后选择【抽壳】工具，在数值输入框中输入壁厚值，单击鼠标确认，外表看不出什么变化。接着，我们先选择【抽壳】工具，然后单击左面的球体，出现了红色的警示，操作不成功。单击草图矩形，使用【拉伸】工具，向上拖动矩形，拉伸切除两个球体的上面部分，可以看到，左边的球体是实心的，而右边的球体是空心的，如图 10-33 所示。对于球体的抽壳，一定要注意操作的顺序，否则，会造成抽壳操作失败。

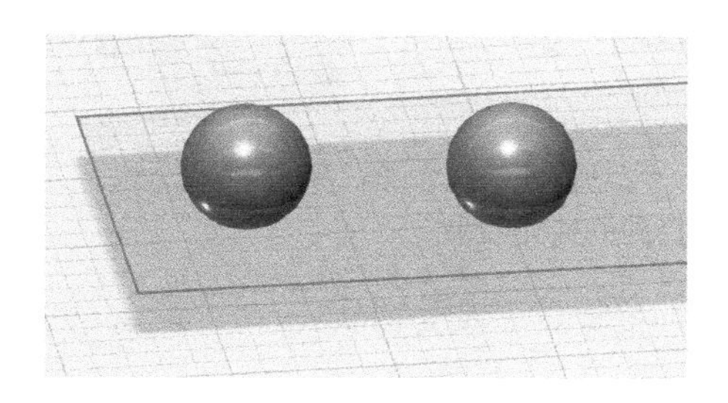

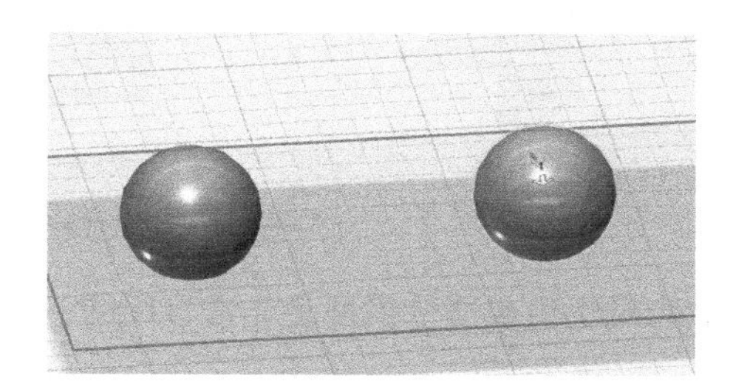

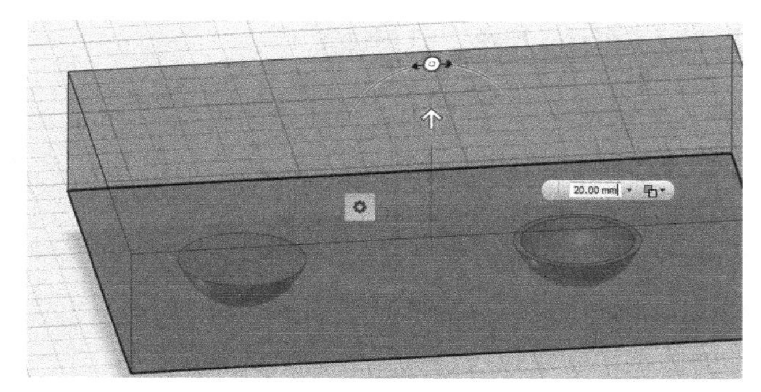

图 10-33　左右球体的抽壳结果不同

对实体表面上的抽壳操作，还有一些要理解的事项。先创建一个实体，然后选择【抽壳】工具，单击半圆柱的上表面得到了抽壳的半圆柱，如图 10-34 所示。

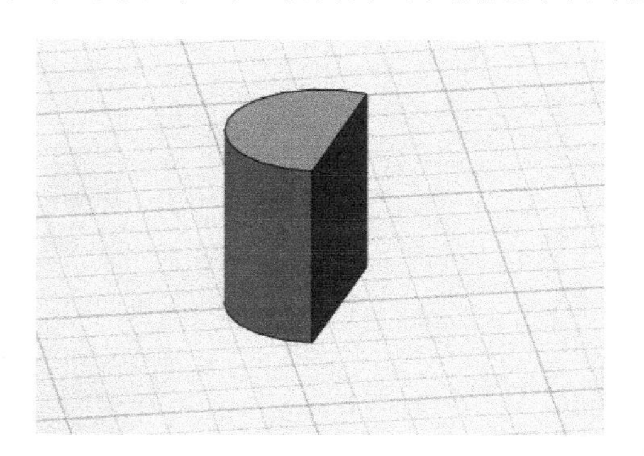

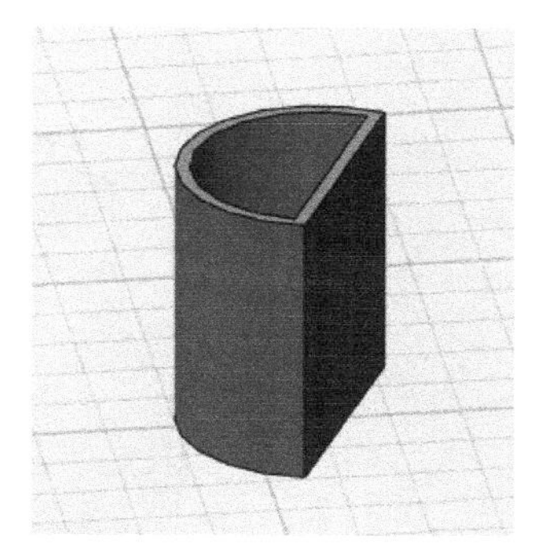

图 10-34　得到的抽壳结果

撤销此次操作，我们再执行一次【抽壳】操作，这次单击半圆柱的上表面后，按住 Ctrl

键，单击侧面和底面，松开鼠标后，出现了U形，我们再创建一个长方体，也执行多个面的抽壳操作。拖动出现的箭头，可以控制壁厚，如图10-35所示。

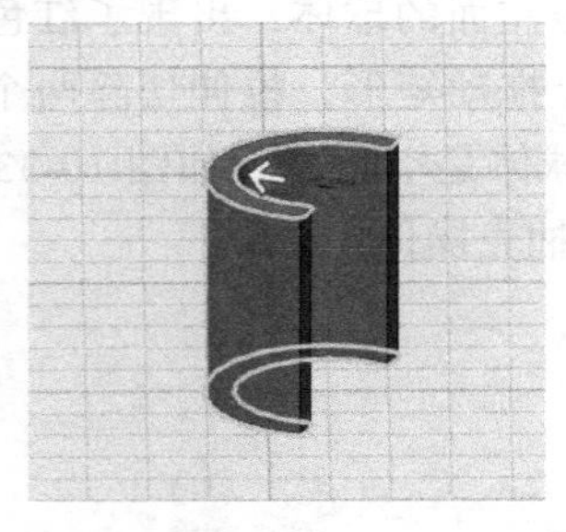
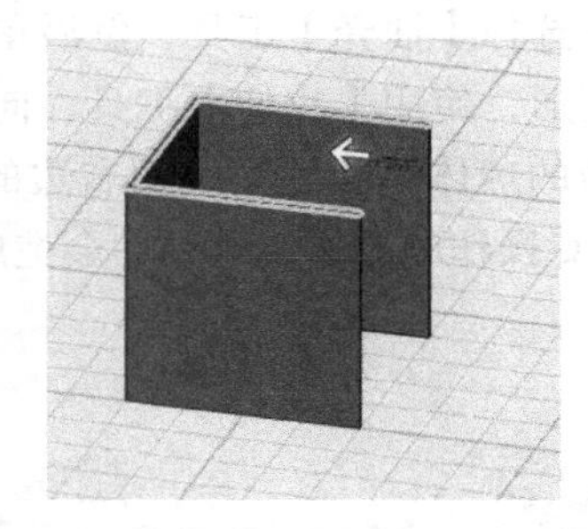
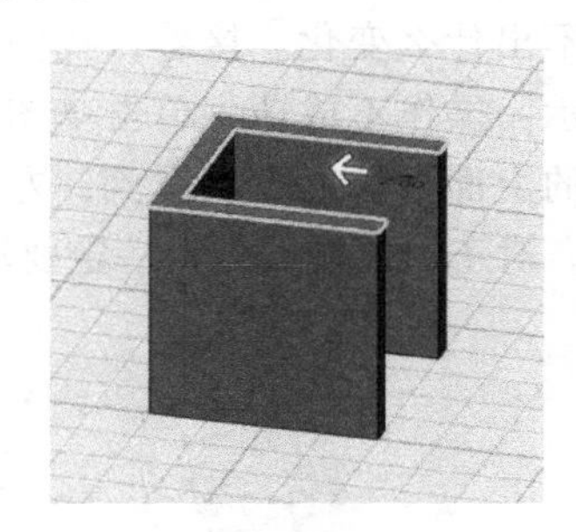

图10-35　选择多个面得到的抽壳结果

抽壳对于生成薄壁模型是非常有用的，例如，弯管、三通等物品。

10.6　使用他人建好的模型练习建模

网上有大量的模型可供下载，它们是别人创建好的模型，可以直接3D打印。另一个用法是可以借鉴别人的建模思路，来提高自己的建模能力。对于图10-36所示的灯泡模型，我们练习创建它的过程。

图10-36　灯泡模型

先分析灯泡的结构，大致由玻璃壳体、灯头组成，灯头分螺纹部分和尾部的触点，创建螺纹部分是要讲解的重点，所以选择了灯泡作为例子。

1）把灯泡拖入前面所建的3个参考平面的工作区中。使用【多段线】工具，先单击一下前视图的参考矩形，然后在灯泡的对称中心处绘制一条垂直线，如图10-37所示。

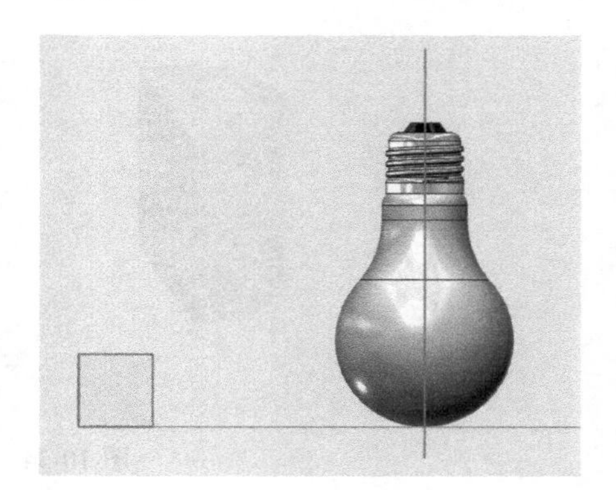

图10-37　绘制灯泡的中心线

2）在玻璃壳体的下部绘制出一个圆形，然后使用【样条曲线】工具，单击圆形，开始沿着灯泡的颈部绘制曲线，如图 10-38 所示。这对于绘制样条曲线来说是有一定难度的。不过，画完后可以调整曲线，再次开始绘制时，先单击上一次的曲线，然后接着绘制，这样就可以连续绘画。

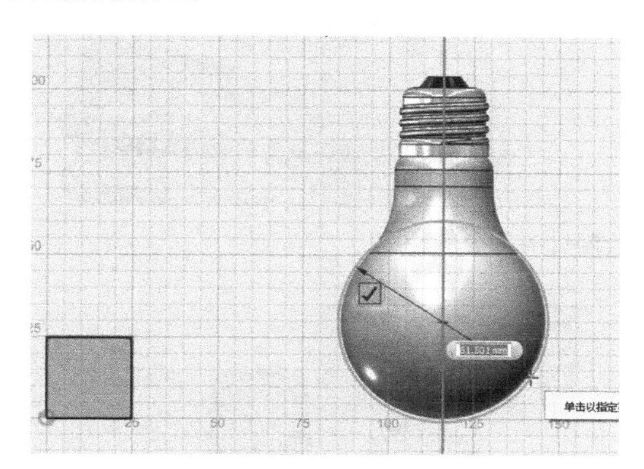

图 10-38　绘制灯泡轮廓

3）绘制完左边的壳体轮廓后，使用【修剪】工具，将多余的线条修剪掉，保留左侧部分。然后使用【旋转】工具，选择绘制的图形作为轮廓，选垂直线作为旋转轴旋转 360°，完成了玻璃壳体的制作，如图 10-39 所示。

图 10-39　旋转出玻璃壳体

4）使用上述的方法，绘制出灯头部分的轮廓。先不理会螺纹，后面会专门讲解绘制螺纹的方法。接着绘制出触点部分的轮廓，如图 10-40 所示。

5）使用【旋转】工具，将两个轮廓分别旋转成实体，形成了灯泡的雏形。下面，我们要创建灯头的螺纹部分，为了看得更清楚，再复制出一个灯头，将它放置到栅格上，如图 10-41 所示。单击灯头部分，使用 Ctrl+C 键和 Ctrl+V 键复制粘贴，向右侧移动一些距离，再按 D 键，灯头就落到栅格之上。

图 10-40　绘制灯头部分的轮廓

图 10-41　再复制出一个灯头

6）创建出一个圆环体，比灯头的轮廓要稍大一些，这需要切换到上视图和前视图中来调整圆环体的尺寸。然后将圆环体移出去，如图 10-42 所示。

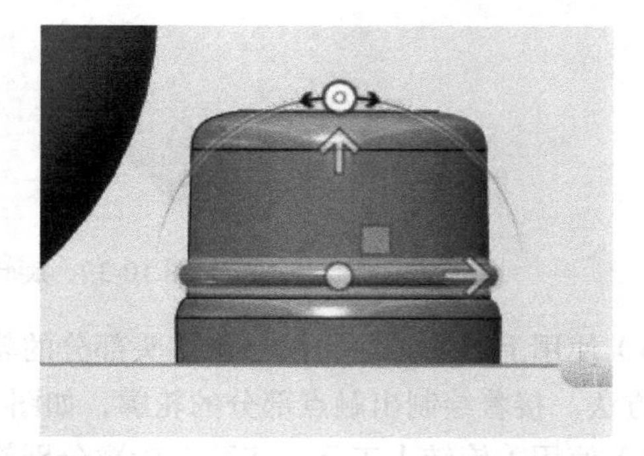

图 10-42　确定圆环体的尺寸

7）切换到上视图，通过圆环体的中心，绘制一条直线。然后使用【分割实体】工具，选择圆环体作为要分割的实体，选择直线作为分割工具，把圆环体分割为两部分，如图 10-43 所示。

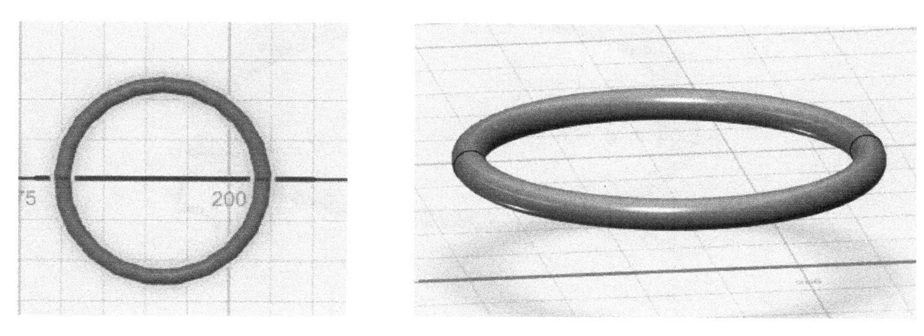

图 10-43　分割圆环体为两部分

8）单击外面的半个圆环体，使用【移动 / 旋转】工具，在垂直方向旋转 3°。这里非常重要，涉及螺纹的旋向，螺纹分为左旋和右旋，灯泡模型的螺纹是左低右高的。就本例而言，外侧的半环，旋转为左低右高。使用 −3° 旋转里侧的半环形成螺旋体，在旋转分割的半环时，内外两个半环的旋转数值要相同，正负相反。这里为什么是 3°，这是多次试验的结果，需要不断地尝试不同的值，才能得到想要的结果。然后，选择两个半环，按 Ctrl+C 键和 Ctrl+V 键复制粘贴，向外侧移动，需要几圈螺纹就复制几对半环，如图 10-44 所示。

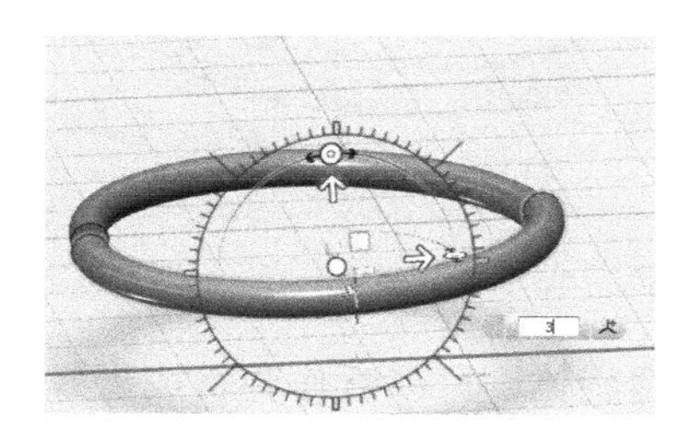

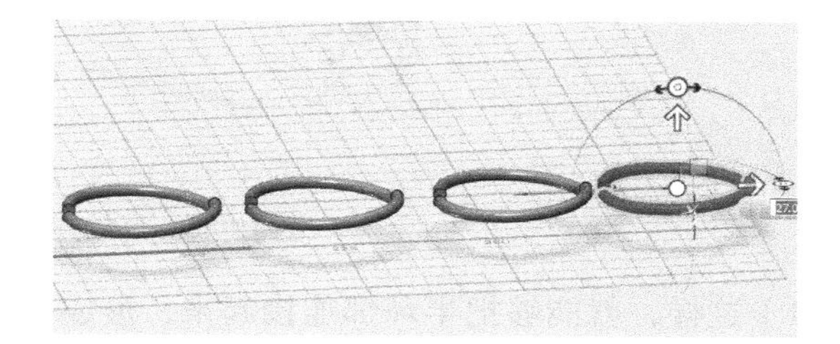

图 10-44　创建与螺纹圈数相同数量的半环

9）如何把这些半环连接起来？这需要使用到【吸附】工具，虽然还没讲到它，但前面也使用过它。这个工具挺简单的，就是把不同的实体装配到一起。单击【吸附】工具，然后单击里侧右下的半环截面，接着单击外侧半环的右上截面，需要旋转视图到适当的角度，两个半环就连接起来，如图 10-45 所示。

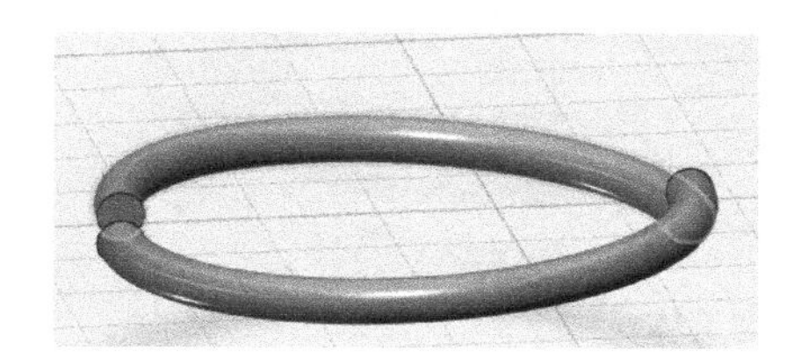

图 10-45　使用【吸附】工具连接半环

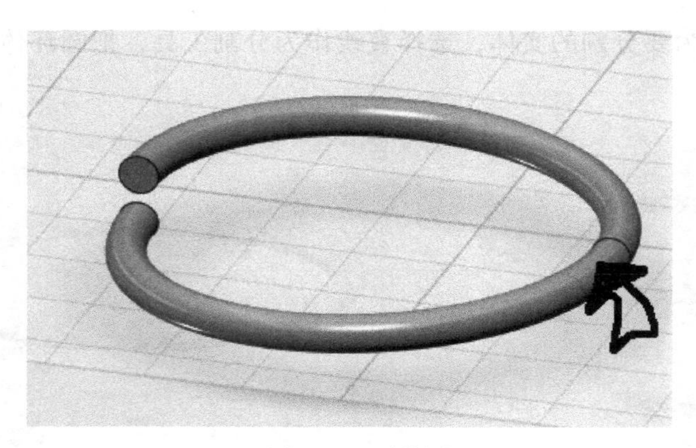

图 10-45 （续）

10）继续这种操作，在图 10-46 中标注了捕捉时选择截面的顺序，记住先选择要移动实体的截面，后选择已经装配了的实体截面，如图 10-46 所示。选择顺序错误，就不会得到想要的结果。

图 10-46 继续连接半环

11）这样，就能够把半环都连接起来，形成一个螺旋体，可以看作弹簧或者螺纹等。这是在 123D Design 中创建螺旋体的方法。至于旋转体的截面，可以自由绘制，然后使用【扫掠】工具，形成环形，如图 10-47 所示。然后分割成两部分，使用上述的方法创建出实体。

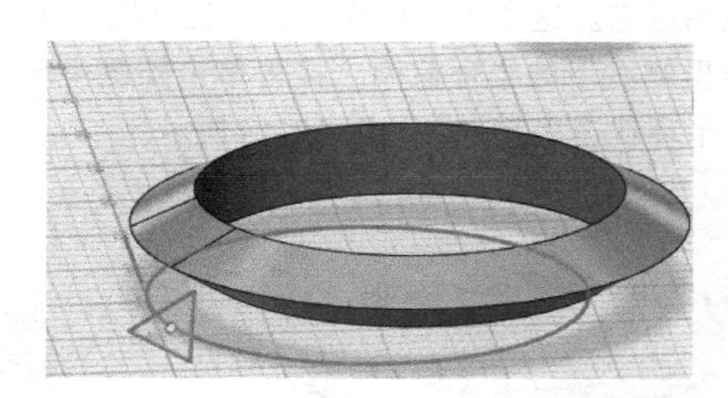

图 10-47 成型的螺旋体

12）留下一对半环体，我们来创建螺纹的起始部分。切换到前视图，在如图 10-48 左图所示的位置，画出一条直线，然后使用【分割实体】工具，将半环分割成上下两部分，删除下面的部分，使用【吸附】工具，将它连接到已装配好的螺旋体下部，如图 10-48 右图所示。

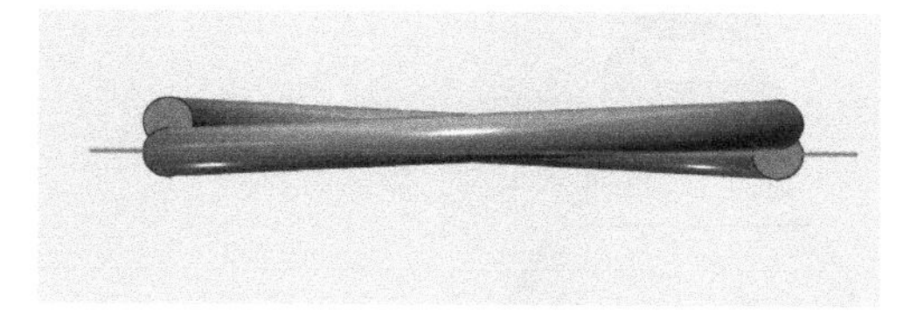
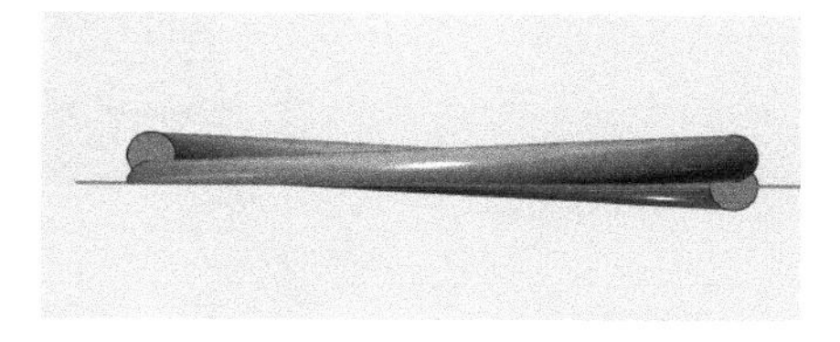

图 10-48　分割半环

对剩下的一个半环也进行分割，删除掉上面的部分，将它连接到螺旋体的上部。最后形成的螺旋体如图 10-49 所示。

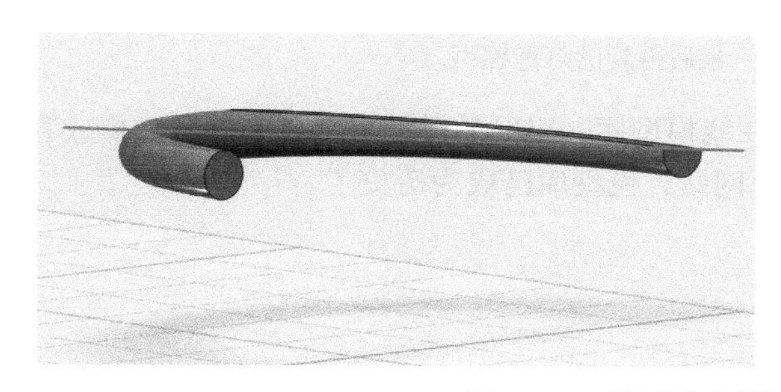

图 10-49　最后形成的螺旋体

13）现在的半环还是分离的，如果有耐心可以使用【合并】工具，两两组合起来成为一个整体。或者使用【分组】工具，使它们成为一组，这样就可以一起移动它们。我们把螺旋体装配到所创建灯泡上的灯头处，需要切换不同的视图来确定位置，如图 10-50 所示。

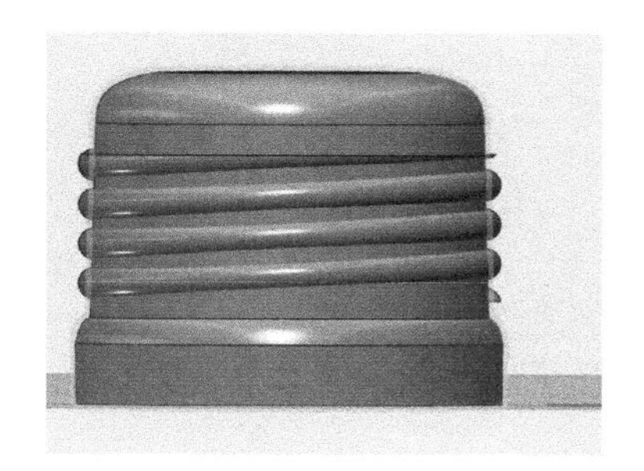

图 10-50　装配螺旋体

14）确定好螺旋体的位置以后，就得到如图 10-51 所示的灯泡模型。

这是一种临摹实体来建模的方法，可以仿制已建好的模型。个人认为在 123D Design 中，目前唯一遗憾的是不能导入一张图片，作为建模使用的参考背景，只好在外部程序中利用图片作为参考。

图 10-51　最后得到的灯泡模型

另外，原 123D 的官网上有丰富的在线模型库，里面的模型可以用来练习建模或直接修改利用。可惜 Autodesk 公司关闭了这个网站，模型库已成为历史了。

10.7　小结

本章主要讲解了【修改】子菜单中的几个工具的具体使用方法。这些工具增强了建模的灵活性，需要认真去体会，多练习，掌握它们的操作要领。

第 8 ～ 10 章是 123D Design 建模的核心部分，我们花了大量的篇幅来讲解这些内容。这些内容掌握得越熟练，建模能力就越强大。这些都是实体建模软件的基础，值得我们去反复练习。

第 11 章 Chapter 11

实体阵列

在前面，我们已经接触了 2D 草图的阵列，在本章中，我们来讲解 3D 实体阵列。

日常生活中，会遇到一些有规律的物体，例如风扇扇叶，每一个扇叶的形状都是相同的，沿着圆周均匀分布；还有百叶窗，是矩形阵列的例子，只需要创建出一片窗叶，按照不同的阵列方式就可以创建它们。

11.1　矩形阵列

矩形阵列可以在两个方向上复制实体模型。下面，我们演示如何实现这个过程。

1）创建一个长方体，使用默认值，长宽高都是 20。选择【阵列】子菜单中的【矩形阵列】工具，出现功能选择框 实体 方向 。图 11-1 左边是选择要阵列的实体，单击长方体；右边是选择阵列的方向，单击长方体顶面的两个相互垂直的边线，会出现两个方向的箭头，如图 11-1 所示。

图 11-1　可以选择两个阵列方向

图 11-1 （续）

2）拖动指向右侧方向的箭头，会阵列出默认数值的 3 个长方体，再拖动另一个方向的箭头，也会阵列出 3 列长方体，如图 11-2 所示。

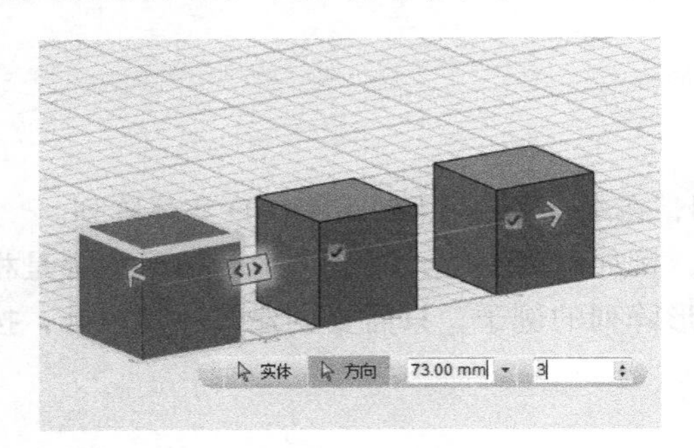

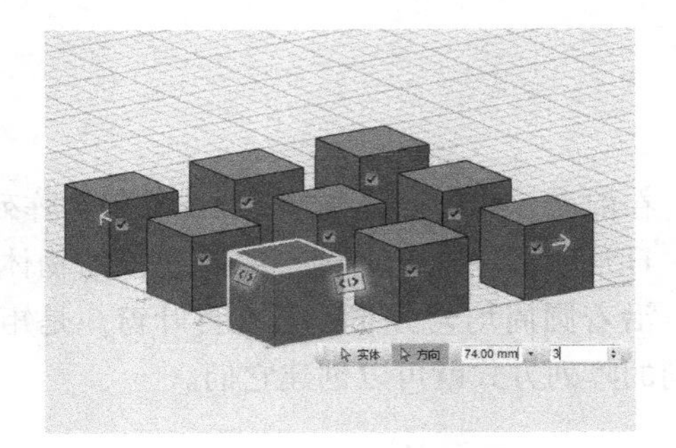

图 11-2 两个方向上阵列实体

3）屏幕中出现了一些图标，如图 11-3 所示。在 2D 草图的阵列中，我们已见过它们，功能也是相同的。左右拖动按钮，可以增减阵列实体的数量。单击按钮，可以取消这个位置的实体，再次单击它，又恢复了这个实体。数值输入框最右边显示的是阵列的数量，另一个表示长度值，既在多大的长度上分布这些阵列的实体。

当长度固定时，增加阵列实体的个数，会发现它们都挤在一起。

这里还有一个问题，像圆柱体、球体这样没有棱边的基本体，因为没有可供参考的边线提供阵列方向，是无法直接去阵列的。还记得让大家保存的带参考矩形的模板文件吗？可以借助它来确定阵列的方向。

打开带参考矩形的模板文件，创建一个圆锥体。选择【矩形阵列】工具，单击圆锥体，单击参考矩形的一条边，确定阵列方向，拖动方向箭头，就可以实现对圆锥体的阵列，如图 11-4 所示。

当然，你也可以创建一个长方体，根据需要的方向旋转它，利用这个长方体的边线确定阵列方向，完成阵列操作后，将它删除，如图 11-5 所示。这样，就可以实现空间阵列实体，而不仅仅局限在水平或垂直平面上。

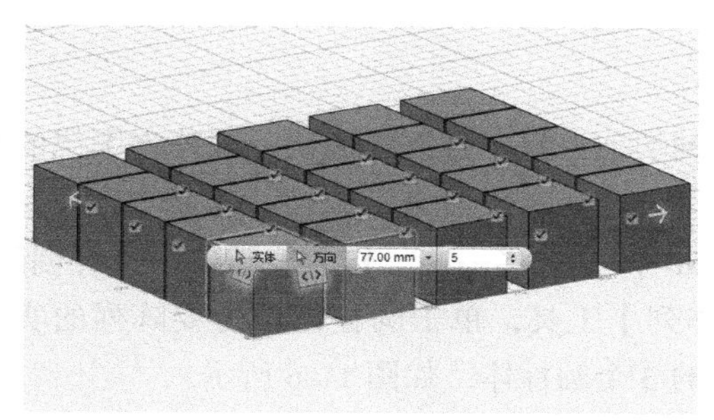

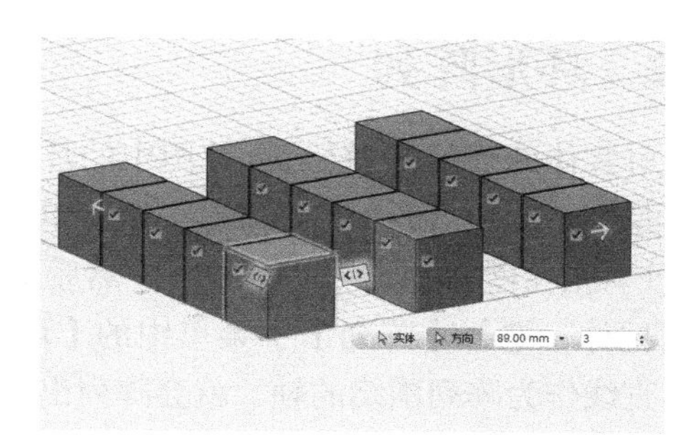

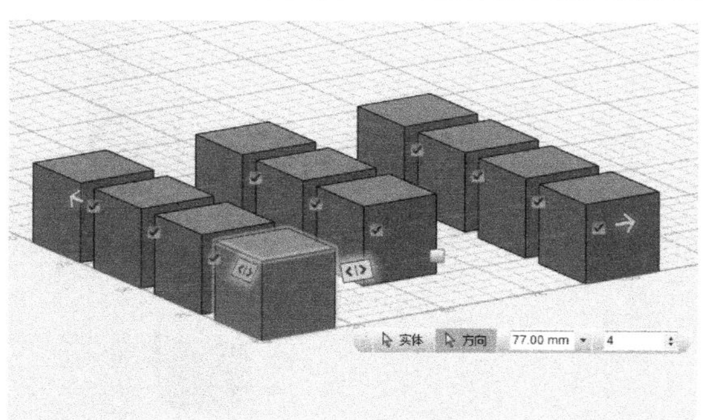

图 11-3 出现的图标的作用

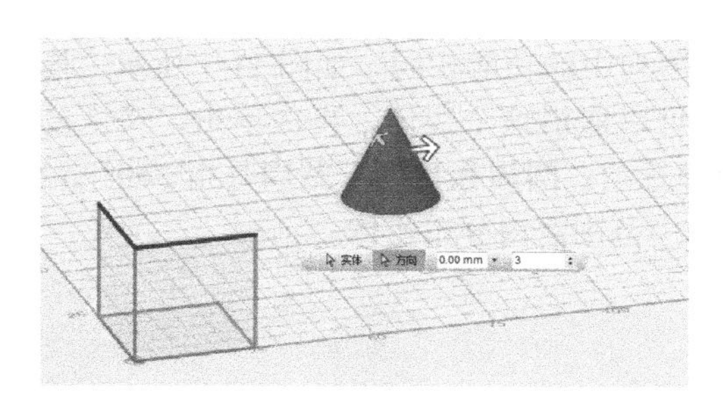

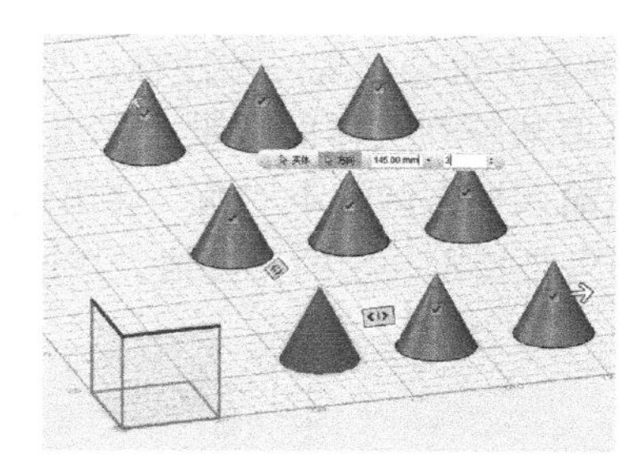

图 11-4 利用参考矩形确定阵列的方向

图 11-5 利用长方体来确定阵列的方向

11.2 环形阵列

对实体的环形阵列与 2D 草图中的环形阵列类似，只不过需要确认一根阵列围绕的轴，而不是中心点。下面我们先来看一个简单的例子。

1）先在栅格上绘制一条直线，然后旋转 90°，并上移一些，作为旋转轴。接着创建一个圆柱体，选择【阵列】子菜单中的【环形阵列】工具，单击圆柱体作为要阵列的实体，选择直线作为阵列围绕的轴，就会阵列出默认的 3 个圆柱体，如图 11-6 所示。

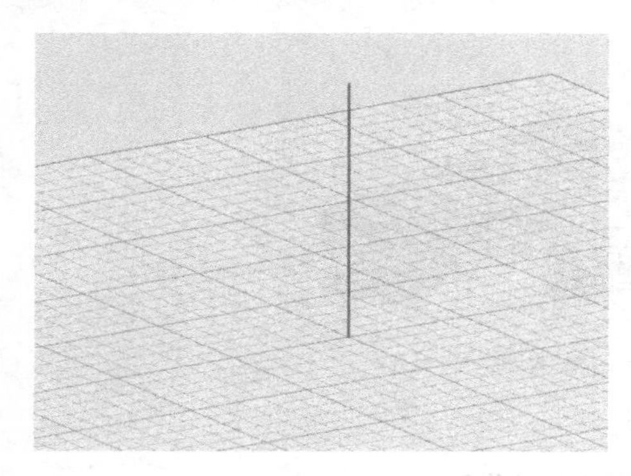

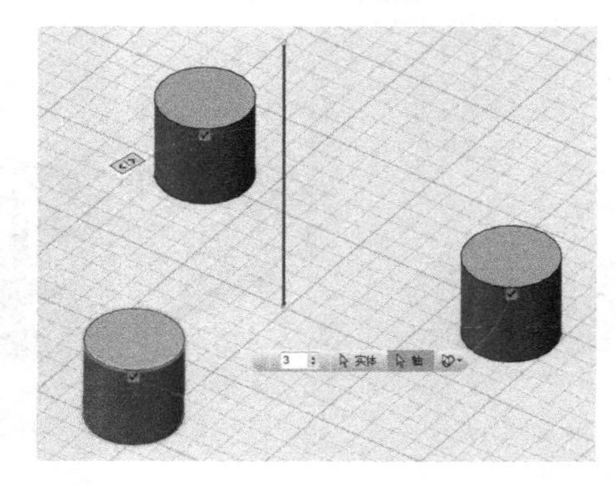

图 11-6　环形阵列的例子

2）屏幕中也会出现一些图标，与矩形阵列中的功能相同，如图 11-7 所示。拖动按钮，可以增减阵列实体的数量；单击，可以取消这个实体，再次单击，又恢复了实体。单击数值输入框右侧的小三角，会出现两种选项：圆周和角度。圆周是指 360° 分布阵列实体，而角度是指定一定的角度值，在这个角度范围之内分布实体。

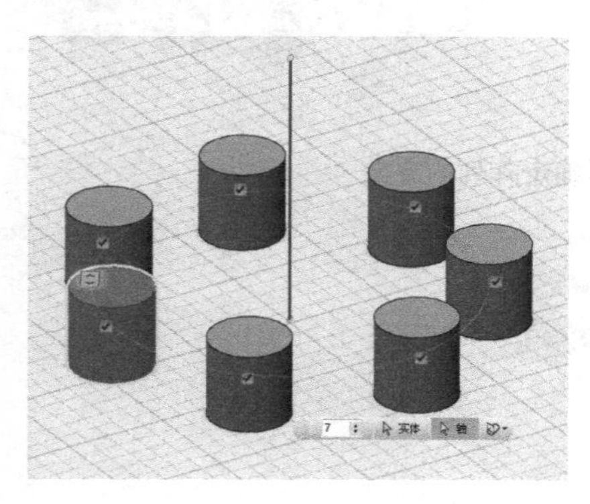

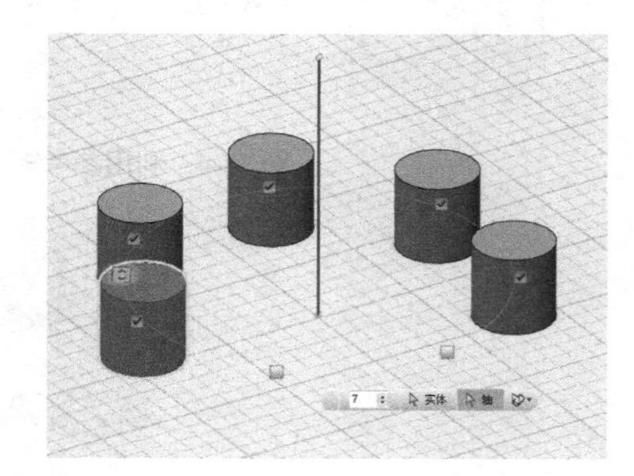

图 11-7　图标的作用

3）选择角度模式，阵列实体不再沿 360° 圆周分布，顺时针的旋向一侧会出现箭头图标，拖动这个图标可以增大或减小角度。数值输入框显示的是角度值，而拖动按钮时，数值输入框显示的是阵列实体的数量值，如图 11-8 所示。

绘制一条直线作为阵列围绕的轴是为了使大家看起来更直观。实际上，可以选择栅格上的栅格作为阵列轴的。在选择阵列轴时，按住 Ctrl 键在栅格上单击，会出现红色的虚线，如图 11-9 所示。它可以作为阵列轴。

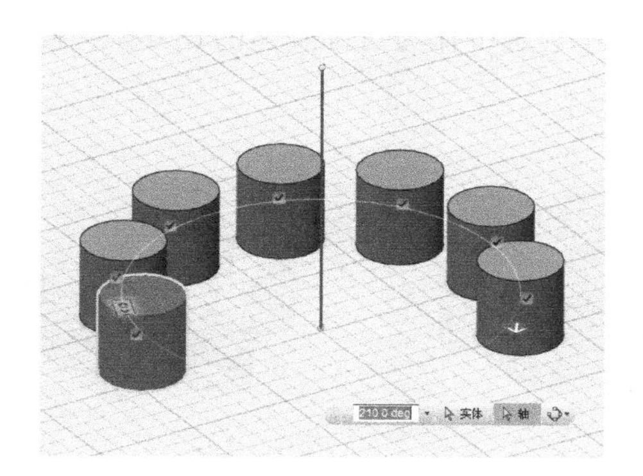

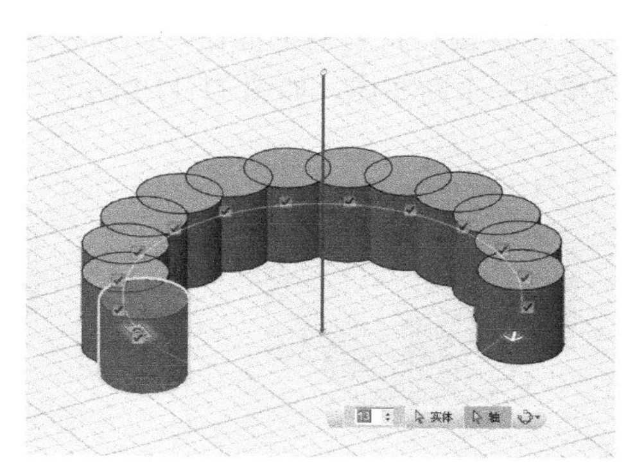

图 11-8 角度模式下的阵列

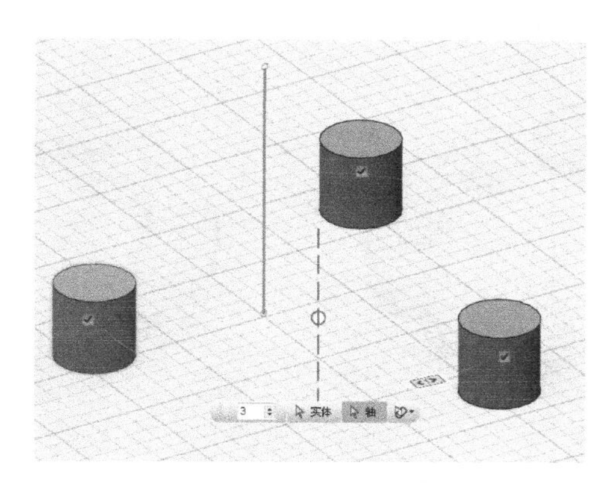

图 11-9 选择栅格作为阵列轴

再来看看利用长方体的一条边进行阵列实体的情况。先创建一个长方体，选择【环形阵列】工具，单击长方体作为阵列的实体，再单击长方体的一条竖直边作为阵列围绕的轴，得到了如图 11-10 所示的阵列结果。

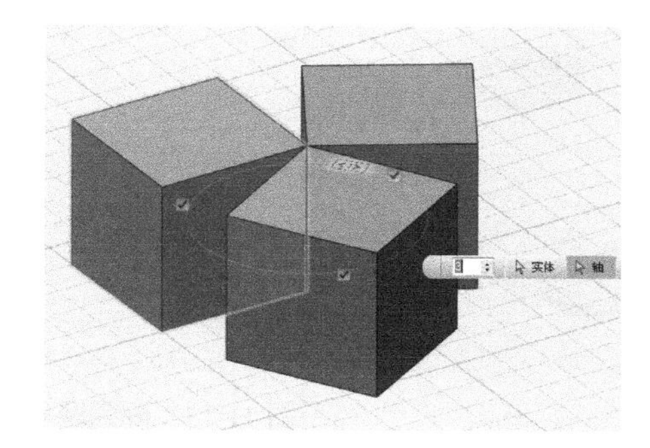

图 11-10 利用竖直边阵列长方体

单击数值输入框旁的上下箭头，增加实体的数量为6。接下来，使用【合并】工具，把它们组合成一个整体。单击其中一个长方体作为目标实体。在选择源实体的时候，用鼠标拖出一个矩形框，将它们都框住，你会看到，并不会选中作为目标实体的长方体，按回车键确认得到一个新实体，如图11-11所示。

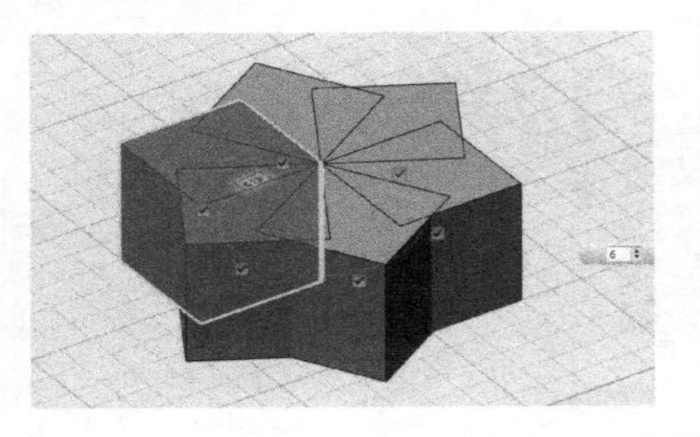
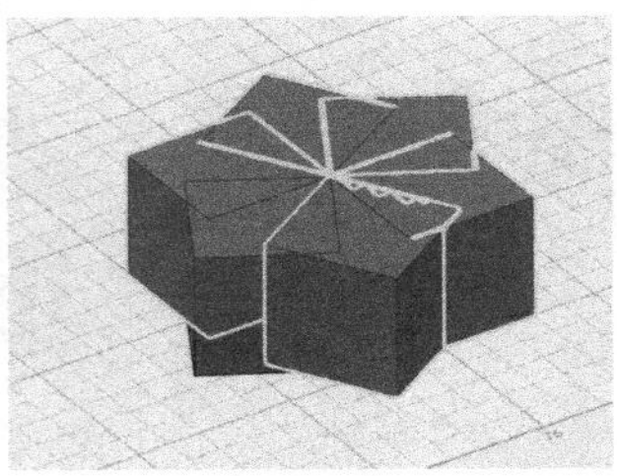
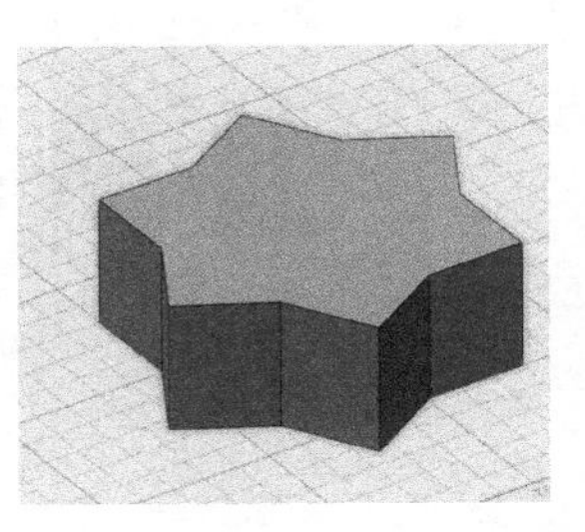

图11-11 把阵列得到的长方体组合成新的实体

图11-12是使用上面的方法阵列实体后，组合而得到的图形。

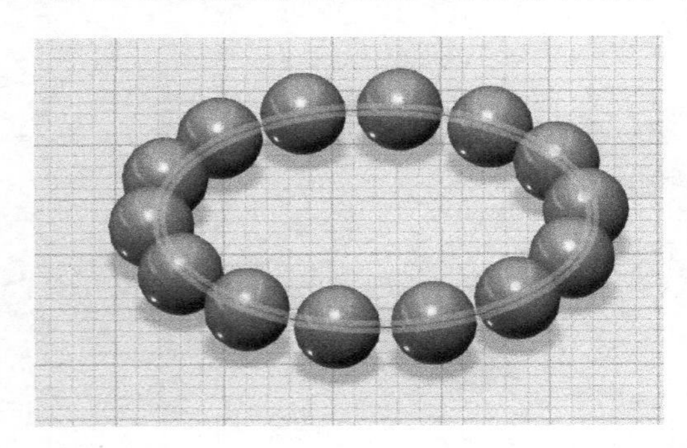
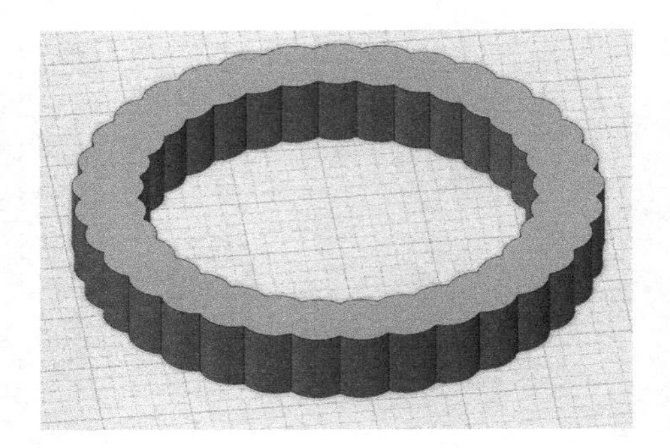

图11-12 阵列组合实体建模

圆环体的阵列操作与上述有些不同。先单击圆环体，然后选择【环形阵列】工具，再单击功能选择框中的阵列轴，按住Ctrl键，单击栅格中的一点，就出现了阵列的实体。把实体数量增加到24，然后使用【合并】工具，把它们组合为一个实体，如图11-13所示。

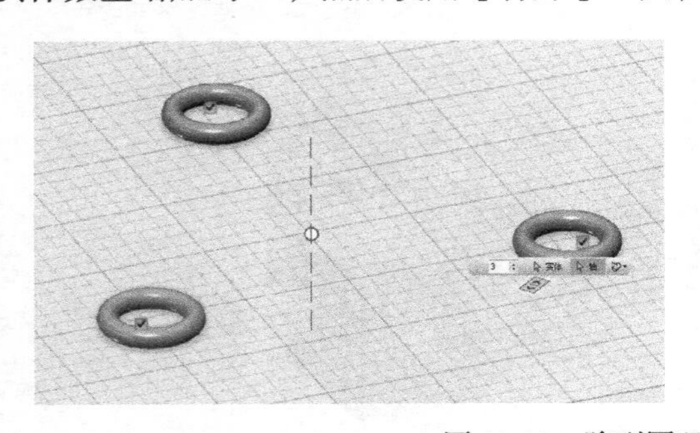

图11-13 阵列圆环并组合为一个实体

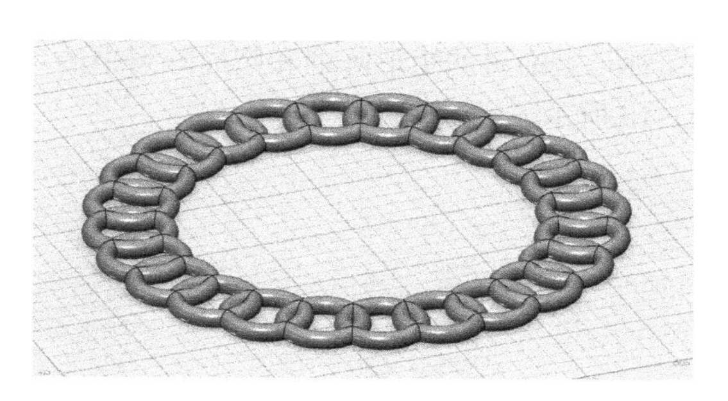

图 11-13 （续）

11.3 路径阵列

路径阵列的功能是，画出一个路径，沿着该路径阵列分布实体。有些像在街道旁边种树，先画好线，再按一定的间隔种上树。因为可以使用绘制的路径，所以更灵活和自由一些。我们先看一下沿着直线路径阵列的例子。

1）创建一个圆锥体，接着在栅格上绘制出一条直线，在【阵列】工具栏中选择【路径阵列】工具。选择圆锥体作为阵列的实体，单击直线作为阵列路径，拖动出现的箭头，就会阵列出默认的 3 个圆锥体，如图 11-14 所示。有一点要理解，当单击圆锥体后，拖动箭头不能执行阵列操作，这是因为所选择的是圆锥的表面而不是实体。遇到这种情况时，就用鼠标拖出一个矩形，来选择实体。

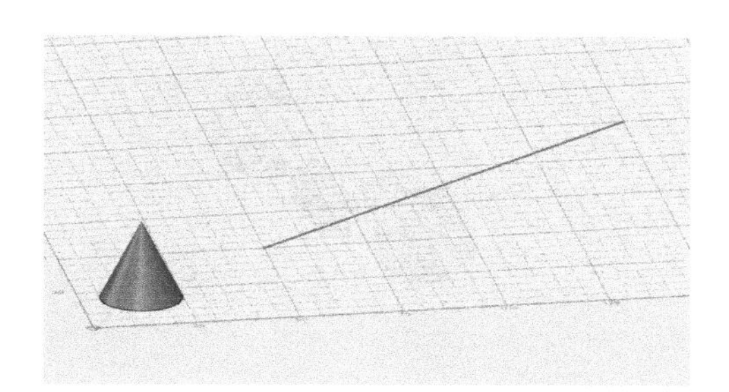

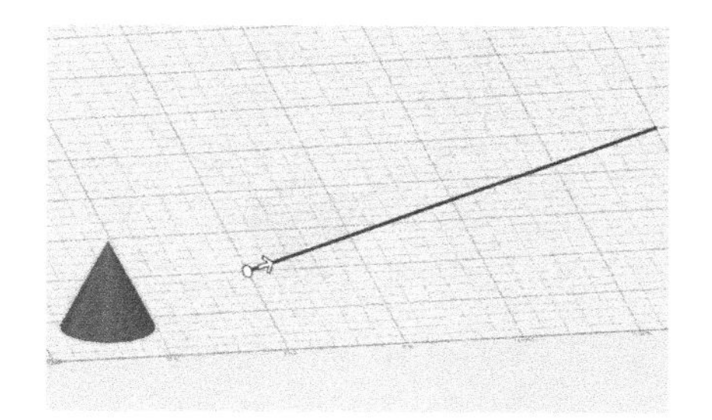

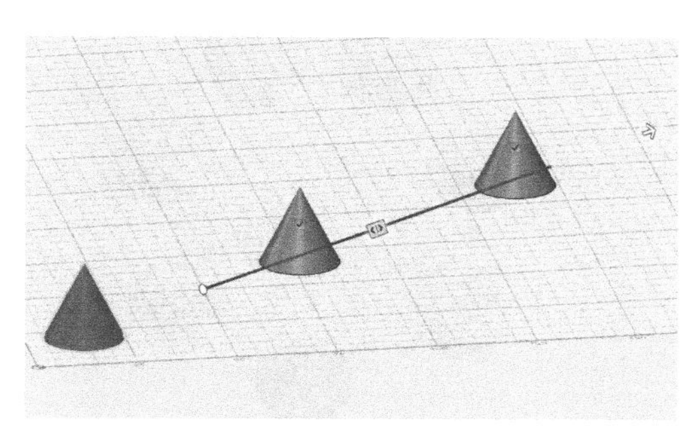

图 11-14 沿路径阵列圆锥体

2）屏幕中出现的小图标与上面讲的矩形阵列和圆周阵列中的功能相同。同样沿着路径阵列分布了实体，如图 11-15 所示。

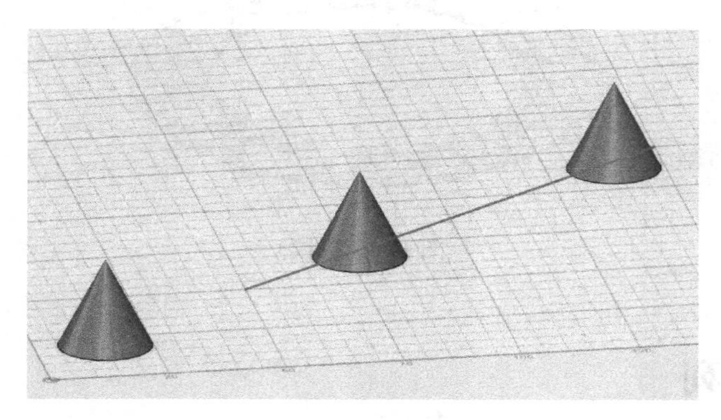

图 11-15　最终得到的结果

直线路径过于简单，我们来看看路径是曲线时的情况。2D 草图中的 4 种基本图形都可以作为阵列的路径。其中圆形作为路径，就是环形阵列。其他 3 种图形用作路径时，也与环形阵列类似，阵列实体遇到转角处也会拐弯。如图 11-16 所示是以多边形作为路径的例子。

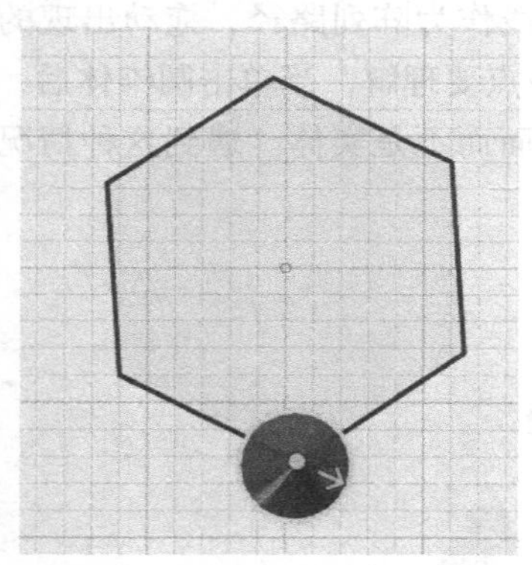

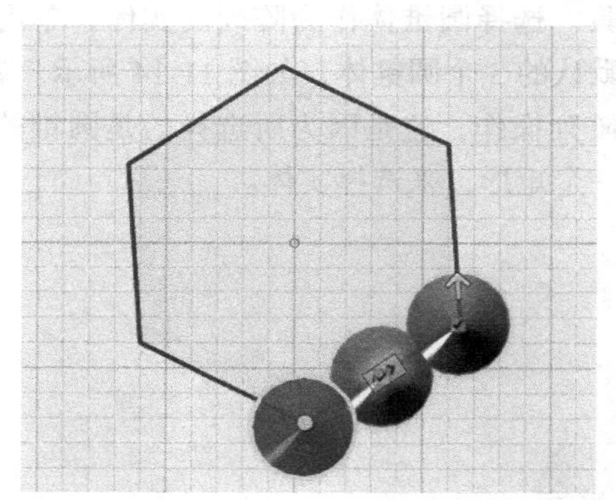

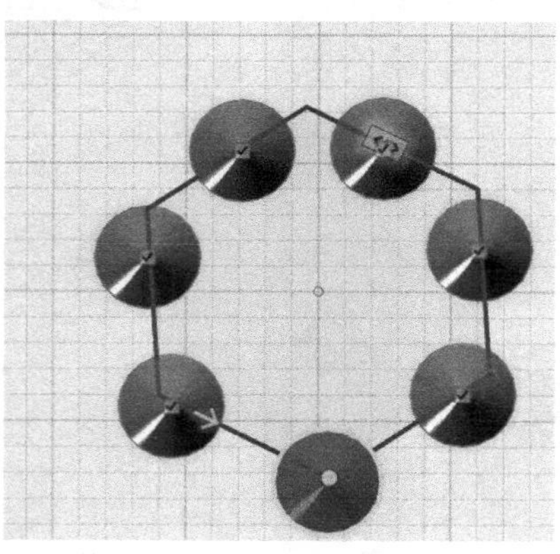

图 11-16　多边形作为路径

圆弧作为路径的情况也比较简单。最复杂的是使用绘制的样条曲线作为路径的情形，下面来讲解它的使用过程。

1）切换屏幕视图为上视图，使用【样条曲线】工具画出一个草图。创建一个圆锥体，不要太大，旋转 90°，使它躺倒在栅格上，移动到如图 11-17 所示的位置。

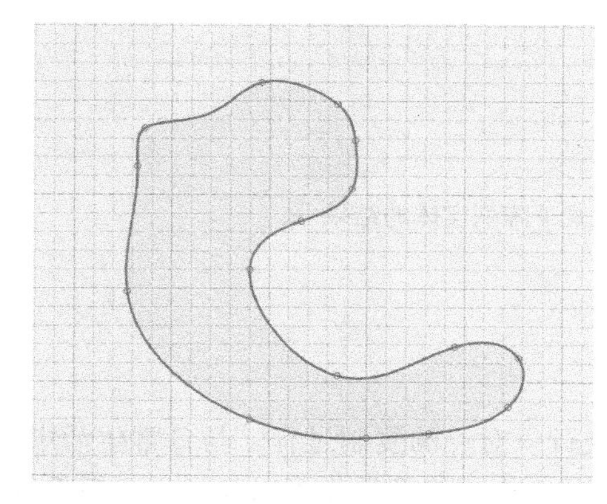
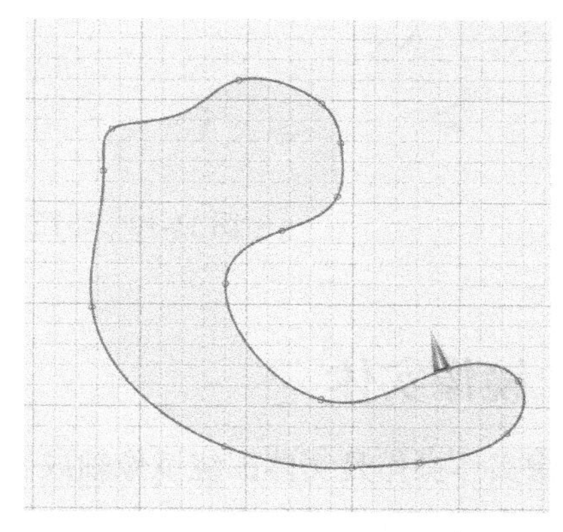

图 11-17 设置圆锥体与草图的位置

2）选择【路径阵列】工具，选择圆锥体作为阵列的实体，单击样条曲线作为阵列路径，拖动出现的箭头，就会阵列出默认的 3 个圆锥体。拖动按钮可以增加阵列实体的数量，如图 11-18 所示。你会发现圆锥体都是朝着一个方向，这是因为在功能选择框中选择的模式是“统一路径”，即每一个阵列的实体大小和方向都一致。

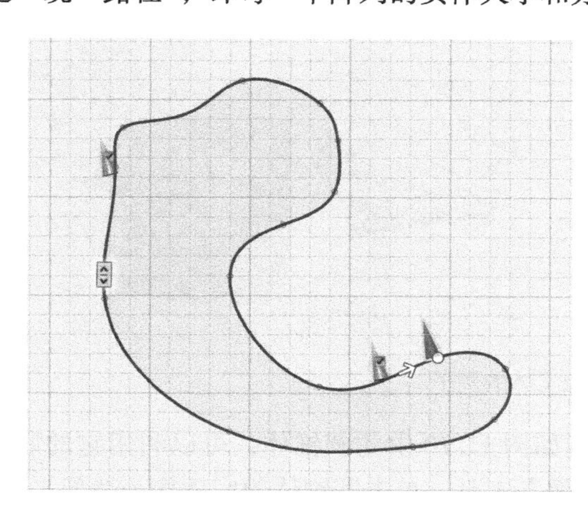
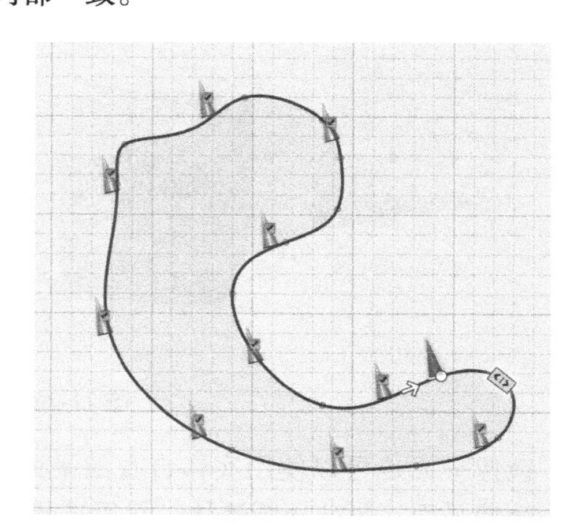

图 11-18 统一路径模式下阵列实体的结果

另一个模式是“路径方向”，意味着实体的朝向随着曲线的法线变化并始终垂直于曲线的切线，如图 11-19 所示。

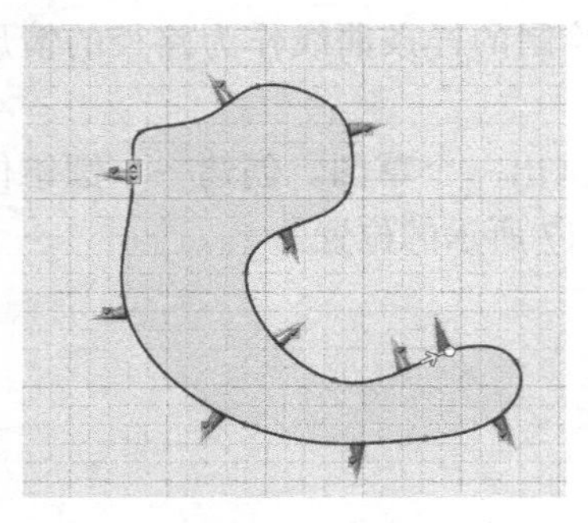
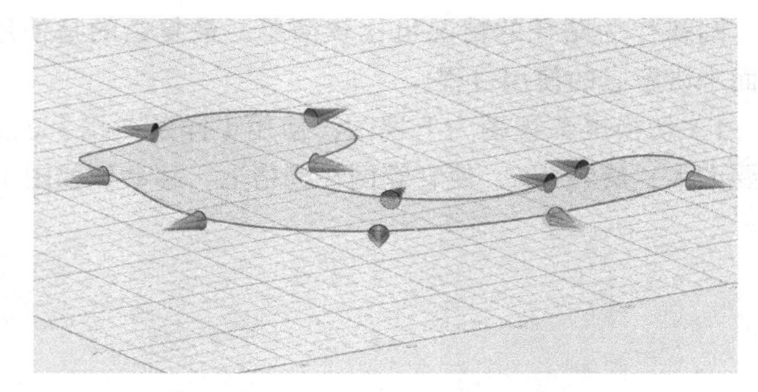

图 11-19　路径方向模式下阵列实体的结果

11.4　镜像实体

镜像实体操作是实体围绕镜像轴或者面进行一对一的复制过程。与日常生活中照镜子相似，镜中的你就是镜像的实体。在 123D Design 中，镜像操作可以先选择要镜像的实体，再选择镜像平面。先举个例子看一下如何操作。

创建一个长方体，再创建一个圆锥体，将圆锥体旋转 90°，使它的底面朝向长方体的一个面。先单击圆锥体，从【阵列】子菜单中选择【镜像】工具，在出现的功能选择框中，单击右边的选镜像平面，然后单击长方体的侧面，就会在与这个平面等距的右侧镜像出一个圆锥体，如图 11-20 所示。

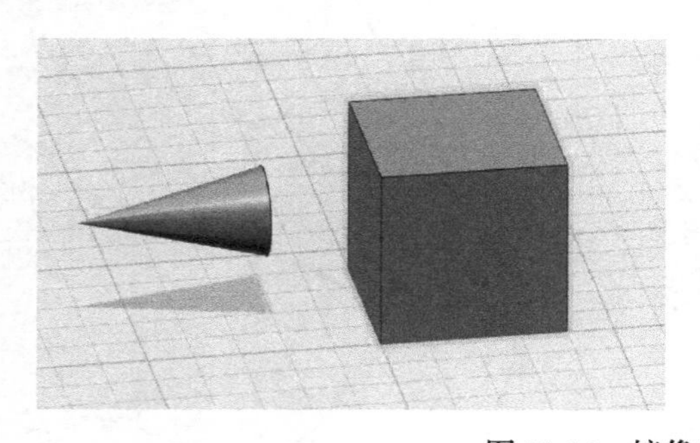

图 11-20　镜像实体的例子

镜像平面也可以使用实体自身的平面，例如图 11-20 中的圆锥体，可以利用它的底面作为镜像平面。先选择圆锥体，然后选择【镜像】工具，单击圆锥体的底面作为镜像平面，就会镜像出另一个实体。对于长方体也可以这样操作，其结果是长方体不断延长，如图 11-21 所示。

还可以利用一根线作为镜像平面的参考。我们接着上图操作，在栅格上绘制一条直线，先单击长方体，然后选择【镜像】工具，单击这条线作镜像平面的参考，就会以通过这条线的一个平面为镜像平面，在另一侧镜像出长方体，如图 11-22 所示。

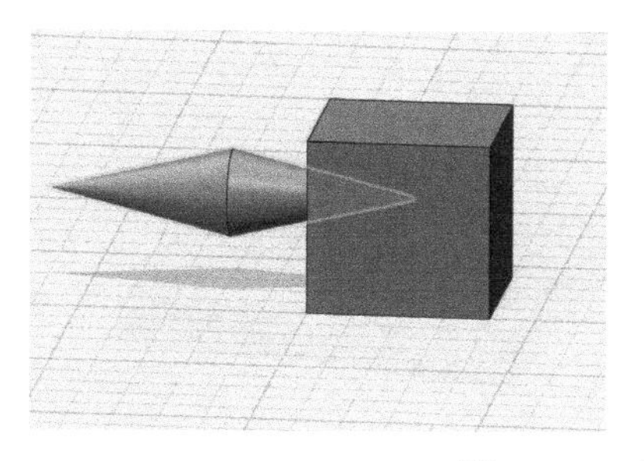

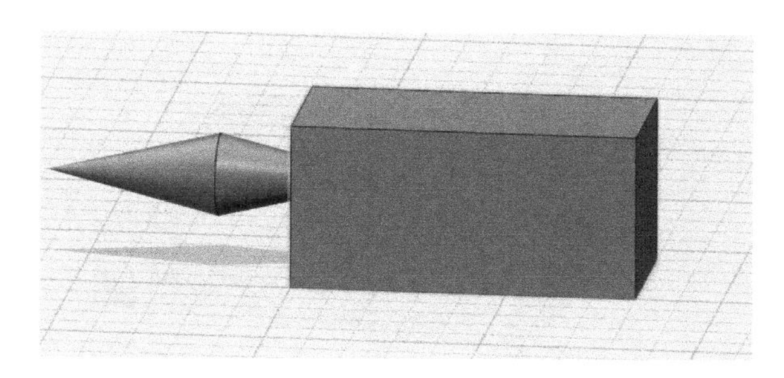

图 11-21 利用实体自身的面执行镜像操作

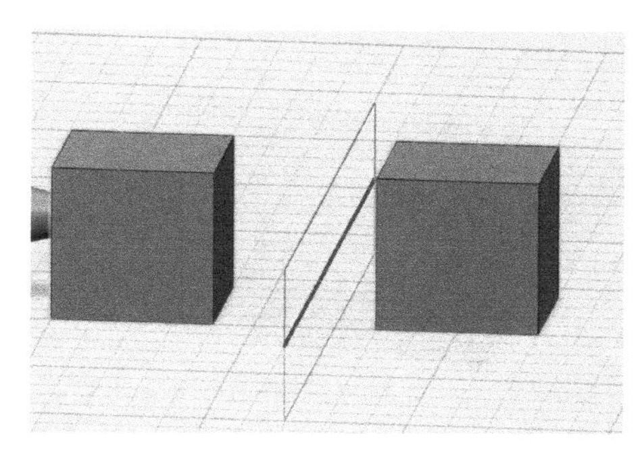

图 11-22 利用直线作为参考执行镜像操作

前面讲的都是可见的实体，其实在实体建模中，孔类也是一种特征。我们练习一下针对圆孔的镜像操作。先创建一个薄的长方体，在顶面上绘制一个圆形草图，使用【拉伸】工具向下拉伸出一个圆孔。接着在长方体的顶面绘制出一条直线，作为镜像的参考，如图 11-23 所示。

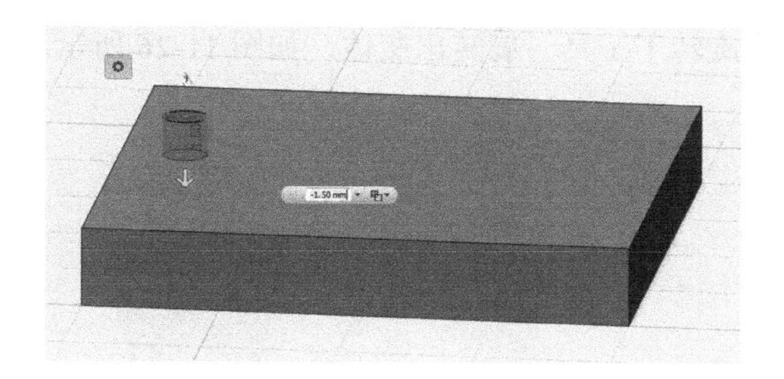

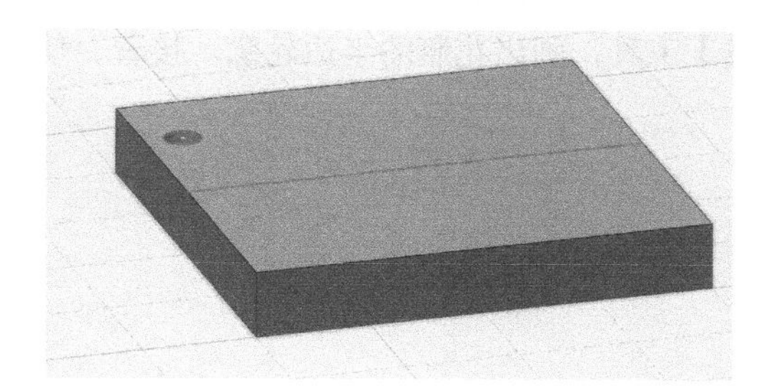

图 11-23 拉伸圆孔并绘制一条直线

这次先选择【镜像】工具，单击圆孔作为要镜像的实体，单击直线作为镜像平面的参考，就会在平面的另一侧镜像出一个圆孔，如图 11-24 所示。

也可以使用【矩形阵列】工具阵列出孔的特征。先选择【矩形阵列】工具，单击圆孔作为要阵列的实体，再单击长方体上的一条边线来确定阵列方向。拖动出现的箭头，就可以阵列出一定数量的圆孔，如图 11-25 所示。

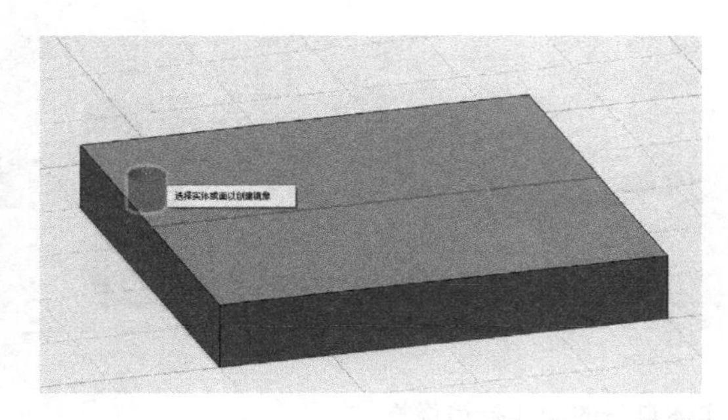
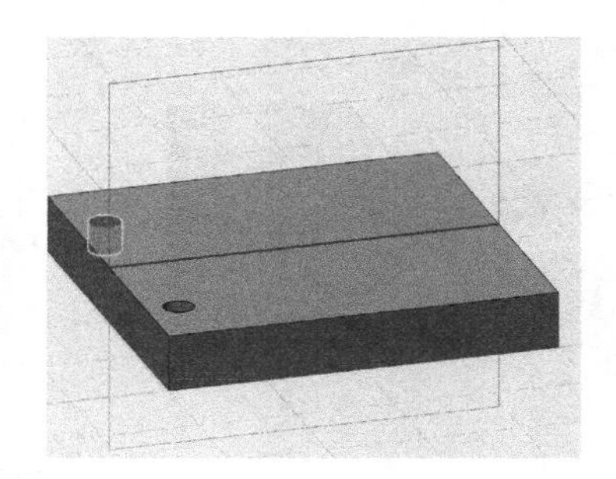

图 11-24　镜像出圆孔

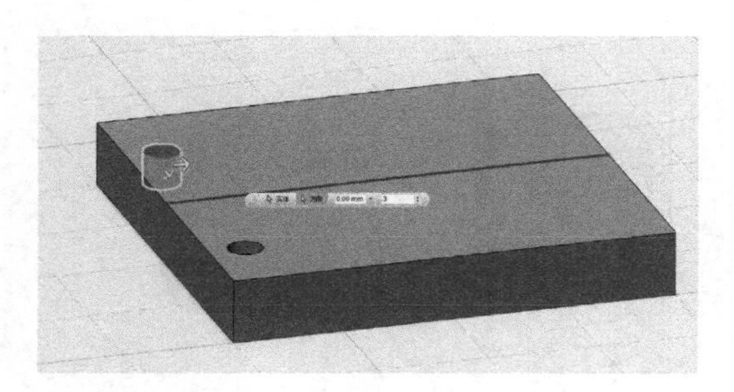
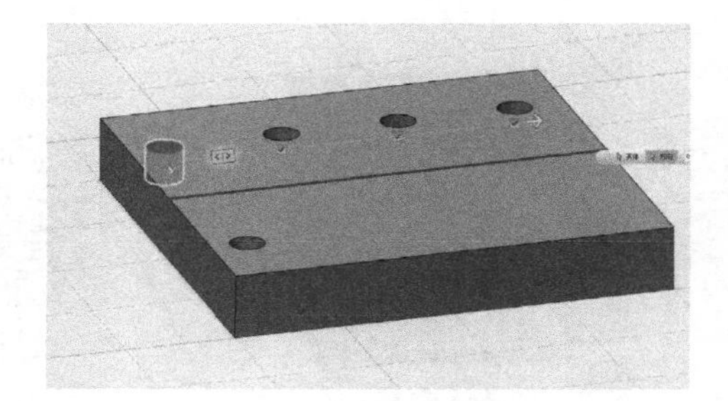

图 11-25　阵列圆孔

11.5　阵列实体实例

接下来，我们将使用【阵列】工具，创建一个镂空的花瓶。

1）利用前面保存的参考矩形文件，切换到前视图，先画出一条垂直线，再使用【样条曲线】工具，画出花瓶的半边轮廓。接着，使用【旋转】工具，旋转出瓶体，如图 11-26 所示。

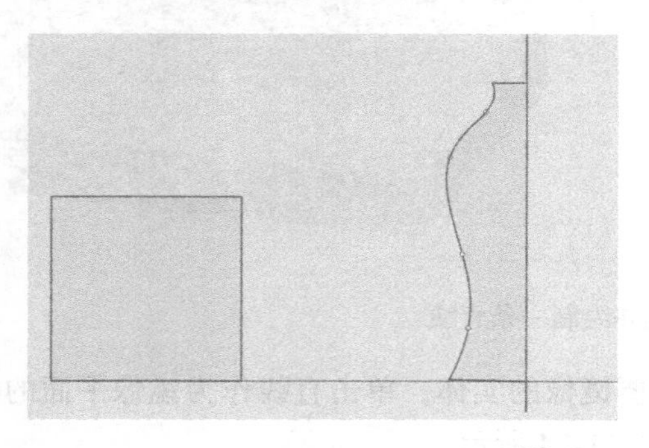
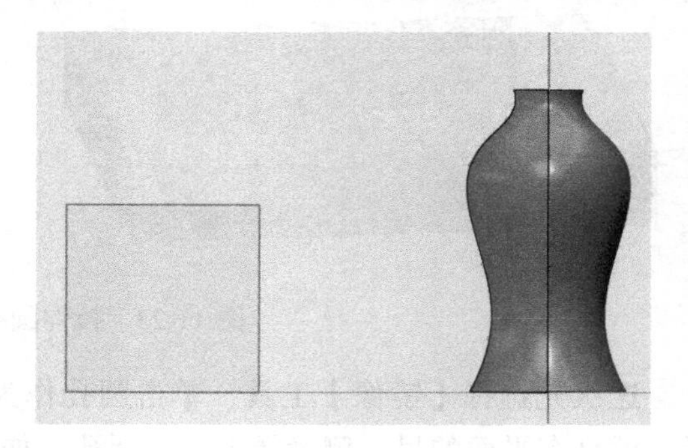

图 11-26　旋转出花瓶

2）使用【抽壳】工具，单击花瓶上部顶面，壁厚设置为 0.1，挖空花瓶。接着创建一个小圆柱体，如图 11-27 所示。

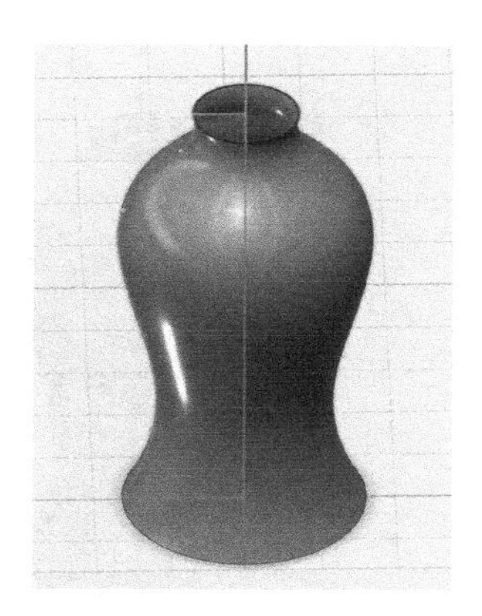
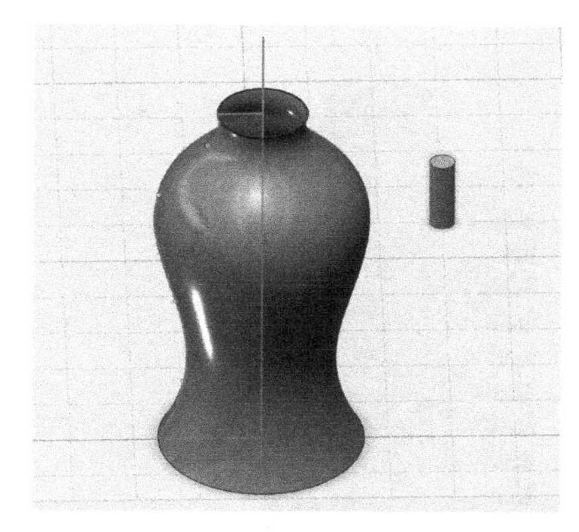

图 11-27　抽壳花瓶

3）移动圆柱体，在前视图和上视图中，确定它的位置，保证它与花瓶有相交的部分。然后从【阵列】子菜单中选择【矩形阵列】工具，在选择要阵列的实体时，如果单击圆柱体不能执行阵列，就拖出一个矩形框来选择它。单击绘制的垂直线来确定阵列方向，如图 11-28 所示。

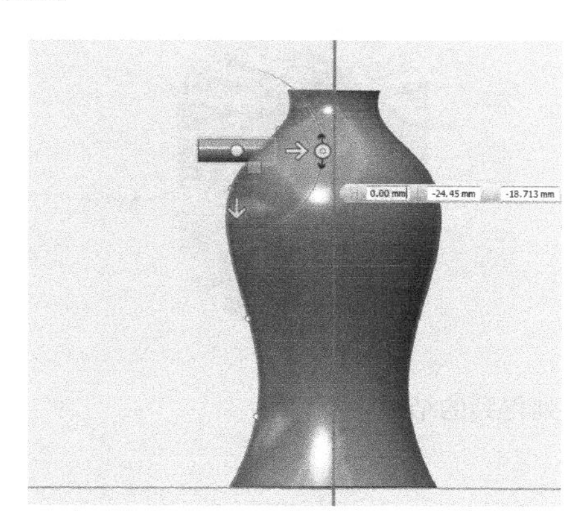

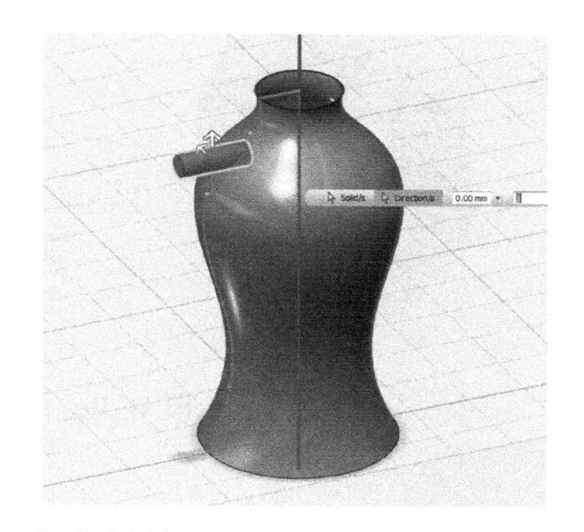

图 11-28　用矩形阵列圆柱体

4）向下拖动垂直方向的箭头，阵列出实体，增大数量，并分布到花瓶的底部。然后选择【环形阵列】工具，拖出矩形框选中那一排圆柱体，作为要阵列的实体，单击垂直线作为阵列围绕的轴，如图 11-29 所示。

5）增加阵列的数量使圆柱体密布花瓶的周围，但圆柱体之间不要接触，按回车键确定，如图 11-30 所示。

6）使用【相减】工具，单击花瓶作为目标实体，可以选择一个圆柱体或一排圆柱体作为源实体，不过那样太麻烦了。在选择源实体时，可以用鼠标拖出一个矩形框，将所有对象都选中，然后按回车键确认。经过一段时间的运算，就得到了镂空的花瓶，如图 11-31 所示。

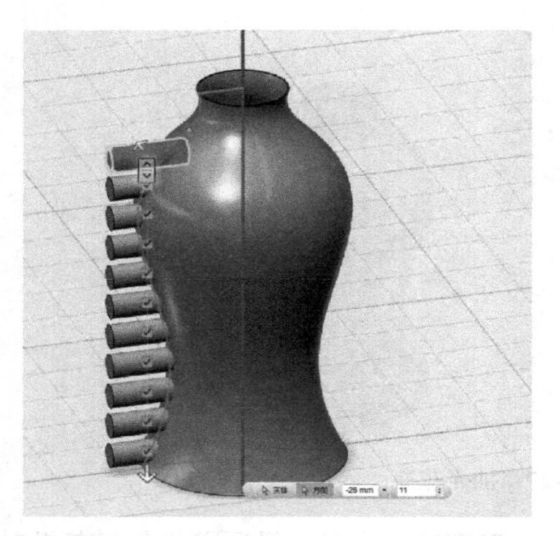
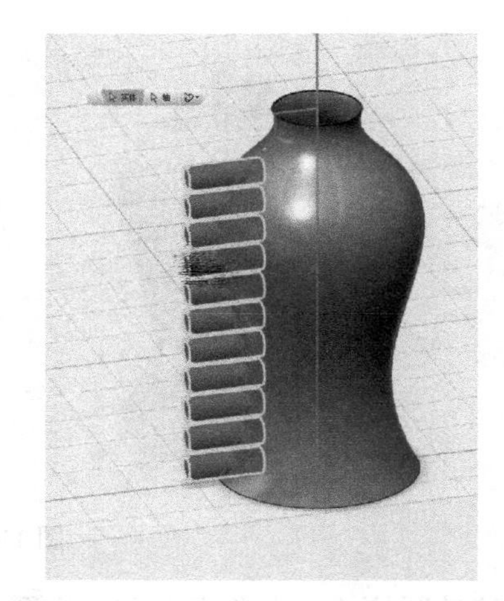

图 11-29　环形阵列一排圆柱体

图 11-30　圆周阵列得到的结果

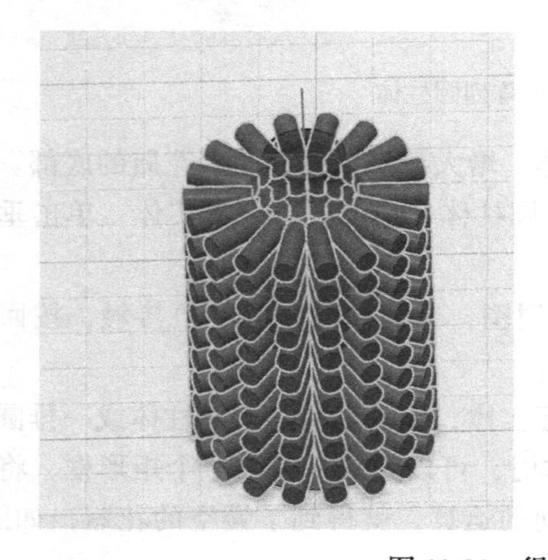

图 11-31　得到镂空的花瓶

11.6　小结

本章讲解了对实体的 3 种阵列方式和镜像操作，对于凸台和孔都可以执行这些操作。

阵列和镜像都是按照一定规则复制实体的操作。镜像操作是实体围绕镜像轴或者面复制的过程。阵列操作是按照一定规则进行一对多的复制过程。通过镂空花瓶的例子，可以体会到阵列的强大功能。

至此，123D Design 软件中主要的建模工具已讲解完毕。从下一章开始讲解辅助建模工具。

Chapter 12 第 12 章

分组与解组

分组是把几个实体编成一组，以方便选择或者满足一起移动、缩放和旋转的需要，或者满足删除多个对象以及对它们进行其他编辑操作的需要。分组就是集合的概念，把构成头部的对象编为一组，把手臂编成一组，对安排机器人的姿态很有帮助。如果选择某个组中的一个成员，那么该编组中的所有成员都将被选中，对编组使用的工具将应用于整组。编组可以根据需要一起选择和编辑，也可以单独进行编辑。分组提供了以组为单位来操作对象的简单方法。可以通过添加或删除对象来更改分组中的部件。

在 AutoCAD 中，2D 平面图形也可以编成组，不过在 123D Design 中，屏幕上方【分组】子菜单中的工具只适用于 3D 实体，不适用于 2D 草图。如果使用过 CorelDRAW 或 AutoCAD 软件，就非常容易理解分组的概念。

12.1 分组

下面我们讲解分组的具体操作。

在屏幕中创建一个长方体、一个圆锥体和一个球体，位置如图 12-1 所示。现在我们想要一起移动它们，就需要拖出一个矩形框，把它们全部选中，然后再使用【移动 / 旋转】工具进行移动操作。这样做存在一个问题，如果其中存在不想移动的模型，就不好处理了。

为了看得更清晰，这里再创建一个圆环体。接下来我们使用【分组】工具，把长方体、圆锥体和球体编成一组。从【分组】子菜单中，选择【分组】工具，它没有什么其他功能选项，你只要依次单击想要编为一组的对象就可以了。选择完成后，在空白处单击鼠标确认，如图 12-2 所示。然后，单击其中任意一个对象，即可使用【移动 / 旋转】工具移动它们。

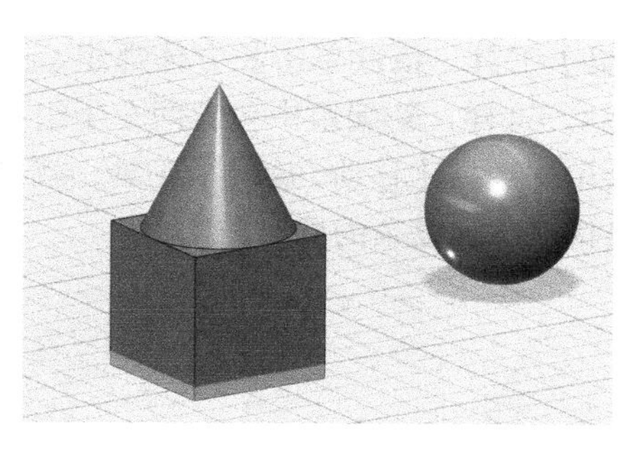

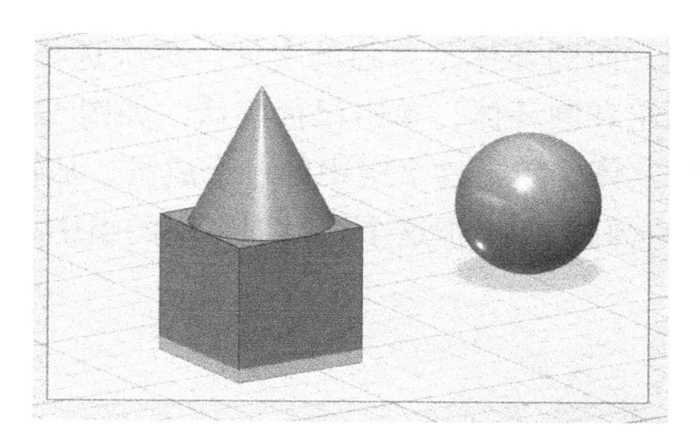

图 12-1　使用全选方式移动这些模型

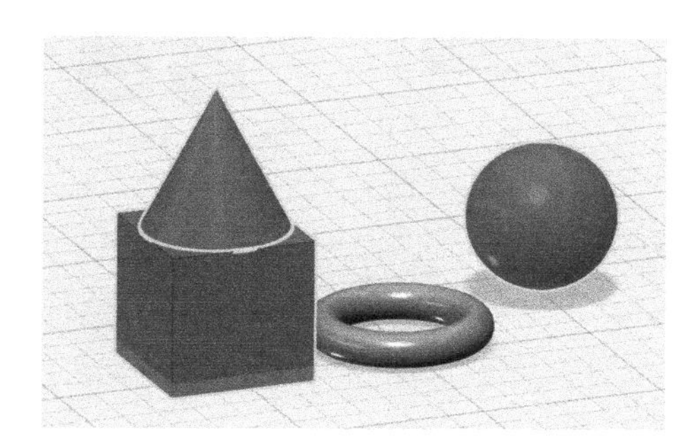

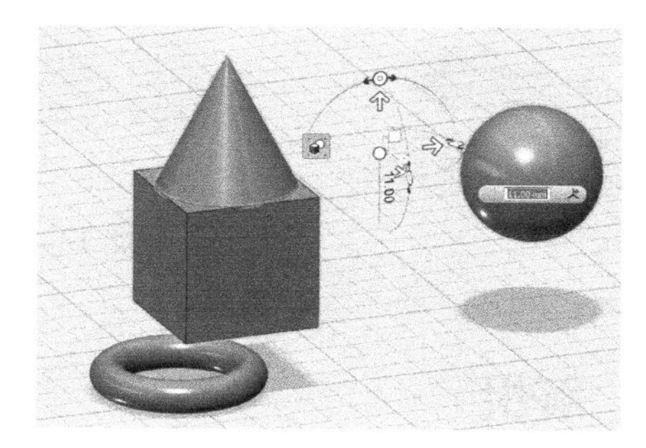

图 12-2　使模型分组并移动它们

通过这种手段，可以把某一位置的多个对象编成一组，以方便后续的操作。在 123D Design 中，没有提供为单个对象命名的功能，而这是在大部分设计软件中都具有的功能，为的是方便管理对象。在使用 123D Design 建模过程中，对于由多个对象构成的复杂模型，应该有计划地把一些对象分组，这会给后面的操作带来极大的便利。

一个组还可以包含若干个子组，下面解释子组的含义。在如图 12-2 所示组的旁边创建两个实体，为区别刚才那个组中的成员，我们绘制了草图，通过拉伸和放样得到了实体。选择【分组】工具，依次单击新创建的两个实体，把它们编为一组，如图 12-3 所示。

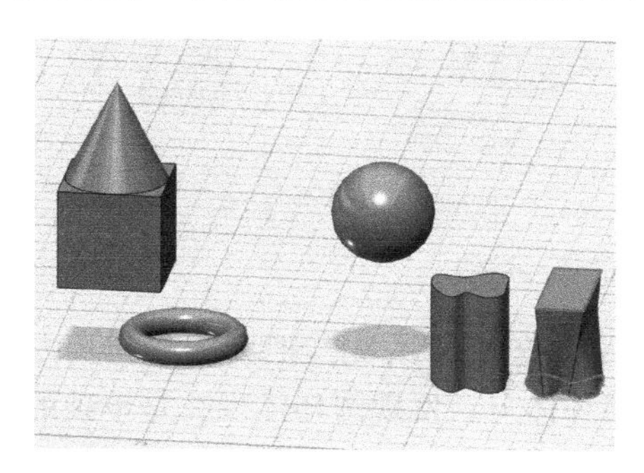

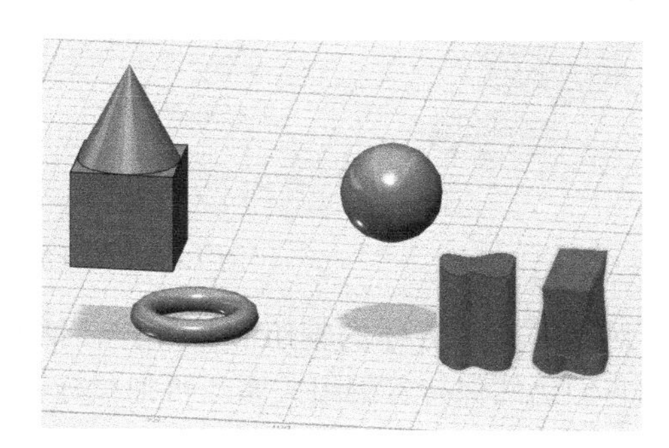

图 12-3　把新创建的两个实体分组

现在屏幕中的模型有两个编组，长方体、圆锥体和球体是一组，后创建的不规则实体是一组，而圆环体是单独的实体。再次选择【分组】工具，依次单击长方体那组、不规则实体那组和圆环体，单击鼠标确认，如图 12-4 所示。这样，新编组中包含两个子组和一个单独的实体。单击这个组中的一个成员，从快速菜单中选择【移动 / 旋转】工具，就可以一起移动它们。如果把这个组再加到别的组中，将会构成更加复杂的层级结构。

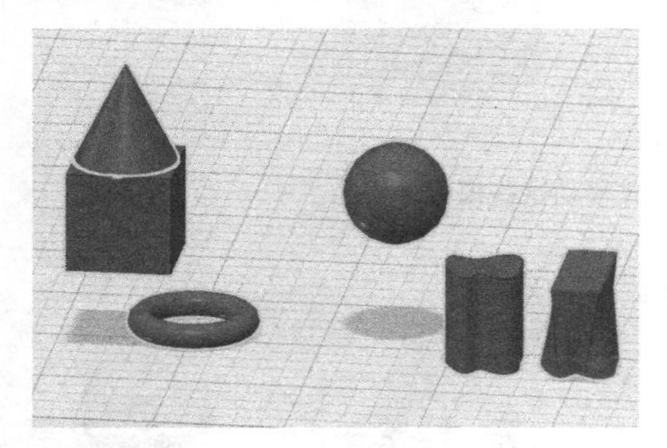
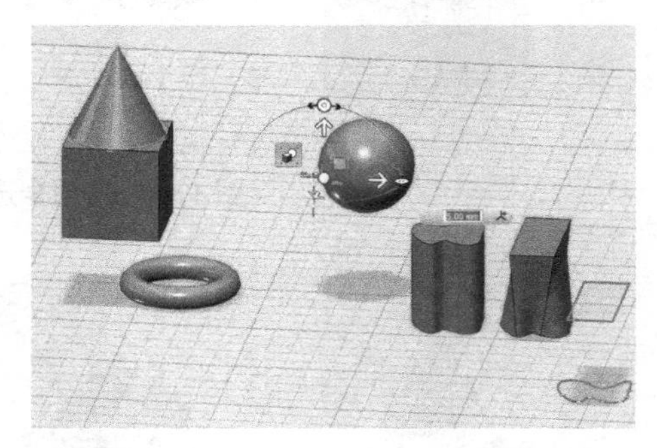

图 12-4　编成一个新组

12.2　解组

有时候，需要单独编辑组中的成员，就需要把编组解散，这就是解组，它是分组的逆过程。我们利用上面编好的组，来解释解组的操作步骤。

1）利用图 12-4 中的模型编组，从【分组】子菜单中选择【解组】工具。它也没有其他功能选项。单击不规则实体，在屏幕的空白处单击确认，如图 12-5 所示。再次把鼠标移动到不规则实体上，会发现这两个实体仍然是一个编组。

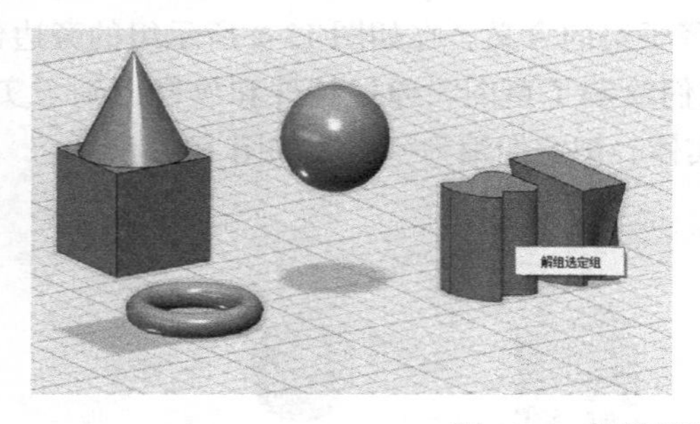

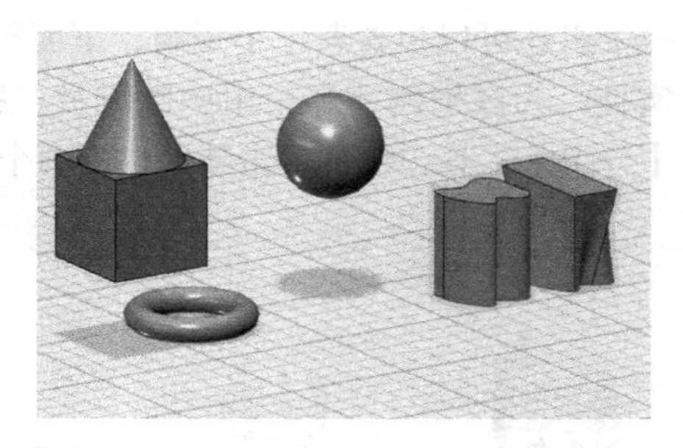

图 12-5　解开编组中的第一层级

而对于含有长方体的编组和圆环体，情况又会是怎么样的呢？把鼠标移到长方体上，会看到它们仍然保持着编组关系。再把鼠标移到圆环体上，发现圆环体现在是单独的实体，如图 12-6 所示。

现在大家应该明白了，应用一次【解组】工具，就会解散一层的编组关系。为了更好地理解编组关系，我们用图 12-7 来解释示例中的编组情况。

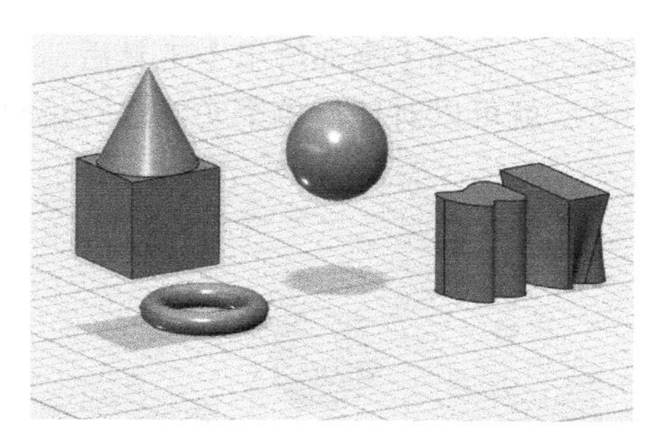

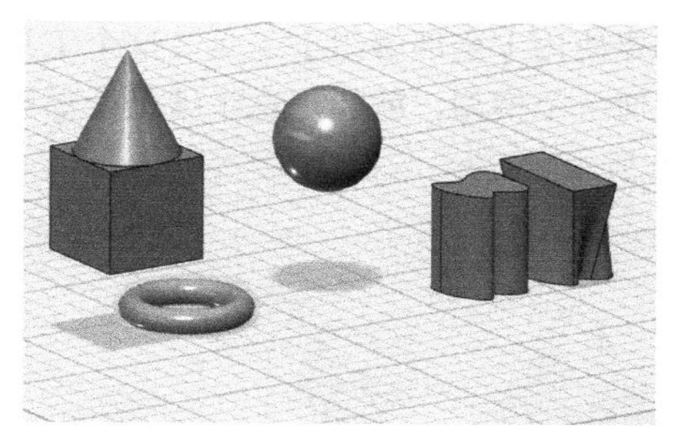

图 12-6　其他模型的编组关系

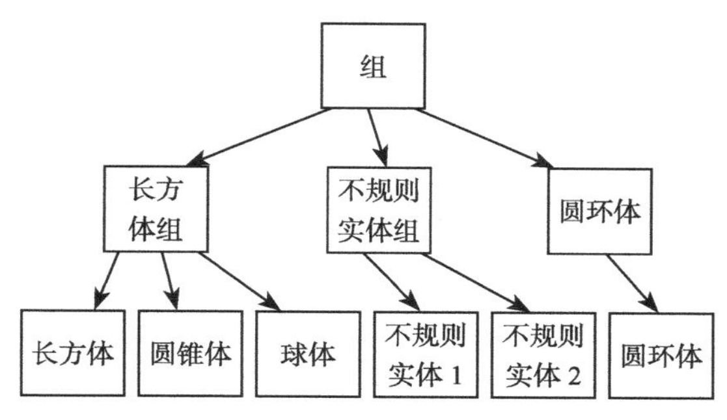

图 12-7　编组示意图

2）现在可以直接编辑圆环体了。不过要想单独编辑圆锥体，还需要解开长方体组。选择【解组】工具，单击长方体组中的一个成员，就解散了这个编组，如图 12-8 所示。同理，也可以单击不规则实体组解散它们。这样，就可以直接对圆锥体进行操作了。

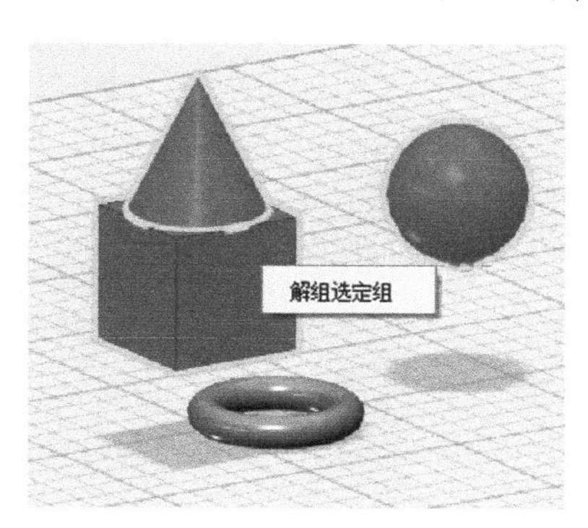

图 12-8　解散长方体组

12.3　全部解组

我们已经了解了组的层级结构，如果想要一次性把组中的所有成员，包括子组都解散，那么就要使用【全部解组】工具。这个工具非常简单，选择【全部解组】工具后，单击组中的任何一个模型，就会把这个编组全部解散，之后就可以对任何单个实体进行编辑，如图 12-9 所示。

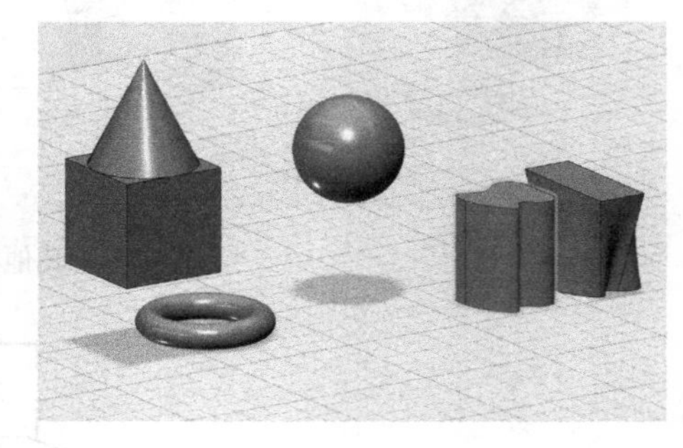

图 12-9　全部解组

对于有复杂子组嵌套的组，要小心使用这个工具，因为它把模型全部都解散了，这好比一个玩具，你把它都拆散了，有没有能力再把它们全部组装起来呢？

12.4　小结

本章主要讲解了分组的操作，内容比较简单，不过对于建模非常有帮助，你可以使用这个功能来管理模型。因为本章内容过于单一，所以没有单独举例。

第 13 章 Chapter 13

吸附工具

在 123D Design 屏幕上方的工具栏中，有个磁铁形状的按钮，这就是【吸附】工具。这个工具用来捕捉实体的面，但与前面讲的绘图过程中，捕捉栅格上的栅格或草图上的点是不同的。【吸附】工具是将两个实体上的面放置在一起，相互连接，是装配实体的工具。

把实体装配到一起是个复杂的过程，组装完成的多个零件的组合，在实体建模软件中称为装配体。与现实生活相对应，装配体是可以完成某一独立功能的模块，是一系列零件的组合。这些零件组装在一起，构成一个小产品，比如前面讲过的台灯模型。而零件是最小的、不能再拆分的单个个体，比如一个螺栓。之前，我们已接触到装配的概念，例如前面组装台灯的过程。

我们不去探讨复杂的装配体，因为 123D Design 仅提供了【吸附】这个简单工具，只能实现实体面到面的配合。不过，了解装配的概念还是有益处的。

下面，我们看看如何使用这个工具。

13.1 吸附实体

在第 10 章创建灯泡的示例中我们使用了【吸附】工具，否则，无法把半环连接起来。在应用【吸附】工具时，首先选择第 1 个实体的一个面，这个实体会自动移动到所选择的第 2 个实体处，两个实体的面会相互靠在一起。下面创建 5 个基本几何体，分别来看看【吸附】工具的具体应用。

对于这 5 个基本几何体，我们会看到模型的面分为两种：平面和曲面。包含平面的实体有长方体、圆柱体和圆锥体，而球体和圆环体由曲面所构成；圆柱体和圆锥体既包含平面也包含曲面。

先练习一下所选实体的两个面都是平面的捕捉操作。单击【吸附】工具按钮，先单击圆柱体的顶面，然后单击长方体的一个侧面，结果圆柱体就吸附到长方体的侧面上了，如图 13-1 所示。

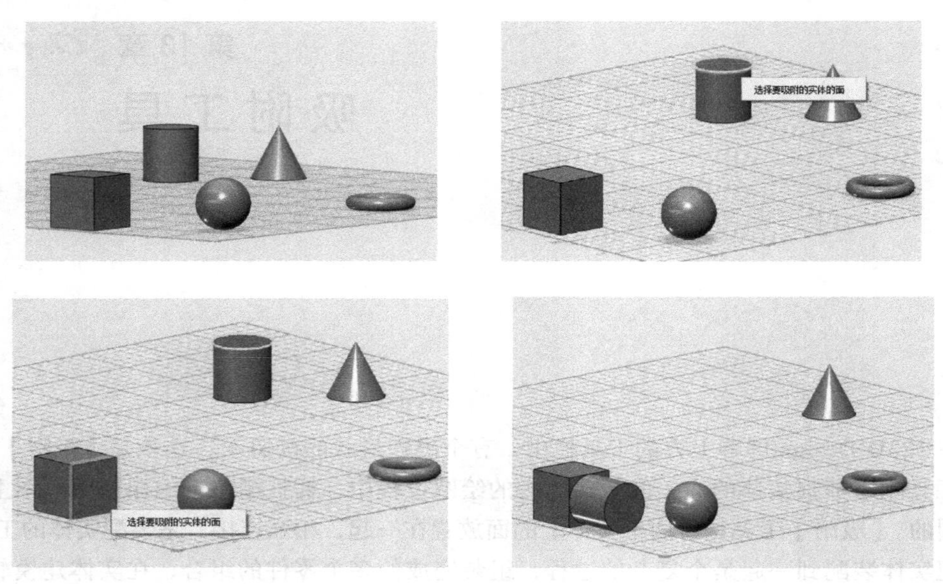

图 13-1　圆柱体吸附到长方体侧面处

现在，这两个实体看似结合成一体了，实际上是长方体和圆柱体分组了，要想编辑其中的一个实体，可以使用【解组】工具将编组解散。在屏幕右侧的导航栏中，有个“开启 / 关闭吸附时分组”的控制按钮，从下向上数第 2 个，它默认是开启的，所以这两个实体编为一组。如果觉得不方便，想在执行【吸附】操作时不自动分组装配的实体，可以单击这个按钮，将自动分组功能关闭，如图 13-2 所示。

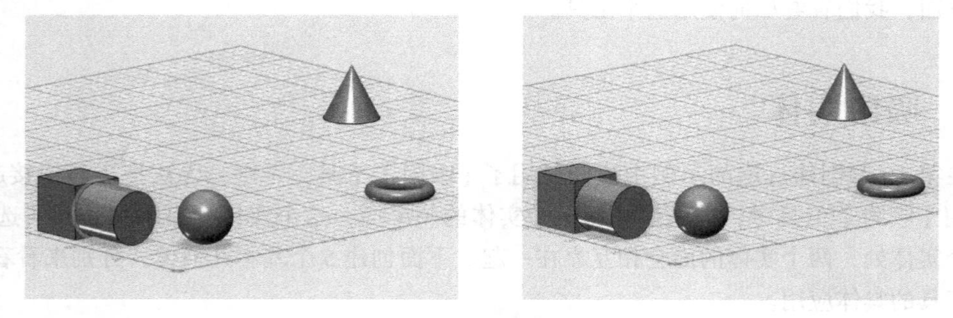

图 13-2　“开启和关闭吸附时分组”功能

下面试一下曲面到平面的吸附操作。选择【吸附】工具，先单击球体，再单击长方体的顶面，球体就装配到长方体上。我们也试一下将圆锥体的斜面吸附到平面的情况，选择【吸附】工具，单击圆锥体的斜面，再单击长方体的顶面，圆锥体就躺倒在长方体的顶面上。再次选择【吸附】工具，单击一下圆环体，再单击长方体的顶面，圆环体就立在长方体的顶面上，但这不是我们想要的结果，如图 13-3 所示。

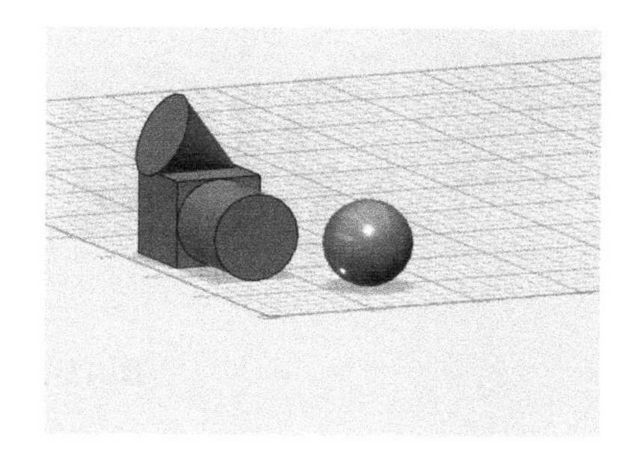
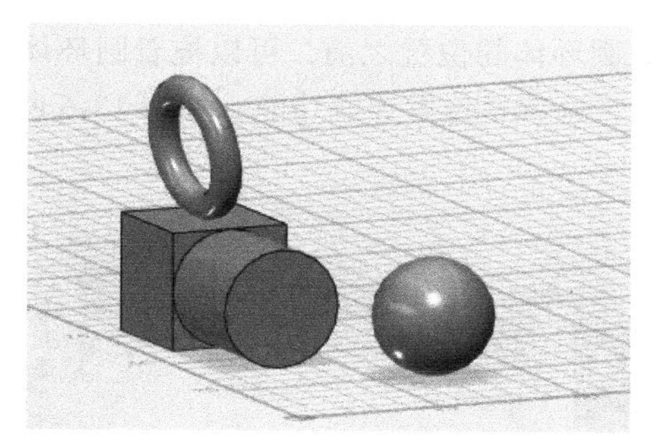

图 13-3 曲面到平面的吸附结果

曲面到曲面的吸附操作，随着选择面时鼠标单击的位置不同将得到不同的结果。下面是圆环体吸附到球体、圆环体吸附到圆锥体的曲面的例子，可以看出这样做的本身也没有什么意义，如图 13-4 所示。

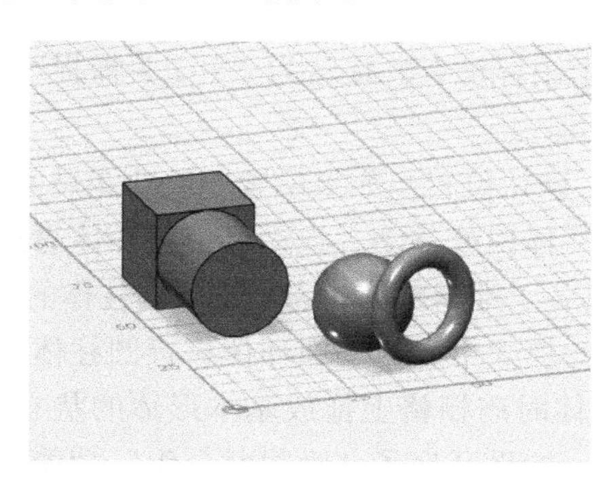
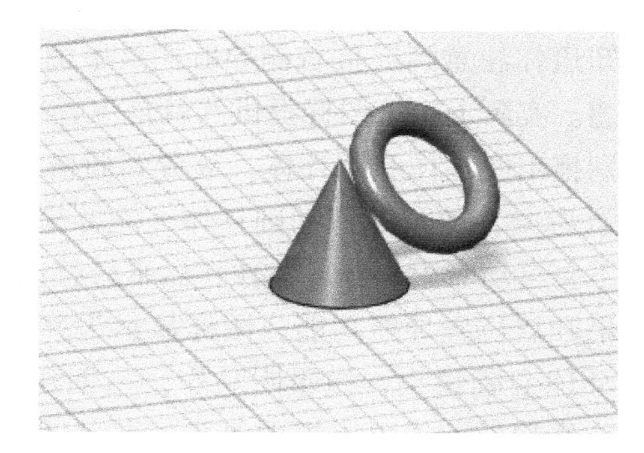

图 13-4 曲面到曲面的吸附结果

我们再看看这个工具有没有把一个圆柱体穿孔的能力。新创建一个半径小一些的圆柱体，然后在最初的圆柱体上拉伸切除一个圆孔。使用【吸附】工具，先单击小圆柱体，再单击圆柱体上的孔壁，结果验证了小圆柱并不能从孔中穿过去，如图 13-5 所示。

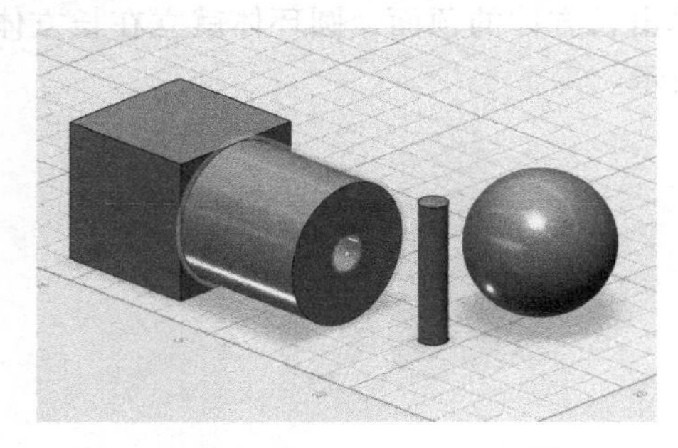
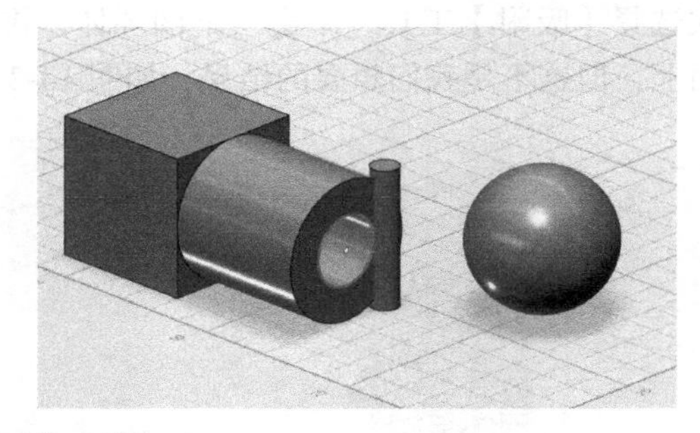

图 13-5 小圆柱不能穿过

在创建基本体时，123D Design 提供了一种导航功能，例如，先创建一个圆柱体，再创建一个圆环体，在没确认圆环体的位置之前，可以拖着圆环体在圆柱体的各个面上游走，根据需要确定圆环体的位置，这就是位置导航功能，如图 13-6 所示。

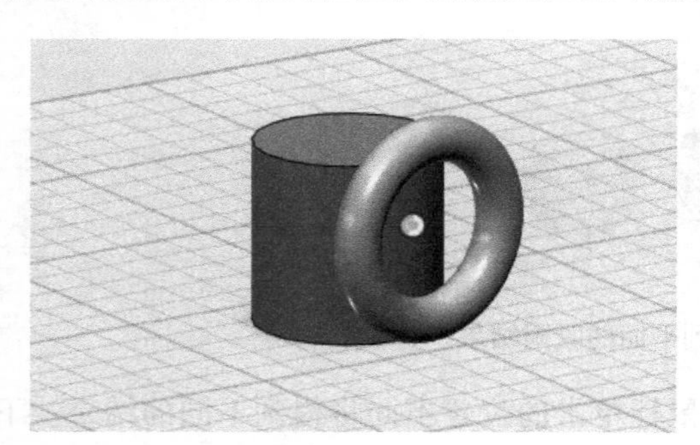
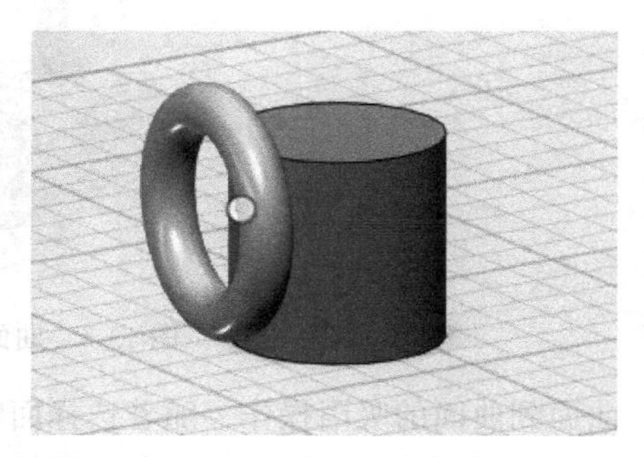

图 13-6 位置导航功能

那么，在确定带有曲面的实体位置时，能否使用这个功能呢？答案是肯定的。

不知道你注意到屏幕右侧导航栏最下面的那个图标没有？提示为“开 / 关捕捉”，有点令人困惑。实际上，该图标提供的就是位置导航功能。

分别拖出圆柱体和圆环体，放置到栅格之上，确认位置。如果位置导航功能是关闭的，图标显示为，按下并拖动圆环体，能够拖着圆环体四处移动。拖动这个圆环体靠近圆柱体，就不会自动吸附，圆环体像在做平行移动，具备了穿越功能，完全不受圆柱体的影响。

如果开启位置导航功能，图标显示为。在此模式下，拖动圆环体靠近圆柱体，你会发现圆环体会翻跟头，做吸附动作，与创建基本体时向栅格上拖放基本形体的状态相同，实现了位置导航。还可以抓取箭头，移动圆环体。如果开启了“吸附时分组”功能，松开鼠标后会出现分组的图标，如图 13-8 所示。

大多数时候可以关掉位置导航功能，在需要吸附对象时，再开启这个功能。若吸附完成后需要分组，则开启“吸附时分组”功能。此外，关闭位置导航功能，不会影响创建基本体时的吸附功能，这一点需要注意。

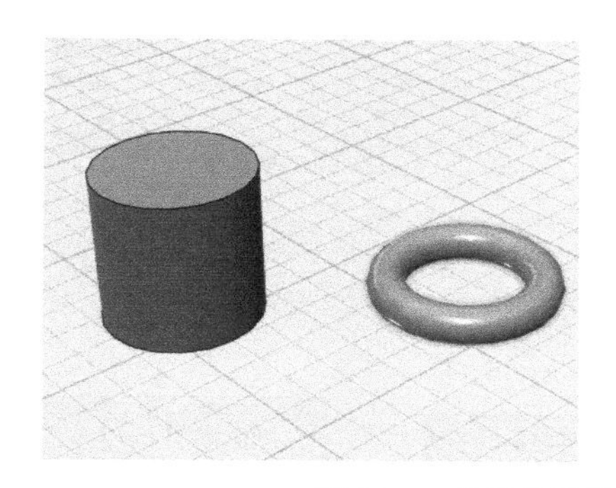

图 13-7 关闭位置导航功能，任意移动圆环

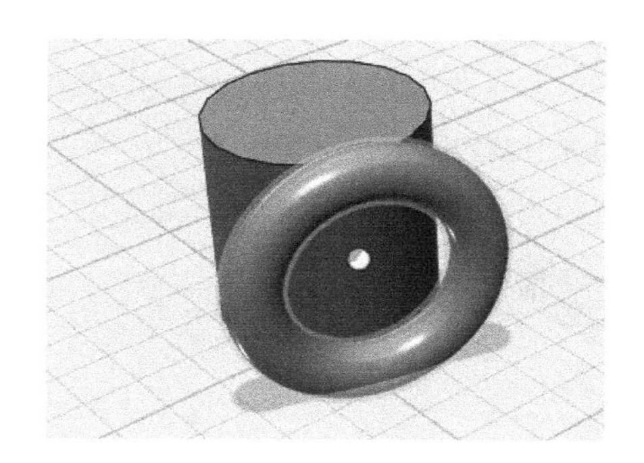
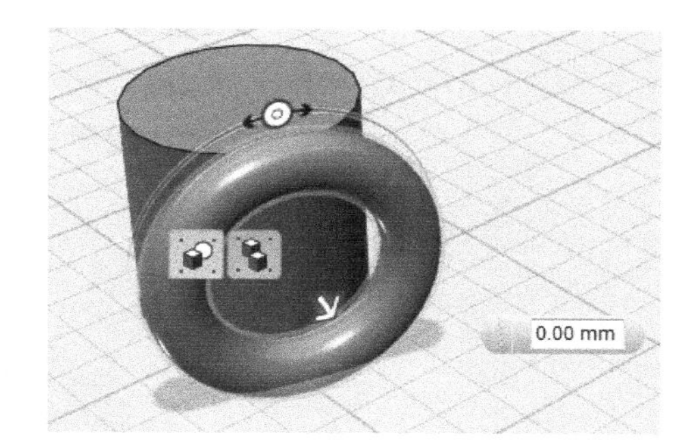

图 13-8 开启位置导航功能，圆环体产生吸附动作

13.2 练习实例

在下面创建高跟鞋的例子中，我们更想讲解的是在 123D Design 中，如何创建曲面的模型，也会涉及一些分组和吸附操作的练习。先找到一些鞋底和高跟鞋的素材，观察一下它们的构成，然后开始创建高跟鞋模型。

1）切换到下视图，使用【样条曲线】工具，在栅格上绘制出鞋底的草图。然后使用【拉伸】工具，把它向上拉伸出一定的高度得到实体，如图 13-9 所示。

2）绘制一个矩形，把它旋转 90°，作为前视图的参考平面（也可以利用前面保存的模板文件）。我们要画出高跟鞋鞋底的侧线，使用【样条曲线】工具，单击一下参考矩形，然后开始绘制如图 13-10 所示的曲线，尽可能调节到令人满意的形状。接着使用【分割实体】工具，利用绘制的曲线把实体分割成两部分，删除下面的部分。

3）向上移动曲线，给定一个较小的数值，接着利用曲线来分割实体。把分割后的上面部分移动到一边，后面还要用到它。结果就得到了如图 13-11 所示的高跟鞋鞋底的模型。

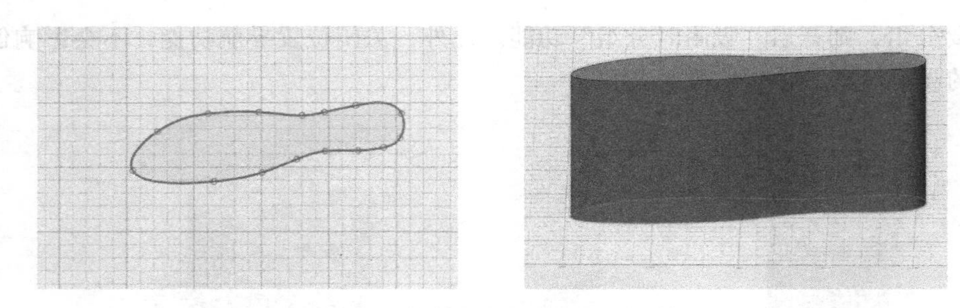

图 13-9　拉伸鞋底的草图得到实体

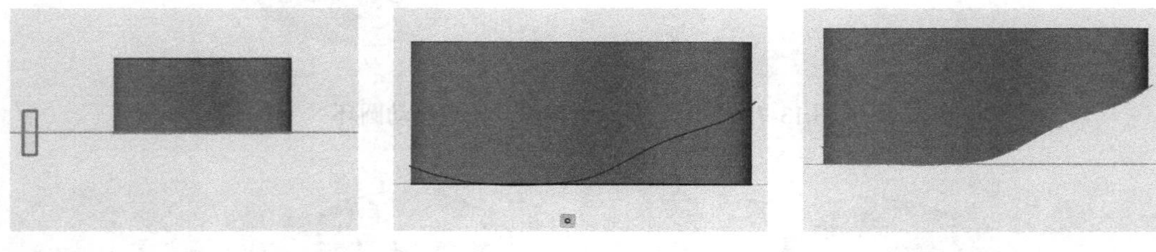

图 13-10　绘制一条曲线来分割实体

图 13-11　高跟鞋鞋底模型

4）鞋底的草图还在原来的位置，接着在图形上后跟的位置，使用【多段线】工具，单击草图，画出一条直线，这个图形现在分为两部分。单击鞋跟部分的草图，向上拉伸，高度不要碰到鞋底模型。然后使用侧面曲线分割得到如图 13-12 所示的实体。

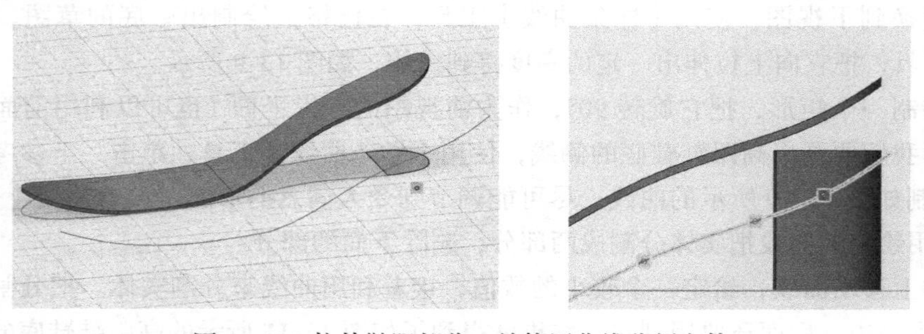

图 13-12　拉伸鞋跟部分，并使用曲线分割实体

删除实体的上面部分。这里要制作的是鞋底和鞋跟的连接部分。目前留下的实体有些高，所以再绘制一条水平直线，将它分割成两部分。当然，也可以使用【压 / 拉】工具来完成。删除下面的部分，即得到如图 13-13 所示的鞋底与鞋跟的连接部分。

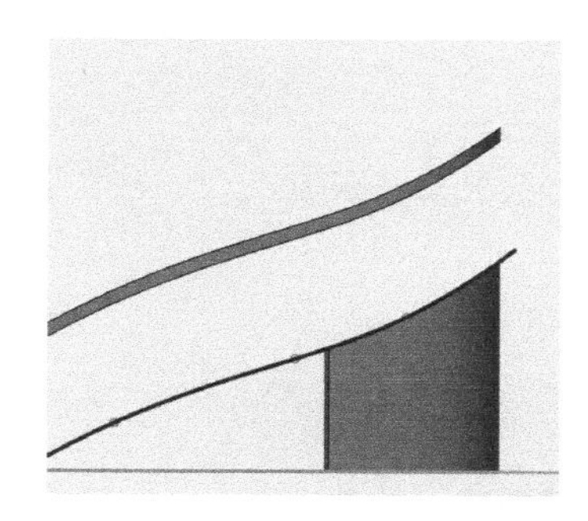
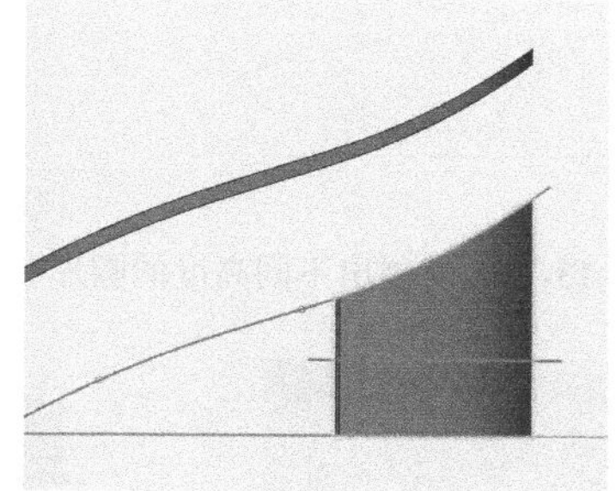
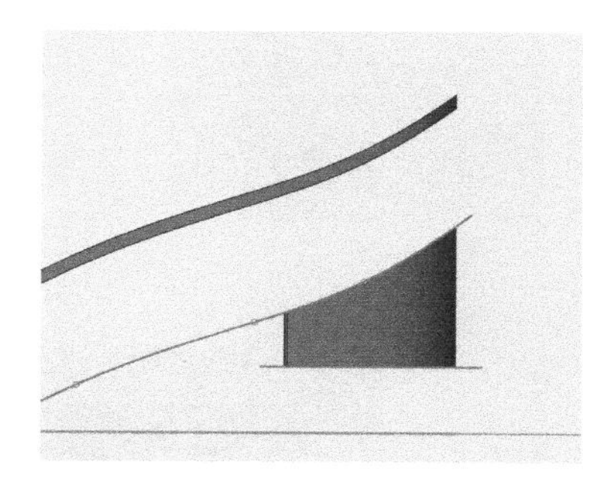

图 13-13 制作鞋跟与鞋底的连接部分

向上移动这个实体，使它与鞋底相接触。对实体左下的棱边，我们使用【扭曲】工具拖动它，让实体的左侧面是倾斜的，如图 13-14 所示。

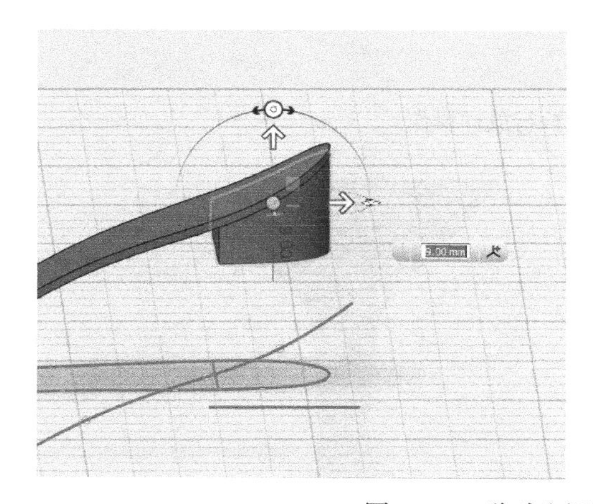
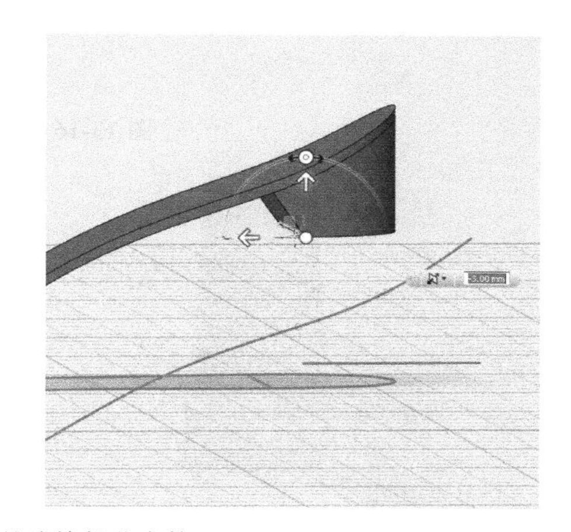

图 13-14 移动和调整连接部分实体

5）在刚才那个实体下方的相应位置，绘制一个小圆，使用 Ctrl+C 键和 Ctrl+V 键，再复制出一个圆，并向上移一段距离。继续复制几个小圆，并调节缩放的比例因子，最好在前视图中进行操作，得到如图 13-15 所示的圆形分布。

旋转视图，选择连接部分的底面轮廓和最上边的圆形，应用【放样】工具。再依次选择下面的圆形，但不选择栅格上的小圆，再次执行【放样】操作，如图 13-16 所示。操作过程中，可以放大视图或旋转视图，来帮助进行正确选择，否则，不能正确执行放样操作。

6）对于栅格上的小圆形，执行【拉伸】操作，一定要选择【合并】模式，否则会切除上面的实体。对鞋跟连接部分与放样实体的第一条边线，执行【圆角】操作，如图 13-17 所示。

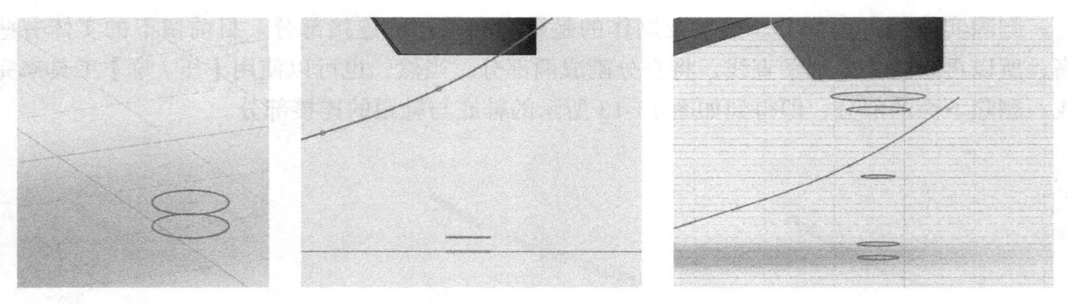

图 13-15　复制出不同高度的圆形

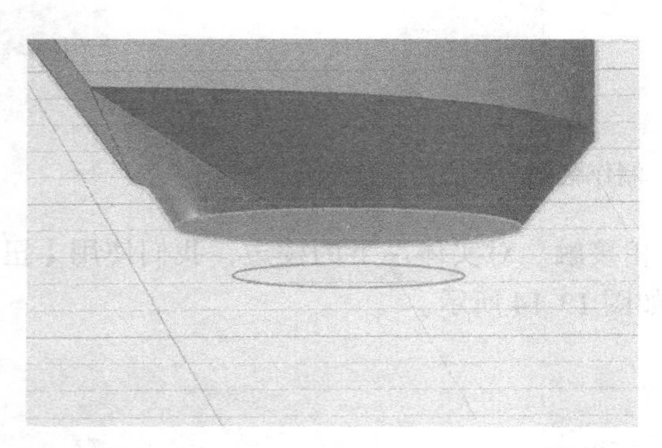

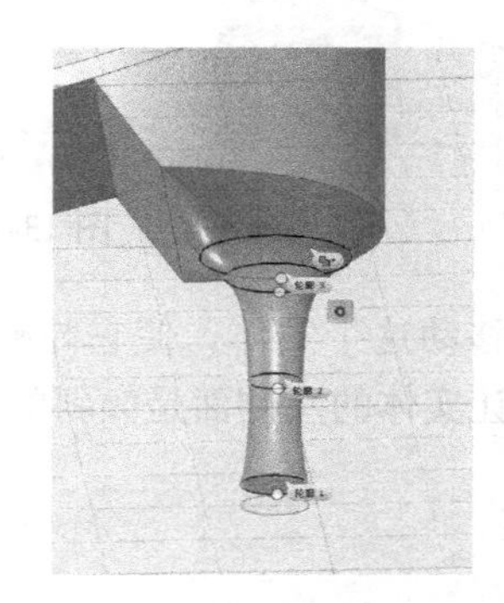

图 13-16　分别执行放样操作

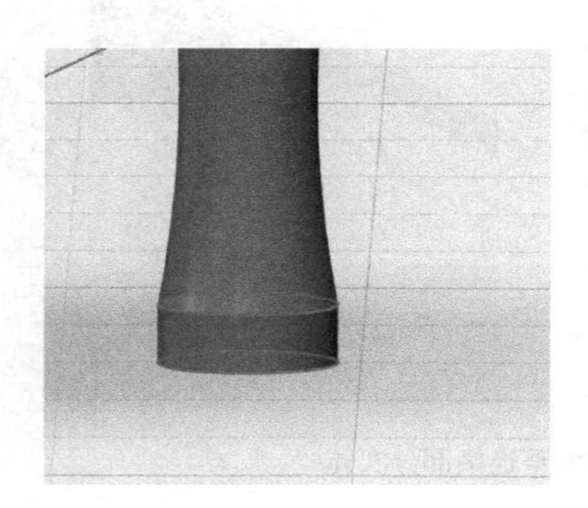

图 13-17　对鞋跟进行细节处理

最后得到鞋底部分的模型如图 13-18 所示。

7）移动前面保留的分割实体的上面部分，靠近已建好的鞋底和鞋跟模型。这是制作高跟鞋最复杂的部分，要使得到的高跟鞋前部的鞋面部分是一个曲面，需要想办法解决这个问题。这个分割实体的上面部分的底面与鞋底的形状是相同的，但是要得到鞋面的曲面，我们试着使用【放样】工具来完成，这需要绘制放样的轮廓。切换到左视图，先创建一个参考矩形，否则没有办法绘制曲线。然后，使用【样条曲线】工具，绘制出一个鞋面截面的形状，宽度要跨过最宽的位置，如图 13-19 所示。

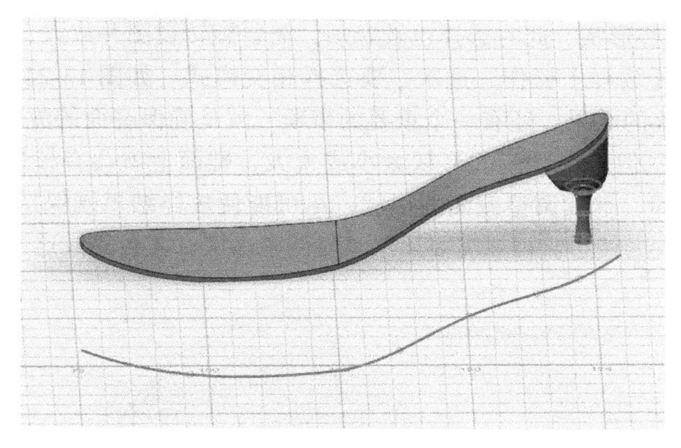

图 13-18 鞋底部分的模型

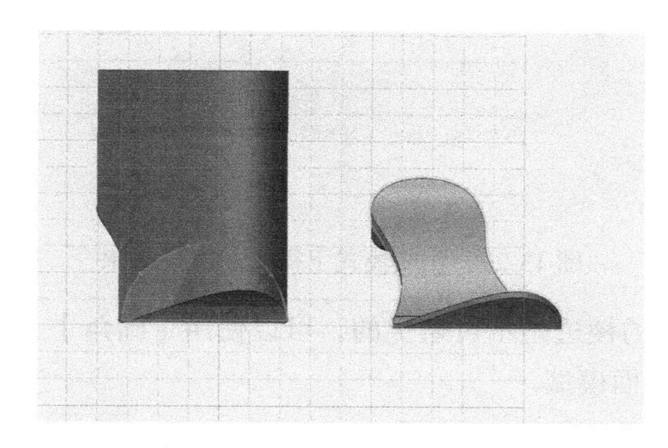

图 13-19 绘制鞋面的截面形状

绘制完成后需要调整形状，形状要尽可能地圆滑。然后旋转它，稍微前倾一些，再移动到鞋面的起始位置。接着再复制这个截面形状，移动并调整它。要想更多地控制形状，就需要多复制几个形状，摆放好它们的位置。另外，绘图借用的参考矩形比较麻烦，可以使用【修剪】工具修剪掉，需要时再创建。可以绘制一个小圆形，作为最前端的形状，如图 13-20 所示。

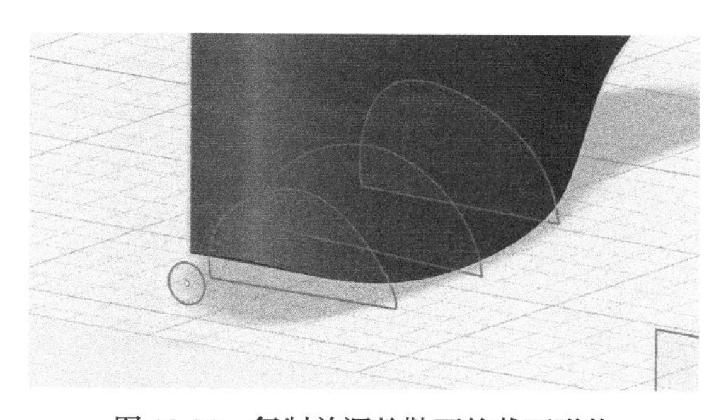

图 13-20 复制并调整鞋面的截面形状

8）依次点选这些形状。此时选择也较麻烦，需要旋转视图并放大，一定要按正确的顺序操作。然后执行【放样】操作，这次，要选择相交模式。如图 13-21 所示。在未确认之前，你会观察到最终的结果。还有一个重要的事项，就是确保鞋面的流线型。相交的模型，底面会与鞋底相配，但如果绘制的形状太小或太大，鞋面上就会有棱边。如果结果太差，可以按按 Esc 键返回，继续调整截面的形状，尽可能使放样结果既保持底面的形状，同时鞋面部分又没有太大的棱边。可能需要反反复复调整多次，才会完成这个过程。

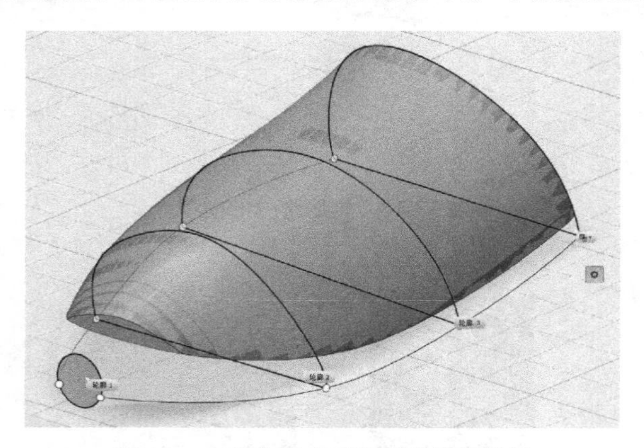

图 13-21　相交模式下得到的放样结果

9）有些地方存在小的棱边是不可避免的，可以使用【圆角】工具来平滑一下。最终得到了如图 13-22 所示的鞋面模型。

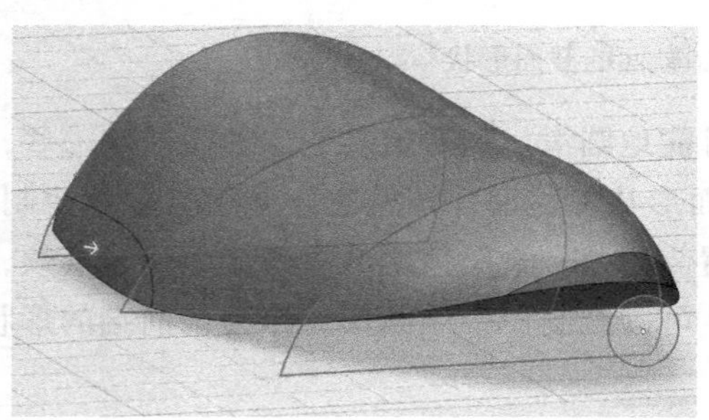

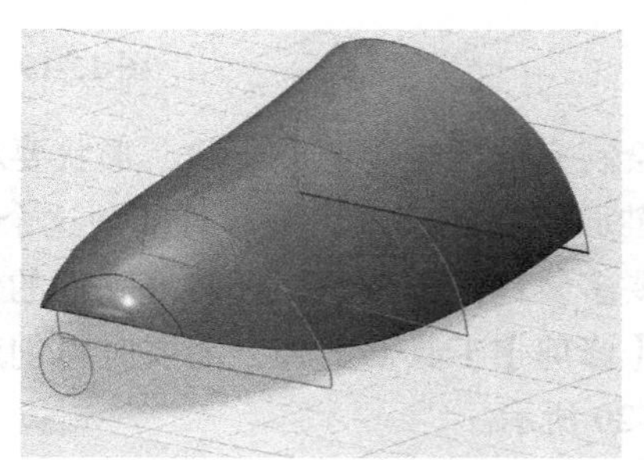

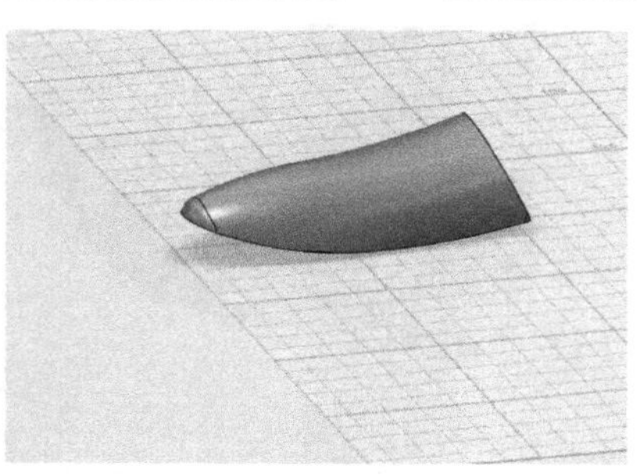

图 13-22　鞋面模型

10）使用【吸附】工具，旋转视图，旋转鞋面模型的底面。再单击鞋底的前部，将两部分连接到一起，如图 13-23 所示。

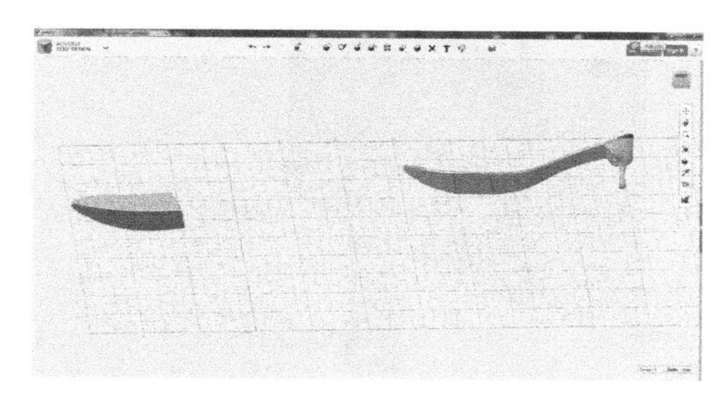
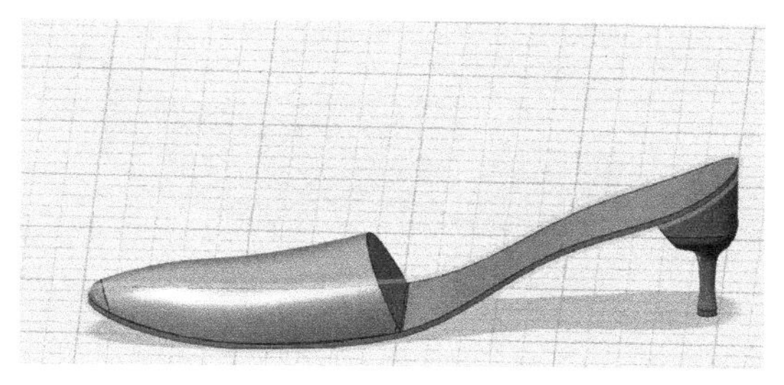

图 13-23　吸附鞋面模型到鞋底上

11）使用【抽壳】工具，单击鞋面模型的后部平面，给定一个较小的厚度值，挖空这一部分，按回车键确认，如图 13-24 所示。

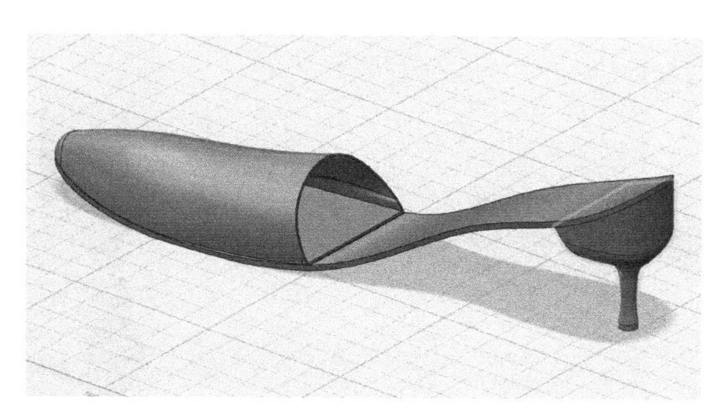

图 13-24　抽壳鞋面模型

12）制作高跟鞋的后套部分。使用【草图】子菜单中的【投影】工具，先单击一下栅格，再选择鞋底后部的轮廓，就会投影一个轮廓形状。把它平移开一段距离，然后拉伸一定的高度，利用先前所用的侧线，分割实体，如图 13-25 所示。

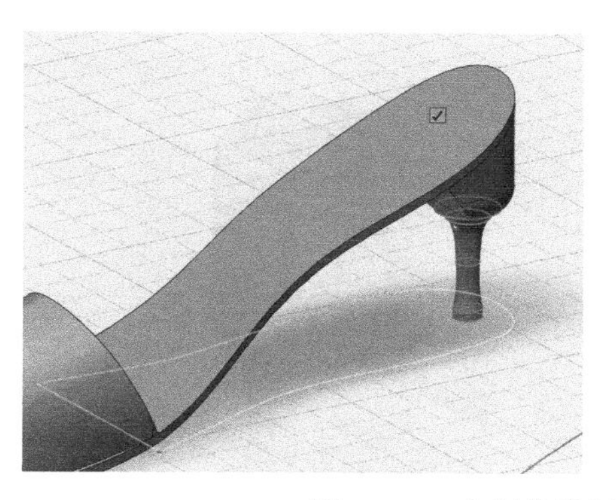
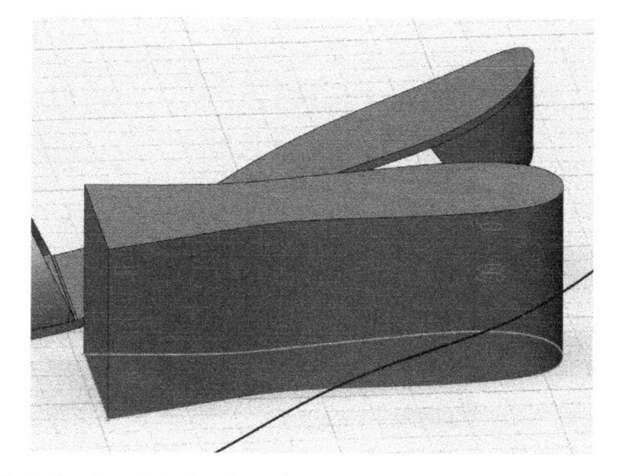

图 13-25　分割拉伸得到高跟鞋的后套部分实体

13）删除上面分割的下面实体，在上面的实体上绘制后套的形状，如图 13-26 所示。

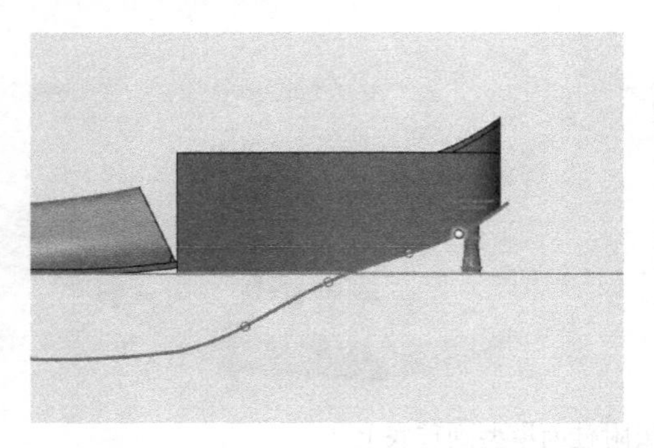
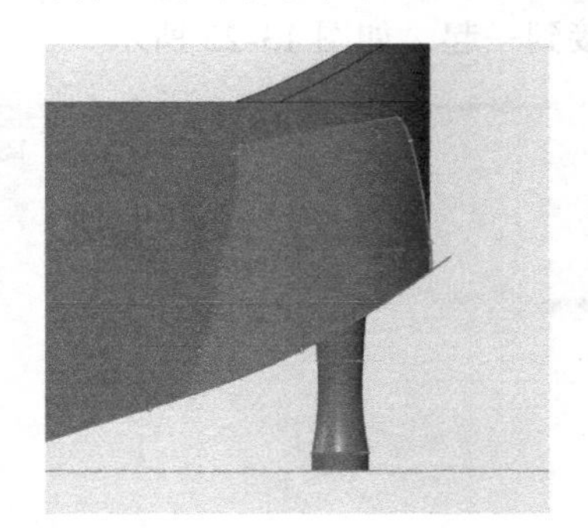

图 13-26　绘制后套的形状

再次应用【分割实体】工具，单击绘制的形状，得到如图 13-27 所示的结果。接着使用【吸附】工具，将后套模型连接到鞋底后部。

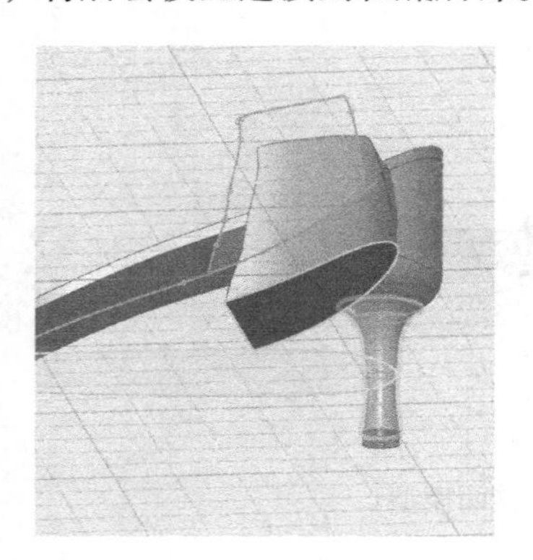
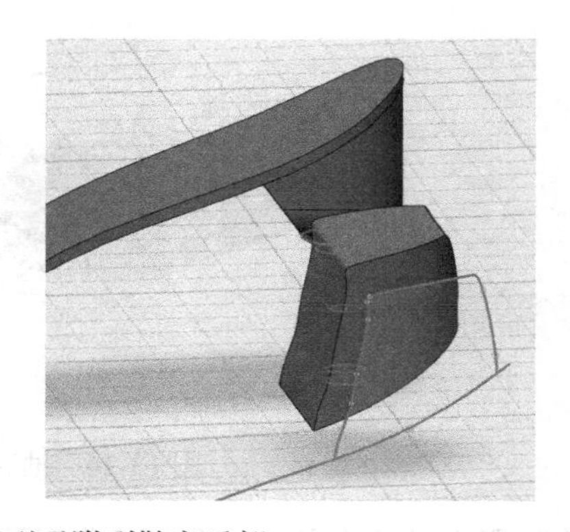

图 13-27　将模型吸附到鞋底后部

如果吸附的位置不正确，可以切换视图，手动确定位置。不必担心，形状肯定是吻合的。然后使用【抽壳】工具，将后套抽壳，如图 13-28 所示。

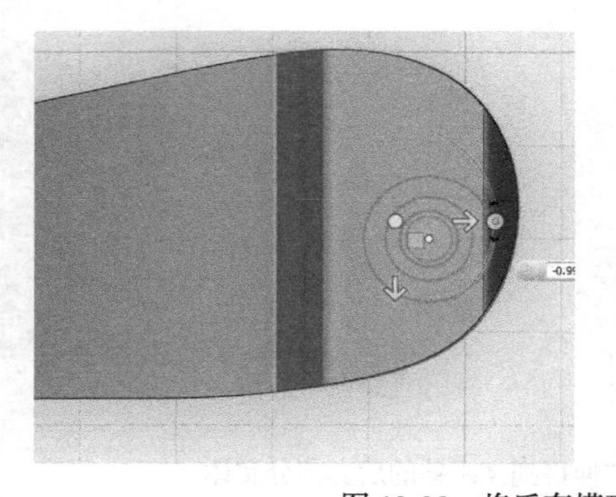
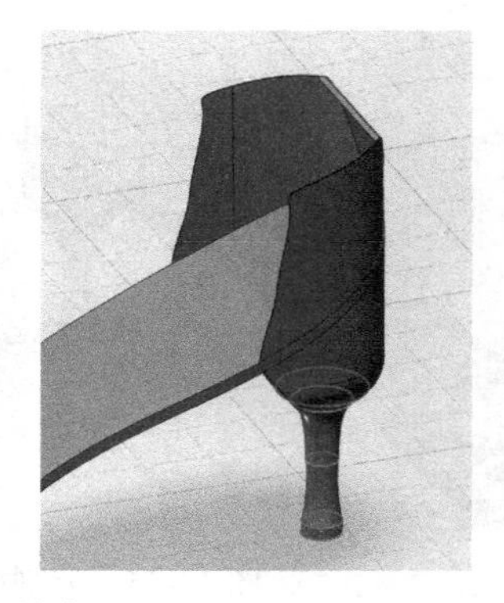

图 13-28　将后套模型抽壳

得到的高跟鞋模型如图 13-29 所示。

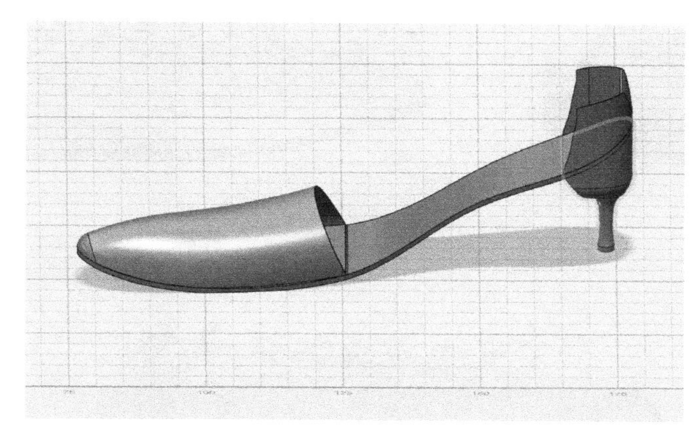

图 13-29 得到高跟鞋的模型

14）模型基本建完了。我们若还想继续美化它，可以赋予高跟鞋一种材质，也可以在材质中随便选一种，后面会专门讲解材质的知识。创建一个小球，给它赋予一种材质，移到鞋面后部的顶面。依照鞋面的轮廓，在前视图中画一条相吻合的曲线，并根据鞋面调整曲线的位置，如图 13-30 所示。

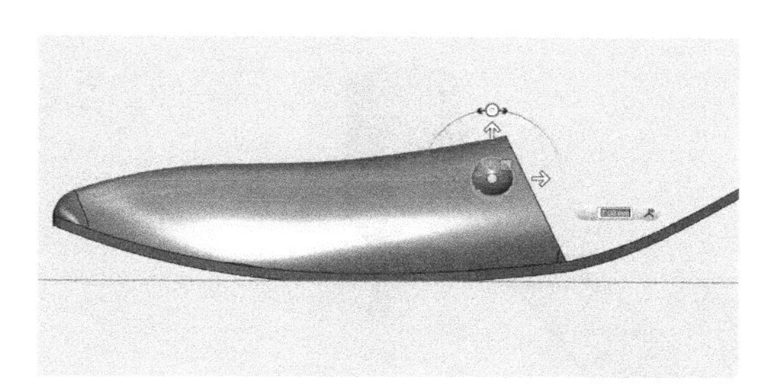

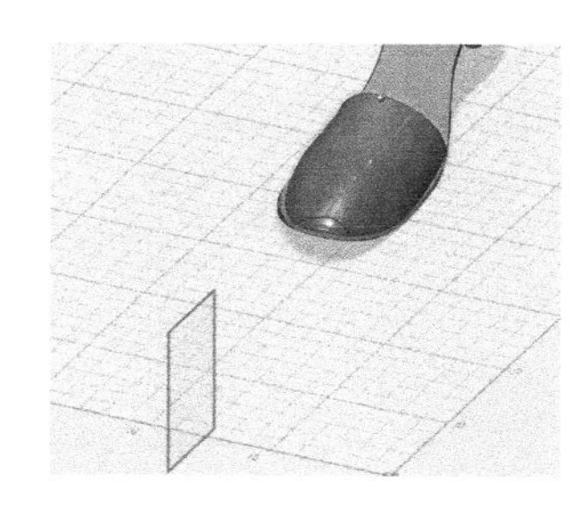

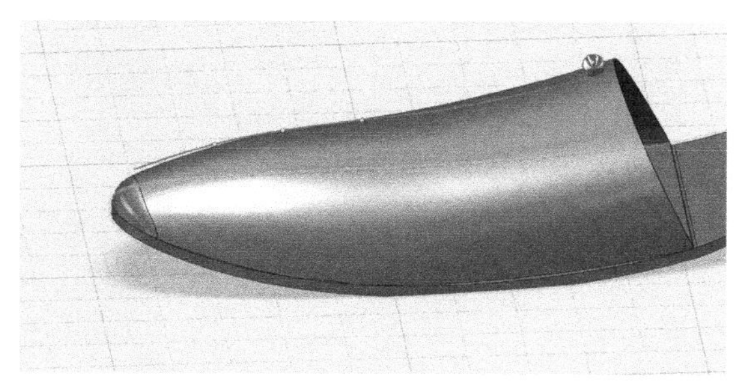

图 13-30 创建小球并绘制一条曲线

15）应用【路径阵列】工具，在鞋面上阵列出一些小球作为装饰物。不过现在，它们都是在鞋面之上的。我们使用【分组】工具，依次单击小球，把它们编成一组，然后把它们稍微向下移动，让它们进入鞋面一些，如图 13-31 所示。

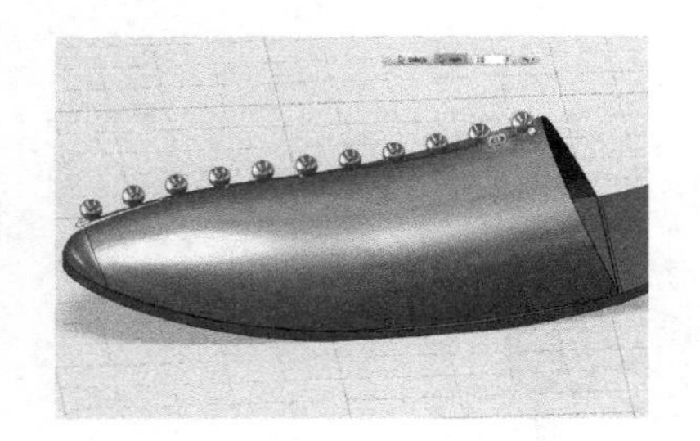

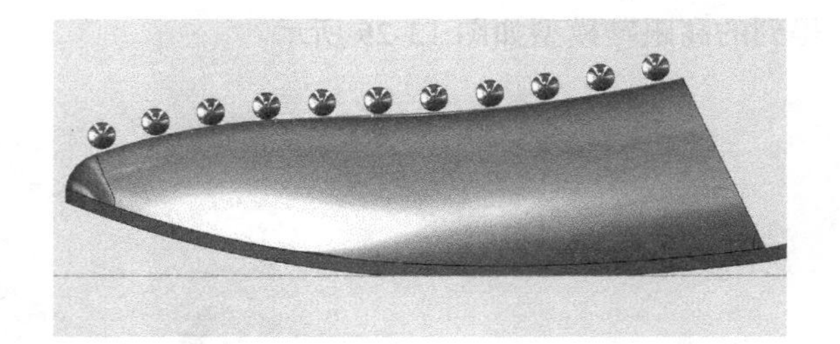

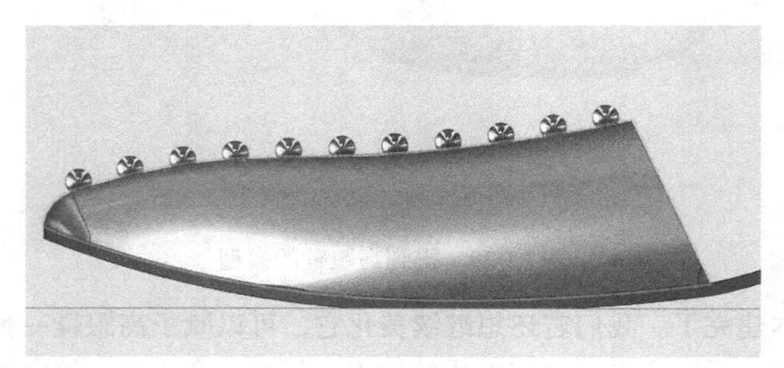

图 13-31 将小球下移一些

最后得到的高跟鞋模型如图 13-32 所示。

图 13-32 最终的高跟鞋模型

13.3 小结

本章介绍了【吸附】工具的功能，因为涉及装配的概念，我们将这部分内容单列为一章。在实体建模软件中，装配模型是个复杂的过程，有很多控制参数。

高跟鞋建模是曲面建模的例子，这是 NURBS 建模软件的强项，而非实体建模的强项。本例只对如何构造曲面模型提供一种思路。

第 14 章　Chapter 14

变换工具

本章介绍屏幕上方工具栏最左侧的【变换】子菜单中的命令。变换操作是 3D 建模过程中最基本的动作，建模时大部分时间要花费在这些操作上面。前面的章节中已介绍了其中的【移动 / 旋转】工具和【缩放】工具的用法，我们一直使用这两个基本工具构建模型。移动指的是在 3D 空间中，沿着 3 个不同的轴向平移所选择的对象；旋转是围绕着某一轴向，对选择的对象进行旋转；缩放指的是改变模型大小的操作，既可以在 3 个轴向上同时执行缩放动作，也可以在一个特定的轴向上进行缩放。相信读者已能熟练地掌握【移动 / 旋转】和【缩放】工具了。

【变换】菜单中还提供了【对齐】工具，以便在建模过程中对齐多个对象。还有功能更强大的【智能缩放】和【智能旋转】工具以及【标尺】工具，每个工具都有独特的功能。下面来解释这些工具的使用方法。

14.1 【对齐】工具

【对齐】工具可以对选定的两个及以上的对象进行对齐操作，一个对象是不能对齐的。

对齐在平面设计中也是常用的功能，可以把几个图形根据需要对齐。下面还是先看看 Photoshop 中的对齐功能，可以更好地帮助读者理解什么是对齐，如图 14-1 所示。

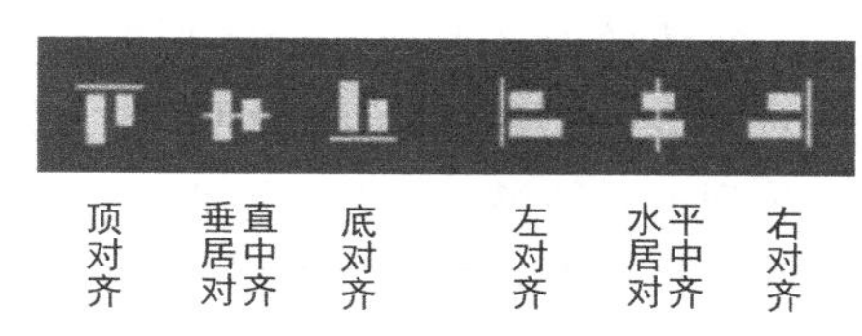

图 14-1　Photoshop　中的部分对齐按钮

我们绘制 3 个图形，分别使用这些对齐功能，看一下会得到什么结果，如图 14-2 所示。

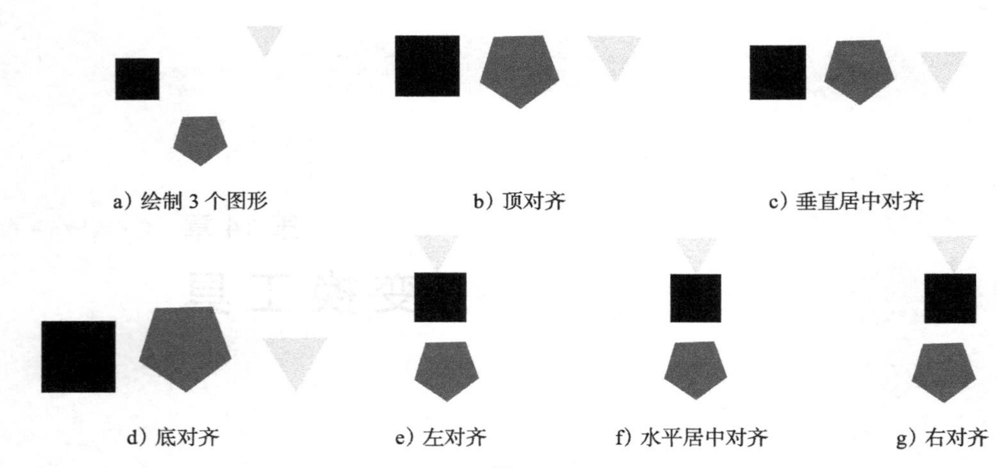

a）绘制 3 个图形　　b）顶对齐　　c）垂直居中对齐

d）底对齐　　e）左对齐　　f）水平居中对齐　　g）右对齐

图　14-2

好，现在我们回到 123D Design 中。先说明一下，123D Design 的【对齐】工具对绘制的平面草图不起作用，它是针对实体的命令。创建 3 个高度各不相同的基本形体：长方体、圆柱体和棱柱体，这样看起来会更清晰。选择【变换】子菜单中的【对齐】工具，单击长方体，按下 Ctrl 键，再单击棱柱体，就会出现多条线和黑色小圆，即进入了对齐的编辑模式。这些标记可以称为句柄或手柄，这种模式借鉴了 Tinkercad 的风格。把鼠标放置到某个黑色小圆之上，它会变成红色，同时用橙色显示出了对齐的结果，如图 14-3 所示。

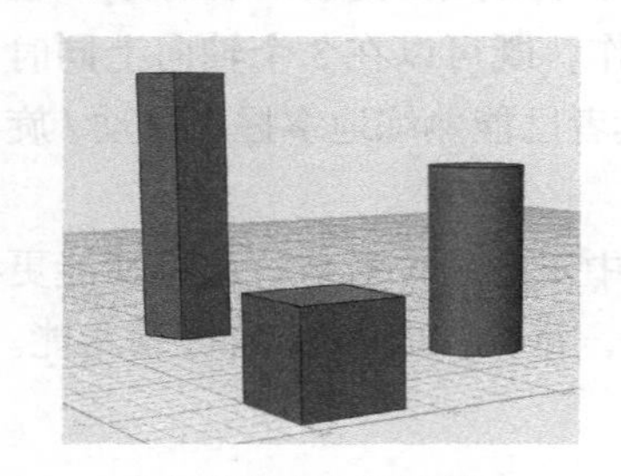

a）创建 3 个基本形体

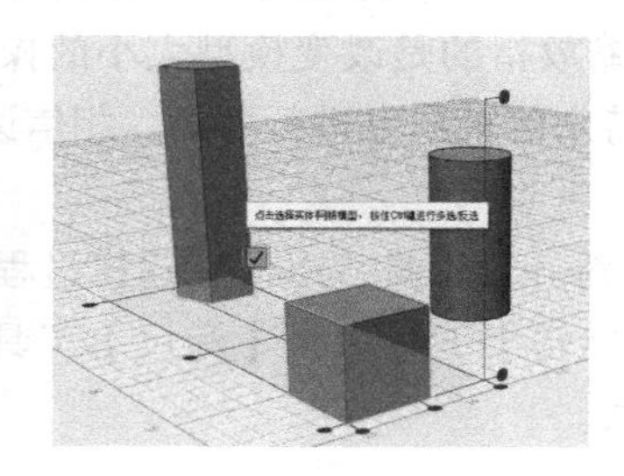

b）选择两个形体

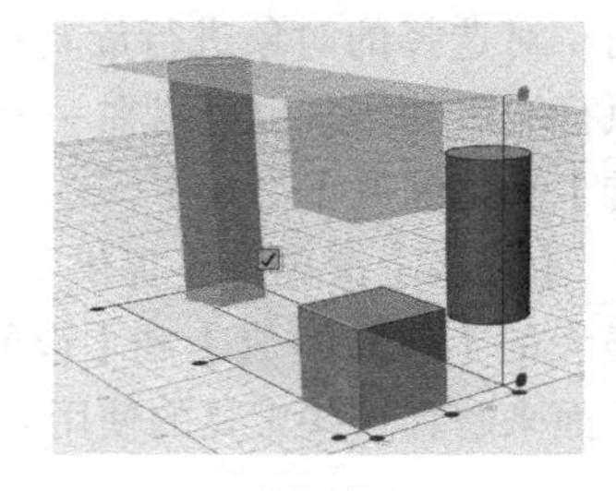

c）预览结果

图　14-3

单击鼠标确认，长方体就会上移，它的顶部就与棱柱体的顶面平齐了，如图 14-4 所示。

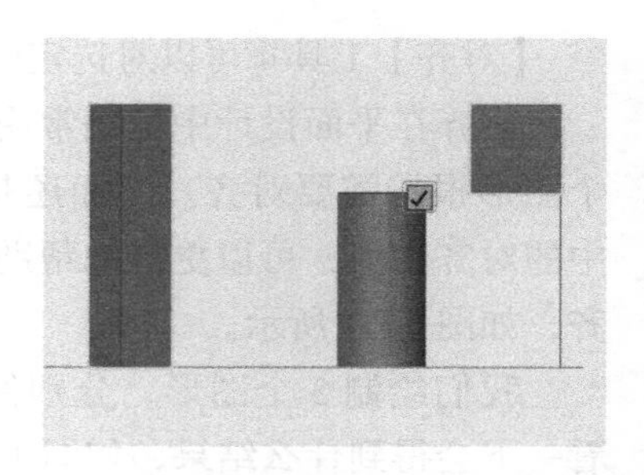

图 14-4　对齐两个形体的顶面

实体的对齐要比平面图形的对齐复杂些，包括了几种对齐方式，还提供了居中对齐，如图 14-5 所示。把鼠标放到不同的黑色小圆（句柄）上，会给出了最终结果的预览，帮助你来判断是否得到了想要的结果。

先调整一下长方体的位置，练习在高度上对齐实体，分别试试顶对齐、水平居中对齐和底对齐，如图 14-6 所示。水平居中对齐指的是棱柱体和长方体的中心，在水平方向上处于同一平面内。

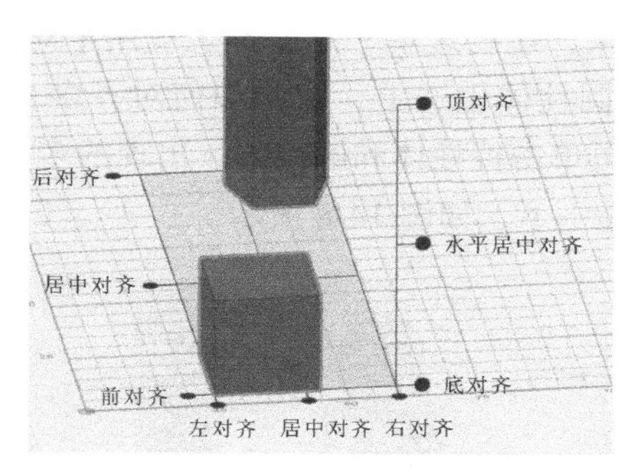

图 14-5 多种对齐方式

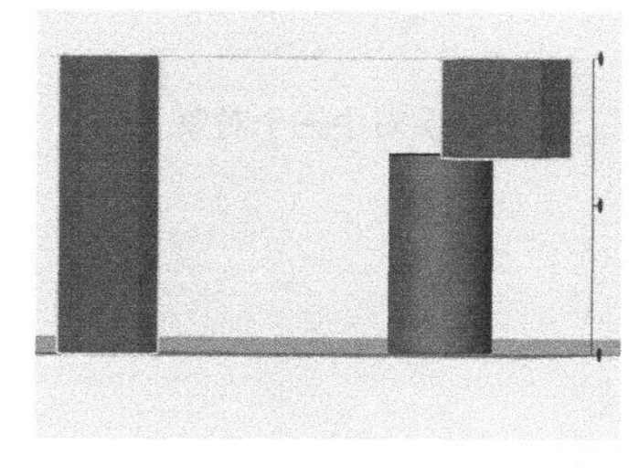

a）顶对齐

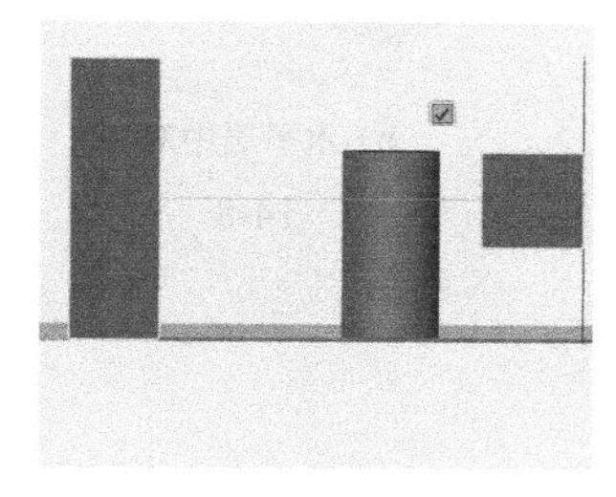

b）水平居中对齐

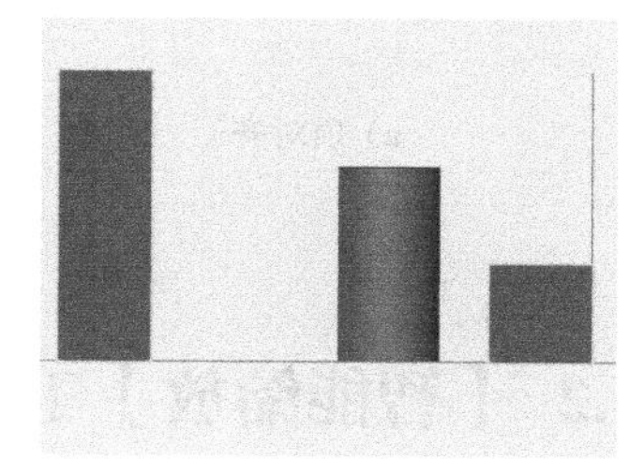

c）底对齐

图 14-6

前、后、左、右对齐比较直观，把鼠标放置到相对应的黑色小圆上，即可看到对齐后的结果，不再一一给出图例了。在栅格平面上有两个方向上的黑色小圆实现了居中对齐，可以用来居中对象，是常用的功能。如果使用【移动 / 旋转】工具来摆放对象，使它们的中心对齐，却是比较麻烦的事情。

选择【对齐】工具，单击长方体，按下 Ctrl 键，再单击棱柱体，把鼠标放在一个居中功能的黑色小圆上，先观察一下结果，单击鼠标确认。再单击另一个方向上的居中对齐句柄，就实现了居中对齐的功能，如图 14-7 所示。【对齐】工具只用了两三下，即可完成对象的中心对齐功能。

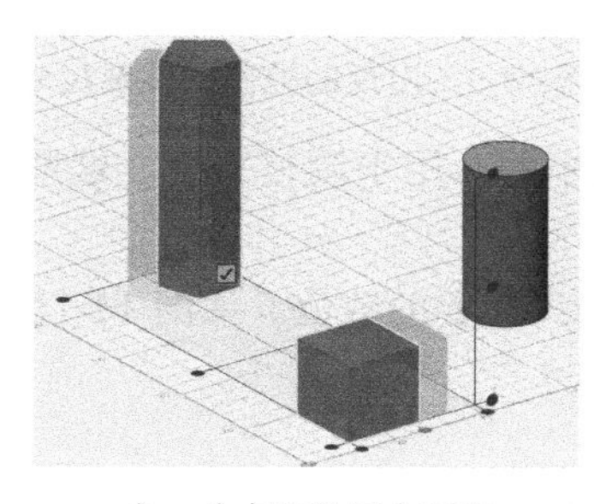

a）一个方向的居中对齐

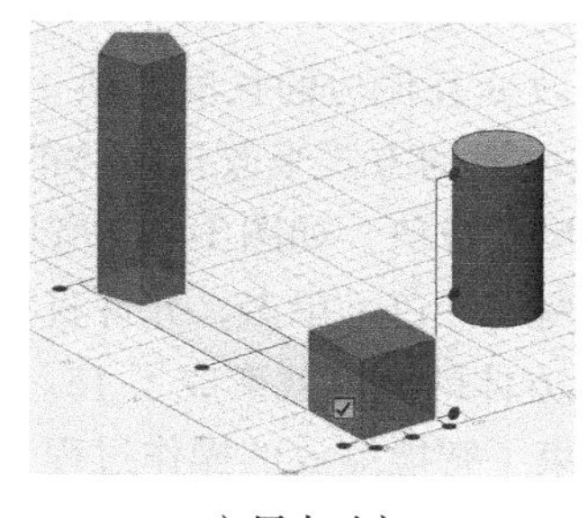

b）居中对齐

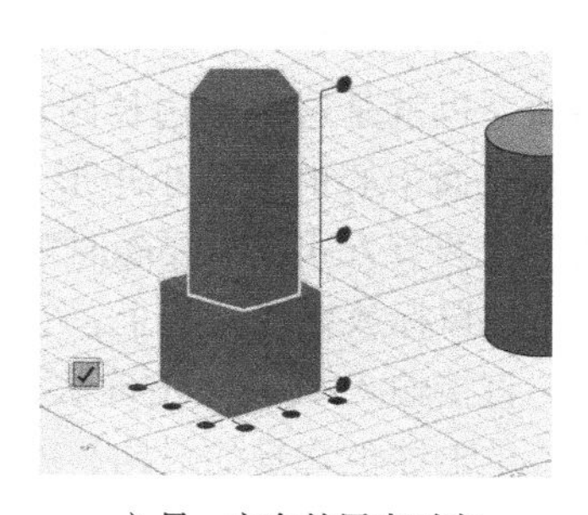

c）另一方向的居中对齐

图 14-7

完成对齐之后，单击绿色背景的对钩，结束对齐操作。

理解了如何对齐实体对象，还要理解一点，要想应用【对齐】工具，需要有两个及以上的实体对象。接下来，把圆柱体也选上，体验如何对齐多个对象。选择【对齐】工具，单击长方体，按下 Ctrl 键，再单击棱柱体和圆柱体，出现的多个控制句柄和上述是相同的，分别试试几种对齐方式，体会一下，如图 14-8 所示。

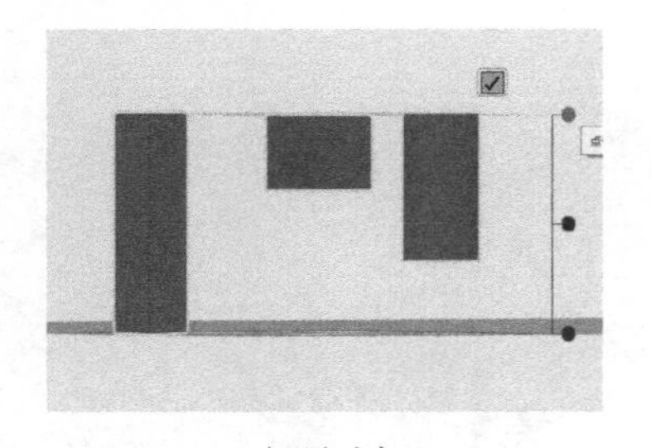

a）顶对齐

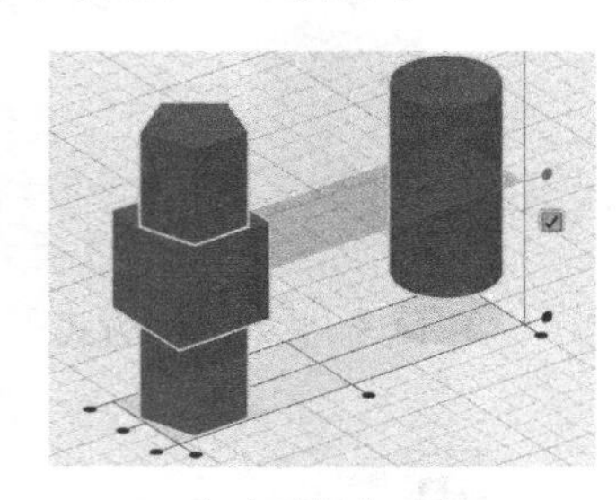

b）水平居中对齐

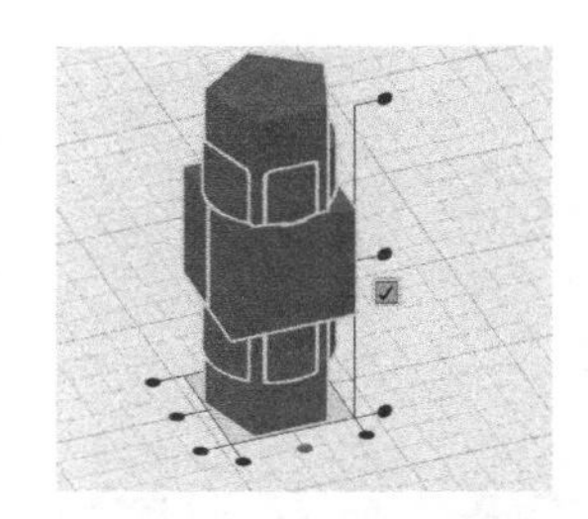

c）对中三个对象

图 14-8

14.2 【智能缩放】工具

【智能缩放】工具与常规的【缩放】工具相比，功能要多一些。前面的章节一直使用【缩放】工具来改变对象的大小，下面来解释【智能缩放】的功能。

拖放一个长方体到栅格之上，然后选择【智能缩放】工具，单击长方体，屏幕下方并不出现数值输入框。不过，长方体的底面和顶面出现了不同颜色的小矩形，还有带标注的尺寸线，如图 14-9 所示。

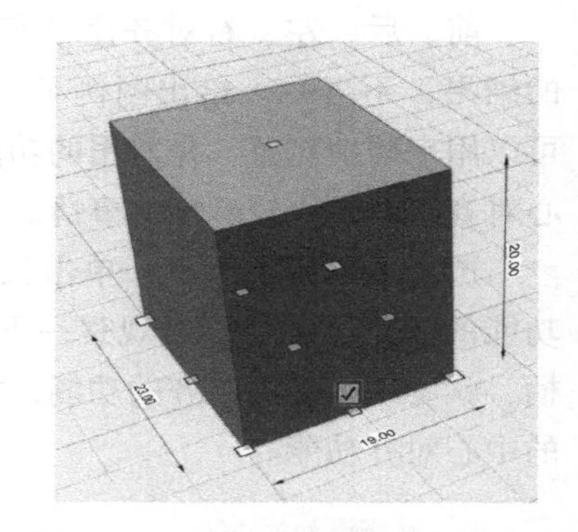

图 14-9 出现的控制图标及尺寸线

这些小矩形用于调节长方体不同位置的尺寸，栅格平面上长方体底面 4 个角处的白色小矩形，是以点的方式来调整底面的大小的，拖动其中的一个小矩形，与确定草图矩形时尺寸大小类似，进而改变长方体的尺寸。4 条边中间的 4 个黄色小矩形，是以边的方式来调整大小的，也就是这条边边长固定，改变其他边的长度。顶面和底面中心的黄色小矩形，是以面的方式来改长方体的大小的，用于调整高度。这些都是手动调节方式，需要随时观察尺寸数值，如图 14-10 所示。

把鼠标放在尺寸线上，它会变成红色，单击，允许直接输入想要的数值。如图 14-11 所示，直接输入 15，单击确认，长方体的高度就变成了 15。

单击绿色背景的对钩，就结束了智能缩放的操作过程。

当拖动四角处的白色小矩形时，按下 Shift 键，与之相对的角固定，也就是说长方体以这个角为基点，随着鼠标的拖拉产生等比缩放，如图 14-12 所示。

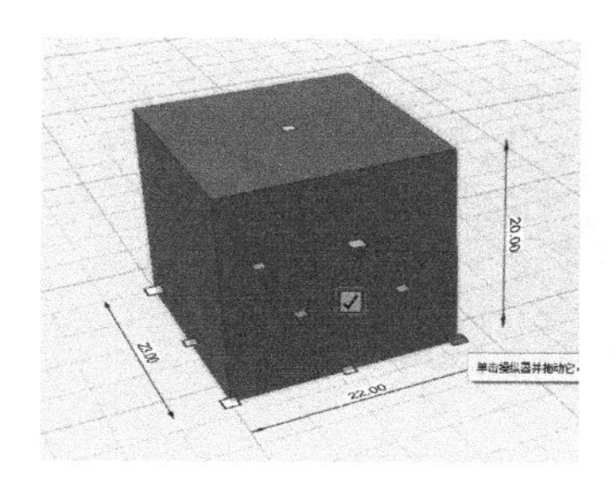

a）拖动角上的白色矩形

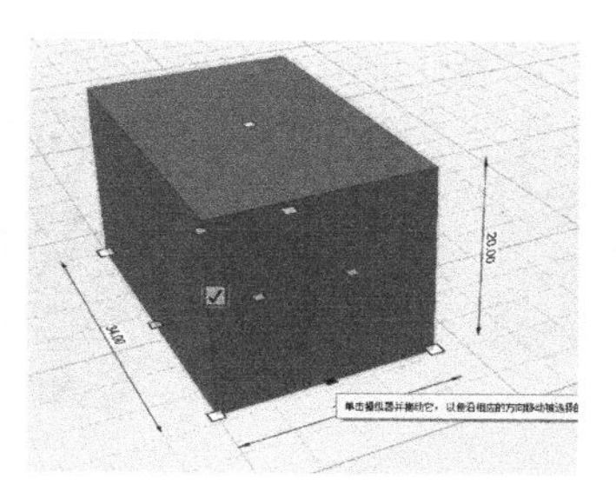

b）拖动边线中央的黄色矩形

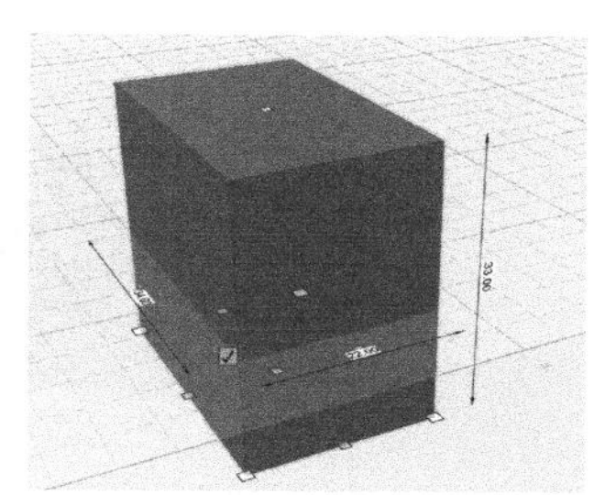

c）拖动底面中央的矩形

图 14-10

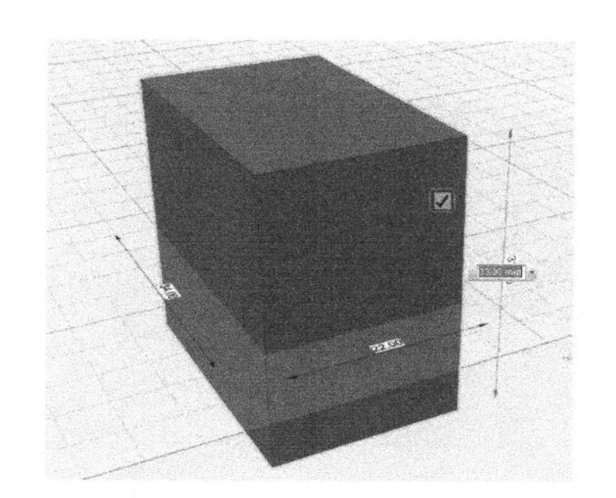

a）单击尺寸线

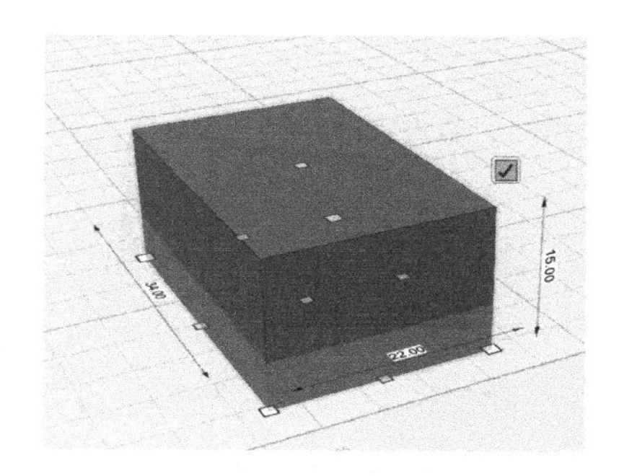

b）输入数值，改变长方体的高度

图 14-11

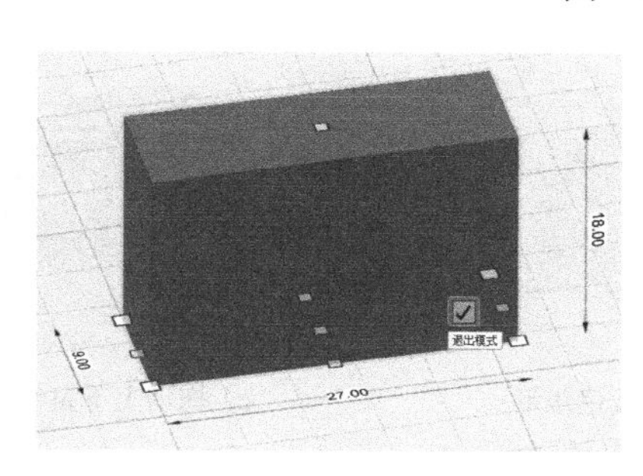

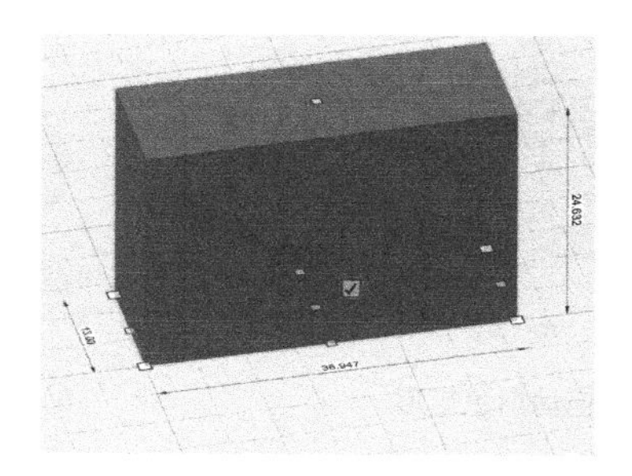

图 14-12　按 Shift 键，拖动一角，对角是固定的

当拖动 4 条边中间的黄色小矩形时，按下 Shift 键，与之相对边的中点固定，并以此为基点，对长方体进行等比缩放，如图 14-13 所示。

同时按下 Shift+Alt 键，无论是拖动四角的白色小矩形还是中间的黄色矩形，都会以长方体底面中心为基点进行等比缩放，如图 14-14 所示。

对于圆锥体，使用【智能缩放】工具，会出现边界框。拖动白色小矩形，可在底面的两个方向（XY）上任意改变尺寸。拖动黄色小矩形，则限定了一个方向上的数值，只能改变另一个方向的数值。拖动边界框上下面中心的黄色小矩形，改变了圆锥的高度，如图 14-15 所示。

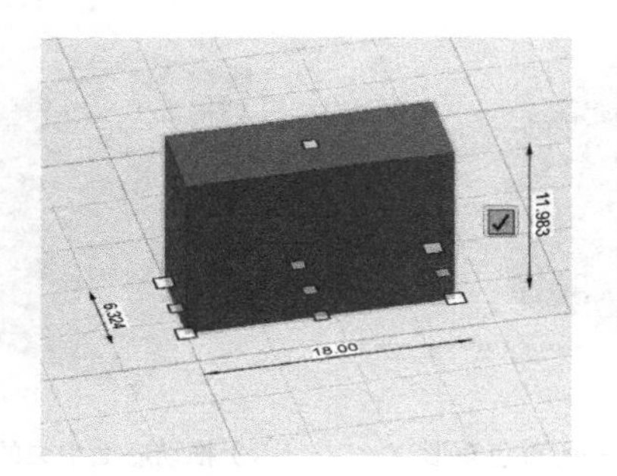

图 14-13　按 Shift 键，拖动黄色小矩形，相对边的中点是固定的

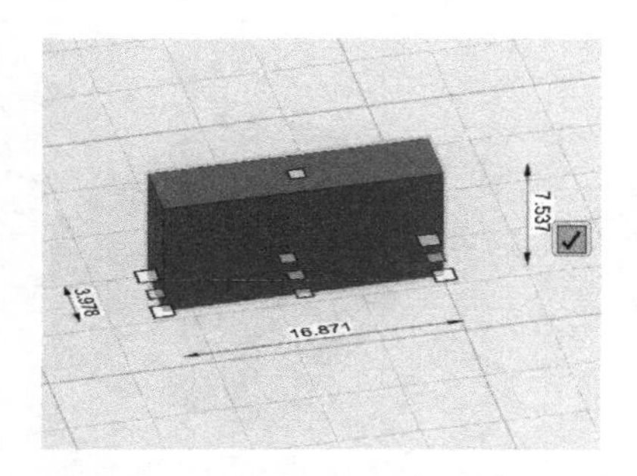

图 14-14　按 Shift+Alt 键，拖动两种颜色的小矩形，以底面中心为基点缩放

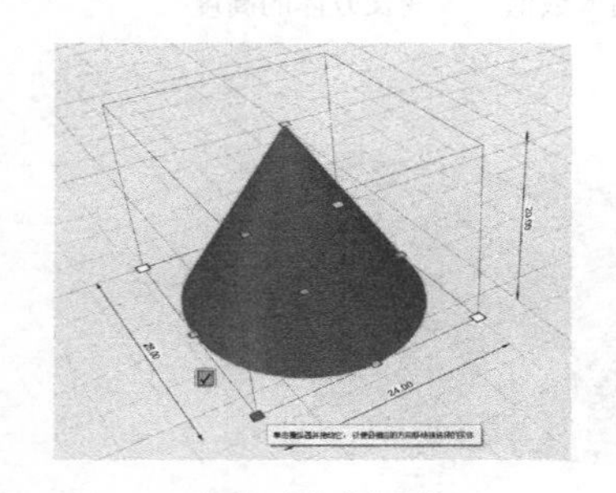

a）拖动白色矩形

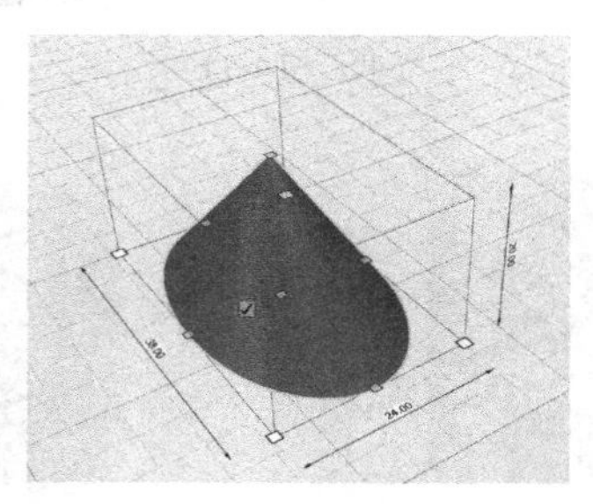

b）拖动黄色矩形

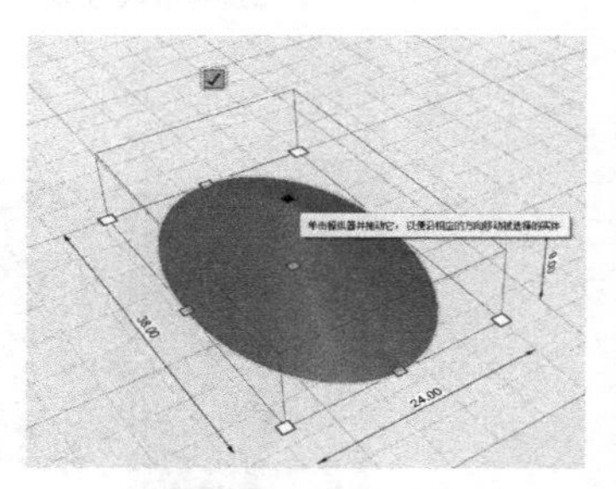

c）拖动上下黄色矩形

图　14-15

智能缩放工具比常规缩放工具的功能要强大一些，能够调节的范围更广。不过，要想等比缩放一个对象，常规的缩放工具更好用，比较简洁。应根据实际需要，来确定使用哪一个缩放工具。

使用过【智能缩放】工具后，想要撤销（按 Ctrl+Z 键），可能需要按好多次。先保存文件，再应用【智能缩放】更改对象的尺寸比较好。

14.3 【标尺】工具

【标尺】工具可以用来测量和移动对象，还可以改变实体模型的尺寸，也是从

Tinkercad 中借鉴过来的。

选择【标尺】工具后，拖出一把标尺，可以把它放置到实体对象的一个面、边线和顶点上面，也可以放在栅格上面，如图 14-16 所示。

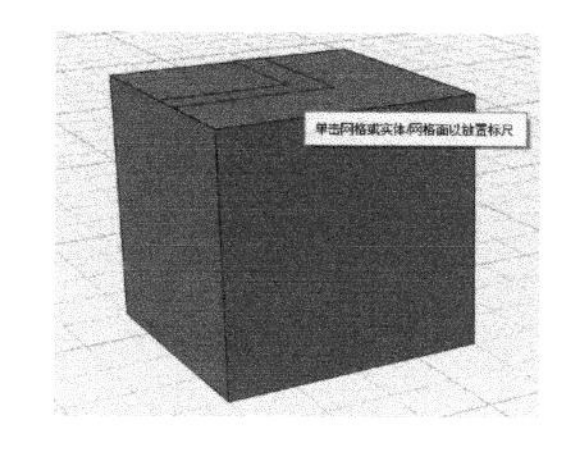
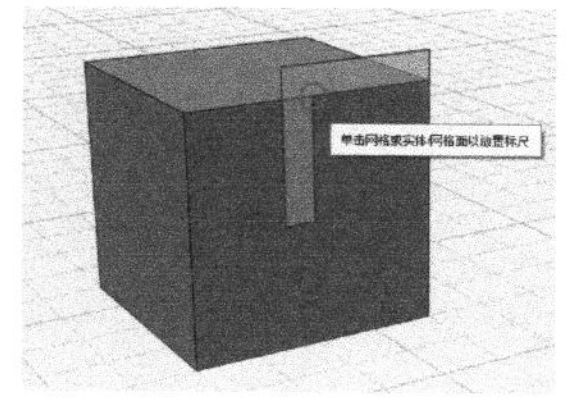

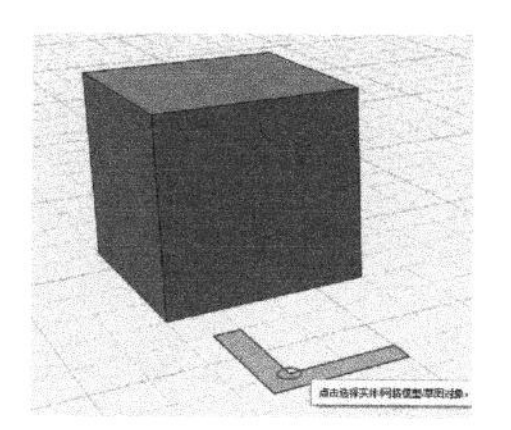

图 14-16 放置标尺

借助这把标尺，拖动出现的箭头，能够精确地移动对象到需要的位置。它还具备一些编辑功能，把鼠标移到尺寸线上，单击，输入具体数值，就可以更改对象尺寸，或者改变标尺原点与对象之间的距离，如图 14-17 所示。

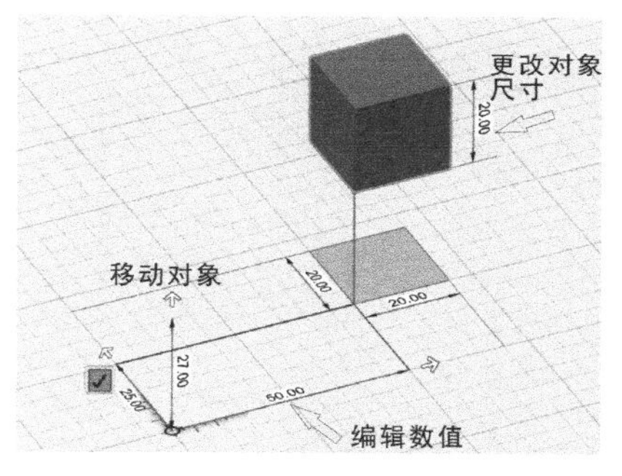

图 14-17 【标尺】工具的作用

先来看一下如何对 2D 图形应用【标尺】工具。切换到下视图，绘制一个矩形。选择【标尺】工具，把拖出的标尺放置到栅格的原点，接下来会提示"单击选择实体 / 网格模型 / 草图对象，按住 Ctrl 键进行多选 / 反选"。单击矩形，随后出现了箭头和尺寸线。抓取一个方向的箭头，移动鼠标，就改变了矩形与原点之间的距离，如图 14-18 所示。

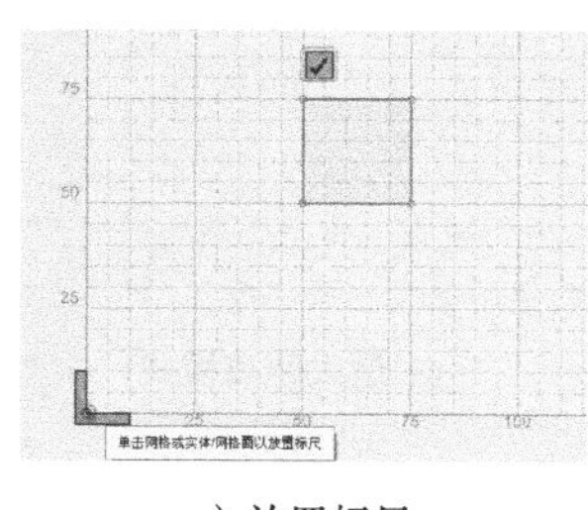

a）放置标尺

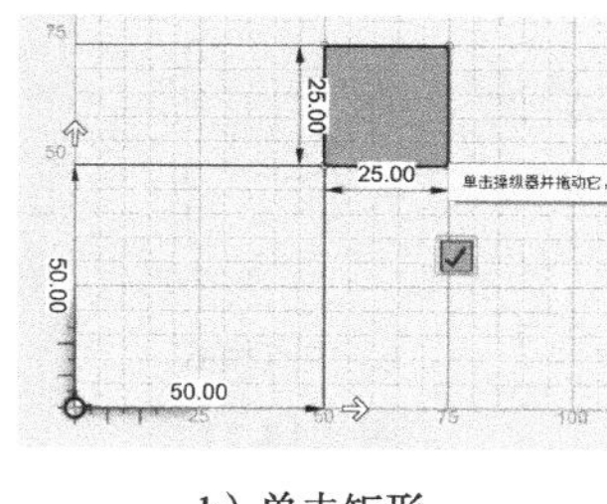

b）单击矩形

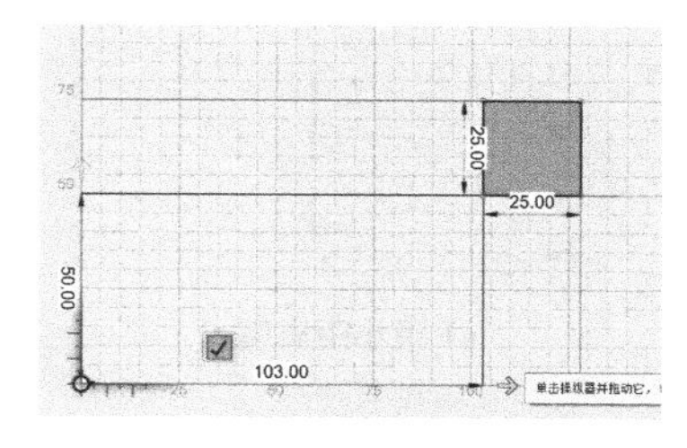

c）抓取箭头，移动矩形

图 14-18

单击选择矩形时，屏幕上方出现了 提示，告诉你不能更改矩形的尺寸。移动鼠标，单击原点与矩形之间的距离值，允许直接输入具体数值，来控制移动的距离，如图 14-19 所示。

切换到透视图，会看到实际上出现了 3 个箭头。抓取向下的箭头，上移鼠标，可以把矩形移出栅格平面（工作台），如图 14-20 所示。

放置好标尺，选择了矩形以后，会出现 图标。点开黑三角，有 3 个选项，分别是最小距离、中点和最大距离，设置显示的标尺原点与矩形不同位置之间的距离。同一个矩形，设置不同的选项，会显示出不同的距离值，如图 14-21 所示。

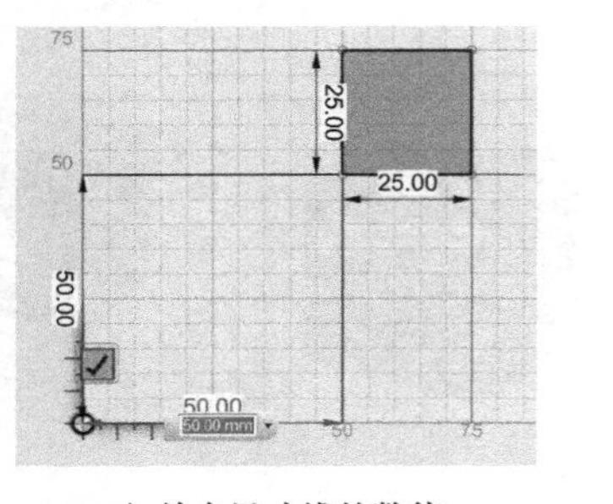

a）单击尺寸线的数值

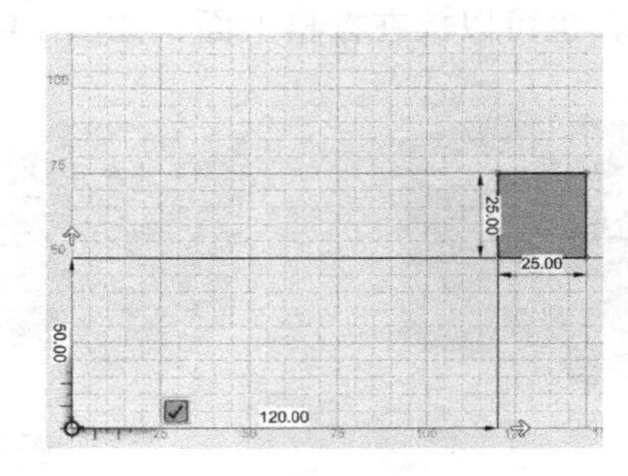

b）直接输入数值

图 14-19

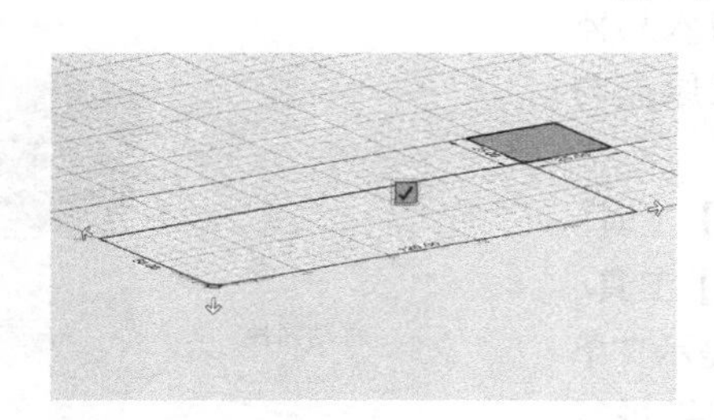

图 14-20 上移矩形

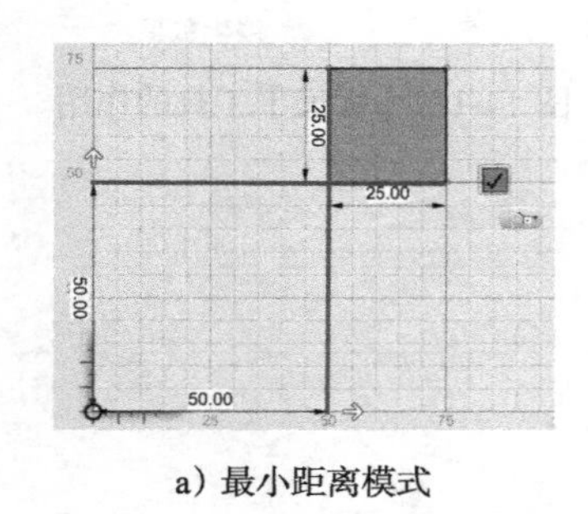

a）最小距离模式

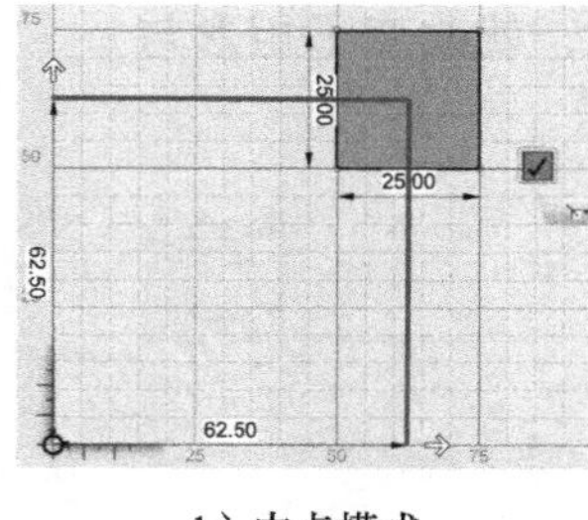

b）中点模式

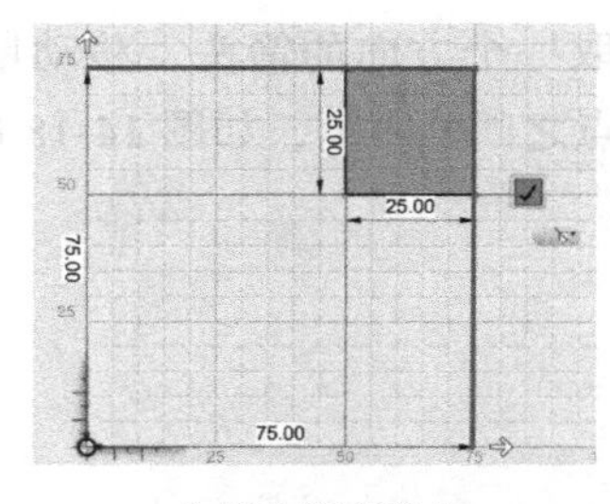

c）最大距离模式

图 14-21

理解了上述的内容，来看看一个草图图形相对另一个图形的移动。再绘制一个圆形，接着应用【标尺】工具，单击圆形，设置为中点模式，抓取箭头即可移动圆形。这样做的目的，是要知道圆心与矩形的一个角点精确的位置关系。你可以把标尺放到矩形中心或一个角点上，精准确定位一个圆形，如图 14-22 所示。

对于实体对象，【标尺】工具的功能更多一些。拖出一个长方体和一个圆柱体，选择【标尺】工具，在把标尺放置到长方体上时，会发现标尺具备位置导航功能，可以捕捉到某些位置，如顶点、边线的中点、顶面的中心。把标尺放置到长方体的一个角点处，单击圆柱体，出现了几个箭头和带标注的尺寸线，还有围绕圆柱体的边界框，如图 14-23 所示。

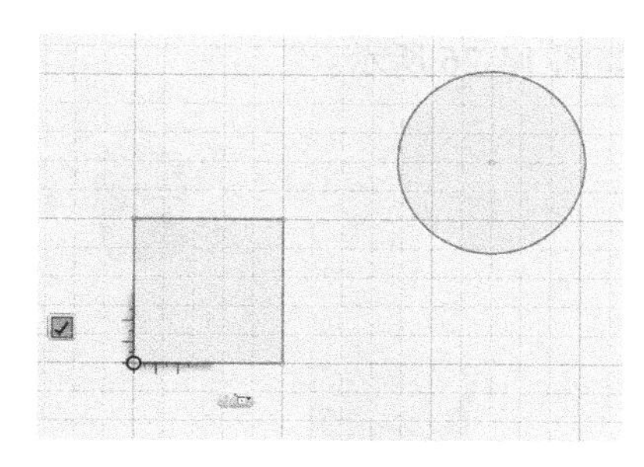

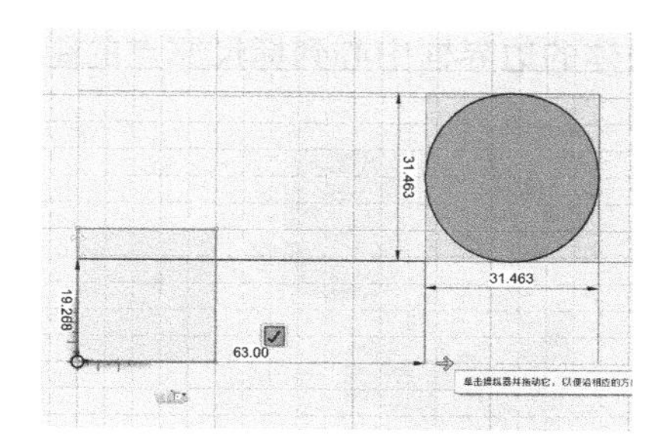

图 14-22　精确移动圆形

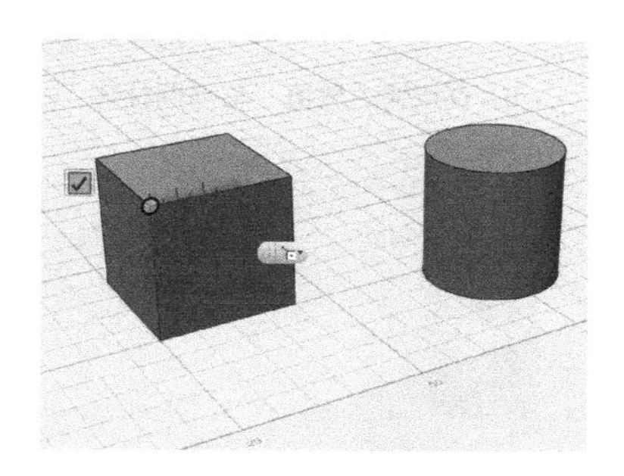

a）标尺放置在长方体的角点上

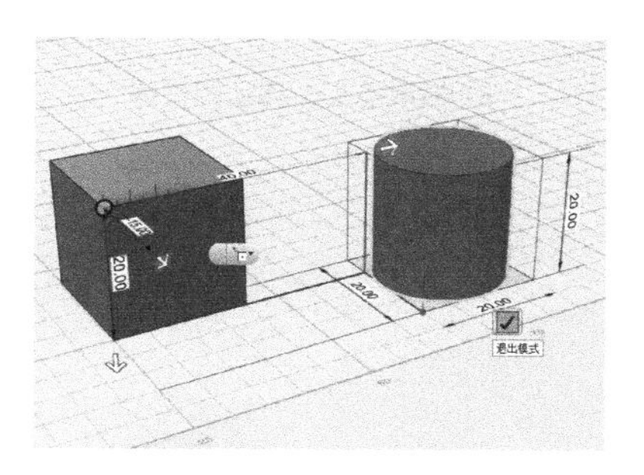

b）选择圆柱体，出现箭头和尺寸线

图　14-23

一个 3D 模型的边界框就像一个笼子，包含了这个形体，显示了在各个方向上的长度值。把鼠标移至圆柱体的尺寸线上，单击，允许直接输入数值，更改圆柱体的尺寸，如图 14-24 所示。

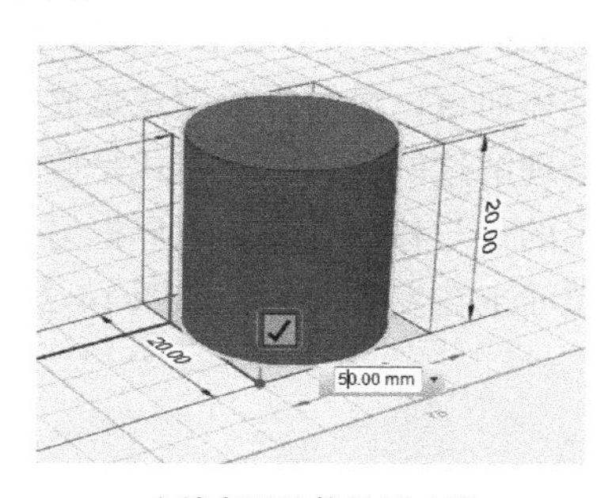

a）单击圆柱体的尺寸线

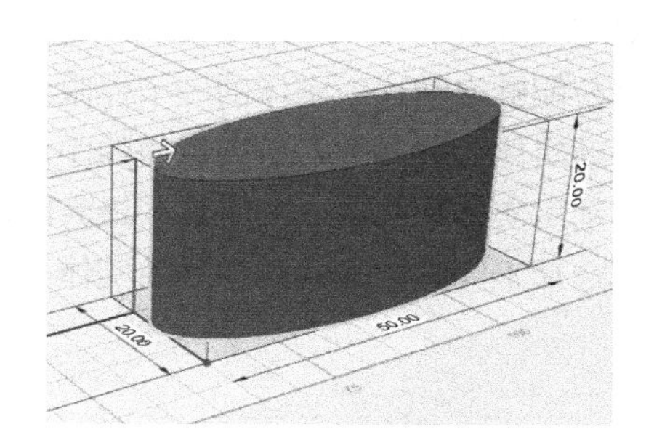

b）输入数值，更改圆柱体尺寸

图　14-24

通过这种操作方式，可以用【标尺】工具来更改实体模型的尺寸。

抓取某个方向的箭头，可以移动圆柱体，同时观察圆柱体到长方体角点的距离值。或者单击尺寸线，直接输入具体的数值，实现精确移动圆柱体，如图 14-25 所示。这是【标尺】工具移动对象的功能。

点开图标 上的黑三角，同样有 3 种选项，但是相对边界框而言的，例如中点模式，指的是圆柱体的边界框中心到标尺原点的距离，如图 14-26 所示。

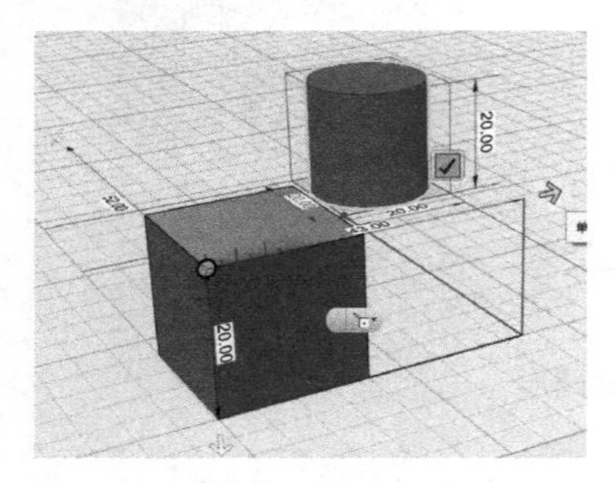

a）抓取箭头，移动圆柱体

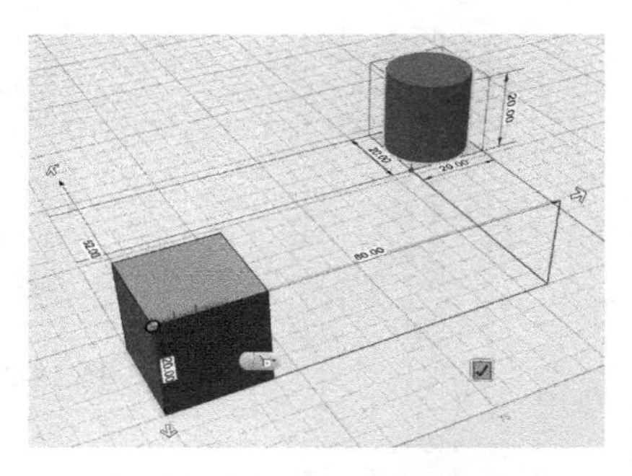

b）直接输入数值，移动圆柱体

图 14-25

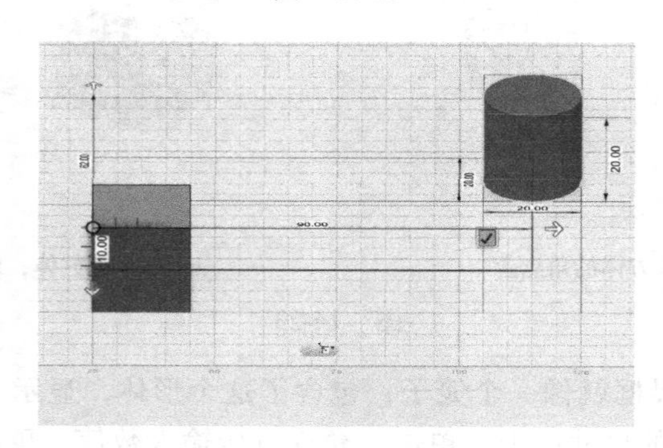

图 14-26 中点模式的示例

对于由曲面构成的实体，如球体、圆环体等，使用这个工具时，实体外面会出现边界框，这是能够容纳这个实体的一个界限。对球体和圆环体而言，最短距离模式是放置标尺的点与移动实体后边界框的最近侧面的距离，试一下就会理解这一点；中点模式是放置标尺的点与移动后实体边界中点的距离；最大距离是放置标尺的点与移动后实体边界框另一侧面的距离。选择不同的模式，移动后的实体与原点的标注尺寸也在发生变化，如图 14-27 所示。

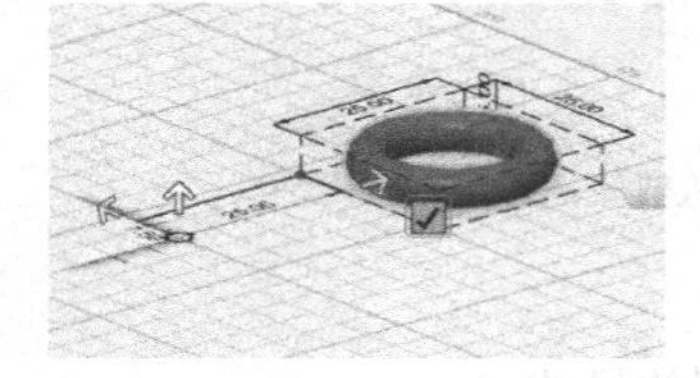

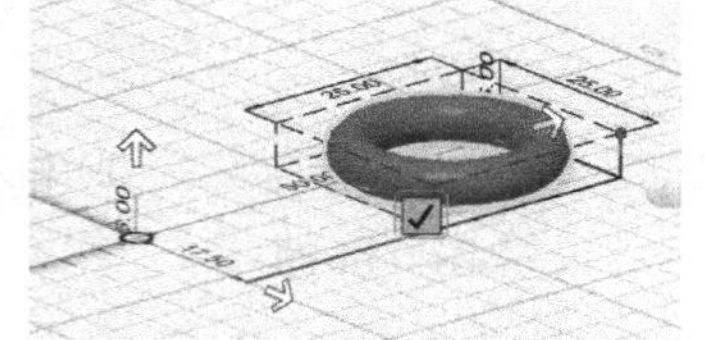

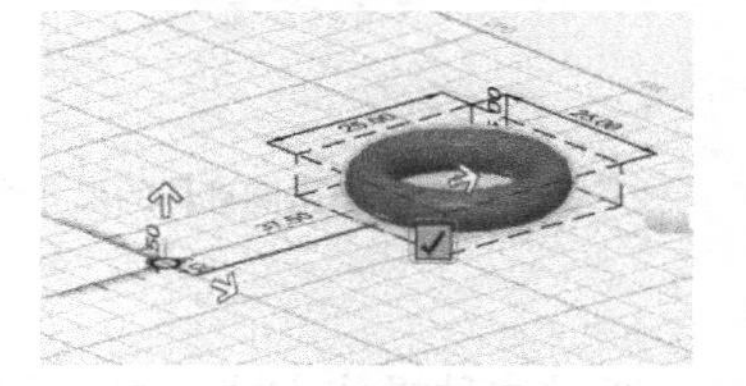

图 14-27 对于曲面构成的实体的 3 种距离模式

构建复杂模型时，【标尺】工具还能够帮助沿着某一特定的面来移动实体，并且可以控制移动的距离，相当于一些建模软件中自定义用户坐标系或者工作平面，这对建模有很大的帮助。

再拖出一个球体到栅格之上，这次把标尺放置在球体表面上，按住 Ctrl 键，单击长方体和圆柱体，选中它们，抓取一个箭头移动，方向是斜向的，如图 14-28 所示。

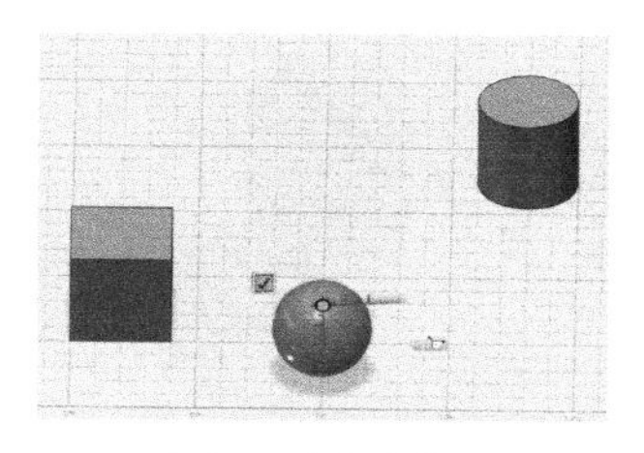

a）标尺设在球体上

b）选中长方体和圆柱体

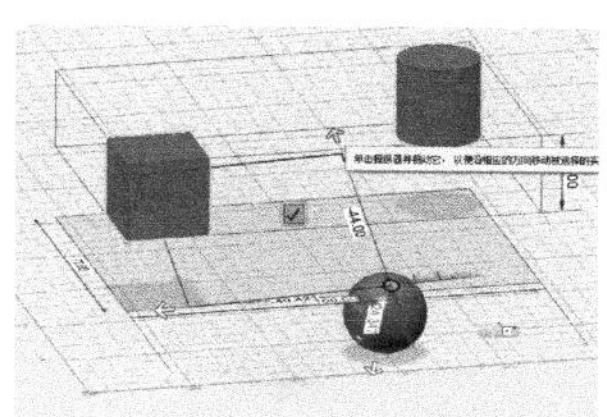

c）斜向拖动

图　14-28

下面是非常有价值的操作方式。先把长方体的一条边线倒角，然后把标尺放置到斜面的中心点。在第 2 步选择对象时，只单击圆柱体，这相当于与标尺原点建立了参考，如图 14-29 所示。同时也标注了各种尺寸，旋转视图，仔细看看各个尺寸的含义。

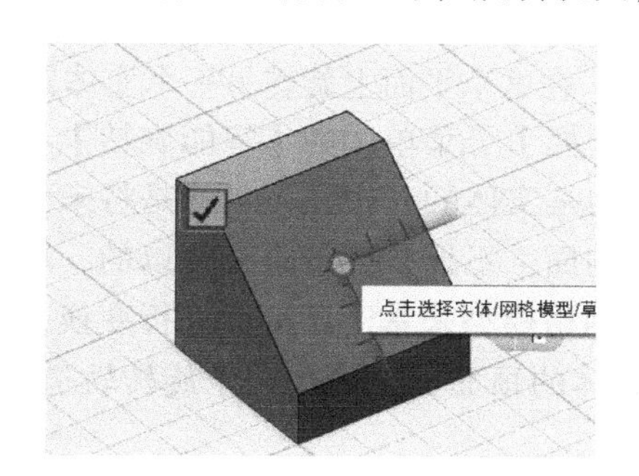

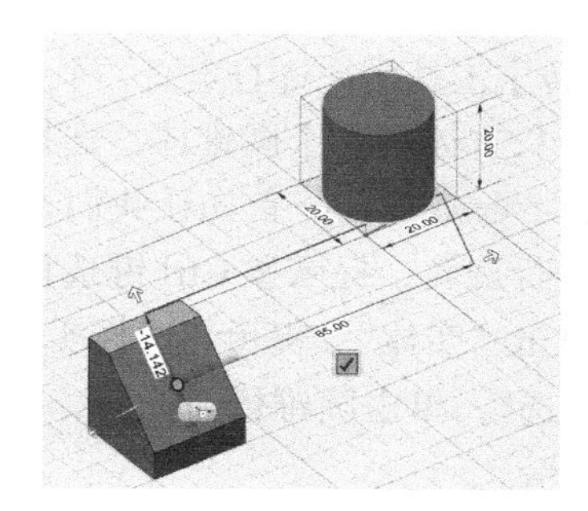

图 14-29　相当于与标尺原点建立参考

相对于标尺原点移动圆柱体，这样，可以实现相对于某一点的移动操作，如图 14-30 所示。

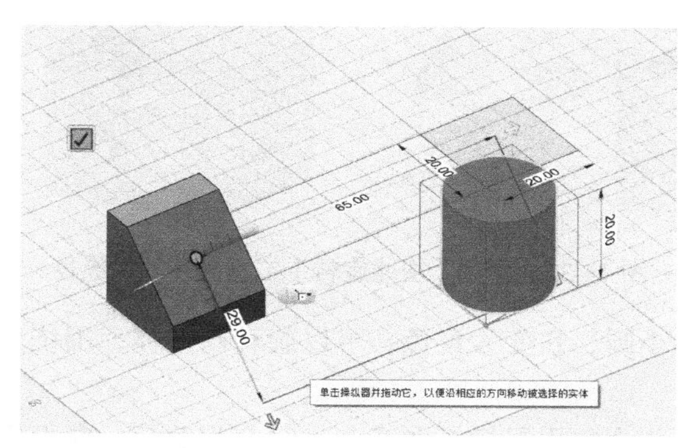

图 14-30　相对于实体的某个点移动另一个实体

在未确认之前，按下 Ctrl 键，可取消尺寸线、边界框和数值的显示，只保留箭头，方便移动对象，如图 14-31 所示。

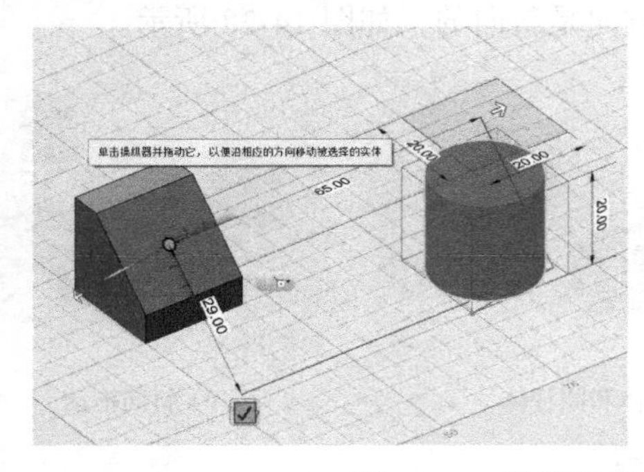

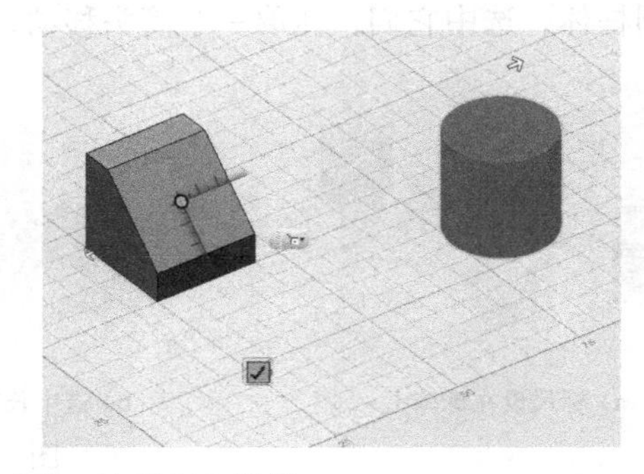

图 14-31　取消显示尺寸线、边界框和数值

14.4 【智能旋转】工具

【智能旋转】工具允许自定义一个平面，在这个平面上旋转另一个实体对象。

创建一个长方体和一个圆锥体，选择【变换】子菜单中的【智能旋转】工具后，出现了功能选择框 选择 实体 。首先让我们选择的是实体的一个面，也就是将来另一个实体要依赖这个面进行旋转，提示按 Ctrl 键选择新的面，不按 Ctrl 键也是可以的，单击长方体的顶面。随后单击“实体”，提示“选择实体 / 网格模型来基于已选面进行变换，按住 Ctrl 键进行多选 / 反选”，单击圆锥体。此时，长方体的顶面上会出现一个旋转轨道和一个箭头，如图 14-32 所示。

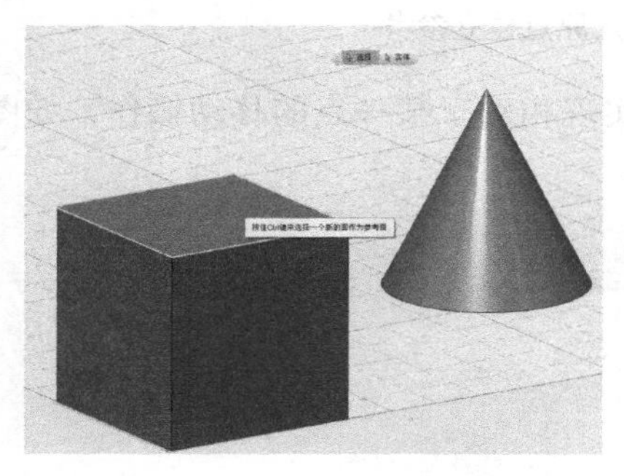
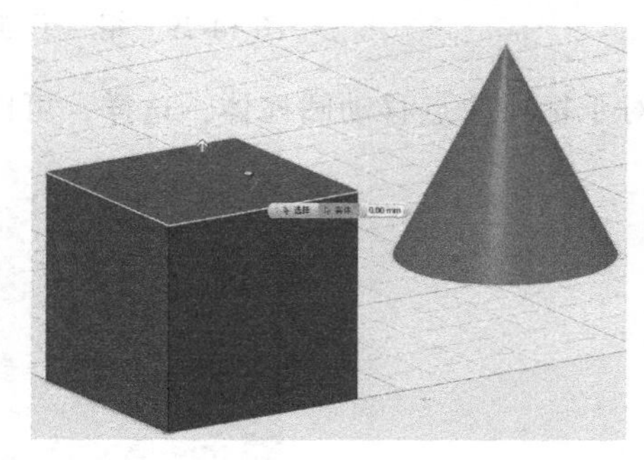

图 14-32　应用【智能旋转】工具出现的操纵器

拖动旋转轨道上的小圆，它变为黄色，可以旋转圆锥体，围绕着顶面的一点旋转，如图 14-33 所示。

那个箭头的作用是什么？用鼠标抓取箭头，它变为黄色，向上拖动，圆锥体跟随着上移。原来可以用它来调整旋转对象的高度，如图 14-34 所示。上下移动鼠标体验一下。也可以直接输入具体数值来调整对象的高度。

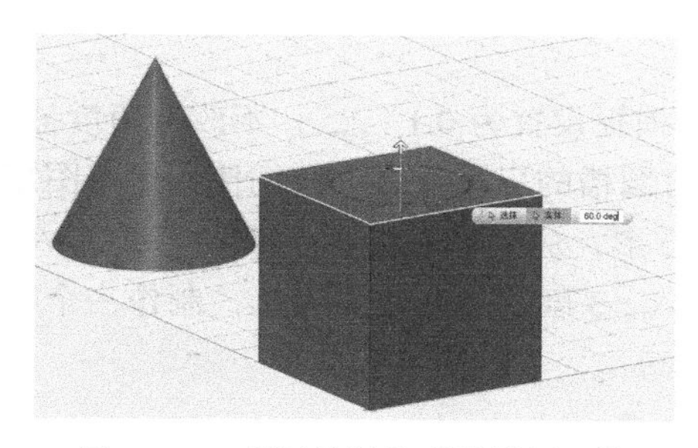

图 14-33　利用旋转轨道旋转圆锥体

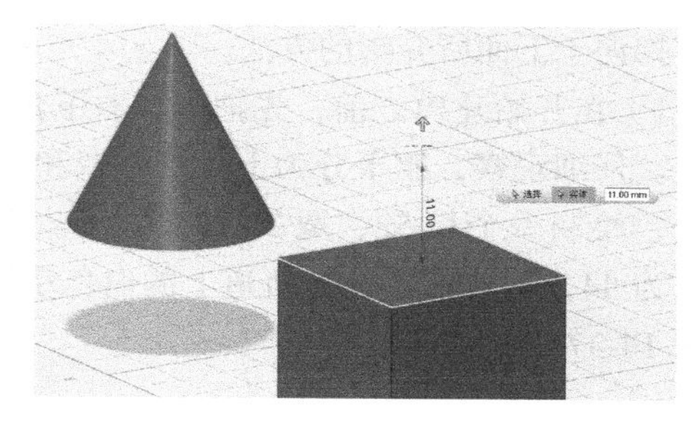

图 14-34　箭头用来调整旋转对象的高度

【智能旋转】工具就是这些功能。你可以选择长方体不同的面，作为旋转的参考平面。长方体都是水平或垂直的平面，比较好理解。接下来，把长方体的一条边线倒角，并旋转圆锥体。应用【智能旋转】工具，选择斜面，再选择圆锥体，拖动小圆旋转圆锥，还可以抓取箭头来调整圆锥体的位置，如图 14-35 所示。

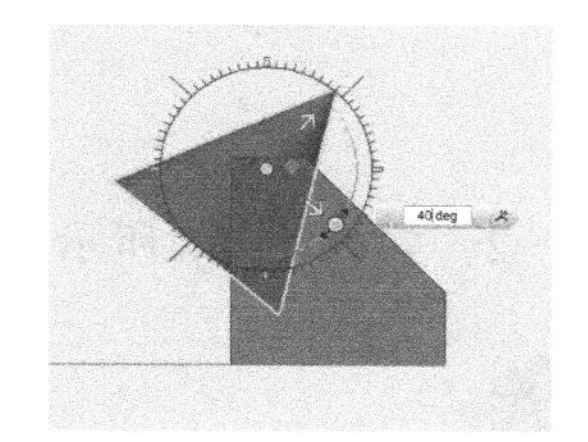

a）调整圆锥体的位置

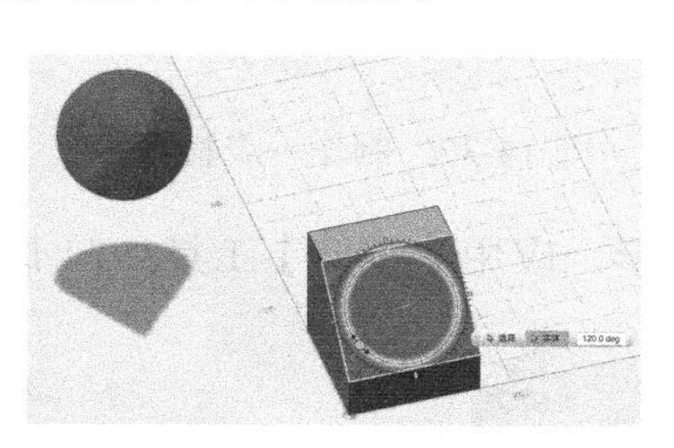

b）旋转圆锥体

c）调整圆锥体的位置

图　14-35

对于球体这样的曲面无法确定旋转的参考面，但选择斜面是轻松的事情。在建模过程中，可以把标尺放置到某个斜面上，在这个斜面上移动对象；也可以选这个斜面作为旋转的参考面，在斜面上旋转对象。也就是说，可以联合应用【标尺】和【智能旋转】工具，针对选择的对象做移动和旋转操作。不过，初学者可能感到不太适应。

14.5　建模实例

乐高机器人是现在非常流行的益智玩具，我们在网上搜索到一张乐高机器人的图片，如图 14-36 所示。练习构建它的 3D 模型，可以 3D 打印出来。由于只有一张图片，不可能精确建模，差不多符合比例就好。

图 14-36　乐高机器人图片

分析这张图片，我们确定先从躯干开始建模，然后把头部、手臂、腿部安装到躯干上。建模过程中的尺寸都是经过反复试验后确定的。另外，具体部位也可能有其他的建模方式，不要拘泥于下面所介绍的方法。

1）在开始建模之前，先把屏幕右下角的线性捕捉设置为0.1，不改变角度捕捉的设置。仔细观察，躯干分为上部的棱台和下部带有圆槽的扁长方体。我们使用【草图矩形】工具，绘制一个长52、宽28的长方形。选择长方形，应用【拉伸】工具，直接输入拉伸高度为44，接着单击旋转轨道上的白色小圆，输入−3度，按回车键确认，制作一个棱台，如图14-37所示。

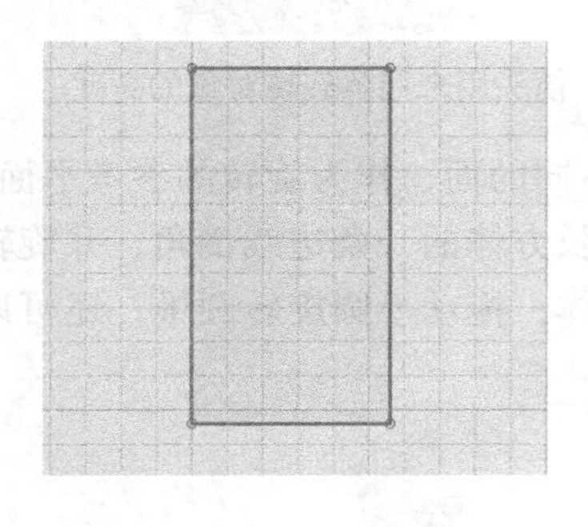
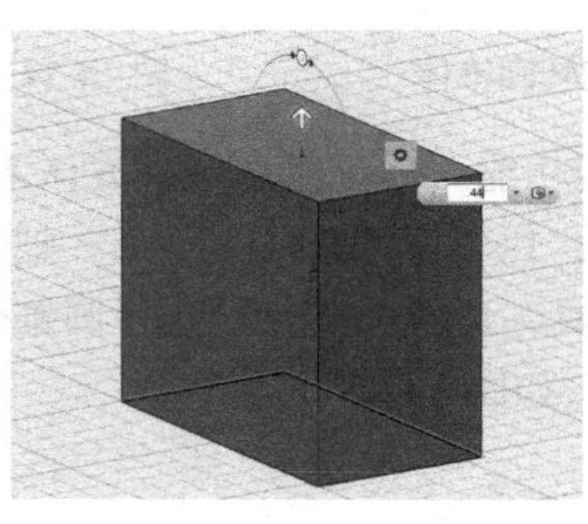
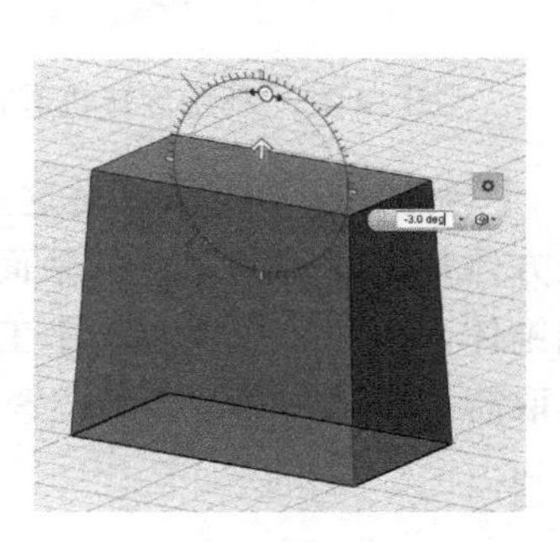

图14-37 制作一个棱台

旋转视图，选择绘制的长方形，应用【拉伸】工具，向下拉伸−2，如图14-38所示。

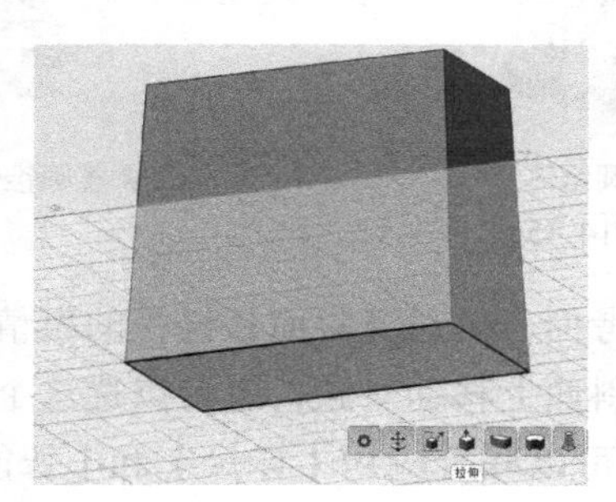
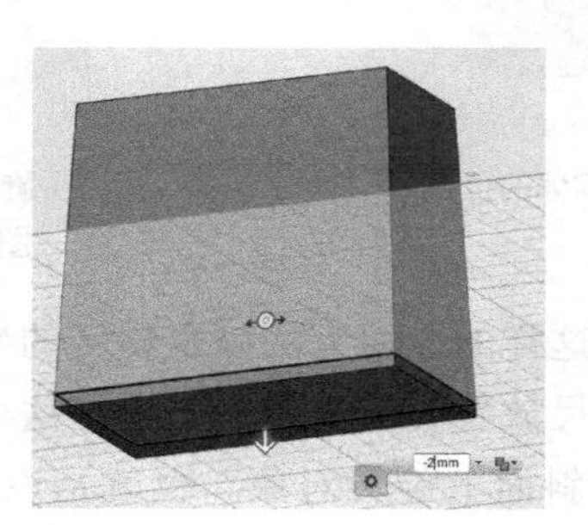

图14-38 拉伸长方形

2）接下来制作躯干下部带有圆槽的扁长方体，作为连接腿部和躯干的结构。仔细观察扁长方体的中央，应该有一个凸台。由于这个凸台应该位于扁长方体的中心，作者经过了一番周折，才得到如下的制作方法。

这个扁长方体应该比棱台的底面小一些。拖出一个长方体，放置到栅格上空闲处，长度为25，宽度为26，高度为6。切换到前视图，应用【草图圆】工具，单击扁长方体的侧面作为绘图平面。此时，要注意栅格附着到侧面的位置，一种情况是侧面的一个角点位于栅格十字交点上，这不是我们需要的；另一种情况是栅格的一条着重线通过了侧面中心。我们采用后者，如图14-39所示。

在栅格上指定圆的中心，绘制直径为26的圆。选择圆形，按Ctrl+T，把它移到与长方体侧面部分重叠的位置，如图14-40所示。

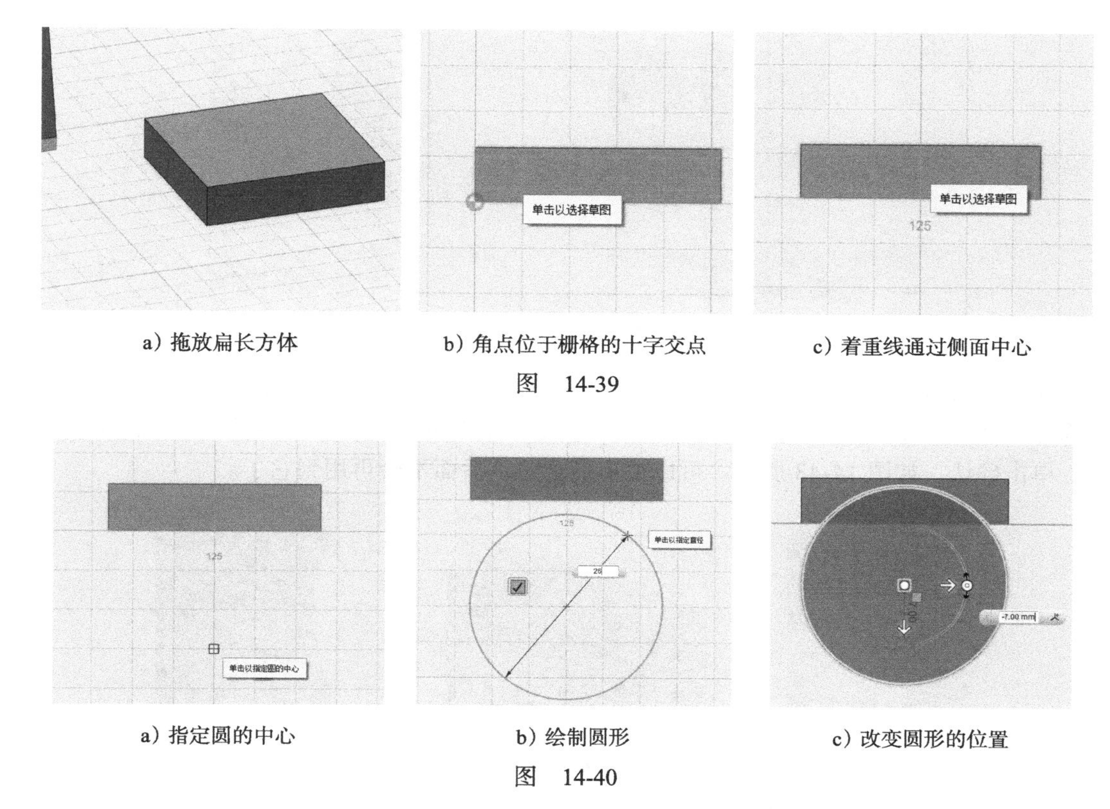

a）拖放扁长方体　　b）角点位于栅格的十字交点　　c）着重线通过侧面中心

图 14-39

a）指定圆的中心　　b）绘制圆形　　c）改变圆形的位置

图 14-40

选择圆形，应用【拉伸】工具，模式设置为“相减”，向屏幕内侧拉伸切除扁长方体，形成凹槽，如图 14-41 所示。

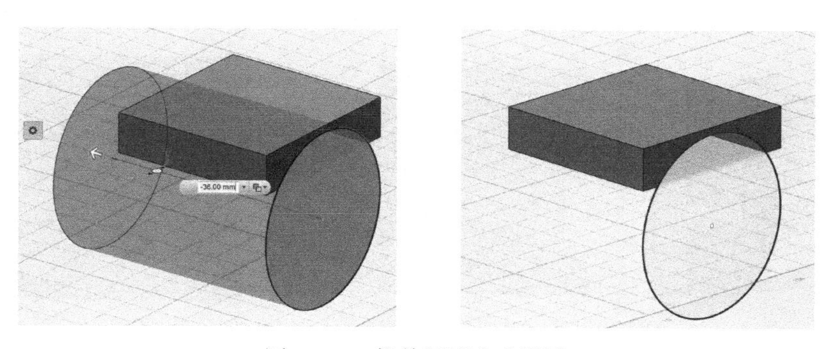

图 14-41　拉伸圆形生成凹槽

3）隐藏圆形草图，旋转视图后，单击视图方块中的“下”，切换到下视图。从基本体中拖出矩形，长度设置为 4，宽度设置为 20（视图已旋转，数值需要试一下）。单击栅格，把矩形放置到长方体的旁边。选择矩形，按 Ctrl+T，水平向右移动，把中心点拖放到扁长方体左侧的中点，如图 14-42 所示。

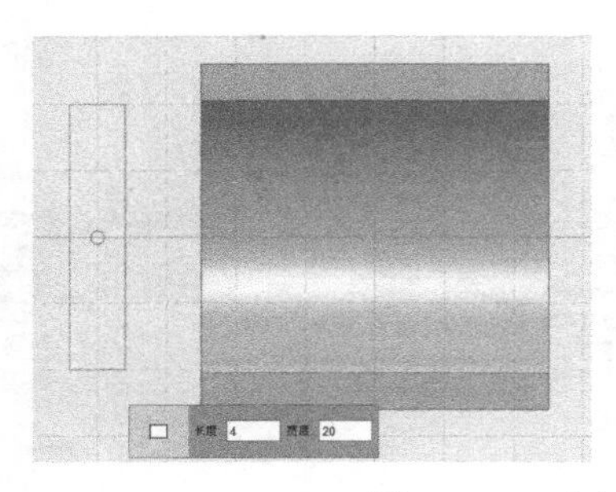
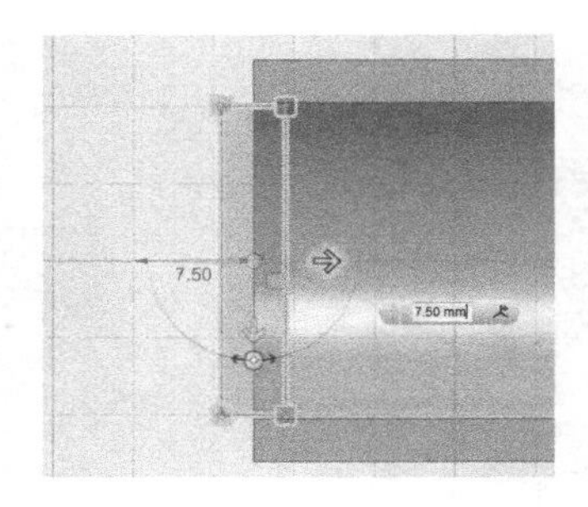

图 14-42 对齐矩形的中心点

在右侧的导航栏中，关闭栅格的显示。接下来应用【分割面】工具，单击长方体上弧形面作为要分割的面，再单击矩形作为分割工具，旋转视图，会看到矩形分割弧形面的预览，单击确认，如图 14-43 所示。可以把矩形删除，后面不会再用到它了。

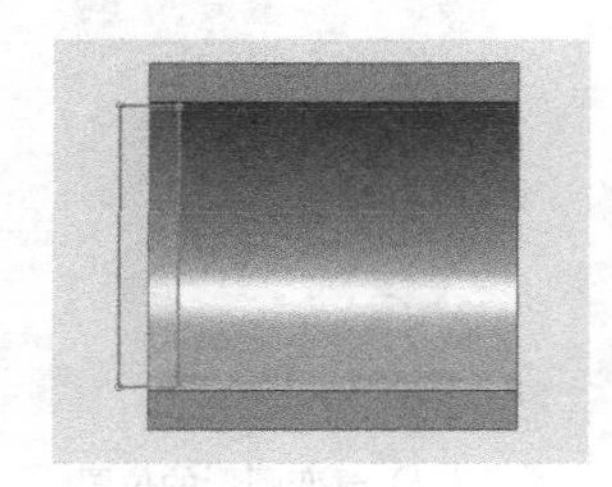
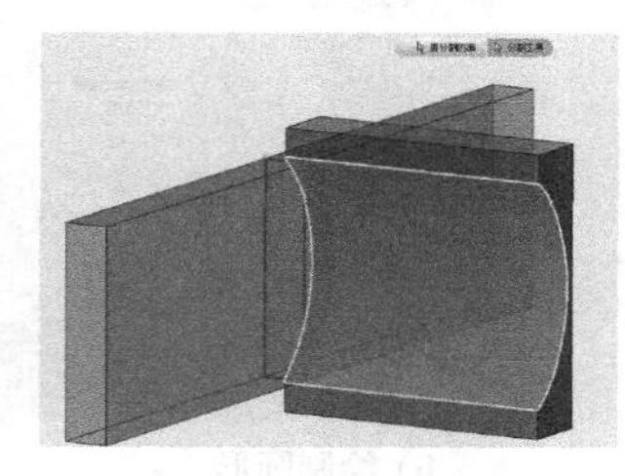
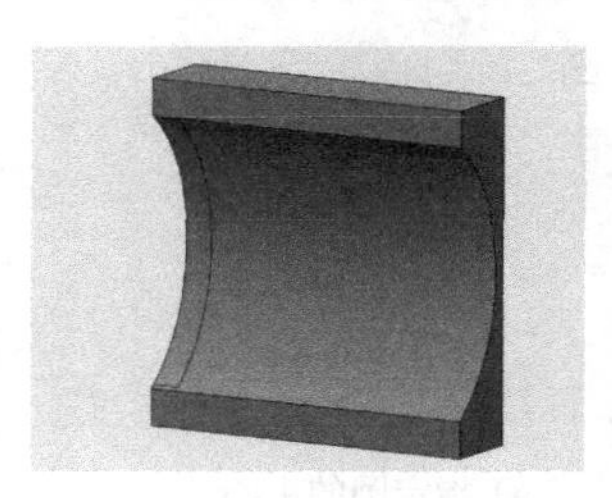

图 14-43 用矩形分割弧形面

此时，如果直接选择分割的小弧面，记着我们选择的是曲面，而不是平面，使用【压 / 拉】工具，会提示“无效操作”。不过，先选择大的弧形面，应用【压 / 拉】工具却不会出现问题。选择大的弧形面，使用【压 / 拉】工具，输入 −0.1，单击确认，如图 14-44 所示。

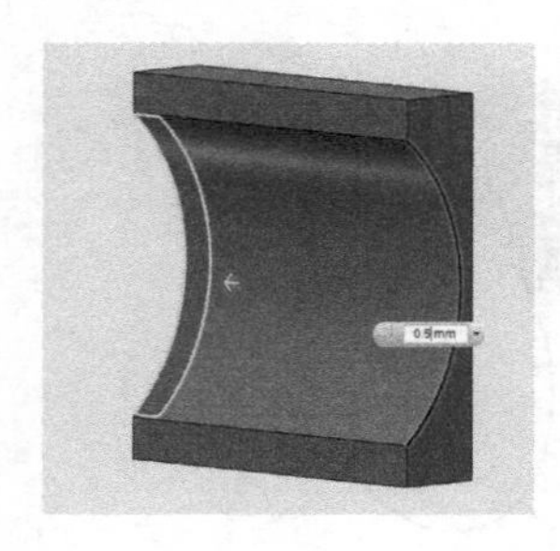
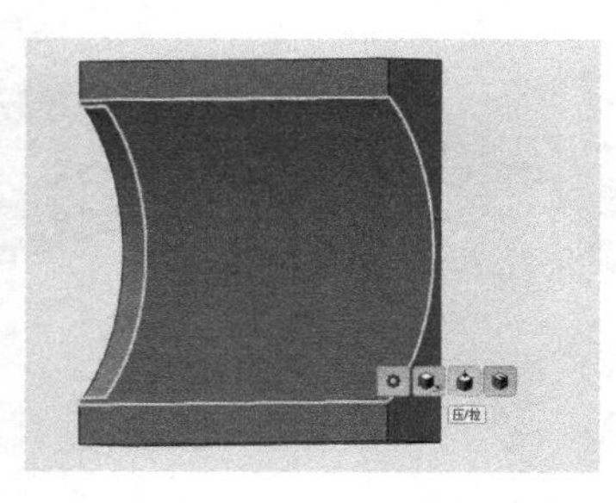
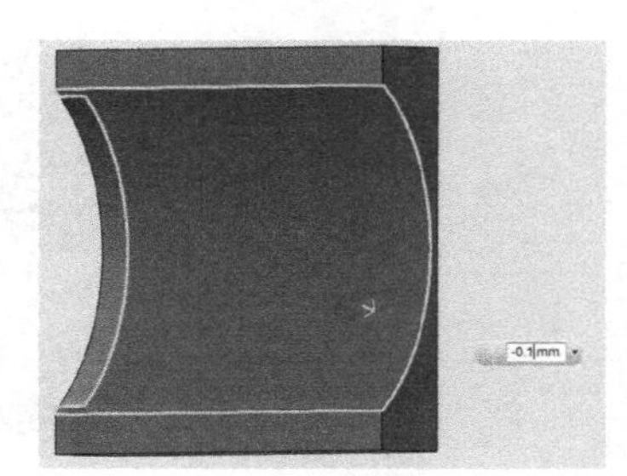

图 14-44 需要先对大的弧形面应用【压 / 拉】工具

然后，再选择小的弧面，应用【压 / 拉】工具，输入 0.5，生成一个轴肩状凸台。反过来，选择大的弧形面，应用【压 / 拉】工具，输入 0.1，恢复到原来的形状，如图 14-45 所示。

4）单击视图方块旁的小房子图标，复原视图的初始显示。恢复显示栅格，应用【镜像】工具，实体选择扁长方体，镜像平面选择它朝向屏幕内侧的侧面，旋转视图即可实现，镜像复制出另一半，如图 14-46 所示。

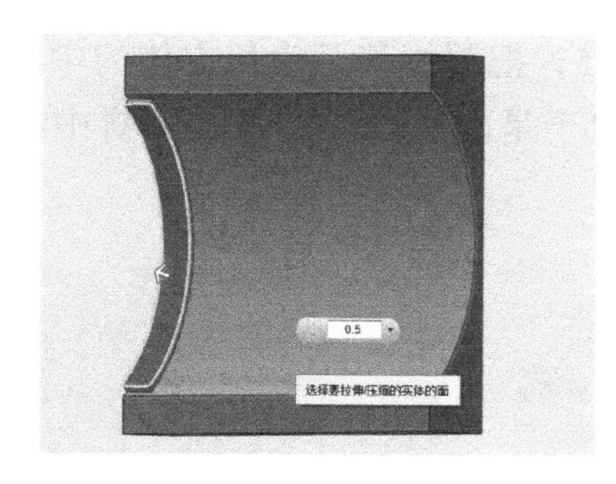

a）利用小弧面生成凸台

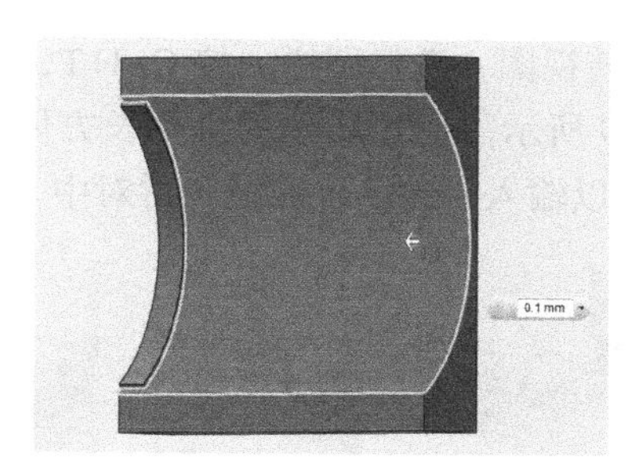

b）恢复大弧形面的形状

图 14-45

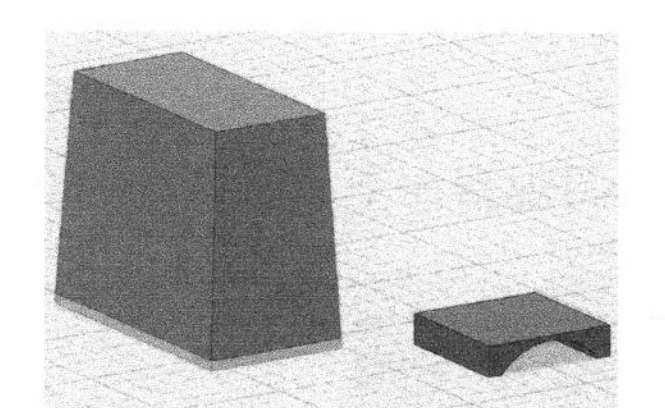

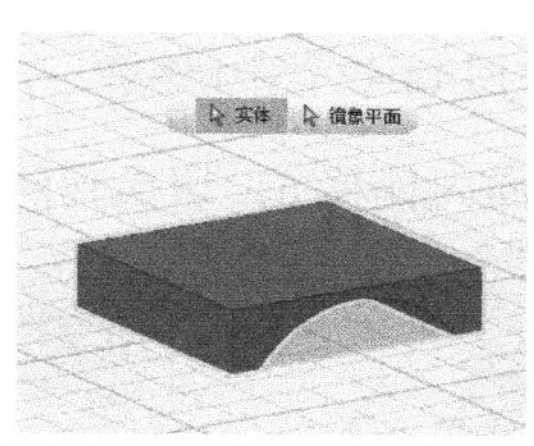

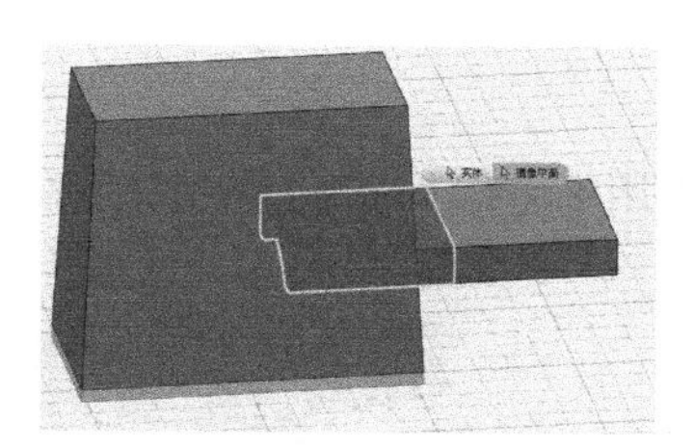

图 14-46 镜像复制扁长方体的另一半

使用【合并】工具，把两部分合并成为一体。现在，朝下的弧形面中央的凸台如图 14-47 所示。

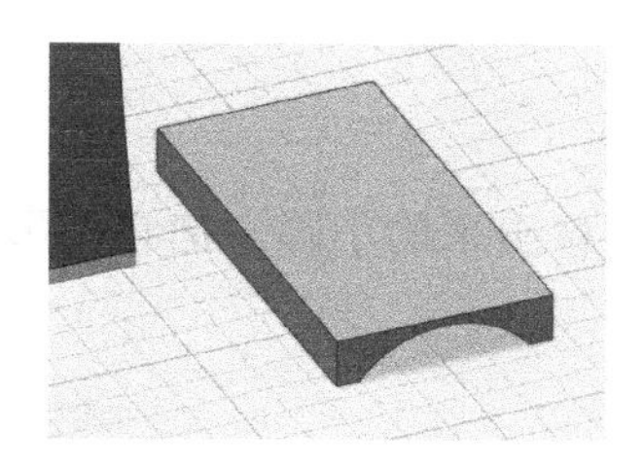

a）两部分合并为一体

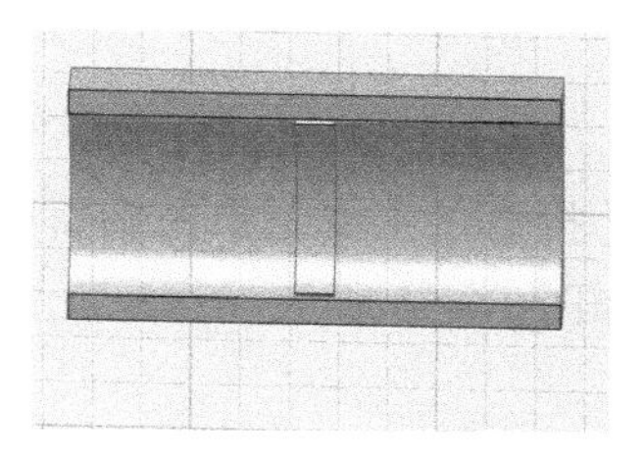

b）弧形面上的凸台

图 14-47

5）显示圆形草图，对它使用【拉伸】工具，生成一个厚度为 3 的圆饼，如图 14-48 所示。

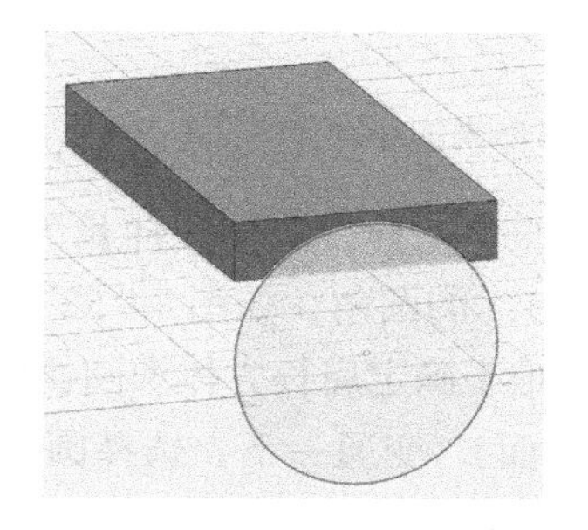

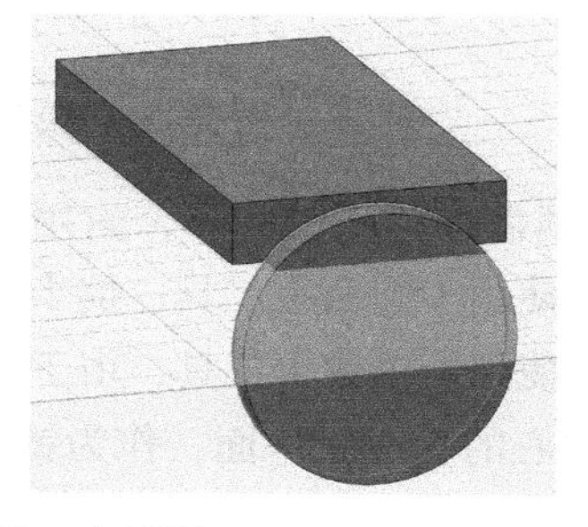

图 14-48 拉伸一个圆饼

旋转视图，选择圆饼，按 Ctrl+T，直接输入 −26.5，把圆饼移至扁长方体的中心处，如图 14-49 所示。原本构建的半个长方体长度是 25，由于是向外拉伸圆饼，圆饼中心增加了 1.5，所以输入 −26.5 才能把圆饼对中。

图 14-49　对中圆饼

应用【偏移】工具，把草图圆形向内偏移 6，切换到前视图观察一下，如图 14-50 所示。

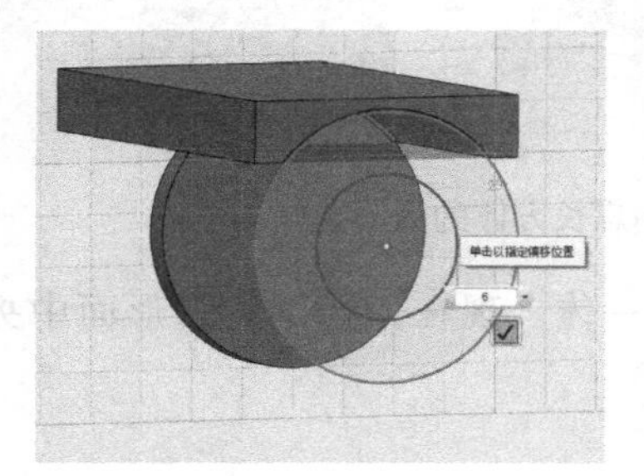
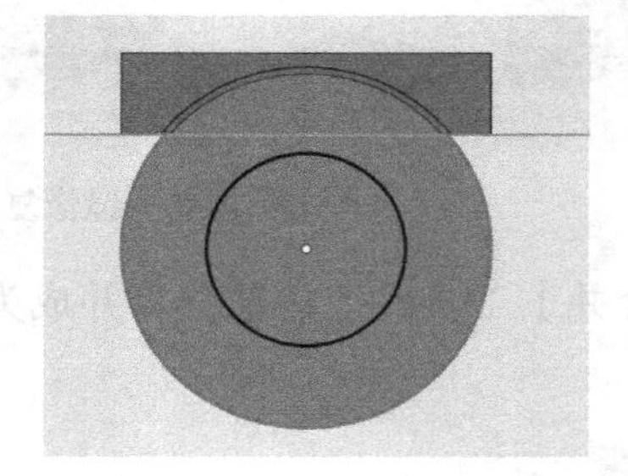

图 14-50　偏移圆形草图

使用【投影】工具，单击圆饼的顶面，然后选择偏移出来的小圆，把它投影到圆饼的顶面上，如图 14-51 所示。

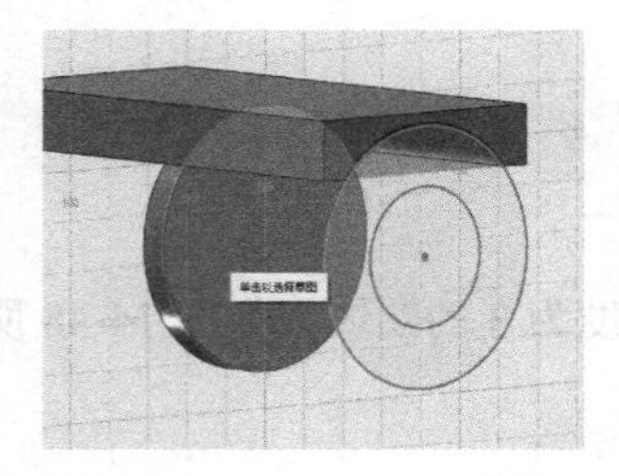
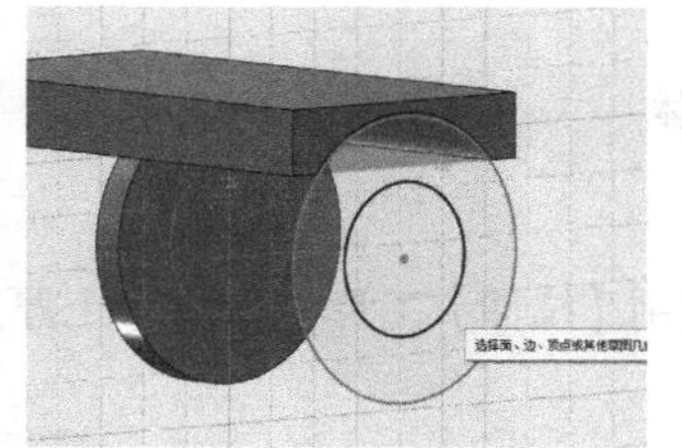
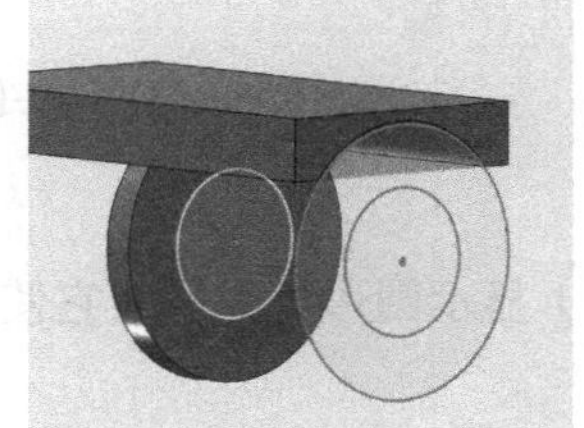

图 14-51　投影偏移出来的小圆

6）选择圆饼顶面投影出的圆形，应用【拉伸】工具，向外拉伸长为 16 的圆柱。选择圆柱的顶部边线，使用【圆角】工具，倒半径为 1.5 的圆角，如图 14-52 所示。

选择圆柱体，使用【镜像】工具，由于现在难于确定扁长方体和圆饼的中心平面（除非再画一条过它们中心的直线或平面，作为镜像平面），变通一下，选择圆饼的另一个顶面作为镜像平面，把镜像出来的圆柱体移动 3（圆饼厚度为 3），贴靠圆饼上，如图 14-53 所示。

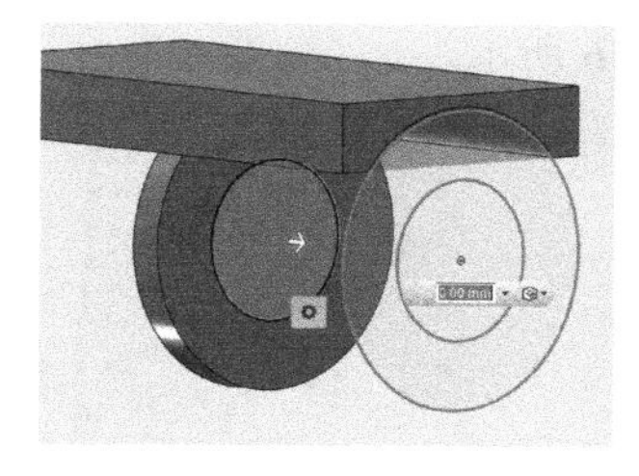

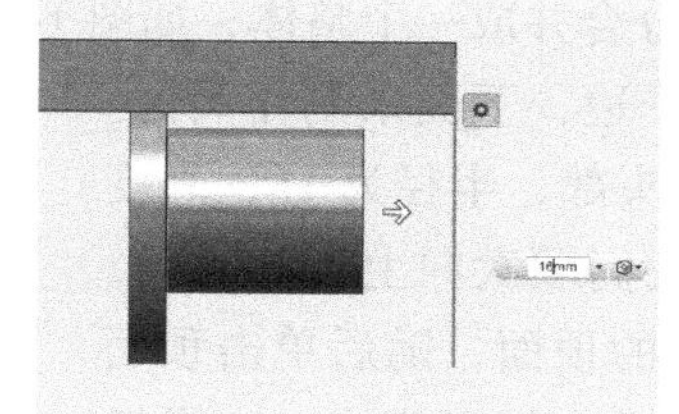

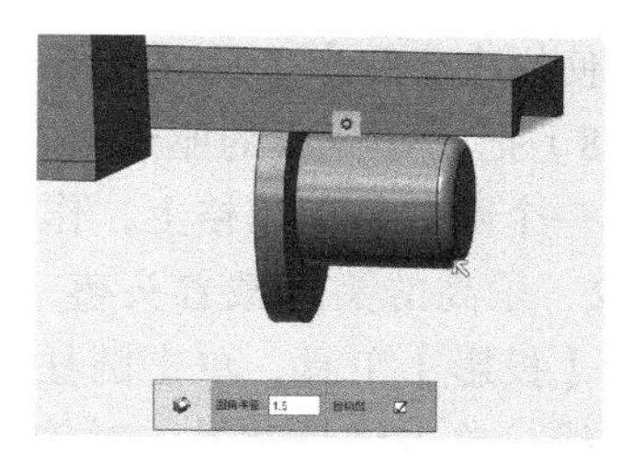

图 14-52 拉伸出圆柱并倒圆角

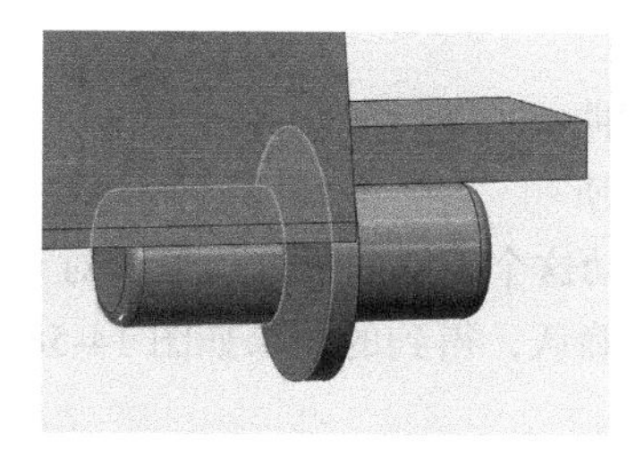

a）镜像出圆柱体

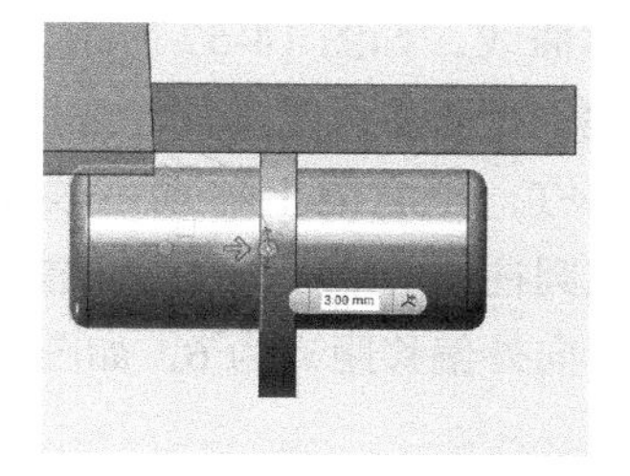

b）把圆柱体移动 3，贴靠圆饼

图 14-53

应用【合并】工具，目标实体选择扁长方体。在选择源实体时，可以拖出一个矩形框，框选圆饼和圆柱，单击确认，把这几个对象合并起来。最好旋转视图，观察一下结果，如图 14-54 所示。

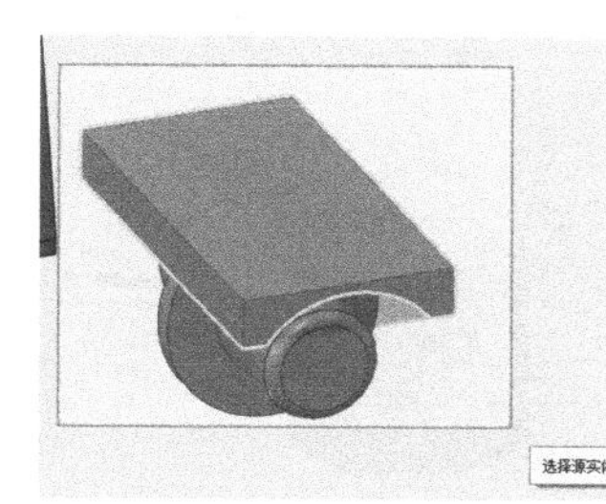

图 14-54 合并几个对象

7）应用【吸附】工具，先单击扁长方体的顶面，然后旋转视图，单击棱台的底面，两部分就装配到一起了，构成躯干模型，如图 14-55 所示。

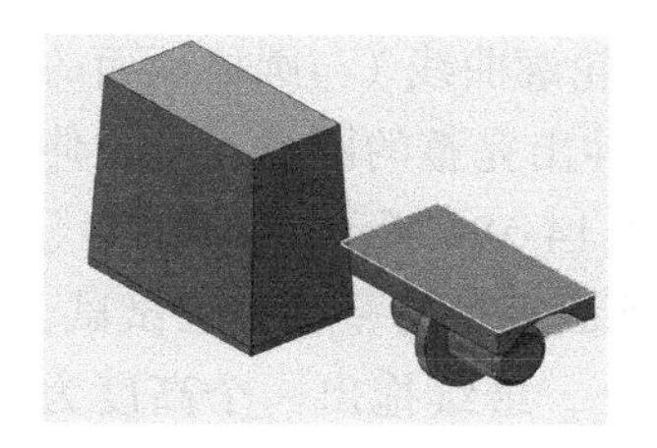

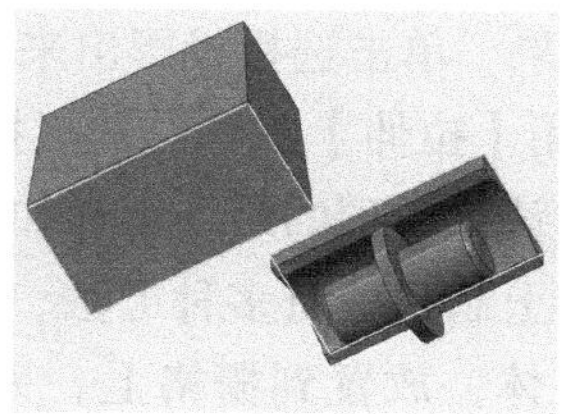

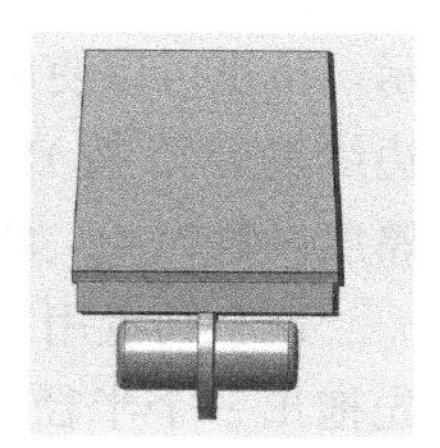

图 14-55 使用【吸附】工具装备两个对象

使用【合并】工具，把两部分合并成一个整体，如图 14-56 所示。

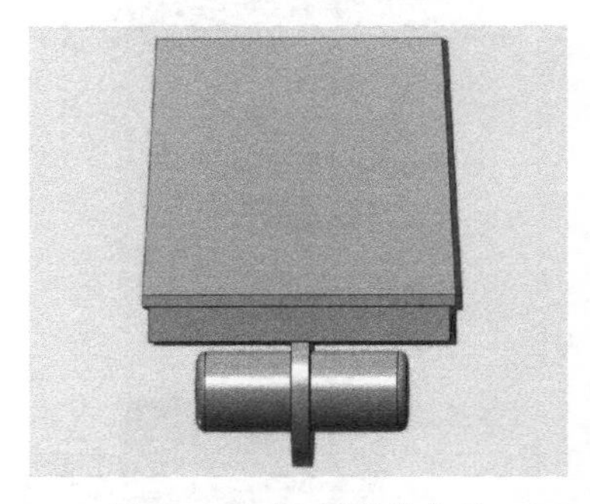

图 14-56　把两部分合并

8）把制作完成的躯干放在一边，下面来制作头部。拖放一个圆柱体到栅格上，作为头部，半径为 18，高度为 32。乐高的头上戴着头盔，我们顺次向上构建模型。选择【投影】工具，单击圆柱体的顶面，随后单击顶面的边线，单击绿色背景的对钩，退出投影模式。这样做的结果是把圆柱顶面的边线投影到圆柱顶面上，即生成了新的轮廓曲线，如图 14-57 所示。

为了验证是否生成了新的轮廓曲线，可以选择轮廓曲线，按 Ctrl+T，把它向上移动一段距离，如图 14-58a 所示。而构成圆柱体的顶面边线是不能移动的。我们不移动这个轮廓曲线的位置，对它应用【偏移】工具，向外偏移距离为 6，如图 14-58b 所示。单击确认，得到的结果如图 14-58c 所示。

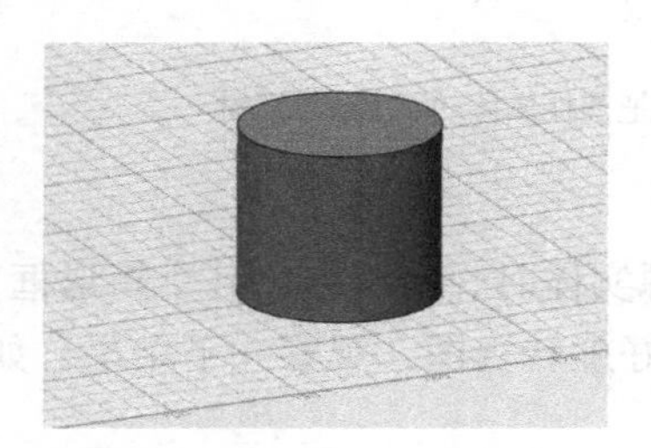

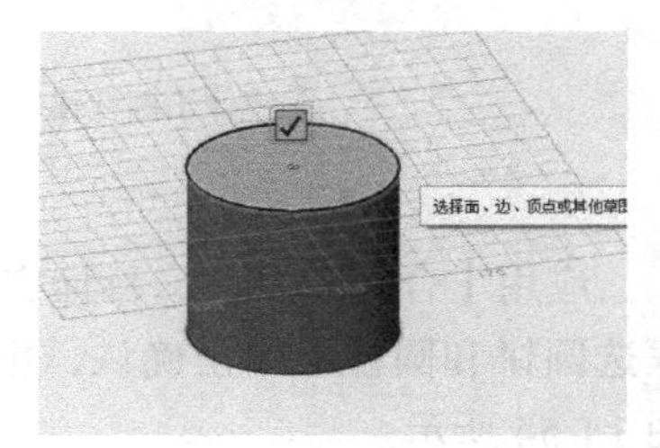

图 14-57　投影圆柱顶面边线到顶面

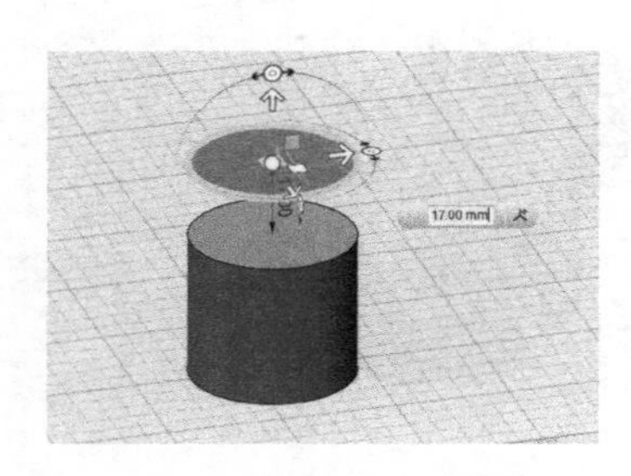

a）可以上移轮廓曲线

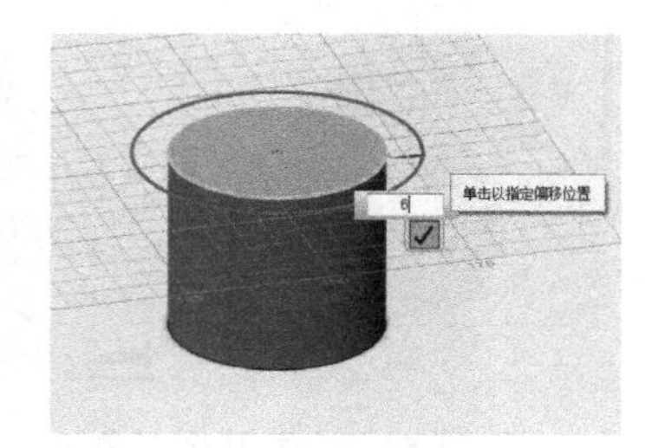

b）偏移轮廓曲线

c）得到的结果

图　14-58

如果直接应用【拉伸】工具，单击选择的是环面，拉伸出的是环形体，如图 14-59a 所示。虽也可以使用，但不是我们想要的结果。单击选择投影出来的轮廓曲线（与圆柱顶面的边线重合），按 Delete 键把它删除，再使用【拉伸】工具，即可拉伸出完整的圆盘，把拉伸厚度设置为 4，如图 14-59b 所示。单击确认，得到的最终圆盘如图 14-59c 所示。

这个圆盘用于制作头盔的帽檐。实际上制作它有多种方法，下面采用另一种方法试试。先拖出一个半径为 18、高度为 36 的圆柱体，放置到栅格上。另外，继续拖出一个高度为 32 的长方体，放在圆柱的一边，如图 14-60a 所示。前面章节中已介绍过，可以借助长方体的不同侧面，竖起栅格，在空间任意位置绘制曲线。切换到前视图，使用【多段线】工具，单击长方体的侧面，就允许在前视图中画线了，如图 14-60b 所示。捕捉到长方体上部的一个角点，绘制一条水平直线穿过圆柱体，如图 14-60c 所示。

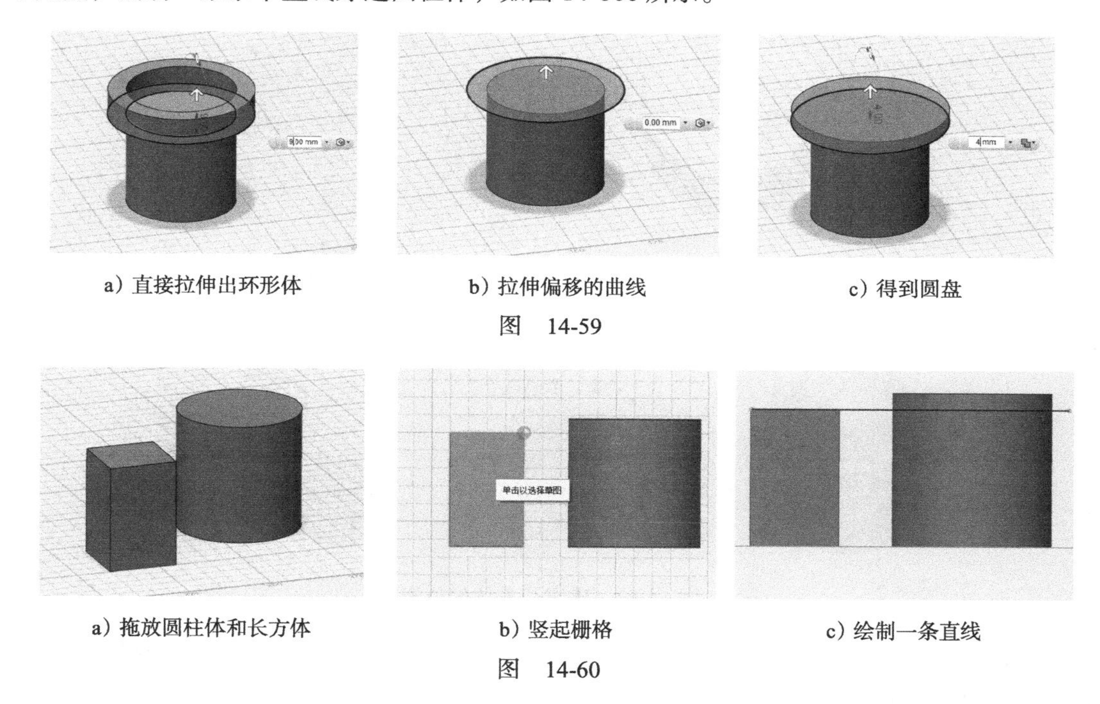

a）直接拉伸出环形体　　b）拉伸偏移的曲线　　c）得到圆盘

图 14-59

a）拖放圆柱体和长方体　　b）竖起栅格　　c）绘制一条直线

图 14-60

应用【分割实体】工具，选圆柱体作为要分割的实体，分割工具选择直线，把圆柱分割成上下两部分，如图 14-61 所示。

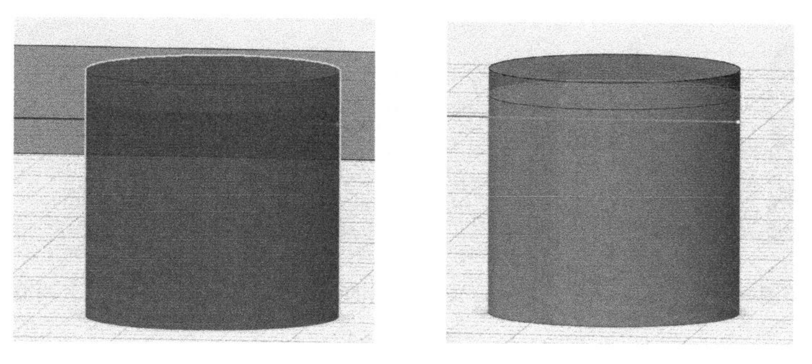

图 14-61　用直线分割圆柱体

选择上面的扁圆柱，应用【智能缩放】工具，单击尺寸线，输入数值，可以更改对象的尺寸。把两个方向的尺寸设置为 48，就会得到与前述方法相同的结果，如图 14-62 所示。

9）继续制作头盔。从基本体中拖出半球体，半径设置为 19，它能够自动捕捉到圆盘的中心。头盔上还有几条筋，还需要借助长方体，在空间绘制曲线来完成。拖出长方体，放置时把一个侧面与通过圆柱体中心的栅格线对齐，旋转到不同的视图来确认，如图 14-63 所示。这一步很重要。

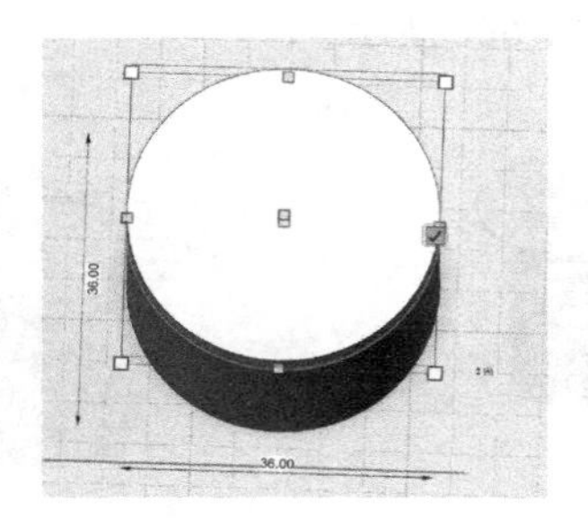

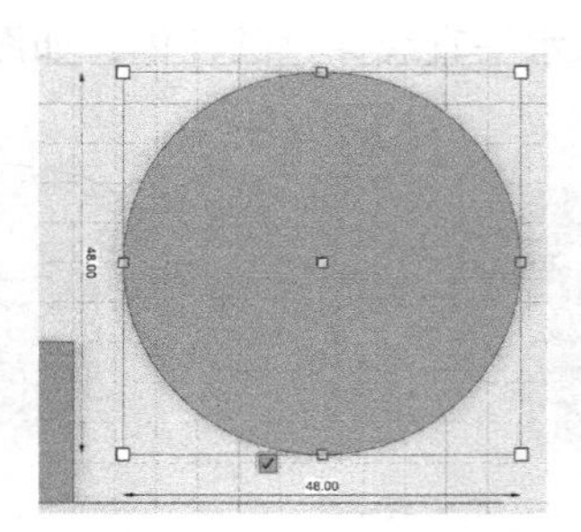

图 14-62 使用【智能缩放】工具，改变对象的尺寸

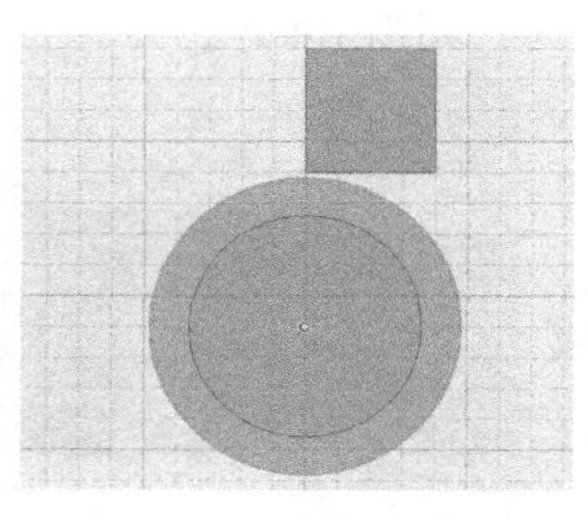

图 14-63 确定长方体的位置

应用【样条曲线】工具，单击长方体与圆柱中心对齐的那个侧面，作为绘制草图的平面。切换到正向视图，开始沿着半球绘制曲线。要绘制出半球的弧线，后面用作扫掠出筋的路径曲线。绘制完毕，还可以调节曲线的形状，如图 14-64 所示。

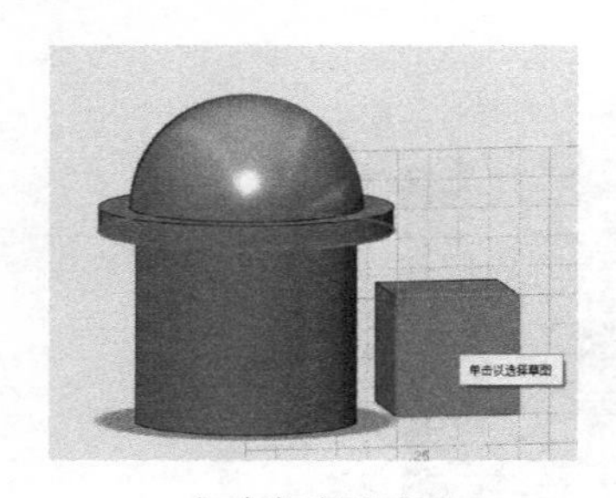

a）确定绘图平面

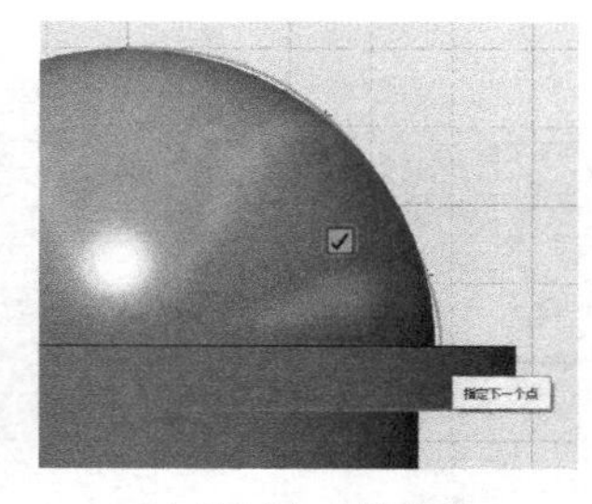

b）绘制半球的弧线

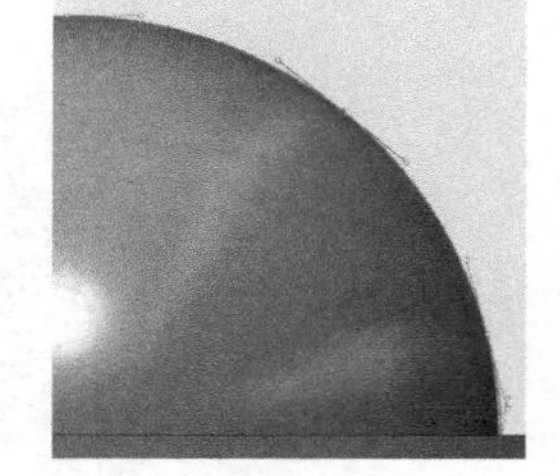

c）调节曲线形状

图 14-64

绘制好曲线后，单击半球体，隐藏它的显示。切换到一个正向视图，这里是左视图。应用【草图圆】工具，单击长方体的侧面，确定绘图平面，在曲线的端点位置，绘制一个直径为 3 的小圆，如图 14-65 所示。

虽然在一个视图中看起来小圆捕捉到曲线的端点，但旋转视图看一下，实际上它们之间差得很远，如图 14-66a 所示。切换到前视图，把小圆移到曲线的端点处，如图 14-66b 所示。

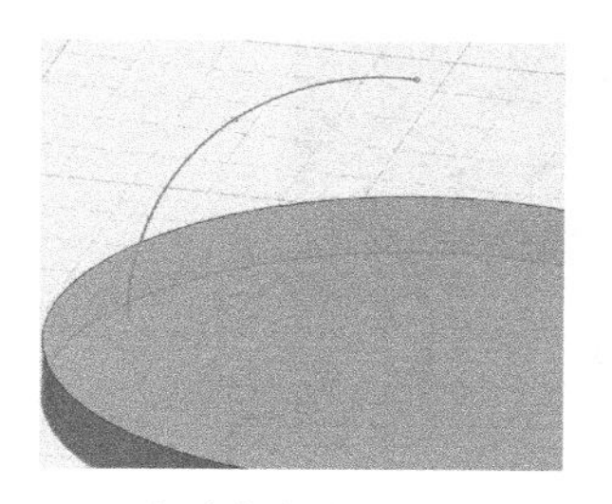

a）隐藏半球的显示

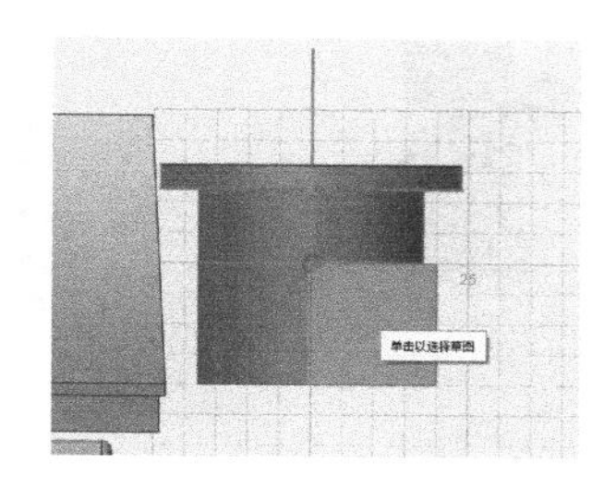

b）确定绘图平面

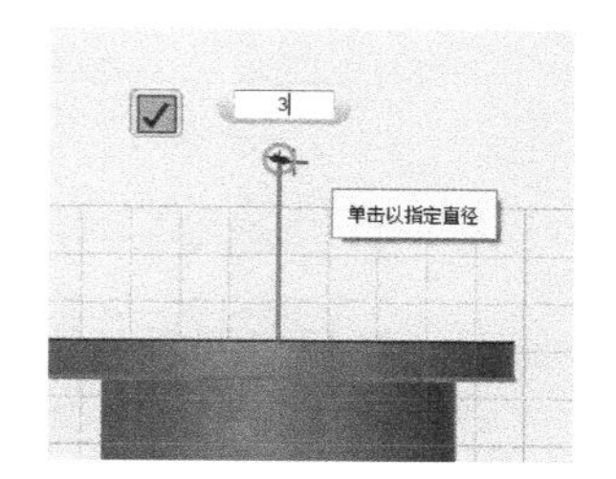

c）绘制小圆

图 14-65

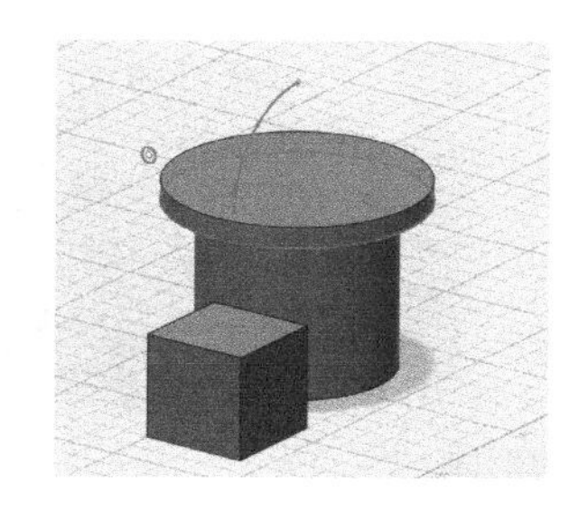

a）小圆的真实位置

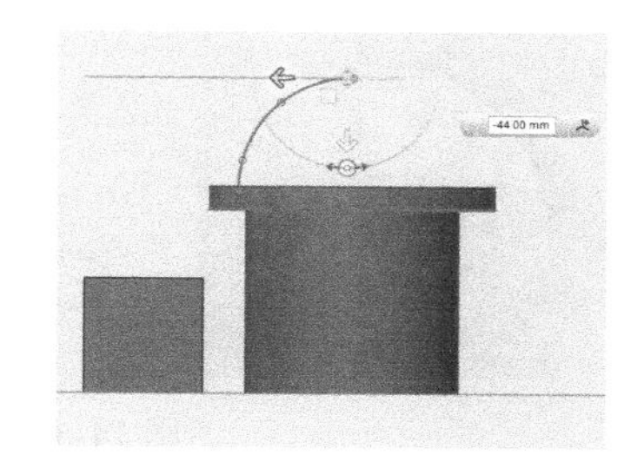

b）移动小圆到曲线端点

图 14-66

应用【扫掠】工具，选择小圆作为扫掠的轮廓，路径选择曲线，模式设置为“新建实体”，扫掠出弯曲的筋，如图 14-67 所示。

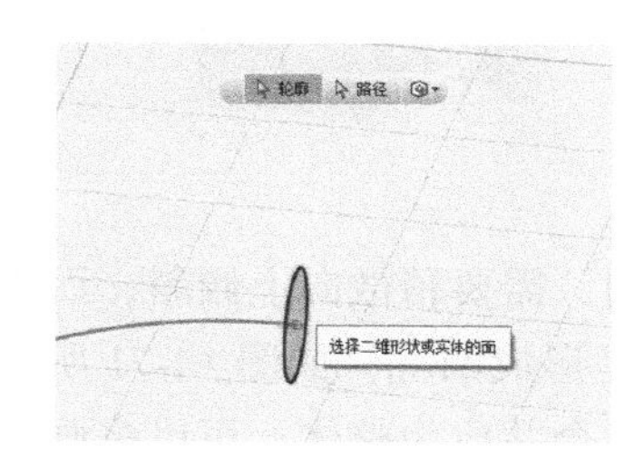

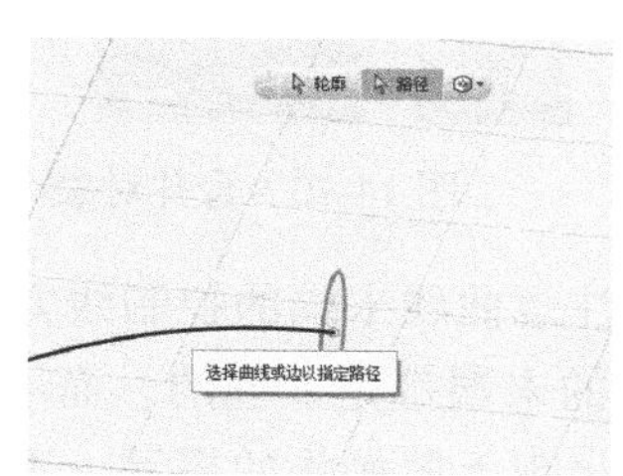

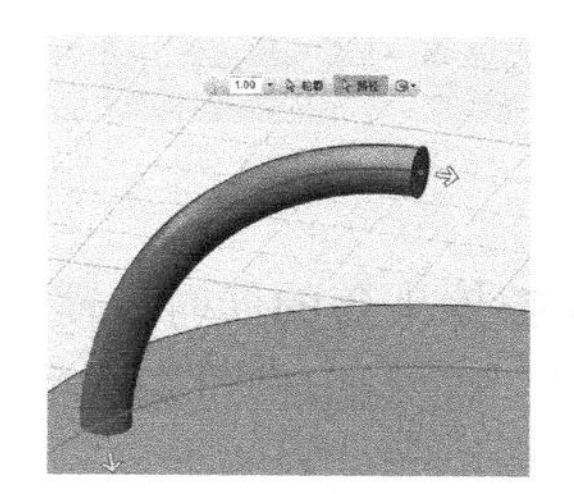

图 14-67 扫掠出弯曲的筋

显示出半球体，观察筋的位置，此时，需要一根旋转轴，以便阵列它。再次隐藏半球体，旋转视图，应用【多段线】工具，先单击筋的端面，再捕捉到端面的中心，绘制一条垂直线。当直线垂直时，会出现垂直的标记 ，如图 14-68 所示。当然还有其他方法绘制这根垂直线。

选中这条筋，应用【环形阵列】工具，单击垂直线作为阵列轴，阵列数量设置为 7，就会得到头盔上所有筋的形体。显示半球体，观察一下结果，如图 14-69 所示。

图片中头盔的顶部是平的，我们需要处理一下制作的模型。应用【合并】工具，目标实体选择圆盘，接着拖出一个矩形框，选择头盔部分的所有对象，把它们合并为一个整体，如图 14-70 所示。

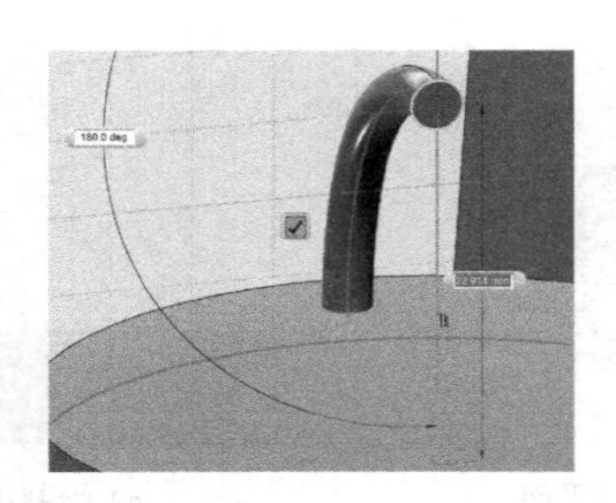
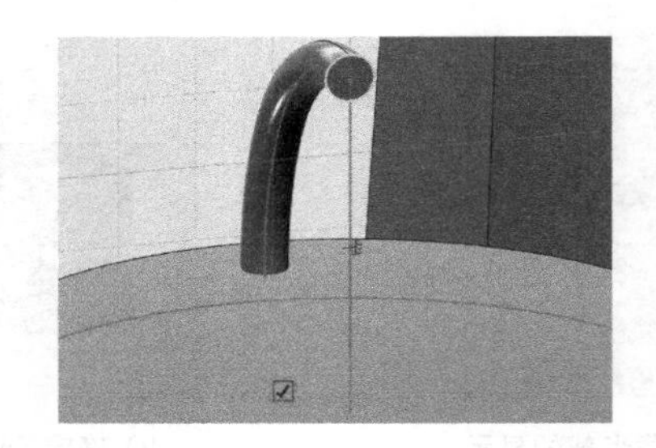

图 14-68　绘制一条垂直线

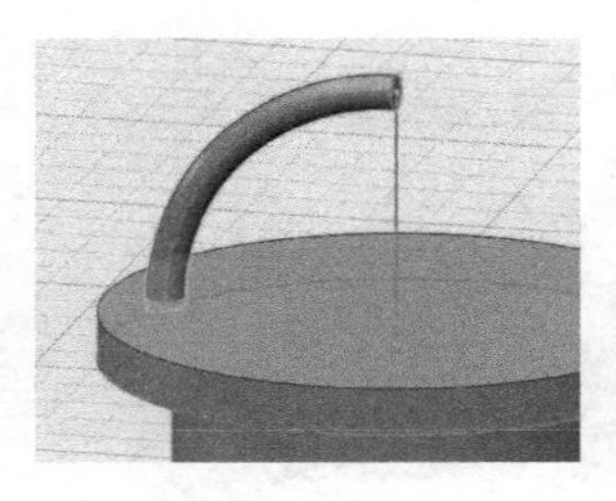
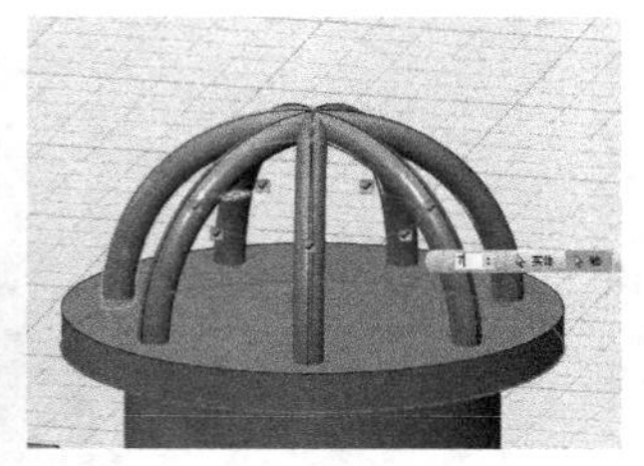
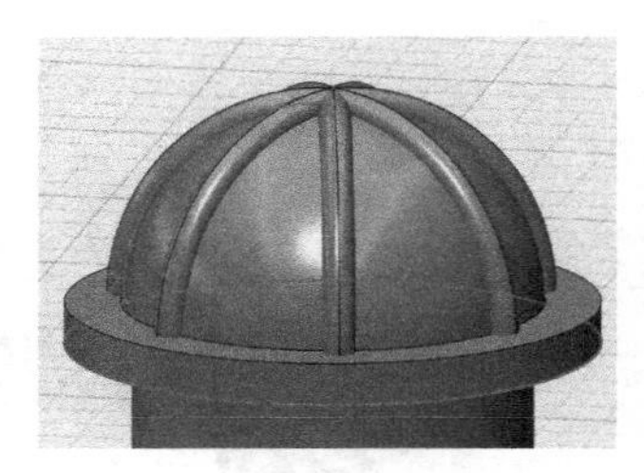

图 14-69　环形阵列出所有筋的形体

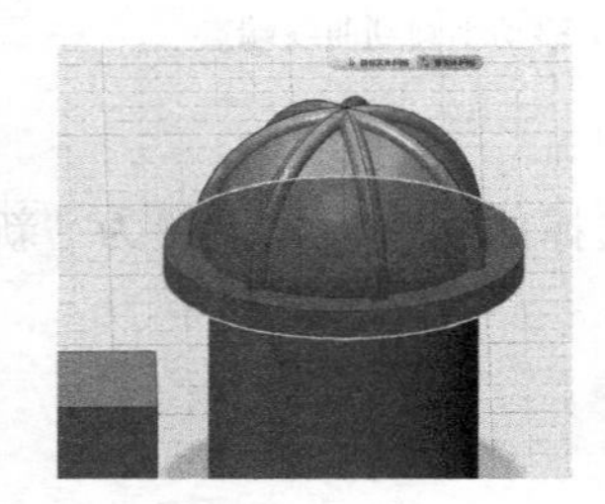

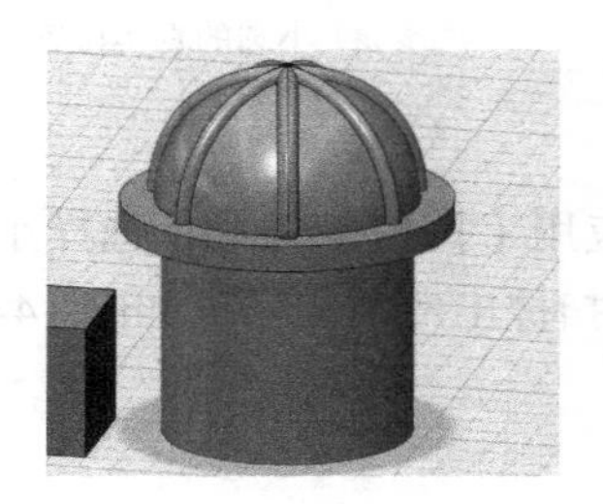

图 14-70　合并对象

在扫掠头盔的筋时，需要注意曲线末端的控制线方向，需要稍微向上倾斜，而不是向下倾斜，以保证环形阵列后筋的末端都是上翘的，而不是形成凹坑，如图 14-71 所示。否则，扫掠出的筋在合并时，会出现无效操作的提示，不能合并成为整体。可以多画出一点点曲线，生成一点多余的实体影响不大，扫掠后我们会把头盔顶部削平。

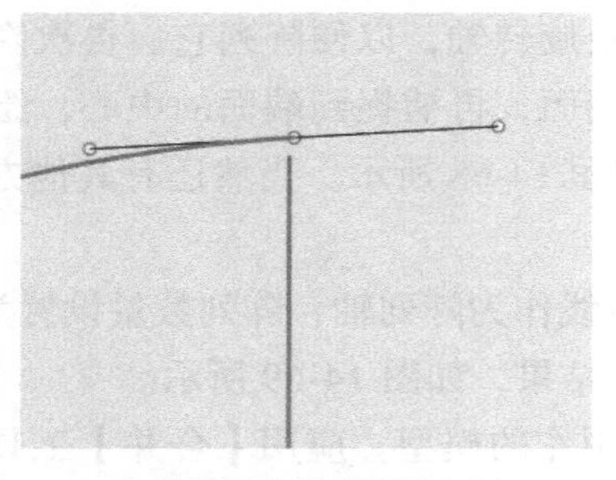

a）曲线端点的控制线上倾

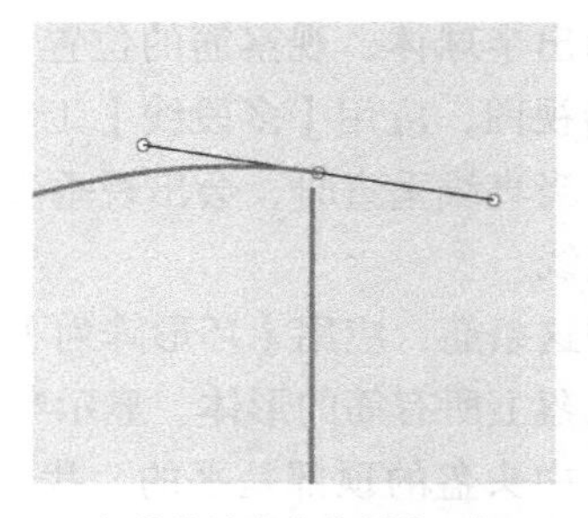

b）曲线端点的控制线下倾

图　14-71

切换到前视图，应用【多段线】工具，单击长方体的侧面，把栅格竖起来。然后，在头盔顶部画一条水平直线，位置不必太在意。选择这条直线，按 Ctrl+T 键，调节垂直方向的位置，确定将来削掉多少顶部，如图 14-72 所示。

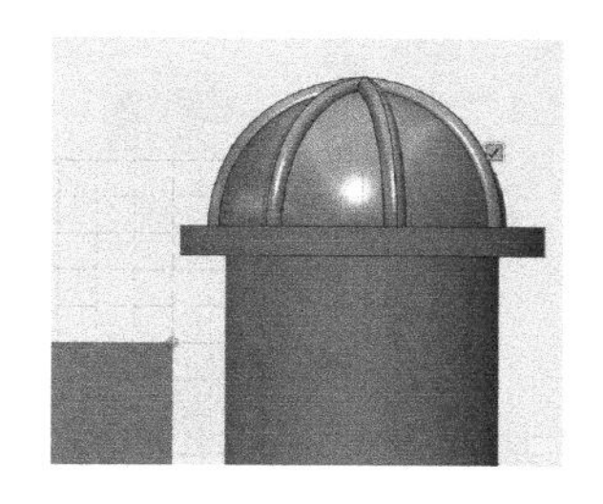

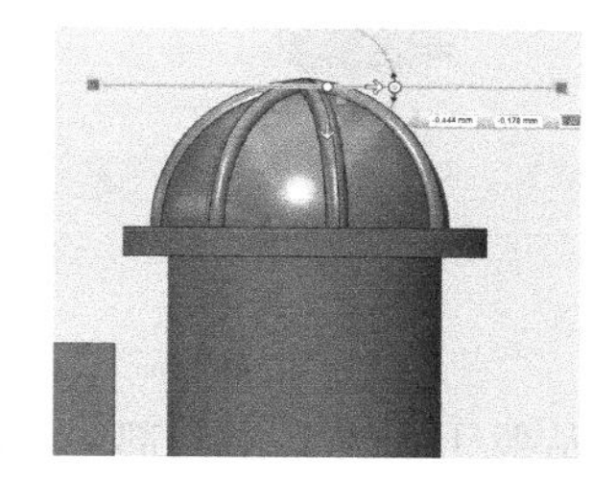

图 14-72　绘制直线并确定位置

使用【分割实体】工具，选择头盔作为要分割的实体，分割工具选择直线。确认后，就把头盔分割成两部分。选择顶部，按 Delete 键删除它，如图 14-73 所示。

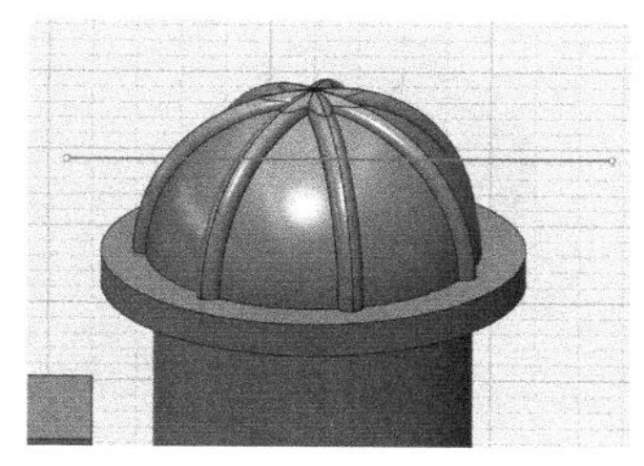
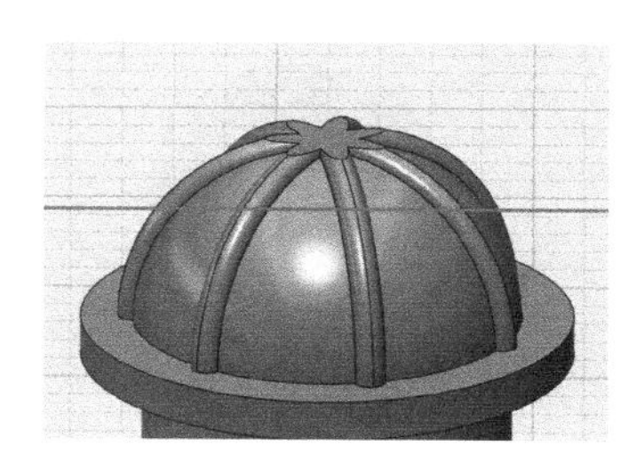

图 14-73　分割头盔并删掉顶部

10）旋转视图，观察头部和躯干的比例，可把头部移到躯干上试试。有问题！头部有些大了，需要缩小一些，而且脸部长了，需要缩短。选择整个头部，应用【缩放】工具，输入缩放因子为 0.9，把头部缩小，如图 14-74 所示。

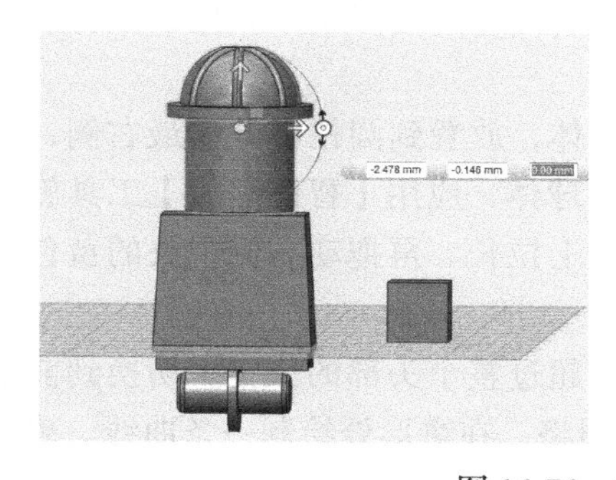

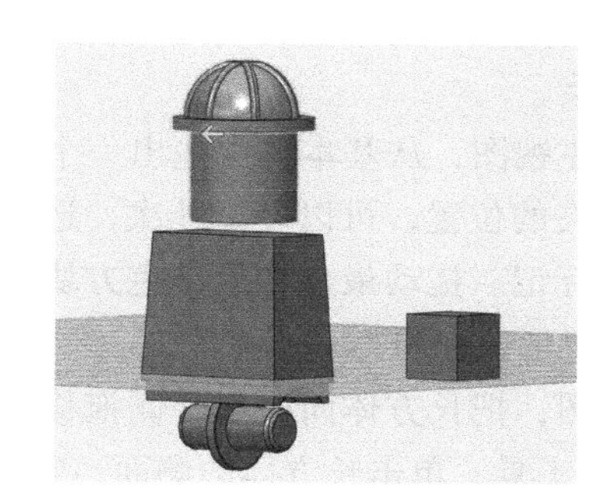

图 14-74　缩小头部

把头部移到一边，旋转视图，选择圆柱体的底面，使用【压 / 拉】工具，输入 −10，缩短脸部圆柱体，如图 14-75 所示。

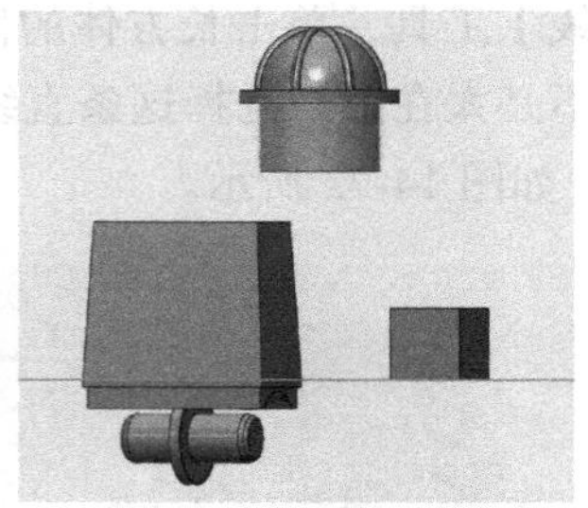

图 14-75　缩短圆柱体

从躯干上方移出头部，关闭栅格的显示。切换到下视图，从基本体中拖出半径为 10 的圆形，捕捉到圆柱底面的中心。旋转视图，选择圆形，使用【拉伸】工具，输入 −3，拉伸出短圆柱。接着从基本体中拖出半径为 8 的圆形，捕捉到短圆柱的底面中心，选择它，使用【拉伸】工具，输入 −8，拉伸出一段圆柱，如图 14-76 所示。

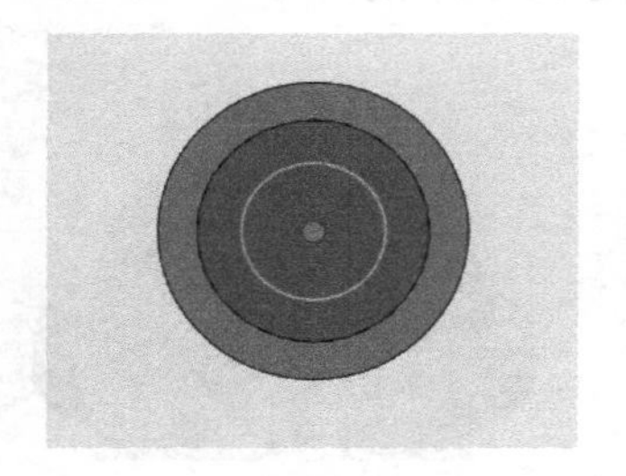

a）放置圆形

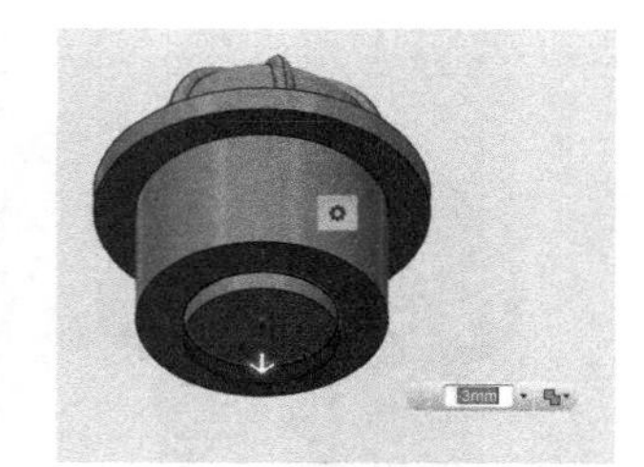

b）拉伸出短圆柱

c）再次拉伸一段圆柱

图　14-76

11）开始制作头部的耳朵。这个部分图片中只有耳朵局部，而且是曲面。构建曲面是 123D Design 非常薄弱的环节，如果有耐心，可以慢慢画出很多截面轮廓曲线，然后放样出实体，不过，因为无法看到耳朵的后部，就不乱猜测其形状了。我们会采用一种简化的方法来制作耳朵。

切换到左视图，从基本体中拖出一个半球体，放置到圆柱部分的最右侧，也就是捕捉功能即将消失的位置，可以多试几次，选择半球体，应用【智能缩放】工具旋转视图，可看到出现的标记。拖动最上面的黄色方块，向上拉长。再拖动右侧中央的黄色方块，把它压扁，形成饼形，如图 14-77 所示。

旋转视图，把长方体向栅格外侧拖移，要超过整个头部的位置。切换到前视图，使用【样条曲线】工具，单击长方体的侧面，竖起栅格，在饼形处绘制一条曲线。确认后你还能够调节它的形状，如图 14-78 所示。

应用【分割实体】工具，选择饼形作为要分割的实体，分割工具选头盔边沿的底面，单击确认，把饼形分割成上下两部分，如图 14-79 所示。

选择饼形的上部，按 Delete 键把它删除。再次应用【分割实体】工具，选择饼形下部作为要分割的实体，分割工具选择绘制的曲线，确认后，把它也分割成两部分。选择下面的部分，按 Delete 键把它删除，如图 14-80 所示。

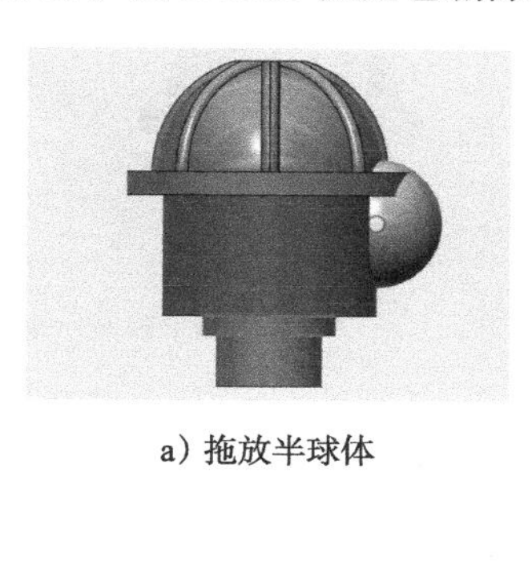

a）拖放半球体

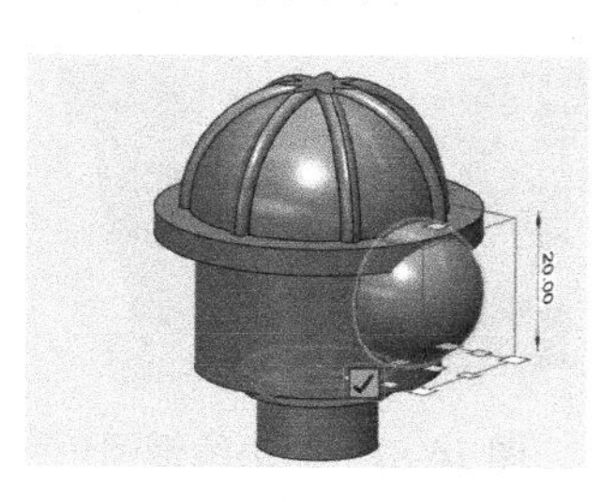

b）应用【智能缩放】

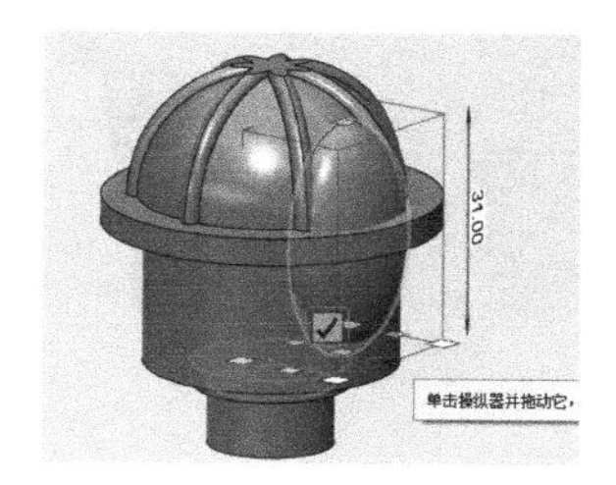

c）压成饼形

图 14-77

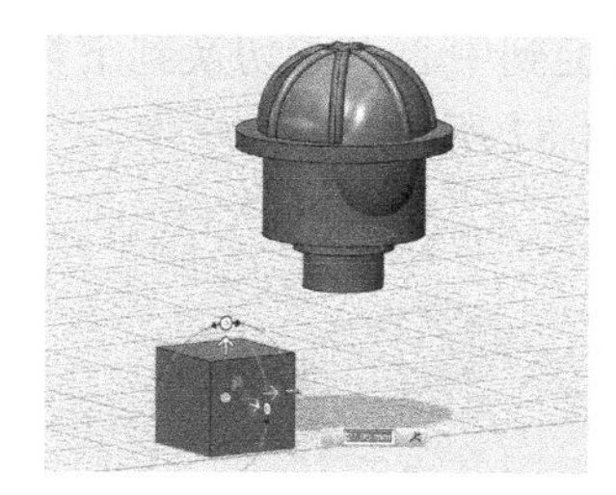

a）调整长方体的位置

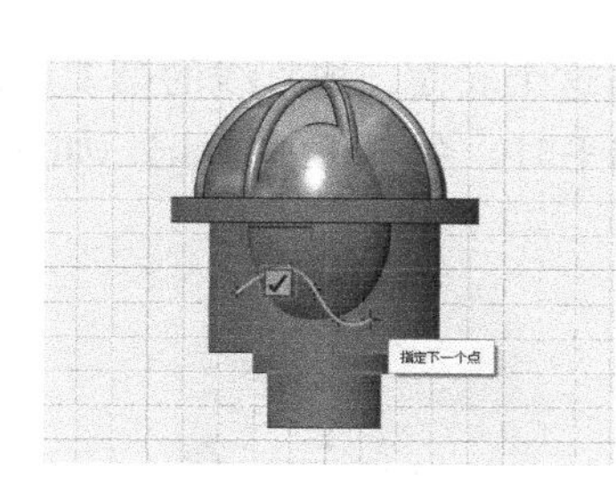

b）绘制曲线

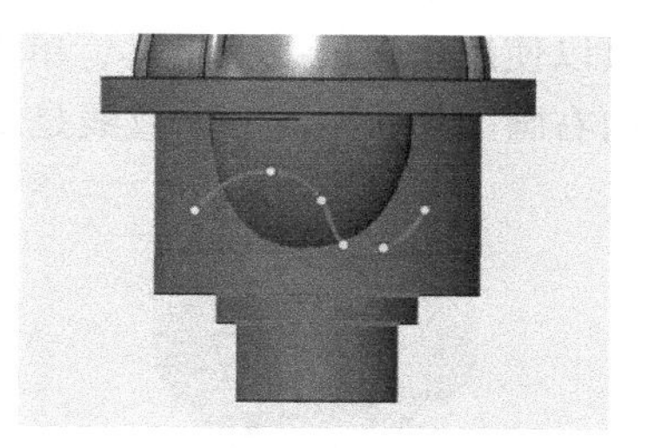

c）调整曲线的形状

图 14-78

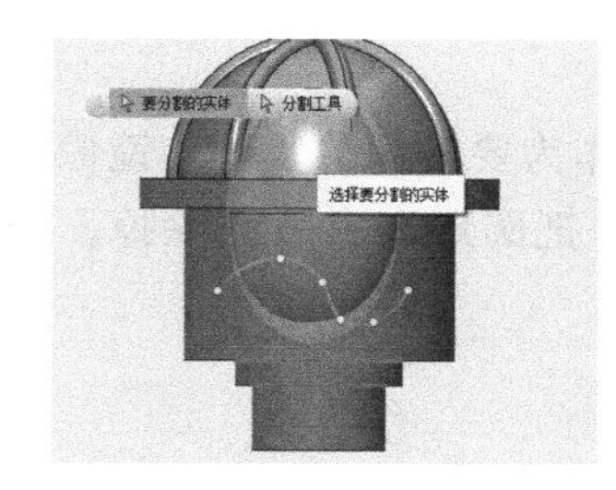

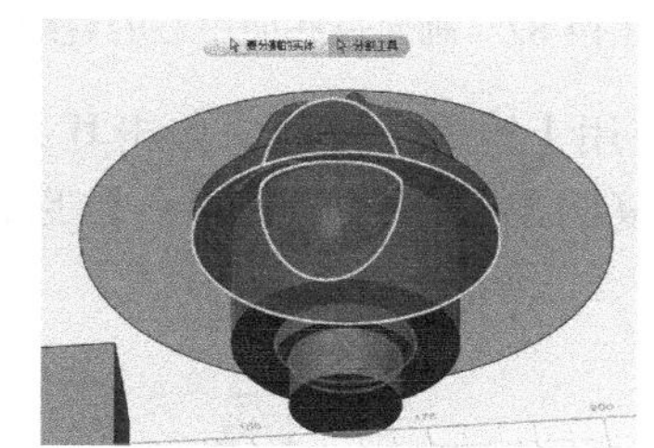

图 14-79 把饼形分割成上下两部分

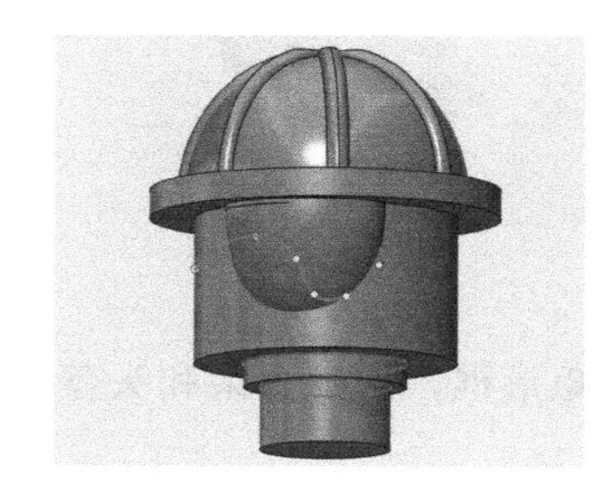

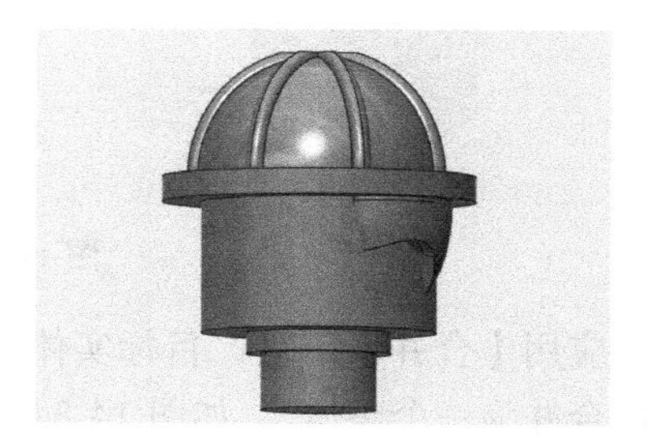

图 14-80 删除饼形的下面部分

选择分割位置的边线，为它倒圆角，圆角半径需要尝试输入不同的数值，以得到更好的结果。这里采用的半径值是 2，如图 14-81 所示。

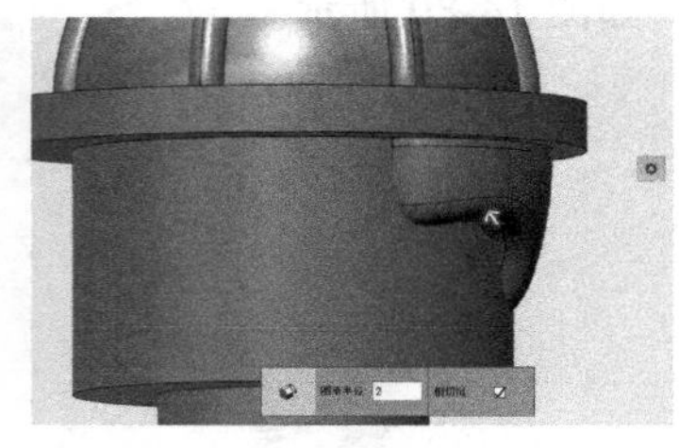
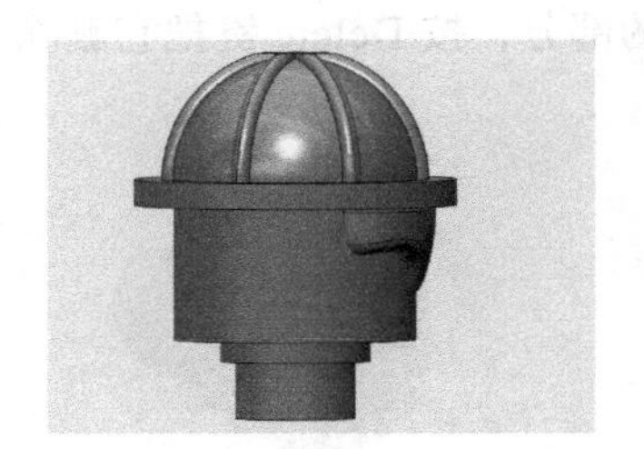

图 14-81　为边线倒圆角

接下来，想要镜像复制出另一只耳朵，可是还无处确定镜像平面。想个办法吧。旋转视图，从基本体中拖出圆形，放置到最细圆柱的底面，它会自动捕捉到底面的中心。随后，可以使用【多段线】工具，单击这个底面，把直线的第 1 点捕捉到中心点。切换到下视图，向右画一条水平线，当直线是水平时，会出现 ═ 标记，如图 14-82 所示。

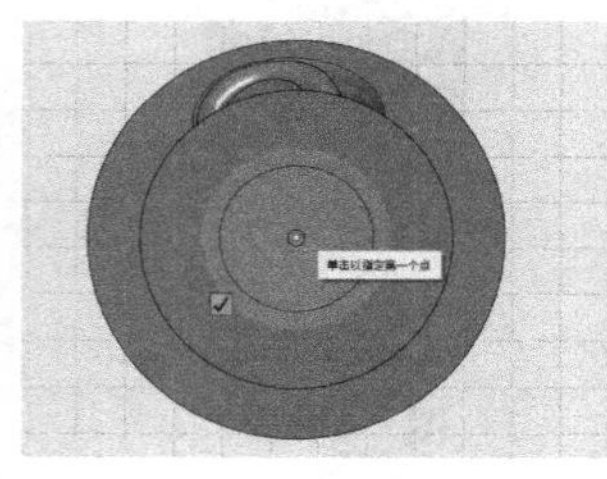
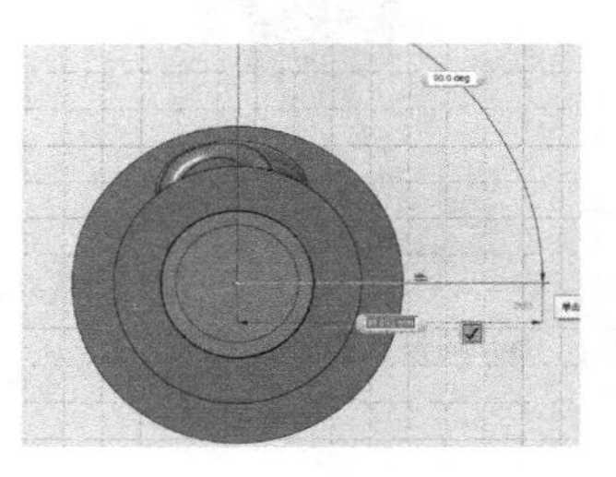

图 14-82　画出过底面中心的直线

旋转视图到适当的角度，应用【镜像】工具，单击耳朵作为要镜像的实体，镜像平面选刚绘制的直线，就可以镜像复制出另一侧的耳朵。然后，把圆形和直线删除掉，如图 14-83 所示。

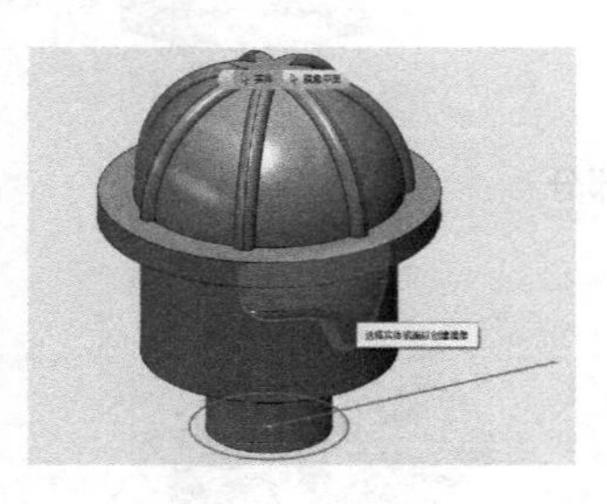
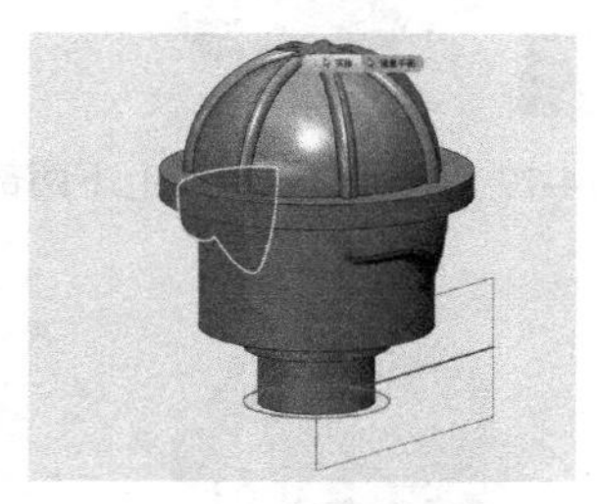
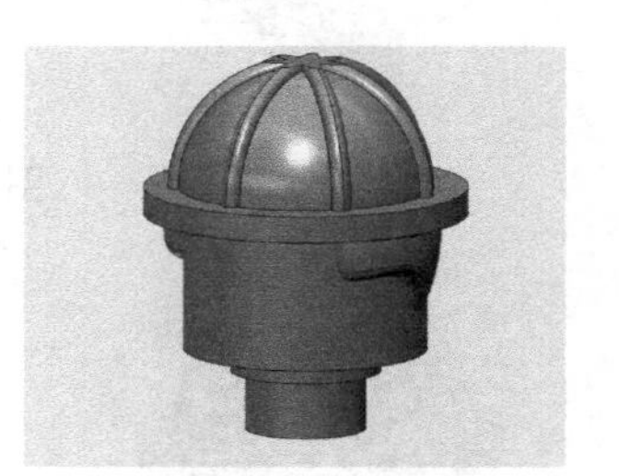

图 14-83　镜像复制另一侧的耳朵

应用【合并】工具，目标实体选择圆柱体，再拖出一个矩形框，选择耳朵和头盔，把它们合并为一个整体。，如图 14-84 所示。

选择头部，按 D 键，它会自动落到栅格之上，如图 14-85 所示。删除长方体，需要时再拖出来吧！

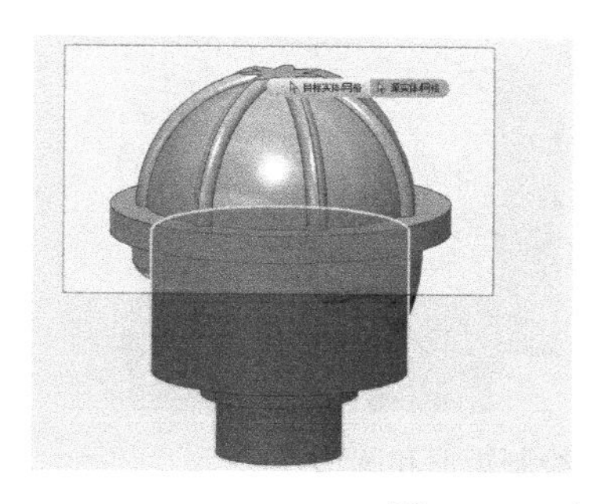

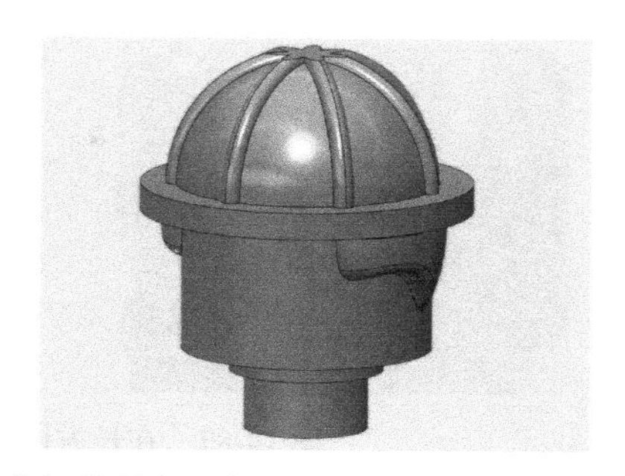

图 14-84 合并头部的所有对象

图 14-85 清理一下场景

12）该到制作腿部的时候了。切换到上视图，应用【草图矩形】工具在栅格上绘制一个长 23、宽 26 的矩形。选择矩形，使用【拉伸】工具，高度为 35，拉伸出一个长方体，如图 14-86 所示。

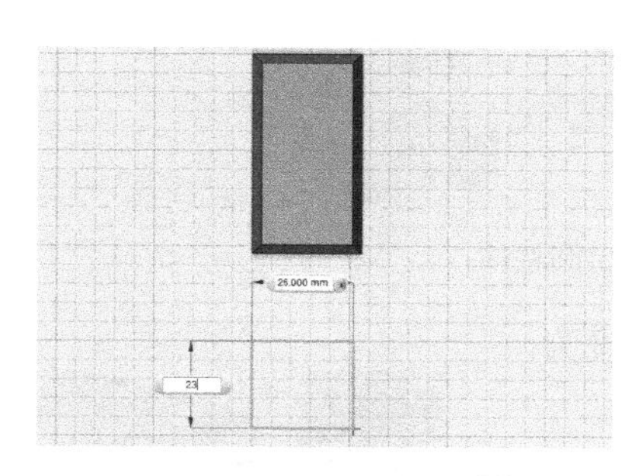

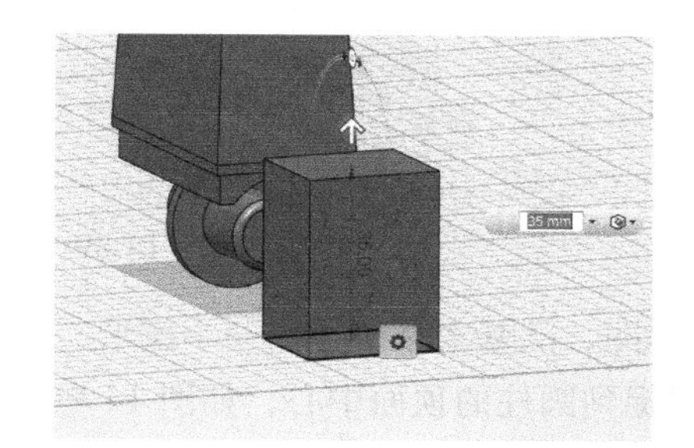

图 14-86 拉伸出长方体

切换到前视图，使用【草图矩形】工具，捕捉到长方体侧面的一个角点，绘制一个 28 × 8 的矩形。接着从基本体中拖出一个圆形，半径设为 13，把圆心捕捉到侧面上边线的中点，如图 14-87 所示。

旋转视图，选择绘制的矩形，使用【拉伸】工具，模式设为相减，向内侧拖动箭头，拉伸切除掉矩形部分，如图 14-88 所示。

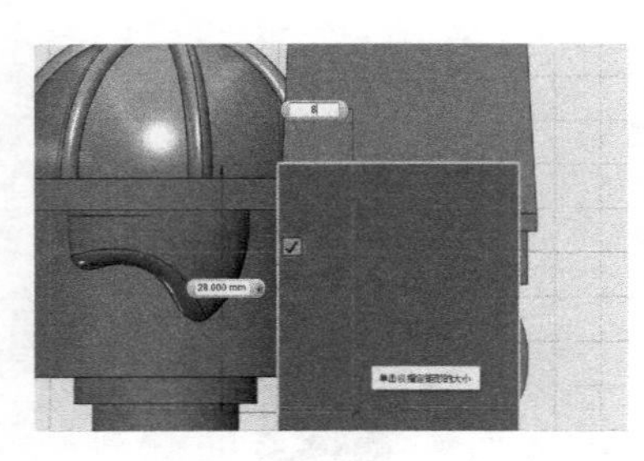
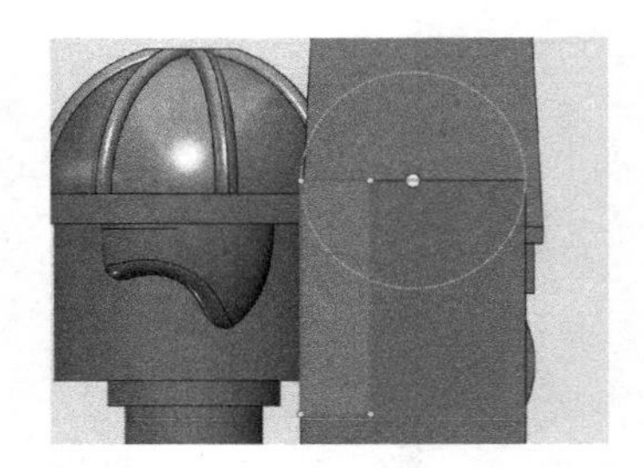

图 14-87　在长方体侧面绘制矩形和圆形

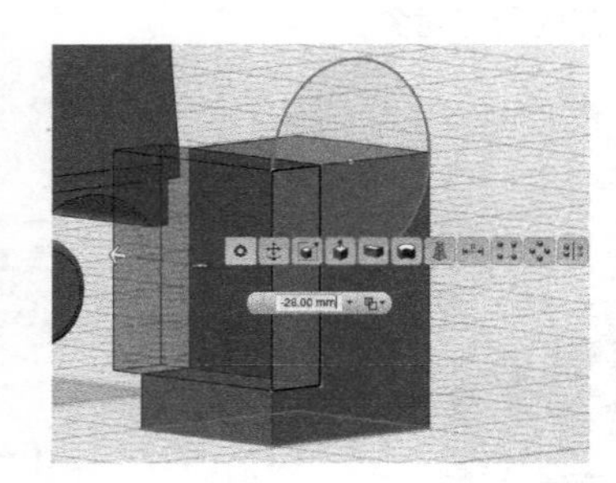
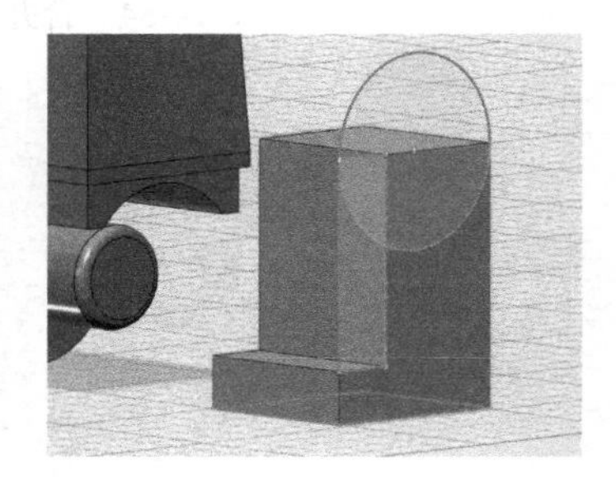

图 14-88　拉伸切除矩形

选择圆形，应用【拉伸】工具，模式设为新建实体，向内拉伸厚度为 23，拉伸出圆柱体，如图 14-89 所示。

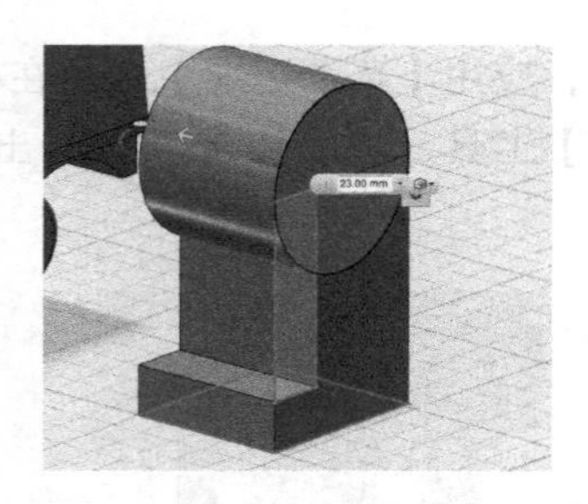

图 14-89　拉伸出圆柱体

旋转视图，从基本体中拖出一个圆形，半径设为 7，把它捕捉到圆柱的顶面中心，如图 14-90 所示。

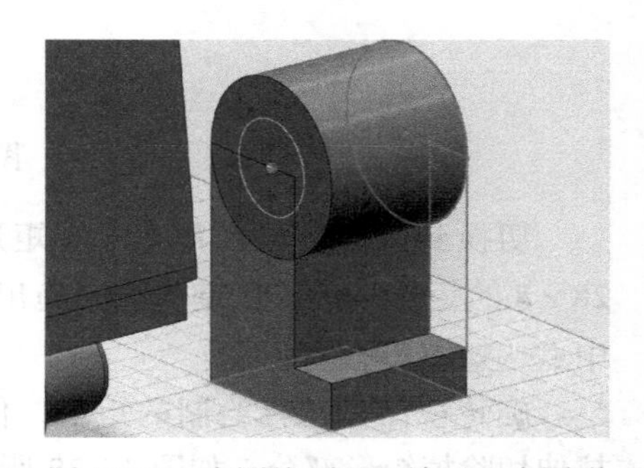

图 14-90　在圆柱顶面上放置一个圆形

选择圆形，应用【拉伸】工具，模式设置为相减，输入数值 15.5，拉伸出圆孔，如图 14-91 所示。这些数值与前面制作躯干下部的圆柱尺寸有关系，可以回顾一下。

切换到下视图，从基本体中拖出一个 17×20 的矩形，放置到乐高的足底面。选择这个矩形，应用【拉伸】工具，模式设置为相减，输入数值 3，拉伸切除一个凹槽，如图 14-92 所示。

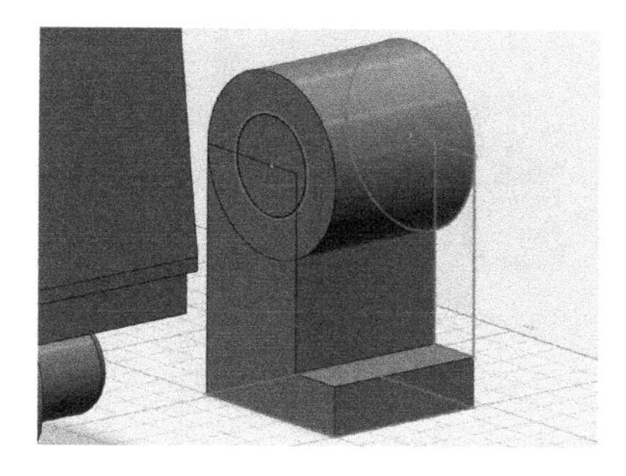

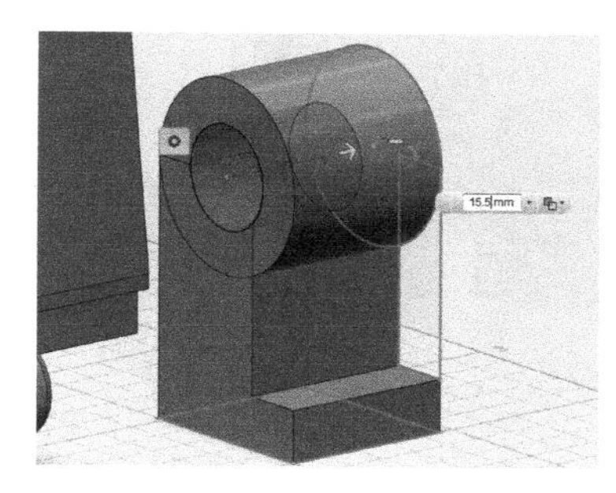

图 14-91　拉伸出圆孔

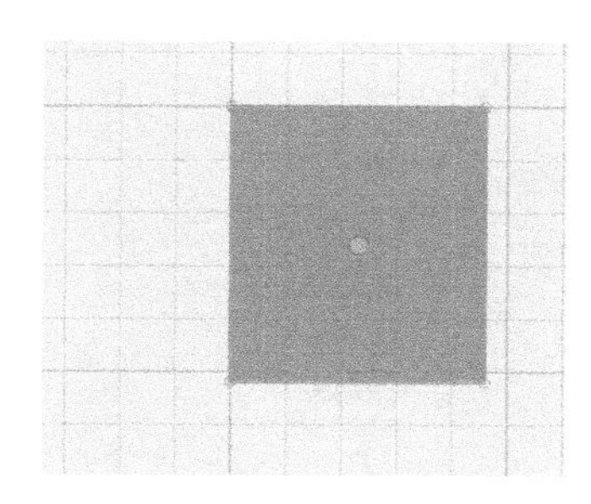

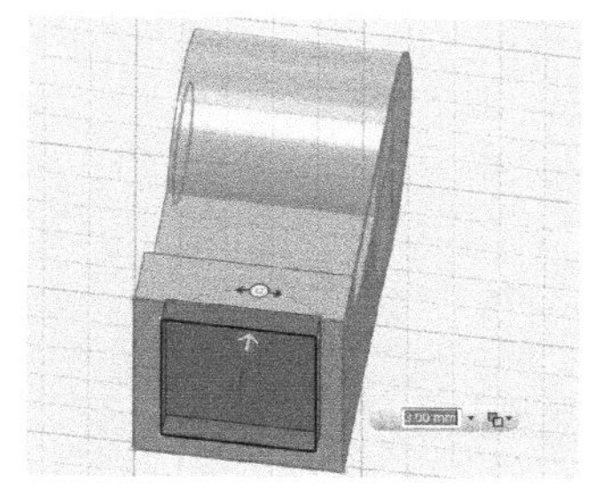

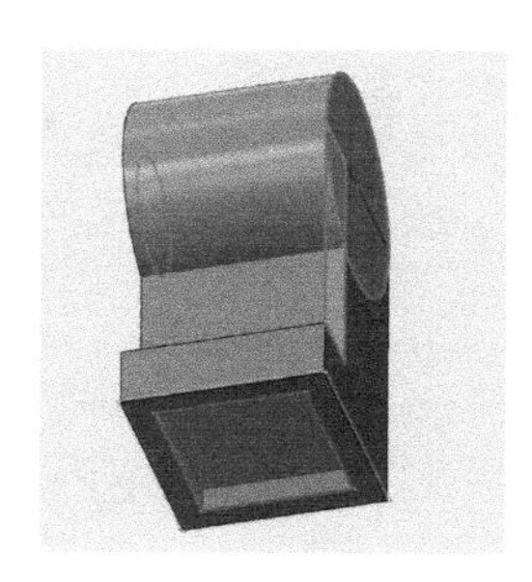

图 14-92　拉伸切除一个凹槽

隐藏草图，使用【合并】工具，把腿部对象合并成为一个整体，如图 14-93 所示。

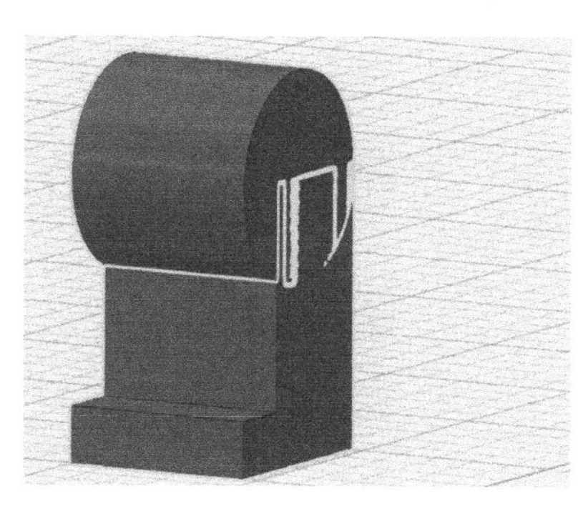

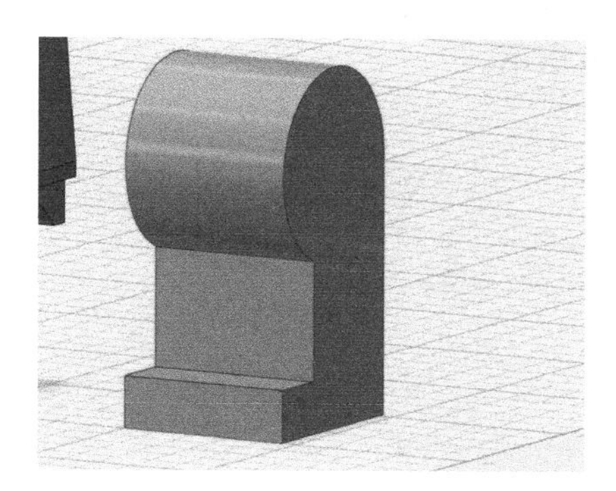

图 14-93　合并腿部对象

使用【镜像】工具，镜像复制出另外一条腿，如图 14-94 所示。此时，并不要求严格的居中对齐，所以镜像平面可以选择躯干下部圆盘的一个面，只要能镜像出另一条腿就可以，将来还需要移动位置。

13）把两条腿移动一下位置，我们来制作手臂和手掌。切换到上视图，应用【多段线】工具，在栅格空闲处单击，先绘制一条长为 22 的直线，接着绘制一条长度为 18 的直线，两条直线之间的夹角不要太小，如图 14-95 所示。

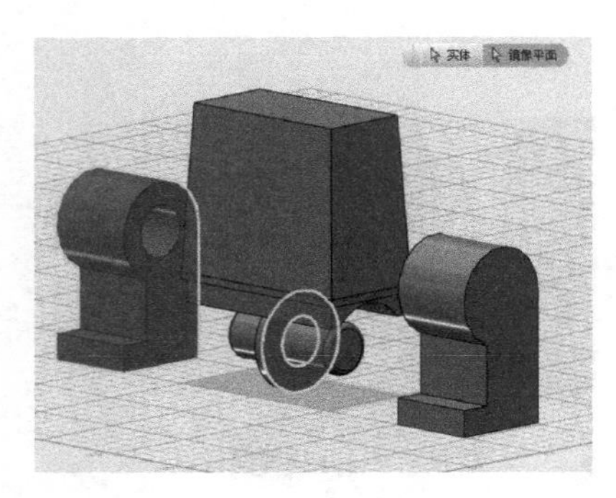
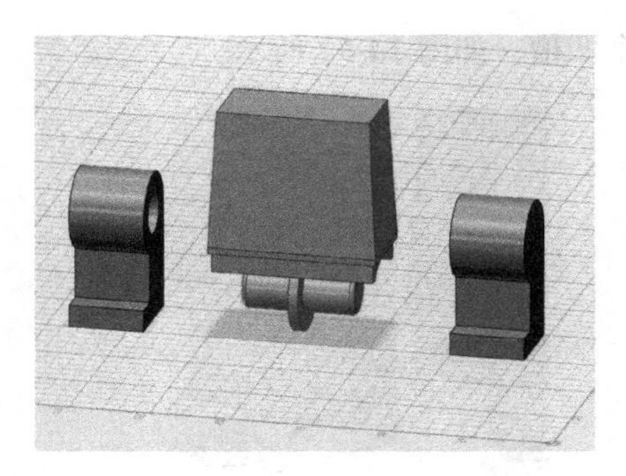

图 14-94 镜像复制出另一条腿

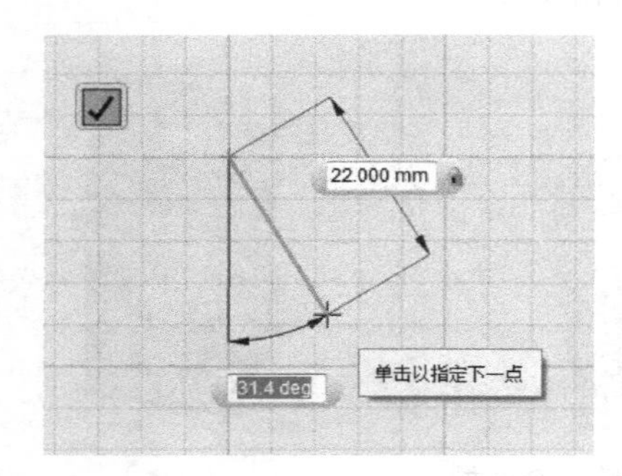

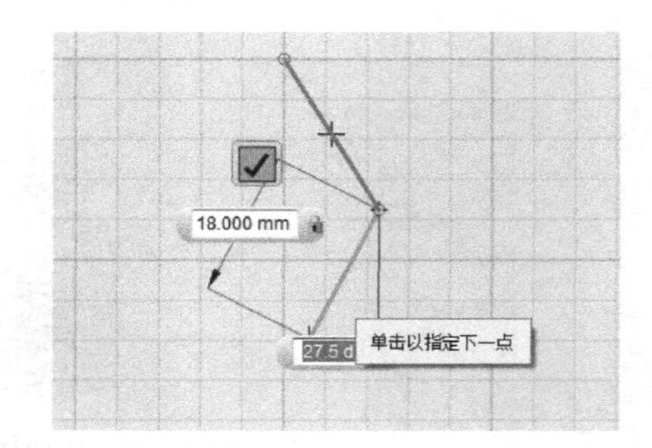

图 14-95 绘制两条直线

应用【草图圆角】工具，圆角半径设为 7.5，选择两条直线，给它们之间的夹角倒圆角，如图 14-96 所示。

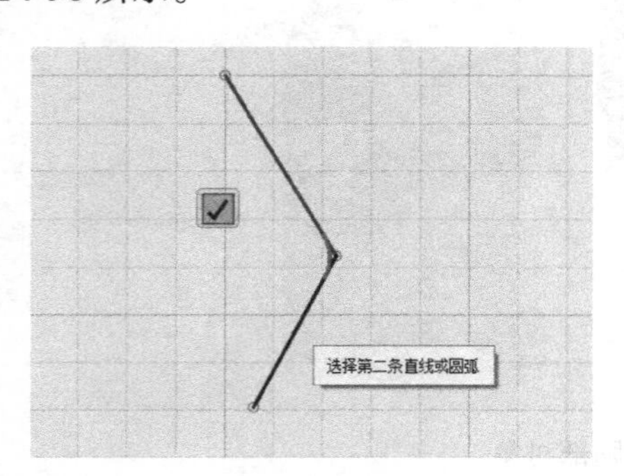

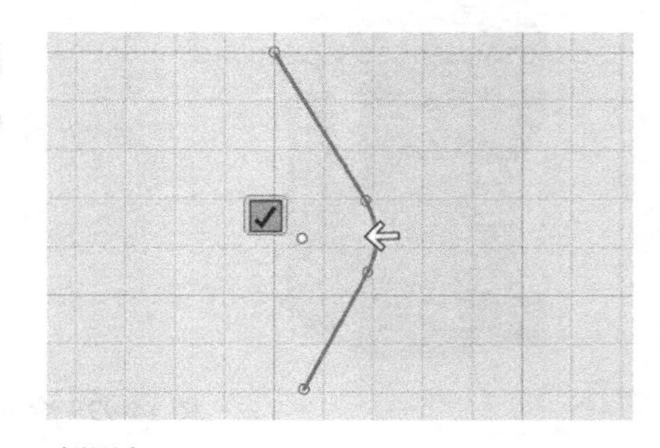

图 14-96 倒圆角

在一条直线的端点处，绘制一个直径为 12 的小圆。画线时，起点捕捉到栅格的十字交点，以便画圆形的操作。选择圆形，按 Ctrl+T 键，把圆形旋转到与直线垂直，这需要旋转视图选择正确的旋转轨道，并在正向视图中进行操作，如图 14-97 所示。

应用【扫掠】工具，选择小圆作为轮廓，路径选这条曲线，扫掠出弯曲的手臂，如图 14-98 所示。

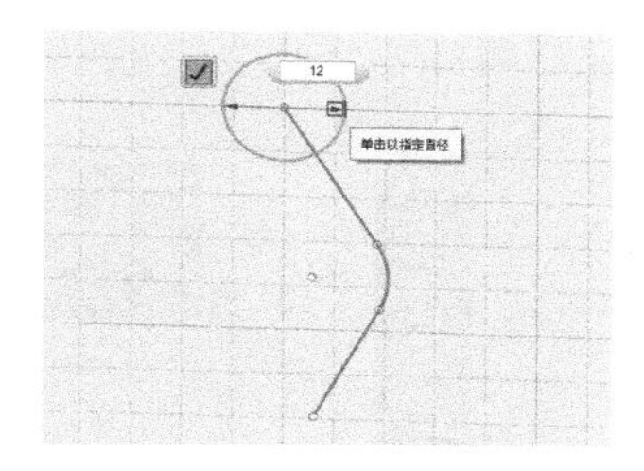
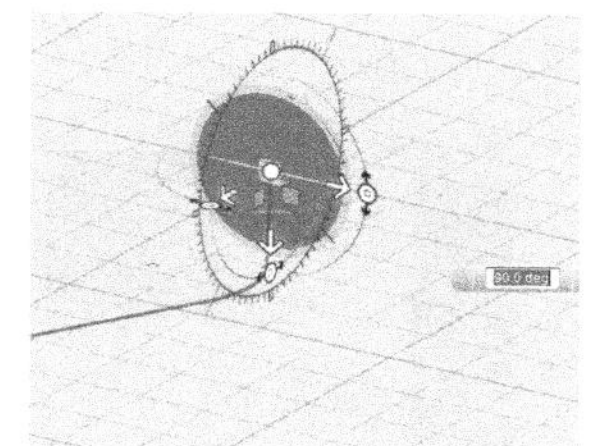
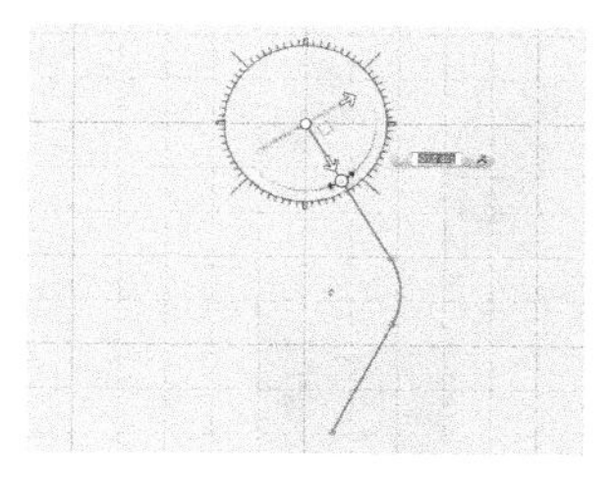

图 14-97 绘制小圆并使之与直线垂直

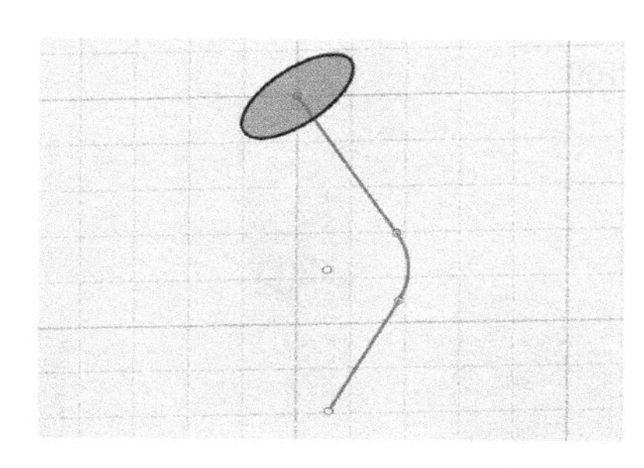
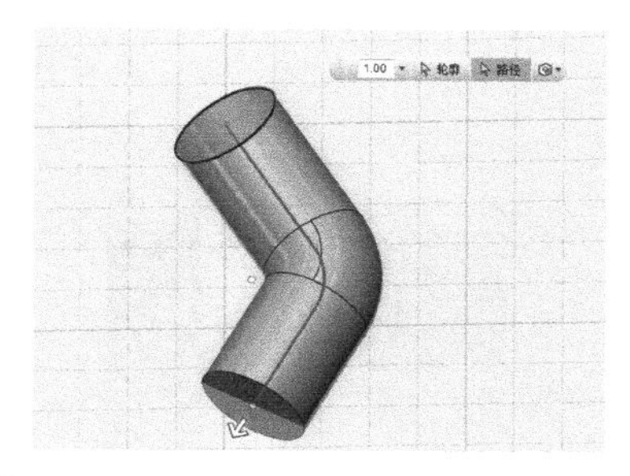

图 14-98 扫掠出手臂

选择这段手臂，按 Ctrl+T 键，把它竖立起来。从基本体拖出一个半球体，半径设置为 6，把它捕捉圆柱的端面上。接着应用【合并】工具，把半球和手臂合并成为一个整体，如图 14-99 所示。

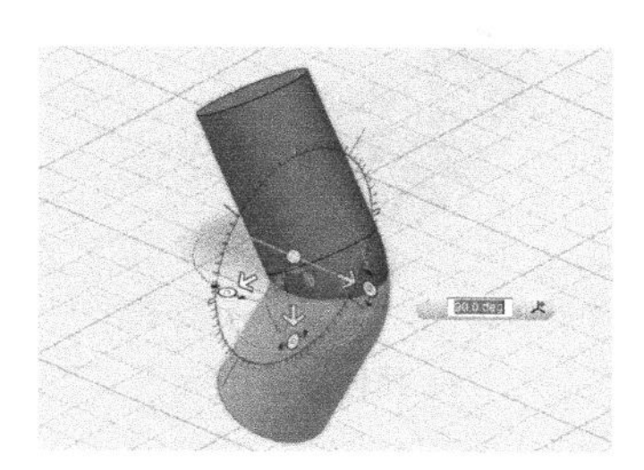

a）把手臂竖起来

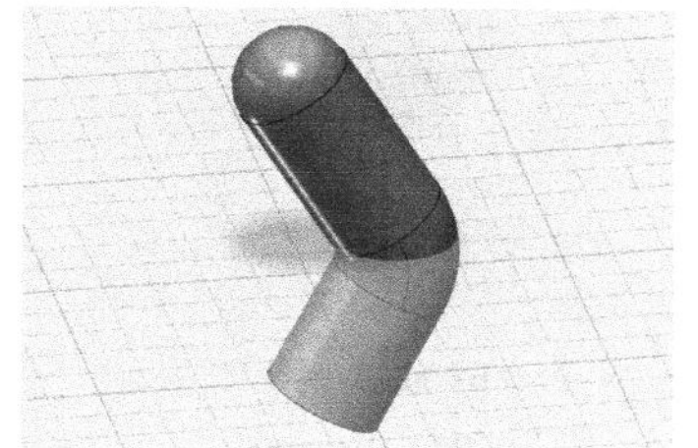

b）把半球捕捉到端面

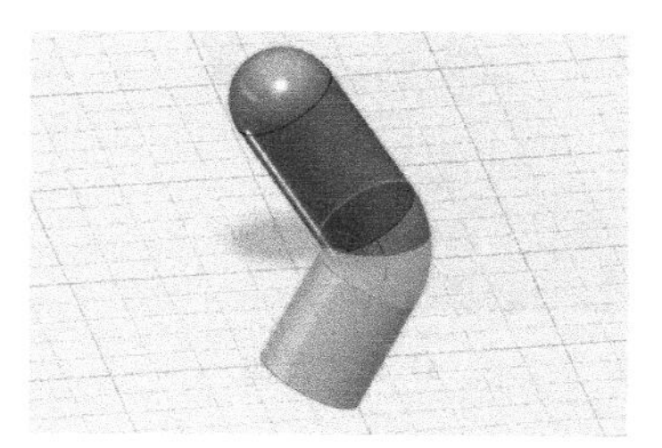

c）合并手臂的对象

图 14-99

拖出一个长方体，放置到栅格上。切换到左视图，应用【多段线】工具，单击长方体侧面，竖起栅格，在手臂位置画一条斜直线，如图 14-100 所示。

应用【分割实体】工具，选择手臂作为要分割的实体，分割工具选择斜直线，把手臂半球端分割成两部分。选择小的那部分，将它删除，如图 14-101 所示。

从基本体中拖出一个圆柱体，半径为 3.5，高度为 10，把它拖放到刚才切割的斜面上，作为臂轴。旋转视图，从基本体中拖出一个圆形，半径设为 4，放置到手臂下部的端面上。选择圆形，应用【拉伸】工具，模式设置为相减，拉伸厚度设置为 7，向内拉伸出圆孔，如图 14-102 所示。

a）拖放长方体

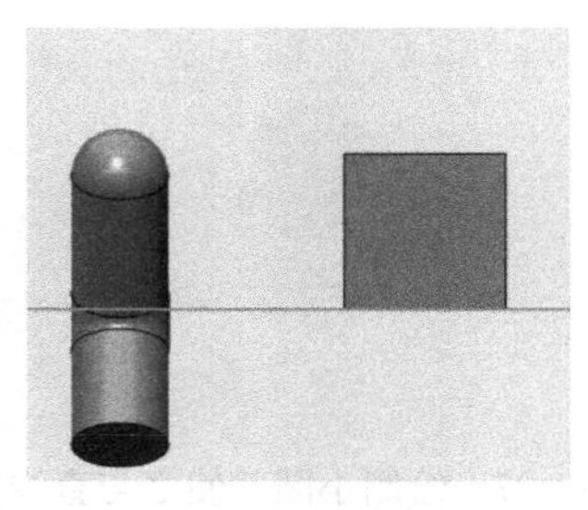

b）切换到左视图

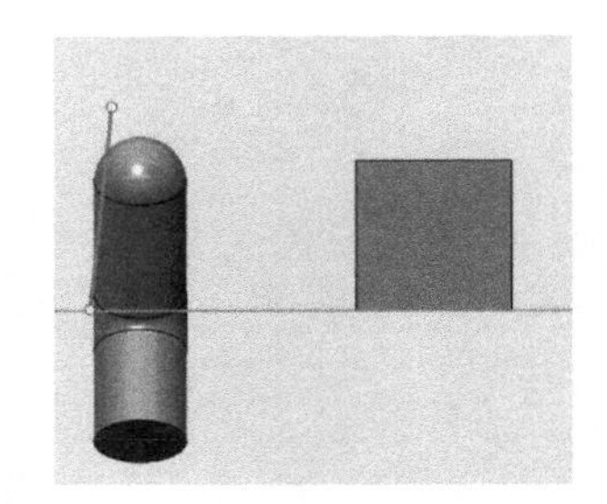

c）画一条斜直线

图 14-100

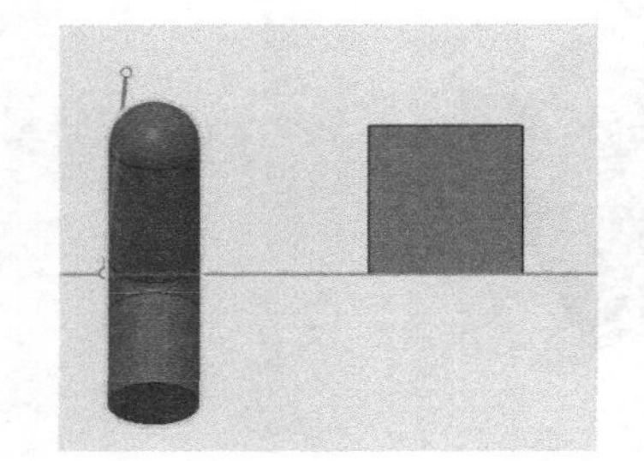

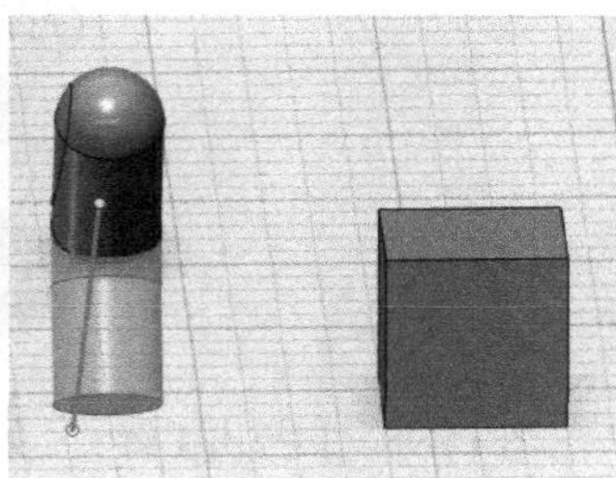

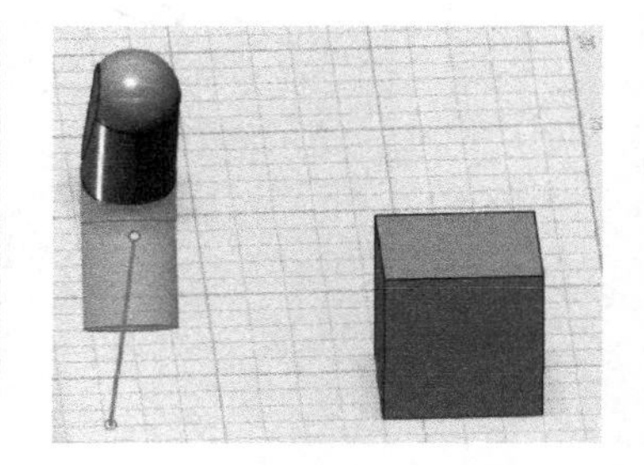

图 14-101 分割手臂，删除掉小的部分

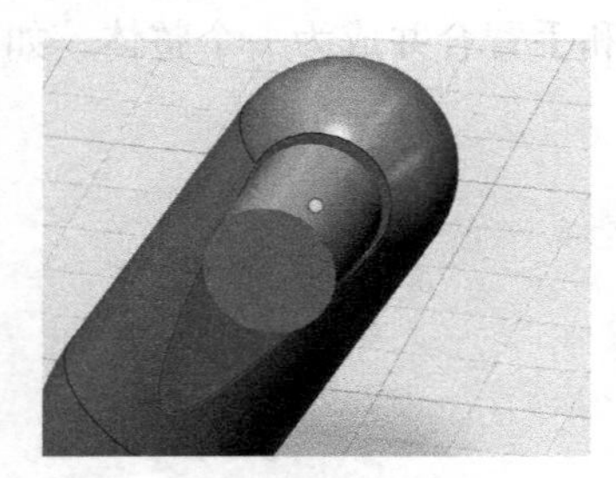

a）安装臂轴

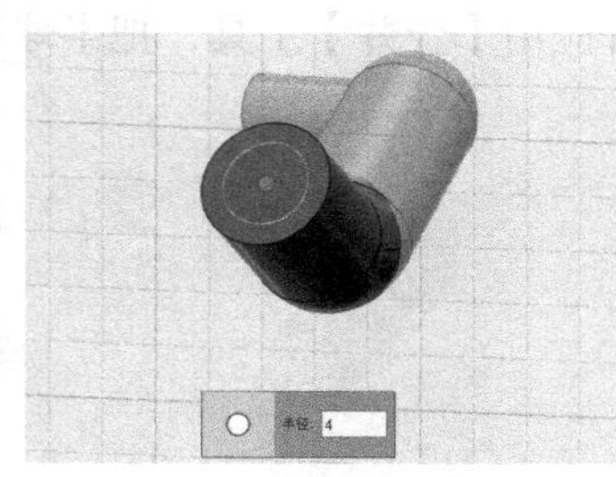

b）放置小圆

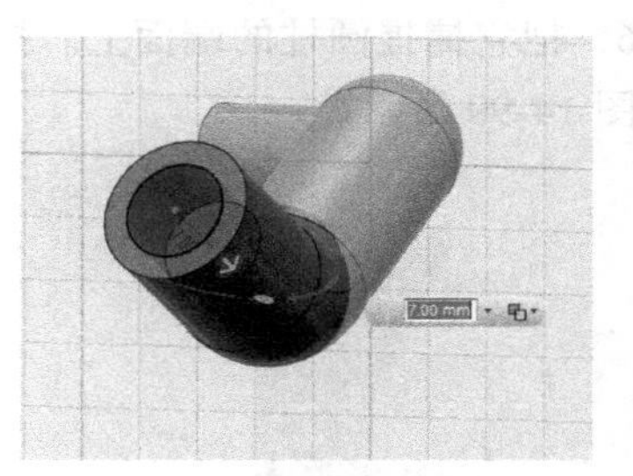

c）拉伸出圆孔

图 14-102

应用【合并】工具，把手臂对象合并为一个整体，如图 14-103 所示。

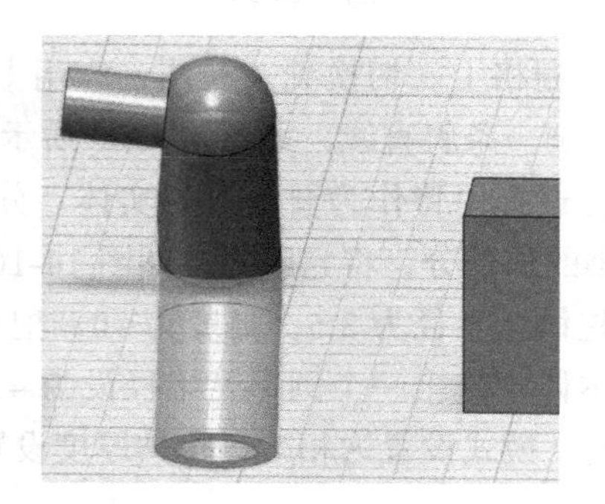

图 14-103 合并手臂对象

14）删除长方体，下面开始制作手掌。切换到上视图，应用【草图圆】工具，单击栅格，绘制一个直径 18 的圆形。应用【偏移】工具，选择圆形，向内偏移为 3，如图 14-104 所示。

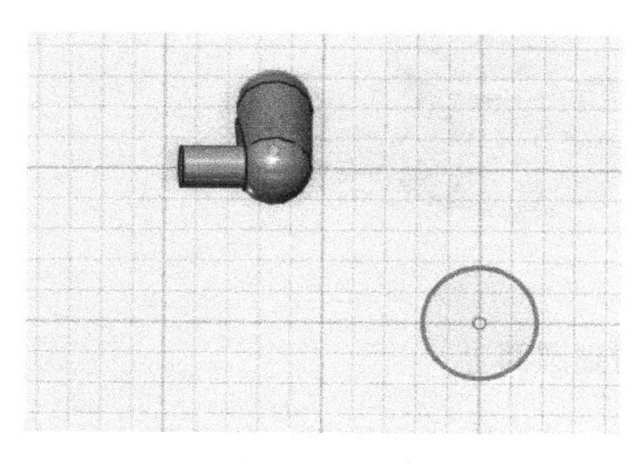

a）绘制圆形

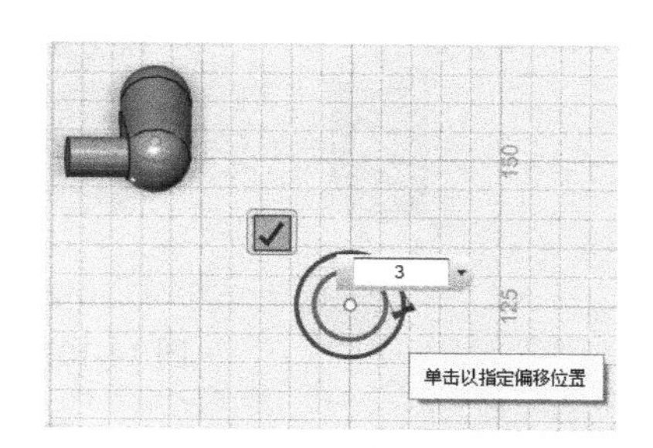

b）向内偏移一个圆

图 14-104

单击环形面，从快速菜单中选择【拉伸】工具，拉伸厚度输入 12，拉伸出圆筒，如图 14-105 所示。

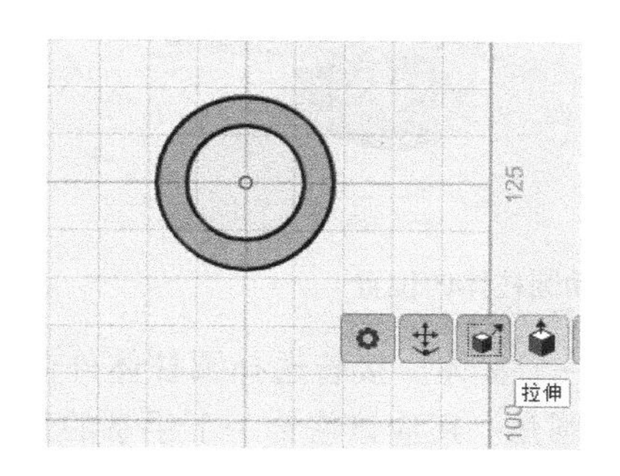

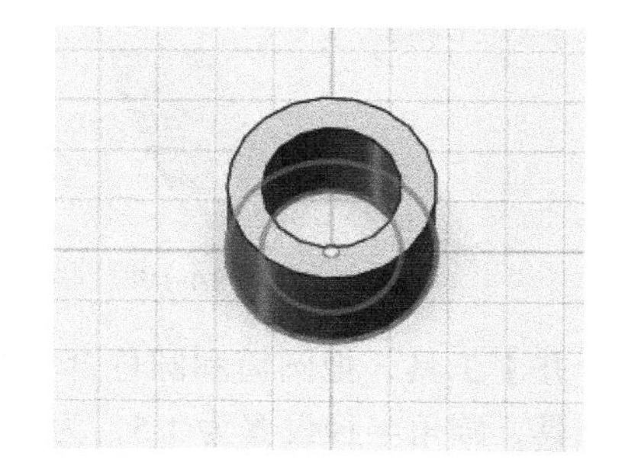

图 14-105 拉伸出圆筒

从基本体中拖出一个矩形，长度和宽度设置为 9×9，捕捉到圆筒的顶面，放置它。单击矩形，应用【拉伸】工具，模式设为相减，拉伸切除圆筒。隐藏草图，看看得到的手掌形状，如图 14-106 所示。

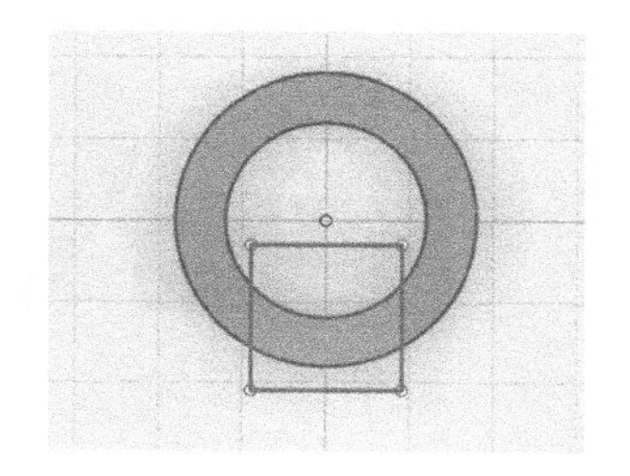

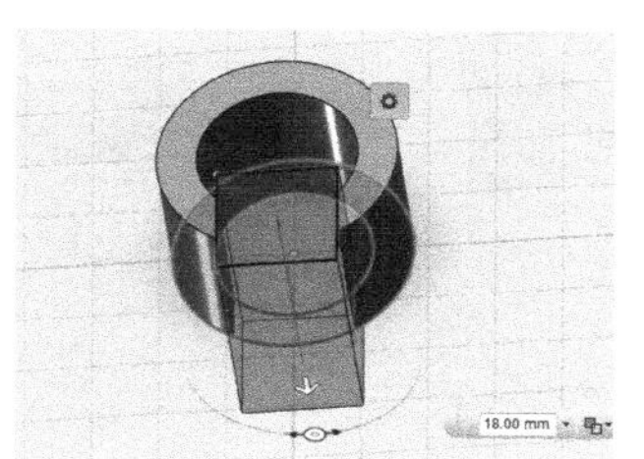

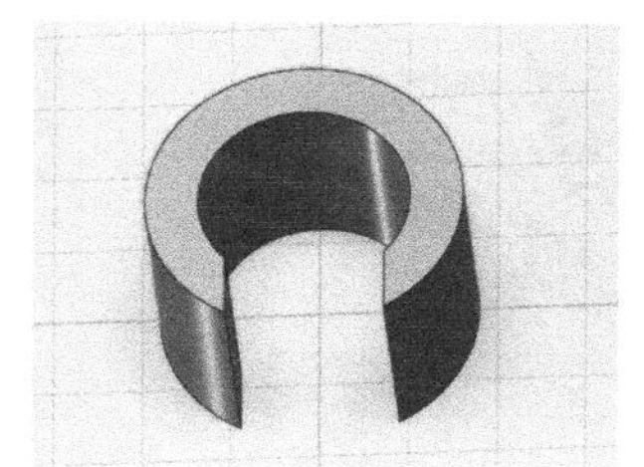

图 14-106 拉伸切除圆筒，得到手掌

从基本体中拖出一个圆柱体，半径为 4，高度为 12，放置到栅格上。应用【吸附】工具，

先单击圆柱体的顶面，再单击圆筒的外壁，把圆柱体吸附到圆筒上，如图 14-107 所示。

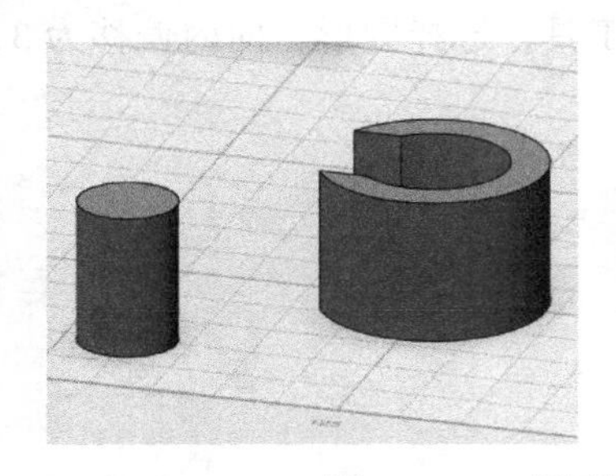

图 14-107　把圆柱体吸附到圆筒上

仅仅这样还不够，还需把圆柱向圆筒内移动一些。切换到前视图，【吸附】工具允许移动和旋转对象，输入 -1.5，移动圆柱体，使它能更深入圆筒一些，如图 14-108 所示。

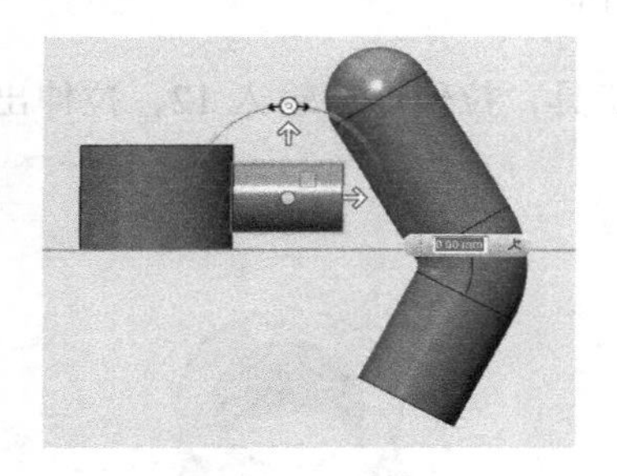

图 14-108　稍微移动圆柱体的位置

应用【合并】工具，把圆筒和圆柱合并为一个整体。接着选择圆柱体外侧的边线，应用【圆角】工具，圆角半径设置为 1.5，为它倒圆角。还应该修饰一下手掌的开口处，拖出一个长方体，放置在手掌附近。切换到前视图，应用【样条曲线】工具，单击长方体的侧面，在手掌开口附近绘制一条曲线。应用【分割实体】工具，选择手掌作为要分割的实体，分割工具选择曲线，把它分割成几部分，如图 14-109 所示。

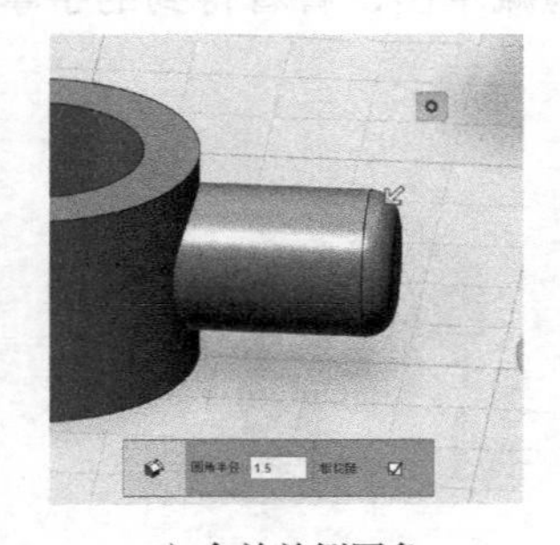

a）合并并倒圆角

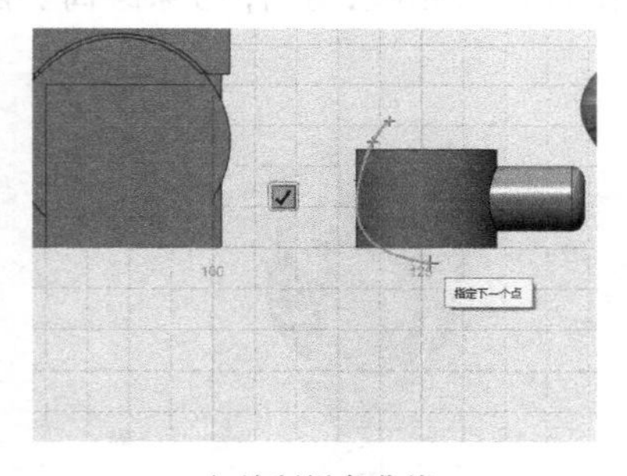

b）绘制样条曲线

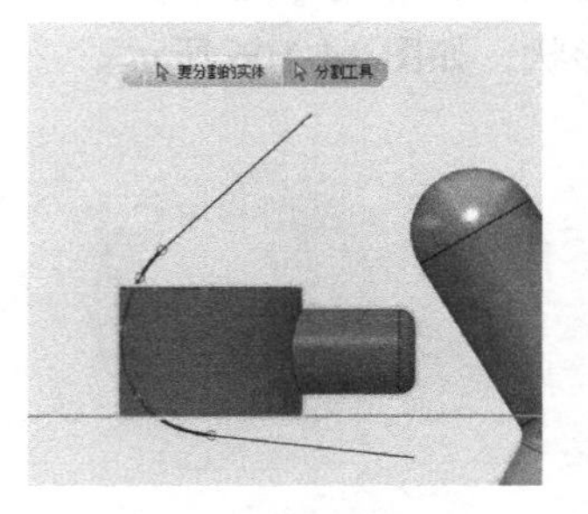

c）分割手掌

图　14-109

选择手掌上分割出来的小一些的部件，按 Delete 键，将其删除。按 Ctrl 键，选择开口处的几条边线，应用【圆角】工具，圆角半径要从小的数值开始，逐渐增大。这里选用 0.4，为开口处的边线倒圆角，如图 14-110 所示。

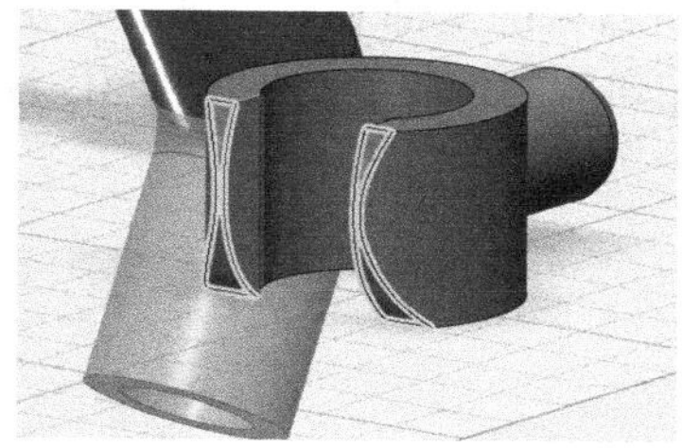
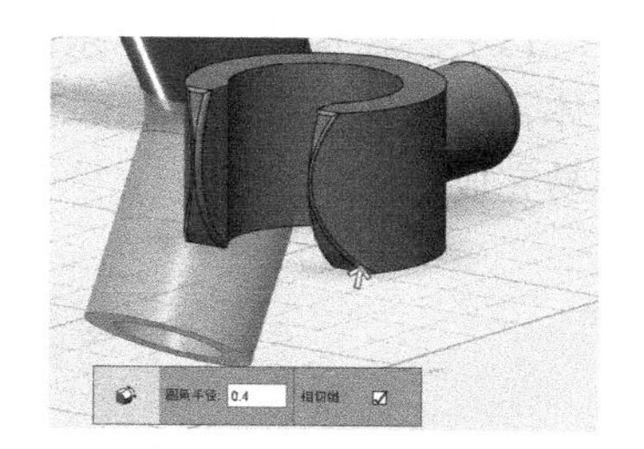

图 14-110　给开口处的边线倒圆角

旋转视图，使用【吸附】工具，单击手掌上的圆柱体顶面，再单击手臂上拉伸出的圆孔底面，把它们装配到一起，如图 14-111 所示。

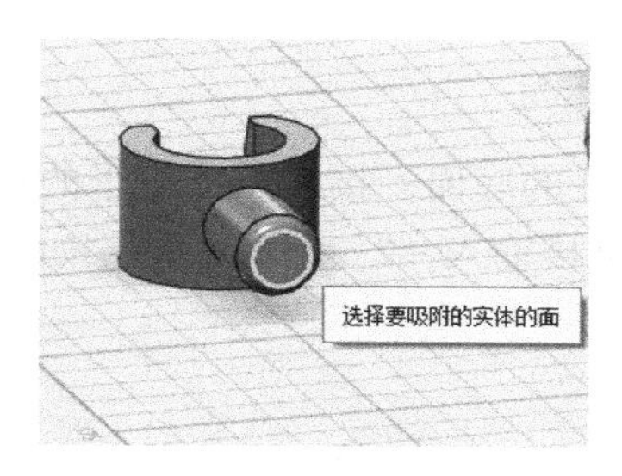

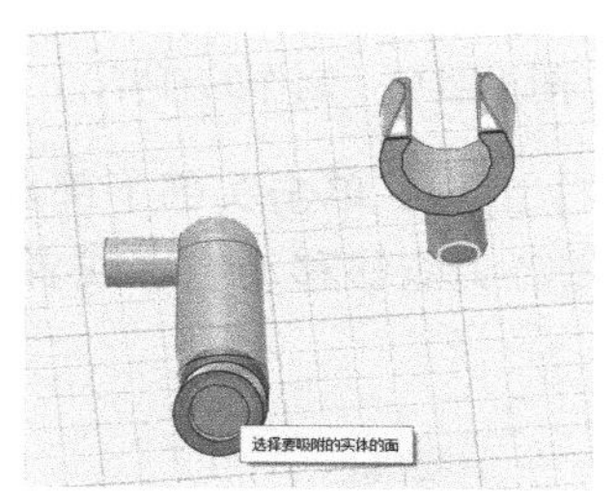

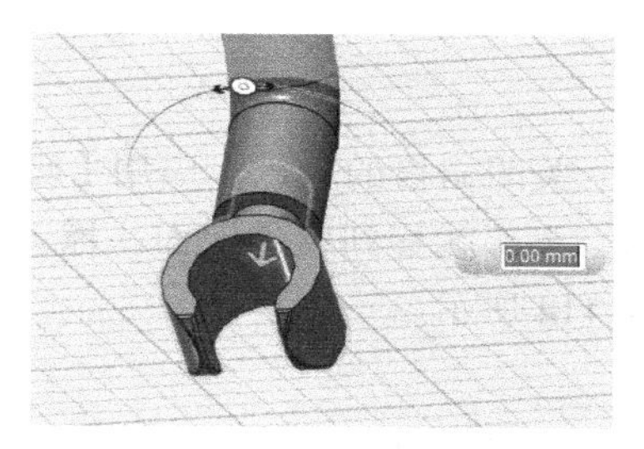

图 14-111　把手掌和手臂装配到一起

还有一件事情，图片中乐高的另一只手臂是向后甩的，但手掌是相同的，所以要镜像复制出来一个，放到一边，如图 14-112a 所示。应用【镜像】工具，实体选择手掌，镜像平面可以选择躯干下部的任意一个平面，镜像复制出手掌。应用【合并】工具，把刚才吸附到一起的手臂和手掌合并成一个整体，如图 14-112b 所示。

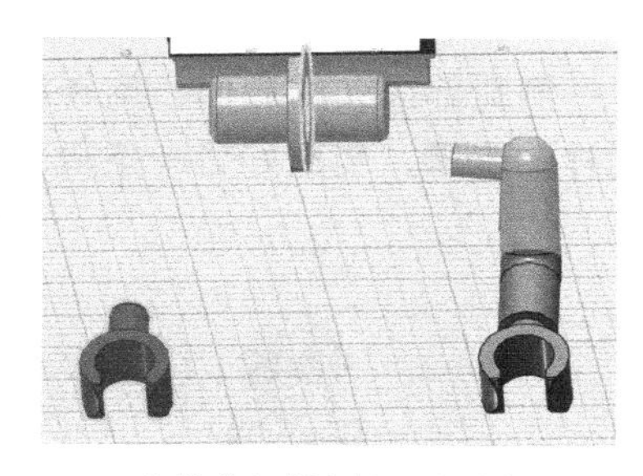

a）镜像复制出另一个手掌

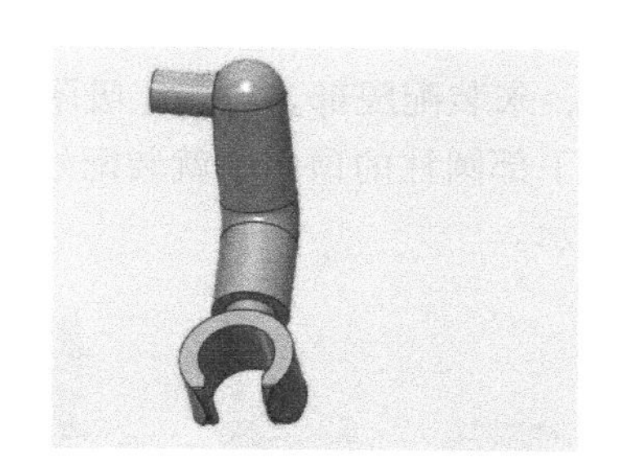

b）合并手掌与手臂成为一个整体

图　14-112

另一只手臂是个直臂，可以重新制作一个，这要比制作曲臂简单一些。不过，为了节省一些步骤，我先镜像出一个曲臂，在弯曲处的上面分割它，删除掉弯曲位置以下部分，使用【压 / 拉】工具拖拉底面的方法，再放置半径为 4 的圆到底面上，拉伸切除深度为 7 的圆孔，最后把手掌吸附到直臂上，合并成为一个整体，如图 14-113 所示。

15）已经构建完成了乐高机器人的全部对象。接下来要把它们装配到一起。躯干作为主体，把头部、手臂、足部装配到上面。如果是一次性 3D 打印出来，利用【吸附】工具很容易完成。

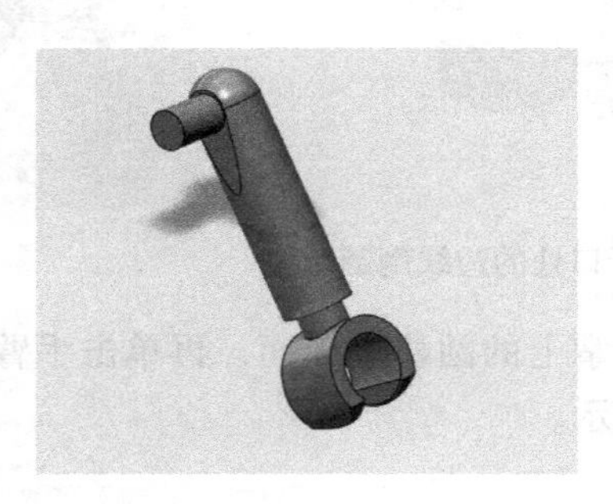
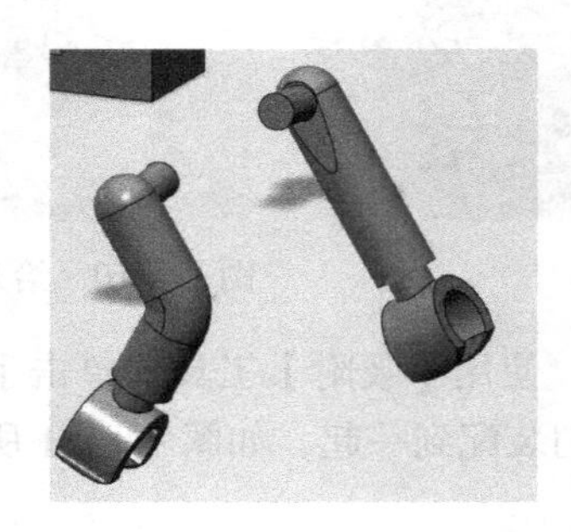

图 14-113　制作的直臂

关闭栅格的显示。应用【吸附】工具，单击头部下部圆柱的底面，接着单击躯干的顶面，头部就移到躯干上面，拖动箭头能够移动它，或者直接输入 −7，即可就位，如图 14-114 所示。

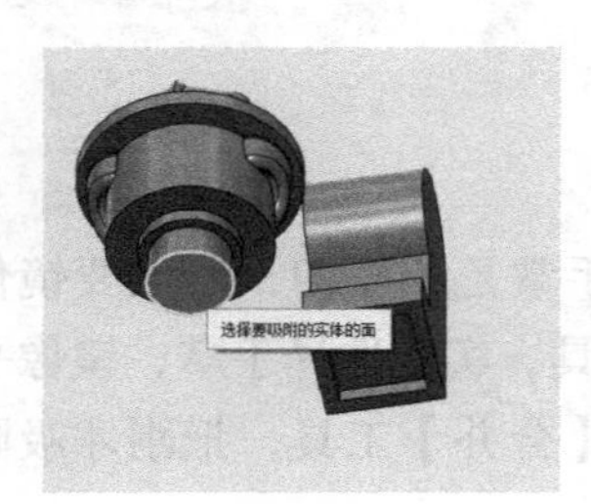

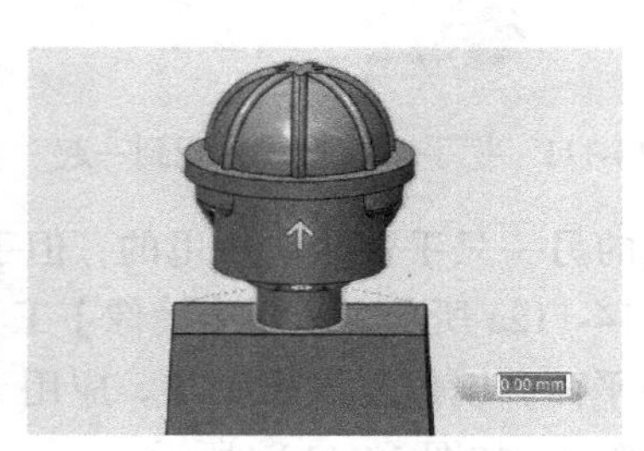

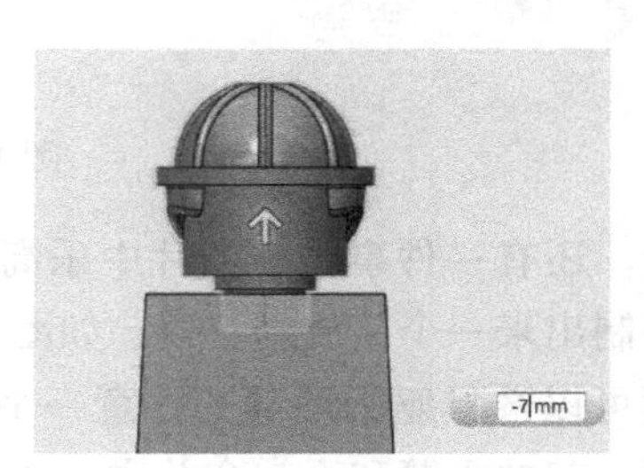

图 14-114　吸附头部

然后，来装配腿部。应用【吸附】工具，先单击一侧腿部深孔的底面，旋转视图，再单击躯干下部圆柱的顶面，就装配好一条腿部。用同样的步骤，装配好另一条腿部，如图 14-115 所示。

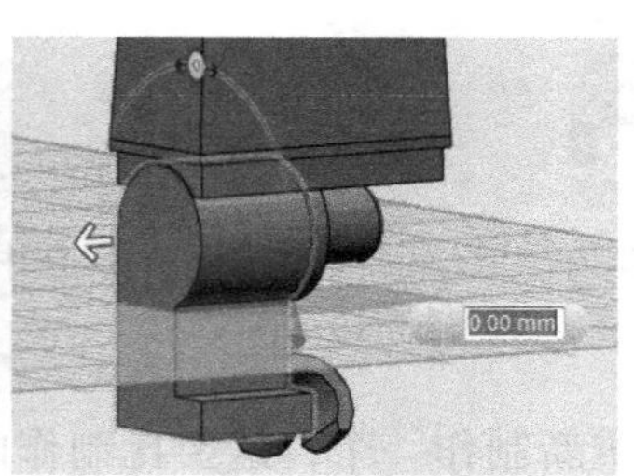

图 14-115　吸附两条腿部

最后，吸附两条手臂。由于躯干侧面是斜面，手臂的臂轴顶面会吸附到斜面中心，但这不是最终的位置，手臂不会长在腰间。应用【吸附】工具，先单击臂轴的顶面，再单击躯干侧面，手臂吸附到侧面上。直接输入 -10，把手臂向躯干内部移动，如图 14-116 所示。

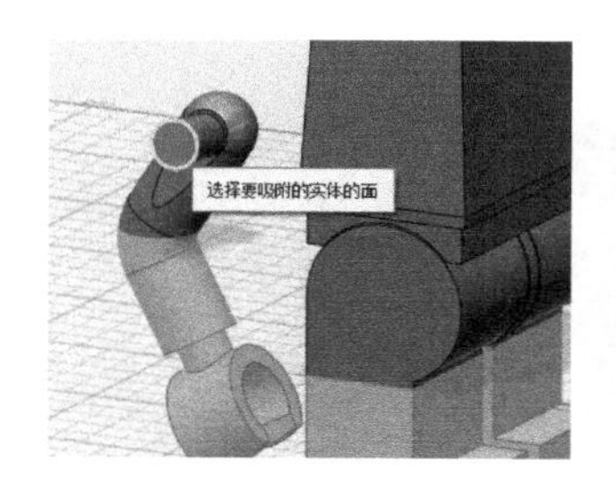

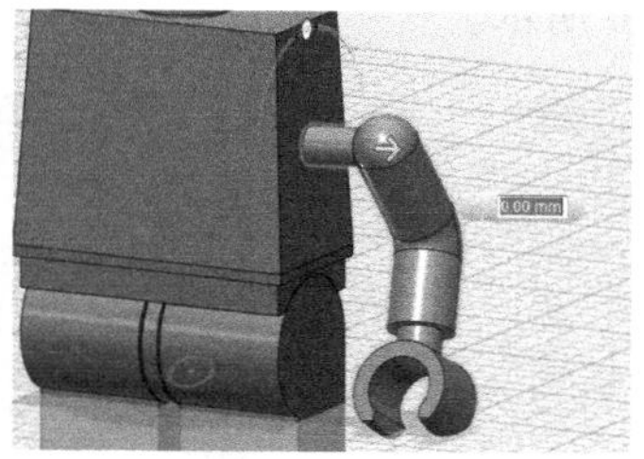

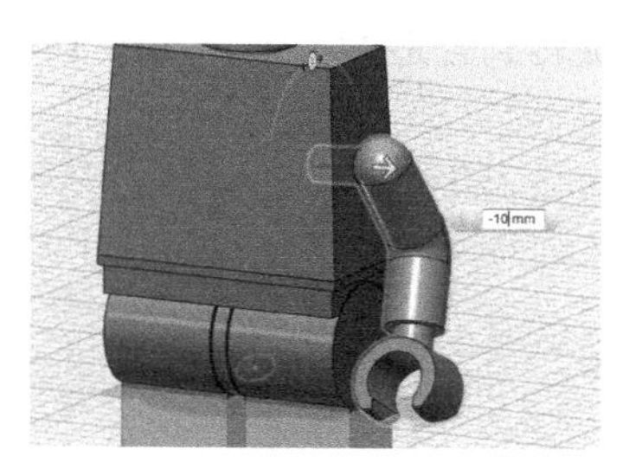

图 14-116 吸附并移动一条手臂

采用相同的步骤，把另一只手臂也吸附到躯干上。按 Ctrl 键，选择两条手臂，再按 Ctrl+T，拖动箭头把它们上移，如图 14-117 所示。

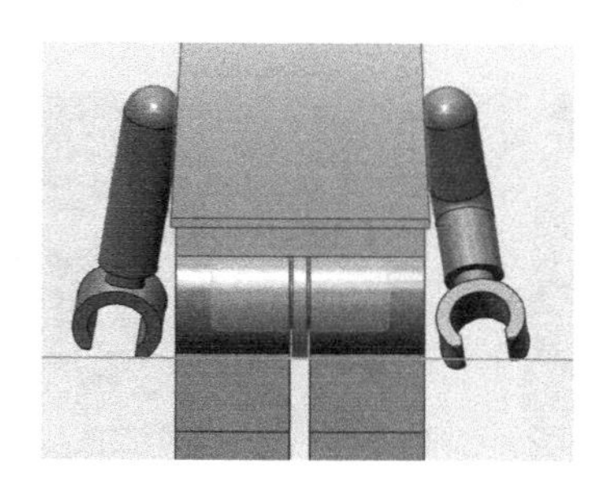
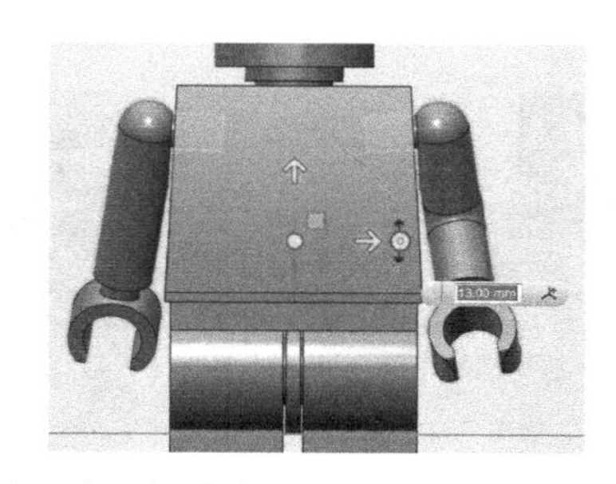

图 14-117 同时上移两条手臂

不过，由于躯干侧面是斜面，随着上移距离的增加，两条手臂在臂轴处与斜面的间隙变大，需要分别向躯干里侧移动。要注意臂轴是倾斜的，所以应用【标尺】工具，把标尺放置到斜面的一个角点上，单击手臂，向里侧拖动箭头，把手臂贴在斜面上，如图 14-118 所示。

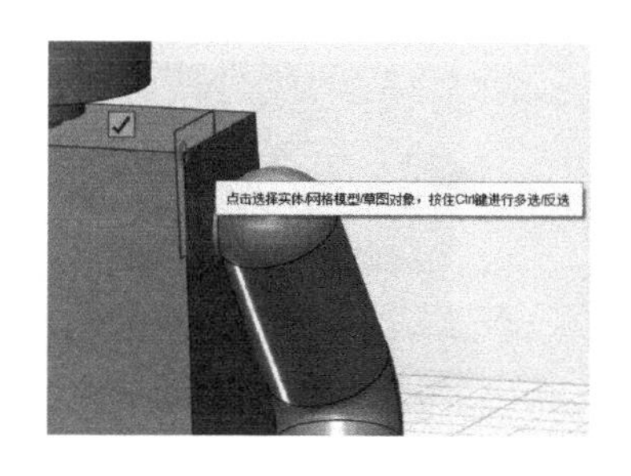

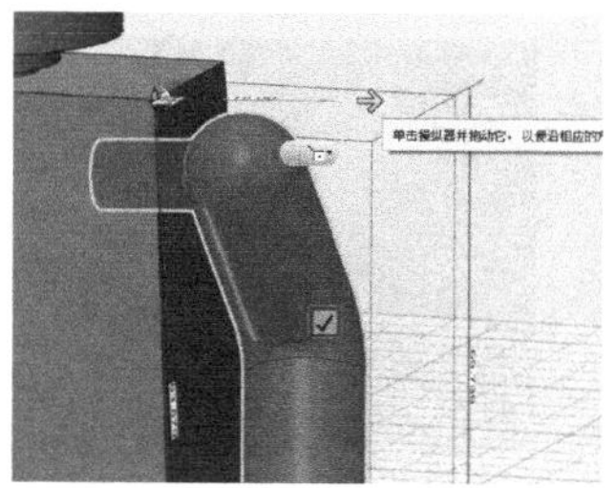
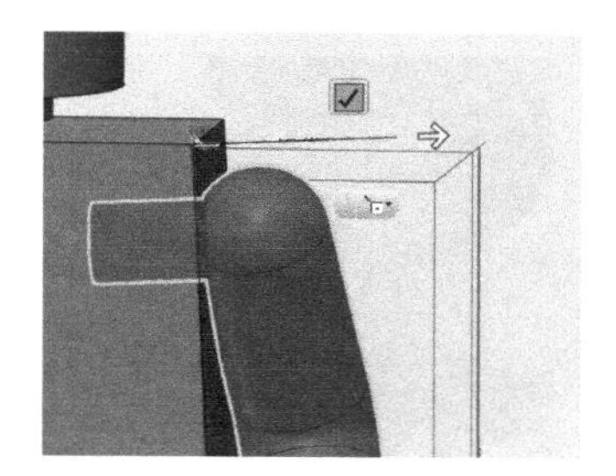

图 14-118 斜向贴紧手臂

同理，把另一只手臂也贴紧斜面，如图 14-119 所示。

弯曲的手臂角度还不正确，下面来旋转它，这需要重定向操纵器。选择手臂，按 Ctrl+T，单击数值输入框右侧的 ，启动重定向，现在可以把操纵器的原点小圆放置到臂轴处。再次单击 ，停止重定向。拖动旋转轨道上的小圆，会以臂轴为中心旋转手臂，把它旋转到合适的位置，如图 14-120 所示。

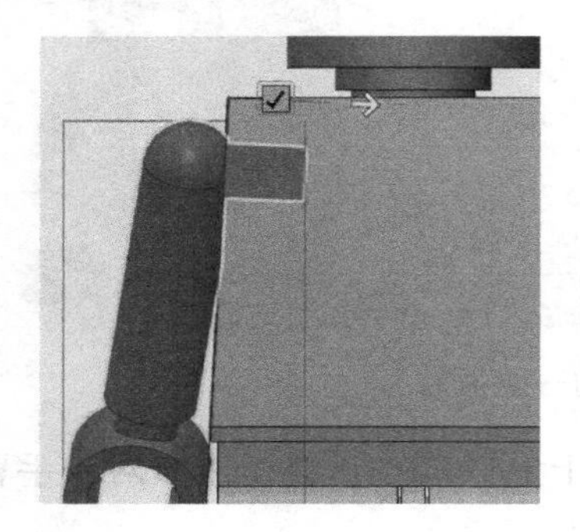
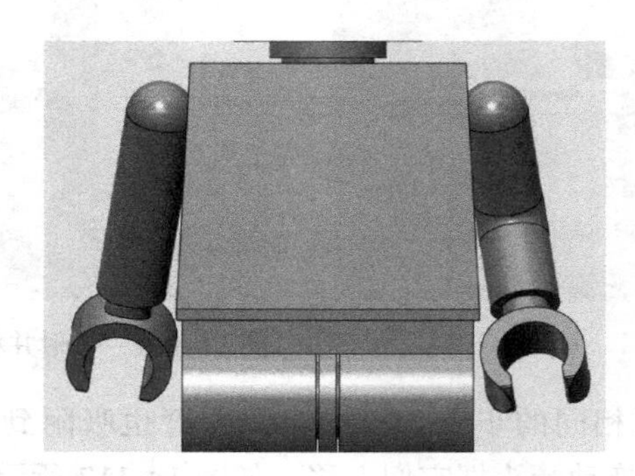

图 14-119　手臂贴紧斜面

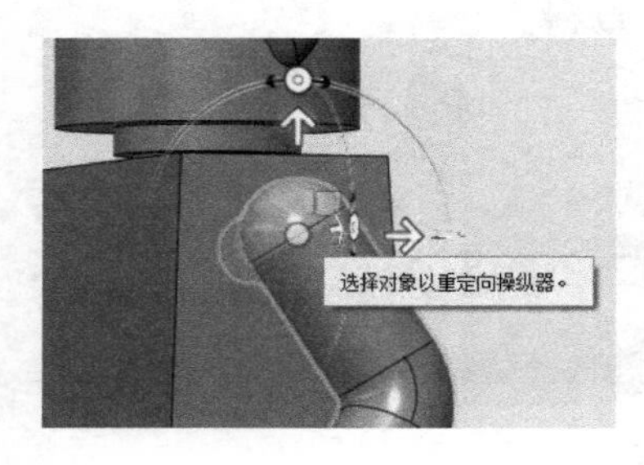

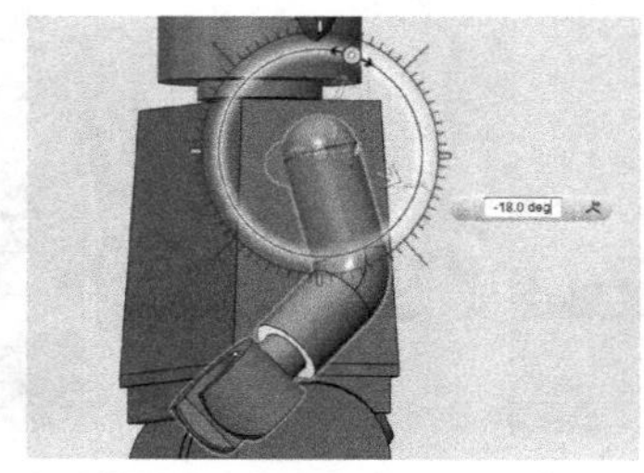

图 14-120　旋转手臂的位置

另外，两条腿部需要摆姿势。我们使用和上面相同的方法，来旋转两条腿部。选择一条腿，按 Ctrl+T，重定向操纵器的原点，将它放置到腿部上方圆形的中心处。拖动旋转轨道上的小圆，把腿部旋转到图片中的位置，这里旋转了 35°。同样地，把另一条腿旋转 −20°，得到图片中乐高迈开腿的效果，如图 14-121 所示。

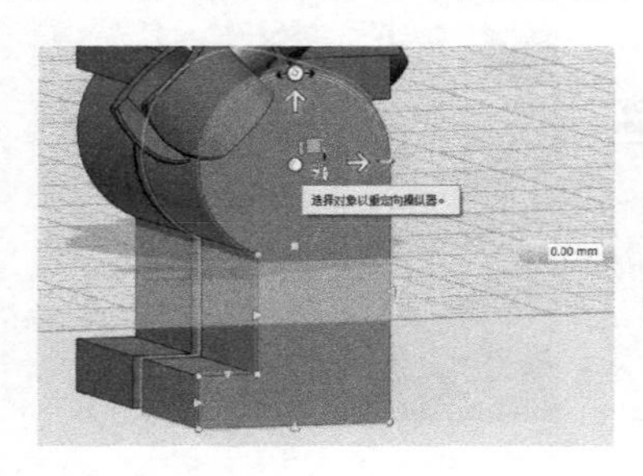

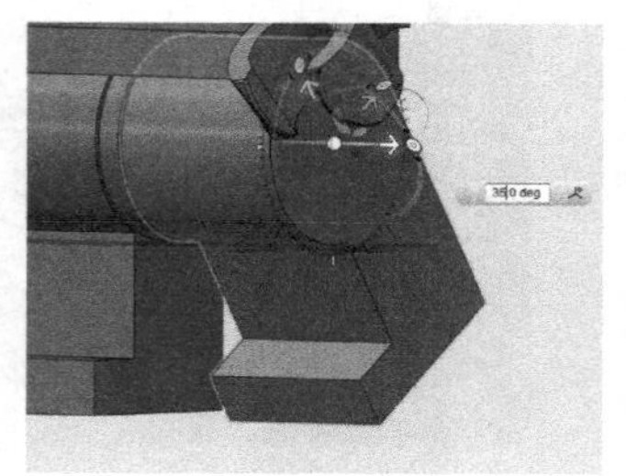
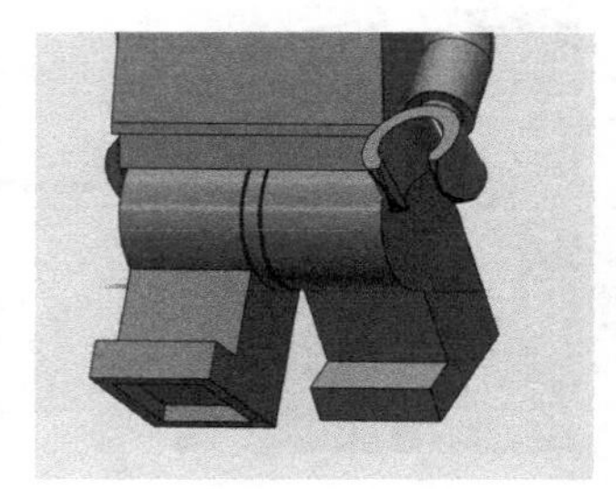

图 14-121　分别旋转两条腿部

已摆好了乐高模型的姿势，剩下的是对一些边线倒圆角。这些操作都是先选择边线，应用【圆角】工具，尝试不同的圆角半径值，观察得到的效果，如图 14-122 所示。所以，就不一一叙述了。

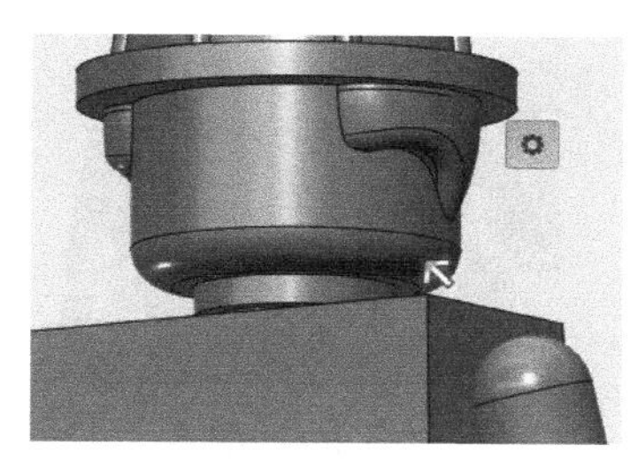
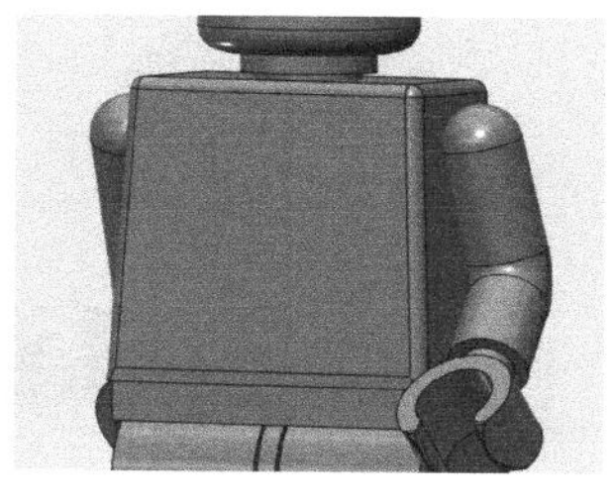

图 14-122 为部分边线倒圆角

得到的乐高模型如图 14-123 所示。如果整体 3D 打印它，可以合并为一体。

图 14-123 最终得到的模型

上面已完成了乐高模型的制作，下面来探讨如果要分开打印头部、手臂等对象，然后再组装起来的一些注意事项。要分开打印模型，摆姿势就不重要，而要关注的是头部和手臂与躯干连接处的圆孔大小，还有腿部与躯干连接的圆孔尺寸，也就是轴与孔的配合。

由于最常用的是 FDM 3D 打印机，打印出来的部件尺寸会存在偏差，孔内还可能有丝料的残留，所以，要把孔径放大，或者把轴径缩小一些。部件装配时，可以再用胶水固定一下。

先来处理乐高的头部装配。选择头部，按 Ctrl+C 键，再按 Ctrl+V 键，在原位复制出一个头部（实际上有两个）。单击头部，隐藏掉一个。接着应用【缩放】工具，缩放因子输入 1.03，稍微放大一些。应用【相减】工具，目标实体选择躯干，源实体选择头部，单击确认。旋转视图，躯干顶面已挖出了圆孔，如图 14-124 所示。

应用【测量】工具，这个工具将在下一章解释具体的使用方法。单击孔的边线，给出半径值为 8.24。前面制作头部时，对应的圆柱半径为 8，孔半径大了 0.24，能够满足装配的要求了，如图 14-125 所示。

而要想缩小圆柱的半径，也可以实现。应用【分割实体】工具，选择整个头部作为要分割的实体，选择分割工具时，单击第一个台阶面，确认后即可以分离这段圆柱体，如

图 14-126 所示。

a）复制头部

b）放大头部

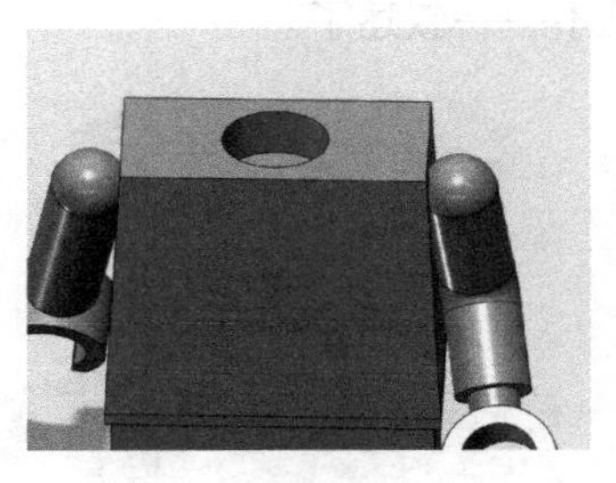

c）相减出圆孔

图 14-124

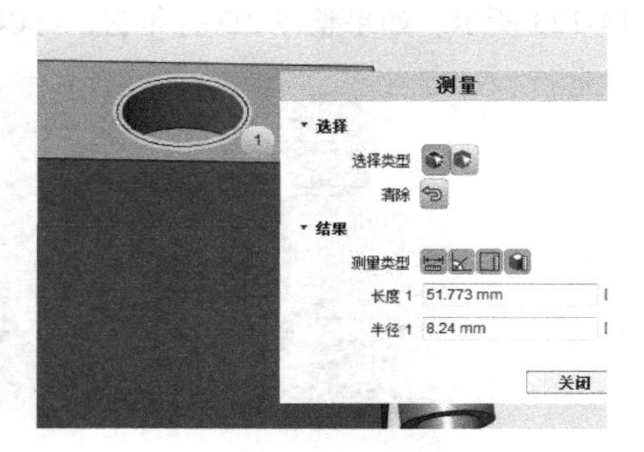

图 14-125 测量圆孔数值

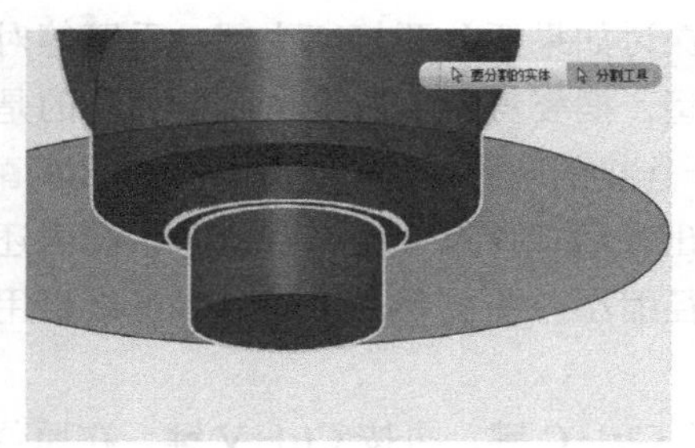

图 14-126 分离圆柱体

应用【缩放】工具，设置为非等比缩放模式，X 和 Y 的缩放因子都设为 0.98，把圆柱直径缩小一点。还可以用【测量】工具，得到具体的半径值。最后，把缩小的圆柱再吸附到头部，如图 14-127 所示。

上述两种方法，每次只需采用一种方法即可，不需要既扩大孔的直径，又缩小轴的直径，这样不好控制具体的尺寸。

好了，也可以同样处理手臂的装配。我的建议是，对于手臂的安装采用在躯干上挖孔的方法，腿部则采用分离连接轴，缩小后再吸附到原位的方法。不再描述具体操作过程了。

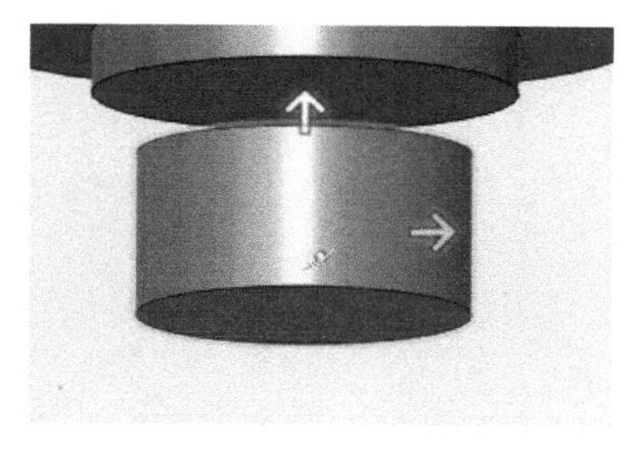

a）缩小圆柱直径

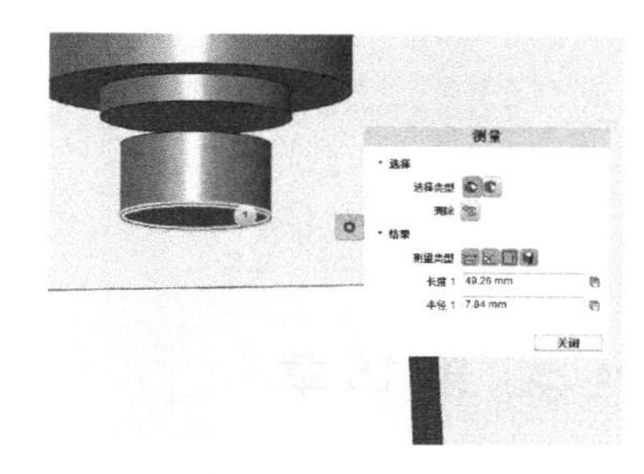

b）测量圆柱的尺寸

图 14-127

乐高图片中的眼睛和嘴巴，还有躯干及腿部上的一些图案，是 3D 打印出来模型之后，给它上的颜色，并不是模型的组成部分。

14.6 小结

本章主要讲解了【变换】菜单中 4 个工具的作用和用法，它们为构建模型提供了辅助功能。【对齐】工具用于在建模过程中对齐多个对象，是很有用的工具；【智能缩放】和【标尺】工具具有独特的功能，【智能缩放】除了上面介绍的功能外，有时还可以用来查看对象的尺寸；【标尺】的功能更加丰富，把标尺放置在特定的面上，相当于自定义用户坐标系；【智能旋转】允许以特定的面作为参照，来旋转对象。

乐高机器人建模实例有些费篇幅，读者需要耐心学习。我是在纸上绘制了草图并标好尺寸，临时也改动过几处尺寸。这些都事先标记好，所以回头查找某个部件的尺寸也方便快捷。在纸上绘制概念草图是非常重要的。

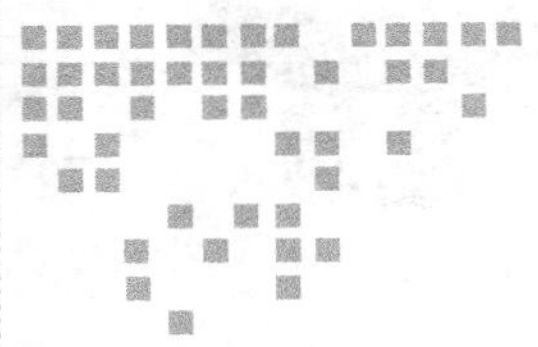

Chapter 15 第 15 章

测量工具与文本工具

测量工具和文本工具的内容不多，所以把它们放在一起来讲解。

15.1 【测量】工具

【测量】工具可以对草图图形或者实体的各种构成元素给出测量数值，如两点之间的距离、实体的表面积、体积等。

15.1.1 对草图应用【测量】工具

我们先应用【测量】工具对草图图形进行测量，看看能得到哪些结果。

1）先绘制出如图 15-1 所示的各种图形，包括直线和样条曲线图形。

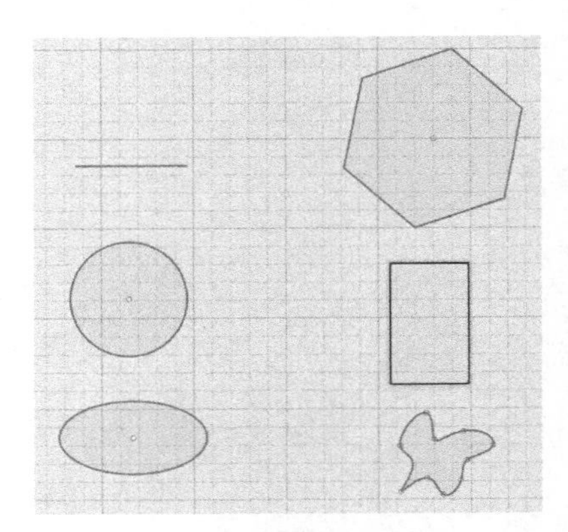

图 15-1 绘制各种草图图形

2）对直线进行测量。选择【测量】工具，单击这条直线，直线上会出现序号①，屏幕中出现了属性面板，如图 15-2 所示。

对于草图图形，“选择类型”后的两个按钮，要单击前面的那个按钮。如果单击后面的实体按钮，则不会给出任何测量信息。“测量类型”的 4 个按钮，选中哪个，在其下会给出相应的信息，再次单击某个按钮，就会取消显示相对应的信息。选中或撤销选中某个类型的按钮，按钮颜色是有差别的。单击复制到剪贴板按钮，可以把测量数值复制到剪贴板中。

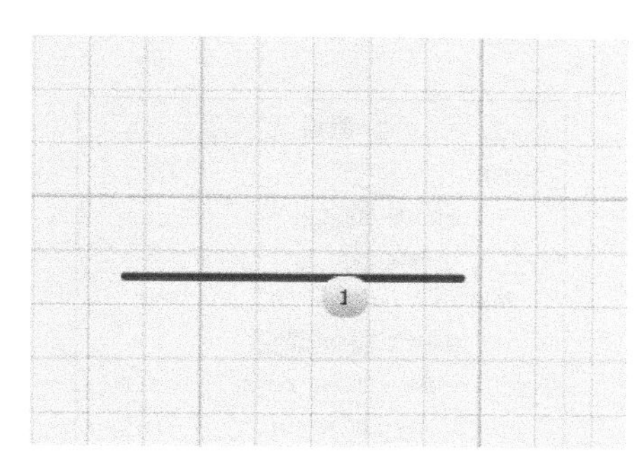

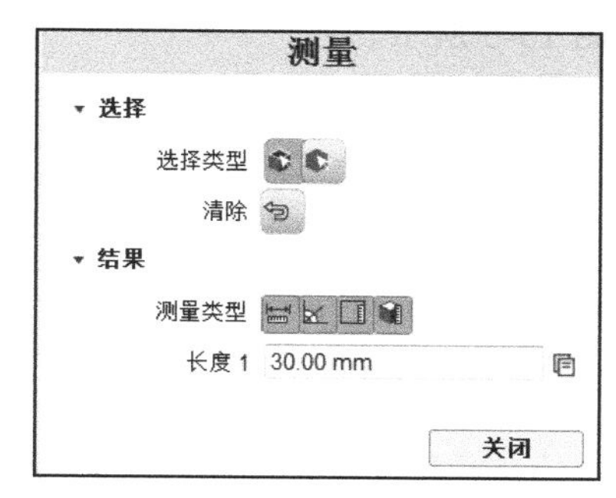

图 15-2　使用【测量】工具时出现的属性面板

3）现在我们已经明白属性面板中的按钮功能，下面来看看测量的结果。对于直线，测量的长度值为 30。要想继续测量，先单击清除按钮，再分别单击直线的两个端点，这次给出的两点之间的距离值为 30，如图 15-3 所示。

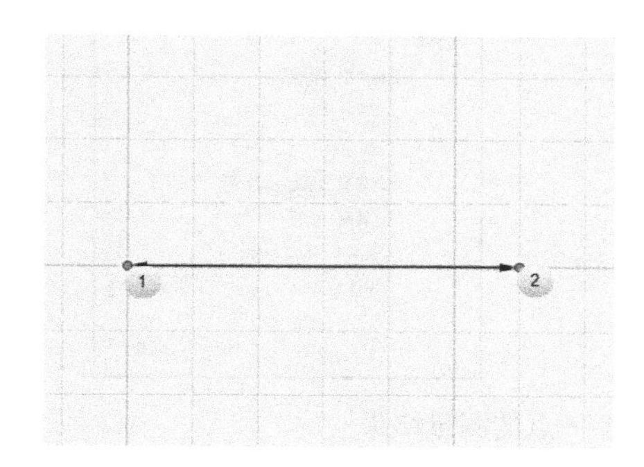

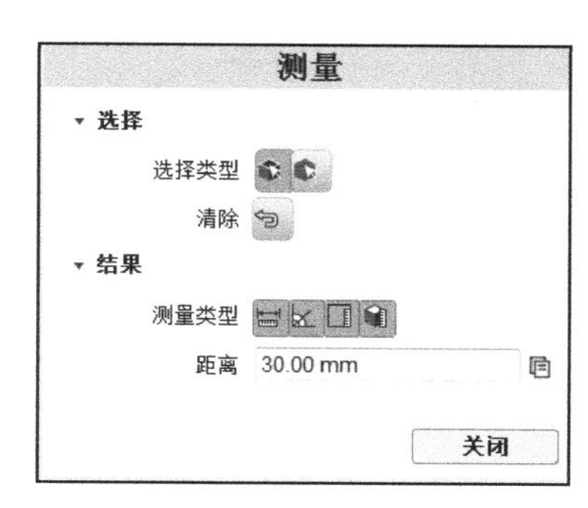

图 15-3　测量两点之间的距离

4）通过直线的一个端点，画出一条直线。先单击清除按钮，然后分别单击两条直线，这次给出了较多的信息，包括两条直线的夹角为 46.6°、两条直线的长度和两条直线间最短的距离，如图 15-4 所示。

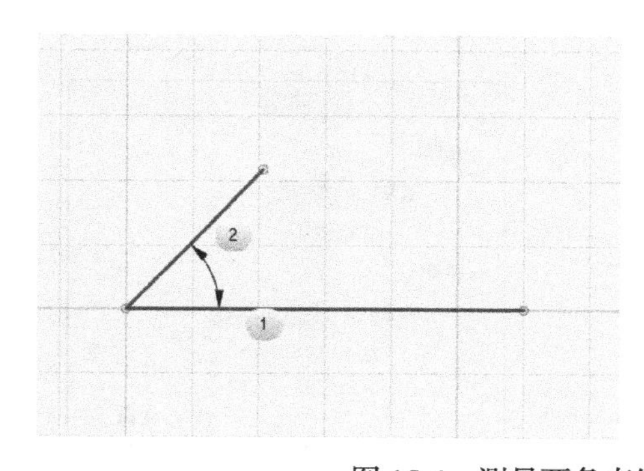

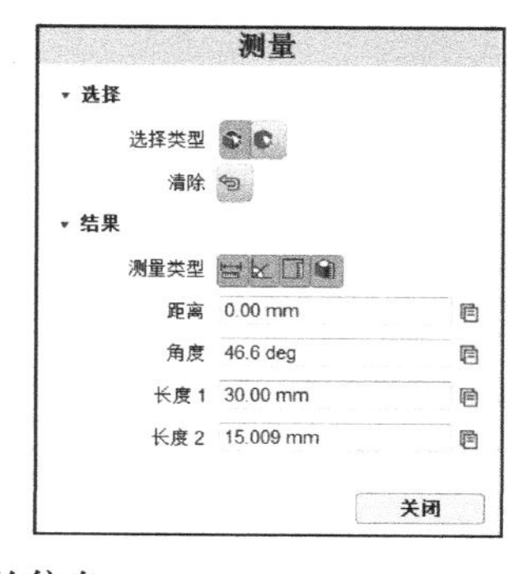

图 15-4　测量两条直线的信息

5）下面来看看测量圆形的情况。选择【测量】工具，单击圆形内部的一点，出现的测量结果如图 15-5 所示。

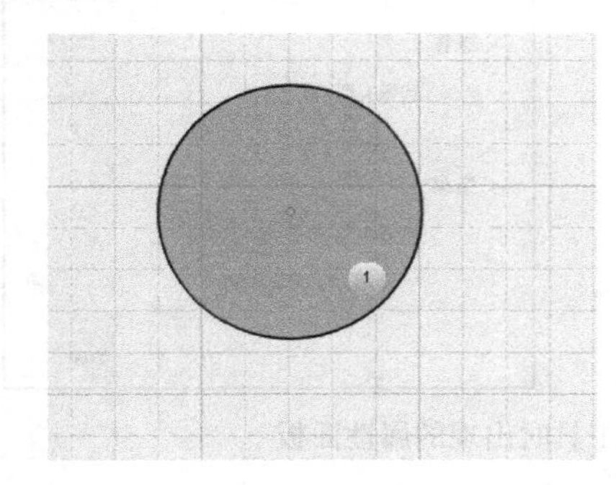

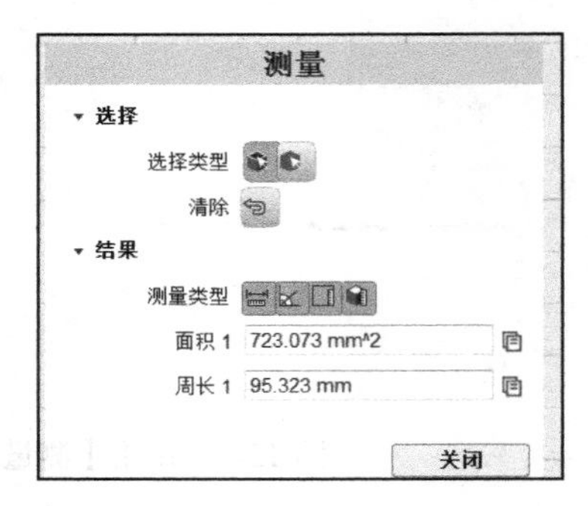

图 15-5　单击圆形内部的测量结果

接下来单击清除按钮，再单击圆周上一点，出现的测量结果如图 15-6 所示。

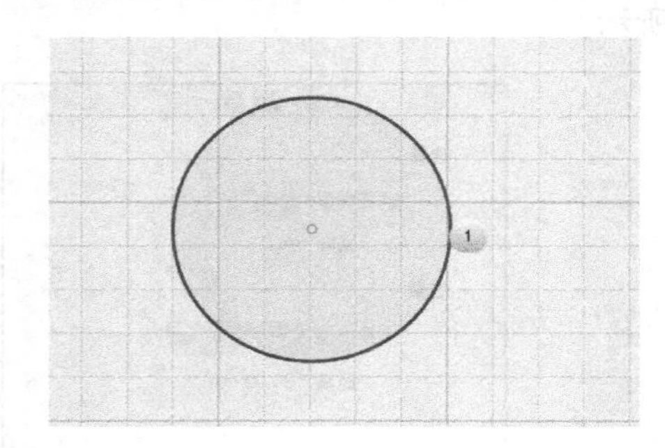

图 15-6　单击圆周上一点的测量结果

椭圆形的测量结果与圆形类似。

测量时单击矩形和多边形的内部，显示的结果是面积和周长，而单击它们的边线时，显示的只是这条边的长度。在用样条曲线绘制的图形边线上单击，显示的是图形的周长。可以把每个图形都试一下，但在开始下一次测量时，记得单击清除按钮。

单击多边形上的两个点，测量结果显示了两点之间的距离，如图 15-7 所示。

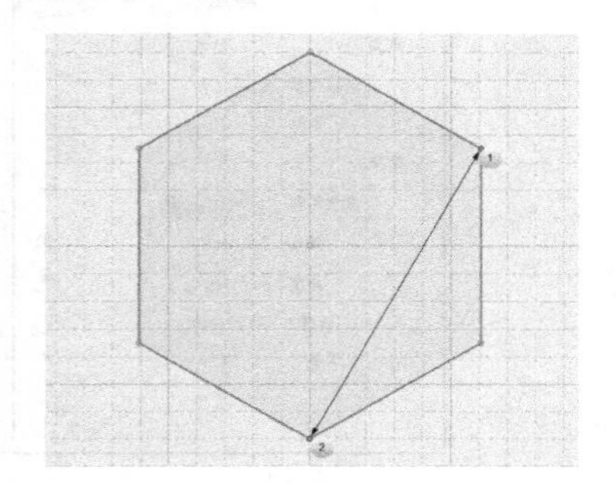

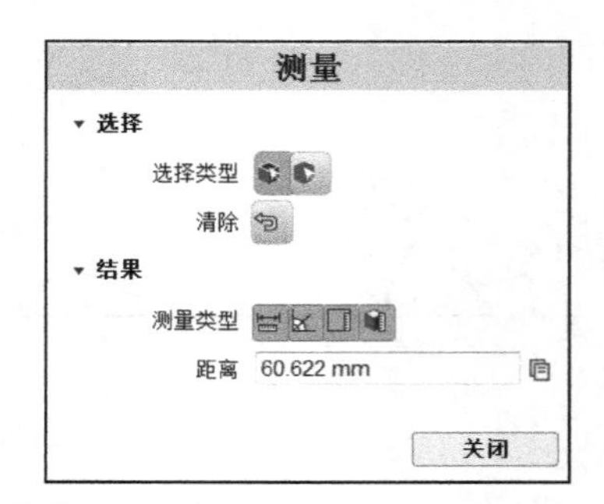

图 15-7　选择多边形两点的测量结果

也可以选择多边形上的两条边线，测量的结果如图 15-8 所示。

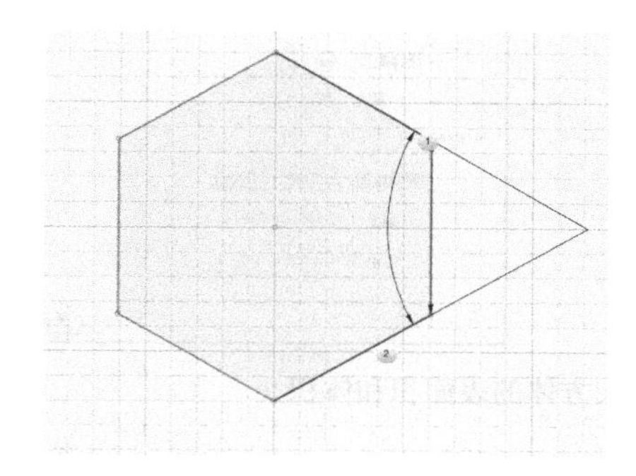
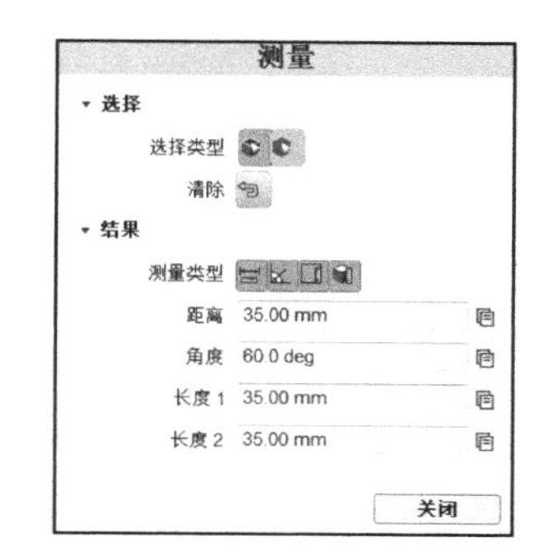

图 15-8　选择多边形两条边线的测量结果

还可以选择两个图形上的边线进行测量，结果如图 15-9 所示。

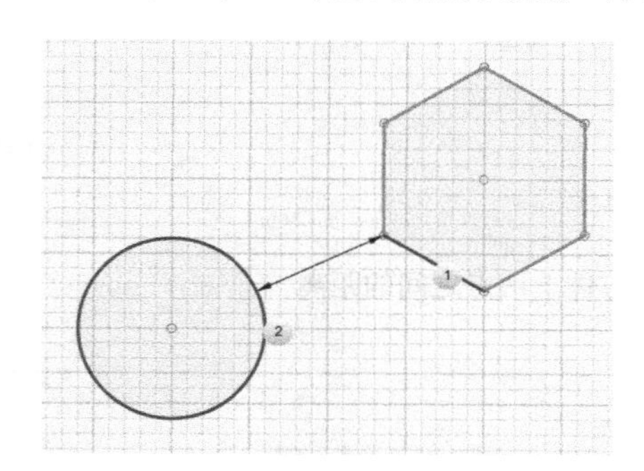
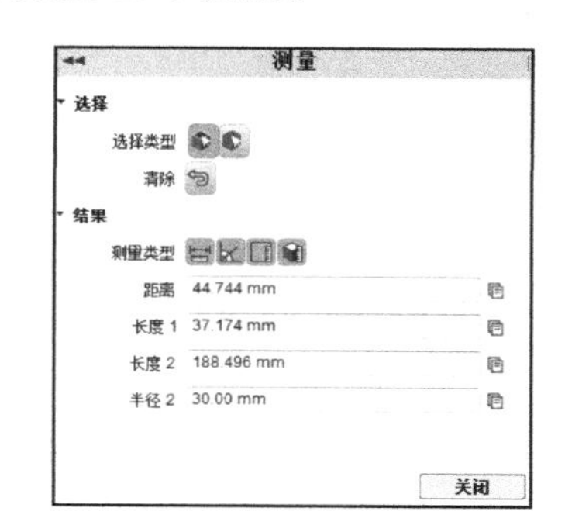

图 15-9　测量不在同一个图形上的两条线

这里的距离值是两条线之间的最短距离。

上面比较详细地介绍了不同草图图形的测量方法及结果，理解了这些内容就会很容易接受对实体模型构成元素（点、线、面和体）的测量。

15.1.2　对实体应用【测量】工具

继续使用我们已经掌握了的测量方法，在测量实体模型时，可以选择“实体”按钮。

先创建出 9 种基本体，然后选择【测量】工具，单击一下实体按钮，接着单击长方体，会显示出长方体的表面积和体积，如图 15-10 所示。

如果单击实体的面 / 边线 / 顶点按钮（左边的一个按钮），就可以对构成实体的各种元素进行测量，如图 15-11 至图 15-13 所示。

曲面的测量结果（比如圆锥体和圆柱体上的曲面）给出的是曲面的面积和周长，图 15-14 给出了圆锥体上曲面的测量结果。

球体和圆环体的测量结果只有面积这一项，如图 15-15 所示。

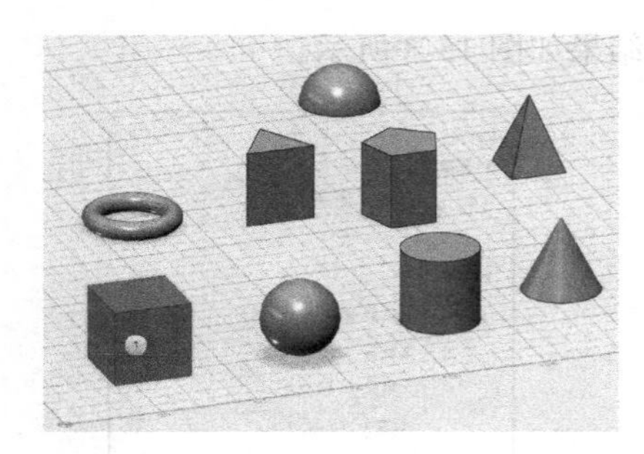

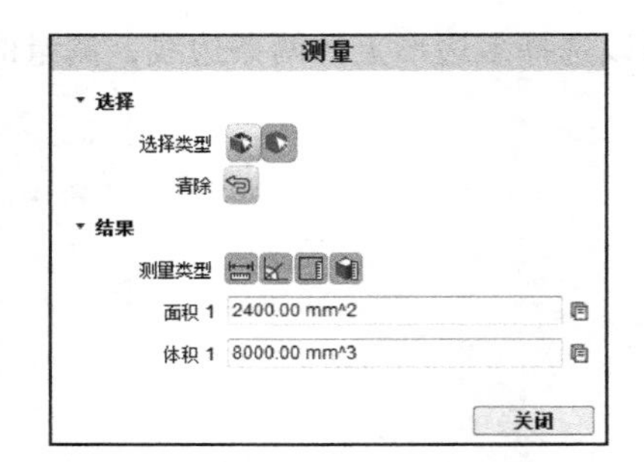

图 15-10　测量长方体的表面积和体积

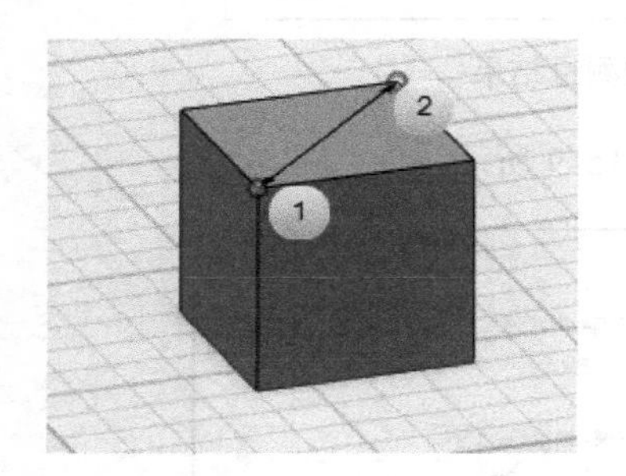

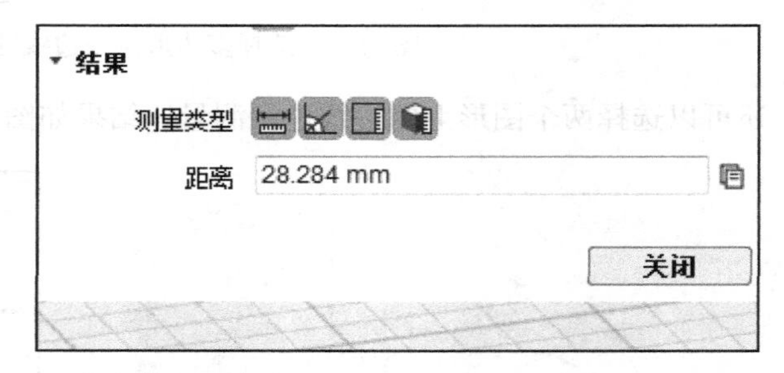

图 15-11　测量长方体上两点之间的距离

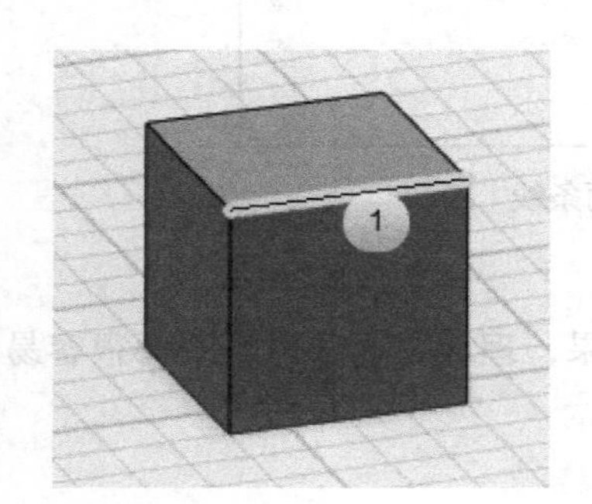

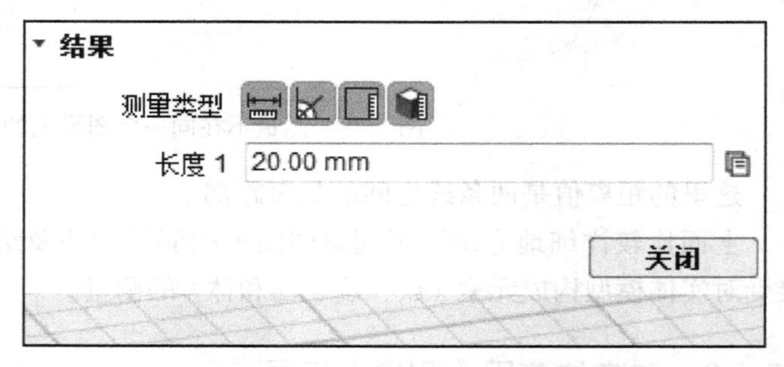

图 15-12　测量长方体上一条边线的长度

图 15-13　测量长方体的一个面

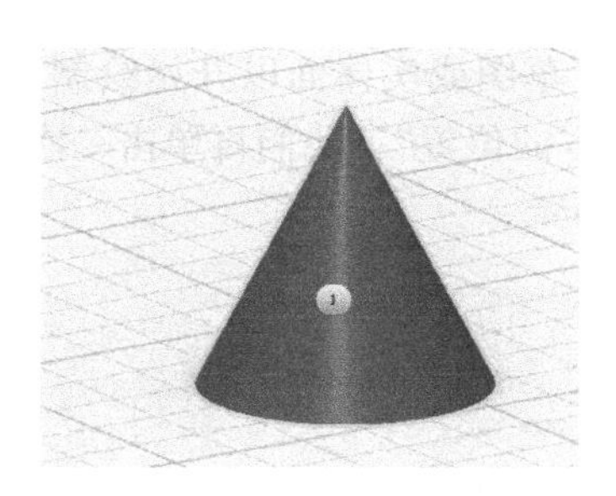
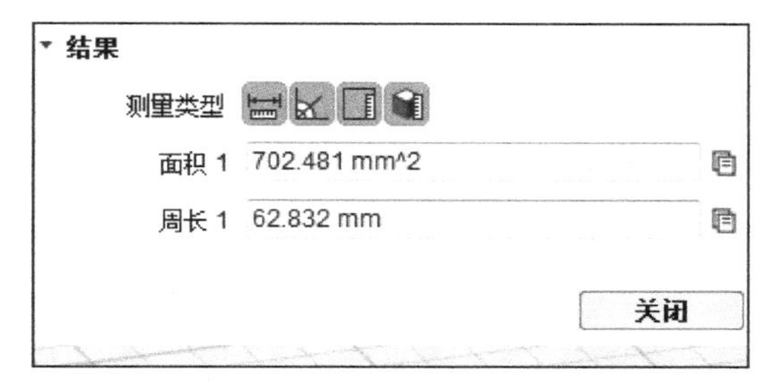

图 15-14　圆锥体曲面的测量结果

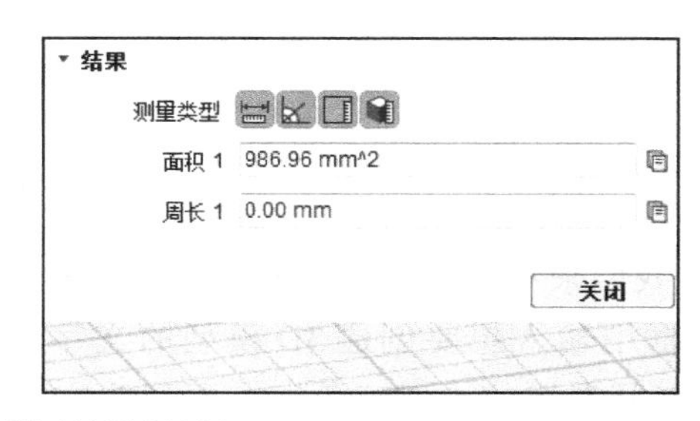

图 15-15　圆环体的测量结果

对于楔形体、棱柱体和锥体，如果单击实体按钮，再单击这些形体，给出的是实体表面积和体积。

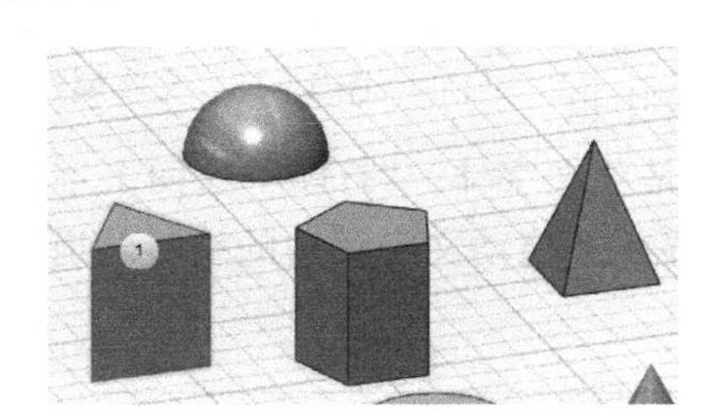
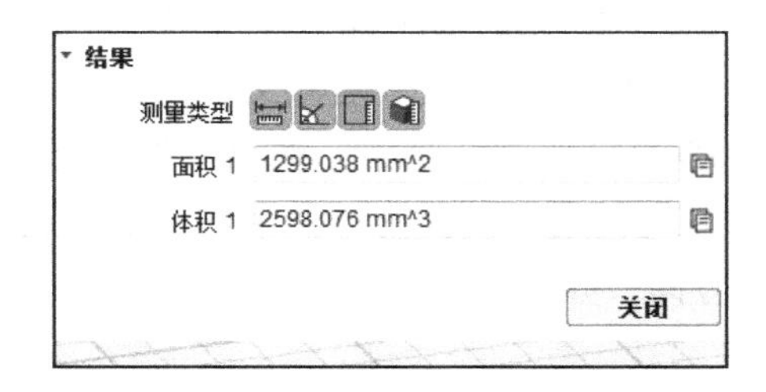

图 15-16　楔形体的测量结果

与测量长方体类似，如果单击形体的面 / 边线 / 顶点按钮，就可以对构成实体的各种元素进行测量，这比较容易理解，因为这些形体都是由多边形构成的，就不再图例了。

上面详细地列出了实体各方面的测量结果，实际上获取这些测量结果是很有必要的。在建模过程中，对模型的尺寸一定要做到心中有数，这样才能创建出符合要求的模型。

15.2 【文本】工具

在 123D Design 中，使用【文本】工具可以轻松地创建 3D 文字。下面，我们来创建"3D 打印"的 3D 模型。

1）选择【文本】工具，出现的提示是“单击网格、草图或实体面以开始绘制”，在栅格上单击一下确定平面。接下来出现的提示是“指定文本的位置”，我们再单击一次。随后出现默认文本 Text，还有文本的属性面板，如图 15-17 所示。

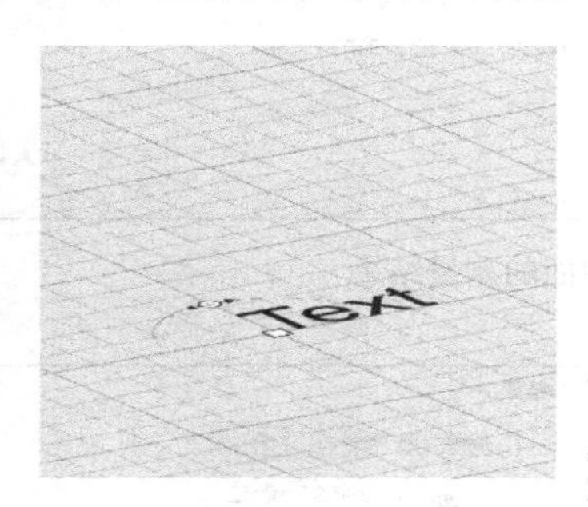

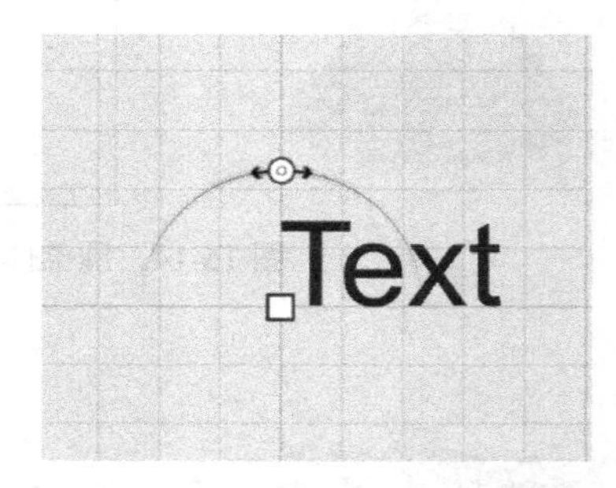

图 15-17 默认文本 Text

2）我们来看看文本属性面板中的内容。在“文本”内容选框中输入想要创建 3D 模型的文字，在“字体”一栏，点开右边的小黑三角▾，可以为文本选择字体。“文本样式”有两种：粗体**B**和斜体*I*。“高度”是指文本的高度，在“角度”一栏输入不同的角度值可以旋转文本方向，如图 15-18 所示。

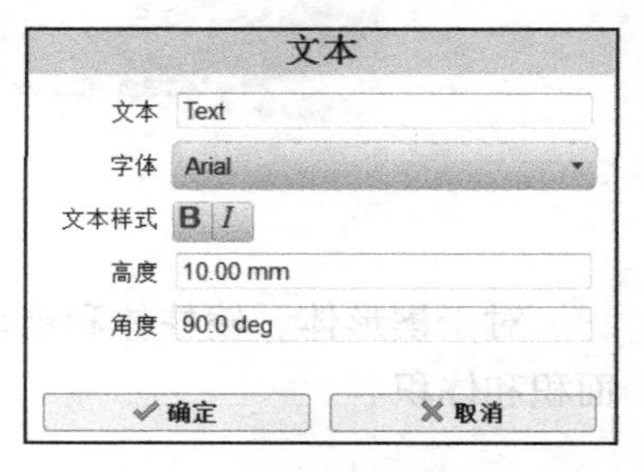

图 15-18 文本属性面板

3）在文本内容选框中输入“3D 打印”，字体选择“黑体”，其他使用默认值。随着文字的输入，屏幕中也会出现“3D 打印”这几个字。注意，如果选择的是英文字体，“打印”这两个字会显示为□□，若出现此问题，更换为中文字体就能够正常显示。拖动文字旁边的旋转轨道，可以调整文本的方向，如图 15-19 所示。

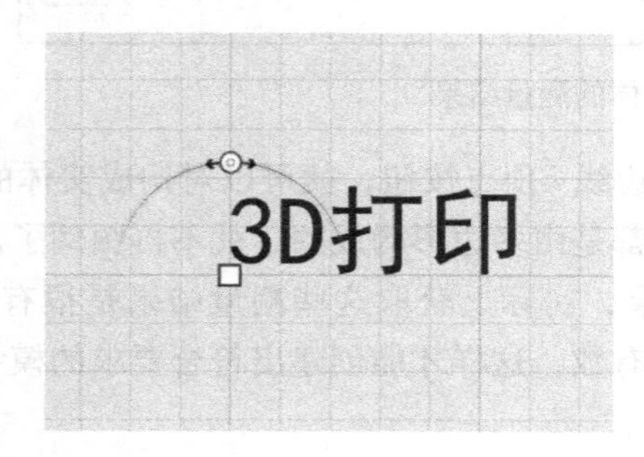

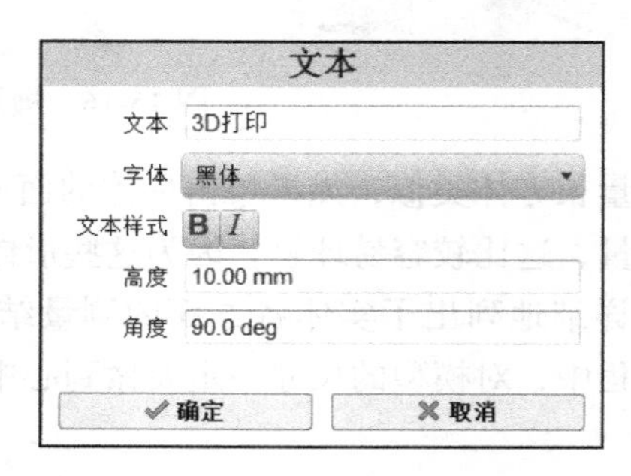

图 15-19 输入“3D 打印”文字

单击“确定”按钮，屏幕中只留下文本作为草图图形。再次单击文本，在出现的齿轮状快速菜单中，有 4 种操作选项，分别是编辑文本、移动文本、拉伸文本和分解，如图 15-20 所示。

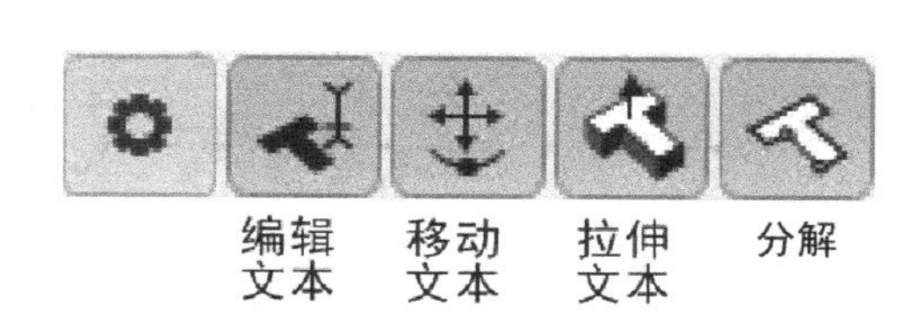

图 15-20　针对文本的 4 种操作选项

选择“编辑文本”，出现了与输入文字时相同的属性面板，在这里可以修改文本的内容，更换字体，更改文本的高度和方向，输入不同的角度，就可以改变文本的方向。选择“移动文本”，可以移动文本的位置。如图 15-21 所示。这些是相对简单的操作。

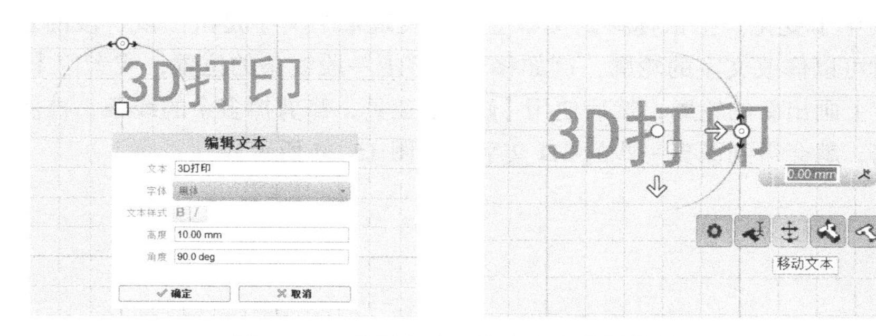

图 15-21　编辑文本和移动文本的操作界面

4）下面是我们创建 3D 文字最关心的部分，选择“拉伸文本”，会出现与前面讲过的拉伸 2D 草图时相同的界面，在数值输入框中可以输入拉伸厚度值，输入 5，结果如图 15-22 所示。

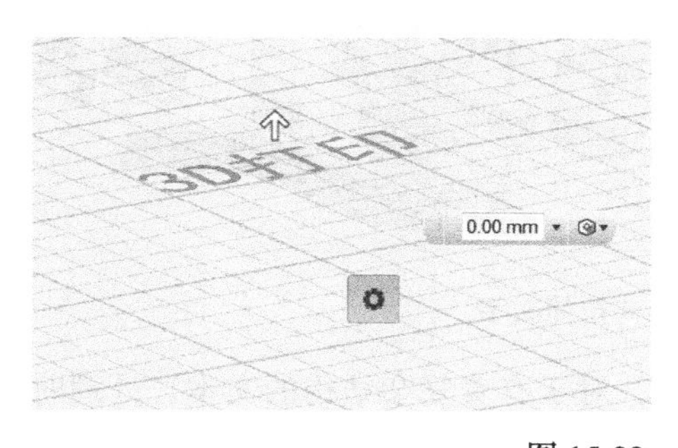

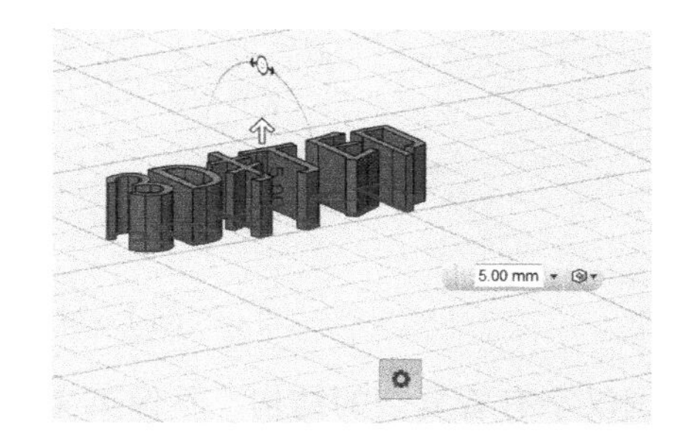

图 15-22　拉伸文本

图 15-22 中虽然出现了旋转轨道，但如果试着去拖动它，会出现无效操作警示，表明这个功能不适用于文本。如果字体设置完成，单击鼠标确认。

把鼠标移到拉伸的实体上面，就可以整体移动文本实体。这与早期版本有所不同，原来是可以分别移动字形的偏旁部首的，如图 15-23 所示。

图 15-23　整体移动文本模型

5）分解文本是什么意思呢？再次使用“3D 打印”的草图，从快速菜单中选择“分解”，文本的颜色发生了变化。把鼠标移到文本上去，发现每个文字是由一段一段的直线和曲线构成的。这时可以修改文字的轮廓，例如移动文字上一段线条的位置，或者用【样条曲线】工具，在文字上画出新的轮廓，然后使用【修剪】工具，修剪掉多余的线条，再使用【拉伸】工具拉伸它们，就会得到漂亮一些的 3D 文字，如图 15-24 所示。

图 15-24　修饰并拉伸文字

我国汉字有着复杂的结构，不像英文字母，对于有着复杂结构的文本，处理时需要细心一些，可以分别拉伸每个汉字的不同部分。

6）拉伸后的文字模型，还可以使用【圆角】或【倒角】等工具，修饰字的边缘。不过，有些字的转折处比较尖锐，倒角的尺寸不能过大，否则会出现无效操作的警示框，导致不能执行倒角命令。如图 15-25 所示是对“3”字执行【圆角】命令的结果。

7）创建的文本模型的底面都是平的，如果想要在曲面模型上有突出的文本，该如何处理呢？下面我们来探讨解决这个问题的方法。先创建一个圆锥体，半径和高度值要大一些，然后使用【文本】工具，输入“中国梦”三个字，设置好文本的高度，再用【拉伸】工具拉伸出实体，拉伸厚度也要大一些，如图 15-26 所示。

图 15-25　为文字倒圆角

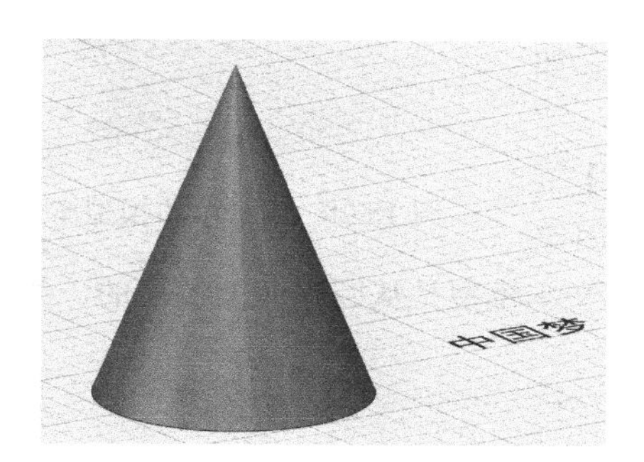

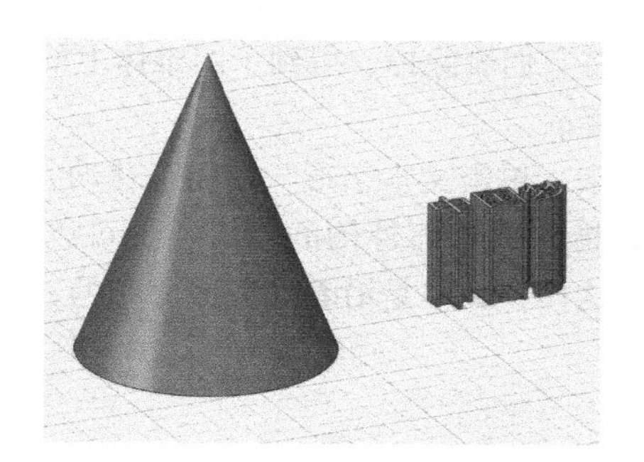

图 15-26　拉伸文本

选中文本模型，把它们旋转 90°。移动文本模型与圆锥体相交。不像圆柱体，由于圆锥体向上逐渐变小，所以要细心，保证文本模型与圆锥体全部相交，如图 15-27 所示。

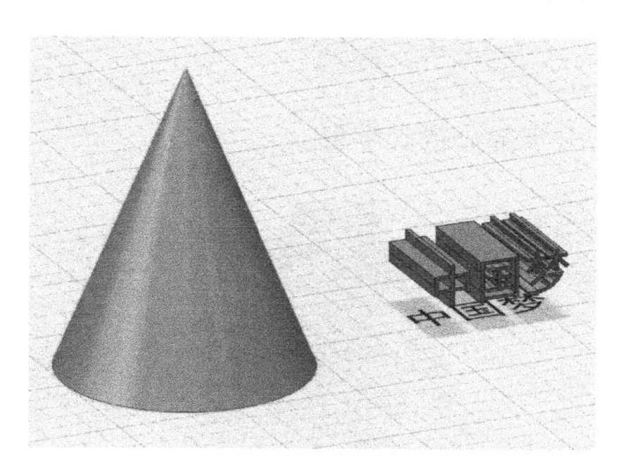

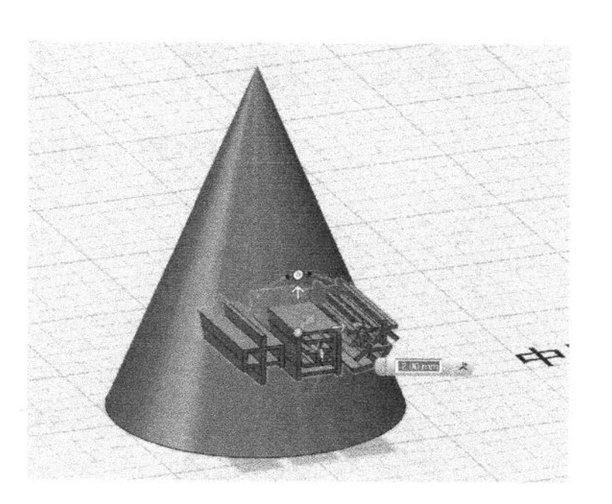

图 15-27　移动文本模型与圆锥体相交

为保证位置的正确性，需要切换到上视图和侧视图，观察模型的具体位置，如图 15-28 所示。

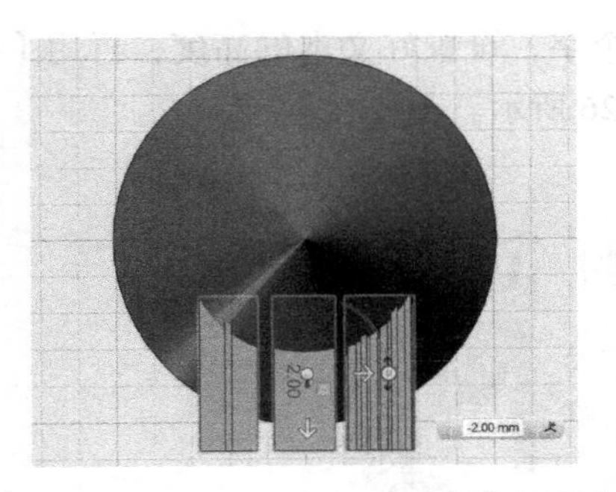

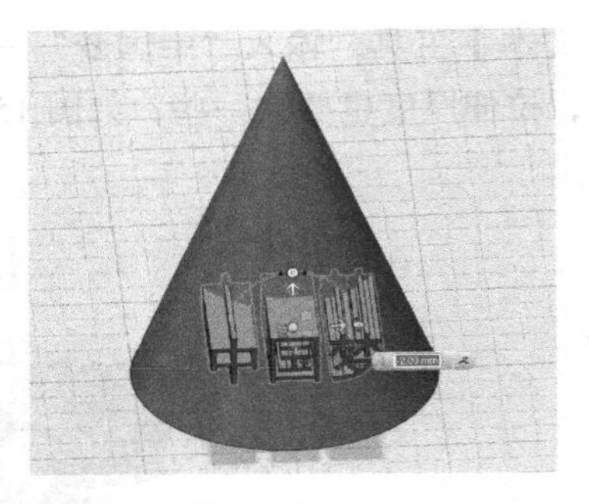

图 15-28　切换视图来确定文本模型的位置

接着选择【分割实体】工具，单击圆锥体作为要分割的实体，选择文本模型作为分割工具，如图 15-29 所示。

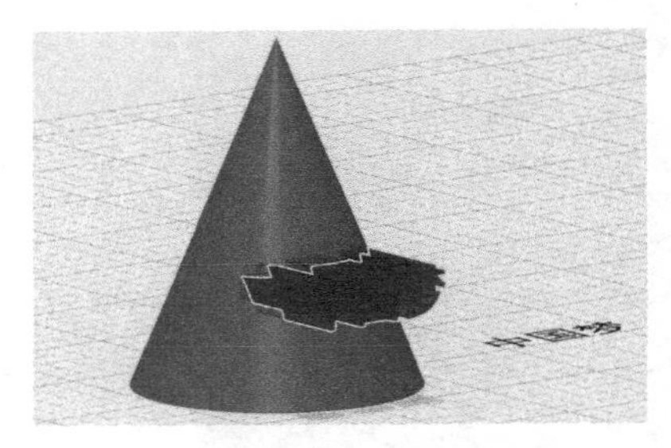

图 15-29　选择文本模型作为分割工具

按回车键确认。选择露在外面的文本模型，按 Delete 键将它们删除掉，得到了圆锥体上的字形，如图 15-30 所示。

接下来，单击文本字形，使用【移动 / 旋转】工具，拖动指向圆锥面外侧的箭头，也可以给定固定的数值。这样，文本是沿着圆锥面分布的，感觉文本模型是从圆锥面上拉出的，如图 15-31 所示。

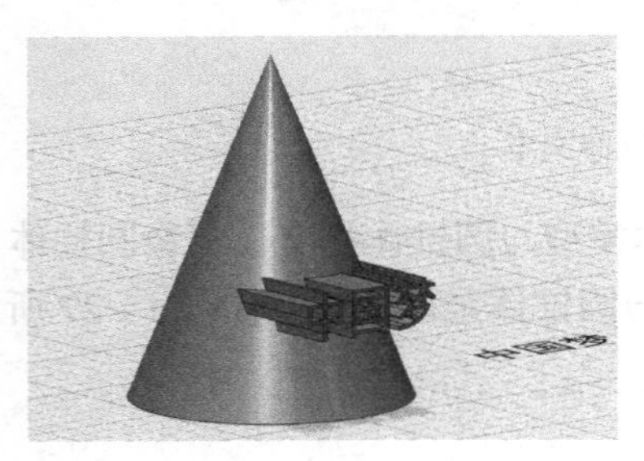

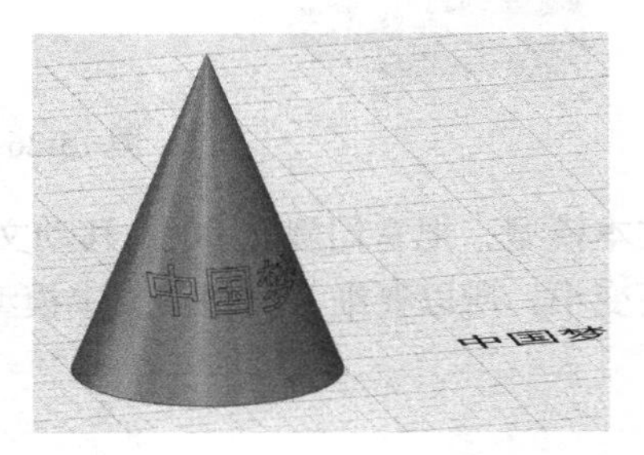

图 15-30　删除外面的文字部分得到字形

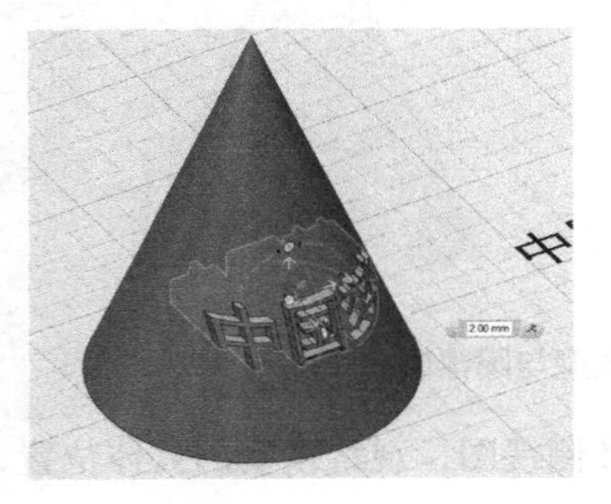

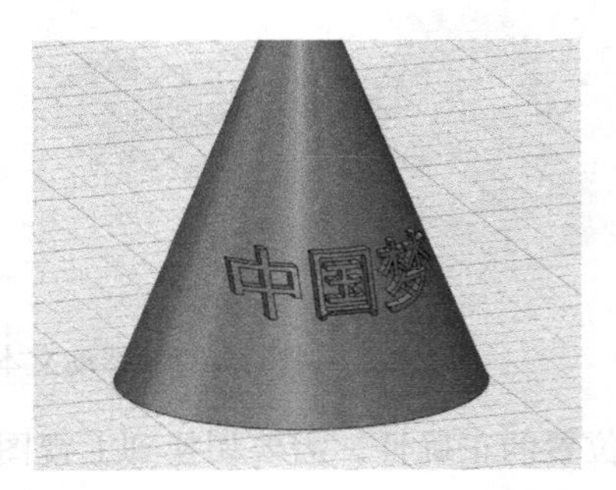

图 15-31　移动分割的文本模型

如果想要调节某个文字模型的厚度，可以选中那个字的面，应用【调整】工具，微调它的厚度，如图 15-32 所示。

图 15-32　调节某个字的厚度

我们赋予文本模型一种材质，使它们看起来漂亮些。更主要的是告诉大家，这种方法的实质是：移出了圆锥体被字形分割后的那些部分，亮绿色的线已表示得很清楚。最终效果如图 15-33 所示。

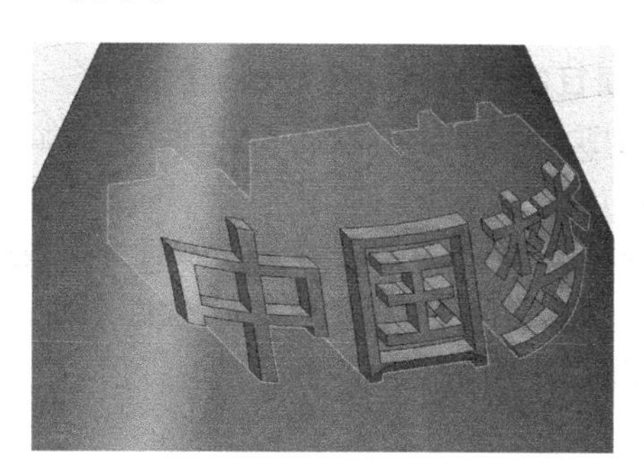
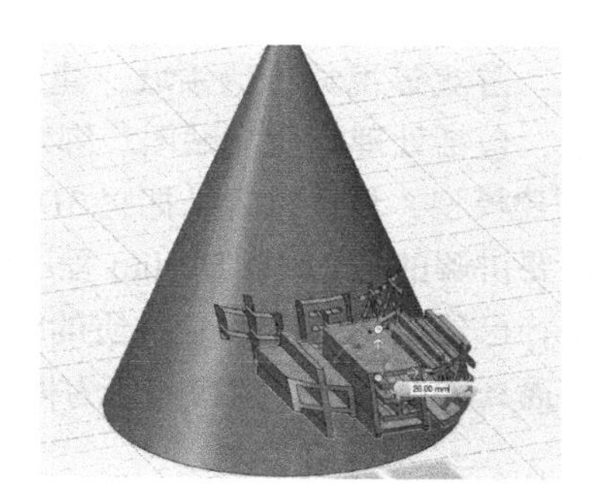

图 15-33　完成后的效果

15.3　小结

本章讲解了两部分内容：如何测量模型的构成元素和如何构建文字的 3D 模型。精确的尺寸是建模中非常重要的内容，特别是在工程领域，要求模型的尺寸必须准确。

在日常生活中，免不了要处理文字，123D Design 提供的【文本】工具，还是非常高效的。掌握了这些内容，对建模应该会更有兴趣了。

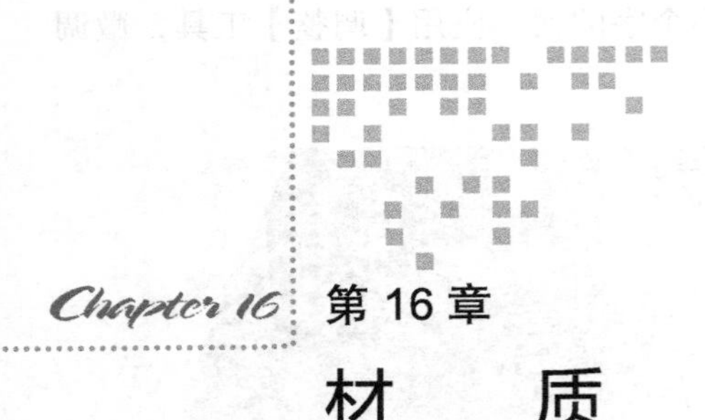

Chapter 16 第 16 章

材　质

在影视、游戏等视觉传达领域，建模是项目的开始，也是最基础的工作。后续的工作也非常复杂，包括处理材质与贴图、绑定、动画、渲染输出等任务。现在，我们使用 123D Design 来创建模型，最终目的是把它 3D 打印出来。

这里所要讲解的是 123D Design 程序的最后一个命令，告诉大家如何为模型赋予材质。在第 2 章中，已经简单地介绍了材质的概念，这里不去讨论更多的概念性东西，也不强调模型材质的逼真程度，只要掌握如何为模型指定简单的材质就可以了。

16.1 【材质】工具

1）创建一个球体和一个圆柱体，使用【缩放】工具，模式选择为非等比缩放，沿着一个方向将球体拉长，成为椭球，如图 16-1 所示。

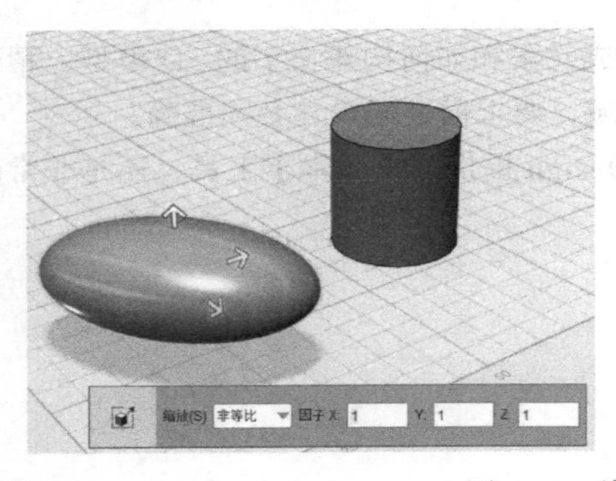

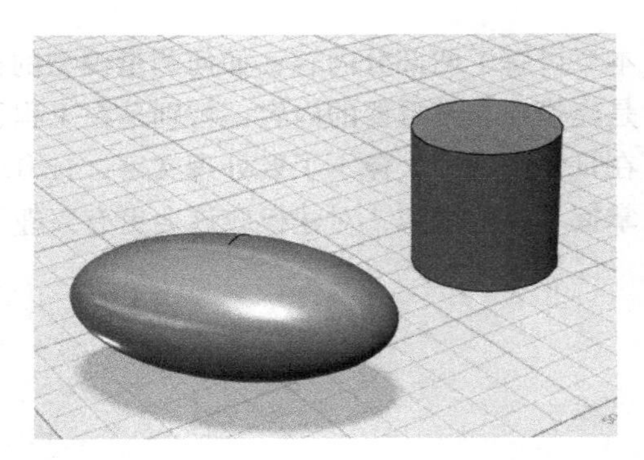

图 16-1　将球体非等比缩放

2）单击椭球体，选择屏幕上方工具栏右侧的【材质】工具，当然，可以在屏幕下方的快速菜单中选择材质工具按钮，也会出现材质面板。面板中的各项内容如图 16-2 所示。

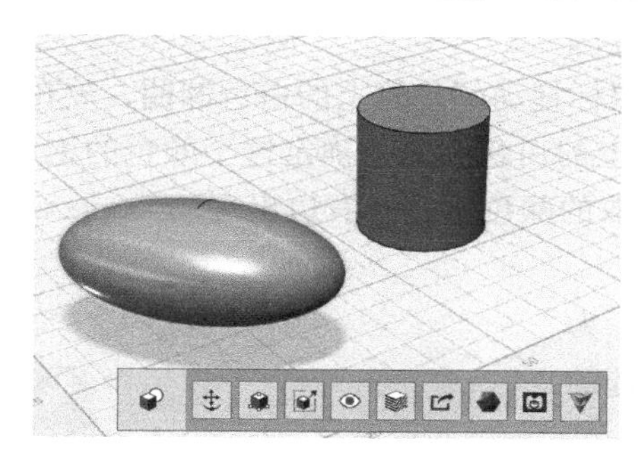

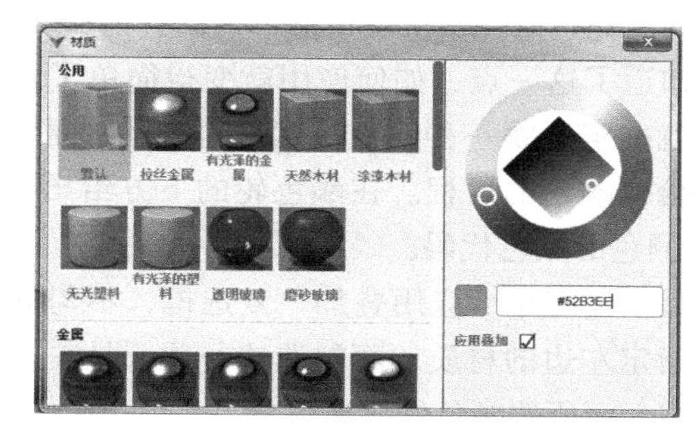

图 16-2 材质面板

材质面板分为左右两部分，中间用竖直滚动条分隔。先看左边部分，这里是预设的材质类型，分为 5 种不同类型的材质，分别是公用、金属、塑料、木材和其他。再来看右边部分，这是一个颜色轮，对于没有接触过计算机图形学中色彩理论的读者来讲，或许不明白它该如何使用，这里简单解释一下。计算机中显示图像的颜色包括 3 种基色，就是红、绿、蓝（也就是常说的 RGB 颜色），我们所看到的其他颜色都是由红、绿、蓝混色而显示出来的。此外，色调是一种颜色区别于其他颜色的因素，如红、绿、蓝。它是相对连续变化的色环，如图 16-3 所示。仔细观察外圈的颜色，红、绿、蓝占了主要的部分，两种颜色结合混出其他颜色，图 16-3 清晰地表述了外圈色轮确定的是色调。

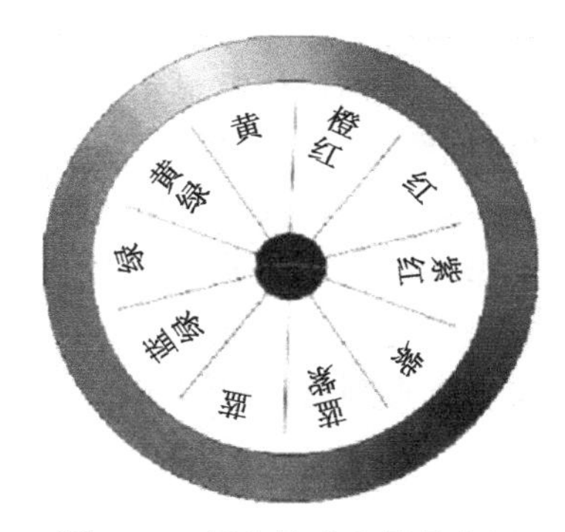

图 16-3 颜色轮确定的是色调

颜色轮内部的矩形，确定的是色彩的饱和度。饱和度是指颜色的纯度。单色的色饱和度为 100%，非彩色光（白光）的色饱和度为 0%。例如，鲜红色的色饱和度高，而粉红色的色饱和度低等。在饱和的彩色光中增加白光的成分，相当于增加了光能，因而变得更亮了，但是它的饱和度却降低了。若“增加”黑色光的成分，相当于降低了光能，因而变得更暗，其饱和度也降低了。图 16-4 有助于理解这个概念。

对于同一色调的彩色光，饱和度越高，颜色越鲜明或说越纯，相反则越淡

图 16-4 对色彩饱和度的解释

颜色轮的作用是确定某种颜色的色调，然后在内部矩形上确定这个色彩的饱和度。为了不引起误解，还要知道一个很重要的值：亮度。在123D Design中，亮度是由程序内部设置的。完整的色彩模型包括：色调、饱和度和亮度。

知道了这一点，如何使用就变得简单了。用鼠标拖动颜色轮上的白色圆圈，放在哪个位置就确定了哪一种颜色。然后再拖动内部矩形上的白色圆圈，确定这个颜色的饱和度，这是拾取颜色的过程。在颜色轮的下方给出了拾取的颜色示例，右边出现的#xxxxxx，是RGB颜色的颜色代码。

最下面有个“应用叠加”复选框，不勾选它，为模型指定左边的材质；而勾选这一项，是左边所选的材质与上面所选颜色的叠加效果。

3）接着来看如何为模型指定材质。拖动滚动条，在左边的材质库中选择一种材质，如塑料类型中的乳胶材质，椭球体就显示为选定材质的外观（不要勾选“应用叠加”复选框），如图16-5所示。

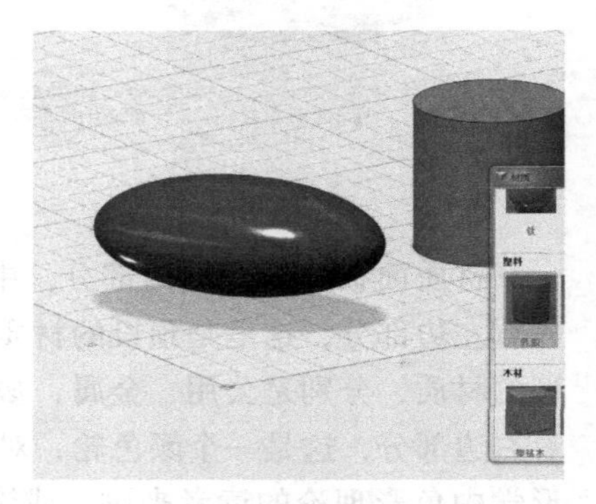

图16-5　为椭球体指定一种材质

然后，勾选“应用叠加”复选框，选择金属材质类型中的金色材质，再次单击椭球体，会得到材质和所选颜色的混合外观。为了更进一步理解叠加的含义，选择颜色轮中的红色，再单击椭球体一次，椭球体变成红色的外观，如图16-6所示。

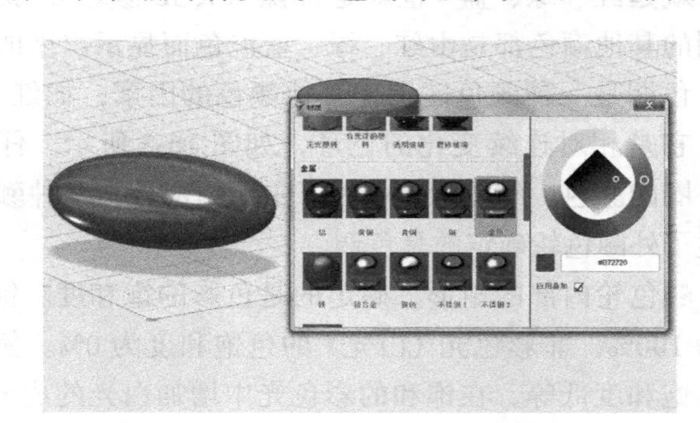

图16-6　应用叠加的结果

既可以为模型指定一种材质库中的材质，也可以在颜色轮中选一种颜色直接指定给模型，如图16-7所示。还需要注意是否勾选了“应用叠加”复选框。

另外，还有一种为模型指定材质的操作方式，先选择【材质】工具，选定要使用的材质，然后单击视图区中要应用同一材质的模型。这涉及本书前面讲过的主谓和动宾操作顺序，对【材质】工具而言，两种操作方式都可用。不过，有些工具只适用于一种操作方式。另外，材质库公用类型中的透明玻璃材质是透明的，可以透过它看到后面的物体和栅格，如图16-8所示。

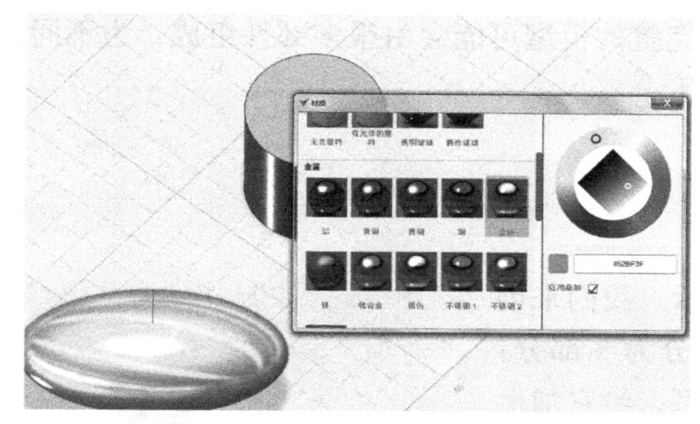

图 16-7　选一种颜色直接指定给模型

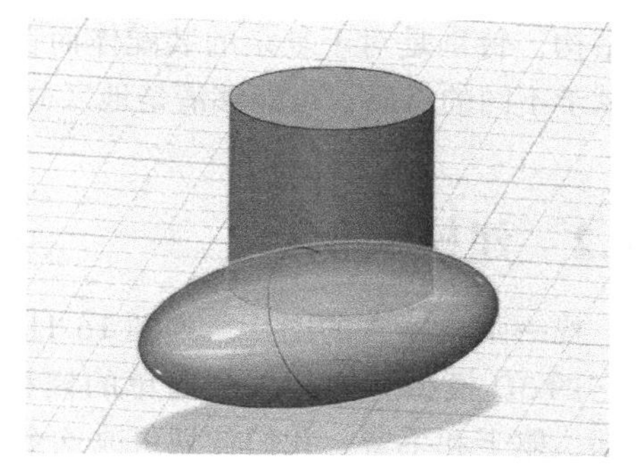

图 16-8　透明材质的效果

4）右侧导航栏中的模型显示方式有 3 种：材质和轮廓、仅材质、仅轮廓。通常创建模型时，显示方式为显示材质和轮廓，模型的边缘有黑色的线框。也可以选择其他两种显示方式，特别是仅轮廓方式，在对象为多个时，有时是很高效的，如图 16-9 所示。

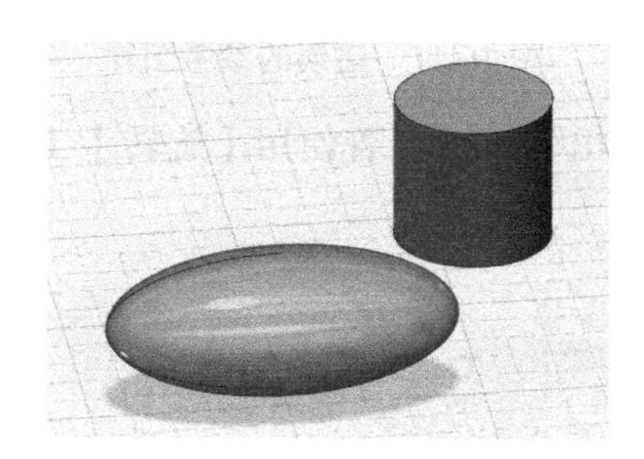
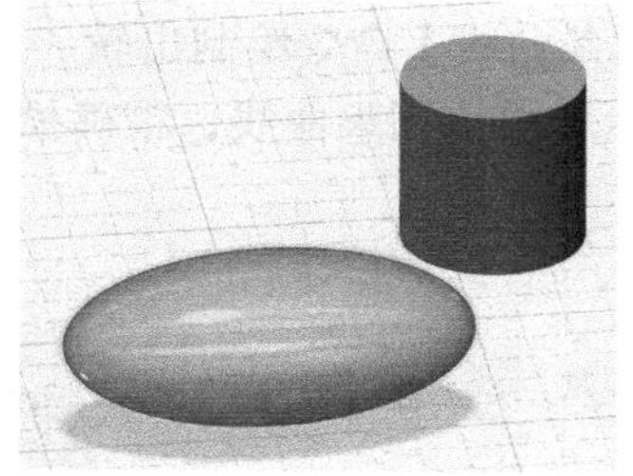
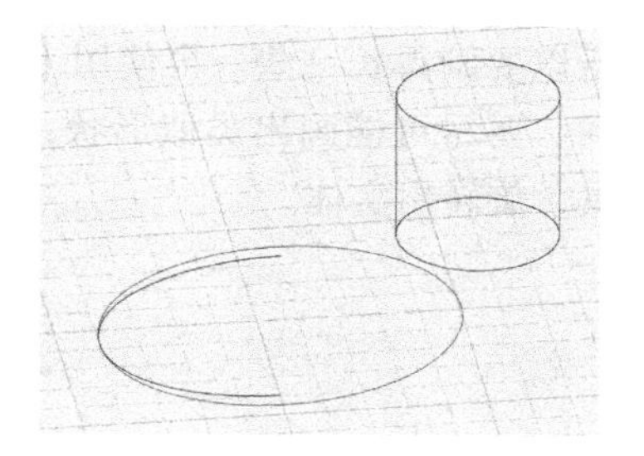

图 16-9　模型的 3 种显示方式

单击一个模型，屏幕下方出现的快速菜单中有按钮，这是控制模型的显示与隐藏的命令，单击这个按钮，选中的模型就会消失。如果想要恢复显示模型，从屏幕右侧的导航工具栏中选择屏幕显示控制模式按钮下的“显示实体 / 网格”选项，就会恢复显示这个模型，如图 16-10 所示。

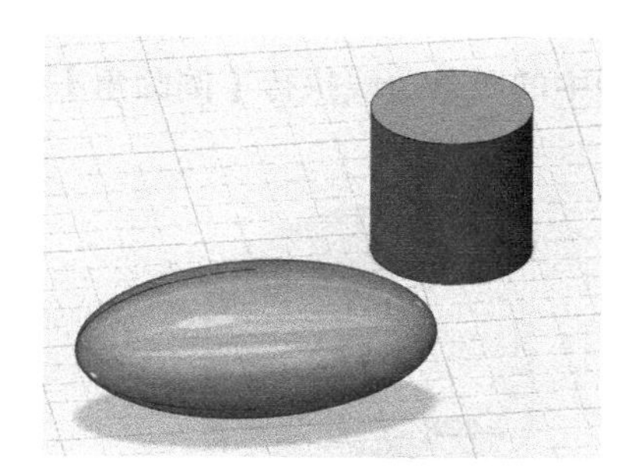

图 16-10　模型的隐藏与恢复显示

这些都是辅助建模的手段，以方便快速创建模型。在创建模型之前，要仔细构思模型的结构，特别是对于复杂的装配体而言，完整的模型可能会由很多部件组成，为不同的部件赋予不同的材质，也能够清楚地区分它们。

16.2 建模实例

找一张机器人的图片，如图 16-11 所示。我们来创建它的 3D 模型。这是一个简单的模型，分为 3 部分：头部、躯干和手臂。我们计划更改这个模型，给它加上腿部和鞋子。

图 16-11 建模的参考图片

1）经过观察，可以看出头部和躯干可由【旋转】命令创建出来，我们先绘制如图 16-12 所示的头部的轮廓。切换视图为上视图，使用【多段线】命令画出一条直线作为旋转轴，将来旋转躯干时也要利用这条直线，所以要画得长一些。再使用【样条曲线】命令绘制出轮廓。要尽可能画出类似形状，然后慢慢调整曲线，精确描绘出轮廓。接着使用【旋转】工具，旋转出实体。

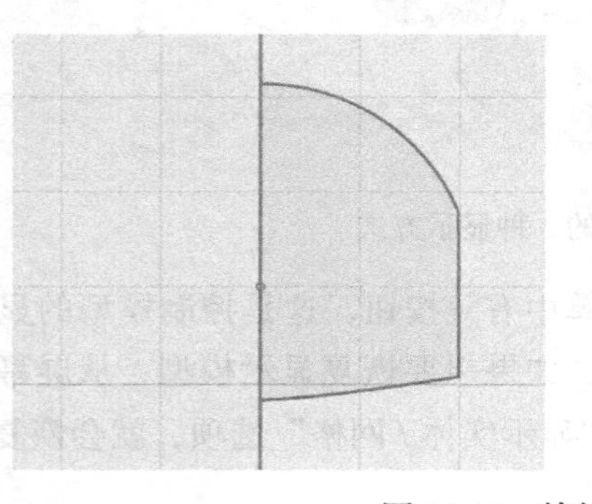

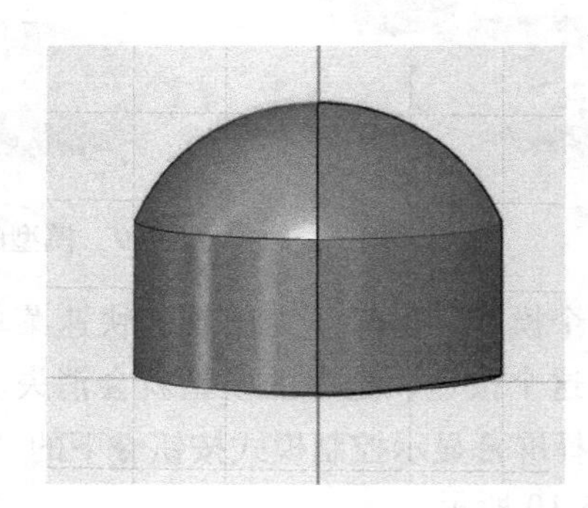

图 16-12 旋转出头部模型

2）对模型中的两条边线执行【倒圆角】操作，倒角半径不要太大，如图 16-13 所示。

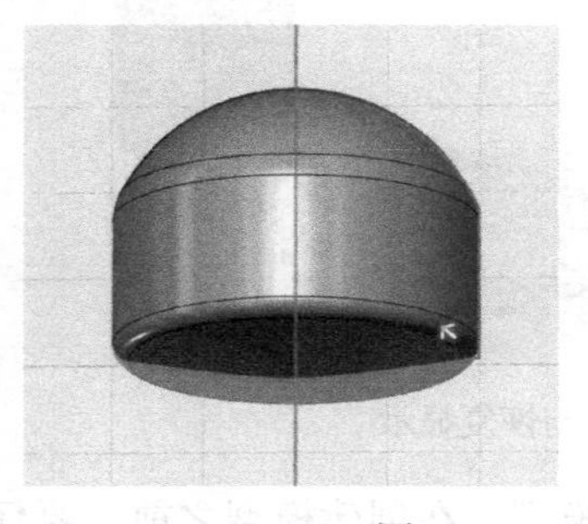

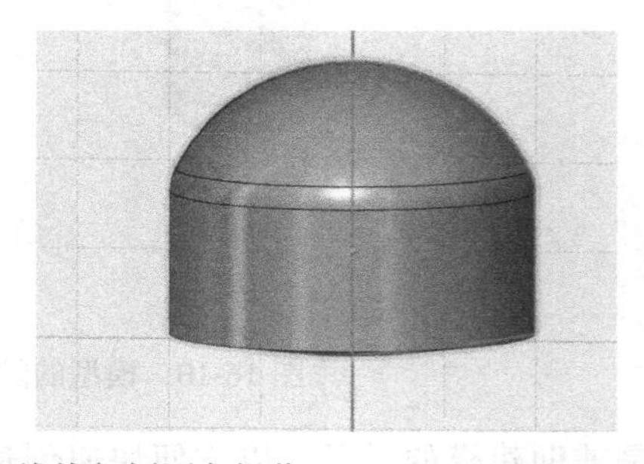

图 16-13 对边线执行倒圆角操作

3）绘制躯干的轮廓，使用【旋转】工具，把它旋转成实体，如图 16-14 所示。

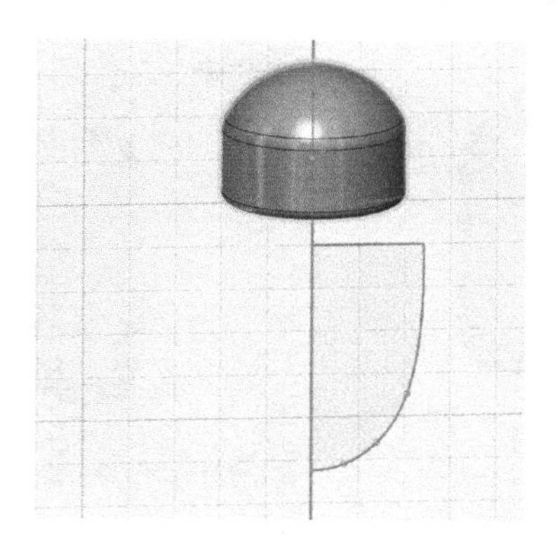
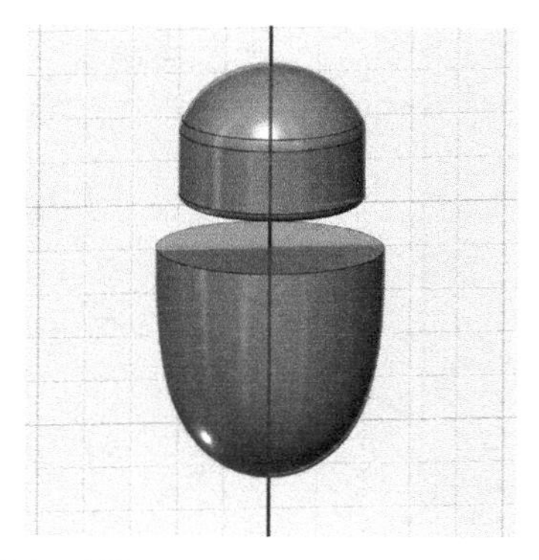

图 16-14 旋转出躯干模型

4）对躯干的上端面边线执行【倒圆角】操作，如图 16-15 所示。

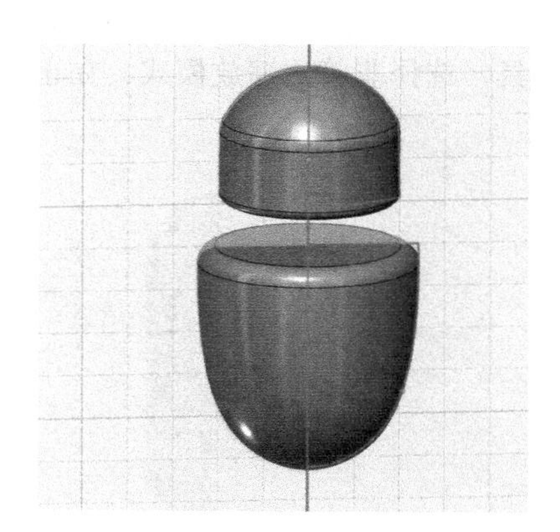

图 16-15 执行倒圆角操作

5）为头部和躯干模型指定材质和颜色。我们使用塑料类型中的乳胶材质，勾选“应用叠加”复选框，然后选择颜色 #DBC3A2。你也可以为躯干指定不同的材质，这里我们解释如何将同一材质应用给不同的对象，所以给躯干也指定同一材质。分次给多个对象指定同一颜色时，可以建立一个记事本文件，把第一次使用的材质类型标记好，选择以 # 号开头的颜色代码，把它复制到记事本中，后续要给其他模型指定同一材质时，选择同一材质类型，然后把颜色代码复制过去就可以了。给躯干也赋予与头部相同的材质和颜色，如图 16-16 所示。

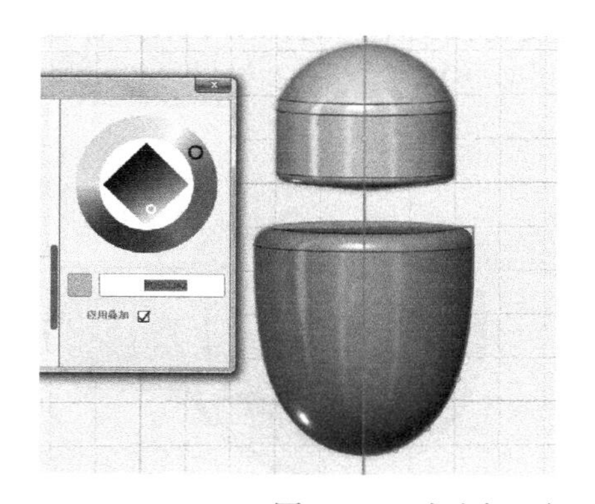
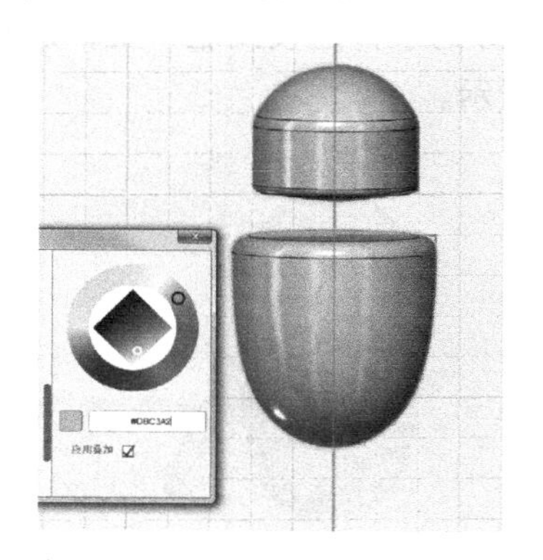

图 16-16 为头部和躯干指定材质和颜色

6）绘制手臂的轮廓，然后旋转出“胶囊”实体。再执行【分割实体】操作，利用旋转轴作为分割工具，把实体分割成两部分，如图 16-17 所示。

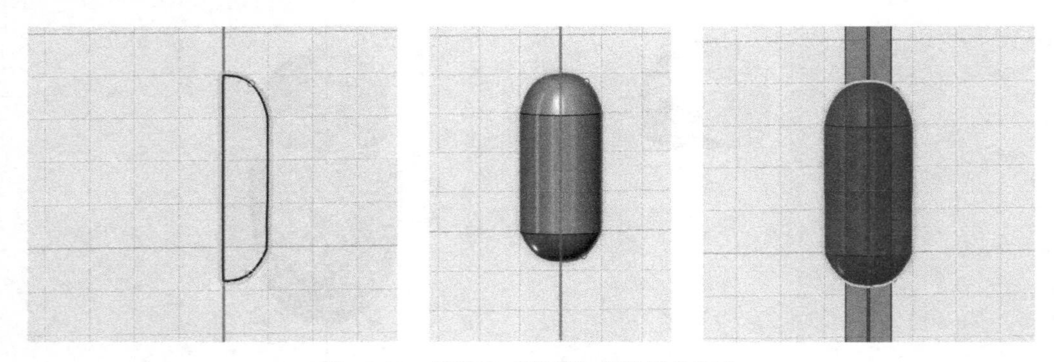

图 16-17　旋转出“胶囊”实体并分割它

7）删除模型的一半，接着使用【抽壳】工具，将它挖成空心壳体。再使用【缩放】工具，选择非等比缩放模式，在正确的方向上将壳体压扁一些，如图 16-18 所示。

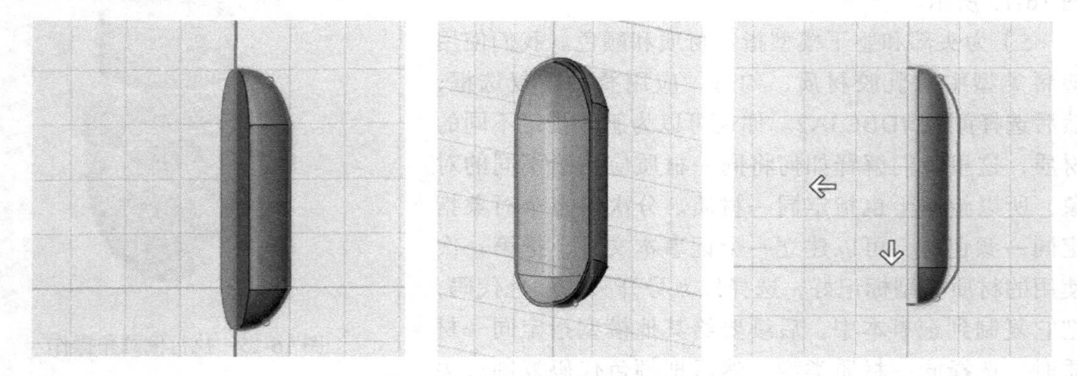

图 16-18　抽壳模型并将它压扁

8）把建好的手臂连接到躯干上，这时需要切换到不同的视图下来查看位置是否正确，如图 16-19 所示。

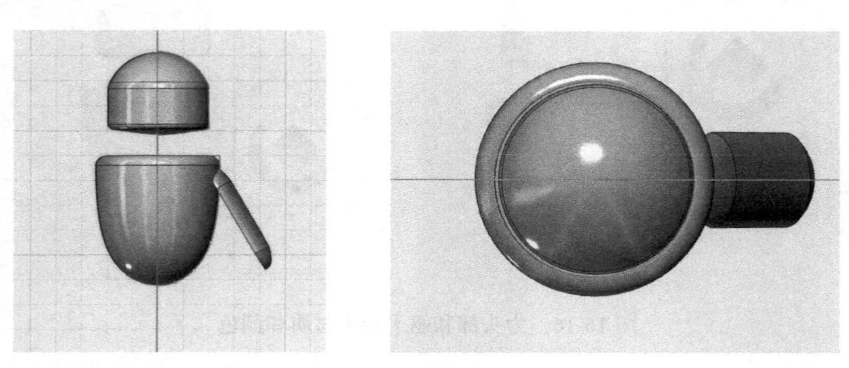

图 16-19　连接手臂到躯干上

选择【镜像】工具，将绘制的旋转轴作为镜像平面，镜像出另一侧的手臂。然后，我们选择公用类型中的拉丝金属，为两个手臂模型指定材质，如图 16-20 所示。

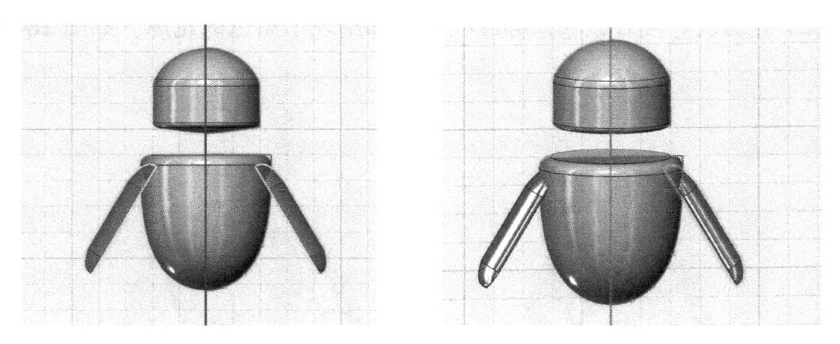

图 16-20　镜像另一个手臂并指定材质

9）根据头部尺寸在模型旁边绘制一个椭圆形，并移动到头部的前方。可能需要在不同的视图中确定椭圆形的位置，如图 16-21 所示。

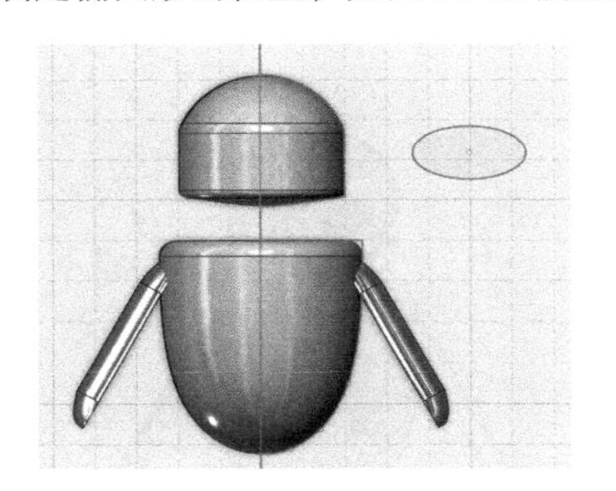
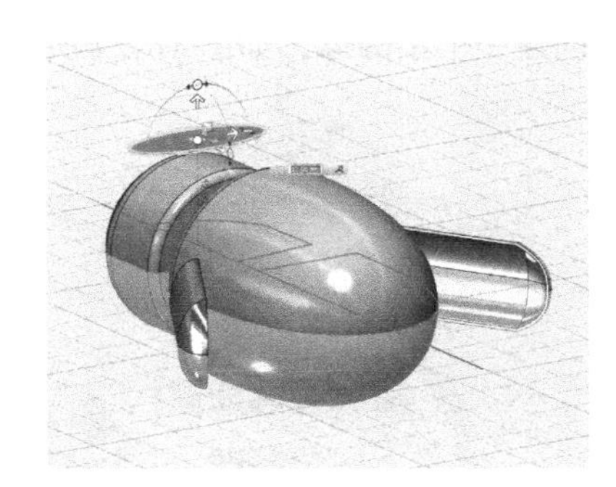

图 16-21　为椭圆形定位

10）确定好椭圆形的位置后，使用【拉伸】工具向头部方向拉伸出椭圆柱。此时要注意，程序默认的是相减模式，会在脸上开一个洞，一定要在数值输入框旁选择新建实体模式，并保证椭圆柱完全进入头部，如图 16-22 所示。

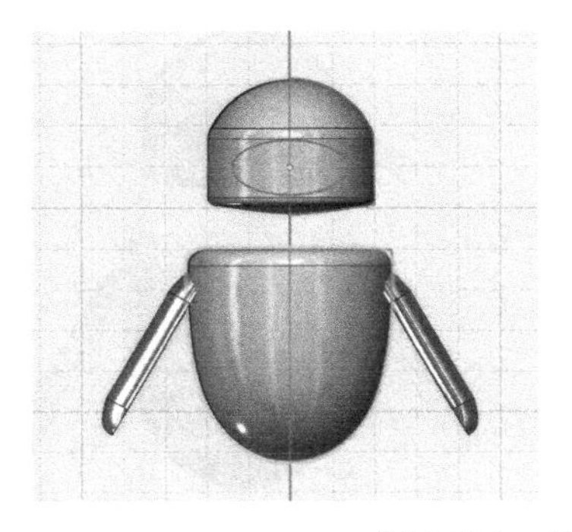
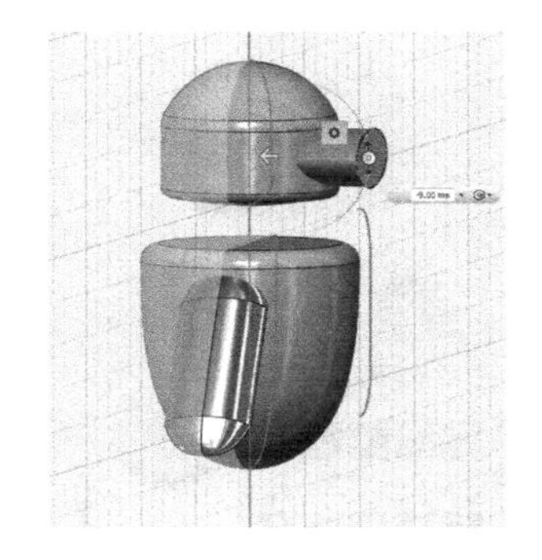

图 16-22　拉伸椭圆柱

11）使用【分割实体】工具，选择头部作为要分割的实体，选中椭圆柱作为分割工具。选择椭圆柱时千万要注意，很容易只选择“面”，可以放大模型并旋转到不同的角度进行选择，然后按回车键确认。接着删除掉椭圆柱，头部出现了黑色的轮廓。如图 16-23 所示。

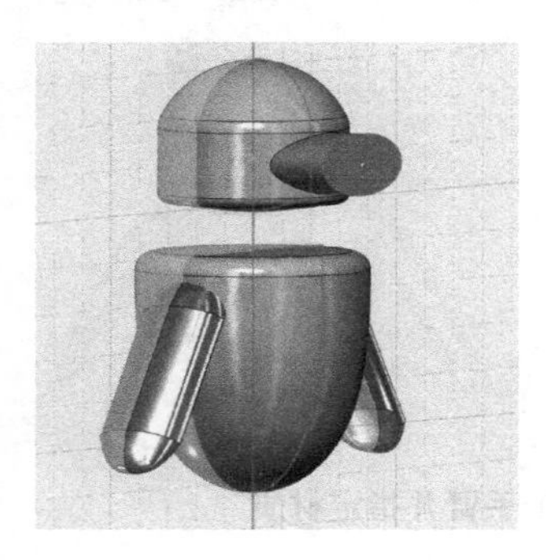
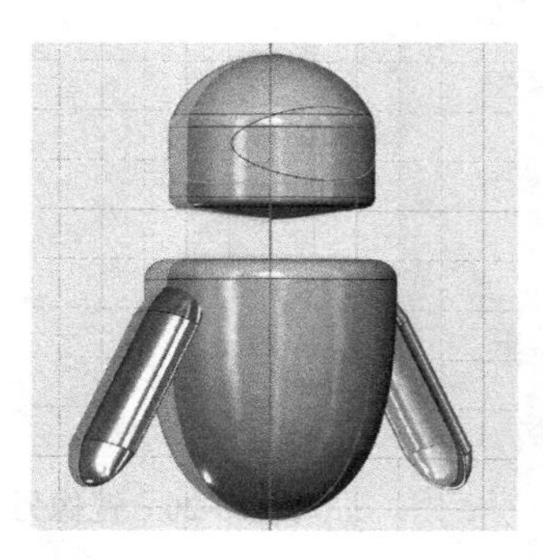

图 16-23　用椭圆柱分割头部

12）使用默认的材质，为头部椭圆形的部分指定黑色（头部已分割成两部分）。接下来，在模型旁边创建一个小圆球，如图 16-24 所示。

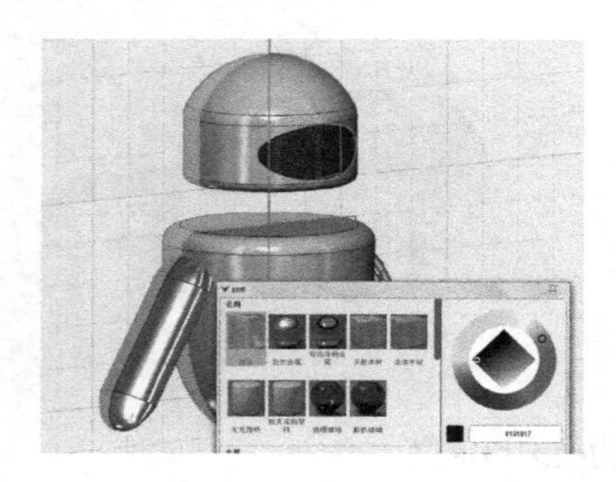
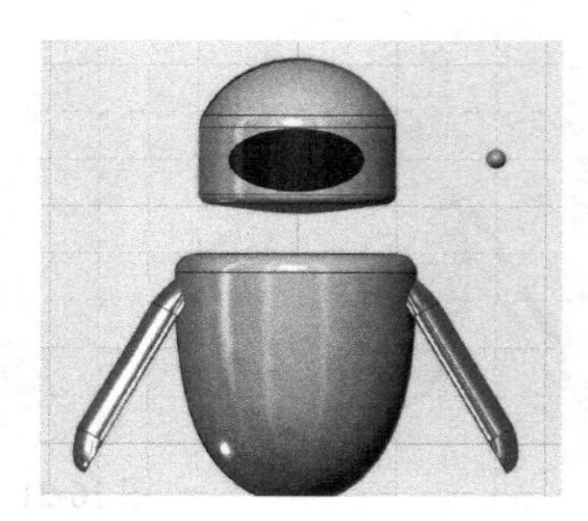

图 16-24　指定材质并新建一个小球

13）将小球移动到头部椭圆形处，同时向内移进去一些，赋予它金属材质中的金色材质。然后使用 Ctrl+C 键和 Ctrl+V 键，复制出另一个小球，移动到相应的位置，如图 16-25 所示。

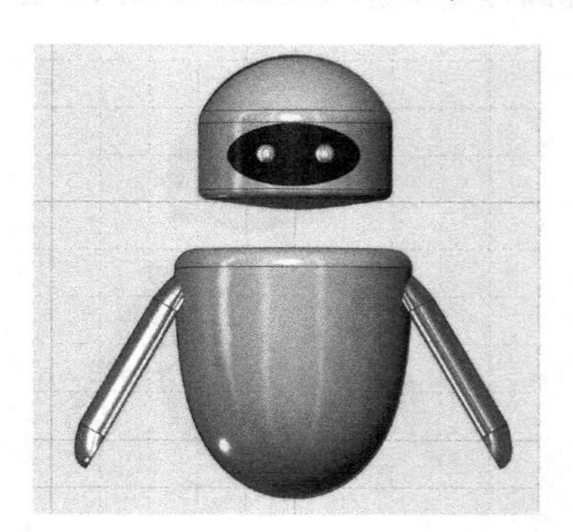

图 16-25　创建眼球

14）将头部和眼球全部选中，使用【移动 / 旋转】工具旋转头部，使它稍微侧一下，再下移落到躯干上，如图 16-26 所示。

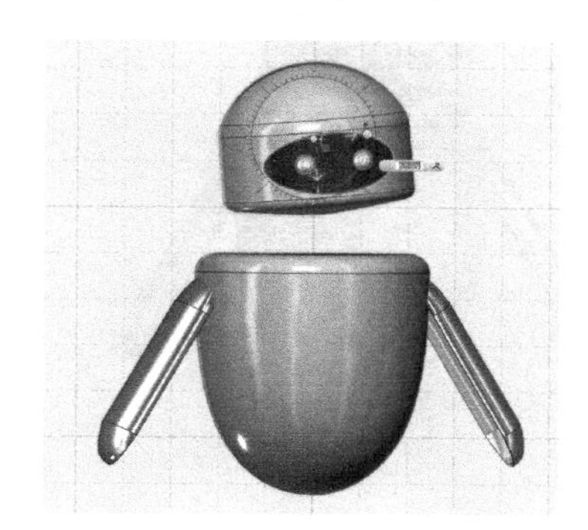
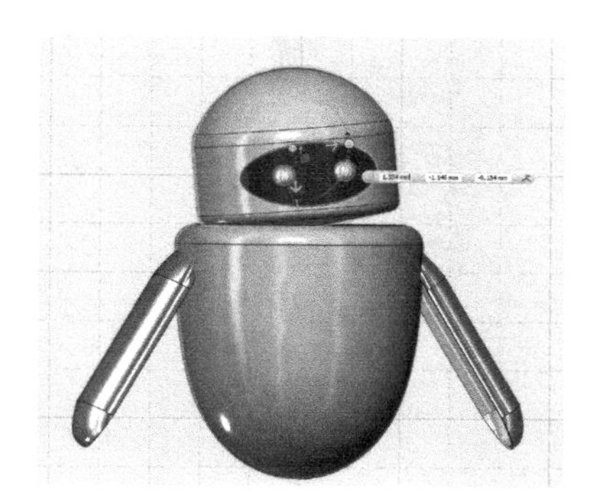

图 16-26 设置头部的位置

15）原图片中的内容已经制作完了。不过，我们认为它不够酷，所以要给它创建下肢和鞋子。在躯干的下部创建一个球体作为关节，安排好位置后，再复制出另一个球体，也设置好位置，如图 16-27 所示。

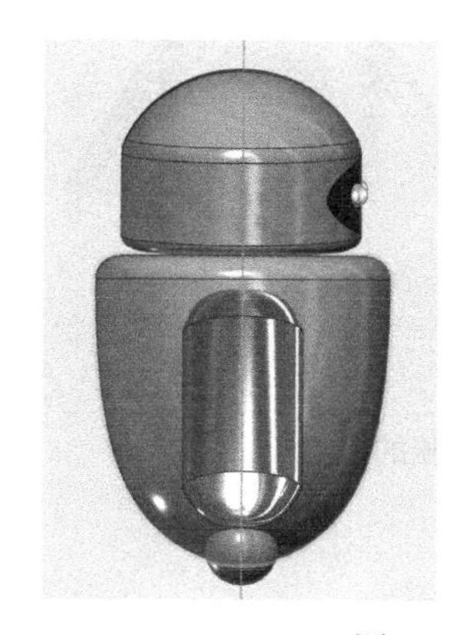

图 16-27 创建球体作为关节

16）接下来创建一个小的圆柱体，安放在球体的下方，嵌入球体一部分，切换到不同的视图确定位置。同样再复制一个圆柱体，移动到另一侧，也设置好位置，如图 16-28 所示。

17）选择球体和圆柱体，复制出一对，向下移动。对另一侧也执行同样的操作，如图 16-29 所示。

18）下面开始制作卡通鞋子。先创建一个球体，使用【缩放】工具把它拖成椭球体，注意大小要与上面的模型相适应，比例要协调。再创建一个小圆柱体，并旋转一下方向，如图 16-30 所示。

19）把圆柱体与椭球体连接到一起，并切换视图，设置好位置。然后绘制一个矩形，要嵌入椭球体内部一些，如图 16-31 所示。

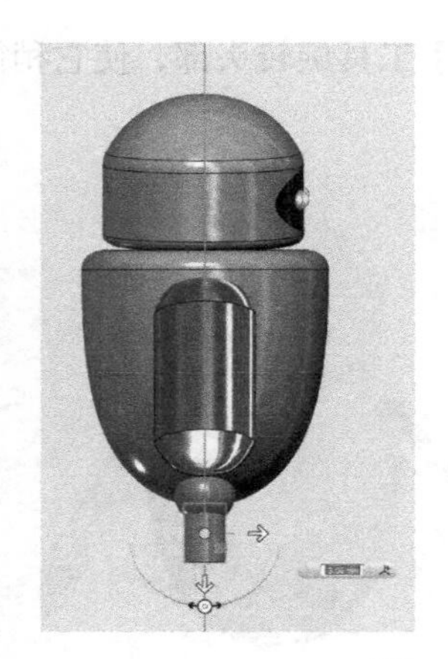

图 16-28 创建两个圆柱体

图 16-29 创建一对类似小腿的模型

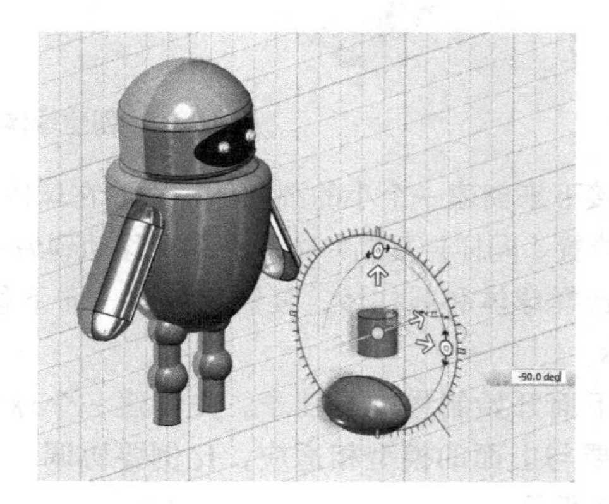

图 16-30 创建椭球体和圆柱体

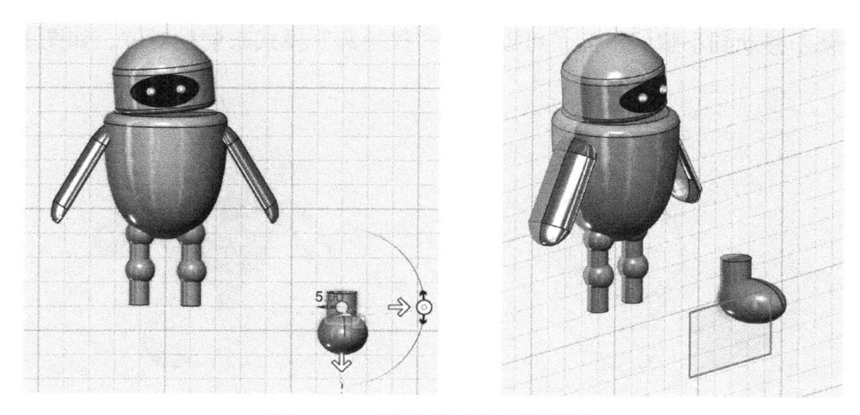

图 16-31　结合椭球体和圆柱体

20）使用【分割实体】工具，选择椭球体作为要分割的实体，选择矩形为分割工具，执行分割实体操作。然后删除掉椭球体的下边部分，如图 16-32 所示。

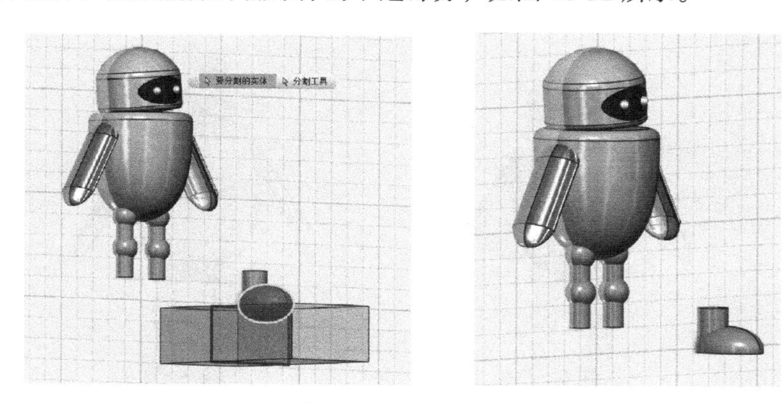

图 16-32　分割椭球体

21）使用【合并】工具，将圆柱体与椭球体的上面部分结合成一体，然后对转角处的边线倒圆角。使用【拉伸】工具，将鞋的底面稍微拉伸一点厚度，如图 16-33 所示。

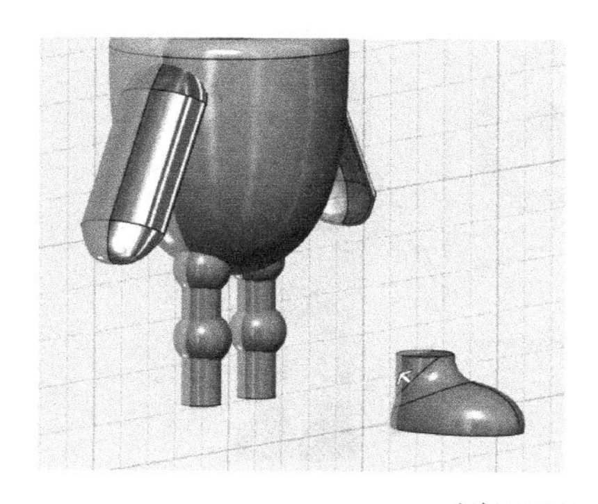
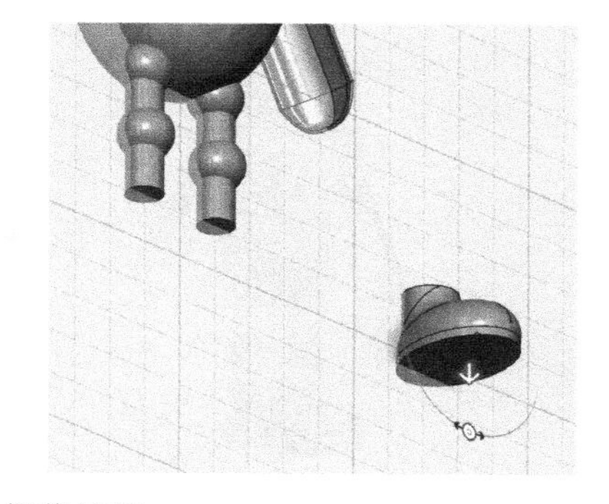

图 16-33　细节处理

22）将鞋子移动到小腿的下面，可以选择“仅轮廓”模式来辅助对位，如图 16-34 所示。

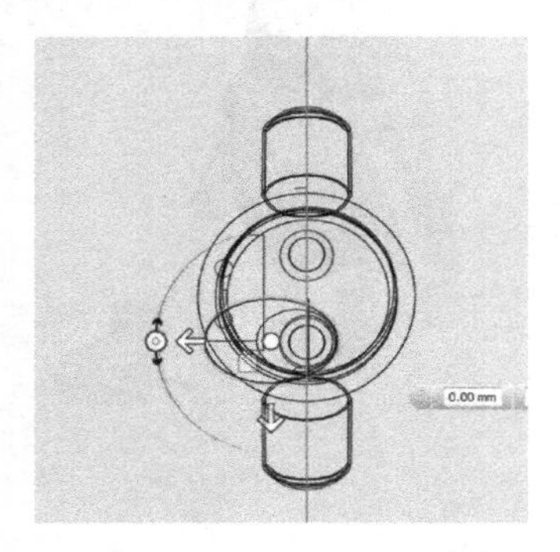

图 16-34　连接鞋子

23）复制出另一只鞋子，调整位置，对小球体和圆柱体也可以微调位置。然后赋予 4 个小球同一材质，如图 16-35 所示。

图 16-35　为小球赋予材质

24）为 4 个小圆柱体赋予材质，为两只鞋子指定黑色，如图 16-36 所示。

图 16-36　为腿部和鞋子赋予材质

25）创建“酷龙”二字的 3D 模型。前面已详细讲解过制作方法，所以略去该步骤，如图 16-37 所示。

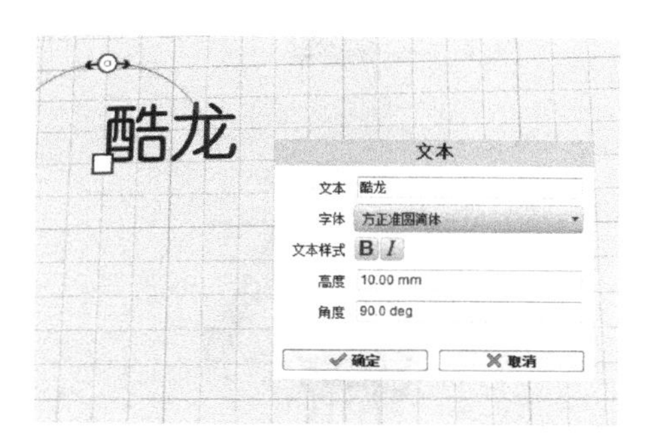

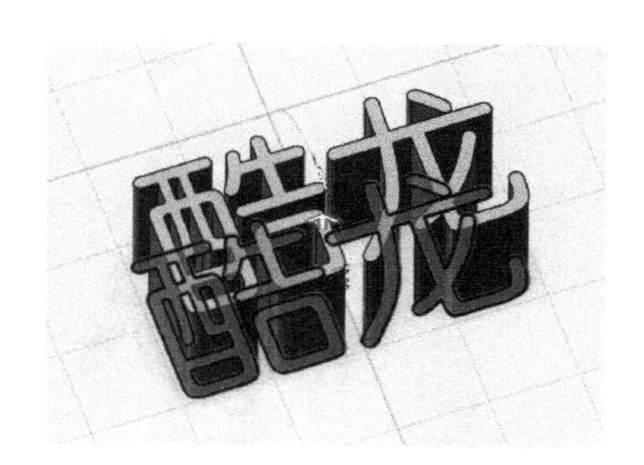

图 16-37 拉伸出“酷龙”二字的 3D 模型

26）移动文字模型到躯干上，设置好位置，如图 16-38 所示。

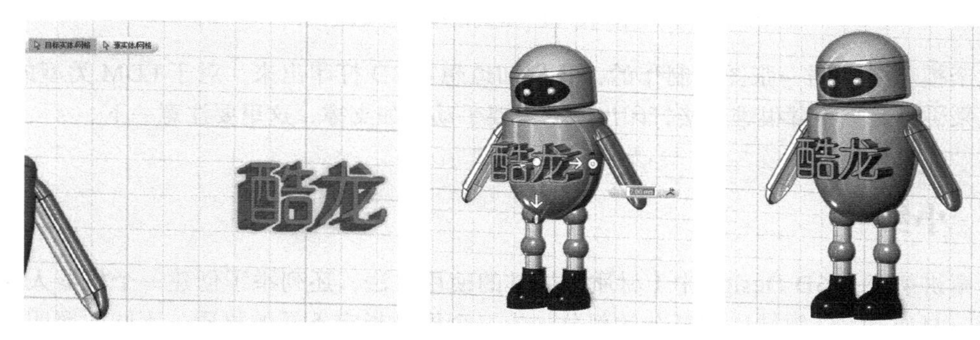

图 16-38 设置好文字模型位置

27）使用【分割实体】工具分割躯干。删除掉拉伸文字模型，然后使用【移动 / 旋转】工具向外移动分割文字。或者，使用【缩放】工具，选择非等比缩放模式，单向缩放分割文字，如图 16-39 所示。

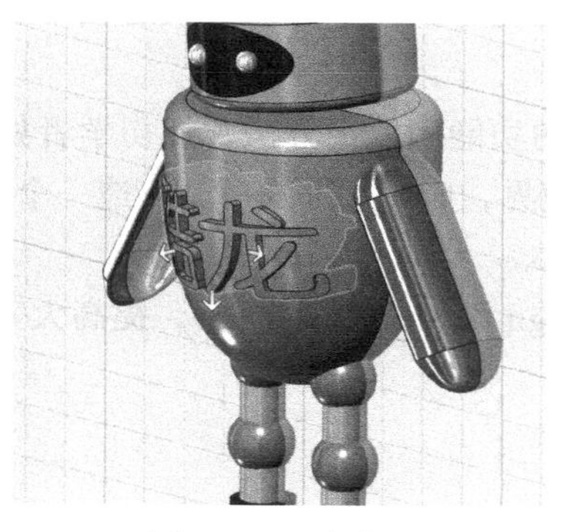

图 16-39 缩放文字

28）还可以对下肢各部分的细节进行处理，例如进行合并、倒圆角等操作。要想使模型更美观，就要花费更多的心思和时间，限于篇幅，就不一一列举了。最终得到的结果如图 16-40 所示。

图 16-40　最终的模型

这个模型是根据一张图片制作的，我们知道想要 3D 打印出来，对于 FDM 类型的 3D 打印机来讲，两个手臂很难直接打印出来，需要手动添加支撑，这里要注意一下。

16.3　小结

本章讲解了 123D Design 中【材质】工具的使用方法，还列举了创建一个机器人模型的例子。材质是 CG 领域比较复杂的部分，为一个模型指定不同的材质、不同的照明，会得到不同的效果。工业设计软件并不会刻意去追求模型在计算机上显示的效果，所以这部分相对简单些。不过，123D Design 提供的仅是基本的材质功能，千万别错误地认为设置材质就这么简单。

到此为止，我们已讲解完 123D Design 软件的全部功能。可能右侧导航栏中的按钮是分散在不同的章节中讲解的，有些不细致，但在建模过程中已用到了其中一些命令，多尝试一下就会理解。

虽然已经学习完整个软件的功能和使用方法，但初学者如何能把模型建得更好？在后面的章节中，我们会拓展设计边界，应用外部程序，打造一个设计流程，使 3D 建模变得更高效、灵活。

我们的目的是为 123D Design 添加“左膀右臂”，提高大家绘制平面草图的能力，以及对 3D 模型的处理能力。

第 17 章 Chapter 17

由 Illustrator 到 123D Design

Adobe 公司是全球最著名的图形图像和排版软件的生产商，总部位于美国加利福尼亚州圣何塞。该公司的产品 Photoshop（简称“PS”），占据着全球图像处理领域的绝大部分市场份额。人们日常所接触到的媒体，例如报纸、书刊、杂志、互联网、手机上的图片，基本上都用该公司的产品处理过。而该公司的另一款设计软件 Illustrator 是一种应用于出版、多媒体和在线图像的工业标准矢量插画的软件。作为一款非常出色的图形处理工具，Adobe Illustrator 广泛应用于印刷出版、海报、书籍排版、专业插画、多媒体图像处理和互联网页面的制作等，也可以为线稿提供较高的精度和控制，适合生产任何小型设计到大型的复杂项目。接下来，我们要接触 Illustrator 中一些简单的功能。

平面设计是 3D 设计的基础。如果想从事视觉传达方面的 3D 设计，PS 是必备的工具；而若想朝着工业产品设计方向发展，AutoCAD 则是必须掌握的工具。对于 3D 打印爱好者而言，假设以前并没有接触过 Illustrator 和 AutoCAD，在本章会简单介绍 Illustrator 的钢笔工具（Pen Tool），用它绘制贝塞尔曲线，以增强 2D 绘图的自由度。

先认识一下 Illustrator 和它的文件格式吧。

17.1 Illustrator 中的 SVG 格式

Photoshop 中也有钢笔工具，但不容易处理 AutoCAD 的文件，所以推荐使用 Illustrator 软件。

Illustrator 软件生成的文件格式是 ai，这是矢量图文件，是一种工业标准。而矢量图的优点是不管如何放大图像都不会产生马赛克现象，即不会虚。因此，ai 文件不会在图像放大的情况下产生图像不清晰的现象。

SVG的英文全称为Scalable Vector Graphics，意思为可缩放的矢量图形。它是基于XML（Extensible Markup Language），由World Wide Web Consortium（W3C）联盟开发的。严格来说应该是一种开放的标准矢量图形语言，可以设计高分辨率的Web图形页面。用户可以直接用代码来描绘图像，可以用任何文字处理工具打开SVG图像，通过改变部分代码来使图像具有互交功能，并可以随时插入HTML中通过浏览器来观看。

它提供了目前流行的GIF和JPEG格式无法具备的优势：可以任意放大图形显示，但不会以牺牲图像质量为代价；可在SVG图像中保留可编辑和可搜寻的状态；平均来讲，SVG文件比JPEG和GIF格式的文件要小很多，因而下载也很快。

Illustrator软件可以直接保存SVG格式文件，123D Design能够导入SVG格式的文件，这是很强大的功能。

17.2 认识Illustrator中的钢笔工具

本节内容是平面设计的基本功，读完本章后建议大家多看些资料，完全掌握这部分功能。

1. 创建SVG格式的文件

1）运行Illustrator CC，出现的软件界面如图17-1所示。

图17-1 Illustrator的软件界面

我们主要关注工具栏中做了标记的3个工具，分别是钢笔工具（P）、直接选择工具（A）（空心箭头）、选择工具（V）(黑箭头)。

图 17-2　需要关注的 3 个工具

2）单击屏幕左上角的文件（F）菜单，单击其中的新建（Ctrl+N）命令，就会创建一个新文件，出现的对话框如图 17-3 所示。

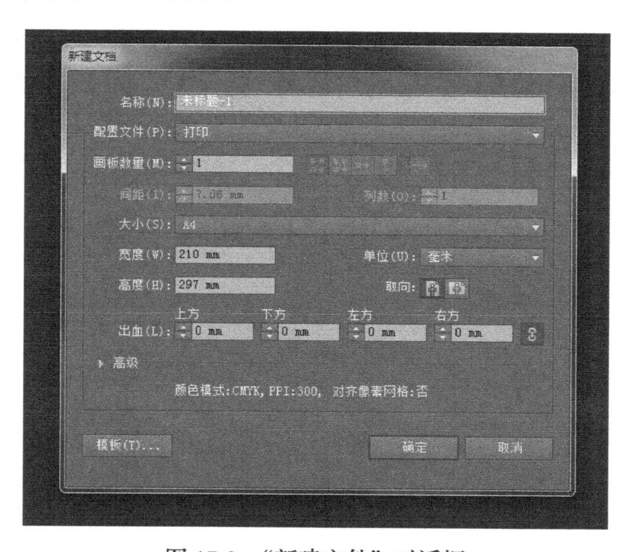

图 17-3　“新建文件”对话框

3）保留默认值，单击“确定”按钮，屏幕中出现了空白区域，如图 17-4 所示。这个区域就是可以在上面绘图的一张 A4 纸（软件默认的是 A4 尺寸）。

图 17-4　新建文件出现的绘图区域

先不理会其他工具，选择钢笔工具，在空白区域单击一下，接着单击第 2 下，这仅仅是练习使用钢笔工具。再单击第 3 下，将钢笔移到起点处，完成一个封闭图形，如图 17-5 所示。

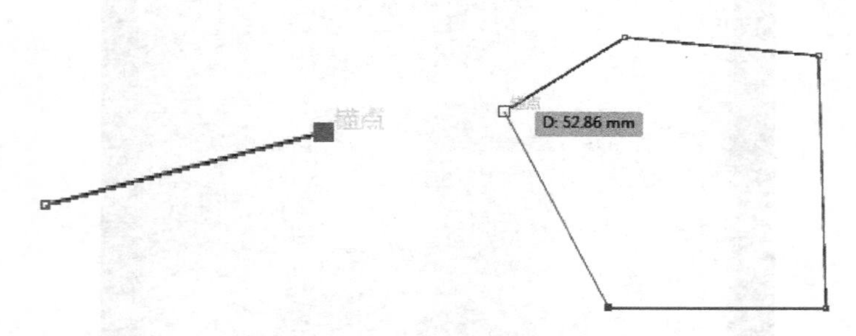

图 17-5　在 Illustrator 中绘制的第一个图形

选择文件菜单中的存储命令，在出现的对话框中，指定文件的存储路径，并起个名字，如图 17-6 所示。注意，程序默认的格式是 Adobe Illustrator（*.AI），但 123D Design 可以导入的是 SVG 格式，所以点开保存类型右边的小黑三角，选择其中的 SVG，单击“保存”按钮，如图 17-7 所示。

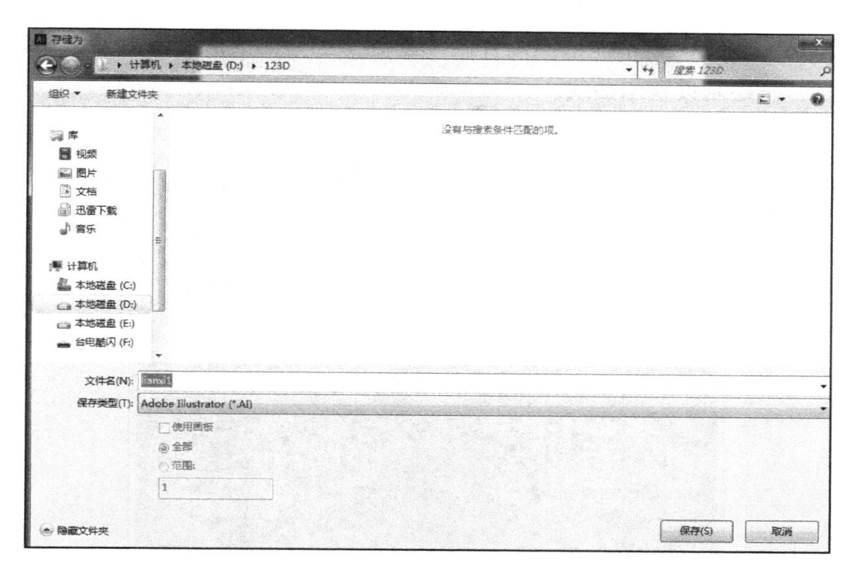

图 17-6　保存文件对话框

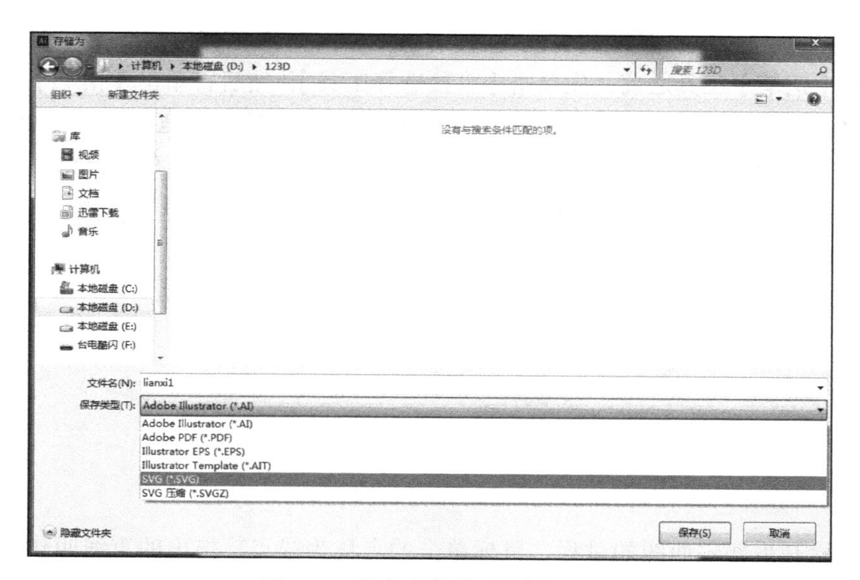

图 17-7　保存文件类型选择 SVG

接着出现了保存 SVG 的选项，一切都保留默认值，单击“确定”按钮。这样就保存了一个 SVG 格式的文件，如图 17-8 所示。

这就是需要我们掌握的在 Illustrator 中绘制图形并存储为 SVG 格式的完整流程。

2. 绘制贝塞尔曲线

这个工具如果像上面那样简单，我们就不会介绍它了。由于 123D Design 中的【样条曲线】工具不够完美，一是不能依照图片临摹绘制，二是修改起来不方便，所以才引入 AI 中的钢笔工具，来绘制贝塞尔曲线。

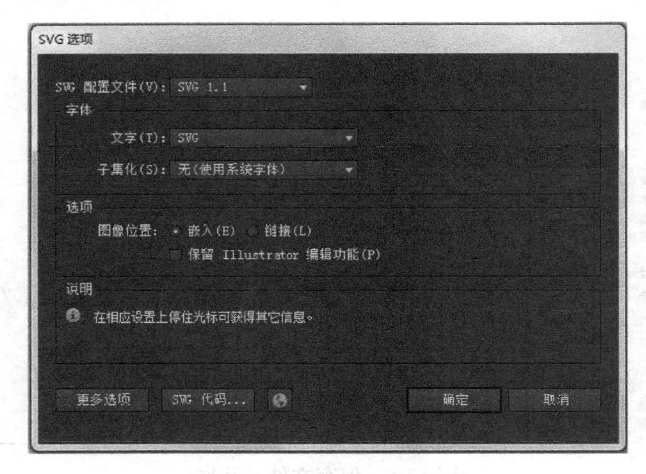

图 17-8　保存 SVG 的选项

下面，无视 Illustrator 软件的其他功能，只关注钢笔工具的用法。

在使用【钢笔】工具之前，先单击【直接选择工具】，然后再单击【钢笔】工具。在屏幕中白色区中单击起始点，接着单击第 2 点，按住鼠标左键向外拖动，会拖出一条直线，松开鼠标，鼠标停留在直线的端点处，有提示文字“手柄”字样，在单击鼠标左键时，鼠标指针改变为▶，没有单击时鼠标显示为一支钢笔。接着继续单击第 3 点并拖出直线，单击其他工具按钮停止绘制曲线，如图 17-9 所示。

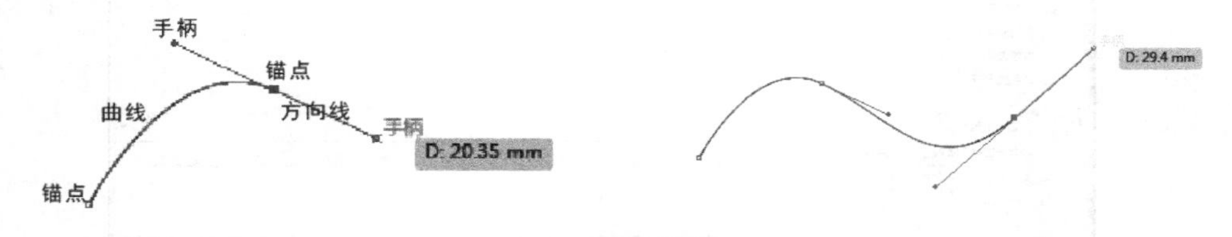

图 17-9　绘制贝塞尔曲线

这就是绘制贝塞尔曲线的过程，鼠标单击的点称为锚点，拖出的直线叫作方向线，直线的端点叫作手柄（有的程序中称为方向点），方向线在曲线的锚点处与曲线是相切的，拖动手柄就可以改变曲线的形状。在不同的软件中，绘制贝塞尔曲线的方法基本相同。

在设计软件中，贝塞尔曲线、样条曲线和 NURBS 都是根据控制点来生成曲线的，那么它们有什么区别？

贝塞尔曲线中的每个控制点都会影响整个曲线的形状，而样条曲线中的控制点只会影响整个曲线的一部分，显然样曲线条具有更大的灵活性。

贝塞尔曲线和样条曲线都是多项式参数曲线，不能表示一些基本的曲线，比如圆，所以引入了 NURBS，即非均匀有理 B- 样条曲线来解决这个问题。

贝塞尔曲线只是样条曲线的一个特例，而样条曲线又是 NURBS 的一个特例，它们的关系如图 17-10 所示。

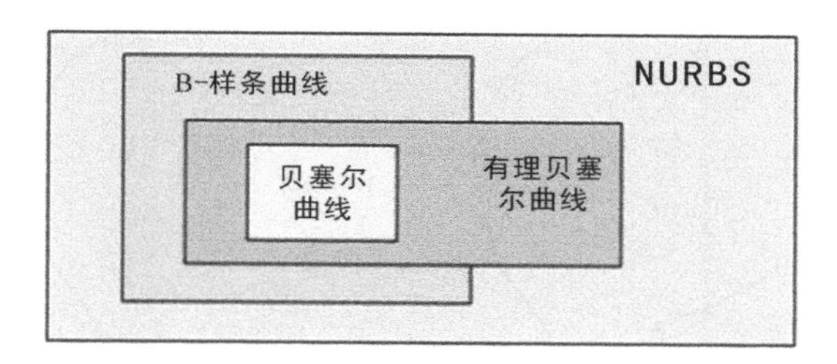

图 17-10　贝塞尔曲线、样条曲线和 NURBS 的关系

样条曲线克服了贝塞尔曲线的部分缺点，贝塞尔曲线的每个控制点对整条曲线都有影响，也就是说改变一个控制点的位置，整条曲线的形状都会发生变化；而样条曲线中的每个控制点只会影响曲线的一段，从而实现了局部修改。Rhino 软件是典型的 NURBS 建模软件，理解这些就可以了，我们主要任务是掌握如何绘制图形的方法。

3. 绘制曲线

接着练习绘制图形，先绘制曲线，到第 6 点开始绘制直线，然后再绘制曲线，这个工具可以混合绘制曲线和直线，如图 17-11 所示。绘制曲线时就拖出方向线，单击鼠标绘制出的是直线。

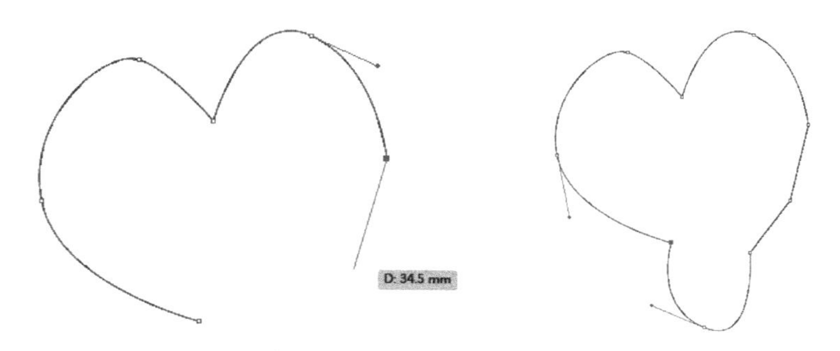

图 17-11　混合绘制曲线和直线

钢笔工具的图标下面有个白色的小三角，点开它，会出现 4 个工具选项，即钢笔工具（P)、添加锚点工具（+)、删除锚点工具（-）和锚点工具（Shift+C)。选择添加锚点工具，在曲线上单击一下就会增加一个锚点；选择删除锚点工具，在一个锚点上单击就会删除这个锚点，如图 17-12 所示。

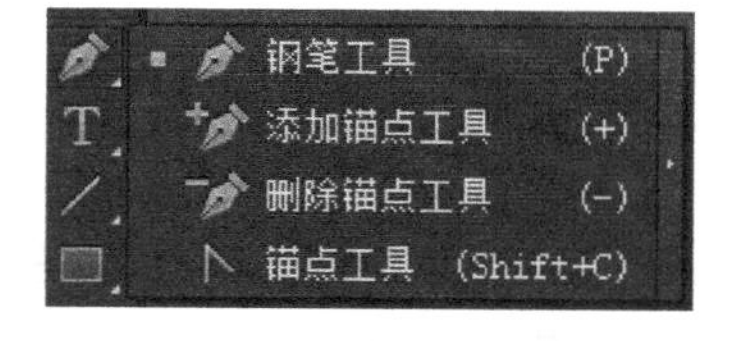

我们同时看到屏幕顶部的锚点属性栏中，文字转换后面跟着的按钮就是和，下面说明该工具的用法。AI 中贝塞尔曲线的锚点分为两种类型：角点和平滑点，图 17-12 中带

方向线的点就是平滑点，而两条直线的连接点是角点，它们可以相互转化。应用锚点工具，在原来是平滑点上单击它就转换为角点，如图 17-13 所示；如果在原是角点的锚点上单击并拖动它就转换为平滑点，如图 17-14 所示。

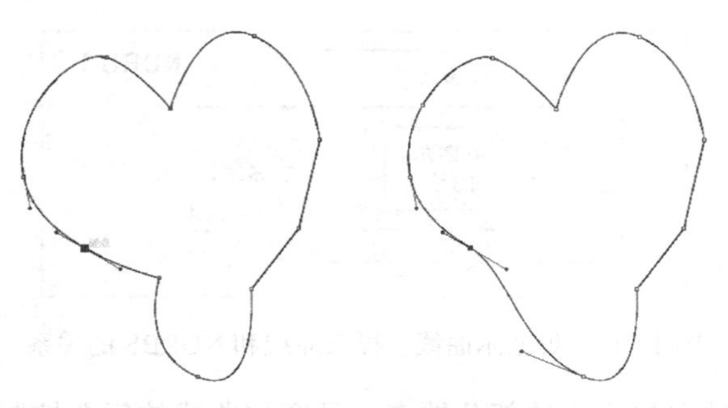

图 17-12　添加和删除锚点

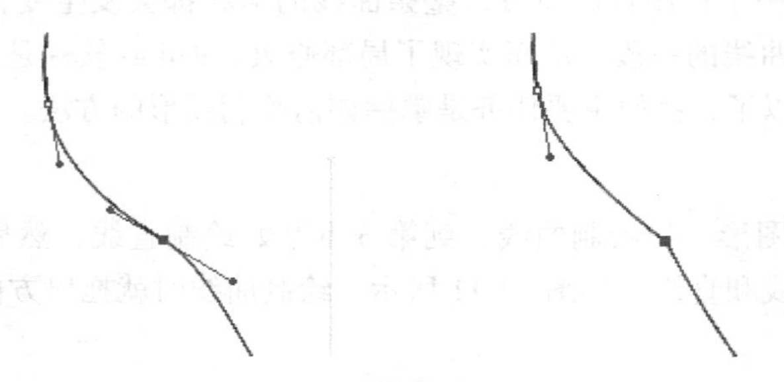

图 17-13　平滑点转换为角点

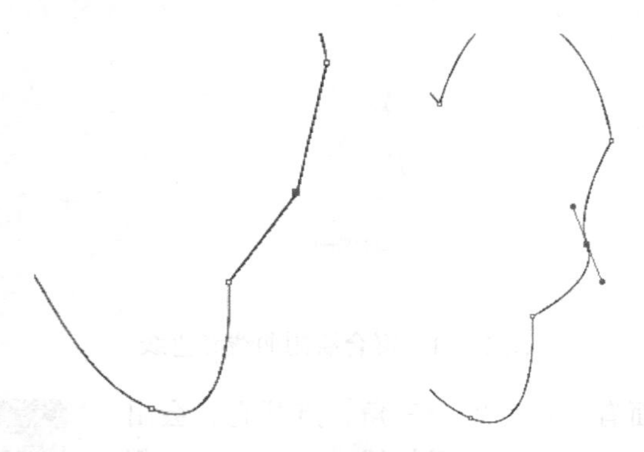

图 17-14　角点转换为平滑点

4. 选择工具与直接选择工具的使用

接着讲解选择工具和直接选择工具的作用。用选择工具单击曲线，出现如图 17-15 所示的矩形框，可以拖动曲线四处移动；而用直接选择工具单击图形内部，显示曲线上的全部锚点，此时也可以拖动图形四处移动。用直接选择工具单击某个锚点就选中了这个锚点，选中的锚点显示为实心矩形，未被选中的锚点是空心小圆圈，如图 17-16 所示。可以拖动这个锚点来改变形状。接着用直接选择工具单击某段曲线，就可以拖动曲线来改变曲线的形状。总之选择工具只能选择整个对象，而直接选择工具可以选择锚点和曲线，我们主要使用直接选择工具。

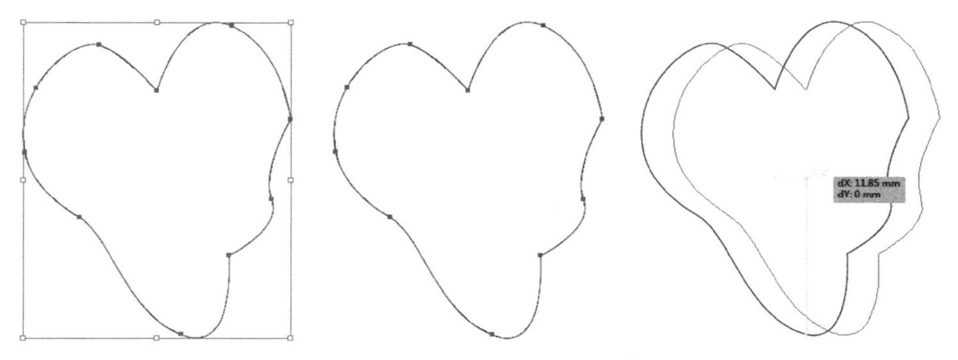

图 17-15 用选择工具和直接选择工具移动图形

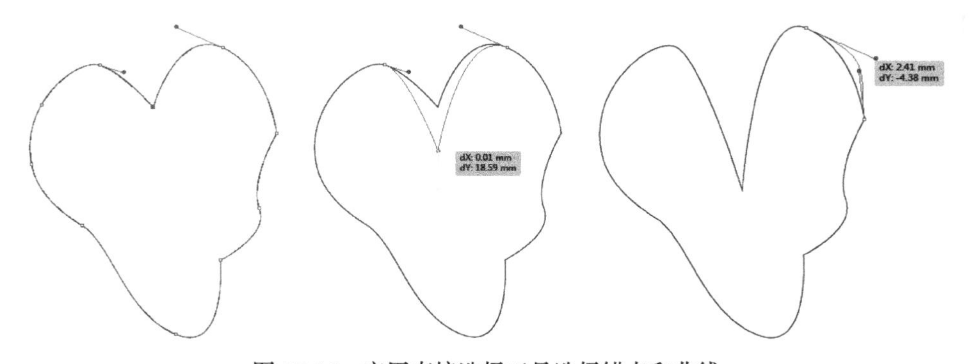

图 17-16 应用直接选择工具选择锚点和曲线

5. 处理锚点的工具

在使用钢笔工具绘制直线时，按住 Shift 键同时单击鼠标，可以绘制出水平、垂直以及 45° 角的斜线段，如图 17-17 所示。在绘制过程中会出现绿色的线辅助绘图，类似于 AutoCAD 的捕捉功能。

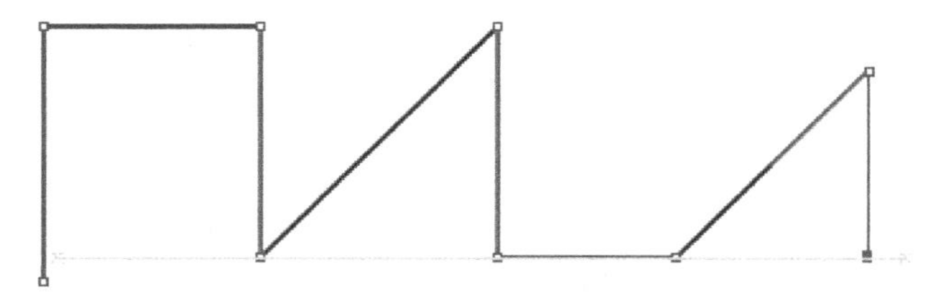

图 17-17 按住 Shift 键并单击鼠标所画出的线段

在单击起始点时，需不需要拖出方向线？这要根据实际情况来确定。开始两次单击绘制出直线时，不需要拖方向线；若要绘制的是闭合曲线图形，则在第1点就要拖出方向线，如图17-18所示。当起始点和结束点闭合时，该锚点处是平滑点。

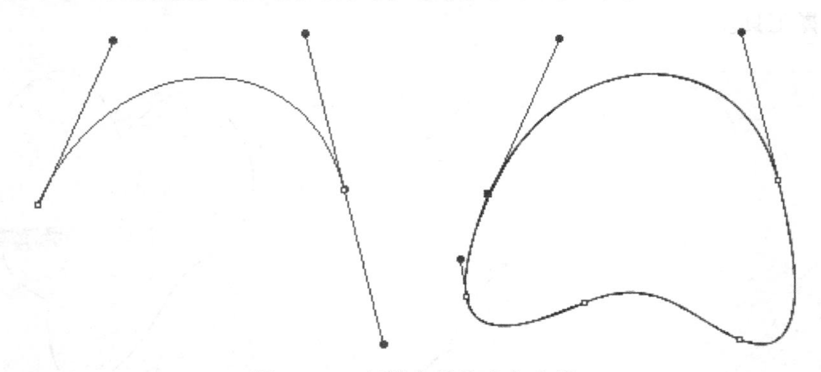

图17-18 起始点就拖出方向线

在选择一个锚点后，按Delete键可将该锚点删除，可能得不到想要的结果。在要删除曲线上的锚点时，请使用删除锚点工具，如图17-19所示。

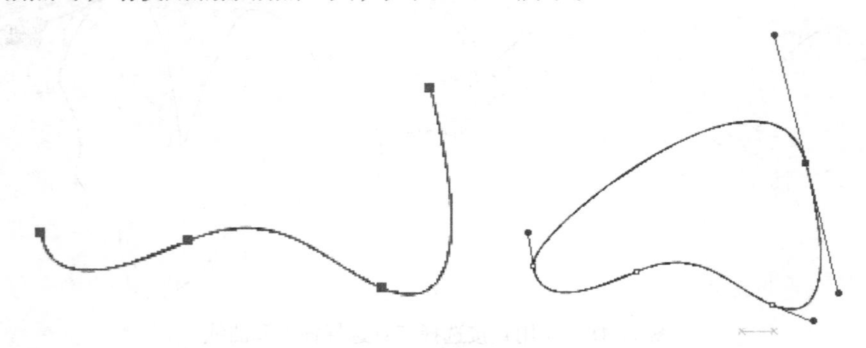

图17-19 使用删除锚点工具删除锚点

在【文字】工具下方的【矩形】工具中，找到【椭圆】工具，按住Shift键可以绘制一个圆形。使用直接选取工具，单击上面那个锚点会显示出方向线。然后按住Alt键，用鼠标拖动其中一个手柄可以调节一侧的曲线，再拖动另一个手柄则改变曲线的形状。这样，平滑点处的方向线不再是两侧联动的，如图17-20所示。

使用直接选择工具，按住Shift键连续单击不同的锚点，就选择了多个锚点；在图形上用鼠标拖出一个矩形框，会选中落在框内的锚点，也可以实现多选锚点的功能，如图17-21所示。

现在，我们接着讲解上方锚点属性栏中的内容。手柄项后面的两个按钮■和■，分别控制当选择多个锚点时是否显示方向线，单击左边按钮显示多个选定锚点的手柄，单击右边的按钮则会隐藏显示多个选定锚点的手柄，如图17-22所示。

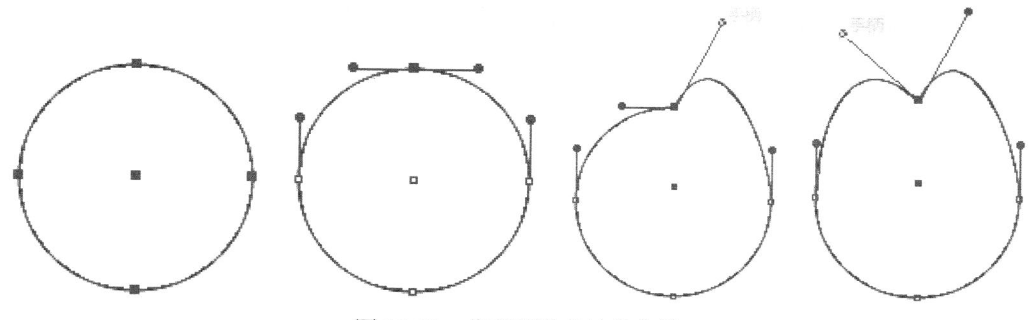

图 17-20　分离平滑点处的曲线

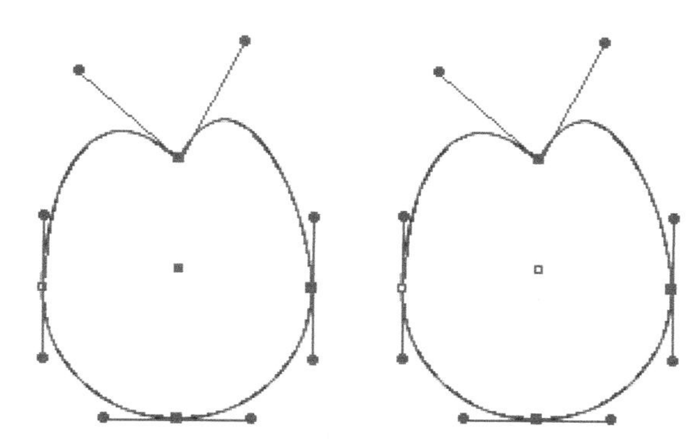

图 17-21　选择多个锚点

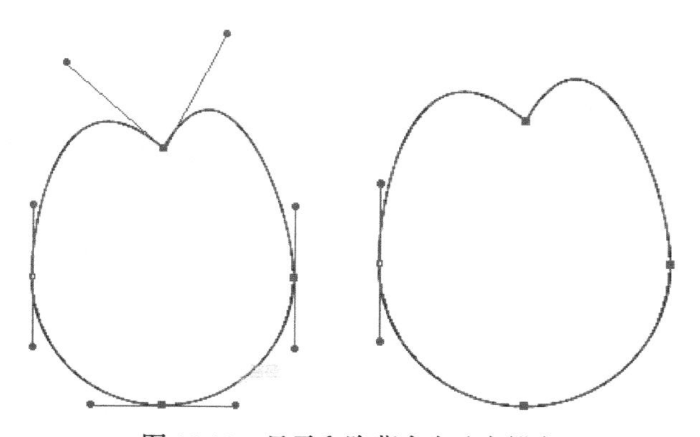

图 17-22　显示和隐藏多个选定锚点

锚点项后面的 3 个按钮，第 1 个是删除锚点工具，与工具栏中的功能相同。最后一个剪刀工具，可以在选中的锚点处剪断曲线。先用直接选择工具选中一个锚点，然后选择剪刀工具，单击锚点就可以切断锚点处曲线了。为了清晰地看出这个结果，向外拖动那个点，会发现曲线已不再相连，如图 17-23 所示。

我们再次选中刚才断开处的两个锚点，使用中间的那个按钮，它的功能是连接所选择的锚点，快捷键是 Ctrl+J，可以将两个锚点结合起来，如图 17-24 所示。

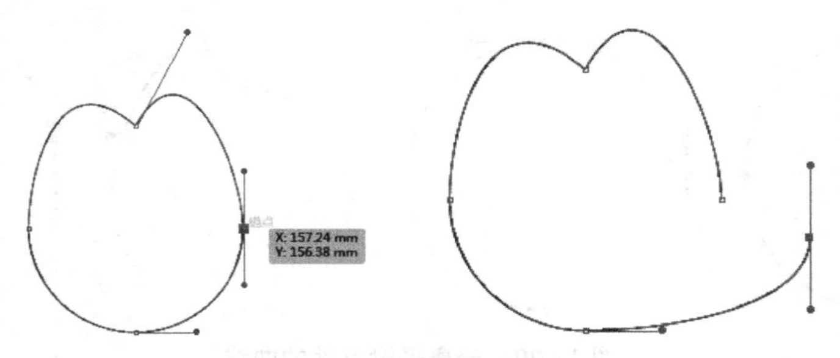

图 17-23 在选定锚点处断开曲线

图 17-24 连接两个锚点

后面的对齐和分布功能我们不再讲解。Illustrator 的绘图工具非常完善，感兴趣的读者可参考其他资料。

6. Shift、Alt 和 Ctrl 键的特殊功能

在绘制曲线时，灵活使用 Shift 键、Alt 键和 Ctrl 键会增加一些特殊的功能。下面分别解释它们的作用。

使用钢笔工具单击起始点，拖出方向线，按下 Shift 键方向线会约束到垂直方向。接着单击第 2 点，拖出方向线，再按下 Shift 键可以约束为水平的方向线，如图 17-25 所示。

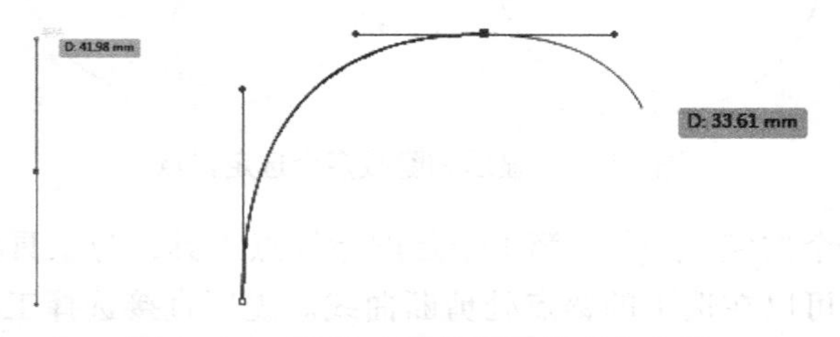

图 17-25 按下 Shift 键可以约束方向线

继续绘制曲线。在拖出方向线时，按下 Alt 键就可以改变一侧的方向线的角度，绘制出的是角点而不是平滑点，如图 17-26 所示。

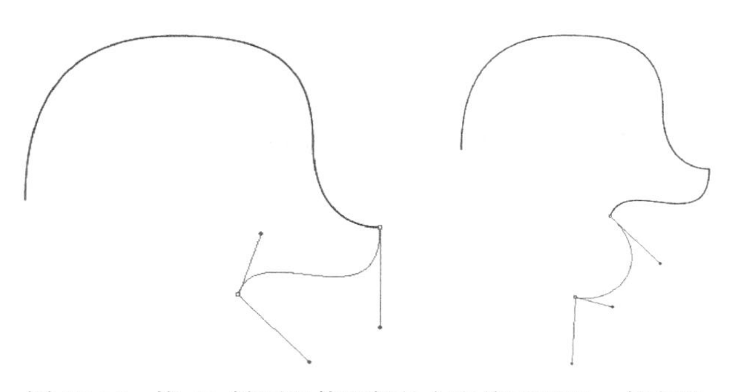

图 17-26　按 Alt 键可以使两侧的方向线不再是一条直线

再继续绘制曲线。单击一点后按住 Ctrl 键，把鼠标移到刚才绘制的锚点上，按住鼠标左键移动鼠标可以拖着锚点到别的位置，从而调整曲线的形状，如图 17-27 所示。

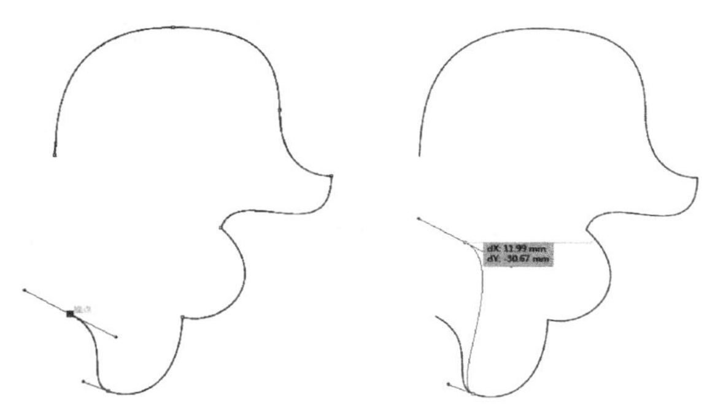

图 17-27　拖动刚绘制的锚点调节锚点的位置

绘制过程中，按下鼠标左键不要松开，按住键盘上的空格键也可以移动锚点的位置。若点了错误的位置，可以按 Ctrl+Z 键撤销刚才绘制的锚点，重新开始绘制曲线。如果中途断开了绘制过程，又想接着上次绘制的图形继续绘制曲线，只需用鼠标在上次绘制的曲线结束点上单击，就可以接着绘制图形了。有时要绘制的是开放路径，当结束绘制时，可以单击其他工具停止绘制，如图 17-28 所示。

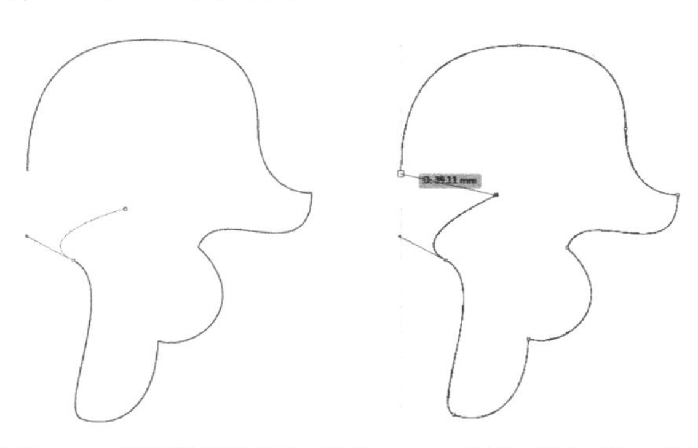

图 17-28　可以撤销绘制的锚点，也可以接着继续绘制图形

7. 平滑工具与形状生成器工具

Illustrator 中在铅笔工具下有个平滑工具，能够把转折的图形处理得光滑。这个工具的用法很简单，只要在锚点处来回涂抹就可以改变曲线的形状，如图 17-29 所示。

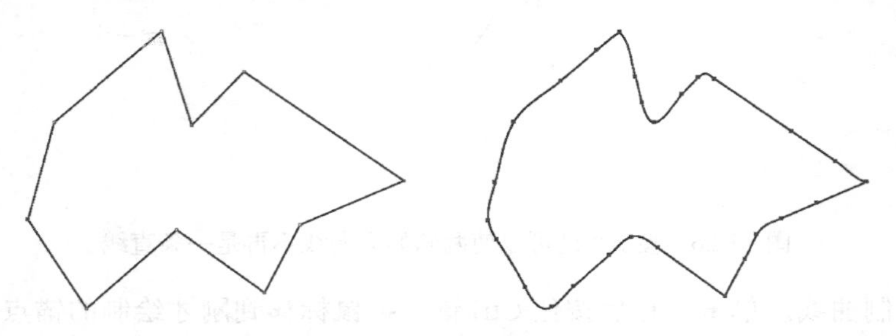

图 17-29　应用平滑工具

另一个非常有用的工具是形状生成器工具（按 Shift+M 键），它可以处理几个图形重叠的区域，与 123D Design 中的【修剪】工具相像。下面看一下它的使用方法。

绘制一个圆形，再用钢笔工具在圆上绘制出转折的图形，用直接选择工具将它们全部选中，接着应用形状生成器工具把鼠标移到图形内部，会看到一些区域有填充的颜色，鼠标拖过想要剪掉的线就会处理掉那些线条，操作过程如图 17-30 所示。

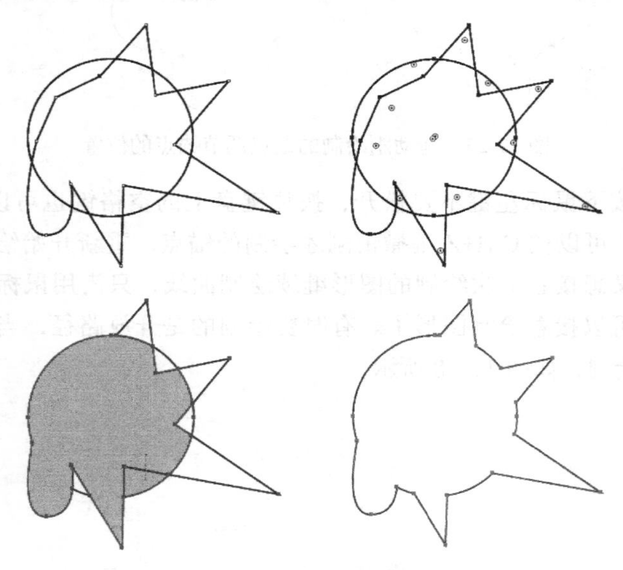

图 17-30　应用形状生成器工具

上面已解释了钢笔工具的基本操作，我们提供图 17-31，以帮助大家理解、记忆。

简单总结一下钢笔工具，实际上主要是钢笔工具与直接选择工具的运用。把钢笔工具放到曲线上会变成添加锚点工具的图标，单击就添加了一个锚点；把它放置到锚点上会变为删除锚点工具的图标，单击就会删除锚点；鼠标放在锚点上，按下 Alt 键就变成了转换锚点的图标，单击就改变了锚点的类型（在 Illustrator CC 中，绘图过程中单击锚点后，再次单击这个点就会转换为尖角，不需按住 Alt 键）。在绘制曲线过程中，灵活使用 Shift 键、Alt 键和 Ctrl 键，能够更好地完成绘图任务。在开始绘制图形之前，一定要先单击直接选择工具，再单击钢笔工具开始绘图。

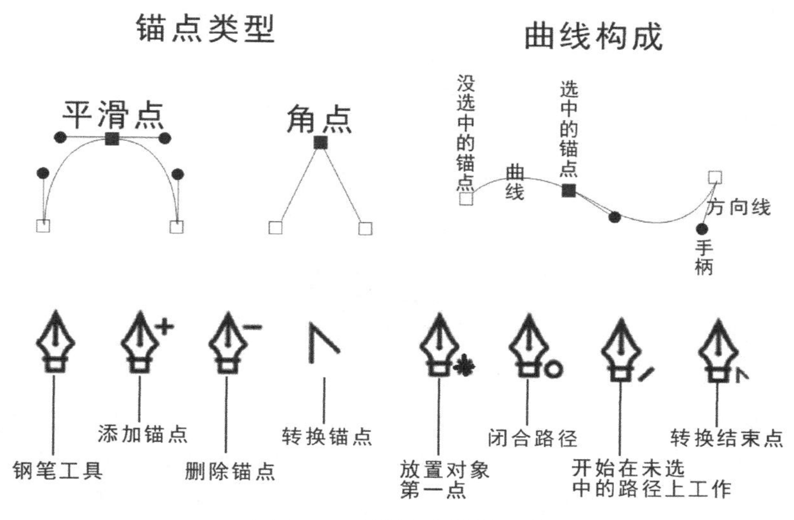

图 17-31　辅助理解钢笔工具

17.3　Illustrator 的应用实例

网上有海量的 Illustrator 格式文件，可以用来借鉴，处理后保存为 SVG 格式，在 123D Design 中生成实体。也可以在 Illustrator 中绘制一些图形，然后在 123D Design 中创建模型。也可以用钢笔工具描图，把图片中的对象甚至人像绘制成矢量线条，然后创建简单的 3D 模型。有专门的程序，可以把图片转换成矢量图，不过这里不涉及这部分内容，而且 123D Design 也不适合处理人物。通过这些手段，可以扩展 123D Design 中 2D 草图的来源，这就足够了。

在 123D Design 中，【拉伸】、【扫掠】、【旋转】和【放样】工具都需要 2D 图形，【扫掠】工具还需要路径。路径不可能绘制得太复杂，因此，我们在 Illustrator 中不去关心如何绘制开放路径，主要绘制一些图形。另外，有些图形设计得非常杂乱，也不可能用于生成实体。

下面我们准备把图 17-32 描绘成矢量图图形，在 123D Design 中生成实体。

图 17-32　应用图片示例

1）启动 Illustrator，从文件菜单中选择置入命令，找到上面的图片文件，在屏幕上的白色区域单击，导入这张图片。注意右侧的那些调板，找到图层调板，如果没有，则要从顶部的窗口菜单中选择图层（F7），使它出现在屏幕右侧。在图层 1 上双击鼠标，出现了“图层选项”对话框，勾选其中的“模板”复选框，这张图片就作为用于描绘的背景，单击“确定”按钮，如图 17-33 所示。图片变了颜色，这是因为刚才的对话框中有“变暗图像至 50%”的选项。

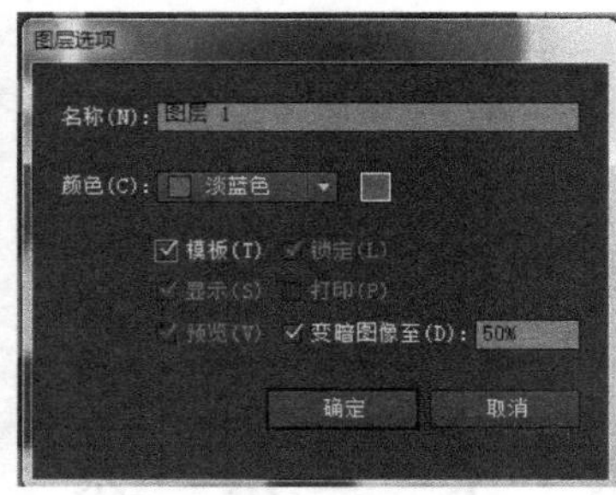

图 17-33　置入图片并设为模板

2）开始绘制曲线之前，还需要右侧的色板调板，如果没有，也要从窗口菜单中选择画笔（F5）。因为要禁用填充颜色，只使用轮廓色。这些都是平面设计中最基础的知识。单击色板左上角的红色斜杠，使“色板”二字下面的白色矩形也出现红色斜杠，就不能使用填充色了。

3）单击图层调板下面的创建新图层按钮，图层调板中会出现图层 2，在新创建的图层上绘制曲线。放大屏幕显示，先单击直接选择工具，再选择钢笔工具，我们将始终使用钢笔工具绘图。在心形的顶点处单击起始点，接着绘制第 2 点，拖出方向线按下 Alt 键转换为角点，如图 17-34 所示。后面的步骤类似。

图 17-34　绘制曲线

4）沿着图片的边缘不断地绘制线条，需要转折的位置就按下 Alt 键。如果落点不正确，可以按 Ctrl 键移动这个锚点，如图 17-35 所示。拖出方向线的长短控制着曲线的弯曲程度。

5）绘制心形的内部轮廓、头部的内侧和上面的文字形状，如图 17-36 所示。

图 17-35　不断沿着图片描边

图 17-36　完成左侧部分

6）右侧的形状与左侧类似，用鼠标拖一个矩形框，把绘制的图形全部选中，先按Ctrl+C键，再按Ctrl+V键再复制出一个备份。单击鼠标右键，选择右键菜单中的编组命令，使它们成组。然后用直接选择工具拖动备份到右侧图片上面，如图 17-37 所示。

图 17-37　复制左侧的图形

接下来，单击右键，选择取消编组命令，这样就可以单独编辑各个部分了。使用直接选择工具移动位置不吻合的部分，这需要耐心，慢慢调整它们。对于右侧女孩的脸部刘海，可以先删除内部的轮廓，使用钢笔工具重新绘制这部分。我们采取稍微调整内部的轮廓，然后重画了刘海部分的图形，使用形状生成器来完成，如图 17-38 所示。

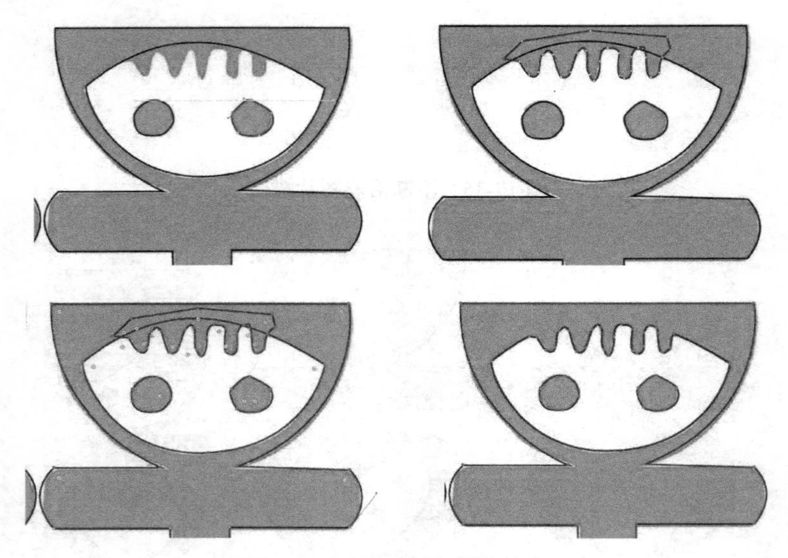

图 17-38 处理刘海部分轮廓

绘制完成，单击图层 1，单击图层调板下面的删除所选图层按钮，删除背景图片。最终得到的结果如图 17-39 所示。

图 17-39 最终得到的结果

这就是我们需要的矢量图形。选择文件菜单中的存储命令，不保存为默认的 AI 格式，而是要保存成 SVG 格式。

再次提醒，要及时保存文件，避免意外情况发生。

17.4　将 SVG 格式文件导入 123D Design

我们的目的是把用平面设计软件设计的图形导入 123D Design 中，然后创建出实体模型。

1）启动 123D Design，在程序菜单中选择“导入”→ SVG 作为草图，浏览到保存文件的位置，单击“打开”按钮，出现了“选择 SVG 文件源”对话框，让你选择使用哪一个应用程序建立的 SVG 文件，有 Illustrator、Inkscape、CorelDraw 等选项。选择最上面一个，Illustrator 中绘制的图形就导入 123D Design 中了。但并没有落在栅格上，选择整个图形，移动到栅格之上，如图 17-40 所示。

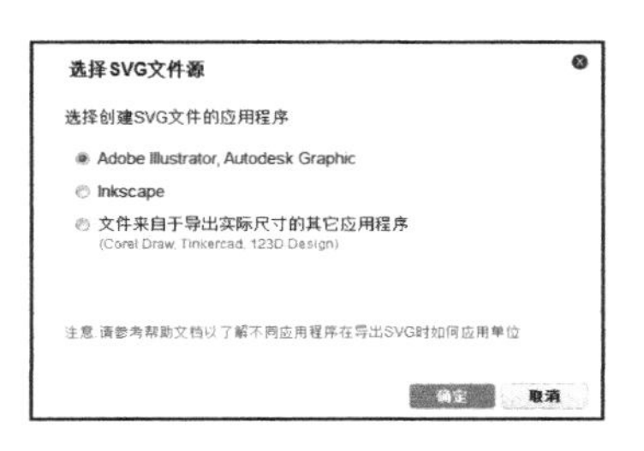

图 17-40　导入 123D Design 中的 SVG 文件

123D Design 中 X 的方向默认是指向屏幕内侧远方的，现在图形的朝向按 X、Y 对应，但看着有些别扭，不过这不影响建模。也可以旋转图形以改变方向。把它们全部选中，旋转 90° 即可。

2）若这个草图图形在 Illustrator 中绘制时有不封闭的情况，就不能正确的执行如【拉伸】操作。在这种情况下，要返回到 Illustrator 中检查，图 17-41 左边部分有点问题，经检查修复后，右图中选中它们。

图 17-41　有时需要修复导入 123D Design 中的 SVG 文件

3）选择【拉伸】命令，给定拉伸厚度，就创建出了实体模型，如图 17-42 所示。

4）为了增强效果，赋予模型金色金属材质，然后将它打印出来，如图 17-43 所示。

图 17-42 拉伸出实体

图 17-43 模型最终的效果

通过这个流程，可以创建出很多有趣的模型。

17.5 直接打开 DWG 格式文件

AutoCAD 的 DWG 格式文件和 Illustrator 的 ai 格式文件是工业领域和设计领域中应用得最广泛的格式，都是业界标准，并且都是矢量图。现在，123D Design 的【打开】命令，可以直接打开 DWG 文件。下面，我们就来简要介绍打开 DWG 文件的过程。

因为本书主要面向非专业人士，他们不太可能对 AutoCAD 有深入的了解。实际上 AutoCAD 的 3D 建模能力非常强大，但由于其专业性太强，阻碍了人们去接受它。123D Design 程序本身就是要降低传统 CAD 软件的难度，使普通人能够理解并掌握一些 CAD 的建模方法。假设你已掌握了 AutoCAD 的 2D 绘图方法，就不会用到 123D Design 的草图功能啦。

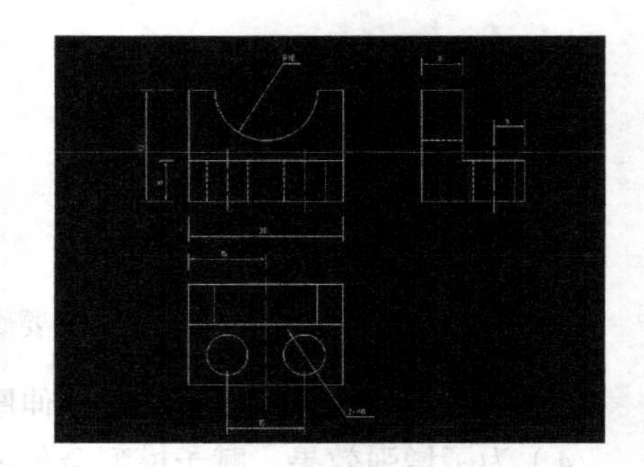

图 17-44 简单的 AutoCAD 绘制的三视图

图 17-44 是一张简单的用 AutoCAD 绘制的三视图，能够用 123D Design 直接打开它。

在 123D Design 中，执行程序菜单中的【打开】命令，找到这个 DWG 文件，即可打开它。图形不在栅格上面，这不是什么大问题。大问题是在 AutoCAD 中绘制它时，是在同一图层上进行的，现在无法单独选择某一视图的图形，只要选择局部，就会选中所有图形，如图 17-45 所示。

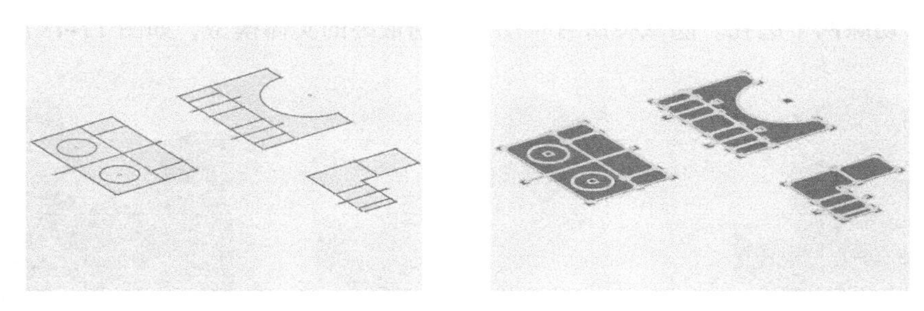

图 17-45 在 123D Design 中直接打开 DWG 文件

因此，需要在 AutoCAD 中，删除不需要的中心线等图元。还要新建两个图层，把 3 个视图的图形分别放到 3 个单独的层上，如图 17-46 所示。由于涉及 AutoCAD 的操作，这里不详细解释了。

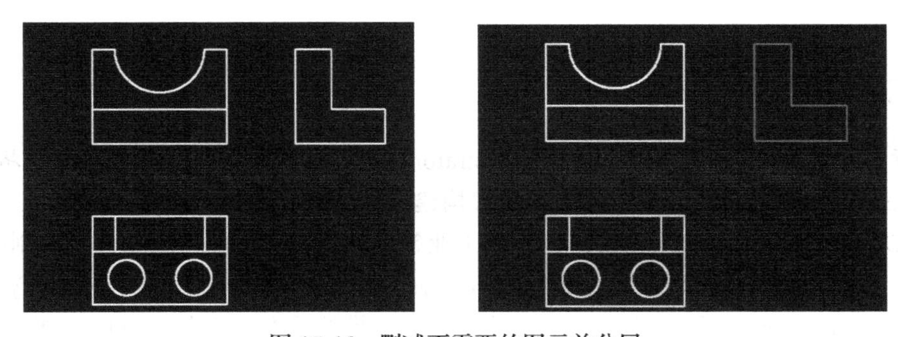

图 17-46 删减不需要的图元并分层

在 123D Design 中打开处理后的 DWG 文件，现在能够分别选择 3 个视图的图形。此时，考验读者的看图能力，也就是根据 3 个视图想象出立体模型的能力了。按三视图的关系，把前视图和左视图旋转 90 度，立起来。如果觉得没了根基，就把它们移动到栅格上面，如图 17-47 所示。

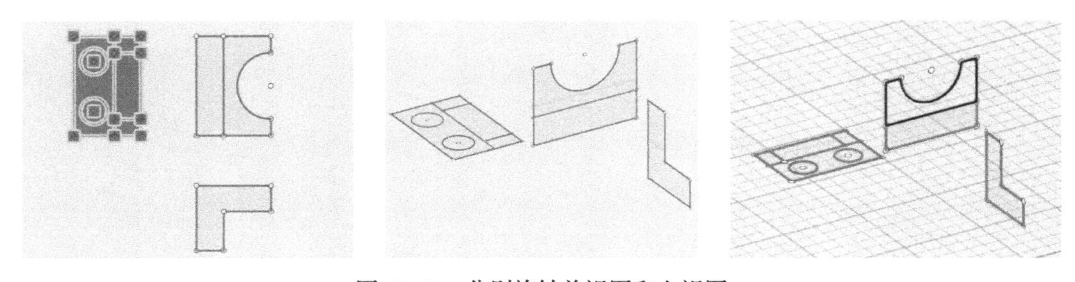

图 17-47 分别旋转前视图和左视图

接下来，调整3个视图的位置，使之对齐，可能会遇到些小麻烦。在看懂图纸的前提下，我采取了另一种方法，先按照尺寸，拉伸左视图的图形，再把前视图贴到拉伸出的实体上面。又画条直线封闭了前视图的半圆形，拉伸切除实体。同样地，把上视图贴到实体底面，拉伸切除两个圆孔。隐藏掉所有草图，得到最终的实体模型，如图17-48所示。

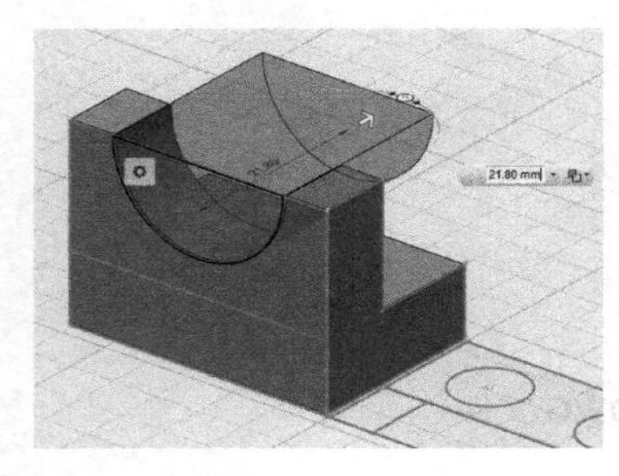

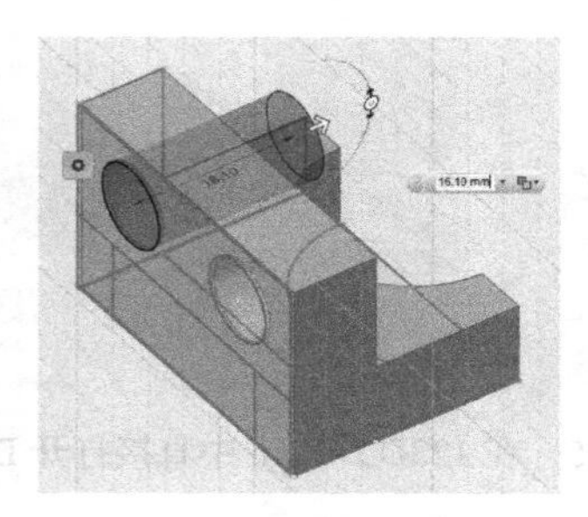

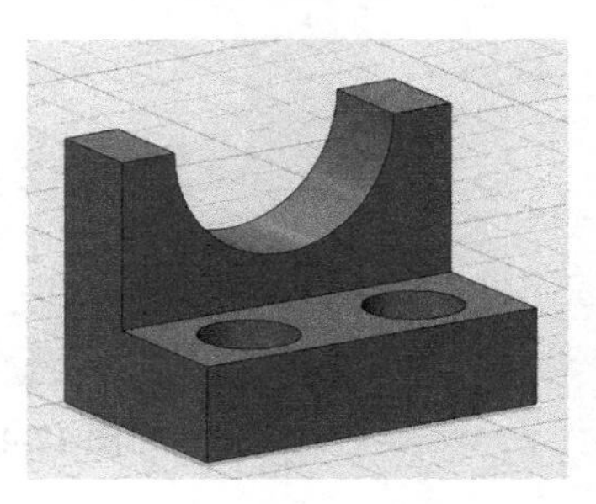

图17-48　拉伸不同的视图，得到实体模型

上面简要介绍了使用123D Design打开DWG文件的流程，过程写得有些简略，若不理解可以跳过本节。

17.6　小结

本章主要讲解了应用外部设计程序Illustrator中钢笔工具来绘制图形的方法，将图形保存为SVG格式，然后导入123D Design中去构建3D模型。

123D Design可以导入平面设计和打开工业领域应用最广泛的两款软件所绘制的图形，这就拓展了2D草图的来源。下一章讲解3D Systems公司推出的雕刻软件Cubify Sculpt，用它与123D Design协同处理模型，将会大大增加建模的乐趣。原来3D打印建模并不像想象得那么难。

第 18 章 Chapter 18

由 123D Design 到 Cubify Sculpt

18.1 Cubify Sculpt 简介

Cubify Sculpt 是美国 3D Systems 公司推出的雕刻软件，本章讲解的版本是 Cubify Sculpt 2014。3D Systems 公司是一家全球领先的 3D 设计到打印解决方案供应商，提供 3D 打印机、打印产品和按需定制零部件服务。该公司还提供 CAD、逆向工程和检测软件工具以及 3D 打印机应用程序服务，用熟练集成的解决方案代替传统的方法，减少了设计新产品的时间和成本，通过将数字输入的方法直接打印实体。目前在 3D 打印行业，3D Systems 公司处于全球第二，3D 打印领域通用的 STL 文件格式就是该公司于 1988 年制定的一种接口协议，是一种为快速原型制造技术服务的 3D 图形文件格式。STL 文件由多个三角形网格的定义组成，每个三角形网格的定义包括三角形各个顶点的 3D 坐标及三角形网格的法向量。国内目前提供 3D 打印全彩色人像的服务机构，基本上使用的都是这家公司的全彩色 3D 打印机。

2013 年年初，3D Systems 正式收购位于美国南卡罗来纳州的软件商 Geomagic 公司，这家公司的 Geomagic Freeform 软件是目前全世界第一套能够让设计者在计算机上利用触觉就能完成 3D 模型设计与建构的计算机辅助设计系统，就好像通过触觉去雕刻黏土一样，可以设计雕刻任何形态的 3D 造型，其界面如图 18-1 所示。再结合计算机 CAD 的功能，让使用者能够快速地创造出自己想要的模型。

2013 年下半年，3D Systems 公司推出 Cubify 云平台，提供 Cubify Design 和 Cubify Sculpt 等 3D 建模软件，面向消费型在线 3D 打印市场。与 AutoDesk 公司的 123D 网站类

似，它集成了设计、雕刻等类型的软件，供客户用于设计3D模型，并提供3D打印服务。

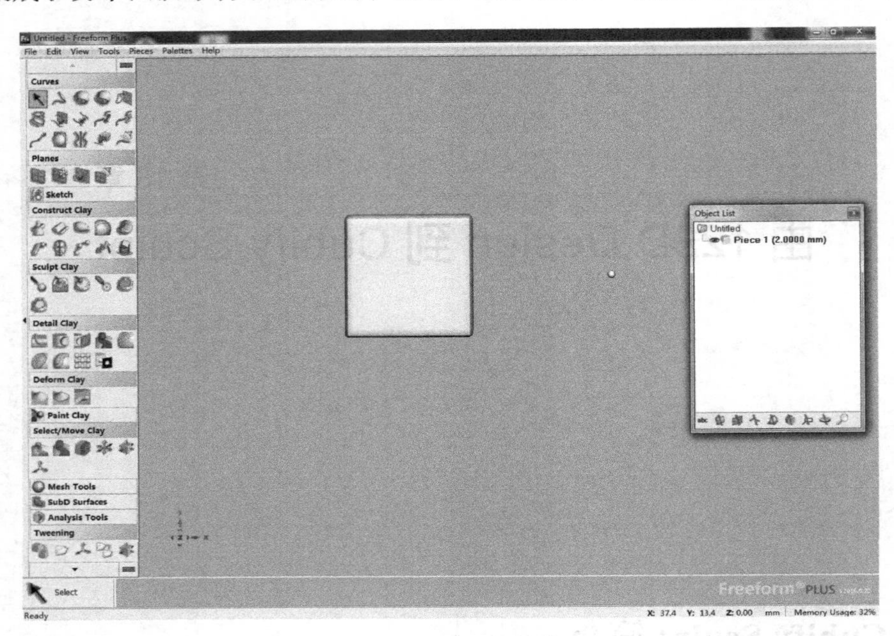

图 18-1　Freeform 的软件界面

Cubify Sculpt 2014 更像是 Freeform 的简化版，软件界面与 Freeform 类似，可以使用鼠标操作，并应用了虚拟黏土的概念。因为它的功能更专业，而且易学易懂，只要会使用计算机，就能制作出各种不同的3D设计作品。Cubify Sculpt 还能够修改目前3D打印机普遍支持的STL文件格式，因此可以将现有作品加以改进，制作出更具创意的设计作品。此外还能够贴上3D立体花纹，增加物品的质感，或将3D对象上色后，通过特定的服务打印出彩色的3D实物。

2016年年初，3D Systems 公司宣布关闭消费级在线市场 Cubify.com。同样，2017年年初，AutoDesk 公司也关闭了123D网站。不过，Cubify Sculpt 2014 依然是非常适合初学者学习并使用的电脑雕刻软件。

下面我们讲解 Cubify Sculpt 的功能。

18.2　Cubify Sculpt 的界面与工具操作

18.2.1　Cubify Sculpt 的界面

启动 Cubify Sculpt 后，会看到如图 18-2 所示的界面。我们先熟悉一下它的软件界面，屏幕上方是菜单栏，左边是工具栏，右侧是工作流程面板，里面有3个选项：新建项目、打开和导入设计。这些菜单都包含在文件菜单中，所以可以关掉这个面板。

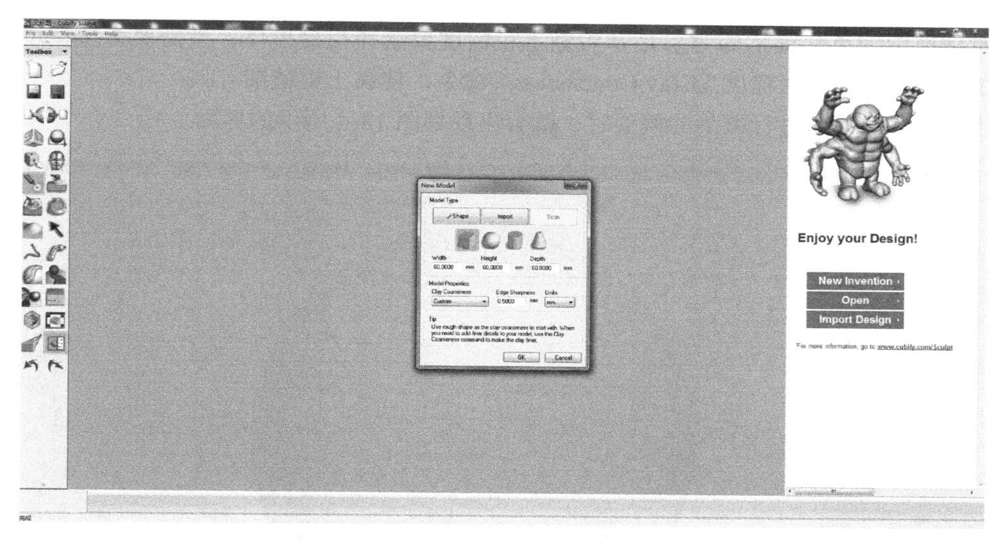

图 18-2　Cubify Sculpt 的软件界面

屏幕中央会出现一个新建模型（New Model）对话框，选择要依据何种类型的形体开始雕刻，并提供基本形体、导入模型和扫描 3 种类型。中文标注如图 18-3 所示，很容易理解各部分的含义。

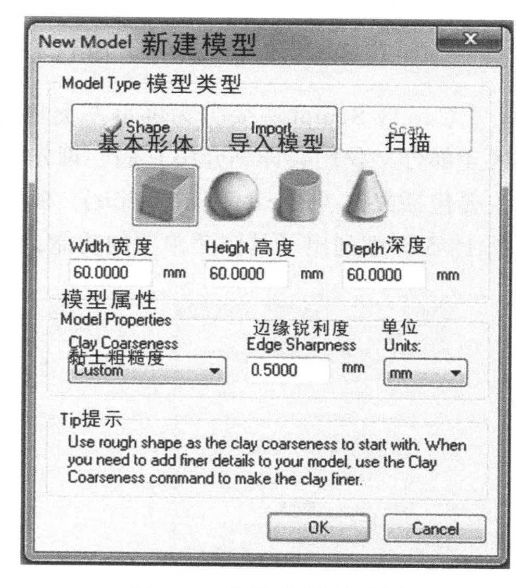

图 18-3　新建模型对话框

Cubify Sculpt 提供 4 种基本形体，即立方体、球体、圆柱体和圆锥体，它相当于 4 种形状的泥巴或者橡皮泥。导入模型功能提供与外部设计程序的接口，可以导入 .stl、.obj、ply 格式的网格模型文件或者 .cly 黏土文件。stl 是 3D 打印机能够处理的通用格式，而 obj 是 3D 设计领域应用最广泛的文件格式，几乎所有 3D 设计程序都可以生成 obj 格式的文件。因此，Cubify Sculpt 可以使用的模型来源非常广，其他程序设计的模型都可以导入 Cubify Sculpt 中进行修饰或修补。由于 3D 扫描仪还没有普及，而且在程序中要使用 3D Systems 的扫描仪产品，所以 3D 扫描模型是灰色禁用的。

模型属性中的黏土粗糙度选项有 5 种类型：粗糙形体、精细形体、增加细节、增加精细细节和自定义，类似于粗砂和细砂的区别，允许用户自定义粗糙度。如果选择粗糙形体，则边缘锐利度为 1.2；而选择增加精细细节，则边缘锐利度为 0.15。模型的精度将直接影响 3D 打印出来的实物是粗糙还是精细，切记这一点。

对话框中的英文提示的意思是开始黏土粗糙度要选择粗糙形体，当需要为模型增加精细细节时，使用黏土粗糙度（Clay Coarseness）命令，使黏土更精细。

当选择球体作为进行雕刻的模型时，就会出现如图 18-4 所示的界面。

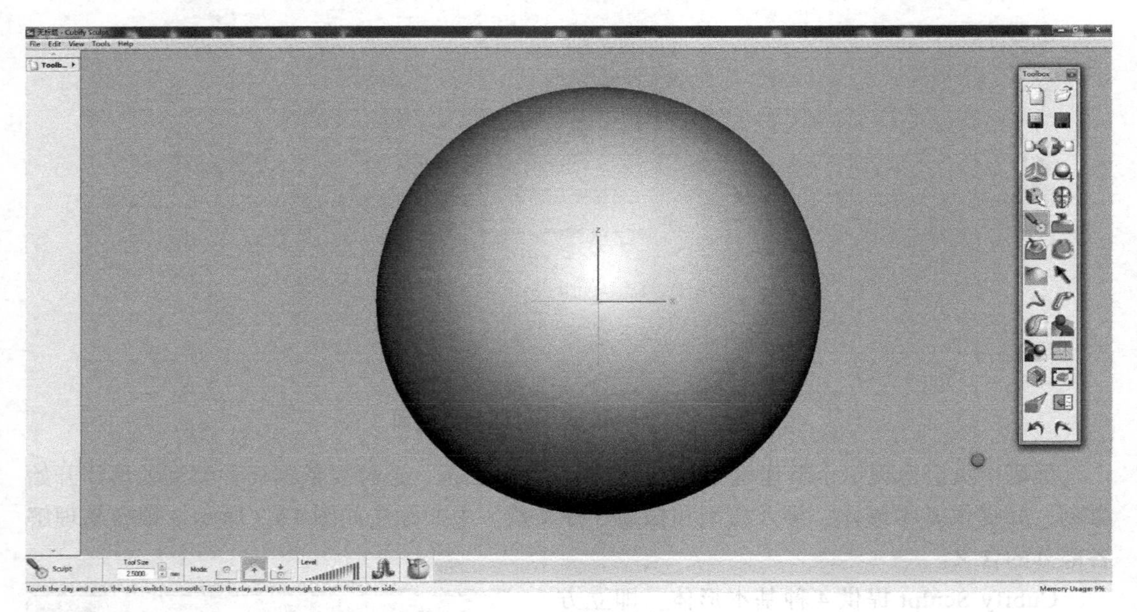

图 18-4 选择球体雕刻的界面

Cubify Sculpt 主要分为屏幕左上角的菜单栏、工具栏、屏幕下方的工具属性栏和工作区 4 部分，我们会详细介绍它们。首先看看菜单栏中的菜单，Cubify Sculpt 的菜单很简单，主要包括文件（File）、编辑（Edit）、视图（View）、工具（Tools）和帮助（Help）5 个菜单。图 18-5 详细列出了具体菜单项的功能，图 18-6 列出了黏土着色方式。

无标题 - Cubify Sculpt
File Edit View Tools Help
文件
New... 新建 Ctrl+N
Open... 打开 Ctrl+O
Save 保存 Ctrl+S
Save As... 另存为
Revert 恢复
Import Model... 导入模型
Export Model... 输出模型
Export to Printer输出模型到打印机
Save Screen to File... 保存屏幕到文件
Save Views to JPEG Files 保存视图到JPEG文件
Open Temp Folder... 打开临时文件夹
Open User Folder... 打开用户文件夹
No Recent Files
Exit 退出 Ctrl+Q

Edit View Tools Help
编辑
Undo 撤销 Ctrl+Z
Redo 重做 Ctrl+Y
Cut 剪切 Ctrl+X
Copy 复制 Ctrl+C
Paste 粘贴 Ctrl+V
Delete 删除 Delete
Select All选择全部Ctrl+A

View Tools Help
视图
Front 主视图 F2
Right 右视图 F3
Left 侧视图 F4
Top 俯视图 F5
Bottom 下视图 F6
Back 后视图 F7
Angled 成角度视图 F8
Fit To View 适合窗口 F
Use Perspective 透视图
Show Clay 显示黏土
Show Curves 显示曲线
Show Triad 显示坐标轴
Shade Clay 黏土着色方式
Auto See-Through 自动透视
Regenerate Clay 重生成黏土 Ctrl+R

图 18-5 菜单栏中的菜单选项

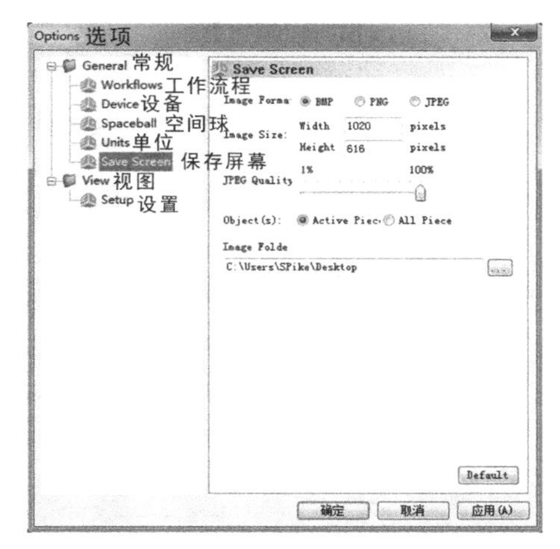

图 18-5 （续）

图 18-6　黏土着色方式

我们主要关注工具栏中工具按钮的使用，这是 Cubify Sculpt 的核心部分。虽然 Cubify Sculpt 提供的工具并不多，不过却能够完成相对复杂的任务。接下来，我们先看看工具栏中的按钮都能实现什么功能，如图 18-7 所示。

工具栏是 Cubify Sculpt 软件的精髓，掌握一种工具的用法，就学会了一种新的建模方式。Cubify Sculpt 的工具菜单中，在选项设置下的设备（Device）选项卡中，有一个复选项：Use Geomagic Touch as mouse（使用 Geomagic Touch 作为鼠标），如图 18-8 所示。表明 Cubify Sculpt 可以使用 Geomagic Touch 作为输入设备，Geomagic Touch（原 Sensable Omni）触觉设备通过力反馈提供真实的 3D 输入，在 Geomagic Freeform 和 Geomagic Claytools 三维建模系统中将触觉纳入研究并应用于商业。Sensable Phantom 设备可准确地测量三维空间位置（利用 X、Y 和 Z 轴）和手持式触控笔的方位（上下翻动、左右晃动和侧向移动）。这些设备使用电机产生向后推动用户手掌的力，从而模拟触觉并与虚拟对象相交互。

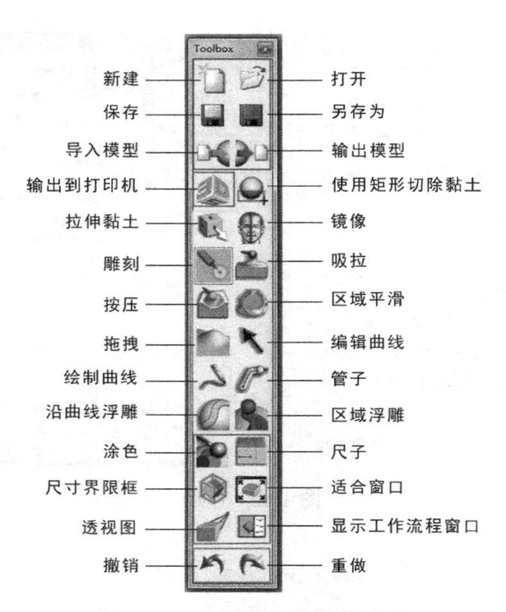

图 18-7　工具栏中的按钮功能

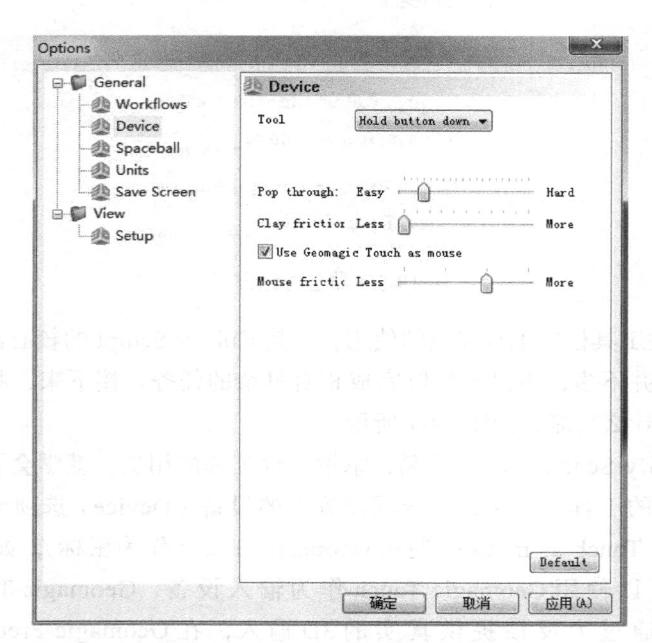

图 18-8　使用 Geomagic Touch 作为鼠标

在屏幕下方，当使用不同的工具时，会显示该工具的属性栏，它还提示这个工具的使用方法。单击最左边的工具图标，会出现这个工具的在线帮助主题。

下面我们详细介绍 Cubify Sculpt 工具的具体参数和图标的功能。

18.2.2　Cubify Sculpt 的工具操作

在图 18-7 中，我们按工具按钮的功能，把工具栏分为 5 个部分，下面讲解这些工具按钮的使用方法。第 1 组中有 4 个与文件操作相关的按钮，这些都是标准的 Windows 操作，就不再多讲了。导入模型的格式重点关注 stl 和 obj 格式，使用这两种格式文件，就能够把大多数软件设计的 3D 模型导入 Cubify Sculpt 中来雕刻。另外，输出模型的格式要重点关注 stl、obj 和 bip 格式，stl 格式用于 3D 打印模型，obj 用于供外部设计程序再次设计，而 bip 格式是渲染器 Keyshot 产生的格式，模型文件能够导入 Keyshot 中，进行设置材质、各种参数，然后渲染出成品，用于展示。Keyshot 渲染器功能使 Cubify Sculpt 的建模更为简单了。借助 Cubify Sculpt，既可以修复在 123D Design 中创建的模型，输出为 stl 格式用于 3D 打印，也可以导入 Keyshot 中添加材质，渲染输出。图 18-9 就是将前面在 123D Design 中创建的灯泡输出为 .stl 文件，然后导入 Cubify Sculpt 中，再输出为 bip 格式，选择材质的截图。

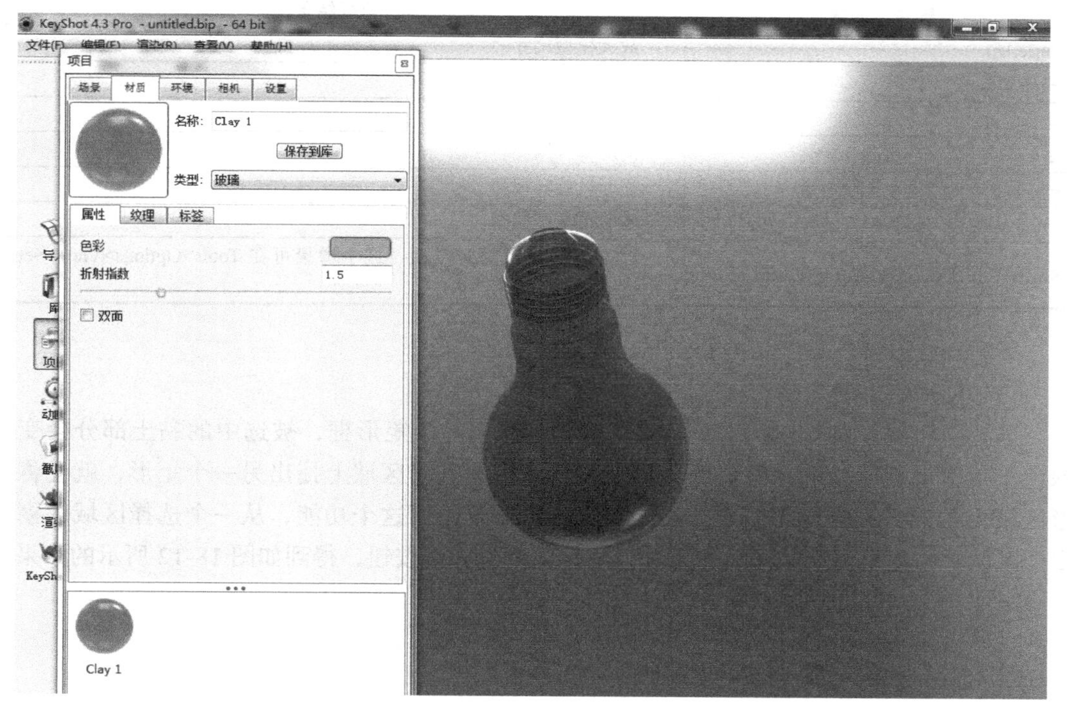

图 18-9　Keyshot 渲染器

我们更多关注的是 3D 打印模型，而不是视觉传达的渲染效果，所以我们不再涉及 Keyshot 渲染器。后面会用一个实例讲解文件导入与输出的完整流程。

这里有必要了解针对屏幕视图的操作，按住鼠标右键拖动鼠标可以旋转视图；滚动鼠标中键可以缩放视图；先单击一下鼠标中键，再按住中键拖动鼠标可以平移模型，如

图 18-10 所示。

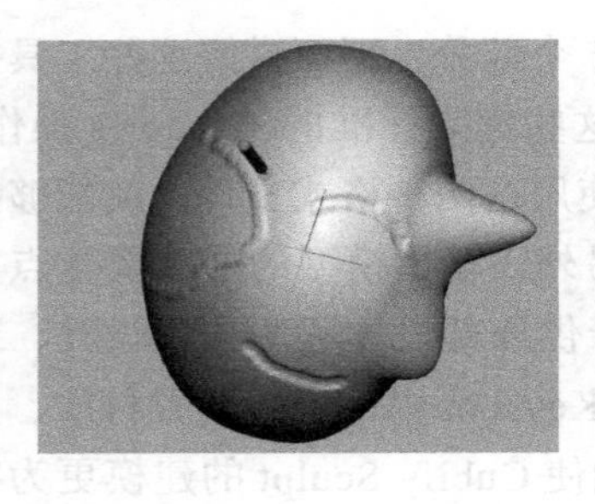
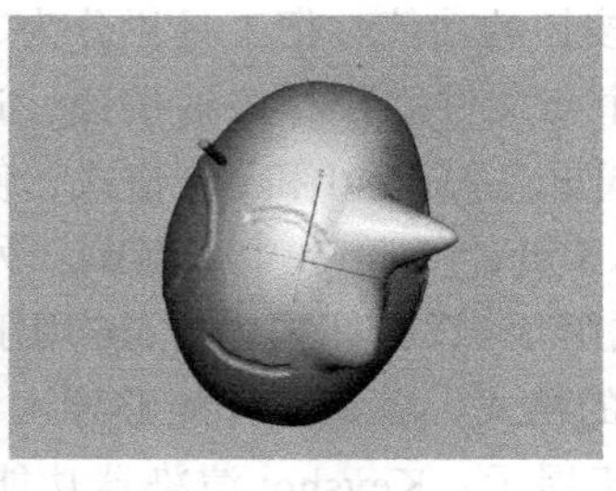
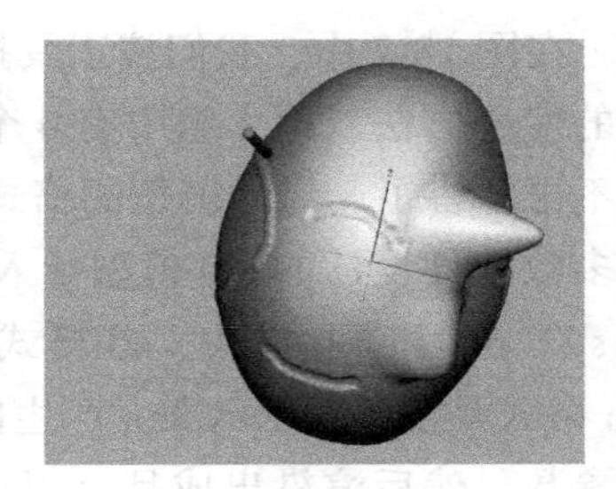

图 18-10　针对屏幕的 3 种操作

使用键盘上的方向键，也可以对模型进行上述 3 种操作，表 18-1 是每个键所实现的功能。

表 18-1　键盘上键的功能

键盘上的键	执行结果
Page Up	放大模型尺寸
Page Down	缩小模型尺寸
↑	向屏幕内侧旋转视图
↓	向屏幕外侧旋转视图
←	逆时针旋转视图
→	顺时针旋转视图
Shift+（↑）或（↓）或（←）或（→）	以 1/10 的增量旋转模型，这个增量可在 Tools>Options>View>Setup 中设置

下面开始讲解与黏土相关的操作命令。

（1）使用矩形切除黏土

选择工具，如图 18-11 所示。在屏幕中拖出一个矩形框，被选中的黏土部分会变为绿色。单击属性栏中的剔除选择区域按钮，在现有选择区域上拖出另一个矩形，就会将矩形区域内的选区剔除，类似于减去功能。可以重复使用这个功能，从一个选择区域中剔除多个区域，构建出复杂的形状，再进行雕刻。单击应用按钮，得到如图 18-12 所示的结果。

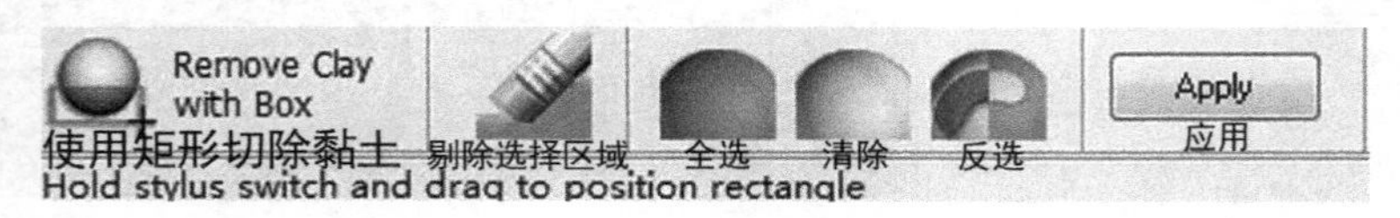

图 18-11　使用矩形切除黏土工具

按 Ctrl+Z 或者单击按钮，可以撤销上述操作。单击全选按钮，选择整个黏土，单击清除按钮，则会撤销所有选择区域，如图 18-13 所示。

如果已经有了选择区域，单击反选按钮，会将原来没有选中的区域变为选择区域，如果感到满意再单击应用按钮。

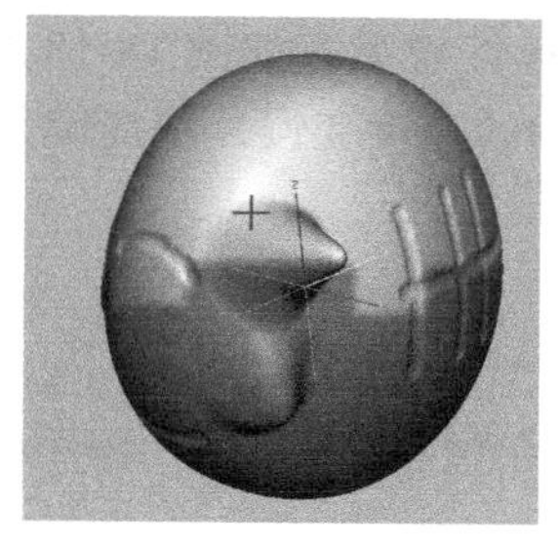
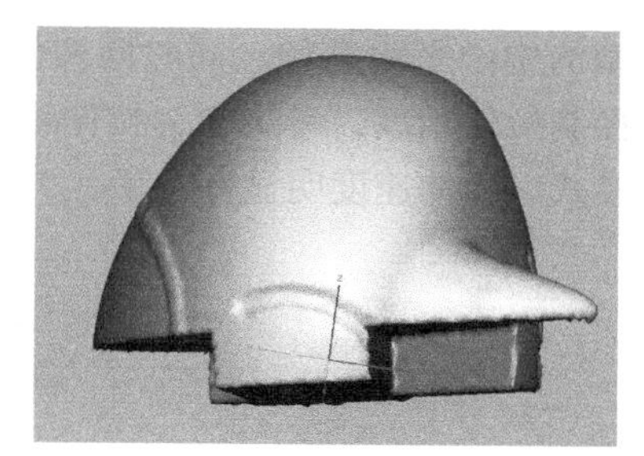

图 18-12　使用矩形切除黏土的功能

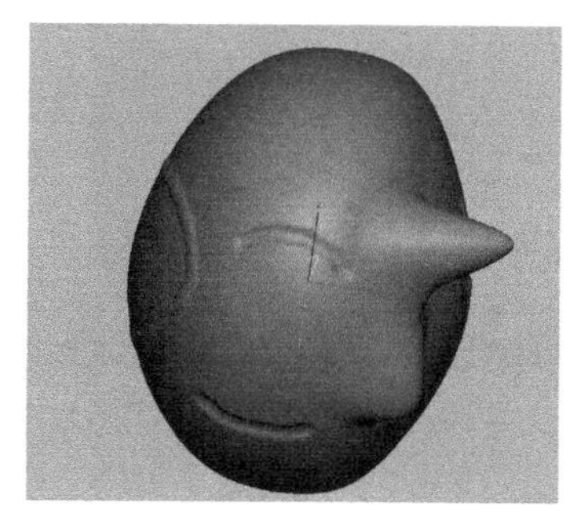
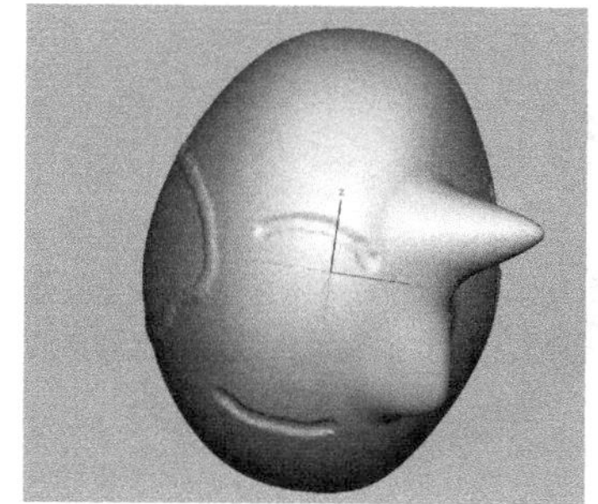

图 18-13　全选与清除

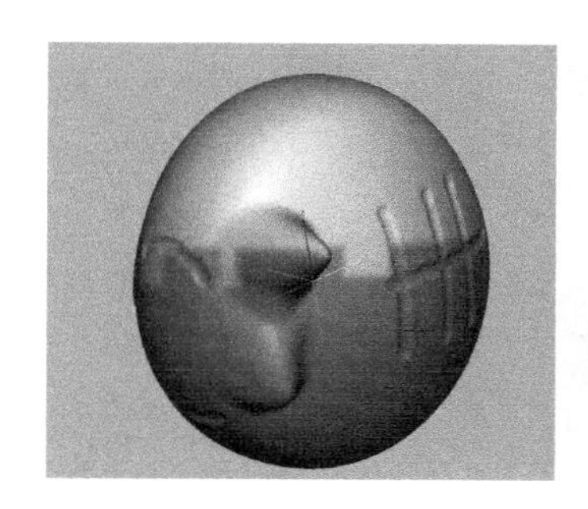
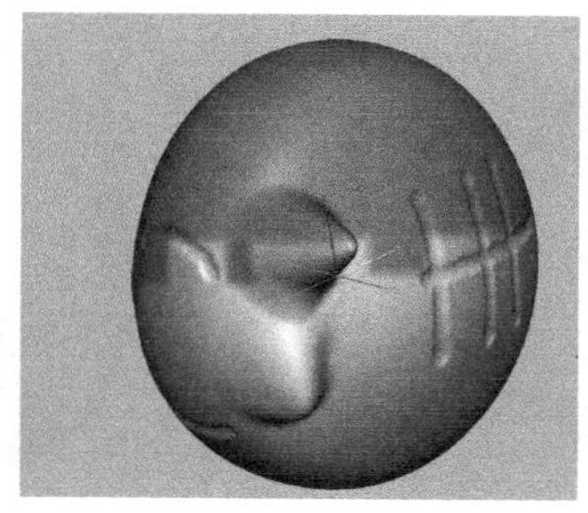
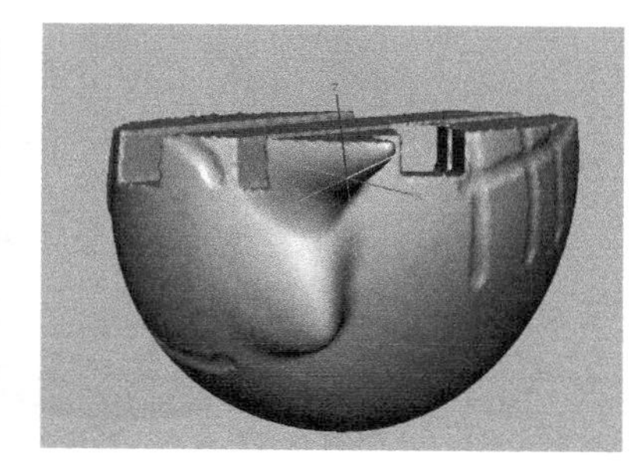

图 18-14　反选功能

一般雕刻的流程是先切出模型的大致轮廓，然后再精雕。这个工具既可以用于模型的轮廓整形阶段，也可以用于在模型上开出方孔。

（2）拉伸黏土

如图 18-15 所示的拉伸黏土工具，是执行把模型拉长或缩短的操作。选择这个工具后，模型上会出现粉色的小球，用鼠标拖动小球，就可以拉长或缩短模型。这个命令有 3 种拉伸模式：单侧拉伸、中心拉伸和两侧对称拉伸。按钮图标清晰地表达了每种模式的含义。单侧拉伸是从模型的另一侧面开始，整个模型都可以被拉长或缩短，如图 18-16 所示；中心拉伸是从模型的中心平面开始，向一侧拉伸模型，如图 18-17 所示；两侧对称拉伸是从模型的中心平面开始，同时向两侧拉伸模型，如图 18-18 所示。那个像爬虫一样的图标用于控制拉伸精度，单击它，拉伸移动的速度变慢，快捷键是拉伸时按下 Shift 键，就处于这种模式，拉伸速度明显变慢了。

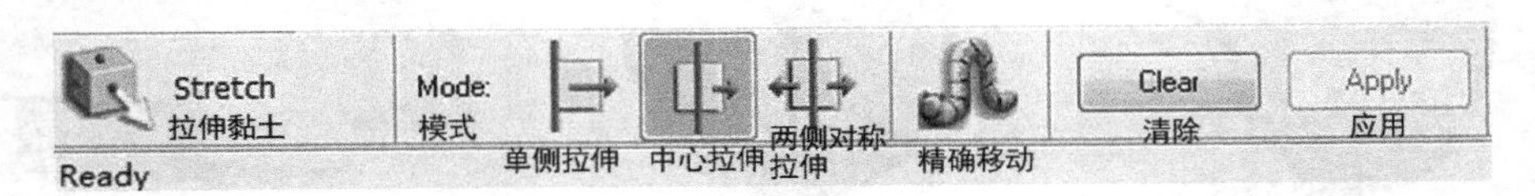

图 18-15　拉伸黏土工具

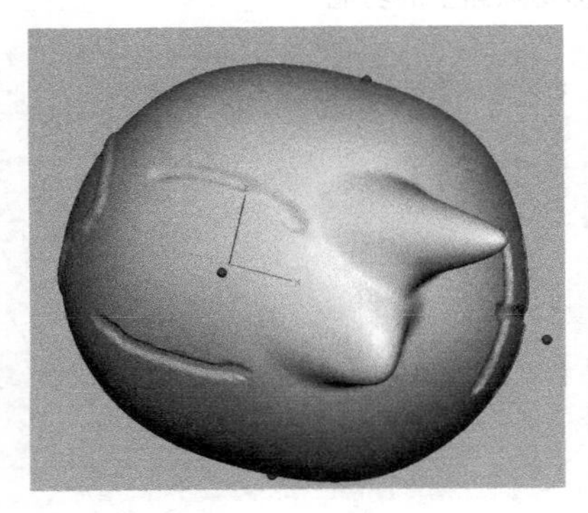
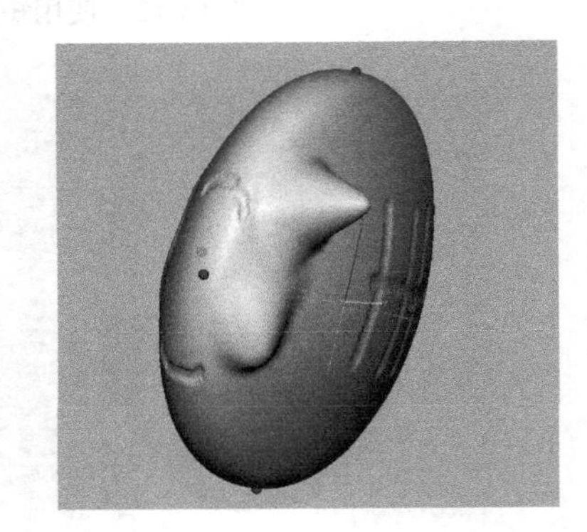

图 18-16　单侧拉伸

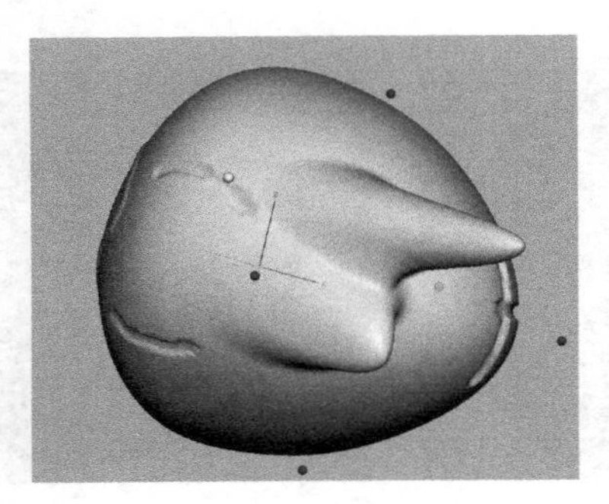
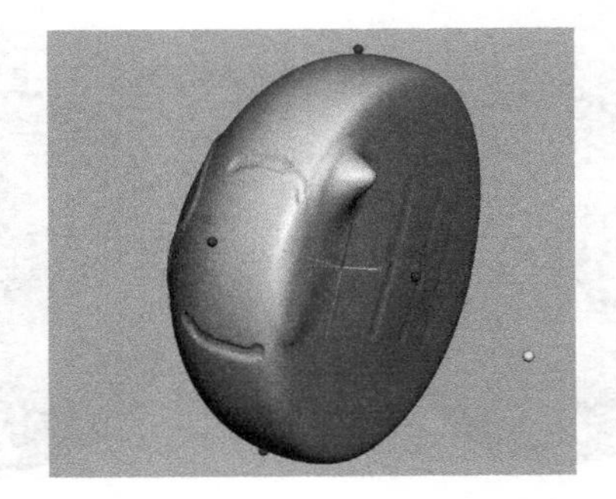

图 18-17　中心拉伸

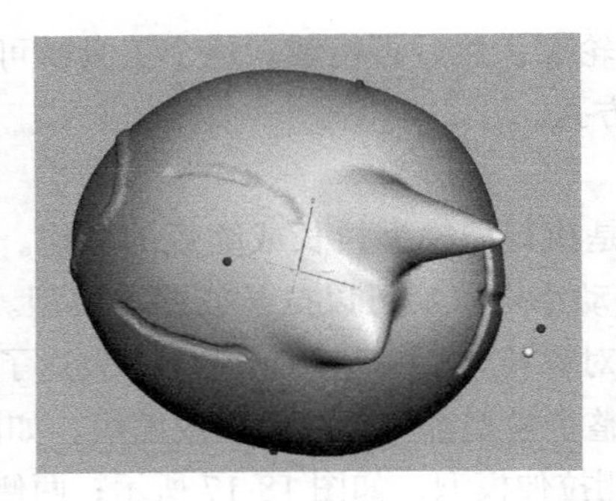
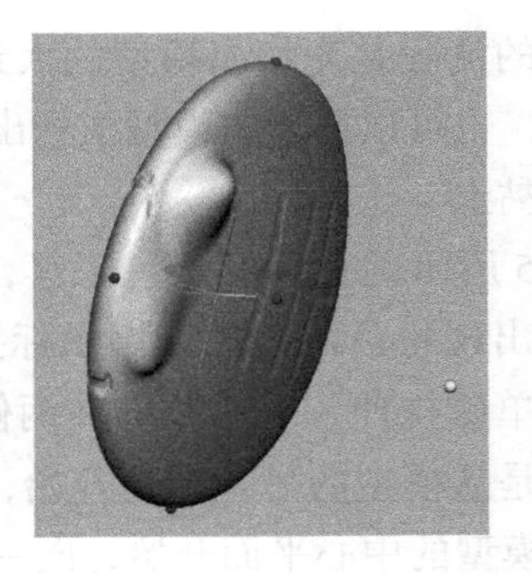

图 18-18　两侧对称拉伸

如果对拉伸的结果不满意，还可以单击清除按钮取消拉伸，如果满足要求，再单击应用按钮。

（3）镜像

如图 18-19 所示的镜像工具能够使模型两侧对称。当选择镜像工具时，模型上会出现镜像平面。单击预览按钮，可以看到镜像的结果，再次单击预览按钮，又恢复到先前的状态，如图 18-20 所示。翻转按钮控制镜像的是模型的哪一侧，单击试一试就会明白。

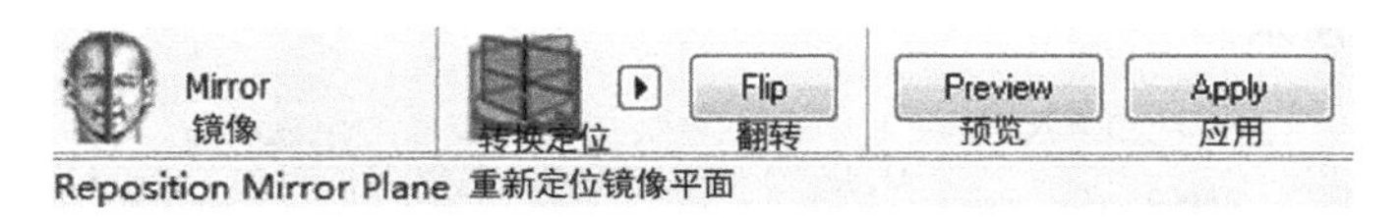

图 18-19　镜像工具

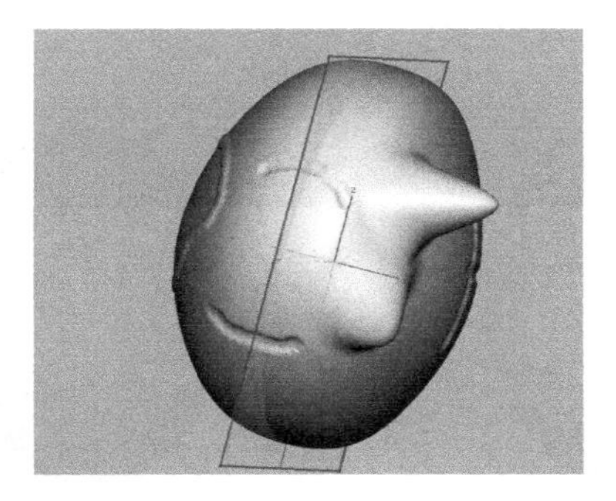
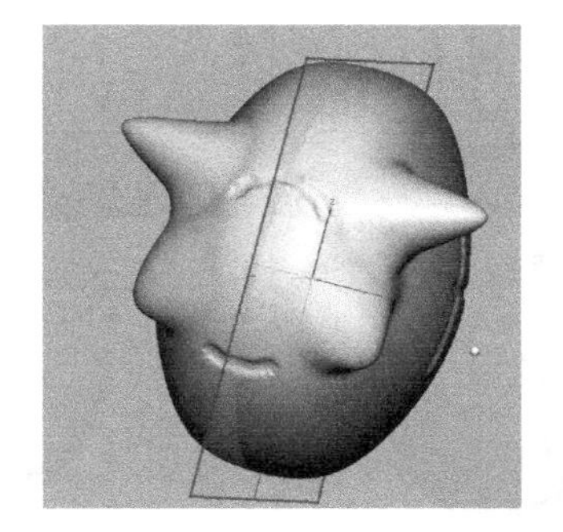

图 18-20　镜像操作

单击转换定位图标按钮，镜像平面会在 XY、XZ、YZ 三个平面间切换。点开右侧的黑三角，可以更精确地定位镜像平面。通过对话框的中文含义，就能够理解该如何操作了。在输入框中输入数值或单击小箭头，改变数值，会观察到镜像平面的变化。在 X 轴向上移动 10，单击预览按钮，看一下镜像的结果，然后再旋转 Z 轴一定的角度，会得到意想不到的结果，如图 18-21 所示。

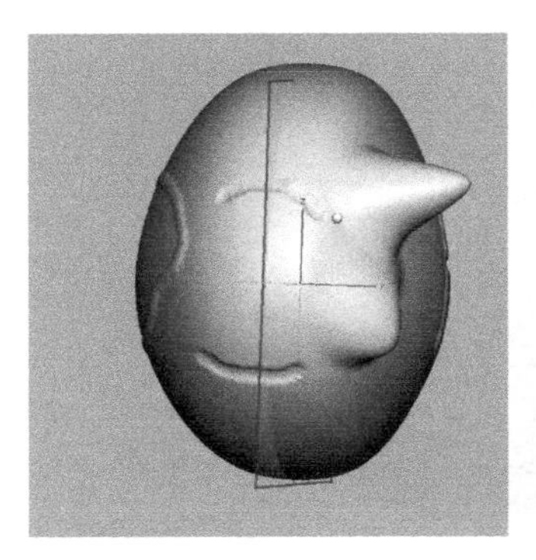
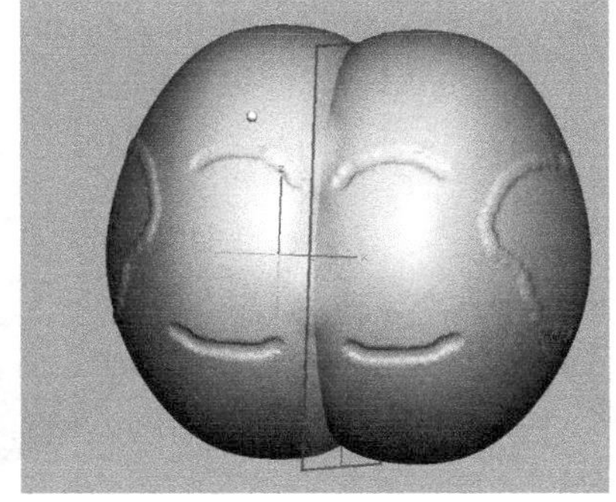
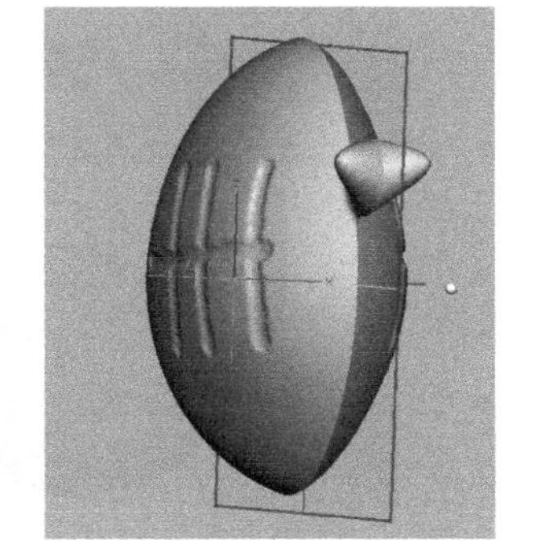

图 18-21　重新定位镜像平面

（4）雕刻

如图 18-22 所示的雕刻是 Cubify Sculpt 最主要的工具，它就像一把刻刀。让我们了解属性栏中各部分的含义。工具尺寸是设置刻刀刀头的尺寸，可以在输入框中输入具体数值，或者单击上下箭头来改变尺寸，而最快捷的方法是使用键盘上“+”和“-”键，直接调节笔刷的尺寸。雕刻有 3 种模式：凸出、消除和平滑。凸出是刀头移过之处，增加了黏土的厚度；消除是刀头所经之处，去除了黏土，向模型内凹陷；平滑是把凹陷之处处理得平整，如图 18-23 所示。

Sculpt 雕刻 | Tool Size 工具尺寸 2.5000 mm | Mode: 模式 平滑 凸出 消除 | Level 力度 | 精确移动 | 交互式镜像

Touch the clay and press the stylus switch to smooth. Touch the clay and push through to touch from other side.

图 18-22　雕刻工具

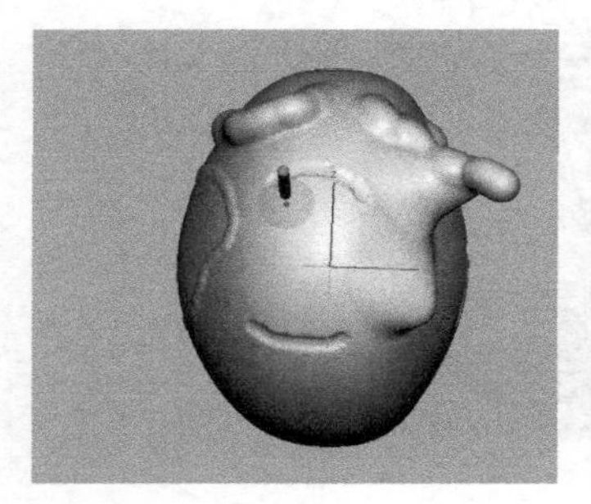
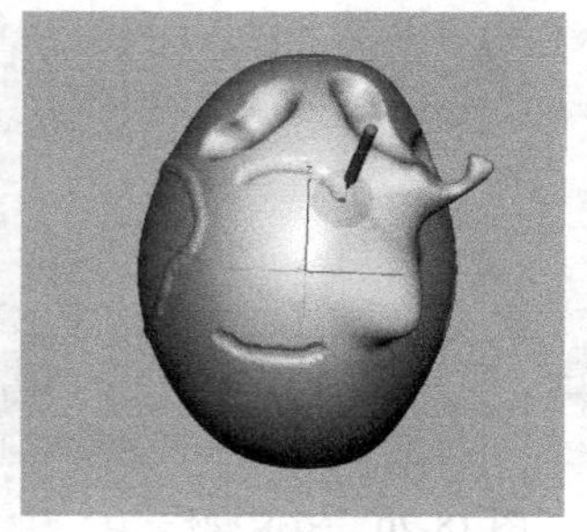
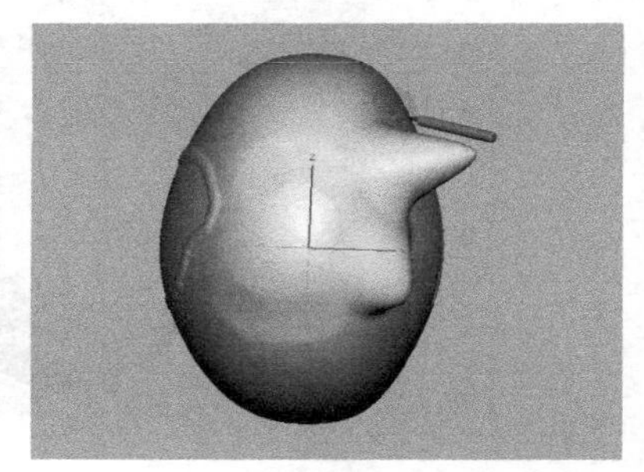

图 18-23　雕刻的 3 种模式

力度是雕刻的处理程度，越向右力度越强，越向左越弱。精确地移动按钮，可以降低雕刻过程的速度，如图 18-24 所示。还可以在雕刻过程中，按住 Shift 键来实现这一功能。在凸出模式下，使用强的力度同时按住 Shift 键会慢慢吸出黏土，可以实际体会一下。

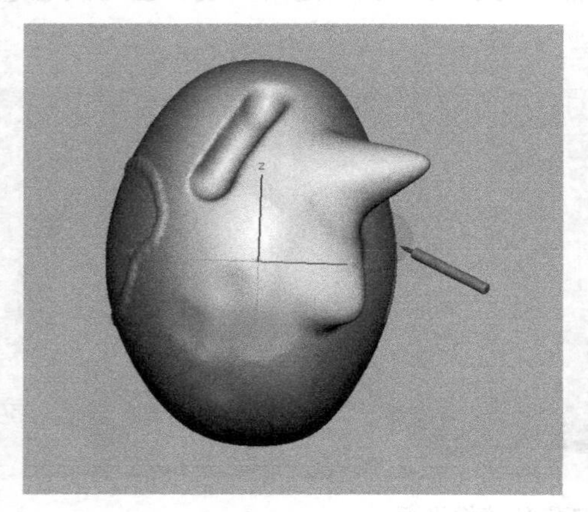
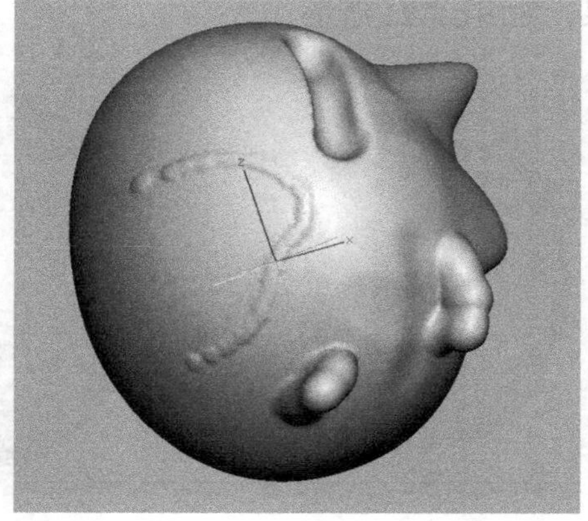

图 18-24　力度的强弱与精确移动

如果已经创建了镜像平面，先单击交互式镜像按钮，再使用雕刻工具雕刻，可以在镜像平面两侧的黏土上同时得到雕刻的结果，也就是两侧同时雕刻，如图 18-25 所示。

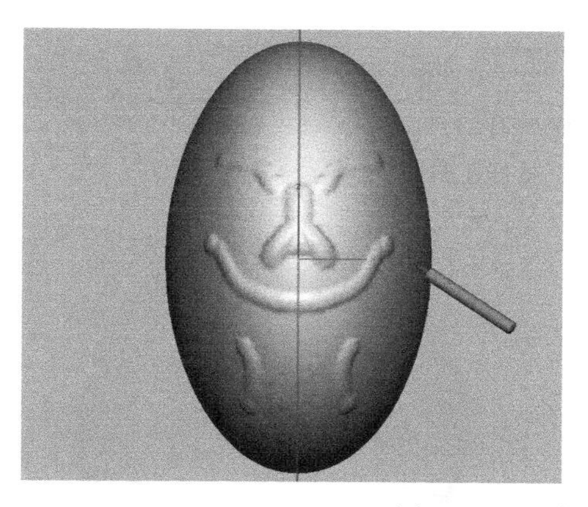

图 18-25　两侧同时雕刻

（5）吸拉

如图 18-26 所示的吸拉工具的属性栏中，黏土硬度分为硬和软两种，黏土设置得越硬，吸起来的厚度越小，而软的黏土更容易提起来，如图 18-27 所示。这与现实生活中泥巴的属性是相同的，越硬就越难提起来。其他参数已介绍过，就不再重复了。

图 18-26　吸拉工具

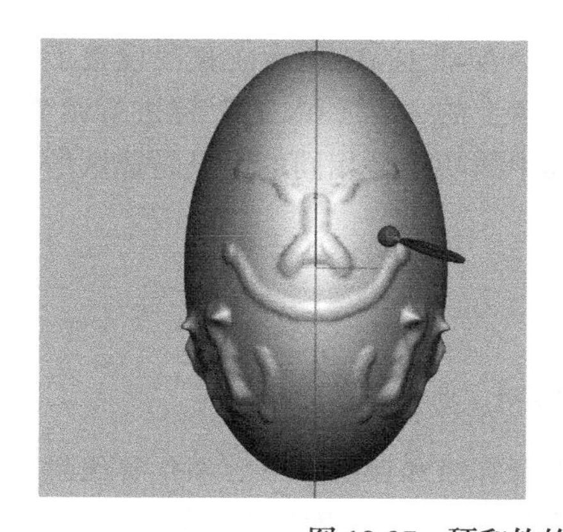

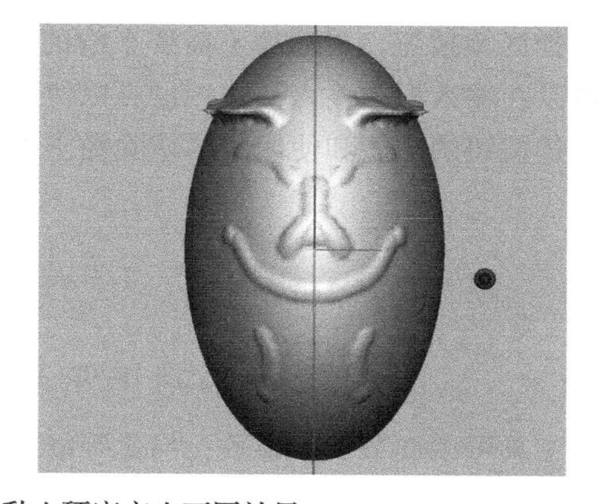

图 18-27　硬和软的黏土硬度产生不同效果

（6）按压

如图 18-28 所示的按压工具的属性栏中，也有工具尺寸和黏土硬度的设置项。还有一个影响区域大小的设置，滑动条的游标位于左边时，工具的影响范围小，位于右边时，工具的影响范围大一些，其对比图如图 18-29 所示。

图 18-28 按压工具

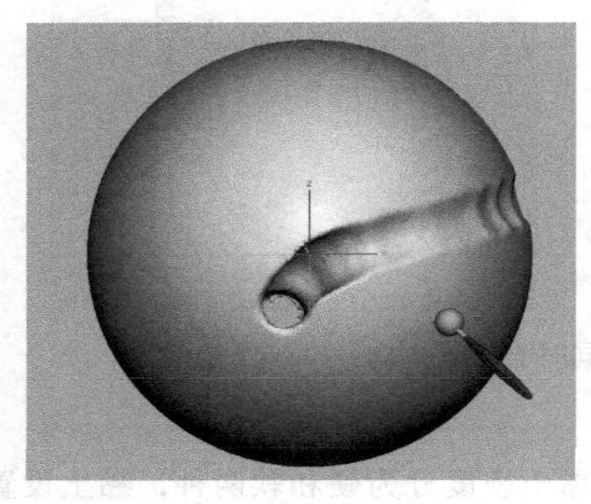

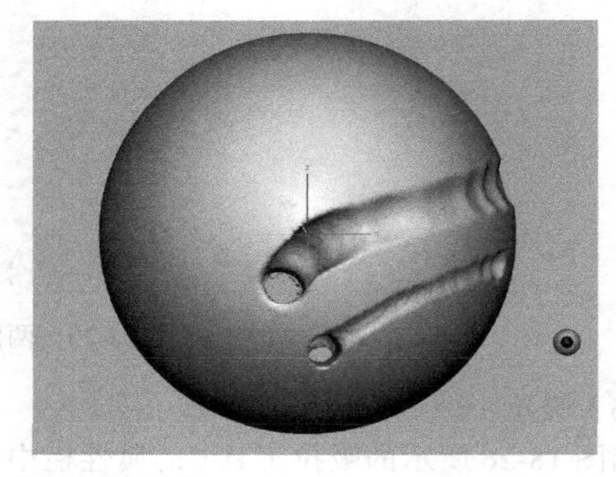

图 18-29 影响范围大小的对比

当黏土硬度设置为最软，把鼠标放在球上一直按住不动，就会在球体上打出一个洞，图 18-29 中右图已清楚地表现出操作的结果。前面已讲过在黏土上开方孔的方法，使用按压工具也能够打圆孔，应该记住这点。

（7）区域平滑

如图 18-30 所示的区域平滑是个很重要的工具，其功能是对选择区域内的黏土做平滑处理。选择这个工具后，在黏土上要平滑的区域涂抹即可。如果涂抹了多余的区域，单击剔除选择区域按钮，再涂掉不需要平滑的区域，如图 18-31 所示。直径设置了笔刷的大小，既可以在输入框中输入数值，也可以使用键盘上的“+”和“-”键进行调节。全选、清除、反选按钮的功能和使用矩形切除黏土工具中的功能是相同的，只是选区的颜色不同而已。

图 18-30 区域平滑工具

这个工具可以调节 3 个参数：羽化等级、平滑等级和保护细节。羽化等级是针对选区边缘的，这个值设置在滑动条的最左边，对选区边缘的模糊程度越小，影响的边际就越小；如果设置在最右边，对选区边缘的模糊程度越大，影响的边际也就越大，如图 18-32 所示。这些细微的变化在屏幕上放大可以看出来，从图 18-32 中可能看不出来，多试一下就会理解它的作用。多次单击羽化按钮可以不断地羽化选区边际。

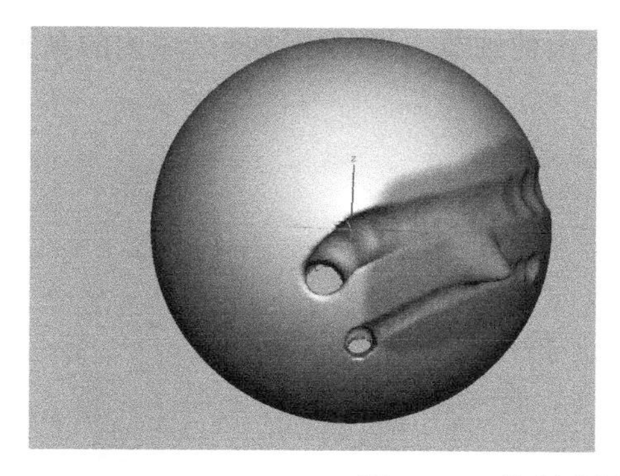
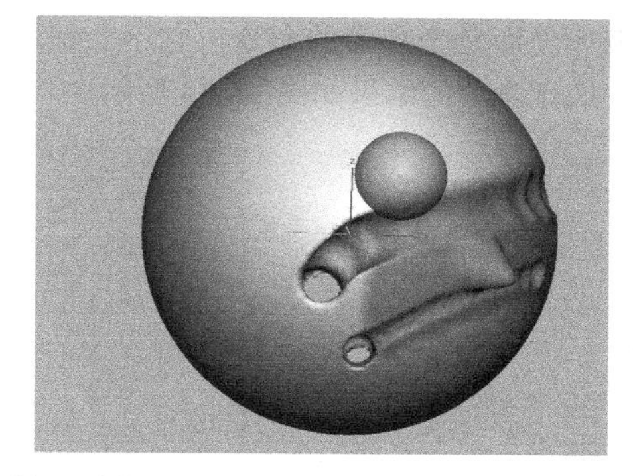

图 18-31　绘制选择区域和剔除选择区域

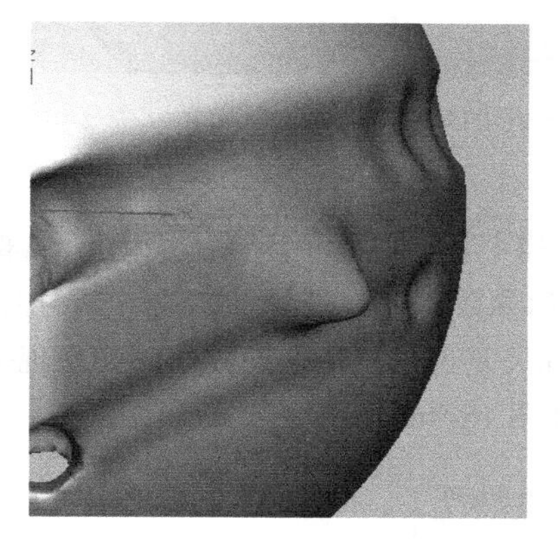
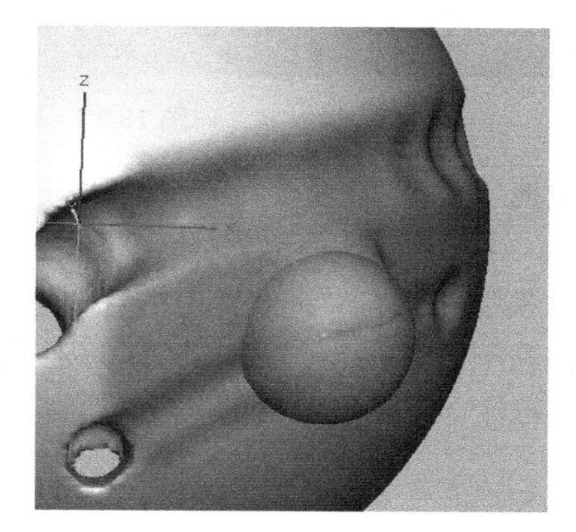

图 18-32　羽化等级的大小对比

平滑等级设置了所执行平滑的量值，它的滑动条使用对数刻度，越向右平滑的程度越高。同样，多次单击平滑按钮，也可以不断地平滑所选择的区域。保护细节用来确定平滑时对选区内黏土形状的保护程度，设置在滑动条的左边，对细节保护得少些，设置在右边，对细节保护得多些。平滑操作同时可设置两个参数，就会有4种组合，图18-33是两个参数都设置为最小和都设置为最大时的示例。

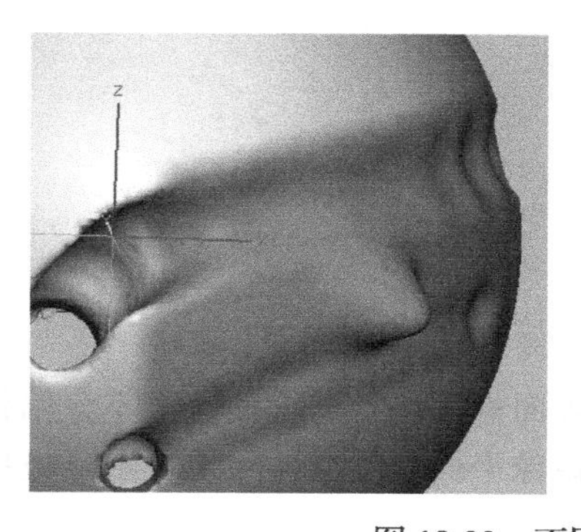
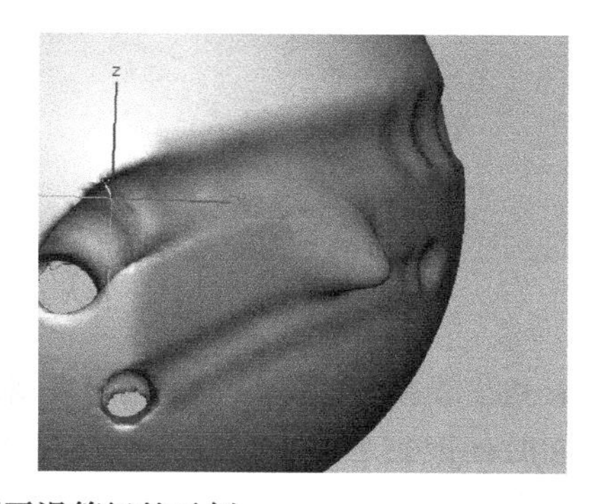

图 18-33　不同平滑等级的示例

破坏外形是个霸道的命令，它不会保留选区内的细节，强制把选择区域内的黏土归于平坦，执行命令的结果如图 18-34 所示。

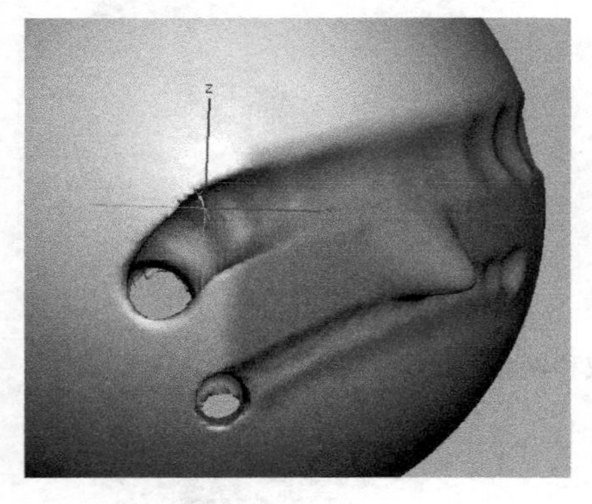

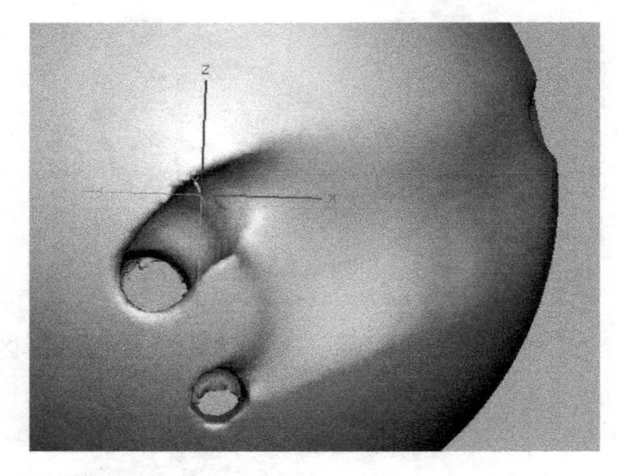

图 18-34　破坏外形的效果

（8）拖拽

如图 18-35 所示的拖拽工具用于把黏土从模型表面向外拉出或推进模型内部，可以大幅度地修改模型。我们来讲解其中的各个选项和参数。直径设置了拖拽工具的大小，从而决定了拖拽黏土区域的大小。如果勾选了使用标尺复选框，在拖动黏土时会出现一条直线，同时有数字标注，它显示了黏土拖出的距离，如图 18-36 所示。

图 18-35　拖拽工具

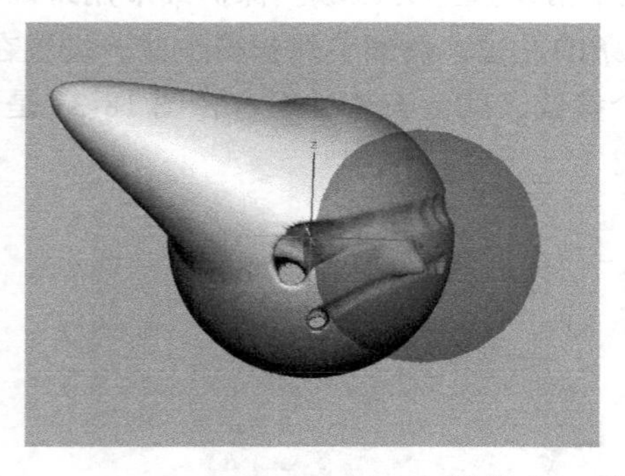

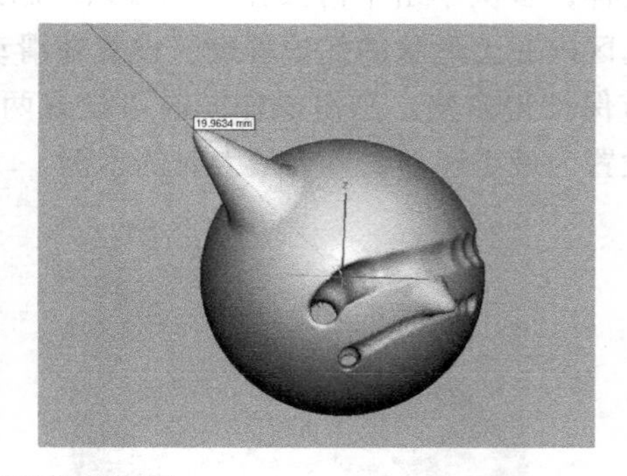

图 18-36　拖拽和使用标尺

单击约束到法线按钮，只能沿着黏土原来表面的法线方向拖拽，而不会偏移位置。如果需要两侧同时拖拽黏土，可以先创建交互式镜像平面，然后使用拖拽工具拖拉黏土，会在镜像平面两侧同时拖出黏土，如图 18-37 所示。

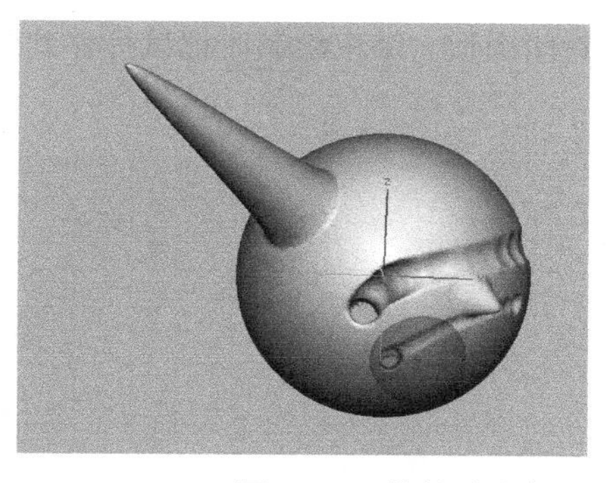

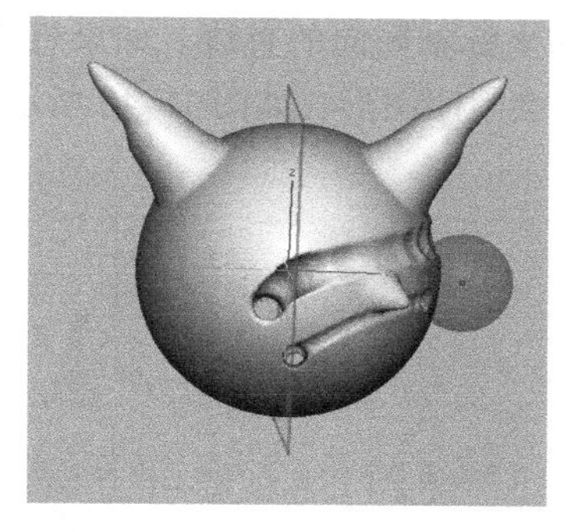

图 18-37　拖拽时约束到法线和使用交互式镜像

（9）绘制曲线

如图 18-38 所示的绘制曲线工具能够绘制 3D 曲线。使用它可以在任意位置上绘制曲线，可以在模型表面、模型内部和模型周围画线，如图 18-39 所示。这个工具与前面在 123D Design 讲过的绘制样条曲线工具类似，不过这个工具可以在模型表面上绘制开放的或封闭的曲线。

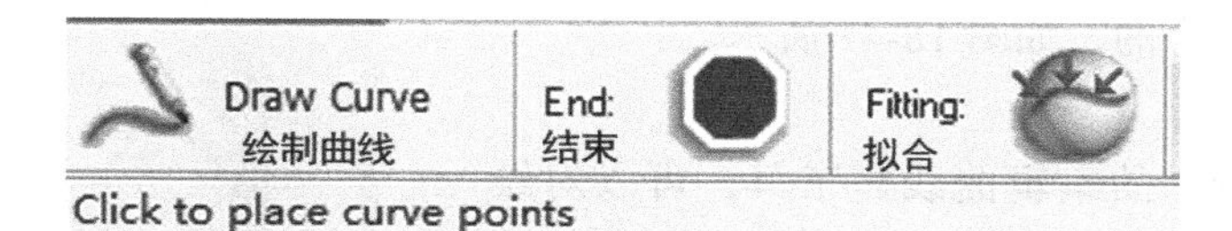

图 18-38　绘制曲线工具

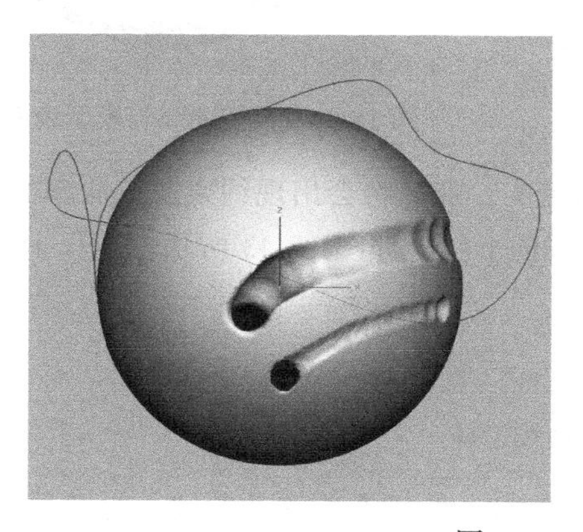

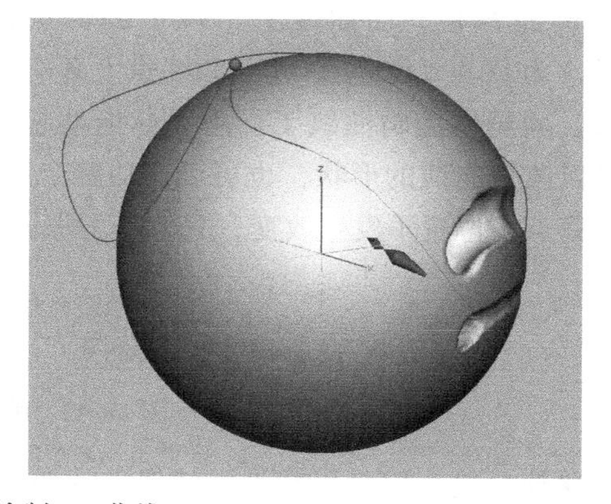

图 18-39　绘制 3D 曲线

如果想在模型上开始绘制，先把鼠标在模型上单击，然后继续单击鼠标，这和绘制样条曲线是相同的。需要结束绘制过程时，可以单击属性栏中的结束按钮，或者按键盘上的 E 键。若想接着上次绘制的曲线继续绘制，把笔移到上次绘制曲线的端点上单击，这个工具会自动捕捉到端点，就可以继续绘制曲线。在绘制过程中，按下 Shift 键，可以绘制出距离其最近的坐标轴同向的直线。如果想绘制封闭图形，结束绘制时把鼠标移到曲线的起点处单击，就会封闭图形，如图 18-40 所示。

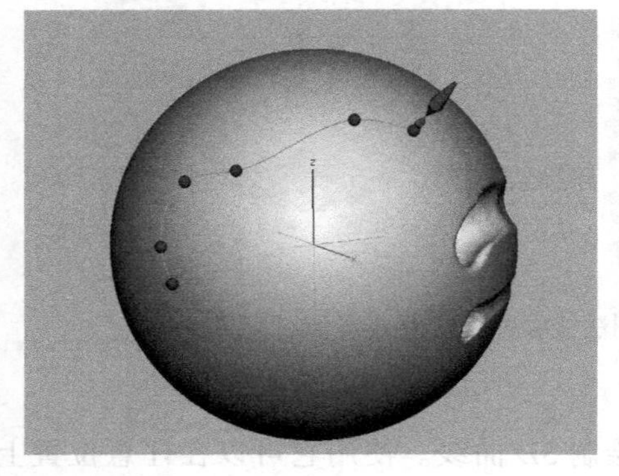
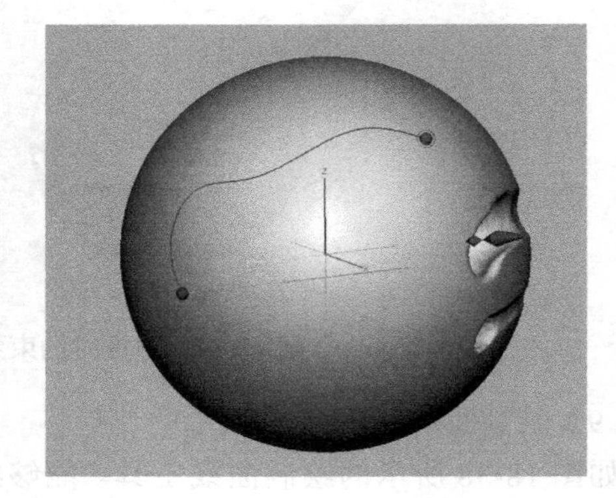

图 18-40 绘制曲线

如果需要绘制与模型的表面重合的曲线，先单击拟合按钮，然后再开始画线，这样就可以确保曲线与模型表面是重合的，如图 18-41 所示。

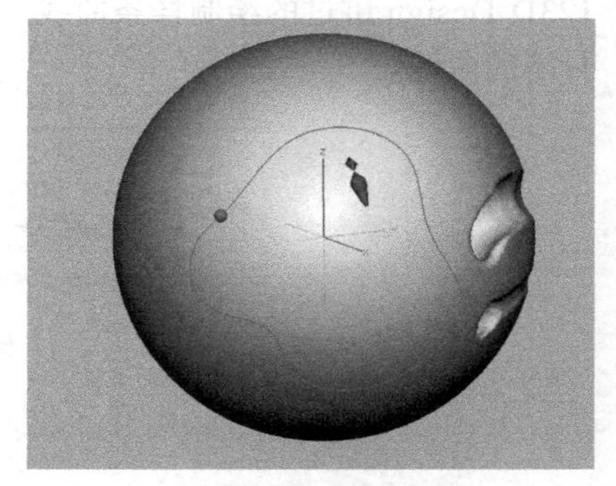

图 18-41 需要曲线与模型表面拟合

（10）编辑曲线

如图 18-42 所示的编辑曲线工具，可以对绘制完成的曲线进行编辑。单击工具栏中的编辑曲线工具按钮，单击绘制的曲线，屏幕下方就会出现这个工具的属性栏。而曲线上出现了编辑点、起点（酱紫色）和终点（红色），起点和终点上各有一个切向箭头，就可以编辑曲线了。用鼠标拖动起点或终点，可以改变曲线的形状，也可以拖动两个切向箭头，那么将会出现约束曲线曲率的盘形，起点或终点的位置不发生改变，只改变了那段曲线的形状，如图 18-43 所示。

图 18-42 编辑曲线工具

要移动曲线，用鼠标在没有编辑点的曲线上单击，然后拖着移动曲线，松开鼠标后曲线就移到了新的位置。注意查看图 18-44 中，我们把曲线拖离了模型表面，这是因为没有单击拟合按钮的缘故。再来一次，这次单击曲线后，单击拟合按钮，接着拖住曲线移动，这一次曲线只能在模型表面上移动了。

选中一条曲线后，如果想要删除它，按键盘上的 Delete 键。如果要选择多个编辑点，可以用鼠标拖出一个矩形框把它们选中，或按住 Ctrl 键依次单击它们，选中的编辑点变为

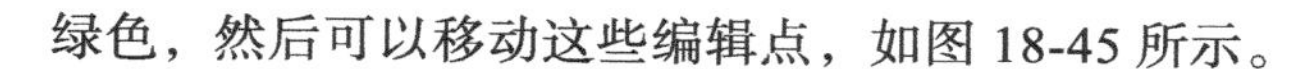
绿色，然后可以移动这些编辑点，如图 18-45 所示。

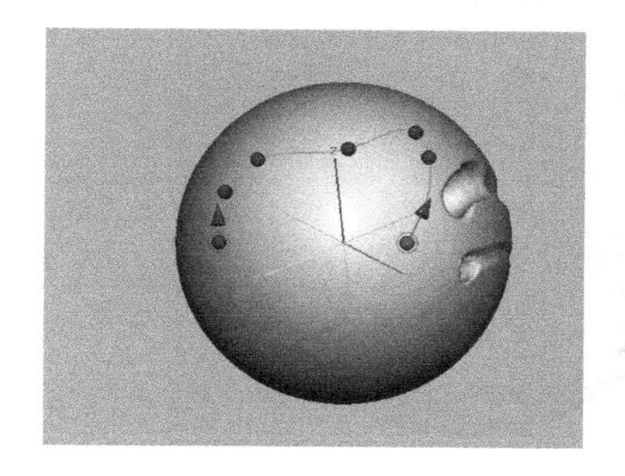
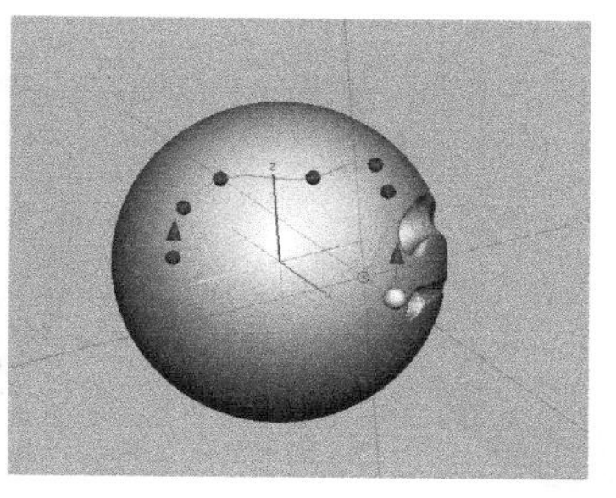
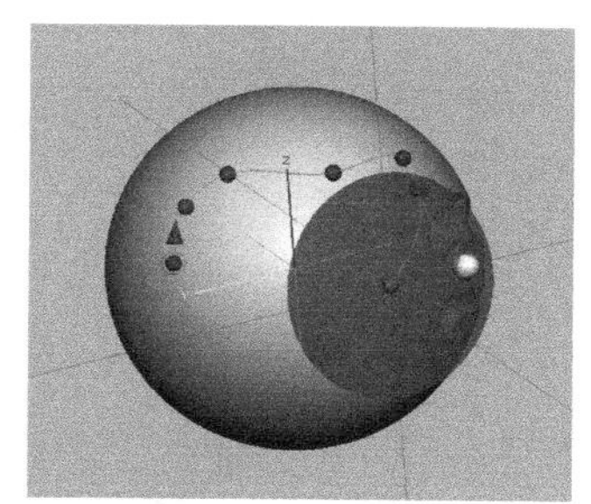

图 18-43　改变起点或终点处的曲线形状

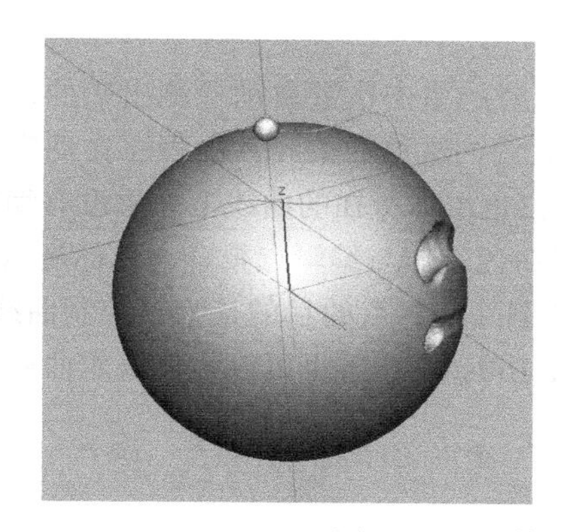
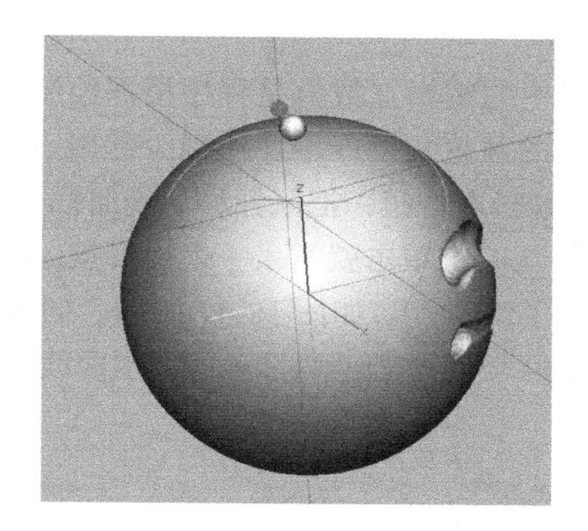

图 18-44　整体移动曲线的两种情况

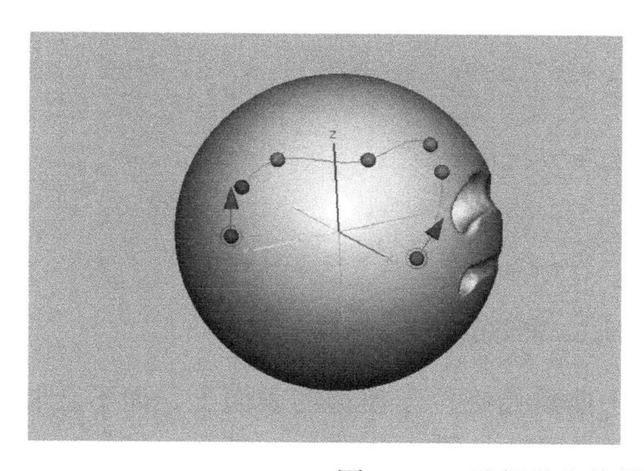
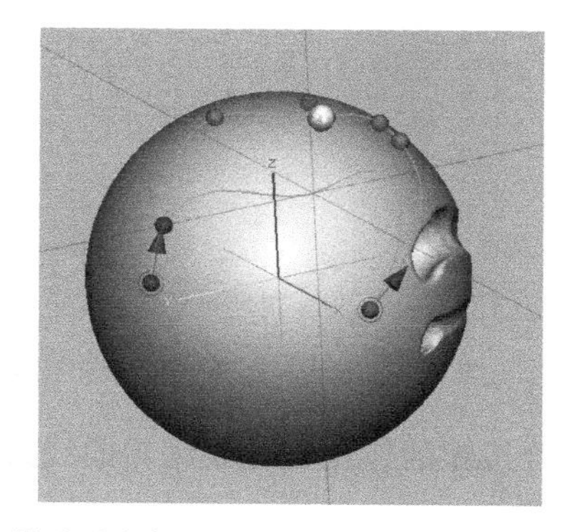

图 18-45　选择几个编辑点并移动它们

有时，画一条曲线是接着上次绘制的曲线继续进行，也就是说，两条曲线的一个端点是相连接的，如果只想编辑其中一条曲线，那么单击要编辑的曲线，按住键盘左上角的“~”（波浪线）键，同时移动这条线，会将曲线移到新的位置。也可以拖着曲线的一个端点到原来曲线的一个端点上，把它们连接到一起，如图 18-46 所示。

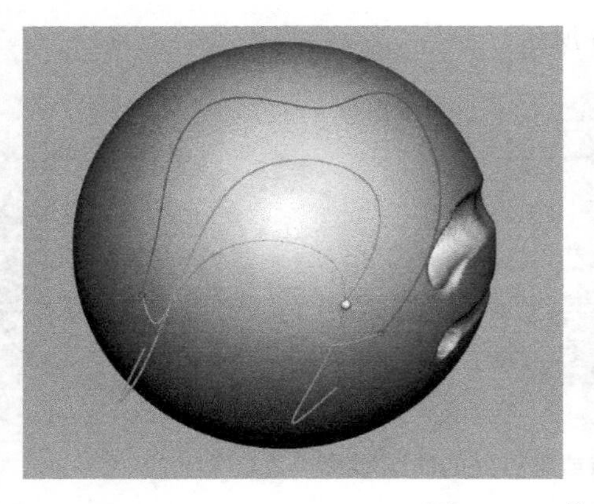
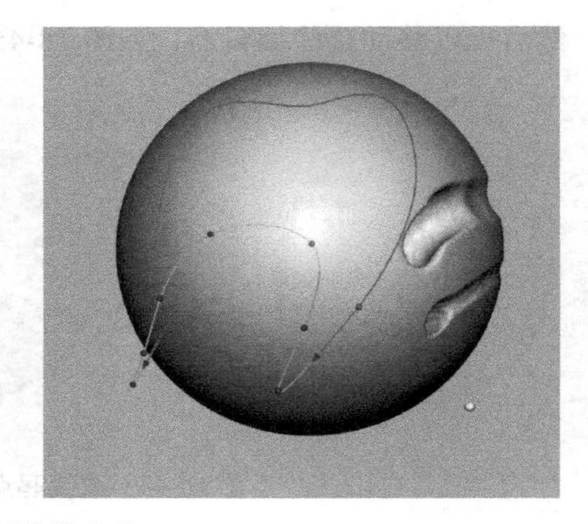

图 18-46　分别编辑曲线

属性栏中的编辑点数值是程序根据绘制曲线时的单击次数自动检测出来的，在输入框中输入不同的数值，可以增加或减少编辑点的数量，这种插值计算由程序自动完成。单击插入 / 删除编辑点按钮，把鼠标移动到曲线上，白色小球所在的曲线上如果没有编辑点，则光标显示为“+”，单击就插入一个编辑点；如果白色小球与编辑点重合，光标显示为“-”，单击就删除了编辑点，如图 18-47 所示。插入和删除编辑点的目的是为了控制曲线的形状，我们在前面的章节中已经学习了贝塞尔曲线，在 Illustrator 中也可以为贝塞尔曲线添加和删除锚点。

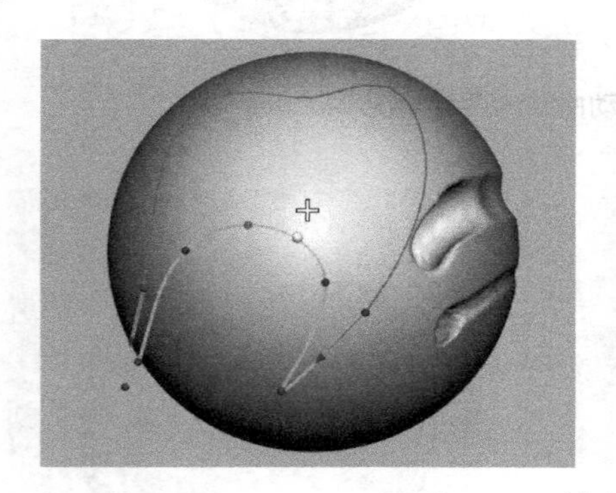
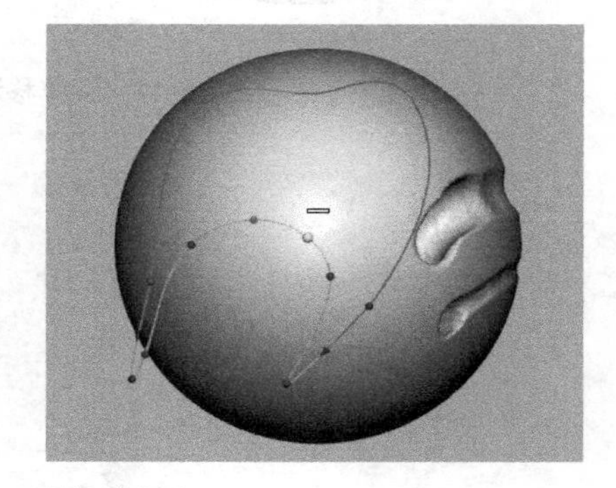

图 18-47　插入 / 删除编辑点

拟合按钮的作用是控制编辑曲线过程中曲线始终位于模型的表面上，而不会脱离开模型表面。

（11）管子

使用如图 18-48 所示的管子工具，可以将上面绘制的曲线作为路径，生成管子，如图 18-49 所示。可以轻松地为模型添加黏土，或从模型中减去黏土。单击工具栏中的管子工具，单击一条曲线，这条曲线既可以位于模型之上，也可以位于自由空间中，就会立即沿着这条曲线生成管子形状。这样就可以灵活地为模型添加黏土或者去除黏土，这是一种灵活的修改模型的方法。

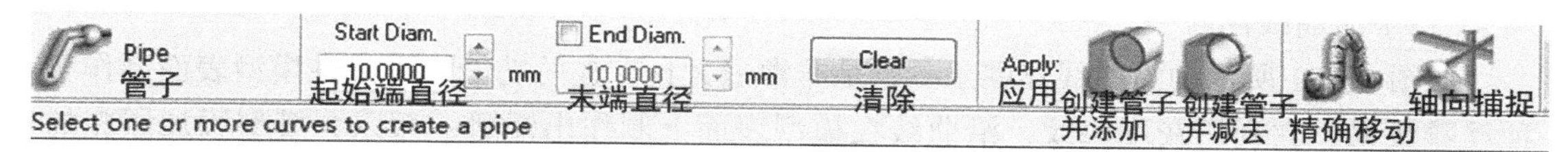

图 18-48　管子工具

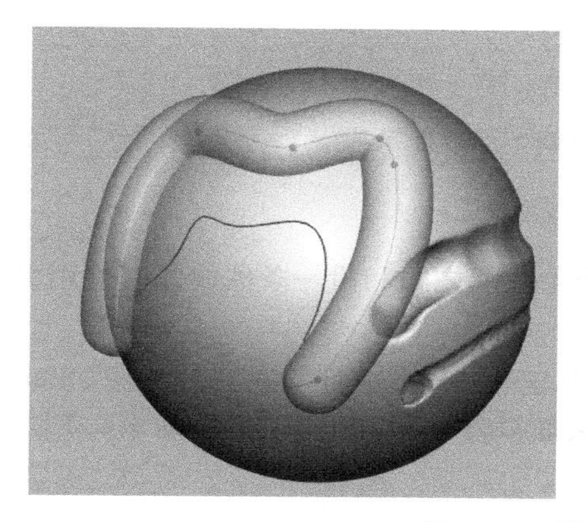

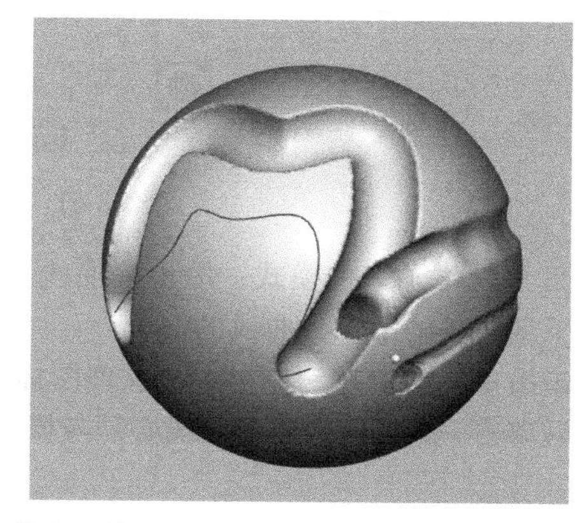

图 18-49　沿曲线生成管子

在属性栏中，可以设置起始端的直径。旁边还有一个末端直径的复选框，如果勾选这个选项，能够在输入框中输入具体的数值，这样可以生成一端大一端小的锥形管，如图 18-50 所示。然后添加到其他模型上，或者去除模型上的黏土。如果只设置起始端的直径，就会生成同样粗细的管子。

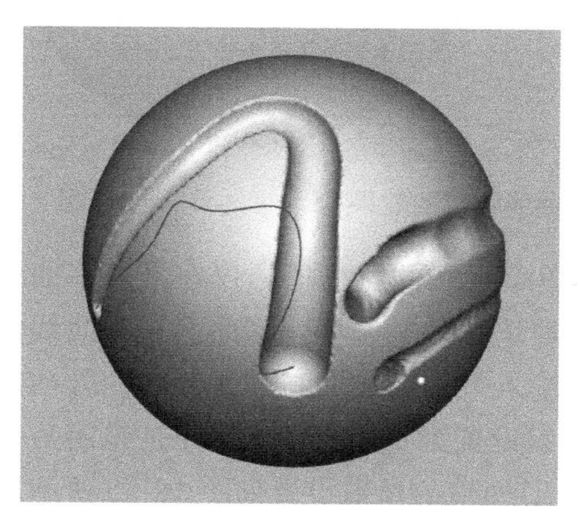

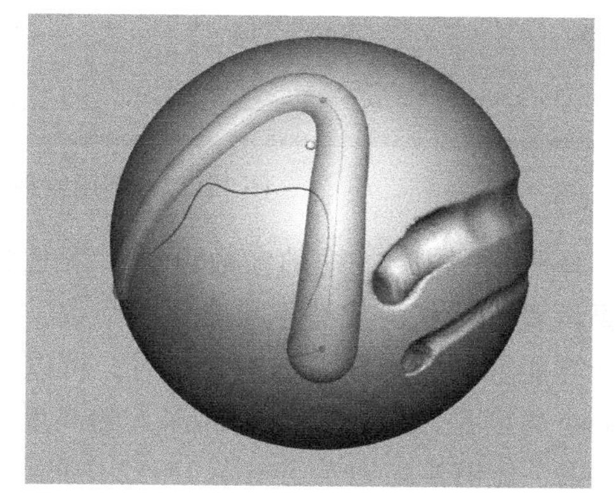

图 18-50　生成不同直径的管子

应用功能有两个选项：创建管子并添加黏土和创建管子并减去黏土，图 18-50 中已显示了这两种模式的结果。轴向捕捉是一种模式，当选择了这个选项时（快捷键是 X），会出现十字线，代表 X 轴、Y 轴和 Z 轴，在移动鼠标时，当工具对齐到某一根轴时，会感到有点磕绊。管子工具是非常灵活的工具，借助不同的 3D 曲线，可以创建出复杂的模型。

（12）沿曲线浮雕

如图 18-51 所示的沿曲线浮雕工具是非常强大且有趣的功能，可以在模型表面制作各种浮雕效果。它利用灰度底纹，沿曲线在模型表面上制作出浮雕，可以为模型添加漂亮的外观。沿曲线浮雕类似于前面所讲过的沿曲线阵列功能，只不过这个工具提供了更多选项。接下来，我们讲解如何使用这个工具。

图 18-51 沿曲线浮雕工具

此工具提供了 3 种模式：沿单一曲线、两条曲线之间和沿一条曲线同时使用引导线。先看一下最简单的沿单一曲线的例子。

单击沿单一曲线按钮，再单击纹理图标，从中选择一张纹理图，单击星形（Star）打开它。然后单击一条曲线（这条曲线必须与模型表面拟合），结果如图 18-52 所示。

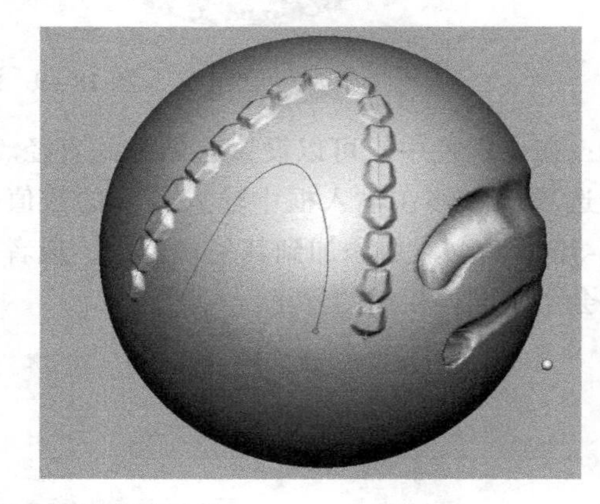

图 18-52 利用纹理图沿曲线浮雕的效果

解释一下图 18-53 中的参数设置。宽度是指单个浮雕的宽度值，仅在沿单一曲线模式下需要设置。重复次数是浮雕出现的个数，如果勾选自动复选项，程序会根据曲线的长度自动计算能容纳的个数，当不勾选时，可以直接输入个数。最大高度是浮雕向外凸起的高度，最小高度是浮雕向模型内部深入的高度，可以设置为负值。图 18-54 是采用另一种设置的结果，能够清晰地看出与图 18-52 中的差异，其对应的参数设置如图 18-55 所示。

Width: 宽度 5.0000 mm　Max Height: 最大高度 1.0000 mm

Repeat 重复次数 1 自动 ☑ Auto　Min Height 最小高度 0.0000 mm

图 18-53 沿曲线浮雕的参数设置

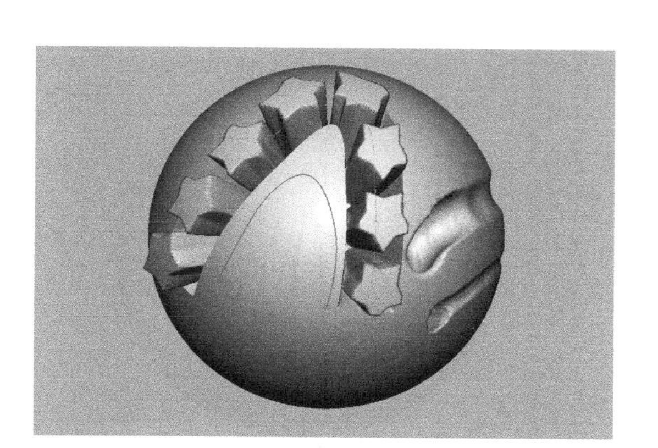

图 18-54　设置不同参数出现的结果

Width:	10.0000	mm	Max Height:	5.0000	mm	Clear	Apply
Repeat:	8	Auto	Min Height:	-10.0000	mm		

图 18-55　沿曲线浮雕的另一种参数设置

我们已经知道如何使用这个工具了。再来看看两条曲线之间浮雕的例子。这次，我们选择的纹理图是 Eyelet_zl_226，该模型上有两条曲线，先单击一条曲线，再单击另一条曲线，就出现了如图 18-56 所示的结果。

Eyelet_zl_226 这张图●解释如下，大家要理解灰度（灰阶）图的含义。这是一张灰度图，把白色与黑色之间按对数关系分为若干等级，称为灰度，灰度分为 256 阶。灰度值指黑白图像中点的颜色深度，范围一般为 0 ～ 255，白色为 255，黑色为 0，黑白图片也称灰度图像。由于本例中平面值设置为 226，这个值位于模型的表面，比这个值更高的值，就会向模型表面之外凸起，低于这个值的部分向模型内部凹陷，所以会出现这种浮雕效果。在 Photoshop 软件中可以制作灰度图，步骤是打开你所编辑的图片，依次打开图像菜单，再选择模式，接着选灰度，任意的图片都可以制作成灰度图，可以用于 Cubify Sculpt 中来制作浮雕。

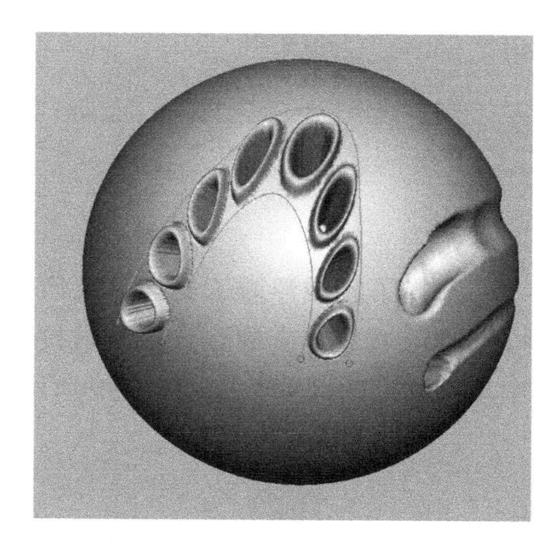

图 18-56　沿两条曲线之间浮雕

最后一种模式是沿一条曲线并使用引导线浮雕，这种模式下，先单击沿着浮雕的曲线，再次单击的是引导线，会改变图形的形状。我把重复次数设置为 2，改变了要沿着浮雕的曲线形状，得到如图 18-57 所示的结果。

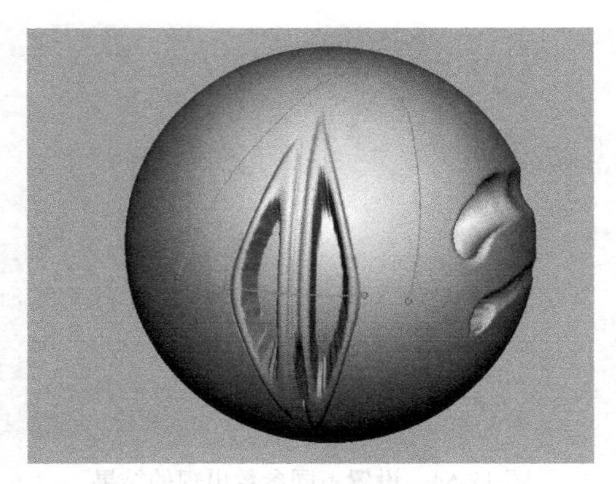

图 18-57　沿一条曲线并使用引导线浮雕的结果

工具属性栏中还有逆时针旋转和顺时针旋转按钮，可以使用它们来改变纹理图的方向。

至此，我们已经理解了这个工具的使用方法。再次重申，任何图片都可以制作成灰度图，然后做成浮雕。Cubify Sculpt 可以接受的图片文件格式有 bmp、jpeg、png 和 psd，先在 Photoshop 中制作成灰度图，然后再用它们来制作浮雕效果了，这是相当实用的。

（13）区域浮雕

区域浮雕也是非常实用的工具，如图 18-58 所示。正是这个软件的管子、沿曲线浮雕和区域浮雕工具的灵活性，使它能够为其他建模软件建好的模型增色，添加多种有趣的效果。

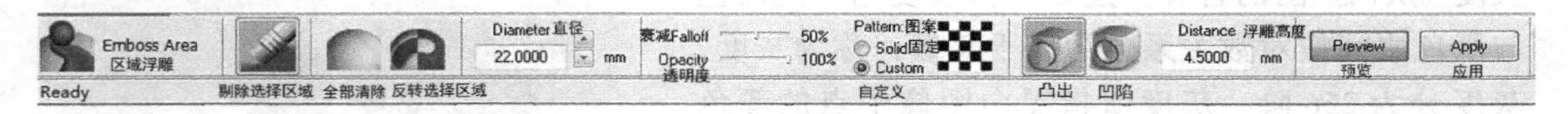

图 18-58　区域浮雕工具

选择了区域浮雕工具后，就像一个笔刷，可以为模型表面涂色，这个过程实质上是建立选择区域。单击剔除选择区域按钮后，在刚才绘制的区域上涂抹，就会从已建立的选区中剔除画出的部分，如图 18-59 所示。

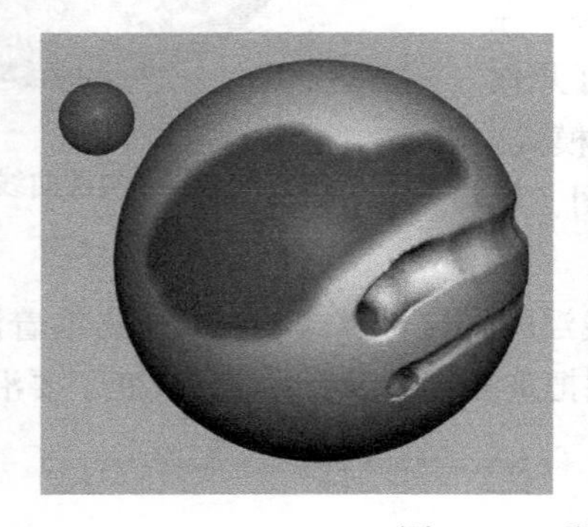

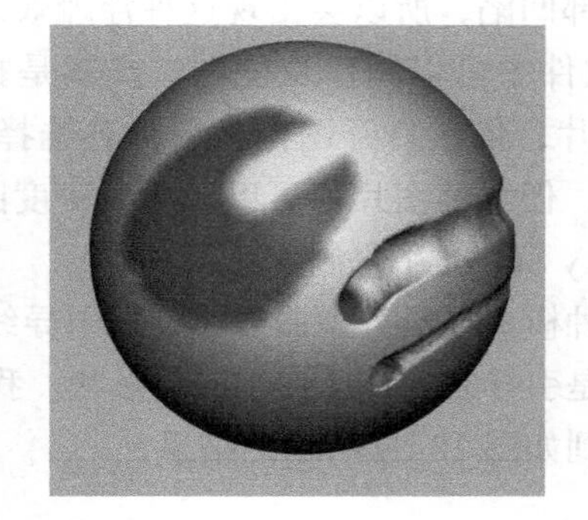

图 18-59　剔除选择区域

单击全部清除按钮，会取消所绘制的选区。单击反转选择区域按钮，会将原来没有涂抹的部分变为选区，而涂抹的部分则不再是选区了，再次单击这个按钮又可以使涂抹部分成为选区，如图 18-60 所示。其他的参数先不去设置，接着单击凸出按钮，再单击预览，所涂抹的区域就凸出来了。这是区域浮雕的基本用法。

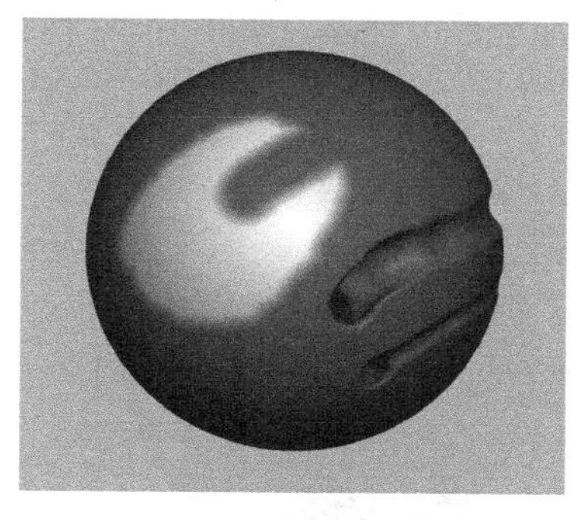
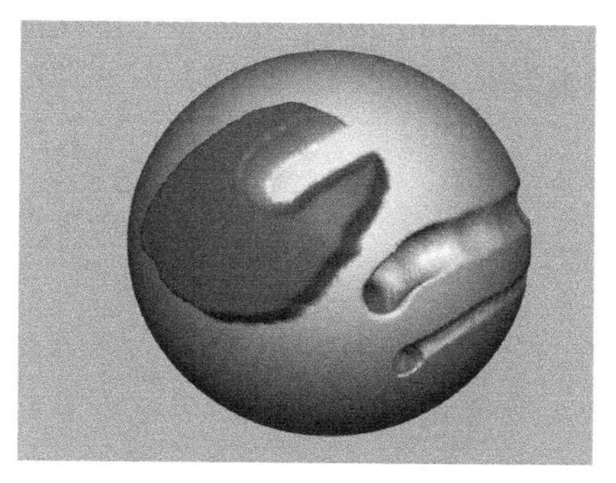

图 18-60　选择区域成为浮雕

再次单击预览会返回没有成为浮雕时的状态。我们来看看工具栏中的参数设置，直径设置的是笔刷的大小，可以直接在输入框中输入数值，也可以单击小箭头来增加或减小数值，不过使用这个工具时，强烈建议使用键盘上的“+”键或“-”键，可以随时更改笔刷的大小。衰减设置的是从笔刷尺寸的多大百分比处开始向外衰减，默认值是 50%，即从笔刷中心向外 50% 处开始产生衰减。透明度设置了笔刷影响的力度，当笔刷设置为 0，笔刷是不起作用，当设置为 100% 时，笔刷能够完全正常绘制选择区域，如图 18-61 所示。

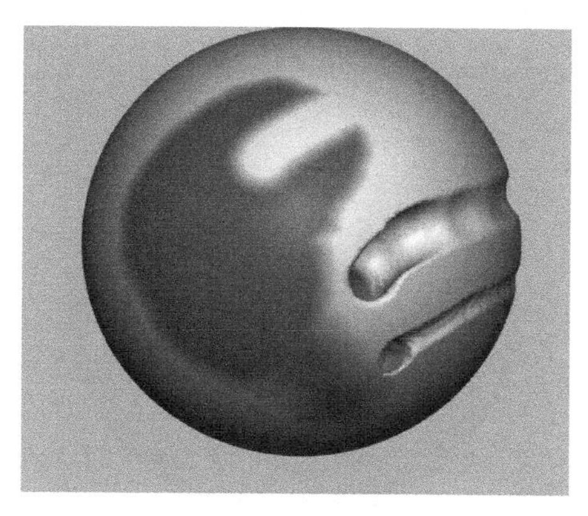

图 18-61　设置笔刷的衰减和透明度对绘制选区的影响

凸出和凹陷分别设置浮雕向模型之外凸出和向模型之内凹陷两种效果；浮雕高度设置了凸出或凹陷的高度值。单击预览按钮，能够显示出模型上选区部分的黏土向外凸出或向内凹陷的效果，单击应用就保留了设置的结果。

你也许会说，该工具也没什么突出的功能。要明白一点，在模型表面绘制选择区域，类似于Photoshop中绘制蒙版的功能，只对选择区域进行操作，在修复模型时就变得非常有用。我们接着讲解更有价值的功能。

在图案下面有两个选项：固定和自定义。我们刚才使用的固定选项，笔刷的形状是圆形。接下来要探讨自定义功能，这才是用处最大的选项。这次图案设置为自定义，单击图案图标，从中选择Squiggle，在模型上顺次涂抹，然后单击预览，如图18-62所示。结果是不是有点像头发？

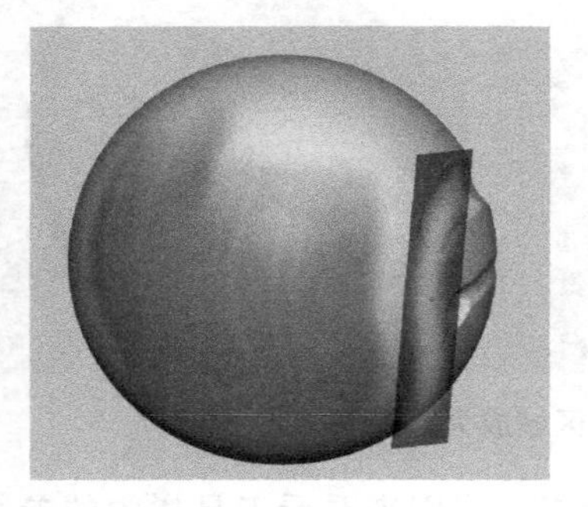
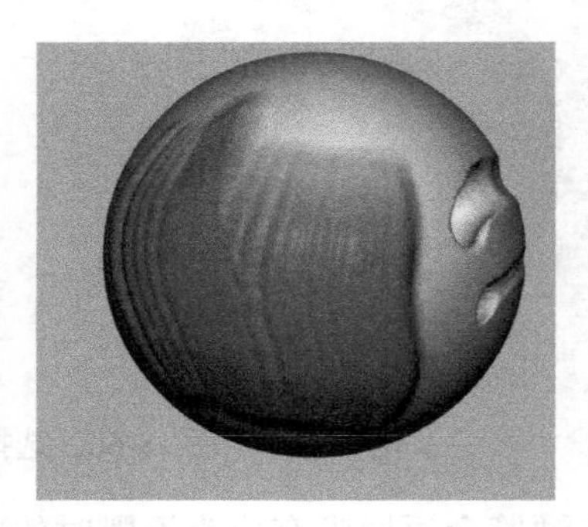

图18-62 使用自定义笔刷

Cubify Sculpt自带的图案太少了，不过我们可以使用Photoshop来制作灰度图，而且Photoshop自带了很多种类的笔刷，也可以自己制作笔刷，只是要将底色设为黑色，笔刷绘制的形状是白色（灰度）。制作完图片后，拷贝到Cubify Sculpt 2014\Patterns目录下就可以了，支持的图片格式有bmp、jpeg、png和psd。在下面的例子中，我在Photoshop中制作了一张灰度图，然后用它在模型上涂抹，生成浮雕的效果如图18-63所示。

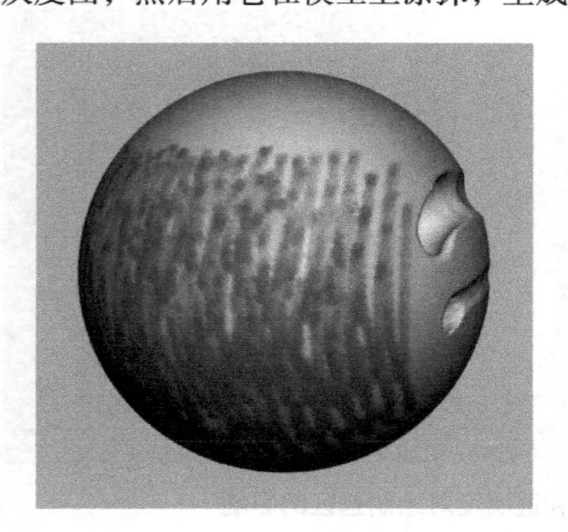
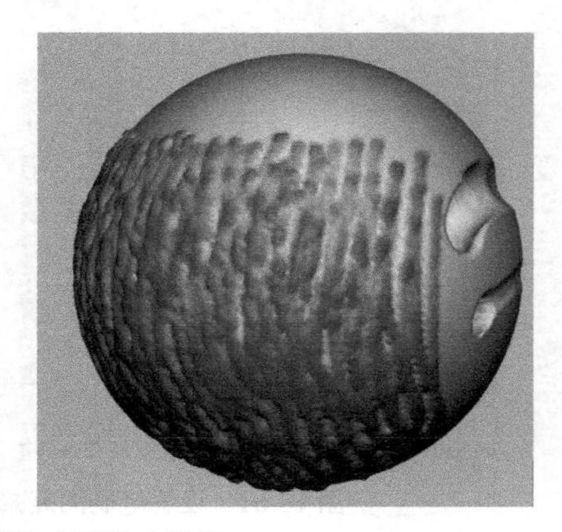

图18-63 自制笔刷生成浮雕的效果

另一种用法是使用这个功能来为模型贴上图案，再生成浮雕。我们选图案Scales A-2，在模型上只单击一次，然后单击预览。如果觉得生成的浮雕精度不高，就按Ctrl+Z撤销刚才的操作，在工具菜单中选更改黏土粗糙度，把数值设小一些，然后再重复刚才的操作，结果如图 18-64 所示。

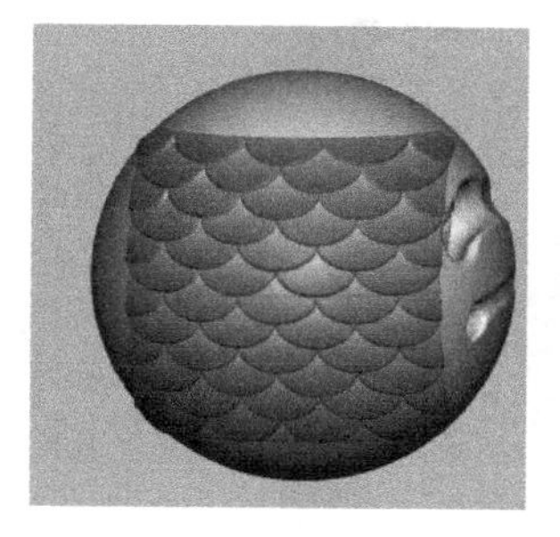
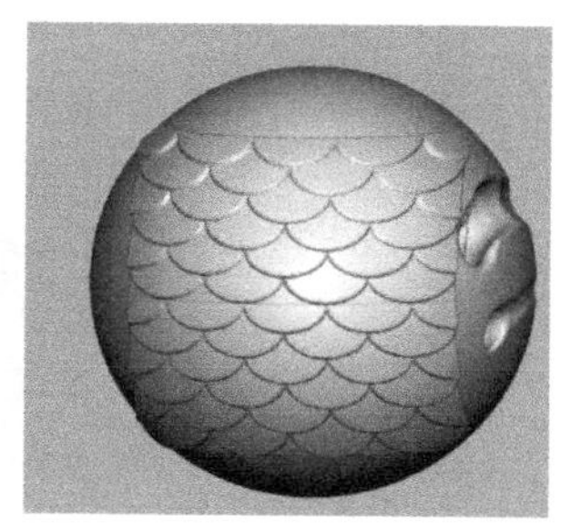

图 18-64 贴上图案生成浮雕

很多人都想制作自己的浮雕，下面我们开始完成这个任务。

首先，选一张照片，把背景换成黑色，同时要调整头像中脸部的亮度，尽可能亮一些。把它制作成灰度图后，还可以调整亮度，头发也调亮，不过有些细节部分还需要加深，如图 18-65 所示。

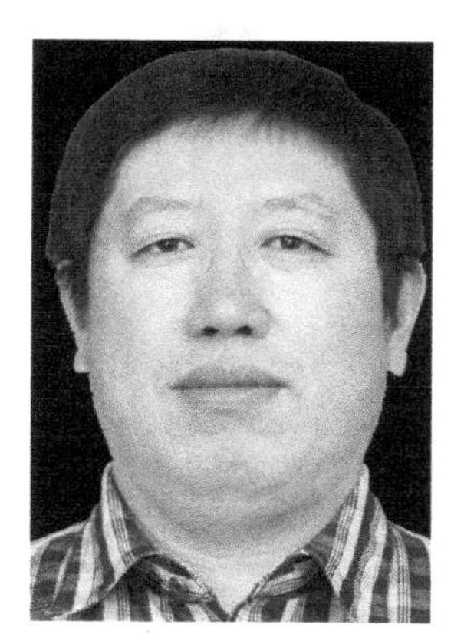
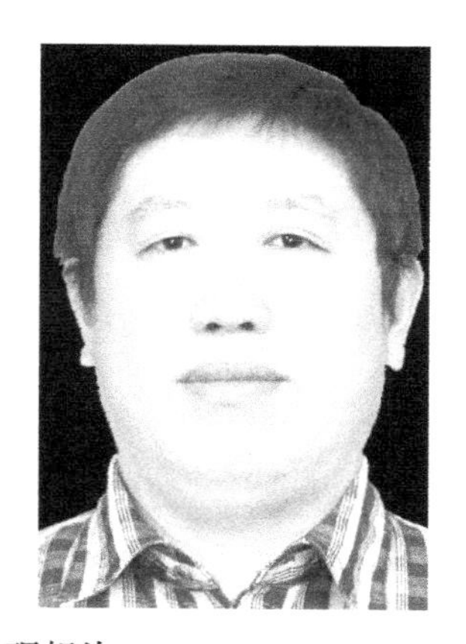

图 18-65 待处理相片

运行 Cubify Sculpt，选择立方体作为基本形体，把黏土粗糙度设置为 0.1，切换视图为主视图。选择区域浮雕工具，图案模式设置为自定义，再选择处理好的照片作为图案，根据黏土的大小，来调整笔刷直径的大小，此时使用键盘上的“+”和“-”键非常方便，如图 18-66 所示。在立方体上单击一次，浮雕高度设置为 4（可以根据需要随时调整这个数值），然后单击预览按钮，就出现了照片的浮雕，如图 18-67 所示。照片的细节保留得相当好。

若想 3D 打印出来，这个立方体太浪费材料了，需要处理一下。切换到俯视图，选择使用矩形切除黏土工具，切掉大部分立方体，只留下一个薄层就够了，如图 18-68 所示。

这个模型就可以用于 3D 打印了。记住你还可以使用前面讲过的工具，对照着照片，继续对模型进行精雕细琢，比如为额头和双眼下面平坦的部分添加一些细节，最终模型如图 18-69 所示。

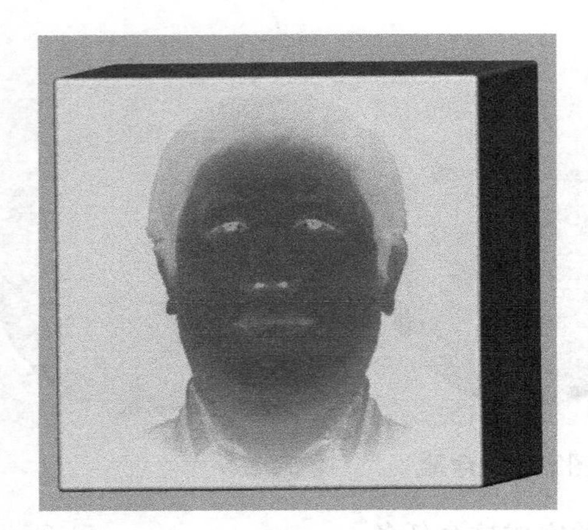
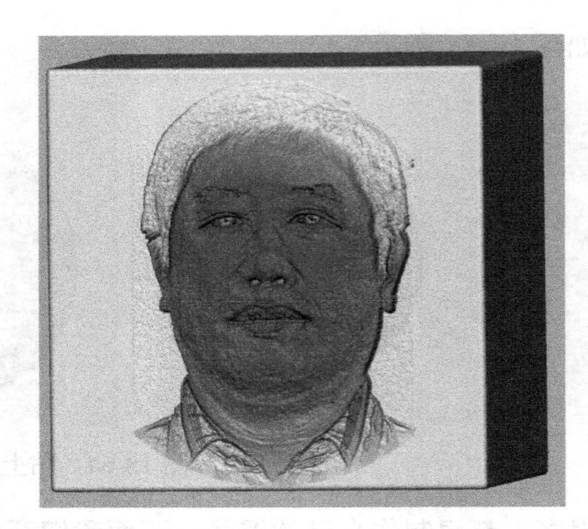

图 18-66 调整相片尺寸并生成浮雕

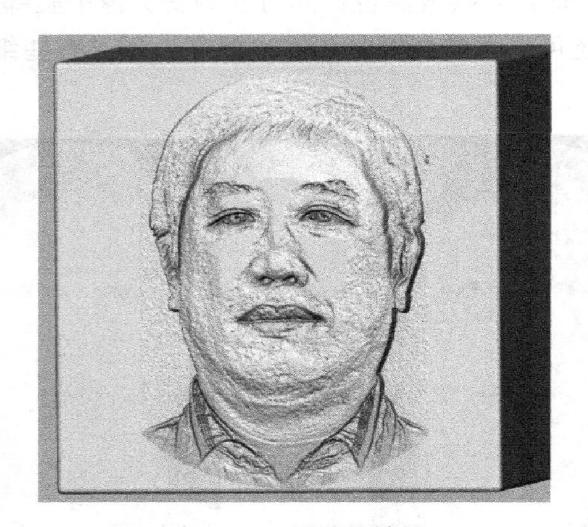

图 18-67 浮雕的效果

图 18-68 切除多余的黏土

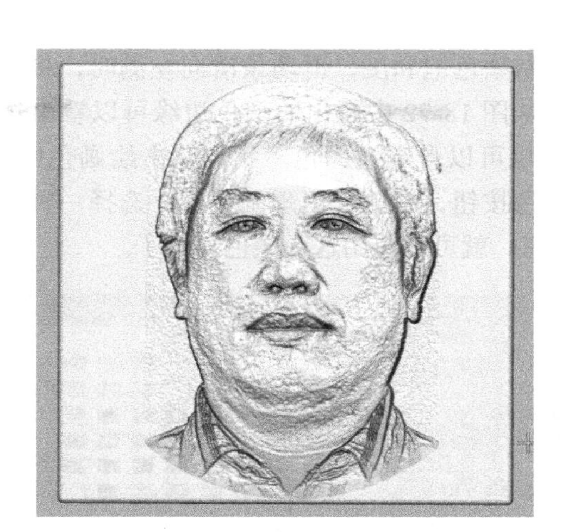

图 18-69　照片的最终模型

现在，有关黏土操作的工具都已介绍完，读者应该对这个程序有了深刻的认识。

接下来介绍另一组工具，它们是对雕刻模型起辅助的命令，如涂色、尺子等，我们大致了解一下它们的功能。

（1）涂色

涂色就是绘画工具，如图 18-70 所示。不过这里它只具有给模型上色的功能，所以直接称它为涂色工具。工具的用法比较简单，选择涂色工具，单击属性栏中的绘画按钮，就可以给画笔接触到的模型表面涂上颜色。单击擦除按钮，可以把刚才绘制的颜色擦掉，如图 18-71 的所示。吸色管用来提取模型上的颜色，当为模型涂了多种颜色时，可以提取某种颜色，继续在其他位置涂色，可以保证绘制颜色的一致性。直径设置的是笔刷大小。

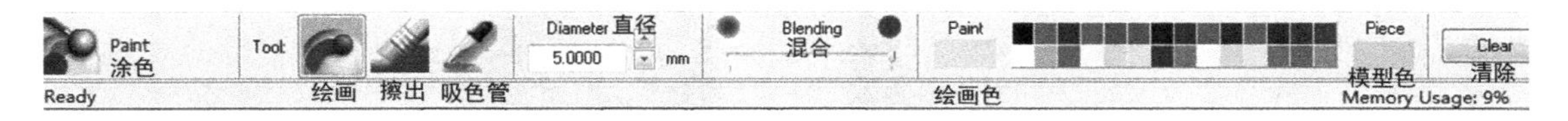

图 18-70　涂色工具

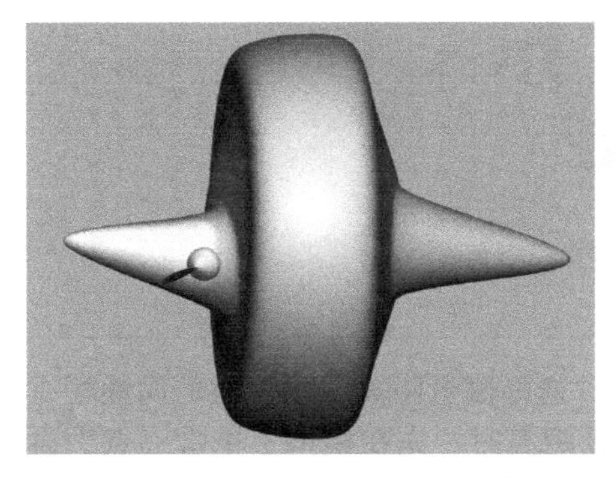

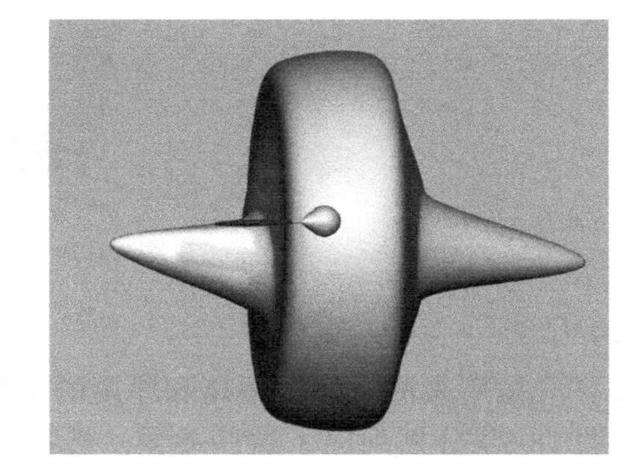

图 18-71　涂色和擦除

混合设置的是画笔绘制颜色饱和度，滑动条滑向左侧时，将降低颜色的饱和度；滑向右侧时，将增大饱和度，从图 18-72 中画出的颜色边缘可以看出这种差异。既可以从基本颜色调色板中选取颜色，也可以自定义颜色。我们双击绘画色图标，将会出现颜色面板，单击其中的规定自定义颜色按钮，右侧会出现调色板，选择一种颜色，再单击添加到自定义颜色按钮，单击确定按钮，就可以使用这种颜色绘画了。

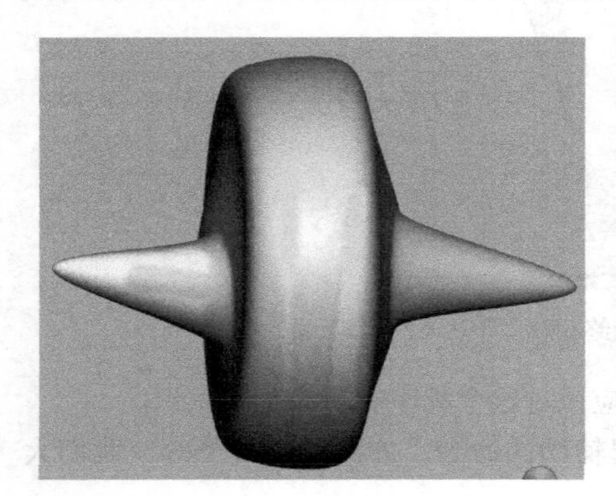

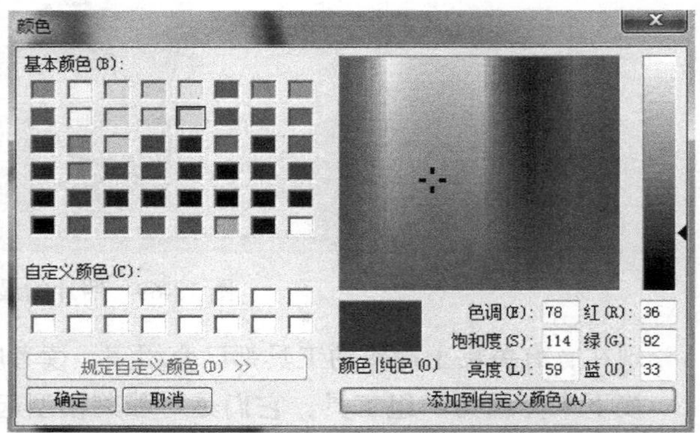

图 18-72 混合与自定义颜色

模型色设置的是整个黏土的颜色，也可以使用自定义颜色，自定义模型色如图 18-73 所示。操作步骤与上述的方法相同，就不再重复。单击清除按钮，则取消了模型上绘制的所有颜色。

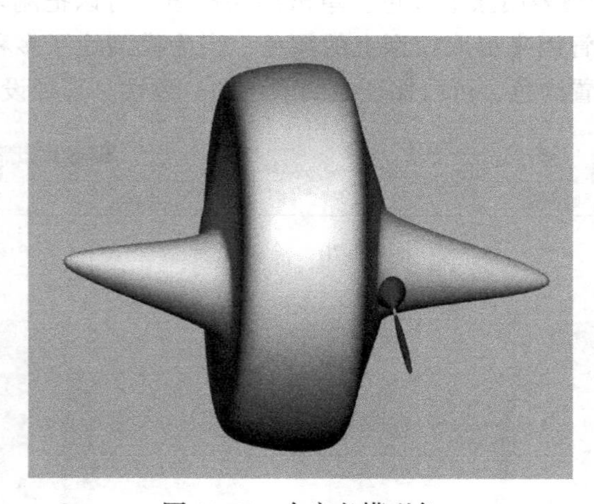

图 18-73 自定义模型色

（2）尺子

尺子是用来测量模型距离和厚度的工具。选择测量距离或厚度时，属性栏有些细微差异，图 18-74 分别列出了这些差异。选择测量距离时，先在模型上单击一点，再单击另一点，测量的结果就会出现在属性栏中，模型旁边也会显示直线距离值。测量距离比测量厚度多出轴向捕捉按钮，前面已介绍过轴向捕捉的功能，测量厚度时没有这个按钮。选择测量厚度时，这个工具变为动态的，它接触到模型时，会显示出与光标位置垂直的模型厚度，这需要仔细观察光标所在的位置，如图 18-75 所示。3 个轴向值，显示的是与 3 个轴的位置偏差。测量结束后，单击完成按钮返回上次使用的工具状态。精确建模不是雕刻软件的强项，所以只了解一些测量工具的用法就可以了。

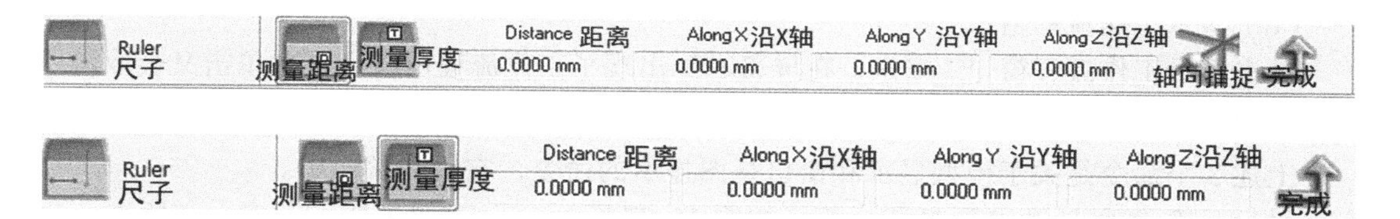

图 18-74　尺子工具

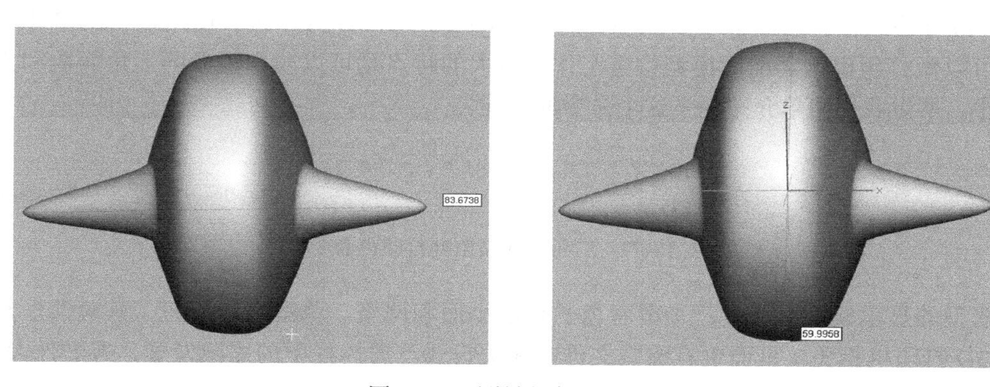

图 18-75　测量距离和厚度

（3）尺寸界限框

尺寸界限框显示出了模型的尺寸界限，也就是模型的边界框，有两种模式：全局和当前视图，如图 18-76 所示。不过多讲解。

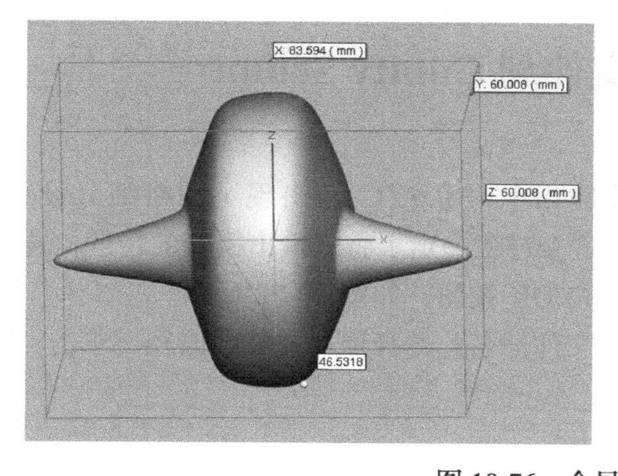

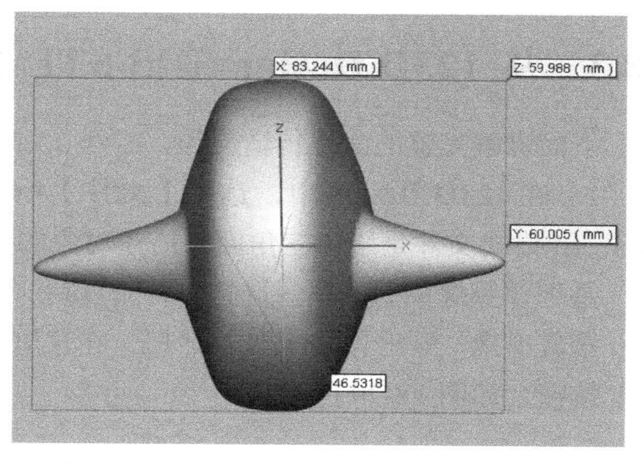

图 18-76　全局和当前视图模式

（4）适合窗口

适合窗口只改变了模型的显示状态，并不会影响其他工具的正常使用。在操作过程中单击这个按钮，放大的模型就会缩小至能够全部在视图窗口中显示出来。

（5）透视图

单击透视图按钮，模型将会以透视图模式显示。

（6）显示工作流程窗口

单击显示工作流程窗口按钮，在屏幕右侧出现了工作流程窗口，再次单击又会取消所显示的窗口。

上述3个命令是关于模型显示和窗口视图显示的命令，它们非常简单。

最后一个命令是输出到打印机，如图18-77所示。由于例子用的是Demo版本，里面的输出功能并不可用。不过文件菜单中有输出模型功能（Export Model），可以输出stl、obj、bip等格式，这已经够了。如果你有3D Systems的3D打印机，使用输出到打印机命令，可以做打印模型之前的模型检查工作，最大的特点是可以减少模型的三角面数和文件的大小，所以我们简单介绍一下这个命令的功能。

图 18-77 三角面数输出到打印机命令

模型的显示模式有3种：平滑着色、显示小面和网格。单击编辑按钮，其对话框与安装的3D打印机相关，里面也有缩减文件的相关设置。属性栏中的缩减设置，有文件大小、二进制STL和三角面数，其中任意一个数值都可以减少模型的大小。然后单击缩减按钮，经过一段时间的运算后，就减少了模型的面数，如果觉得不合适，单击清除按钮，就恢复了原来的尺寸；如果觉得合适，就单击输出按钮，这就是缩减面数的操作流程。

现在，已把工具栏中命令全部介绍完了，这些工具应该不难理解。

18.3 从123D Design输出STL文件到Cubify Sculpt

下面讲解完整的文件传输流程。

1）在123D Design中，选择【文件】→【输出】→【STL】，出现了网格细分设置。由于.stl格式文件是用小三角面来描述对象的，这个过程决定了将来输出模型的精度。还有一个是否合并对象的选项。选择一种精度后，单击OK按钮，如图18-78所示。

接着出现“导出为STL”对话框，在这里为文件命名，选择保存文件的路径，单击“保存”按钮，如图18-79所示。

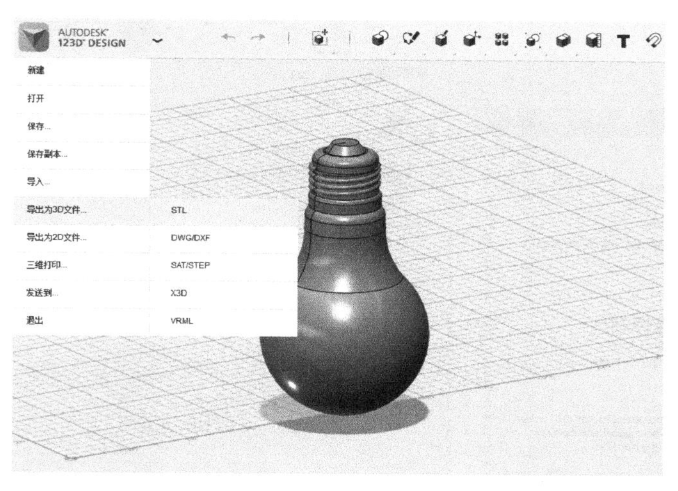

图 18-78　选择模型输出为 stl 格式文件的精度

图 18-79　输出 STL 的对话框

2）启动 Cubify Sculpt，在新建模型对话框中，单击导入按钮，输入边缘锐利度的数值，单击 OK 按钮。随后出现导入模型对话框，浏览保存 STL 文件的路径，单击文件，再单击导入按钮，如图 18-80 所示。

模型导入 Cubify Sculpt 中，此时，允许对模型执行移动、旋转和比例缩放 3 种操作，如图 18-81 所示。注意，这是针对模型的操作。把鼠标放在白色圆圈之上，会显示为，按下并拖动鼠标，可以放大或缩小模型，注意观察一下，X、Y、Z 轴的数值会随之发生改变；鼠标放在白色圆圈之内，显示为，按下并拖动鼠标，可以旋转模型；鼠标放在中央的红点之上，显示为，按下并拖动鼠标可以移动模型。图 18-82 中的粉色长方体框是尺寸界限框，标注有 X、Y、Z 的数值。

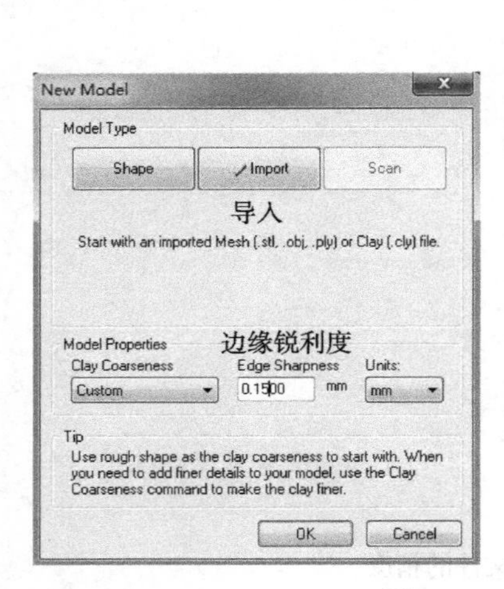

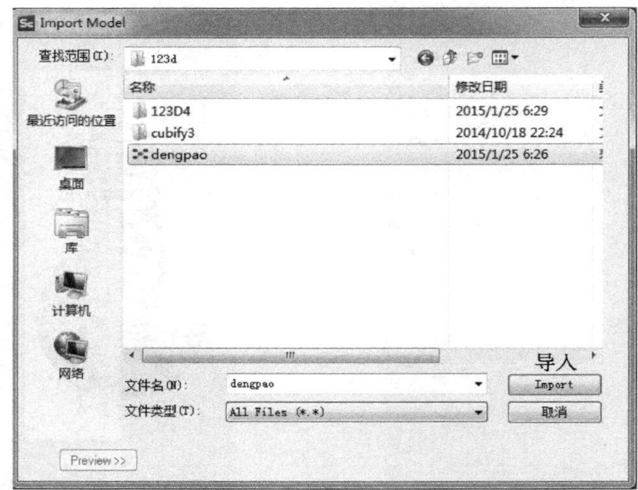

图 18-80　在 Cubify Sculpt 中导入 STL 文件

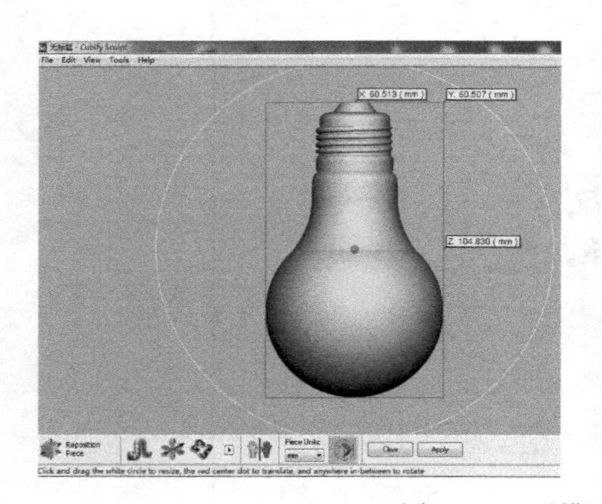

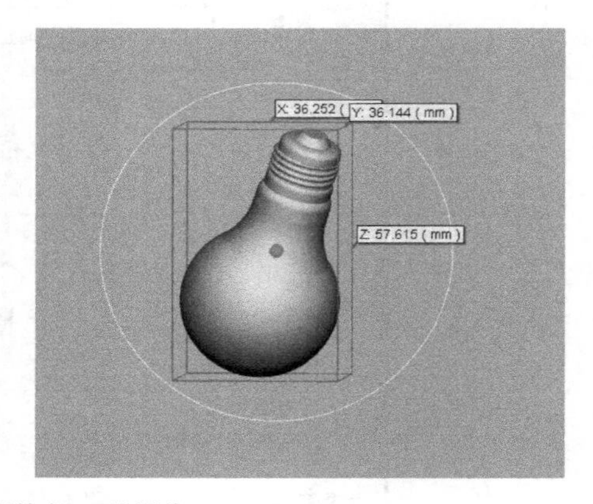

图 18-81　对模型执行 3 种操作

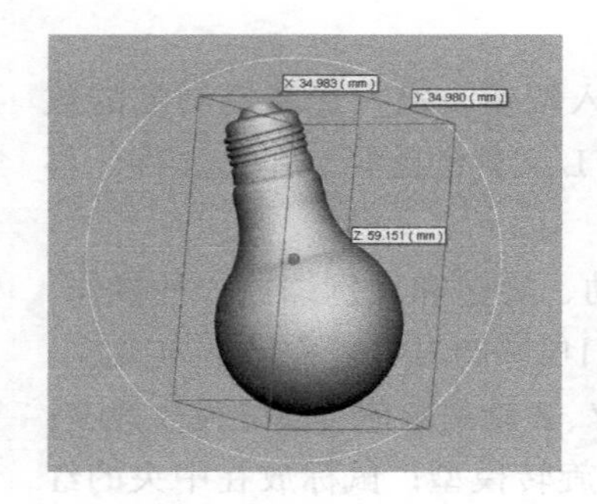

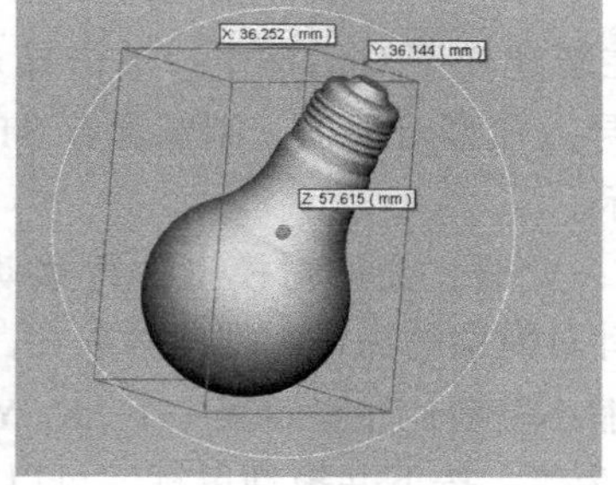

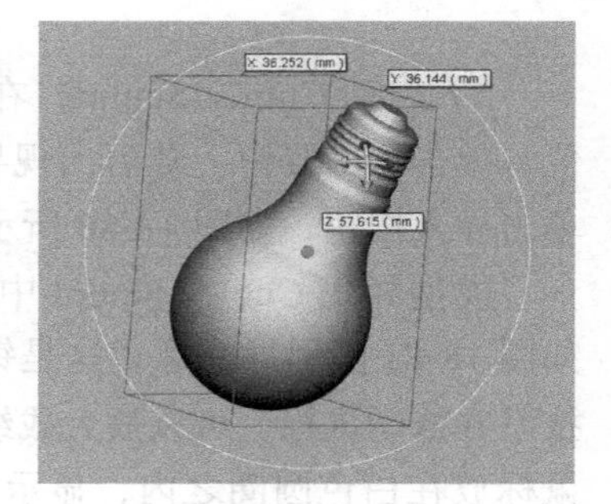

图 18-82　尺寸界限框

我们看看属性栏中的各部分按钮的功能，如图 18-83 所示。

Reposition Piece 重定位模型　精确移动　仅移动　仅旋转　镜像　Piece Units: 模型单位 mm　尺寸界限框　Clear 清除　Apply 应用

Click and drag the white circle to resize, the red center dot to translate, and anywhere in-between to rotate

图 18-83　属性栏各部分的功能

当单击仅移动按钮时，会出现 3 个轴向的坐标，约束只在某个轴向上产生移动；当单击仅旋转按钮时，也会出现绕 3 个轴向的旋转图标，约束围绕某个轴向产生旋转。单击旁边黑色的小三角，会出现“输入数值定位”对话框，可以输入数值来移动、旋转或缩放模型，如图 18-84 的所示。对于爱好者来说，可以不去理会该对话框。

Position by Value 输入数值定位

	Global 全局		Local 局部	
X轴移动 Translate X	15.0004	mm	0.0000	mm
Y轴移动 Translate Y	5.3717	mm	0.0000	mm
Z轴移动 Translate Z	1.4887	mm	0.0000	mm
绕X轴旋转 Rotate X	13.2323	°	0.0000	°
绕Y轴旋转 Rotate Y	17.9570	°	0.0000	°
绕Z轴旋转 Rotate Z	-12.0829	°	0.0000	°
缩放因子 Scale Factor	0.6415			
移动步长 Translate Step	1.0000	mm		
旋转步长 Rotate Step	15.0000	°		

图 18-84　输入数值定位对话框

单击清除按钮，就取消导入模型；如果完成设置，就单击应用按钮，这样就完成了导入模型的过程。前面我们已学习了各种工具的用法，可以用这些工具来处理模型了。也许大家不太清楚，一些 3D 设计程序是不能处理 STL 格式文件的，所以我们推荐大家学习 Cubify Sculpt，这就是我们所讲的为 123D Design 加上“右臂”。下面我就给灯泡加上“工”字，如图 18-85 所示。这是非常简单的。

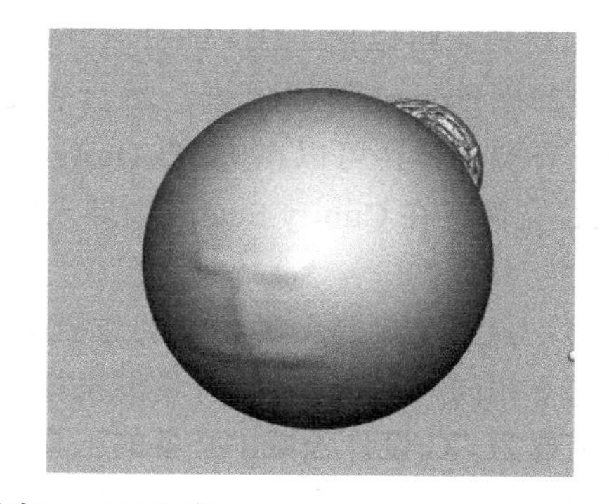

图 18-85　为灯泡加上“工”字

接下来，我们要把这个模型从 Cubify Sculpt 中输出，选择文件菜单中的输出模型命令，确定需要的文件格式，指定文件的存储路径，单击保存按钮，就完成了输出文件的过程，如图 18-86 所示。

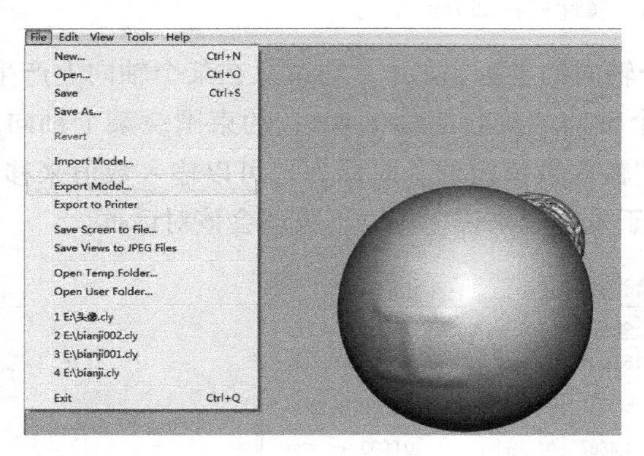

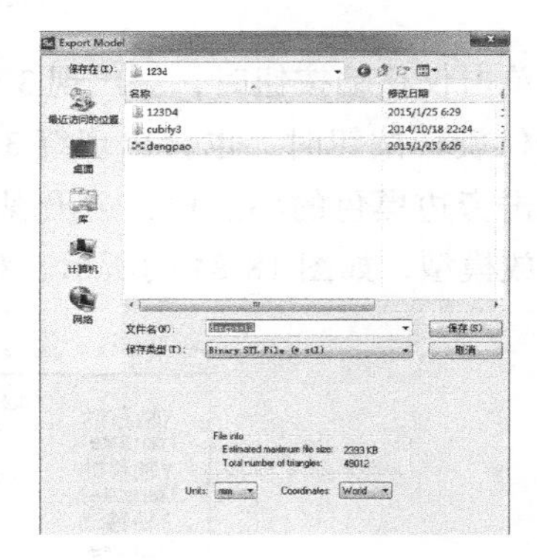

图 18-86　输出模型文件

如果用于 3D 打印，那么选择输出 STL 格式的文件；如果想要使用其他程序来处理这个模型，那么选择 OBJ 格式。在这个流程中，当导入 STL 文件时，如果模型上有比较细微的细节，那么就要把黏土粗糙度设置得小些。在传输 3D 模型文件时，也要注意精度问题。

18.4　扩展设计的边界

雕刻是一个细致的事情，在掌握了工具的使用方法之后，需要更多的细心和耐心，当然还有观察力，不断地对黏土进行处理。限于篇幅，本书不会去详细讲述雕刻的具体过程，我们尽可能多地传达一些方法和技巧。

首先，平时多制作一些形体，分门别类地保存起来。Cubify Sculpt 能够多次导入不同的模型，然后将它们融合在一起，作为雕刻的粗模，这也是该软件很有特色的地方。

当然，123D Design 中制作的几何体，也可以通过输出 STL 文件，在 Cubify Sculpt 用作雕刻的原材料。可以把 123D Design 作为一个仓库，因为它的绘图能力强，需要什么形状，就用 123D Design 创建出来，然后在 Cubify Sculpt 中进行细节处理。比如，Cubify Sculpt 中没有圆环体，可以在 123D Design 中拖出圆环体，如图 18-87 所示。设置好参数，输出为 STL 文件，在 Cubify Sculpt 中导入这个 STL 文件，然后再输出保存起来，方便以后使用。

要理解一点，雕刻是一种独立的建模手段，与常规的 Polygon、SubD、NURBS 和实体建模方法都不相同，它在 CG 设计领域发挥着越来越重要的作用。Zbrush 是最专业的雕刻程序，基本上成为 CG 设计领域中必备的工具。虽然 Cubify Sculpt 没有那么多复杂的功能，但对于初学者而言，作为模型修复工具，把模型处理后用于 3D 打印，也是非常不错的选择。

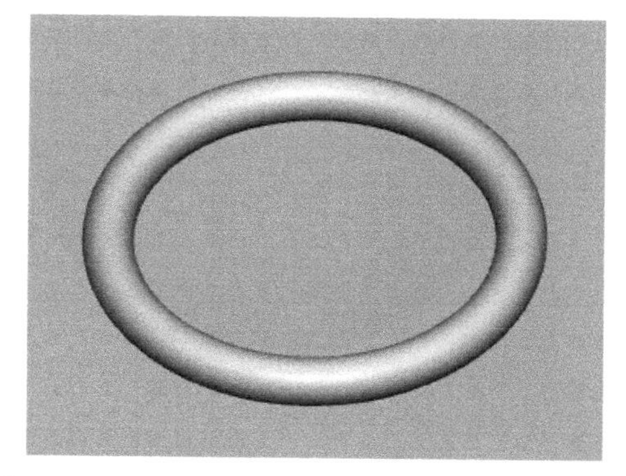

图 18-87　制作圆环体

Cubify Sculpt 中，还有一些有用的功能，下面简单介绍一下。

在帮助菜单中，找到快捷键一览表，里面有使用键盘方向键旋转视图的快捷键，例如 Left，Shift+Left，指的是用←键绕着 Y 轴反方向旋转视图，我们来看看它有什么用处。

先打开工具菜单中的选项卡，选择视图→设置，右边第一项设置的是视图转动的增量，设置为 15°，其余的设置保持不变，如图 18-88 所示。

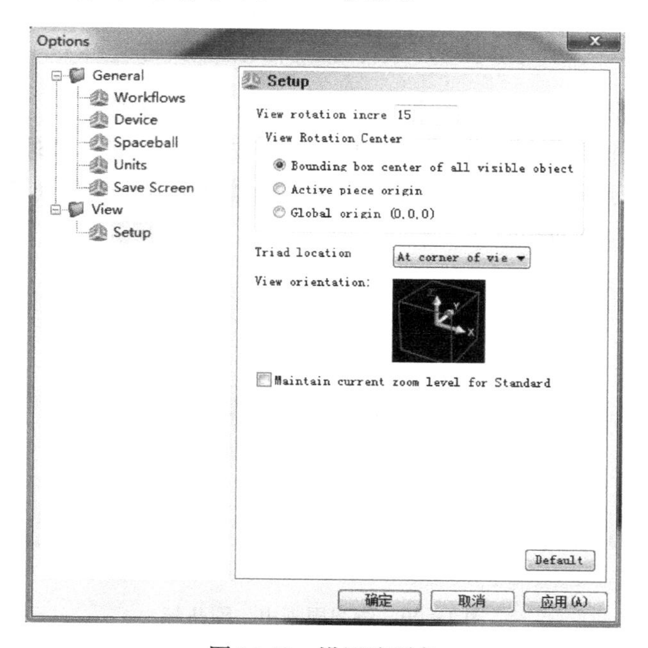

图 18-88　设置选项卡

先调入一个模型，再选择雕刻工具，模式设置为凸出，工具大小设置为 3.5。先在模型的表面单击，然后按住鼠标，同时按下←方向键，视图开始旋转，同时在模型上每隔 15° 会出现一个凸起，一直按住←方向键，凸起就会布满整个圆周，如图 18-89 所示。

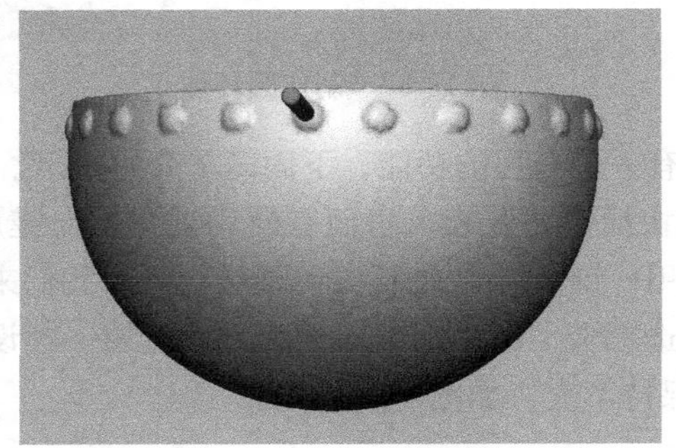

图 18-89　旋转视图，同时绘制凸起

接下来，回到视图→设置部分，把 View rotation incre 设置为 1，要先单击“应用”按钮，再单击“确定”按钮。我们重复刚才的步骤，按住 Shift 键，同时按←键，你会发现，这次模型转得缓慢，因为按 Shift 键，进入的是精确移动模式，而雕刻笔刷画出一圈绕圆周的凸起，结果如图 18-90 所示。

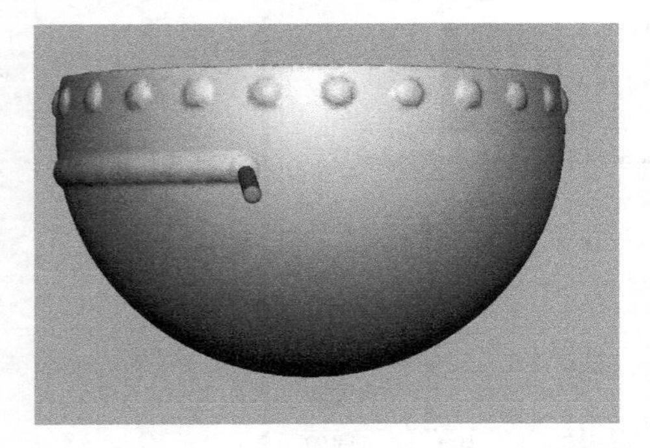

图 18-90　绕圆周画出一圈凸起

这样，就可以用来修饰模型。可以试一下其他的方向键，只是视图会绕着不同的轴向旋转。还有，做这样的操作时，最好切换到正向视图中操作。

那么，可以用这种方法绘制曲线吗？当然可以，只不过在转动过程中要多单击几次鼠标，最后与起始点闭合时，要及时停下来。选择绘制曲线命令，单击工具栏中的拟合按钮，在模型表面单击一下，然后按下←键，右手要不断单击鼠标，就会绘制出一条绕圆周的曲线。有时可能画不直，绘制完成后可以做调整，然后可以用管子工具添加黏土，如图 18-91 所示。

图 18-91 绘制曲线，然后添加黏土

另一个非常有用的功能是应用区域浮雕功能为模型生成浮雕。虽然前面讲了一些相关的知识，甚至创建了自己的浮雕，我还是要详细讲解这部分内容，因为这种方法在修饰模型时用处非常大。在网上搜一下灰度图转浮雕，会出现很多灰度图转浮雕的图片，这里并不去探讨行业上的应用，3D 爱好者关注的是如何使模型建得更加漂亮，如何拓展自己的设计能力。

找出如图 18-92 所示图片，然后应用区域浮雕工具，把它在圆柱体上制作成浮雕，我们现在要解释的是如何制作这种灰度图？

前面例子的相片，使用了 Photoshop 来制作灰度图，这是因为 Photoshop 使用得非常广泛，也可以用来制作简单的灰度图。但在加工行业，国内应用广泛的软件是英国 Delcam 公司出品的 ArtCAM 软件。

ArtCAM 称得上世界顶级的艺术浮雕设计加工软件解决方案，它可以把手绘稿、扫描文件、照片、灰度图等文件的平面数据，转化为生动而精致的 3D 浮雕数字模型，并生成能够驱动数控机床运行的代码。

我使用 ArtCAM 2008 把前面的照片转成灰度图，同时把在 ArtCAM 中生成的浮雕预览和在 Cubify Sculpt 中生成的浮雕效果对比，如图 18-93 所示。

图 18-92　利用灰度图制作浮雕

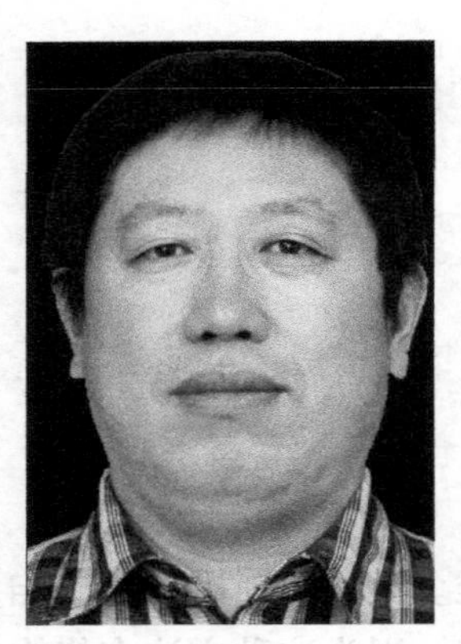
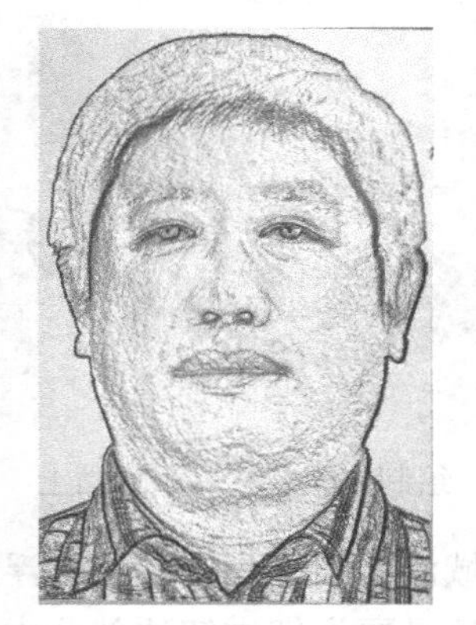

图 18-93　ArtCAM 与 Cubify Sculpt 生成的浮雕对比

可以看出，Cubify Sculpt 生成的浮雕稍微逊色一些，不过完全能够满足 3D 打印爱好者的需求。

ArtCAM 的功能非常强大，任何一张图片都能转化为灰度图。再随便找出一幅风景画，利用 ArtCAM 制作成灰度图，然后在 Cubify Sculpt 中生成浮雕效果，如图 18-94 所示。

图 18-94　风景画生成浮雕

把 ArtCAM 软件也加入到你的设计流程中，它为 3D 打印提供了很多便利，这种方法将来有可能在很多行业中得到应用的。

有很多黑白图案，如图 18-95 所示。如果想要使用它，则需要先对它做些处理，生成的浮雕才能更有效果。这可以在 Photoshop 中进行，建立选区，然后去填充不同的灰色，还可以对边界进行羽化处理，结果如图 18-95 所示。这需要去了解一些相关的知识。

图 18-95 需要对黑白图像先做处理

有时候，我们会使用绘制曲线工具画一些曲线，然后应用管子工具，添加一些黏土。在绘制直线条时，如果要结束绘制，尽可能使用键盘上的 E 键。绘制如图 18-96 所示的直线，每画一条线都按 E 键结束，然后单击上次绘制的端点，继续画下一条直线，最后用管子工具生成黏土。

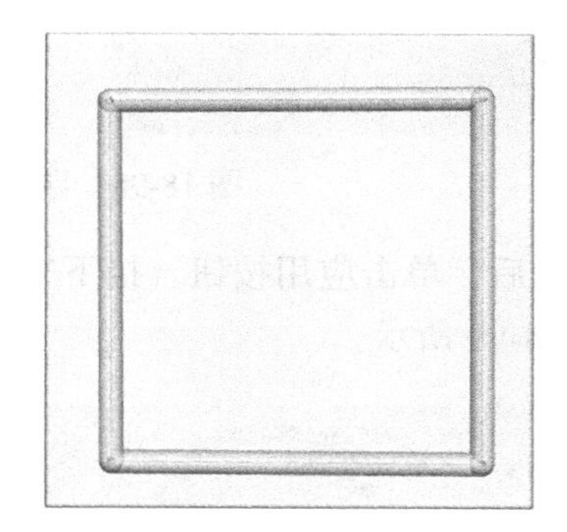

图 18-96 绘制直线，然后生成黏土

在黏土上绘制出一个心形，用编辑曲线工具选中这条曲线，然后按 Ctrl+C 和 Ctrl+V 键，复制出一个心形，此时，两条曲线是重合的。接下来使用编辑曲线工具，一个点一个点地拖动曲线，就会生成一条类似偏移效果的曲线，如图 18-97 所示。

当打印头像的时候，头部模型下部脖子处与身体是断开的，如图 18-98 所示。它看起来很不好看，我们给它加个底座，这对于 Cubify Sculpt 是很容易的。先导入人头模型，再导入一个薄的圆柱体，前面大家已将制作的一些基本形体保留起来，这时候要用到它们了。

切换到不同的视图，调整圆盘的大小和位置，脖子处有部分黏土在圆盘之下，我们将来要去除掉这部分。

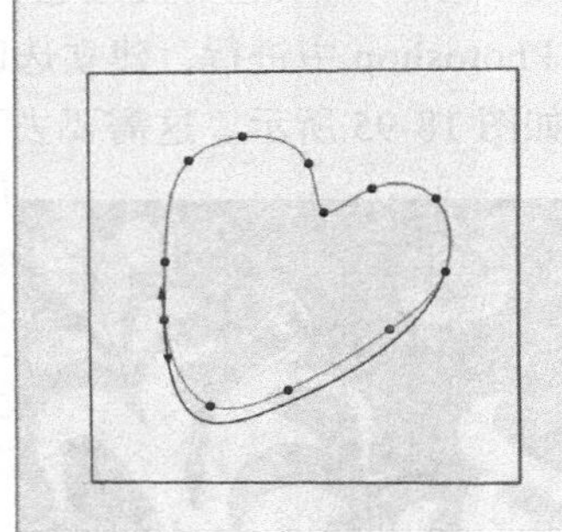

图 18-97　复制出曲线，然后调整形状

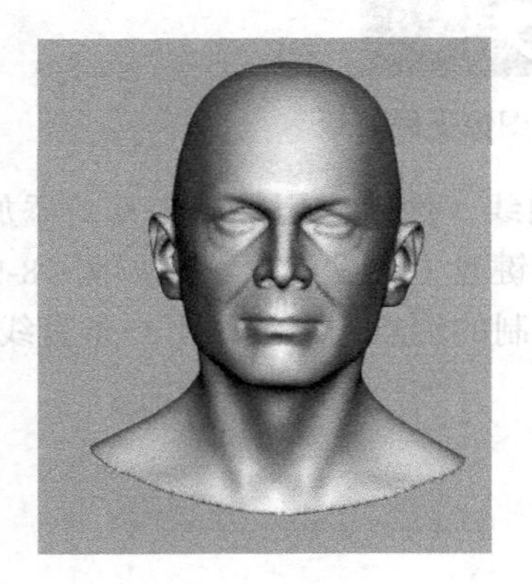
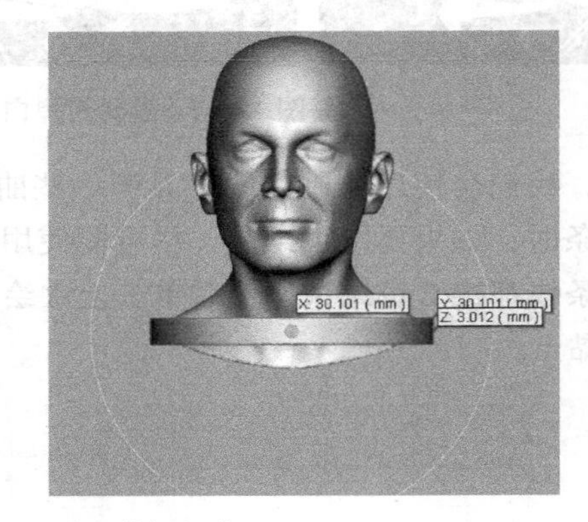

图 18-98　导入圆盘并调整位置

确定好位置后，单击应用按钮。接下来，使用矩形切除黏土工具，把圆盘下面的部分切除掉，如图 18-99 所示。

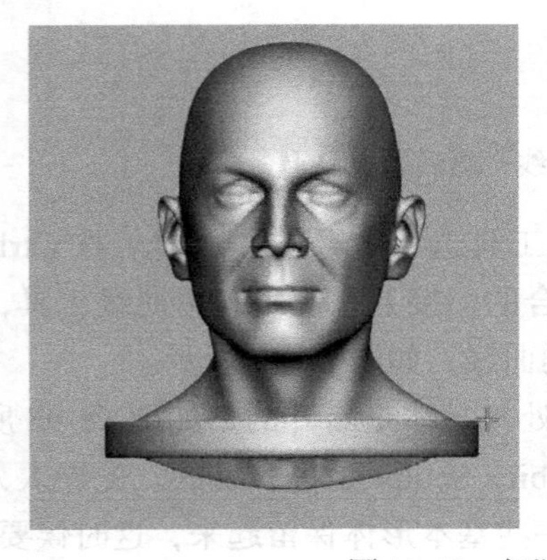
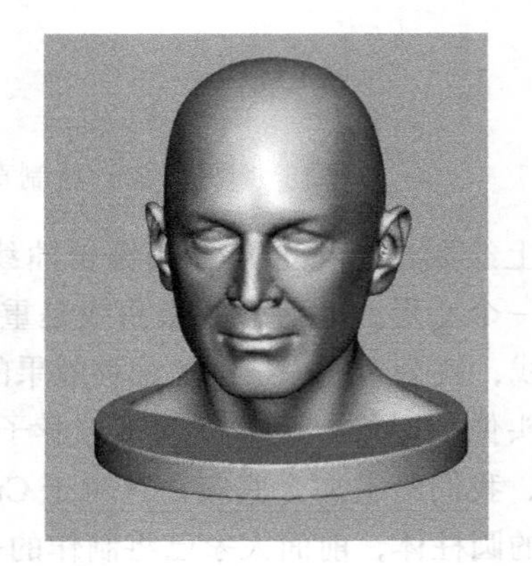

图 18-99　切除多余的黏土

选择雕刻工具，然后选择凹陷模式，进入工具菜单中的选项卡，看看视图旋转增量的值是多少，然后把雕刻工具在圆盘侧面单击一下，同时按住←方向键，视图开始旋转，并在圆盘侧面上雕刻出凹坑，如图 18-100 所示。

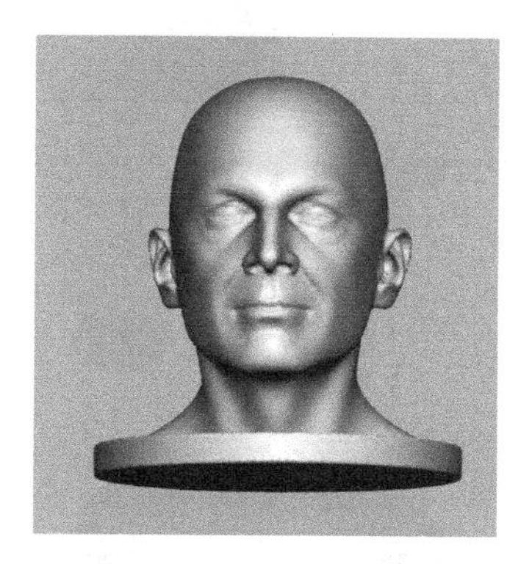
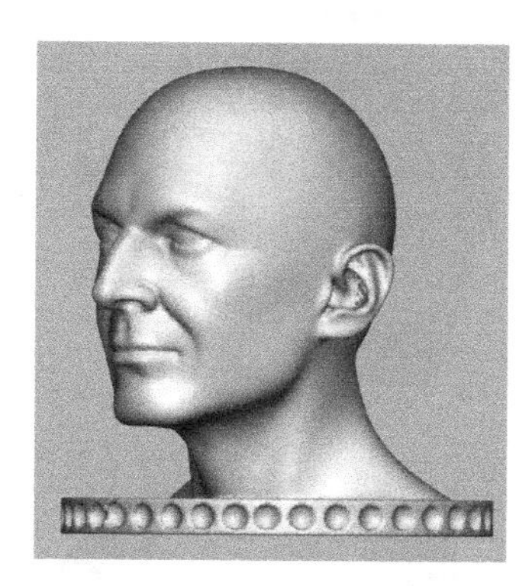

图 18-100 修饰圆盘侧面

如果脖子与圆盘的连接处有明显的痕迹，可以使用区域平滑工具先把这个区域涂上颜色，然后单击属性栏中的平滑按钮，可以连续单击几次，得到令人满意的结果，如图 18-101 所示。

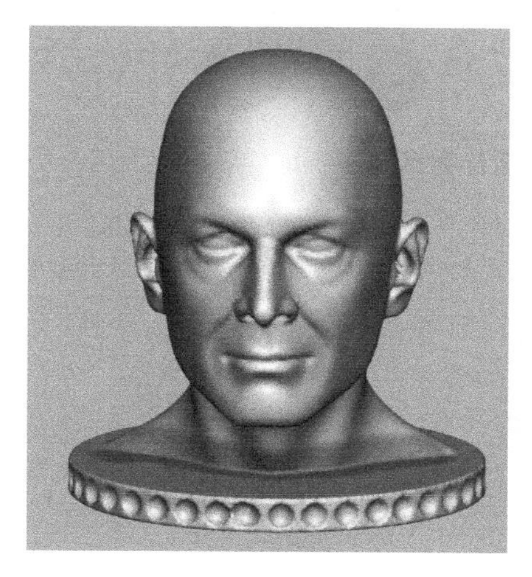
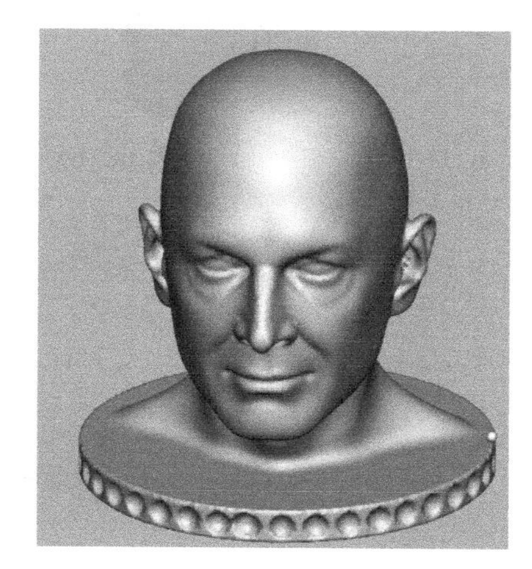

图 18-101 平滑脖子与圆盘的接缝处

以上讲解了关于 Cubify Sculpt 在 3D 打印建模中的一些应用。下面用一个完整的例子，来讲解如何应用 123D Design 和 Cubify Sculpt 进行建模的流程。

1）利用一个羊年吉祥物的布偶照片，准备构建该布偶的 3D 模型，如图 18-102 所示。

先分析一下布偶的构成，它是由头部、躯干、四肢、羊角和尾巴组成的，我们先构建它的躯干。在 Cubify Sculpt 中，从球体开始建模。以球体作为基本形体，使用拉伸黏土工具，在主视图中把球体拉长，接着在左视图中把它压扁一些，如图 18-103 所示。这些操作都需要在正向视图中进行，否则无法控制形状。

图 18-102　羊年吉祥物布偶

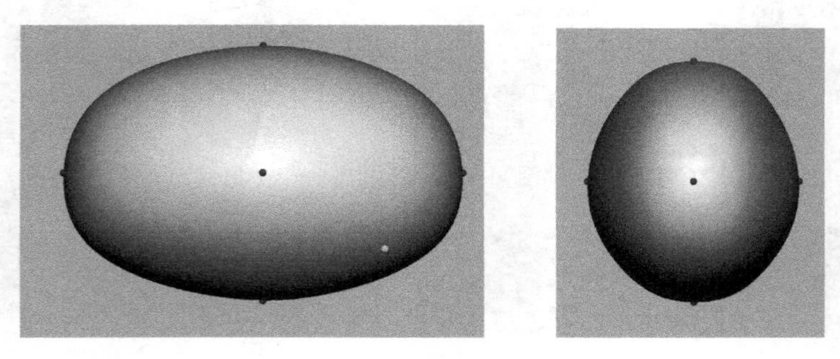

图 18-103　变形球体

2）使用拖拽工具继续修改这个形体，因为要不断地调整工具的大小，所以使用键盘上的“+”和“-”键非常方便。目的是要拖出连接四肢的形状，慢慢拖动，如图 18-104 所示。其实雕刻是手艺活，方法很简单。

3）参照图片，在左视图中调整模型的一侧即可。接下来使用镜像工具，镜像出模型的另一侧。操作过程中，使用转换定位按钮来更改镜像平面。然后单击预览按钮，如果不是想要的结果，就单击翻转按钮，如图 18-105 所示。接着再拖出安装脖子的部分，我们称为

“躯干”，把模型保存起来，如图 18-106 所示。

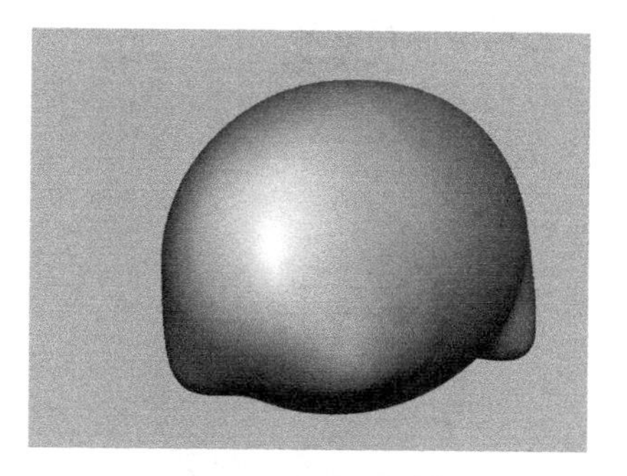

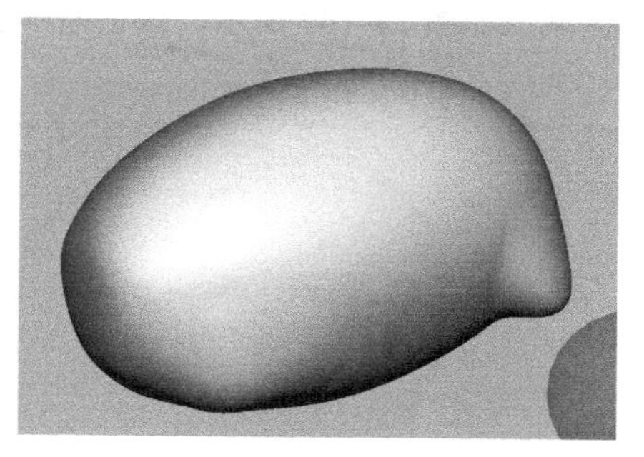

图 18-104　拖出连接四肢的位置

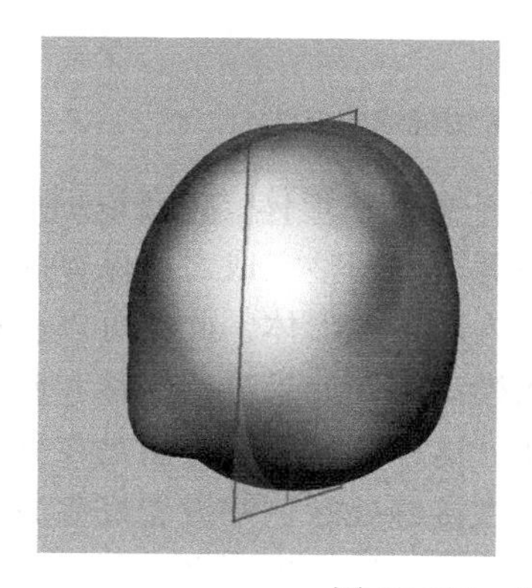

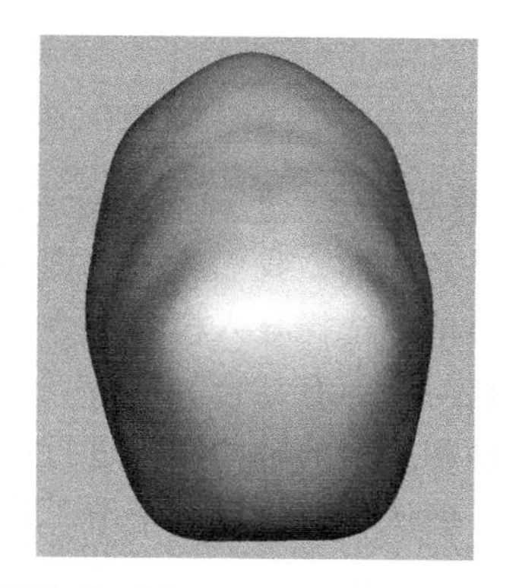

图 18-105　镜像出另一侧

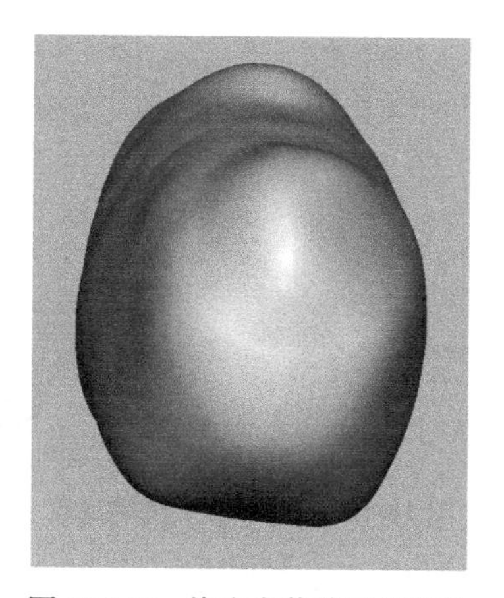

图 18-106　拖出安装脖子的部分

4）下面开始制作头部的大致形状。这也是以球体为基本形体，使用拉伸黏土工具和拖拽工具，不断调整球体的形状，雕刻是非常注重细节的，此时只要大致相似即可。也只需调整一边的形状，然后使用镜像工具镜像出另一侧。在头部上绘制一条曲线，用来辅助辨认大致的区域，如图 18-107 所示。修正差不多后，把模型保存起来。

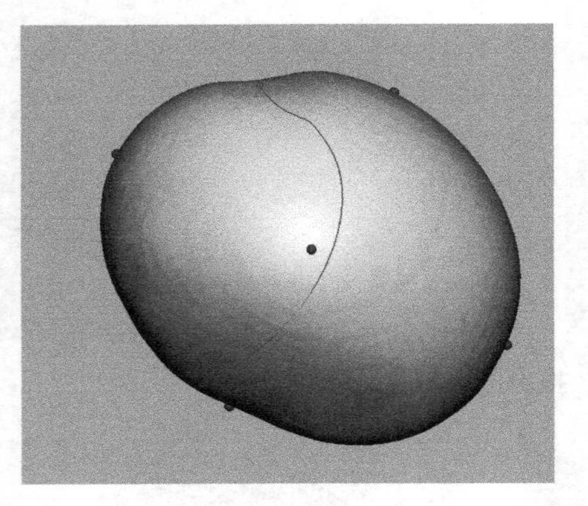
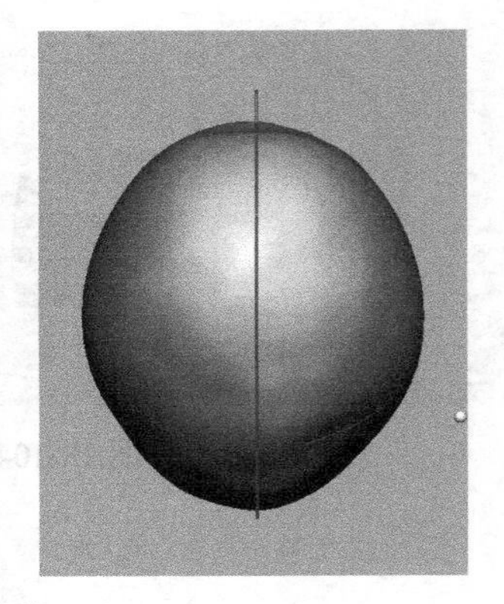

图 18-107　头部也采用镜像的方法

5）导入一个薄圆柱体，前面讲过应该制作一些基本形体，以备以后调用。同时调整这个圆柱体使它不是正圆形，我们给头部接一段脖子，调整完成之后保存起来。打开头部文件，然后从文件菜单中选择导入模型命令，导入脖子的形体，此时可以移动、旋转和缩放脖子的形体，使它与头部有结合的部分。导入模型后，如果进行平移和旋转，建议使用工具属性栏中的移动和旋转的轴向图标进行操作，这样容易控制模型是在哪个轴向上移动或绕哪一根轴旋转。确认后使用区域平滑工具，在接缝处涂色并设置好参数，然后单击属性栏中的平滑按钮，平滑这部分。虽然连续单击按钮可以产生更平滑的效果，但单击次数也要适当，不能平滑过度，如图 18-108 所示。

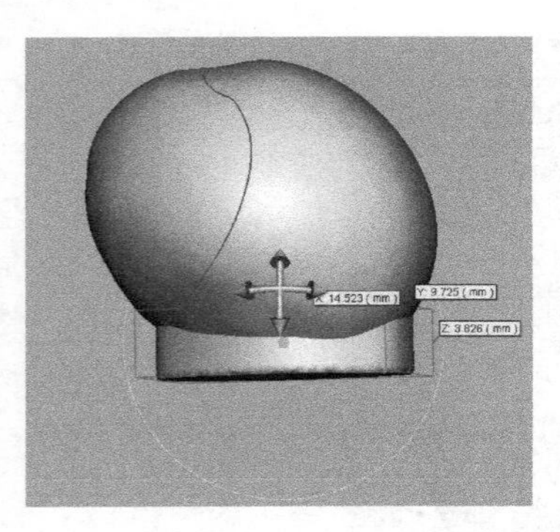
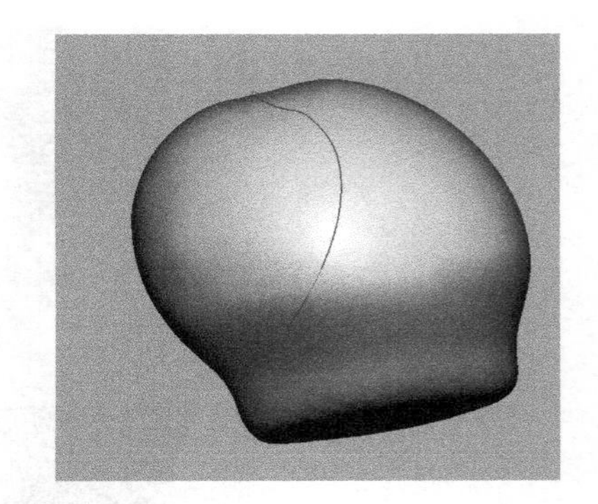

图 18-108　平滑脖子接缝位置

如果感觉脖子有点短，可以使用区域浮雕的基本功能，绘制脖子底部，使它生长出一段距离，然后再次平滑这一部分，如图 18-109 所示。把这个模型保存起来。

6）先打开躯干模型，然后再导入头部，现在把这两部分装配起来。可以调整头部的大小，并放置到躯干的适当位置，同时旋转头部，仰起的角度大致如图 18-110 所示。连接完成后，平滑接缝处。

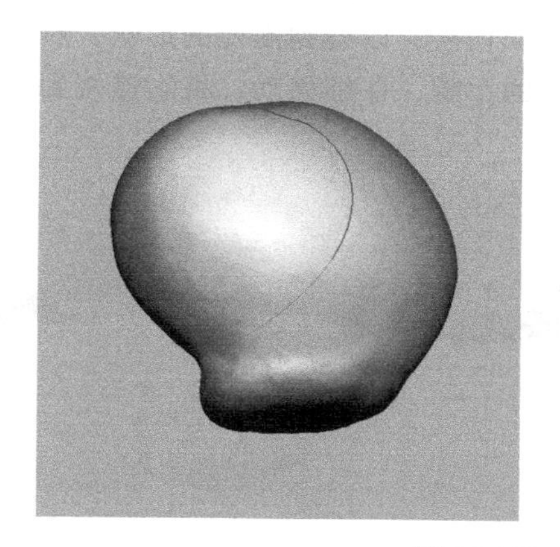
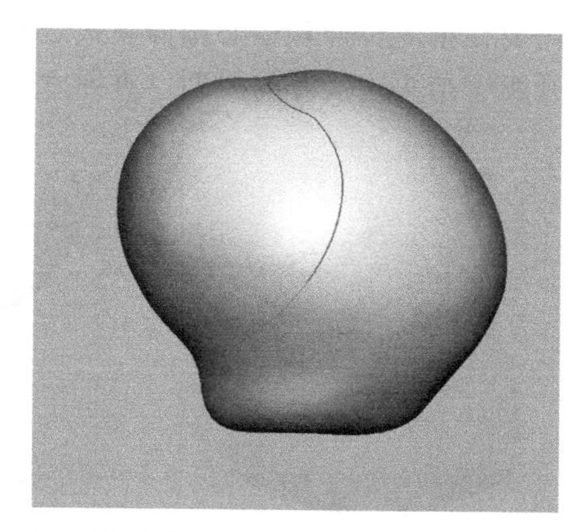

图 18-109　生长一段脖子

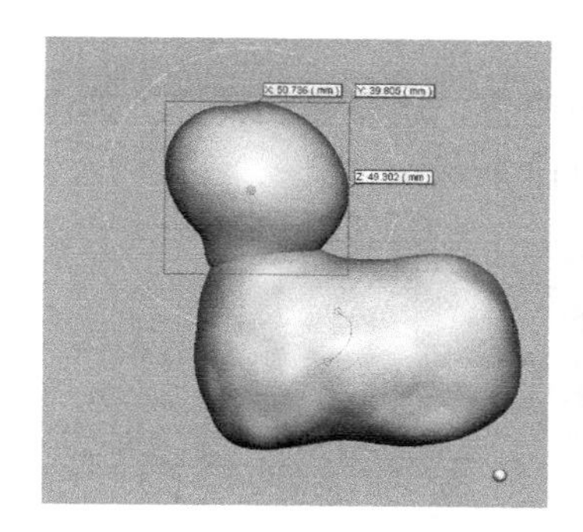
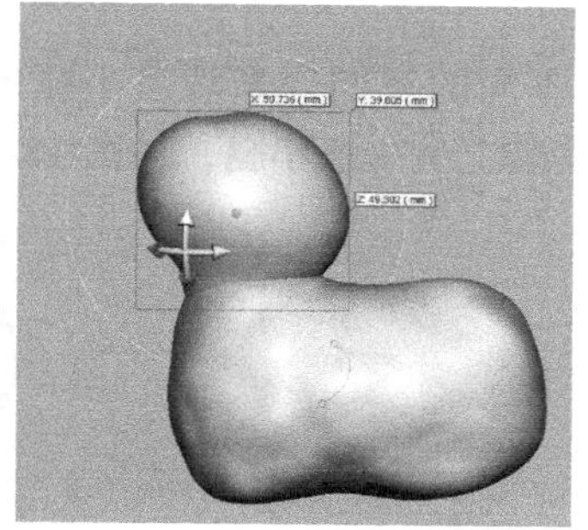
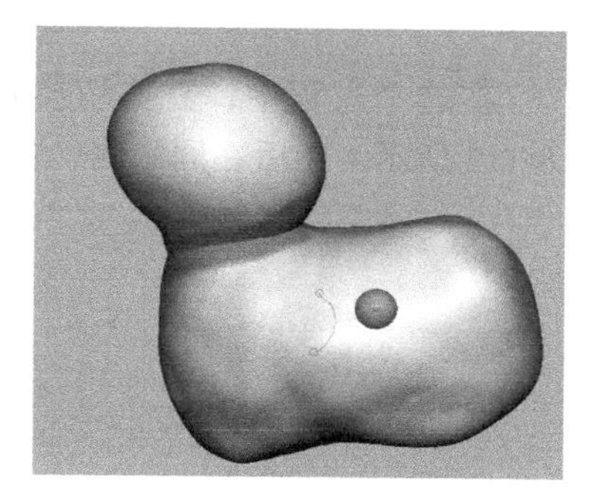

图 18-110　连接头部与躯干

7）对模型的一侧看起来不太合适的部位进行处理，使模型有大致的轮廓。原来在头部所画的曲线，现在留在躯干中，用编辑曲线工具选中它，将它删除。重新在头部上绘制一条曲线，如图 18-111 所示。

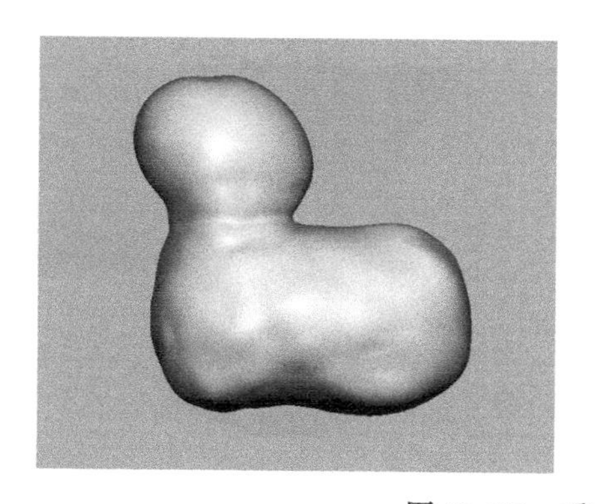
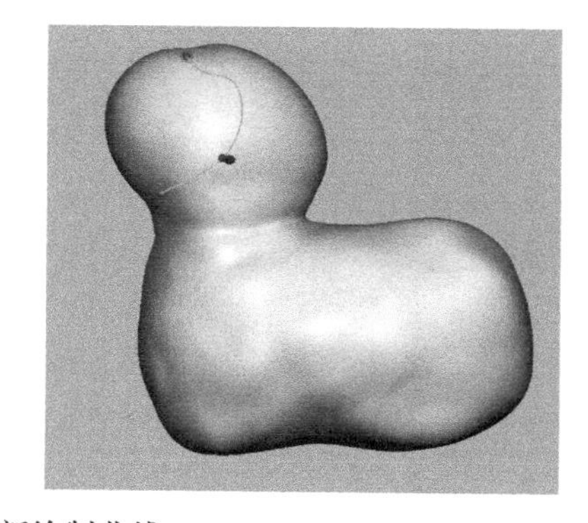

图 18-111　重新绘制曲线

8）制作四肢。在俯视图中利用球体，通过上下拉伸球体，形成如图 18-112 所示的形状，有时需要在单侧拉伸和中心拉伸模式之间来回切换，以得到需要的形状，然后保存起来。先打开躯干与头连接好的模型，再导入建好的小腿，仔细移动，将它连接到躯干上腿部的位置。

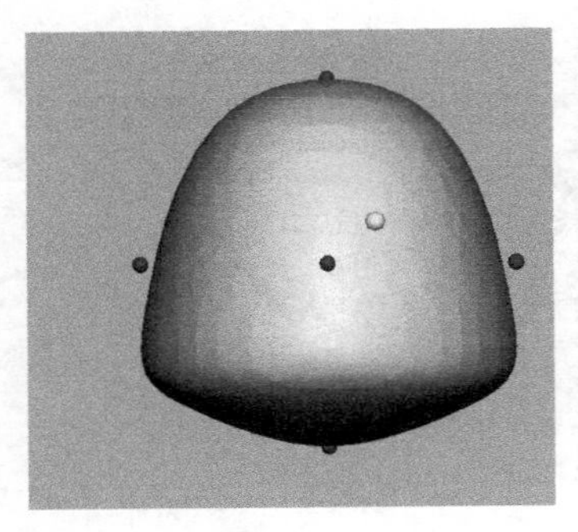
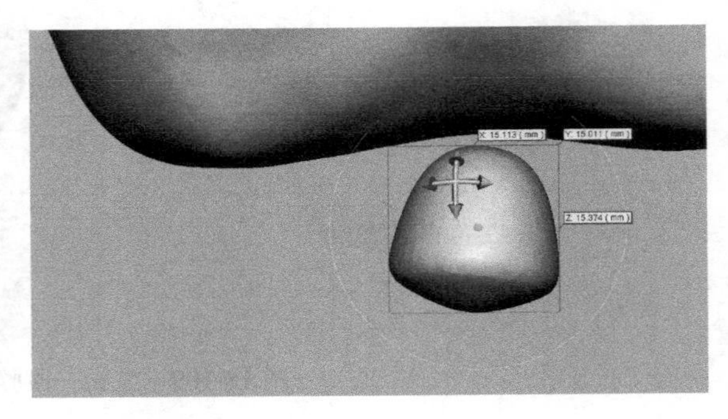

图 18-112　制作羊腿，并连接到躯干上

在这个过程中，需要切换到不同的视图，来观察小腿的位置，还需要旋转它，如图 18-113 所示。然后在同一侧，再安装上另一条小腿，如图 18-114 所示。

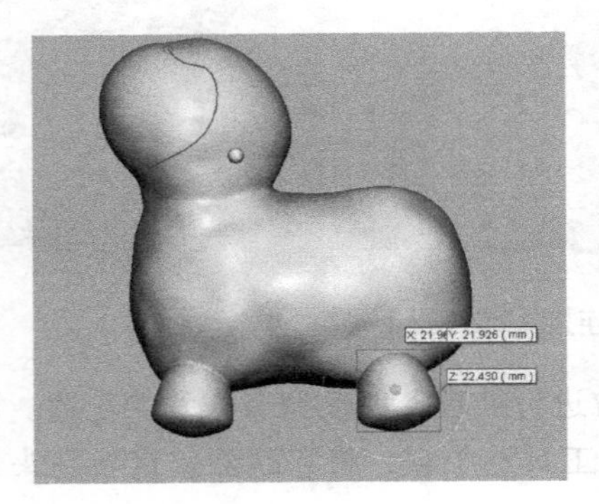
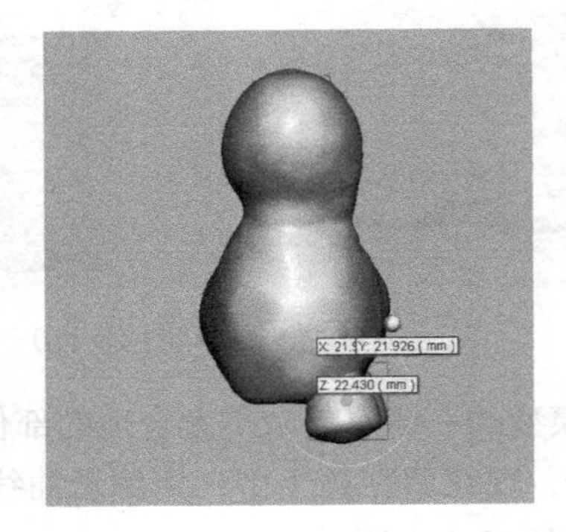

图 18-113　两个视图下的效果

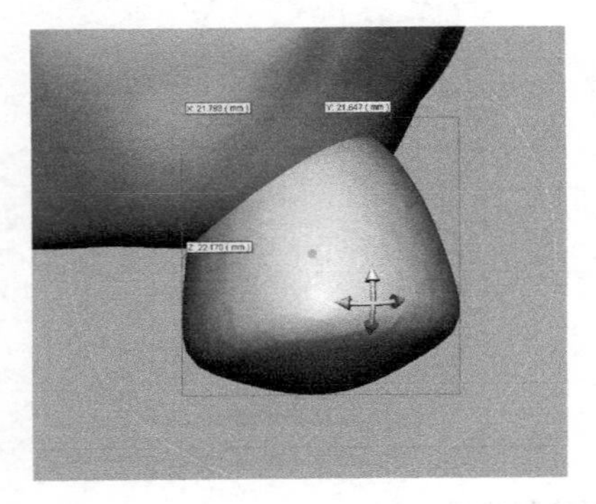
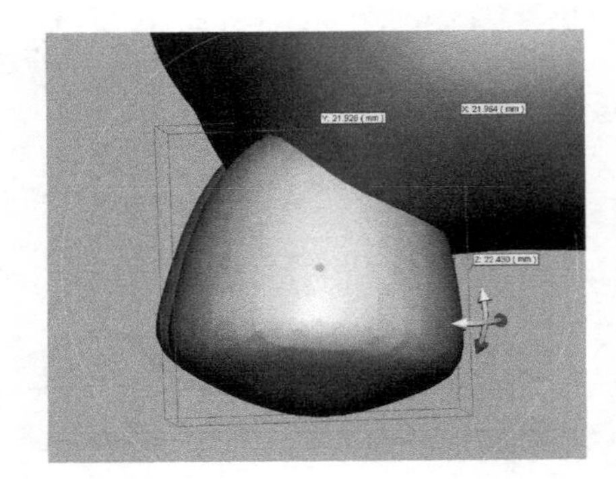

图 18-114　在同一侧安装两个小腿

使用平滑工具，来平滑腿部与躯干的接缝，如图 18-115 所示。

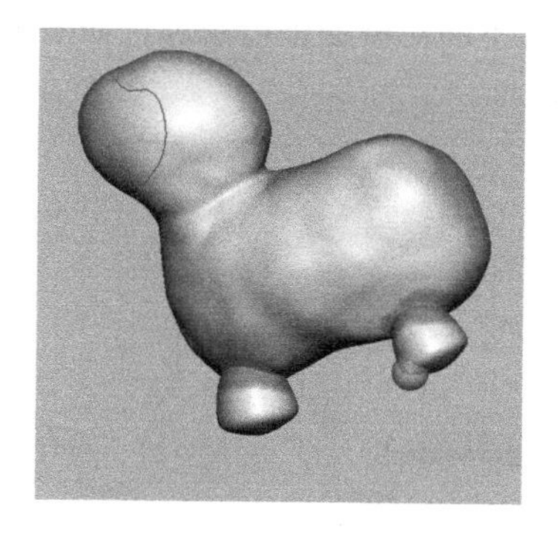
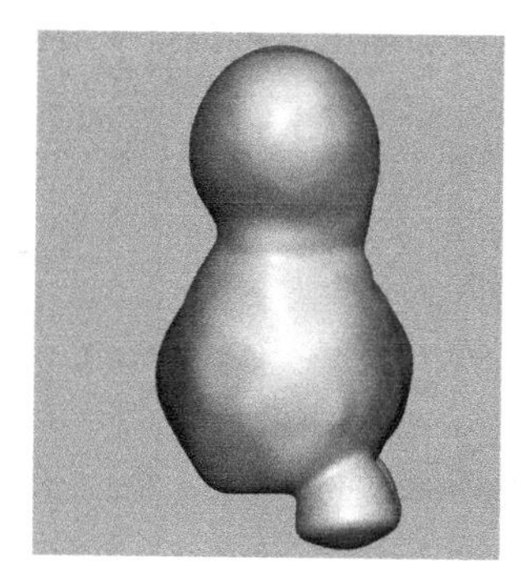

图 18-115　平滑连接处

9）处理完之后，使用镜像工具，镜像出另一侧的两条腿，如图 18-116 所示。对于对称物体，我们只需要关注模型一侧的物体，然后做镜像操作。

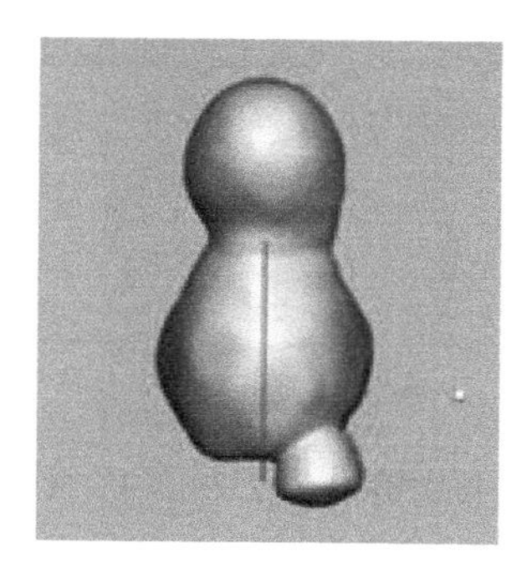
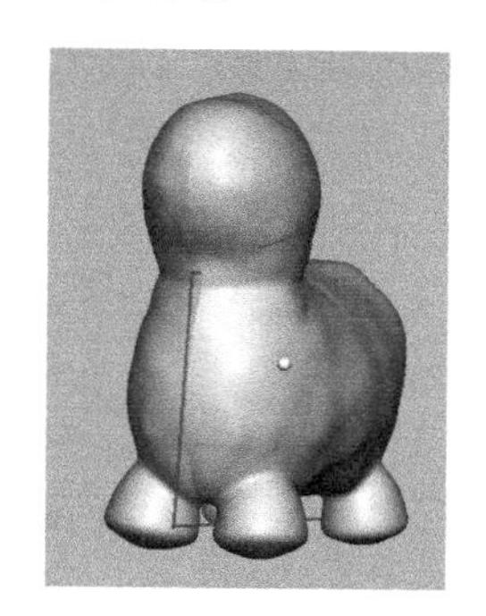

图 18-116　镜像另一侧双腿

10）该模型已初见成效，接着对腿部和臀部修饰一下，再次使用镜像工具镜像一次，如图 18-117 所示。

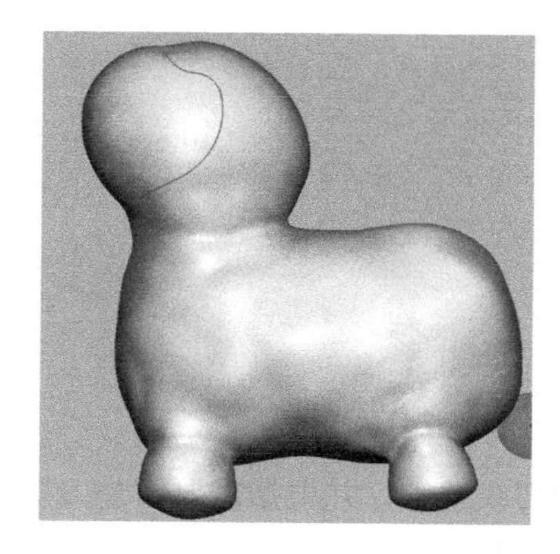
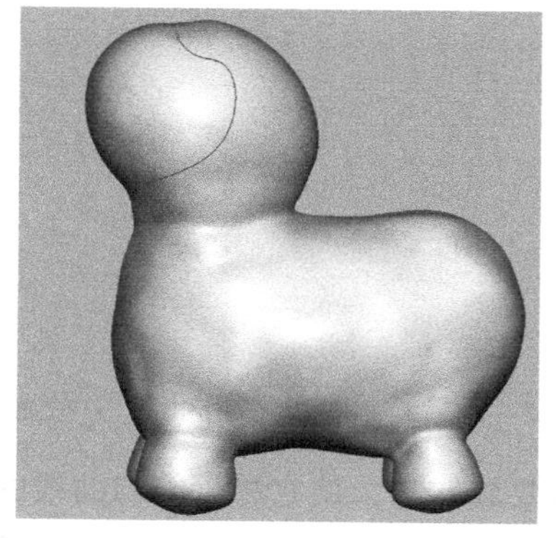
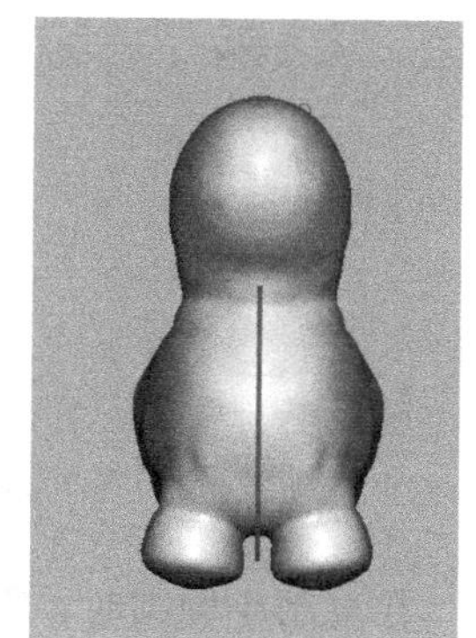

图 18-117　修饰处理后再次镜像

11）若感觉腿与躯干的结合处还是细，使用绘制曲线工具，沿着那个位置画出一圈曲线，然后使用管子工具添加黏土，再执行平滑操作，不断对模型进行修饰，如图 18-118 所示。

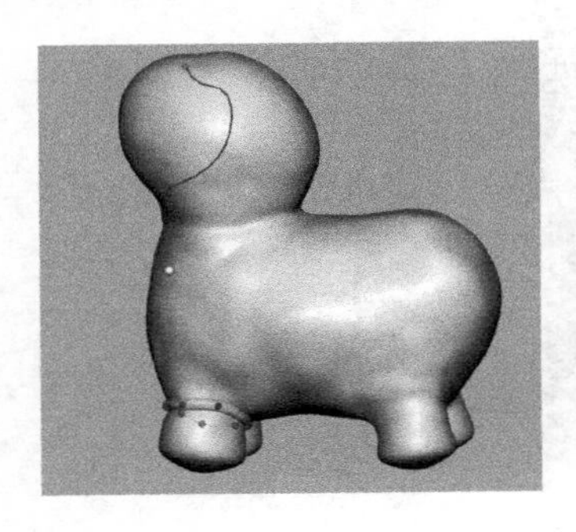
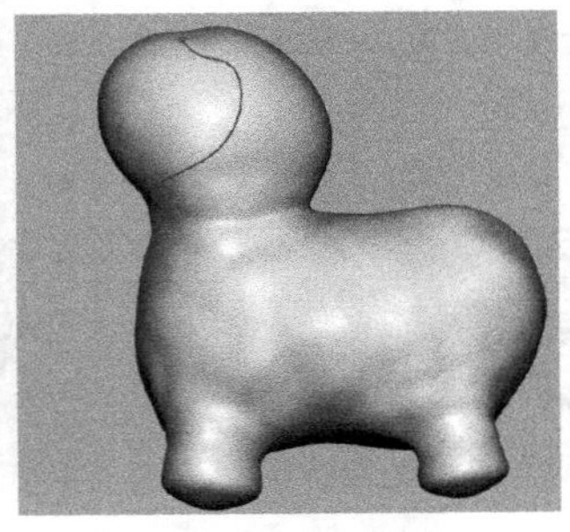
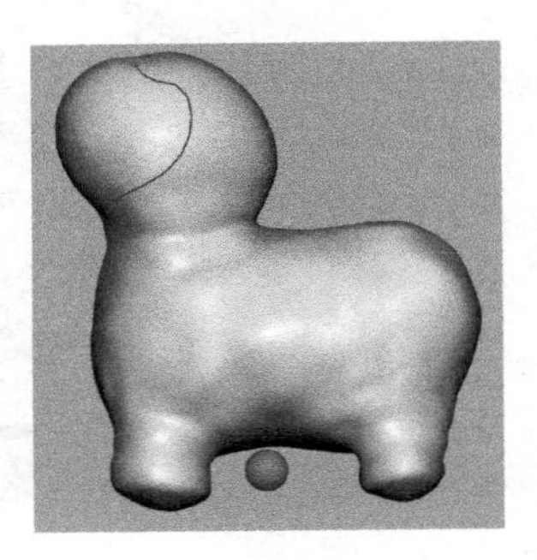

图 18-118 继续修饰模型

经过不断地修正之后，再次执行镜像操作，如图 18-119 所示。

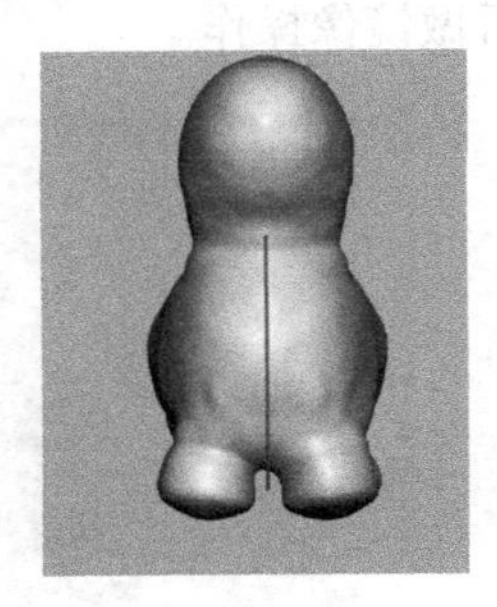
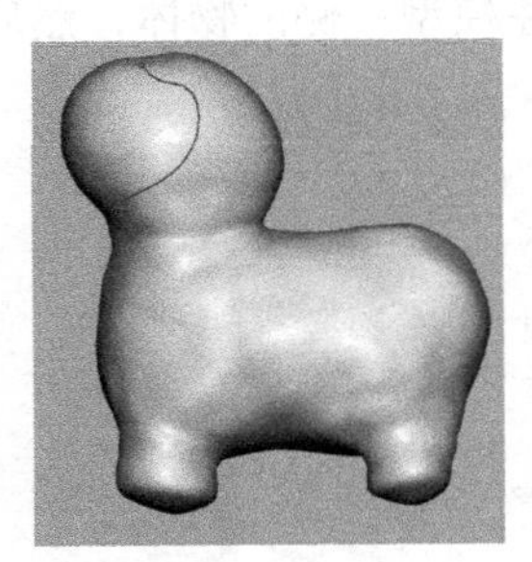

图 18-119 再次镜像

12）制作羊角。照片中显示的可能不清晰，仔细观察实物，可以采取放样操作来实现羊角的制作。进入 123D Design，先绘制一条如图 18-120 所示的样条曲线，接着绘制一个小椭圆，把小椭圆旋转 90°，并把它移动到曲线的起点处。接着复制出另一个小椭圆，执行同样的操作。

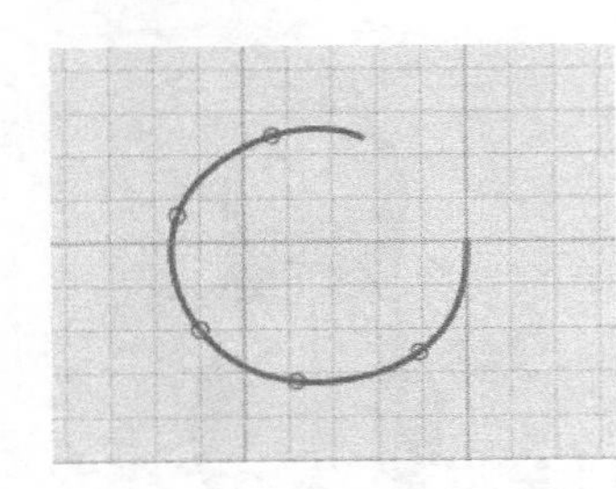
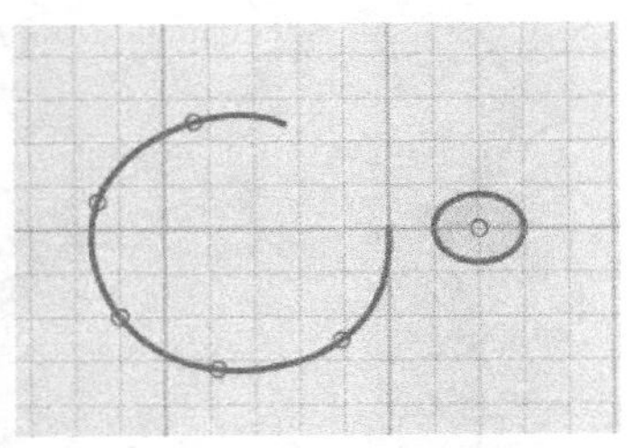
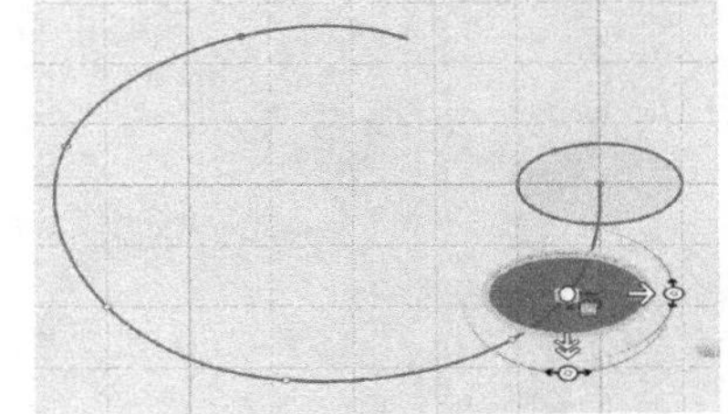

图 18-120 绘制曲线和小椭圆，并放置小椭圆的位置

在复制小椭圆时，需要旋转它，使它尽可能与曲线的切线垂直，并根据需要缩小一些。不断重复这样的过程，构造放样时使用的轮廓，如图 18-121 所示。

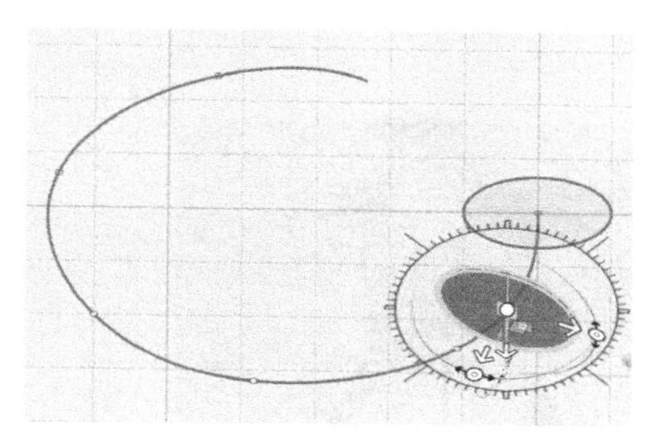
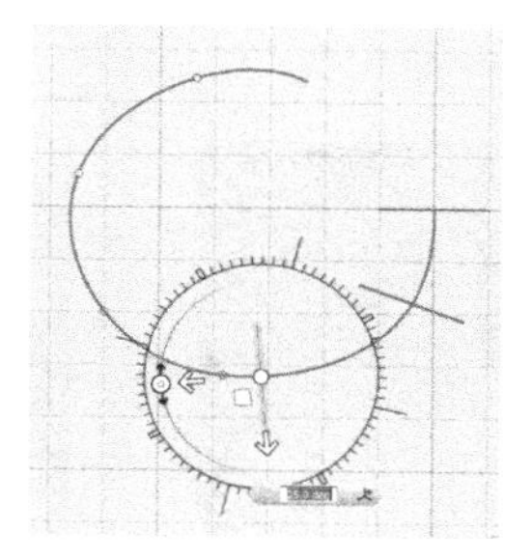
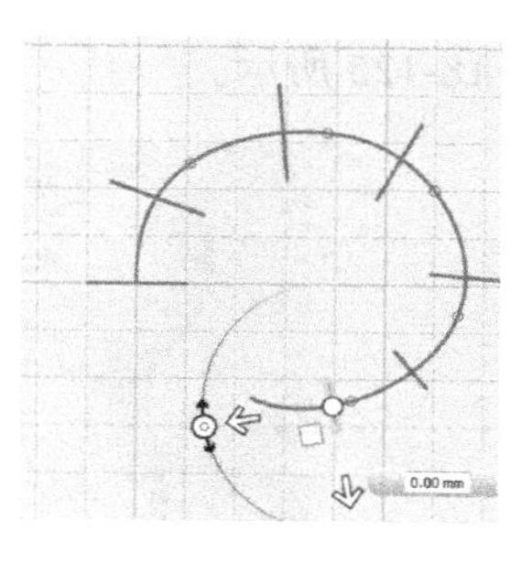

图 18-121　重复复制并安排小椭圆

依次单击这些椭圆，注意选择的顺序，然后执行放样命令，得到了羊角的模型，如图 18-122 所示。把它输出为 STL 文件，保存起来。

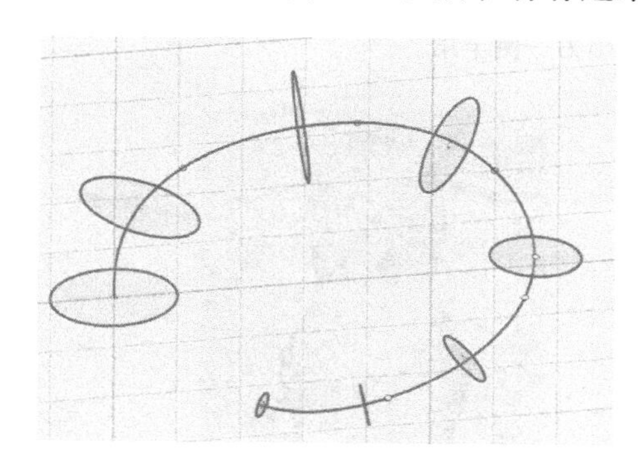
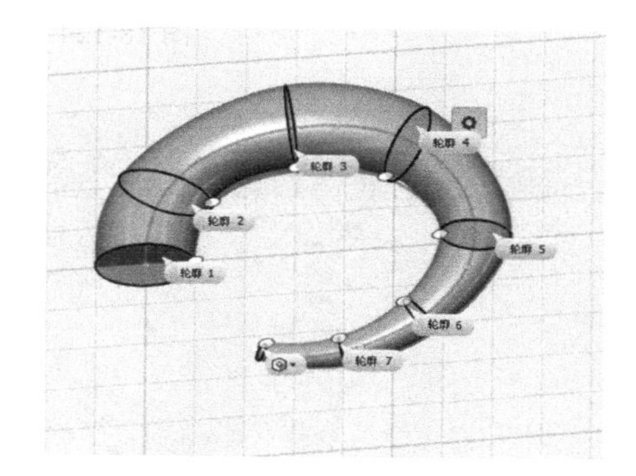

图 18-122　放样得到羊角模型

13）进入 Cubify Sculpt 中，打开已建好的小羊的模型，然后导入羊角模型，要把羊角安装到小羊的头部，如图 18-123 所示。

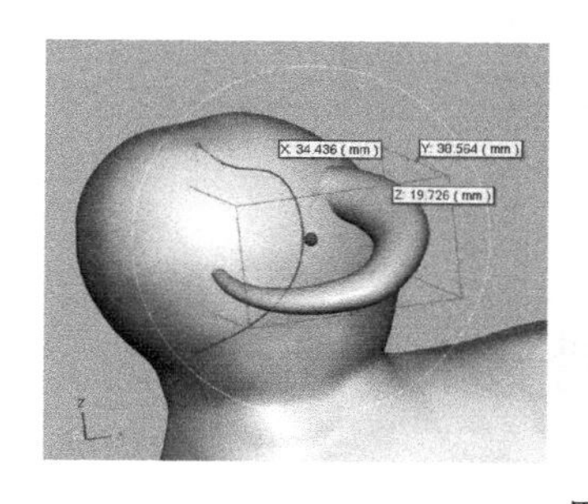

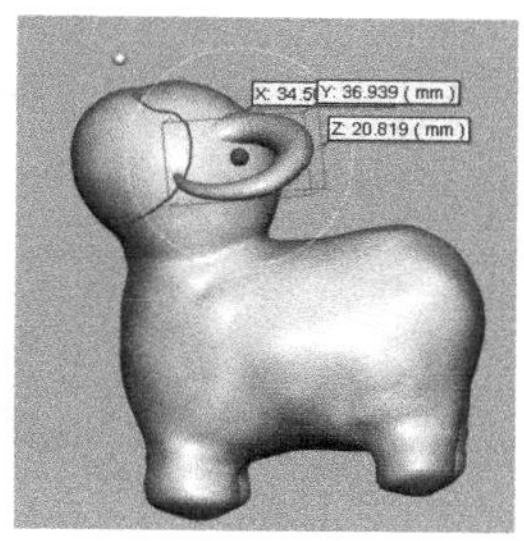

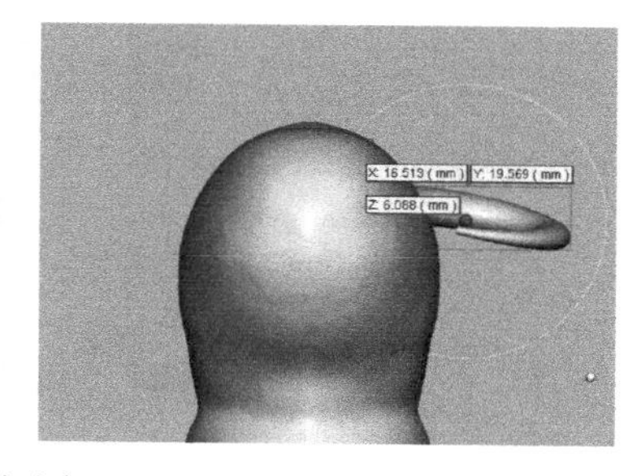

图 18-123　安装羊角到小羊头部

经过一系列的旋转、缩放和移动操作，安排好羊角的位置，再使用拖拽工具来调整羊角的角尖，使它弯曲一些。接着使用镜像工具，镜像出另一侧，如图 18-124 所示。

14）接下来使用绘制曲线工具，绘制出布偶上的眼睛，然后使用管子工具，半径设置小一些，添加黏土。同样地，绘制出嘴巴、鼻子的曲线，也使用管子工具使它们凸出来，如图 18-125 所示。

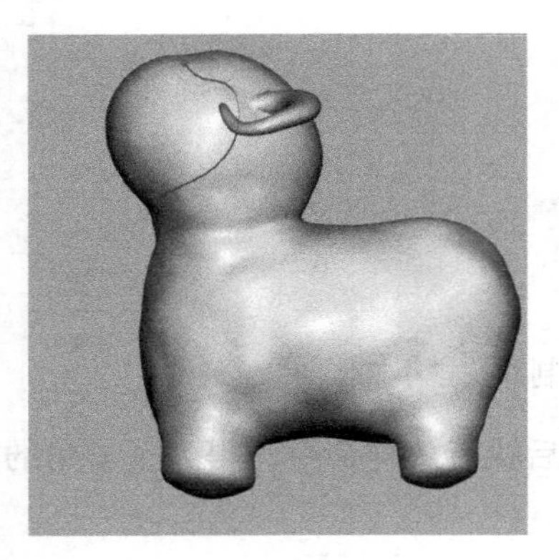
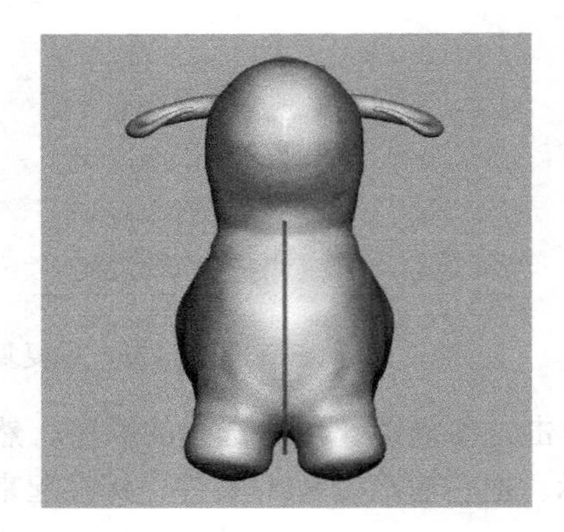

图 18-124 镜像出另一侧羊角

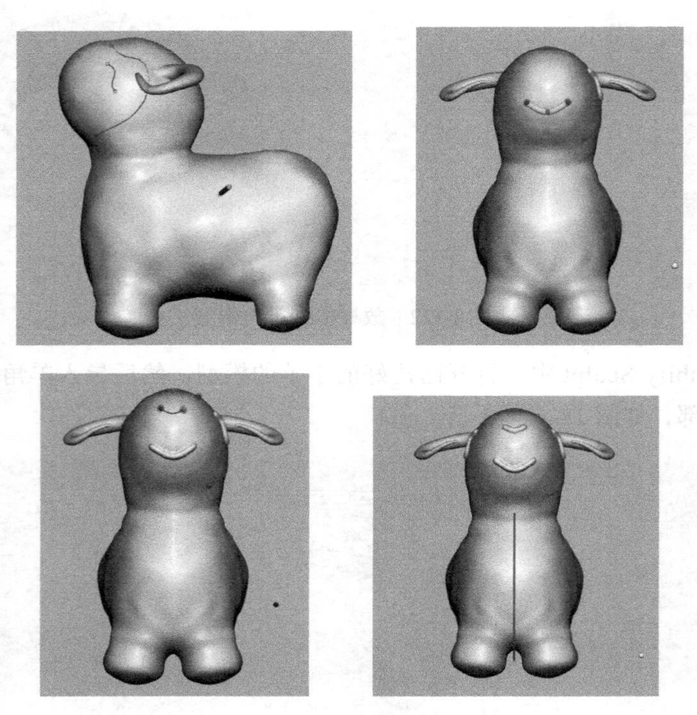

图 18-125 绘制五官的曲线并使它们凸起

15）处理小羊的尾巴部分。这次使用区域浮雕工具的基本功能，在小羊的臀部画出一个形状，使它向外生长出来，如图 18-126 所示。

接着使用拖拽工具，把尾巴向外拖一些，使用雕刻工具修饰一下，再应用区域平滑工具使它平滑。最后全选整个模型，保护细节设置得高些，对整个模型稍微平滑一下，注意不要平滑过度，如图 18-127 所示。

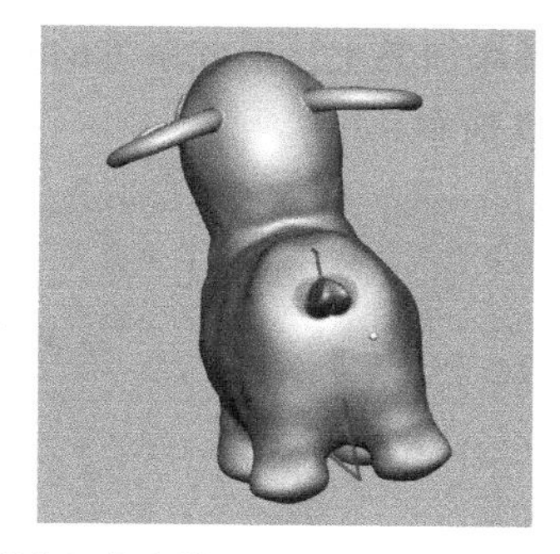

图 18-126　使用区域浮雕生成小羊的尾巴

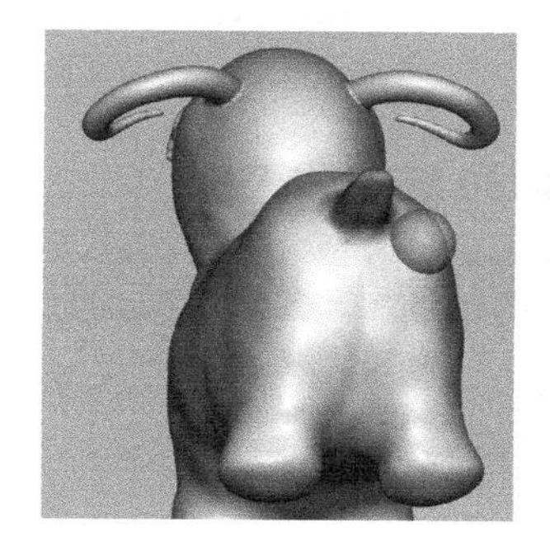
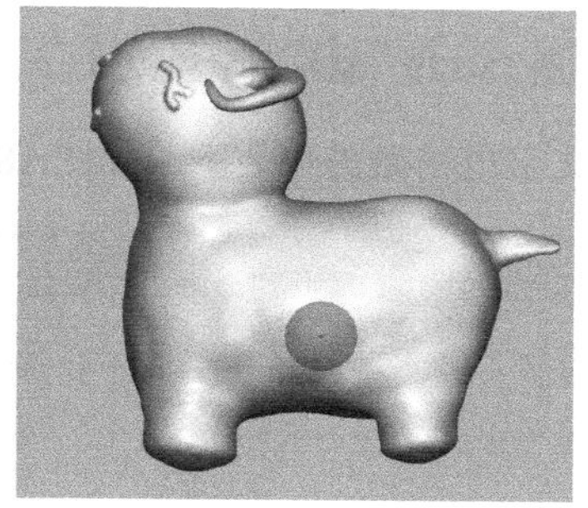

图 18-127　对模型的细节处理

16）至此，我们已构建完整个模型。下面要处理“发羊财”3个字。前面已经讲过了Illustrator中钢笔工具的用法，不过，因为最终要制成黑白图，我们在Photoshop中使用钢笔工具处理这部分。在这两个程序中，钢笔工具的使用方法是差不多的，就是用钢笔工具把字描成路径，然后用白色一部分一部分地填充路径，背景色设为黑色。建立选区，羽化边缘，如图18-128所示。接着把这张图片保存到Cubify Sculpt程序的Patterns目录下，就可以用区域浮雕工具制作文字的浮雕了。

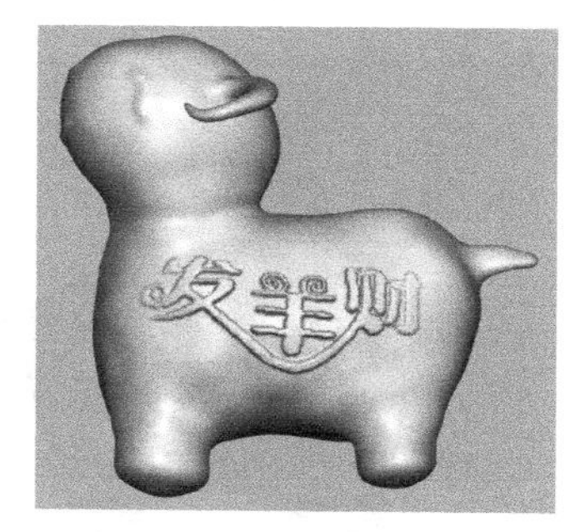

图 18-128　制作文字浮雕

17）制作小羊脖子上的系铃铛的带子。使用绘制曲线工具，绕脖子一周绘制出曲线，然后使用管子工具添加黏土，形成系带的样子。再导入一个小的球体，安放在脖子旁边的位置，如图 18-129 所示。

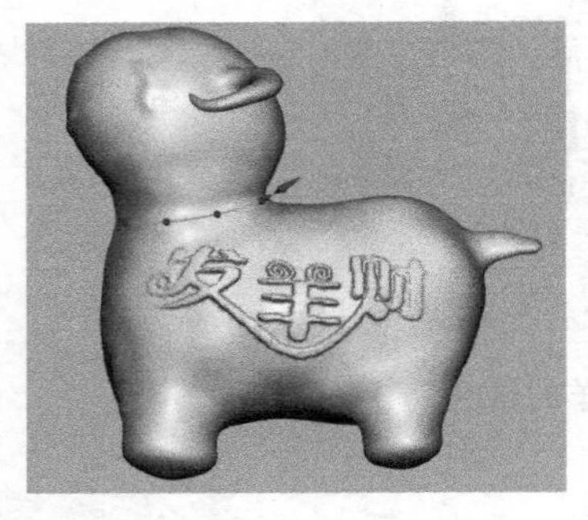

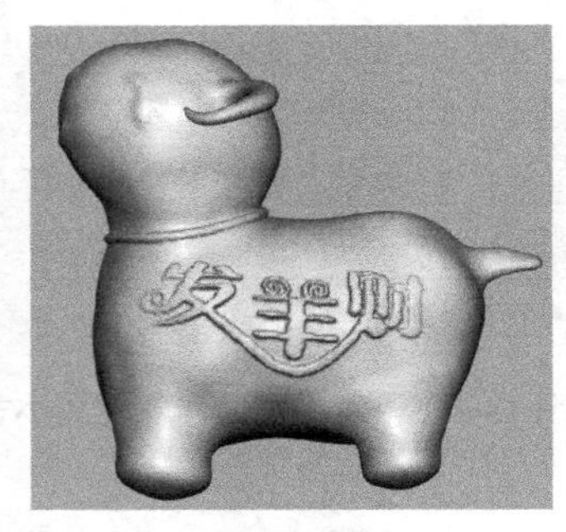

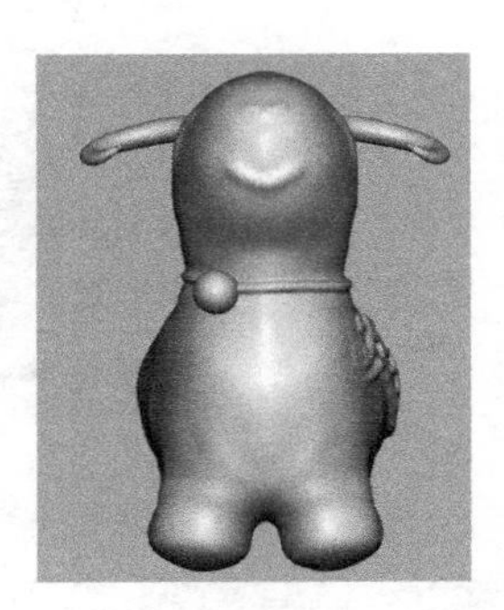

图 18-129　制作系带和铃铛

18）使用平滑工具，对浮雕文字也稍微美化一下，如图 18-130 所示。

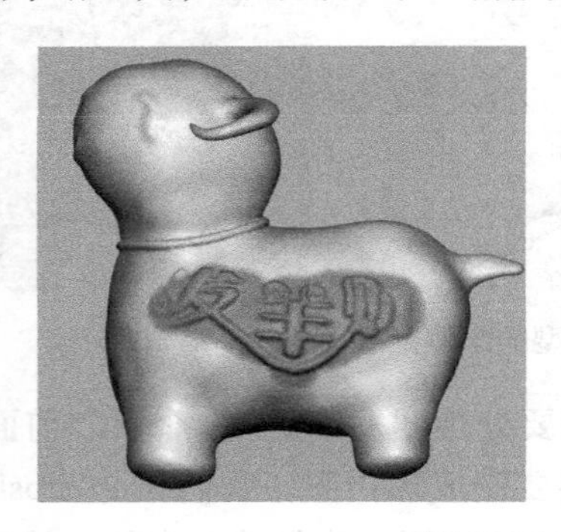

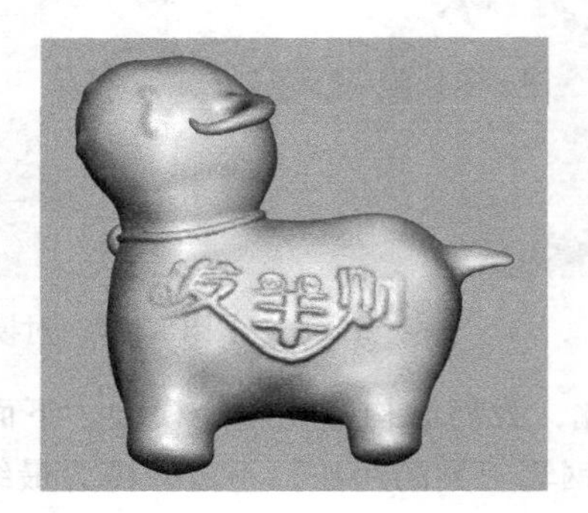

图 18-130　平滑文字

19）还剩一道工序，就是给模型上色，使它更像原始布偶。这个过程对于普通 3D 打印没有什么意义，除非使用全彩色 3D 打印机来打印它。为了使它更好看，我们选择了不同颜色为模型上色，如图 18-131 所示。

图 18-131　小羊的上色模型

通过这个示例，我们领略了 Cubify Sculpt 的强大功能，如果资金允许的话，买个空间球（Spaceball），或者 Geomagic Touch，完全不需要理会常规建模软件中的那些方法，直接雕刻模型。不过对于 3D 爱好者而言，就把 Cubify Sculpt 当作修复模型的工具吧，它可以接收 .stl 和 .obj 的文件格式，能够导入的模型是非常多的。

很多人想知道用一张头像照片能不能建 3D 模型，我们知道这是可以的。从 Poser、iClone 到 Faceshop8 和 FaceGen Modeller 等程序，使用的方法都差不多，但要有足够的耐心去修复它。如图 18-132 所示是一张照片建模后导入 Cubify Sculpt 中的模型。

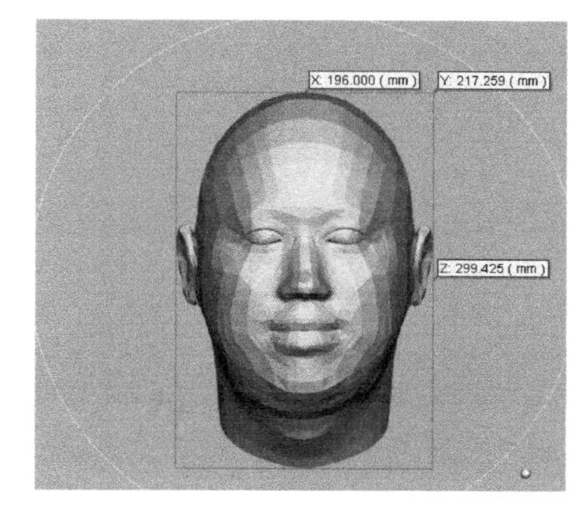

图 18-132　根据照片建的 3D 模型

下面，继续使用高跟鞋建模的实例，来演示 123D Design 和 Cubify Sculpt 联合建模的强大功能。作为本书的一个综合训练项目，用到了 Illustrator 中的钢笔工具。前面的那只高跟鞋，由于在 123D Design 中，绘图比较困难，所以创建的模型比较粗糙。本例尽可能按实际的样式来建模，若完全使用 123D Design 来处理，是有一定难度的。

1）在 Illustrator 中，使用钢笔工具描绘高跟鞋图片的轮廓，包括鞋底、鞋底板的侧线、鞋跟、前部鞋面、后套的轮廓，这个过程我就不讲解了，分别保存为 SVG 格式文件。然后在 123D Design 中，作为草图，导入鞋底的轮廓，如图 18-133 所示。

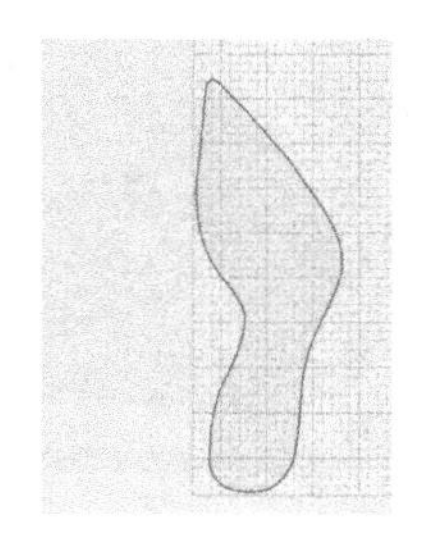
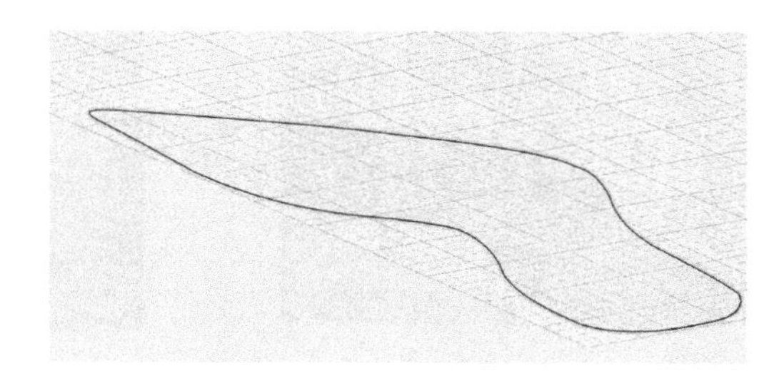

图 18-133　导入鞋底的 SVG 格式文件

然后使用拉伸工具，将鞋底轮廓拉伸成实体，拉伸高度要高一些，如图 18-134 所示。接着导入鞋底板的侧线。

把导入的侧线轮廓旋转 90°，使它站立起来。切换到主视图，摆放侧线轮廓与实体的位置，如图 18-135 所示。在此期间也需要在不同的视图中观察位置是否正确。

位置合适后，执行【分割实体】操作，分割出鞋底板的模型，如图 18-136 所示。

底板的模型和轮廓留在原处，把其他部分先移到一边去，留着后面使用，如图 18-137 所示。

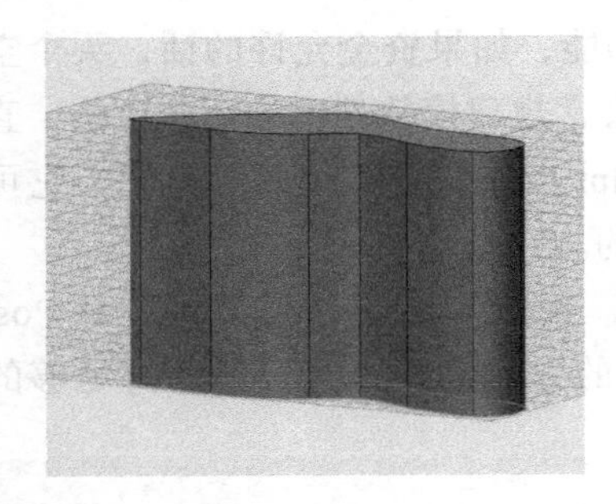

图 18-134 拉伸鞋底

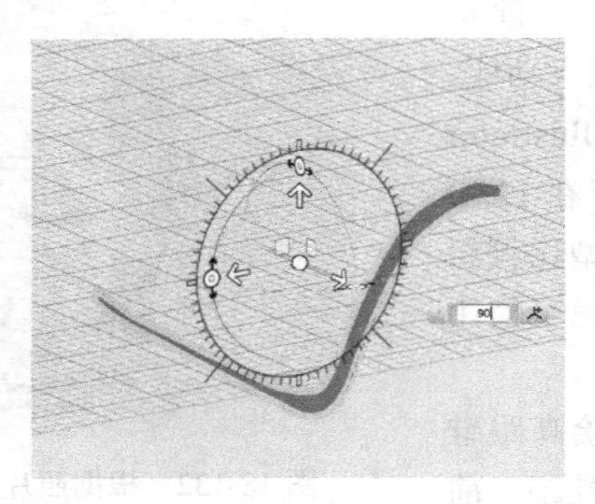
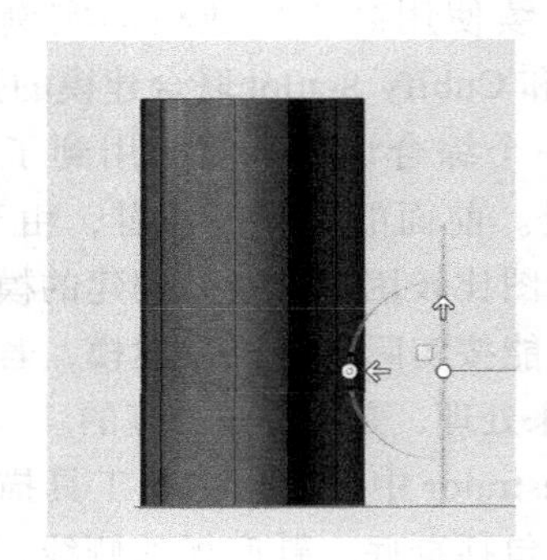

图 18-135 摆放侧线位置

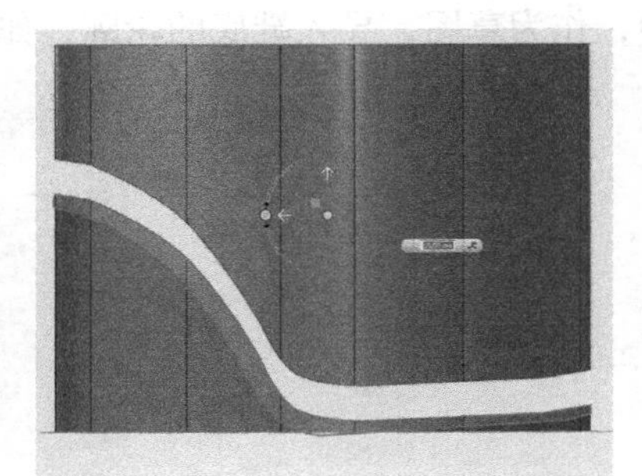

图 18-136 分割实体，制作鞋底板模型

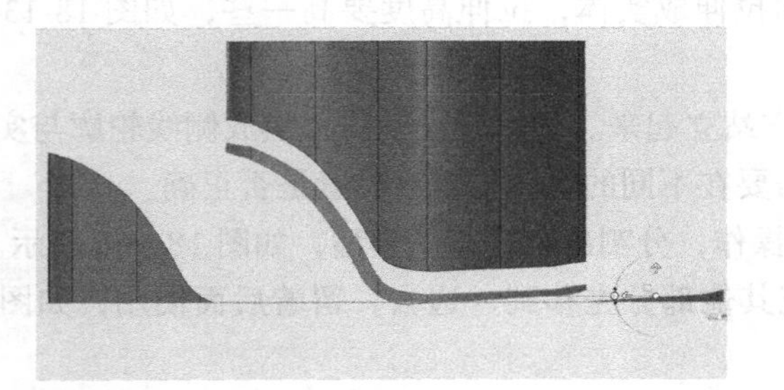
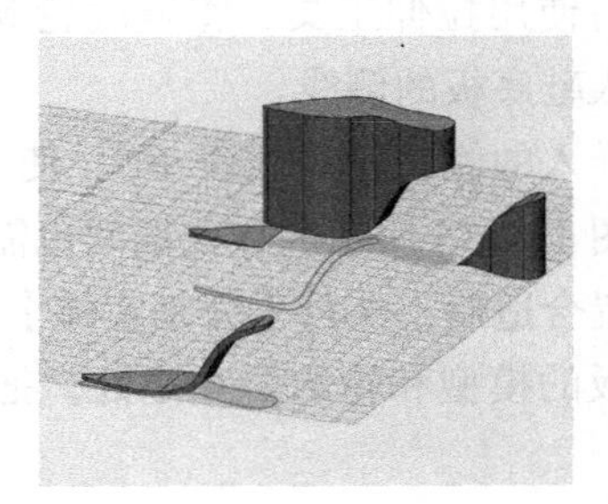

图 18-137 保留底板的模型和轮廓在原来位置

2）导入鞋跟的轮廓，旋转90°，使它站立起来，使用它去分割上一次的鞋跟位置的实体，如图18-138所示。

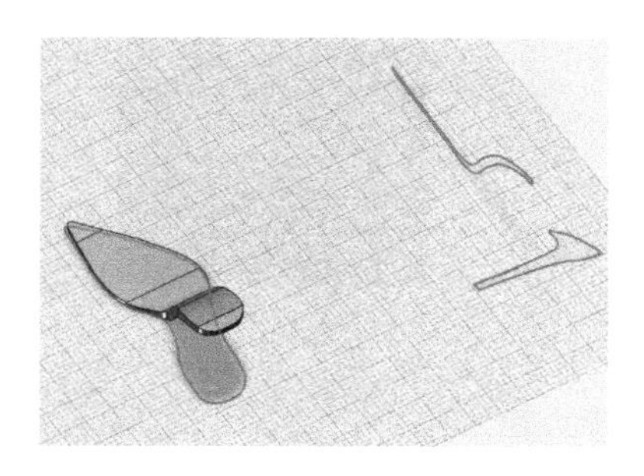
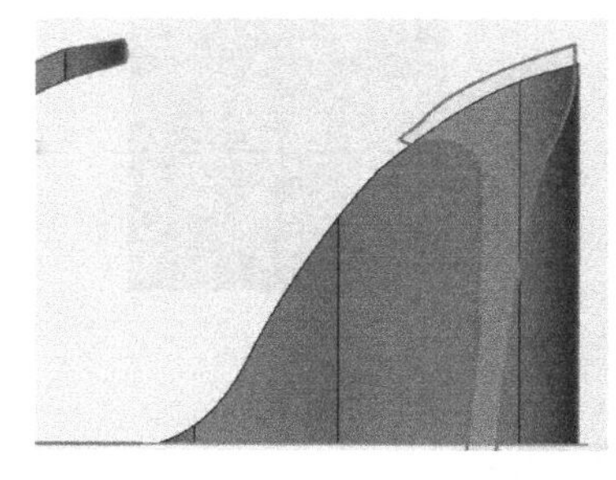

图18-138　用鞋跟轮廓分割实体

只保留鞋跟实体，把其他的两小块删除。接着在栅格上绘制一个矩形，把它旋转90°，用作参考平面，如图18-139所示。

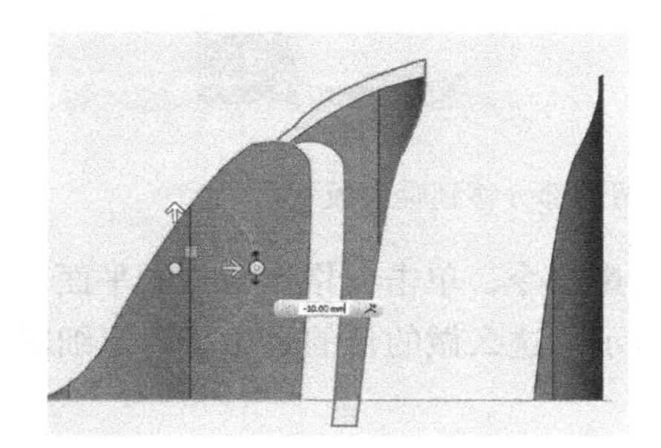
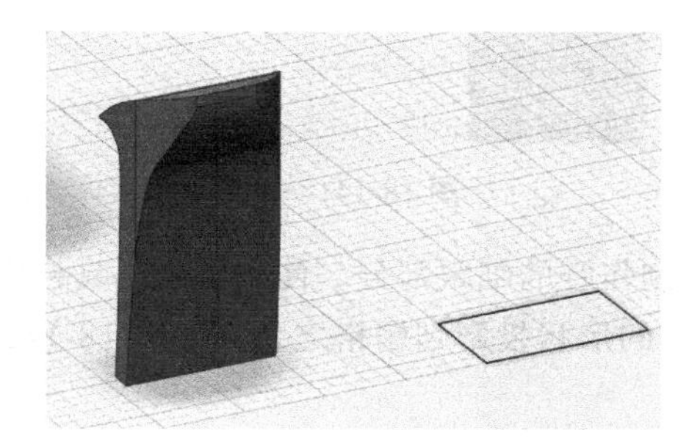

图18-139　绘制矩形作为参考平面

单击参考矩形，在鞋跟附近画出一条直线，使用直线分割鞋跟部分，如图18-140所示。

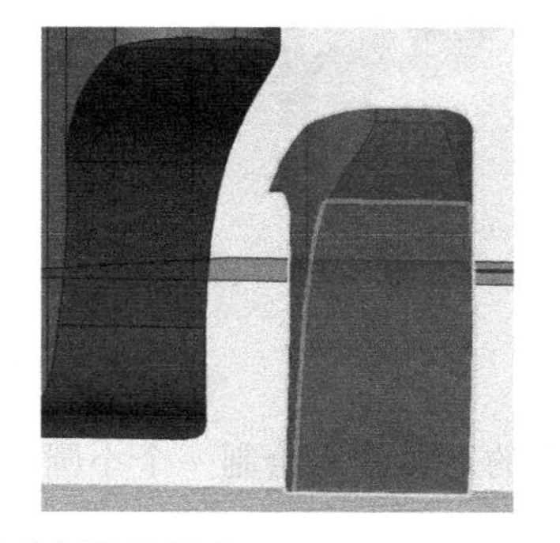

图18-140　用直线分割鞋跟部分

利用矩形作参考平面，继续绘制两条弧形，为保留的部分修型。现在制作的是鞋底与细跟之间的连接部分。你会发现分割实体工具用起来很灵活。需要分两次执行分割实体命令，然后把得到的实体移到鞋底板的下方，它们之间是吻合的，如图18-141所示。

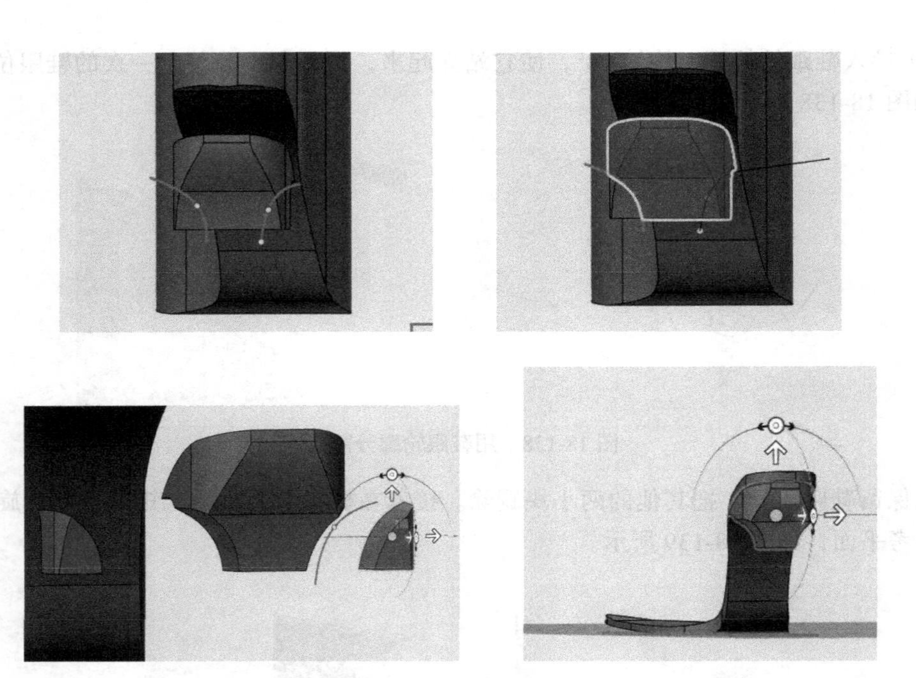

图 18-141　再次分割实体，把保留的部分移到鞋底板下面

3）制作鞋的细跟部分。使用草图工具栏中投影命令，单击栅格作为投影平面，把连接部分下方的形状投影到栅格之上，如图 18-142 所示。这么做的目的是为了确定细跟的位置和尺寸。

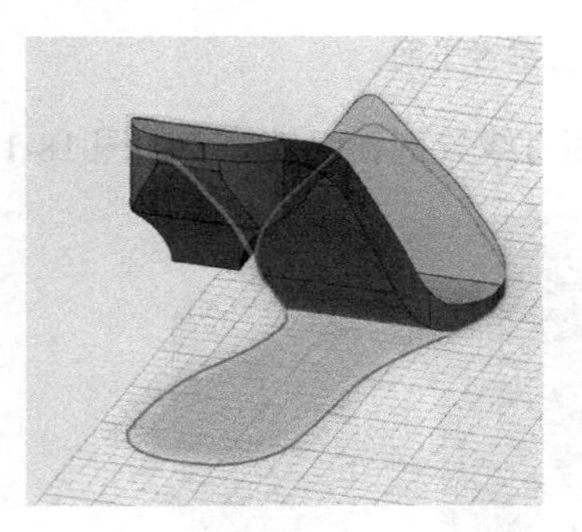

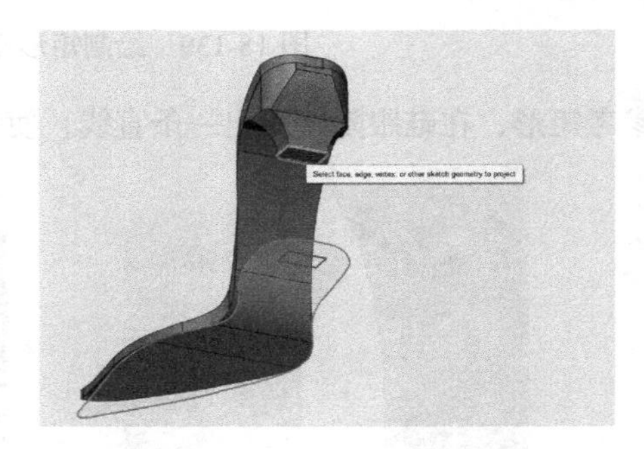

图 18-142　投影曲线

在投影下来的矩形处，绘制一个小圆，这里的圆半径可以随意设定，也可以绘制其他的形状，如图 18-143 所示。

然后使用【放样】工具，选择栅格上的圆形和连接部分的底面矩形，放样出鞋跟实体，如图 18-144 所示。

4）这些操作在前面也讲解过。我们已经知道，高跟鞋建模最难的是前部的鞋面部分，它是个曲面而且也是不对称的。在 123D Design 中，我们尝试了几种方法，都没有解决这个问题，最后还得构造曲线轮廓，然后放样。要有足够耐心，一点点去画线，去调整。这次使用在 Illustrator 中绘制的轮廓线，大致约束了放样曲线的高度。总之，构造的轮廓线越多，得到的实体模型就会越好。

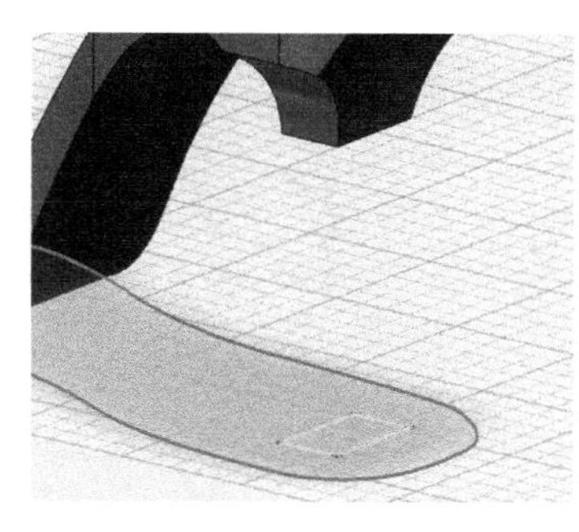
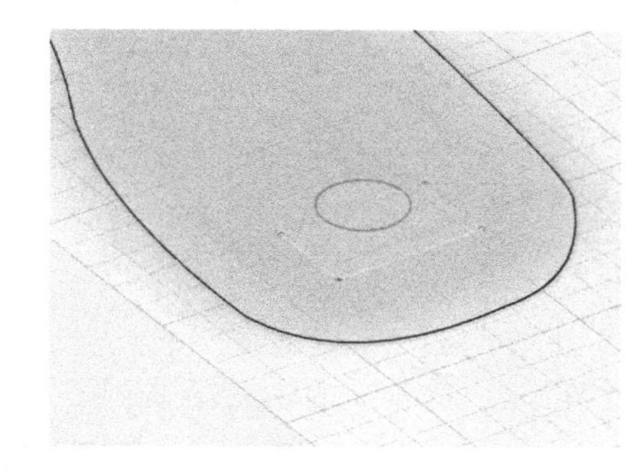

图 18-143　绘制细跟的截面形状

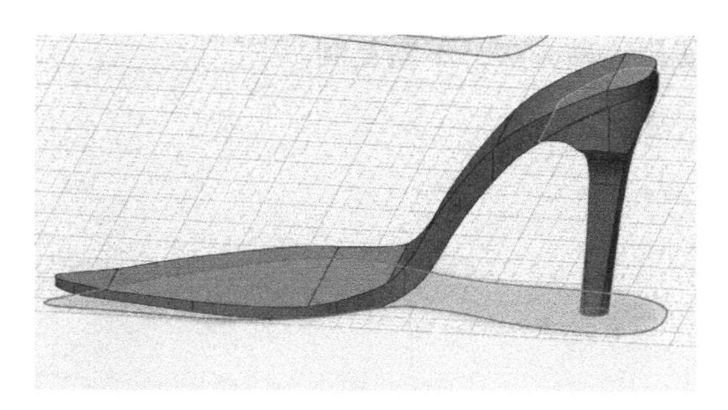

图 18-144　放样鞋跟实体

先把鞋底轮廓复制一个副本，移动到一边，我们要在这个副本上绘制放样用的轮廓曲线。在它的旁边，绘制一个矩形并旋转 90°，作为参考平面。导入前部鞋面的轮廓，作为绘图时的参照，要把它稍微旋转一下，大致吻合鞋的走向。下面我们开始画线吧。

绘制前部鞋面的截面轮廓时，要经常切换视图，以确定所画的轮廓线位置是适当的，如图 18-145 所示。

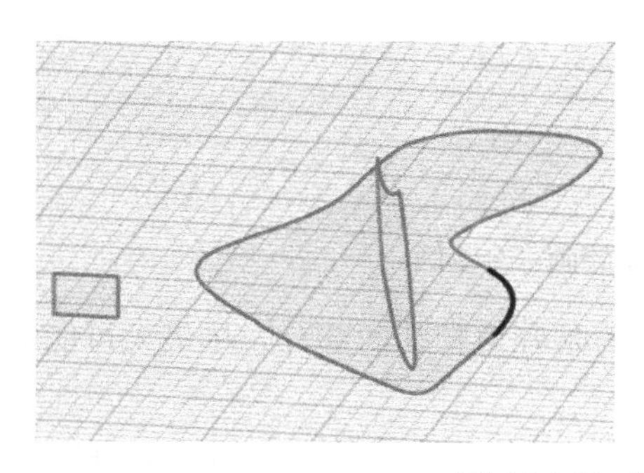
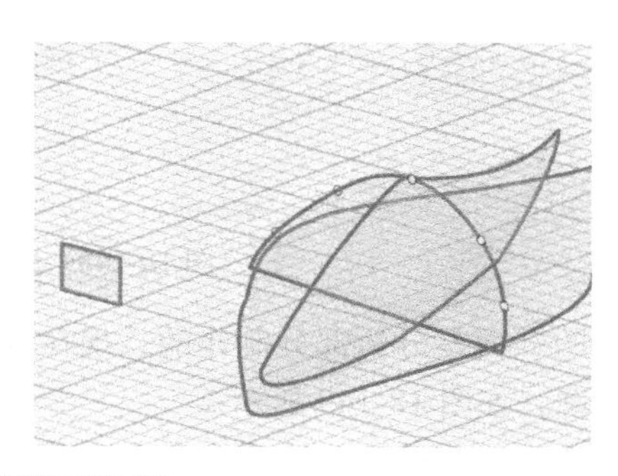

图 18-145　绘制截面轮廓

由于开始绘制的轮廓与参考矩形在同一个平面上，并且是垂直的，所以还需要稍微旋转一下，使它向前倾斜，如图 18-146 所示。

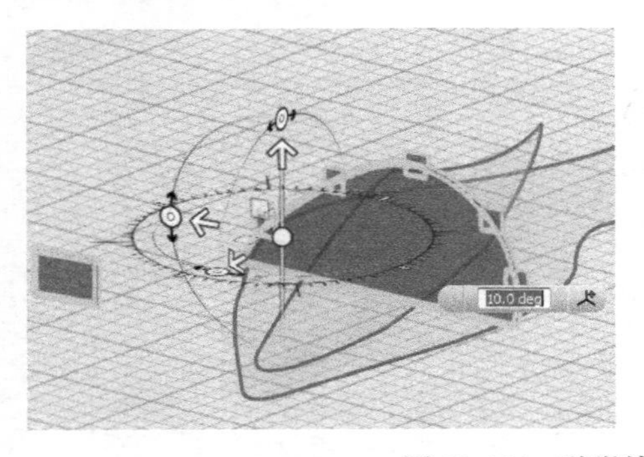

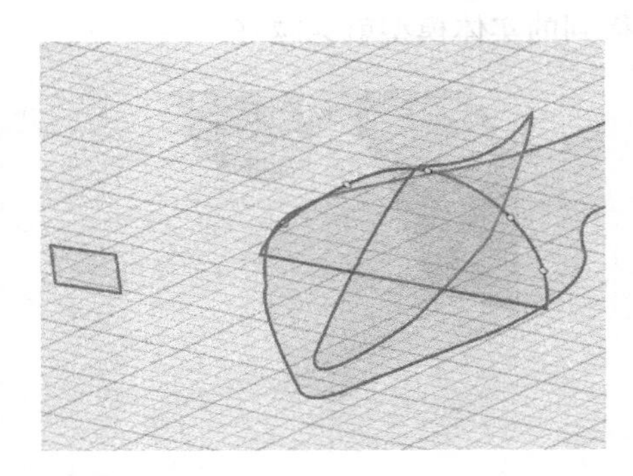

图 18-146 稍微旋转所绘制的轮廓

复制第 1 个截面，调整出第 2 个截面轮廓，这样省去了绘制截面的过程。慢慢调节，如图 18-147 所示。可以使用这种方法，不断复制。

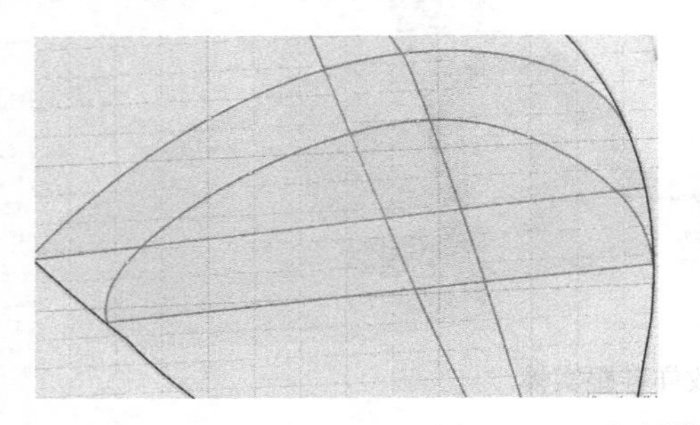
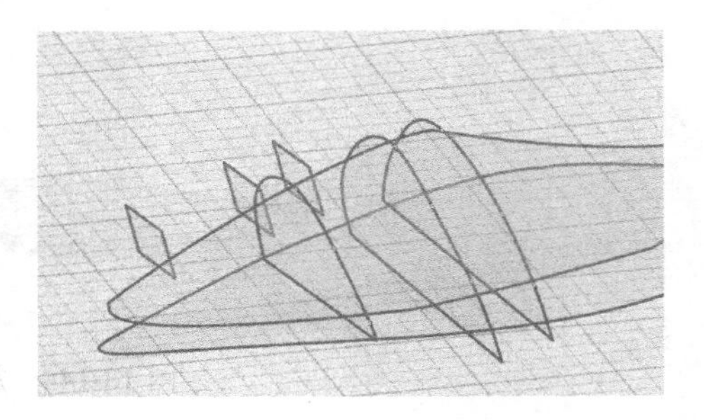

图 18-147 复制并调节另一截面轮廓

在鞋尖位置，需要绘制参考矩形，再画一个小圆，如图 18-148 所示。

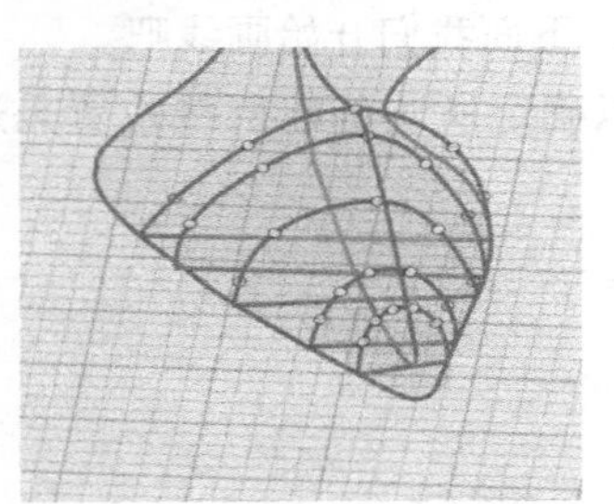
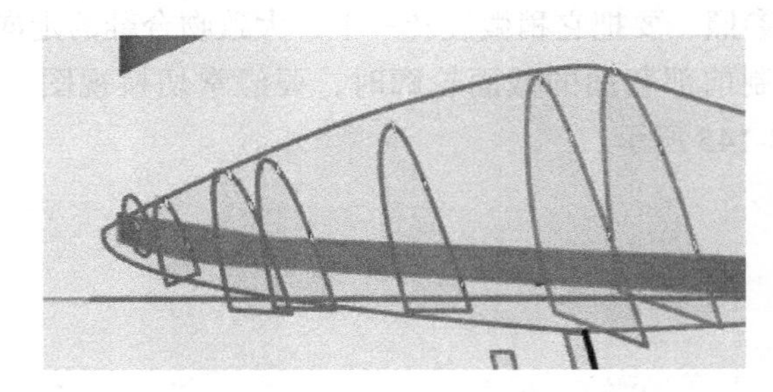

图 18-148 鞋尖位置画一个小圆

前部的鞋面是分两部分制作的，现在制作的是容纳脚趾的部分。尽最大可能去调节这些截面轮廓，如图 18-149 所示。

依次选取这些截面，然后执行【放样】操作。放样后生成的实体如图 18-150 所示。如果有非常不合适的轮廓，就撤销操作重新调节。这里最主要的是上面的轮廓，在上视图中，截面要尽量跨接到鞋底轮廓的边缘。至于某些轮廓有低于栅格以下的部分，后面会处理掉的，将来放样得到实体之后，可以执行分割实体操作来解决。

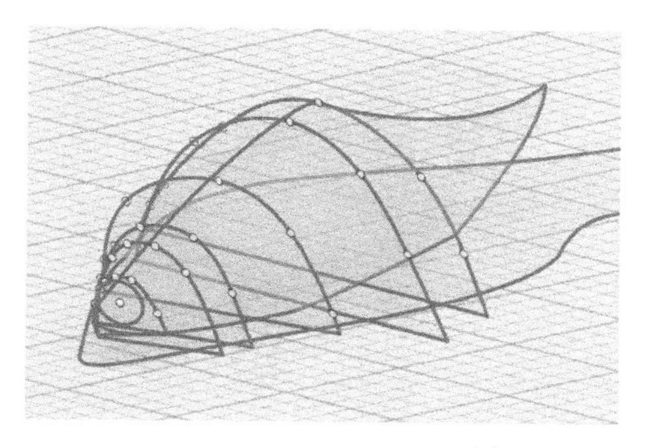
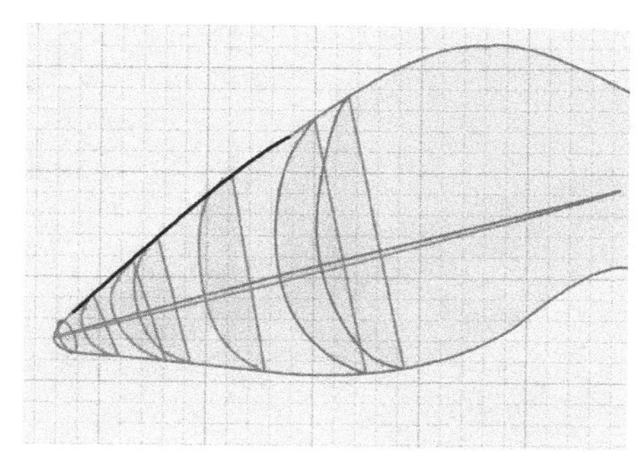

图 18-149 调节截面轮廓

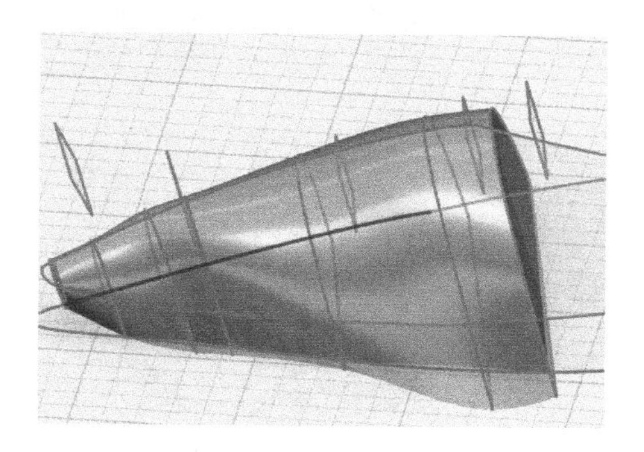
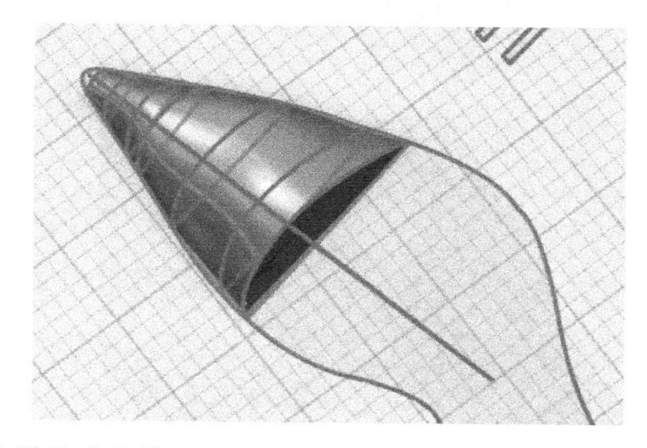

图 18-150 放样生成实体

对鞋尖部分的圆形，执行【圆角】操作。然后使用【抽壳】工具，把鞋面实体抽壳，如图 18-151 所示。因为还要制作鞋帮部分，若不先抽壳鞋面部分，将来就不好操作了。

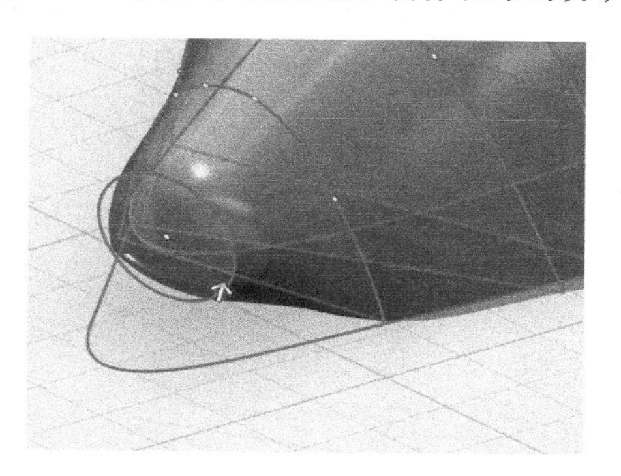
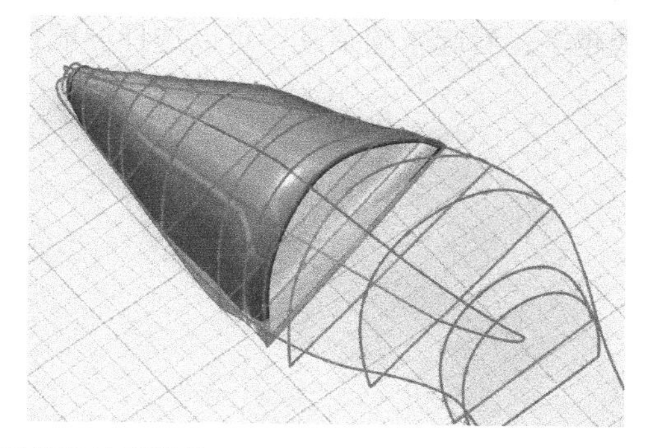

图 18-151 倒圆角和抽壳实体

接下来，复制调节出鞋帮位置的轮廓。为了便于观察，可以隐藏实体的显示。调节鞋帮位置的截面轮廓时，要尽量注意下部与鞋底轮廓的结合处的位置。这些操作还是比较繁琐的，需要切换到不同视图中观察调整。制作差不多时，依次选择这些截面轮廓，执行【放样】操作，如图 18-152 所示。

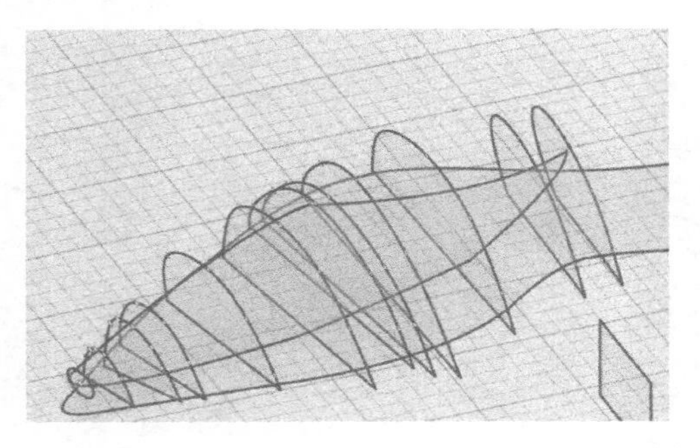
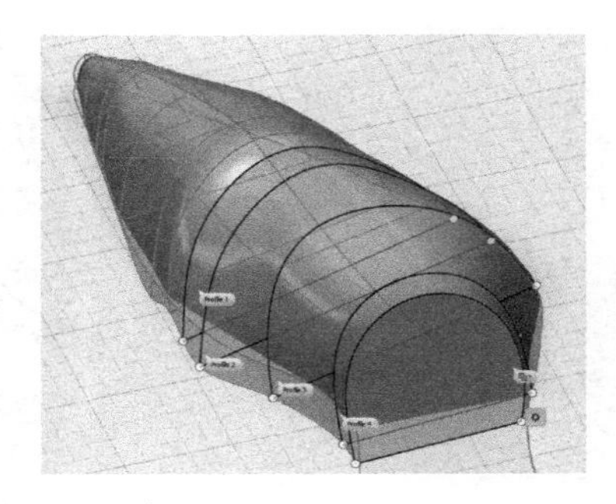

图 18-152 放样得到鞋帮处的实体

然后使用鞋的侧线轮廓，分割前部鞋面实体，并把多余的部分删除掉，如图 18-153 所示。

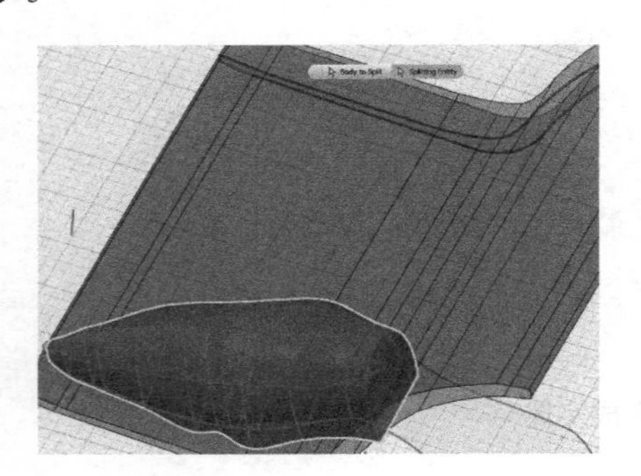
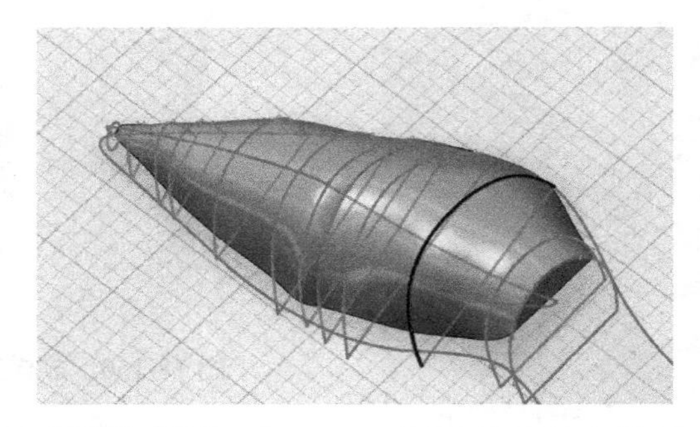

图 18-153 分割鞋面实体

接下来，对鞋帮部分抽壳，这需要旋转视图，把里面的面也选中，如图 18-154 所示。轮廓线越多，看起来越杂乱，可以选择导航栏中的隐藏草图命令，不显示它们。

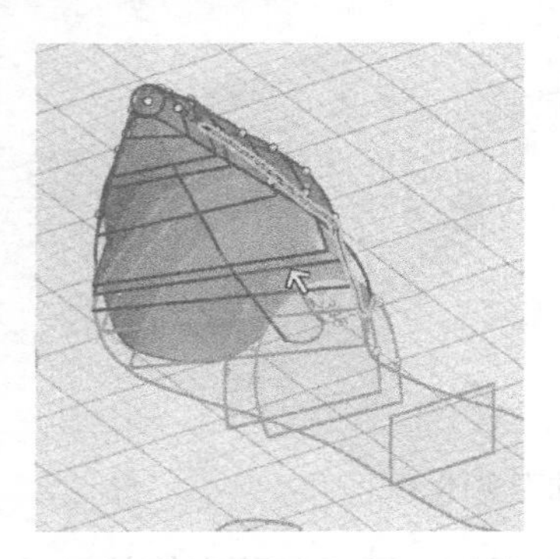
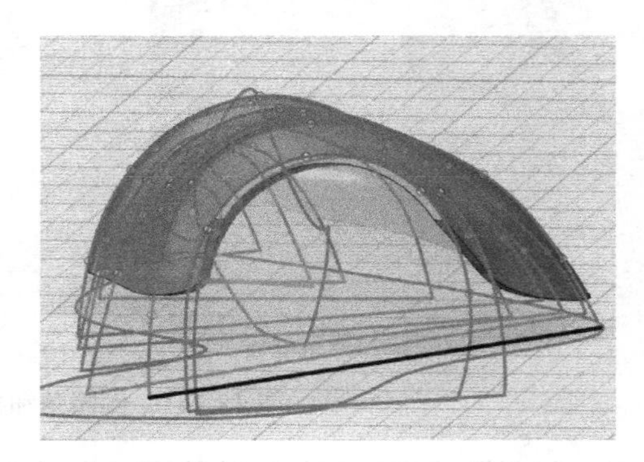

图 18-154 抽壳鞋帮部分

选一个参考平面，在鞋帮位置处，按导入的鞋面轮廓图画一条曲线，利用它去分割鞋面实体，如图 18-155 所示。

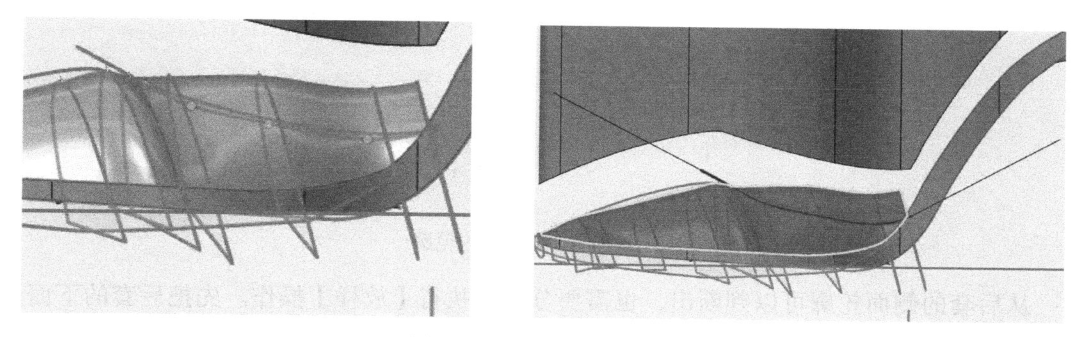

图 18-155 分割鞋面实体

把鞋面实体移动到鞋底模型上，对好位置。如图 18-156 所示。若调整不好，后面还有处理的手段。

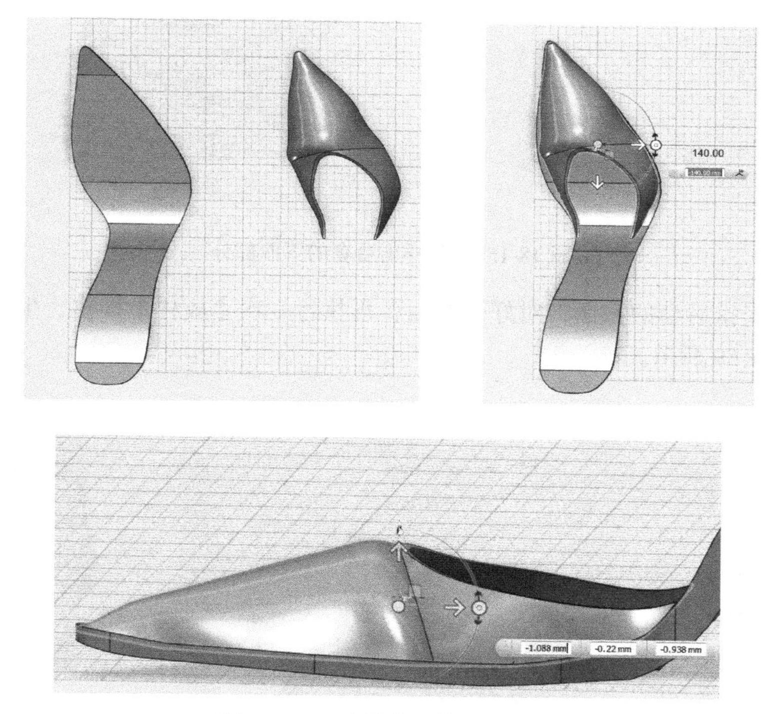

图 18-156 安排鞋面模型的位置

5）制作鞋后套部分。在 Illustrator 中，按照鞋底轮廓的后套部分绘制了类似皮革厚度的后套截面形状，不同比例缩放制作几个图形，分别保存为 SVG 格式文件。绘制鞋后套的侧面轮廓，用作参考，如图 18-157 所示。摆放好后套的侧面轮廓，导入不同尺寸的截面，在不同的高度放置它们，只需要重点关注右边的位置。

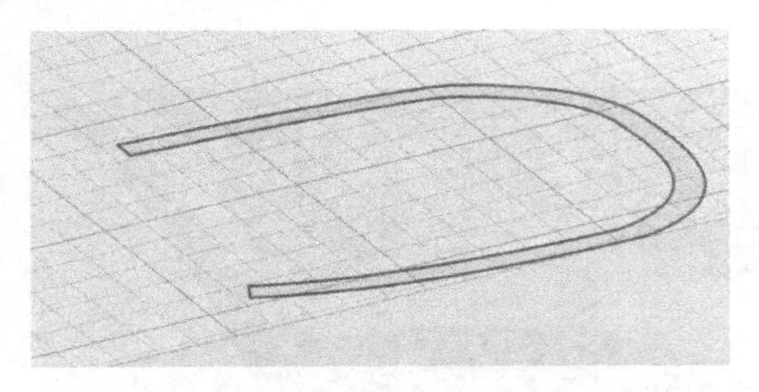
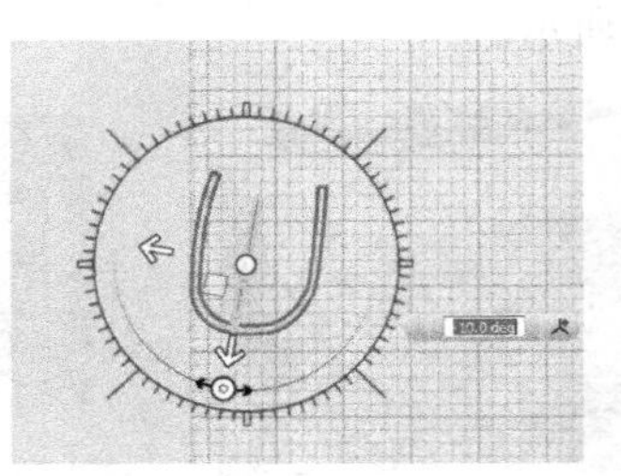
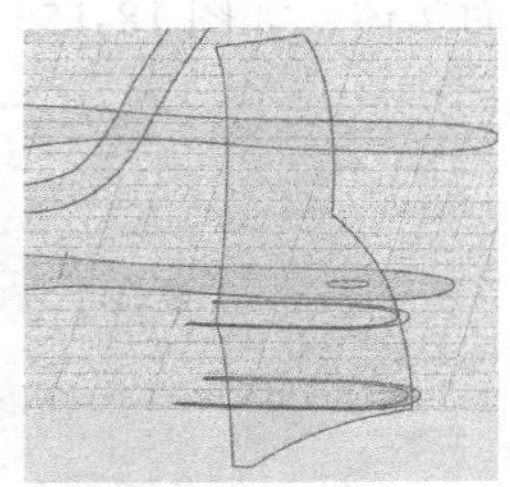

图 18-157 鞋后套的轮廓

从后套的侧面轮廓可以判断出，也需要分两次执行【放样】操作。先把后套的下面部分放样生成实体，如图 18-158 所示。

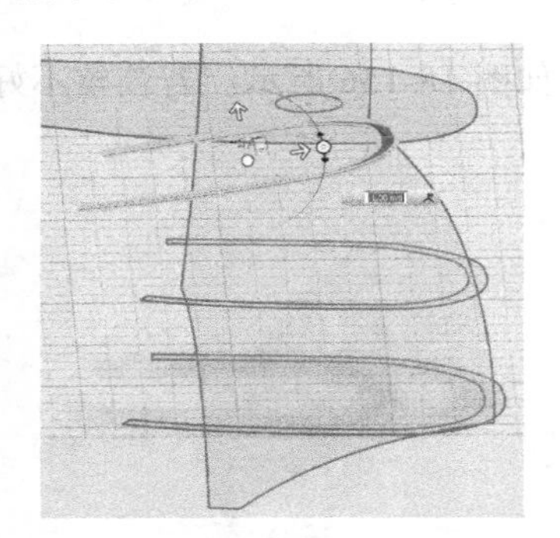
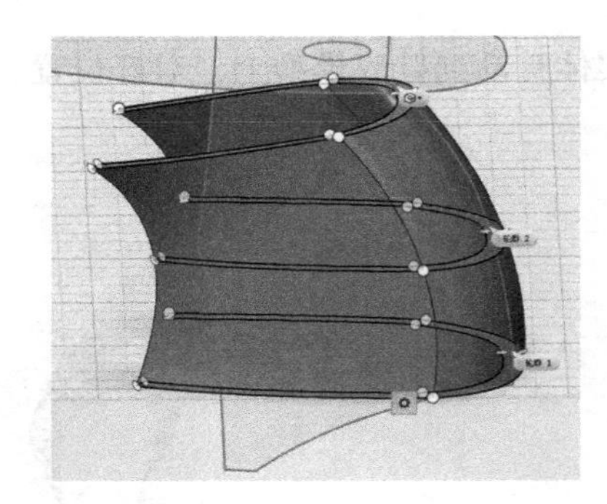

图 18-158 放样出后套的下面部分

继续向上安排后套的截面，对好位置后，再执行一次【放样】操作，生成后套的上面部分，如图 18-159 所示。

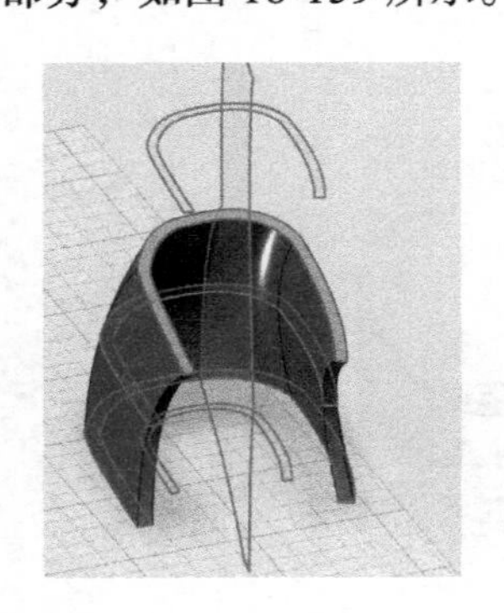
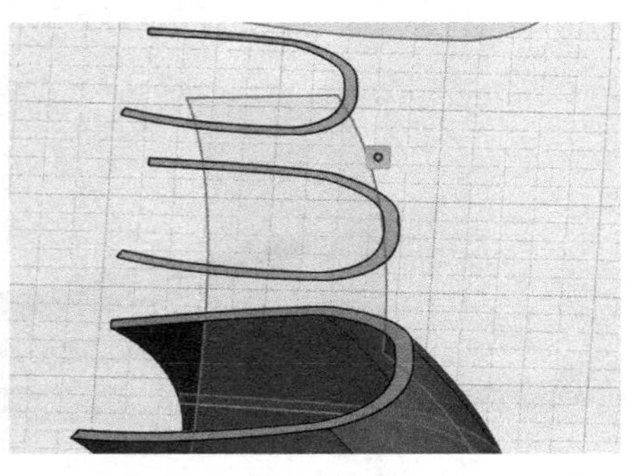
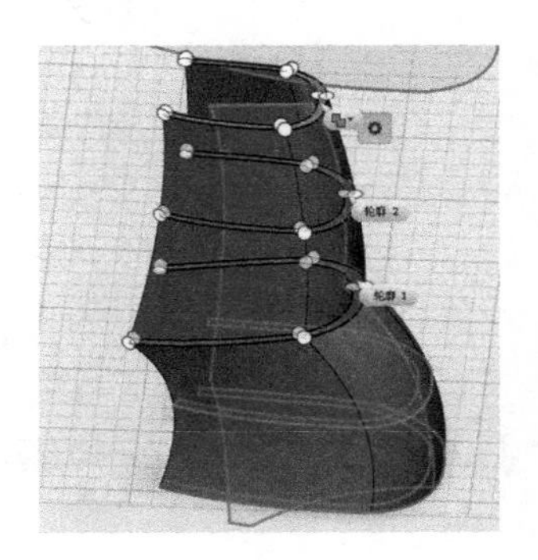

图 18-159 生成后套的上面部分

把后套侧面轮廓移出来，放置到一边作为参考。依照它的大致形状，再绘制出一个曲线，利用这个形状去分割实体，如图 18-160 所示。

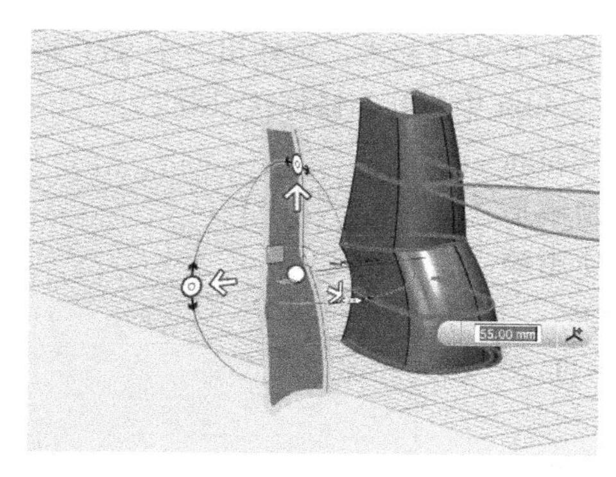
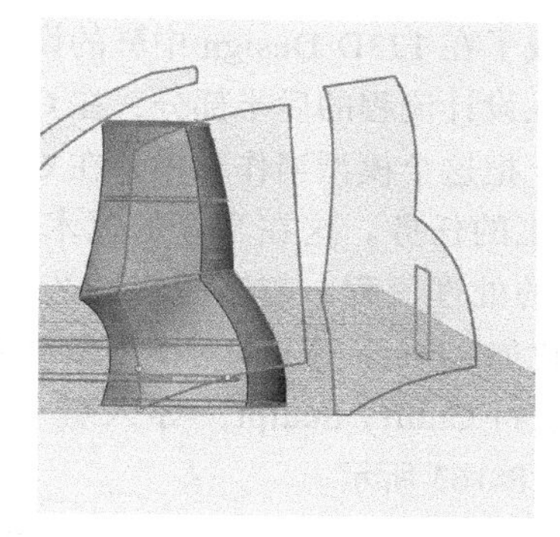

图 18-160　绘制曲线

执行分割实体命令，然后删除多余的部分，得到鞋后套形状，如图 18-161 所示。前面讲过，在鞋建模过程中，前部鞋面的处理过程是最棘手的，不容易控制形状。所以通过这个例子，一般的鞋子都可以建出来模型了。

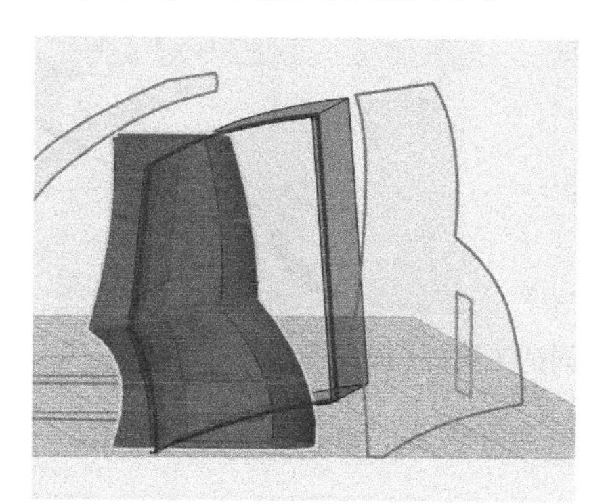
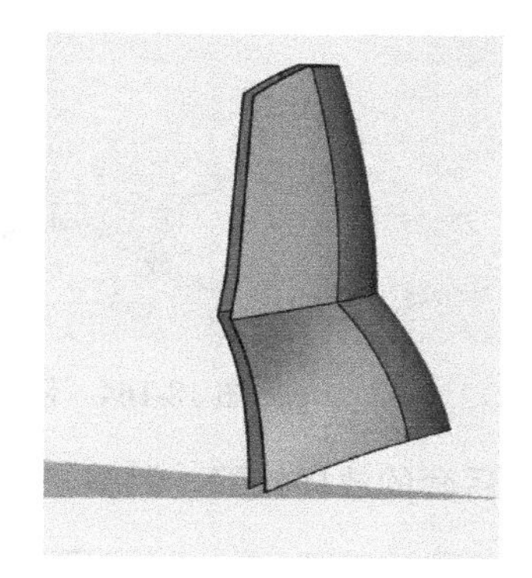

图 18-161　分割实体得到的鞋后套

把后套安放到鞋的后跟处，对好位置，如图 18-162 所示。

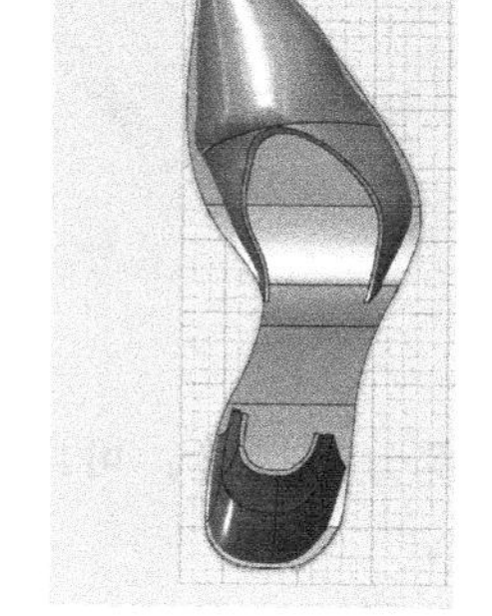

图 18-162　安装鞋后套

已完成了在 123D Design 中鞋的设计，先把它保存起来，再输出一个 STL 格式的文件。下面要进入设计流程的后半部分，在 Cubify Sculpt 中修补和修饰这只鞋。

现在，把这个模型当作粗模，在 Cubify Sculpt 完成精加工的任务。这在当今的艺术设计领域是比较流行的处理流程，越来越多的艺术家使用雕刻软件（比如 Zbrush 等）来对模型做最终处理。

6）运行 Cubify Sculpt，导入鞋子的 STL 文件，如图 18-163 所示。

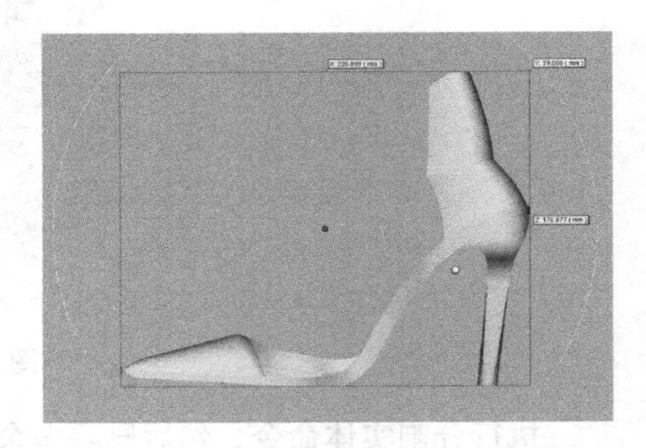

图 18-163　在 Cubify Sculpt 中导入模型

现在，可以使用前面讲过的各种雕刻工具来处理它了。首先，使用雕刻工具和拖拽工具处理一下鞋面放样时接缝部位和鞋面的形状，如图 18-164 所示。

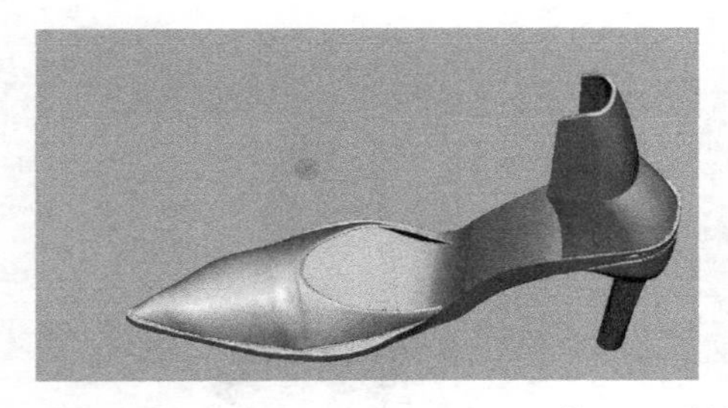

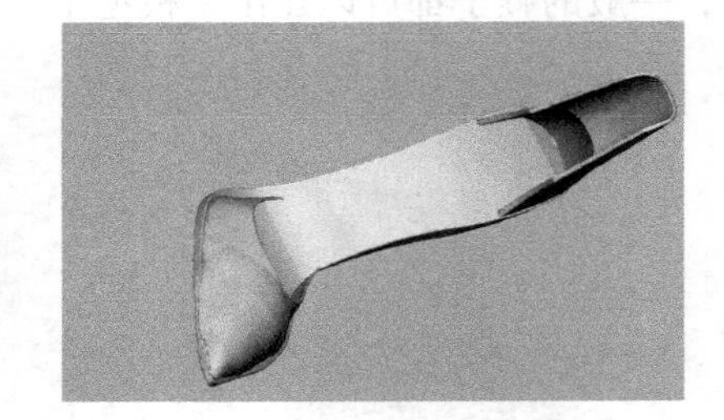

图 18-164　使用不同的工具处理鞋子形状

接着处理后套的放样接缝，调整一下效果会好很多，如图 18-165 所示。

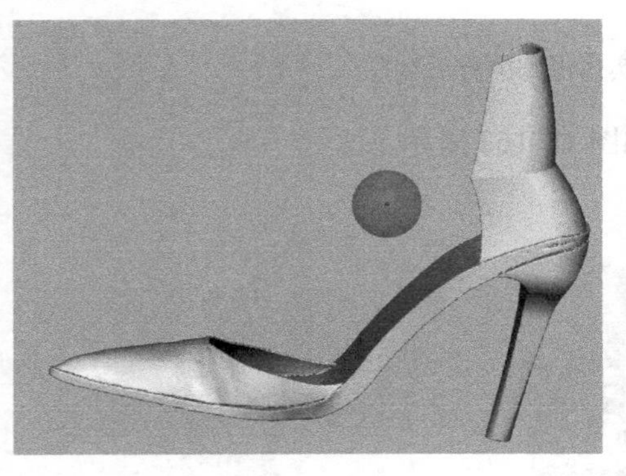

图 18-165　处理后套接缝部分

对于后跟部分的接缝，可以画条曲线，使用管子工具填补黏土，然后再修补处理，如图 18-166 所示。

多出的部位可以平滑掉。不断地调整不同部位的形状，只要有足够的耐心和时间，就能够处理得很精细，如图 18-167 所示。

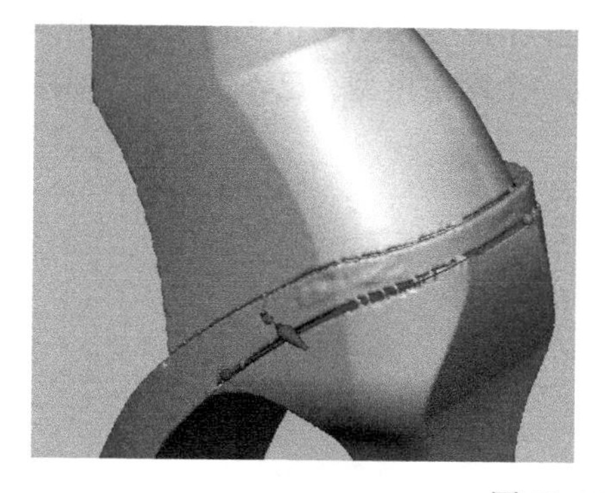
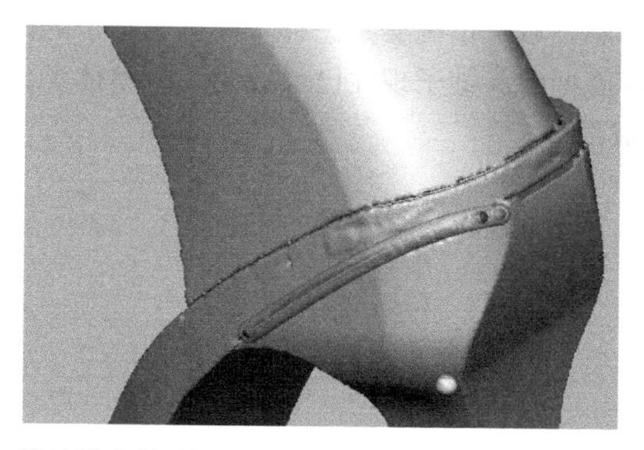

图 18-166　填补黏土处理

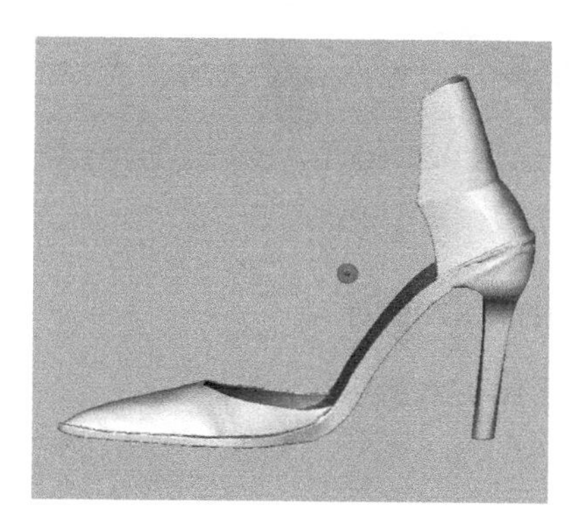

图 18-167　不断地处理模型

还可以使用区域浮雕工具为鞋面添加装饰物，把 3D Systems 公司的标志加到鞋面上，如图 18-168 所示。现在它就是一团泥巴，可以慢慢修饰它，这只需要充分发挥你的想象力即可。

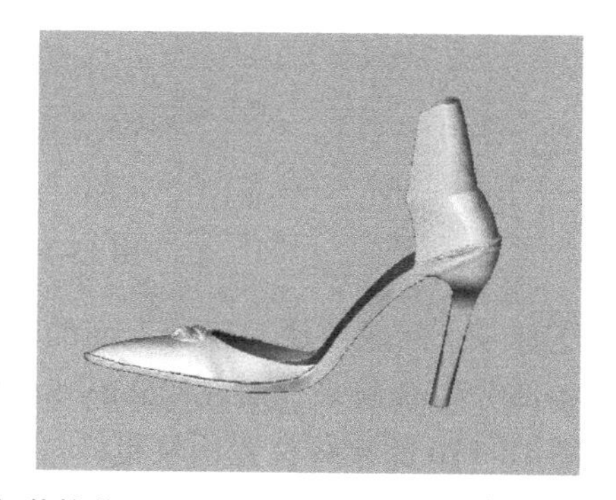

图 18-168　为鞋面添加装饰物

7）从 Cubify Sculpt 中输出鞋子的 STL 文件，我们再用 123D Design 打开它，如图 18-169 所示。看看情况会是怎样？注意到鞋子的网格发生了改变，STL 格式使用三角网格来描述 3D 模型的，鞋子现在已经成为一个整体了，变成一个网格模型，已不能再分别编辑不同的构成部分。

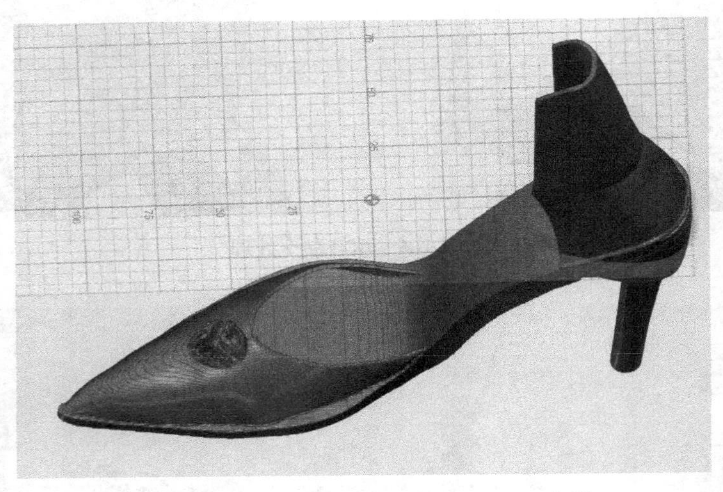

图 18-169　在 123D Design 中打开 STL 文件

我们为这只鞋子赋予一种材质，最后的效果如图 18-170 所示。

图 18-170　为鞋子赋予一种材质

还有一个问题要说一下，上面的数据传递过程中，在 123D Design 中我们并没有把鞋子的各部分组合起来，而在 Cubify Sculpt 中使用工具处理时，能够分别处理不同的对象，所以图 18-170 的接缝位置比较粗糙，我们这样做是大致讲解如何使用工具去修复不同的位置。建议大家在 123D Design 中，先把各部件合并成一个模型，再输出 STL 文件，这样再导入 Cubify Sculpt 时，模型要干净很多，如图 18-171 所示。

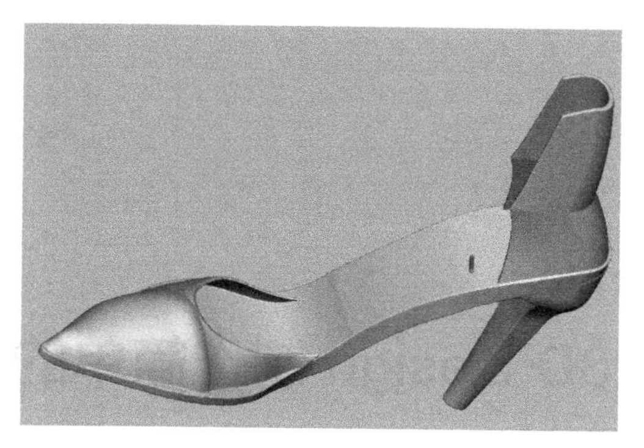

图 18-171　整体模型导入 Cubify Sculpt 中的效果

可以看出，123D Design 和 Cubify Sculpt 的组合应用能够完成大部分的设计任务，这对于 3D 打印爱好者而言是个很好的设计流程。在前面讲过，123D Design 的装配功能比较弱，而 Cubify Sculpt 在导入模型时，提供了丰富的操作手段，在未单击应用之前，是完全可以把部件组装起来的。

18.5　小结

本章主要讲解了雕刻软件 Cubify Sculpt 的软件界面和每个工具的用法。雕刻是一种独立的建模方式，非常方便、灵活，但是更考验个人的艺术素养。我们还可以使用 Cubify Sculpt 来修复模型，也可以用它来装配模型，以弥补 123D Design 的不足。

本章还讲解了扩展设计的边界问题，灵活运用多种软件形成设计流程。我们在本书中为大家设计的就是一套完整的设计流程，实现了任意 2D 图形导入 123D Design 中去建构实体模型，然后把模型导入 Cubify Sculpt 中进行修饰或者装配。虽然这是面向初学者的流程，但也足够强大了。

本书主要部分已经讲解完了。第 19 章针对机械设计感兴趣的读者，展示一下应用 123D Design 设计机械模型的能力，不感兴趣的读者可以忽略。

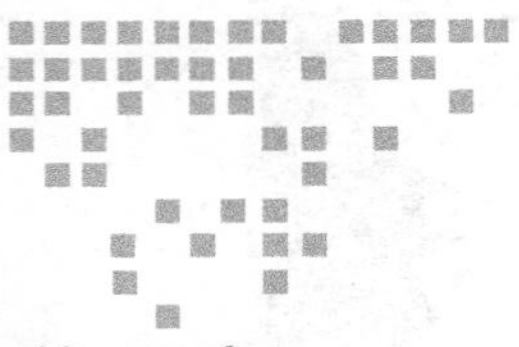

Chapter 19　第 19 章

用 123D Design 制作简单的机械模型

123D Design 本质上是一款简化了的 CAD 设计软件，它提供了基本的机械模型设计能力。这与其他的实体建模程序是相似的。下面，我们会用一些专用术语，用这个程序设计机械模型。假定读者已完全掌握了前面讲解的内容，下面讲解该软件的机械设计示例。

19.1　123D Design 的设计能力

我们先来看如图 19-1 所示的示例 1。

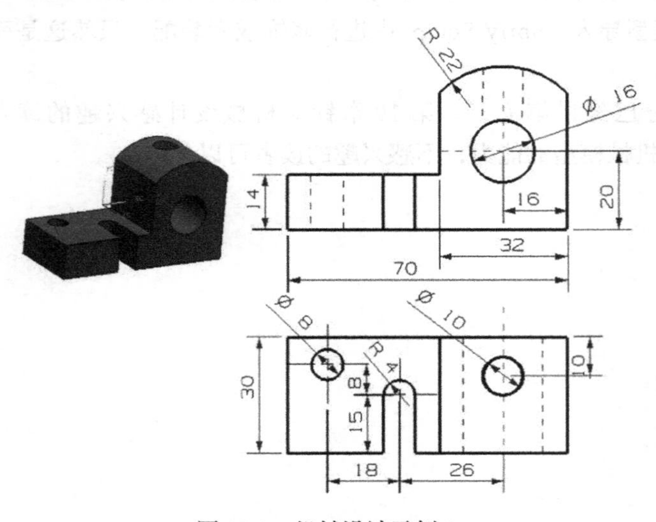

图 19-1　机械设计示例 1

从图纸下部的下视图中，可以看出这个模型的主体是长方体结构，已给出两个圆孔的定位尺寸，还有槽口的尺寸信息。在前视图中，我们知道圆弧的高度尺寸是 20+22=42，不过在建模时无须关注这个尺寸，可以用半径是 22 的圆来确定这个高度。

1）切换到下视图，绘制一个 70×30 的矩形。下面确定两个圆孔的中心位置，先看左边圆孔的中心，距离左侧边线的距离是 70-（16+26+18）=10，距离顶部边线的距离是 30-（15+8）=7，直径为 8。我们知道，栅格上的刻度为 5，而圆心距离顶边为 7，这该如何确定呢？我们的建议是先绘制一条长度为 7 的垂直线，确定完圆心后删除它。在实际制图过程中，也需要绘制圆的中心线。在距离左边线为 10 的位置绘制出长度为 7 的垂直线，接着绘制直径为 8 的圆，如图 19-2 所示。

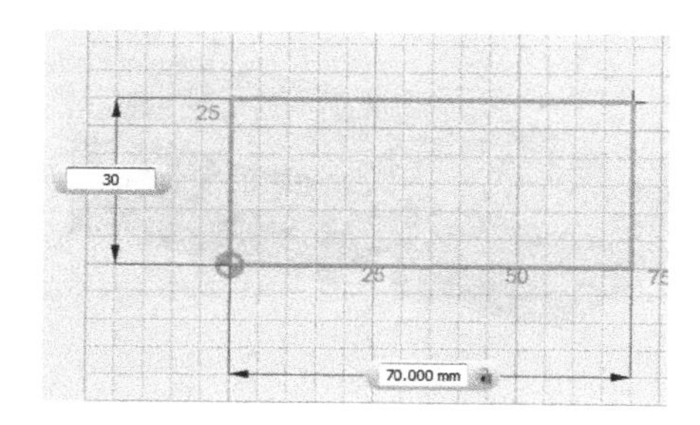

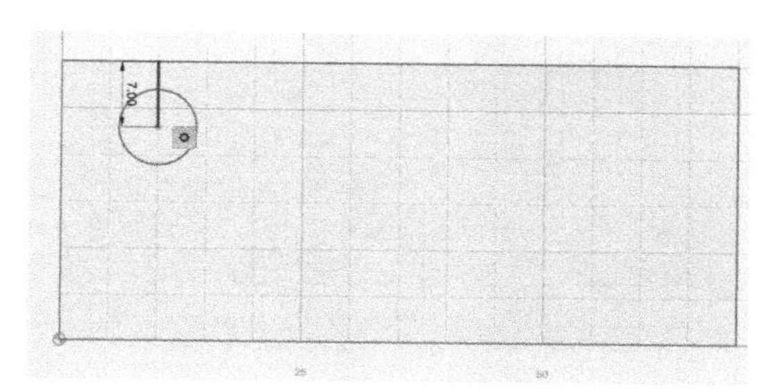

图 19-2　绘制矩形和左边 Φ8 的圆

2）槽口的中心线距离左边线的距离是 10+18=28，槽口的直线部分长度是 15，半圆的直径为 8。先在距左边线 25 的位置处，绘制长度为 15 的竖直线，然后使用偏移工具，把这条线向右偏移 -3，如图 19-3 所示。后面还要用它来确认半圆的中心。

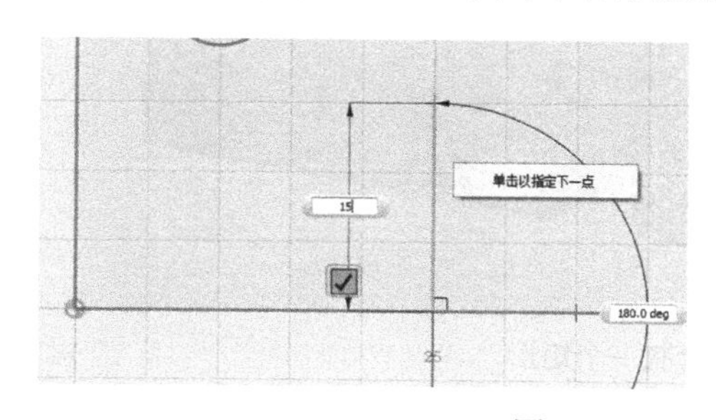

图 19-3　绘制长度 15 的垂直线

把 25 位置处的直线删除。然后把 28 处的直线左右各偏移 4，确定槽口的边线。捕捉 28 位置处的直线上部端点，绘制直径为 8 的圆形，如图 19-4 所示。

使用修剪工具将多余的线条修剪掉。再选择【拉伸】工具，拉伸厚度为 14，拉伸出实体，如图 19-5 所示。

3）切换到下视图，先单击一下模型上表面，在右侧绘制一个 30×32 的矩形，如图 19-6 所示。

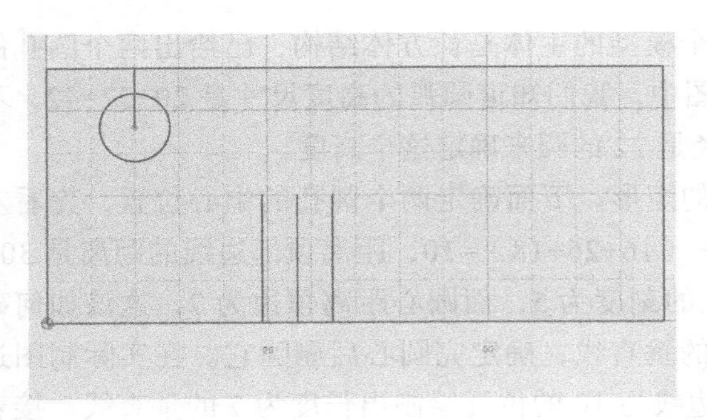
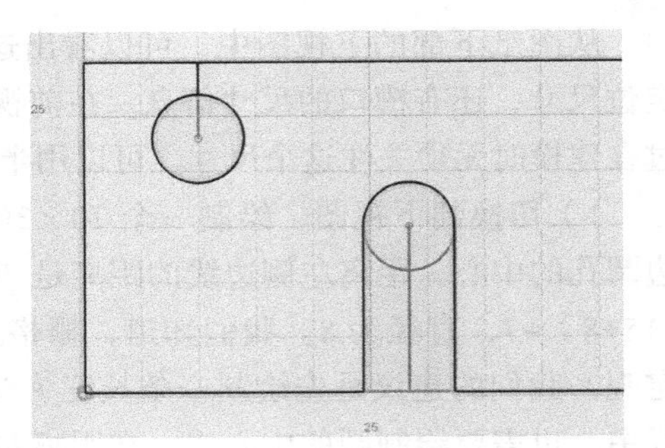

图 19-4　绘制槽口部分

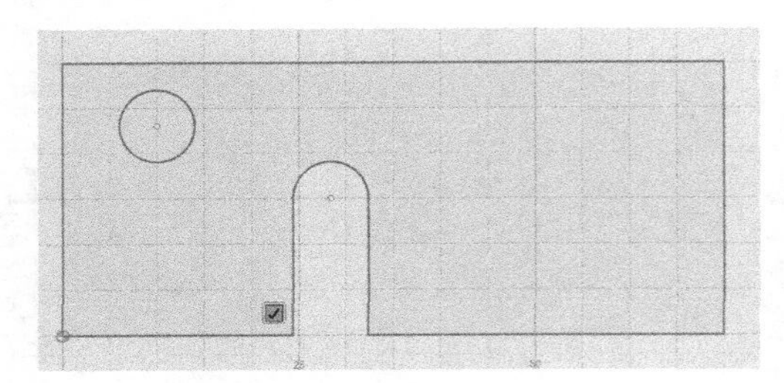

图 19-5　拉伸出实体

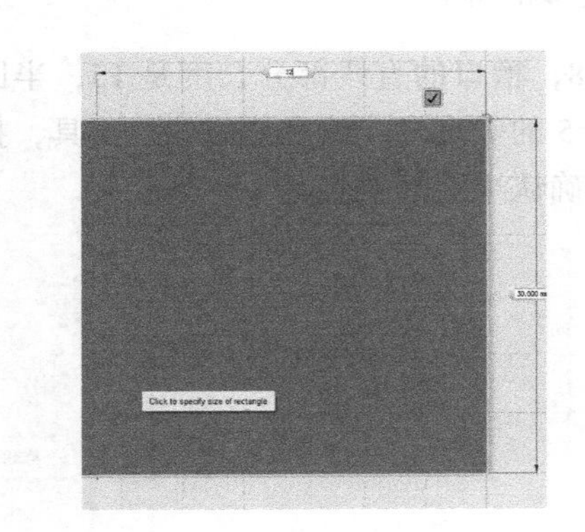

图 19-6　在模型上绘制一个矩形

选择【拉伸】工具，拉伸这个矩形，高度要超过 28，输入 30。然后切换到下视图，在第 2 个凸台上绘制 Φ10 的圆形。可以在距离右边线 15 处，绘制一条长度为 10 的直线，然后向左偏移 1，再绘制 Φ10 的圆形，然后删除辅助定位的直线，如图 19-7 所示。

4）切换到前视图，在距右边线 15 位置处绘制长度为 20 的垂直辅助线，然后向右偏移 1。捕捉这根线的端点绘制出 Φ16 的圆形，如图 19-8 所示。

再次捕捉这个端点绘制一个 Φ44 的圆形。如图 19-9 所示。接着在 Φ44 的圆形与上部实体两侧相交的位置画一条直线，否则这个大圆是一个整体，无法修剪出我们想要的圆弧。要保证画 20 的辅助线之后所绘制的图形都在同一层内。

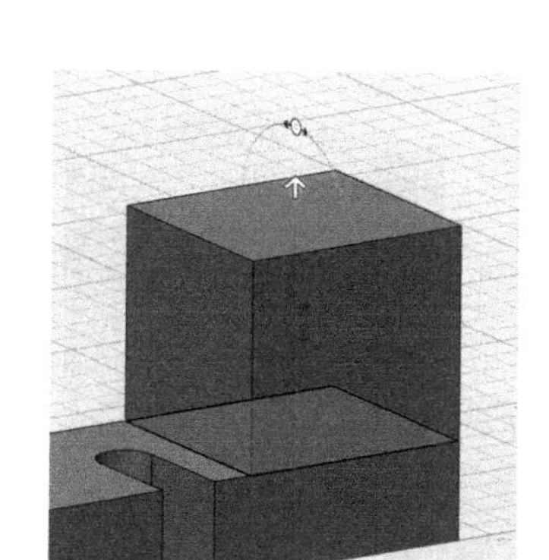

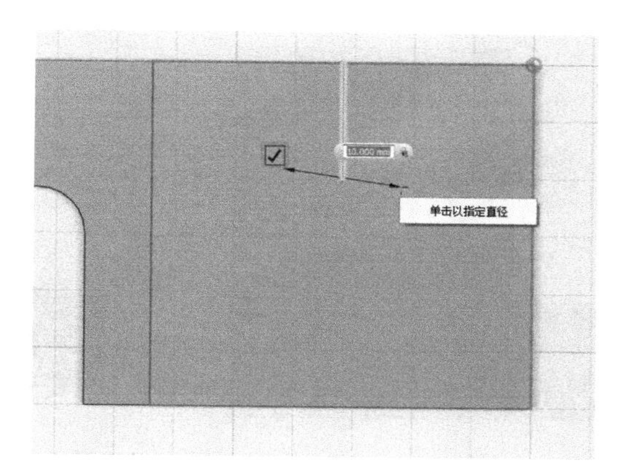

图 19-7 绘制 Φ10 的圆形

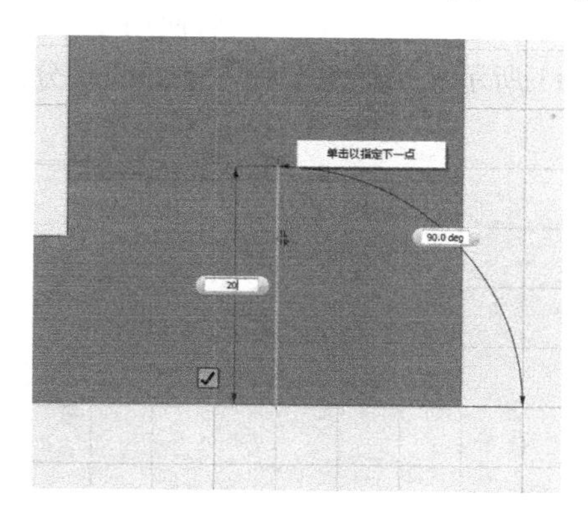

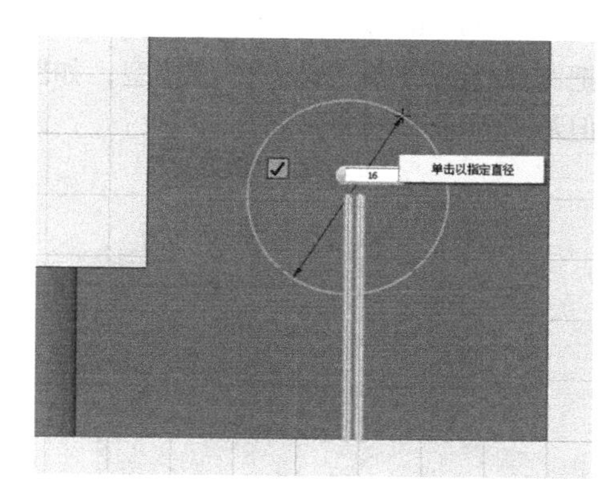

图 19-8 绘制辅助线和圆形

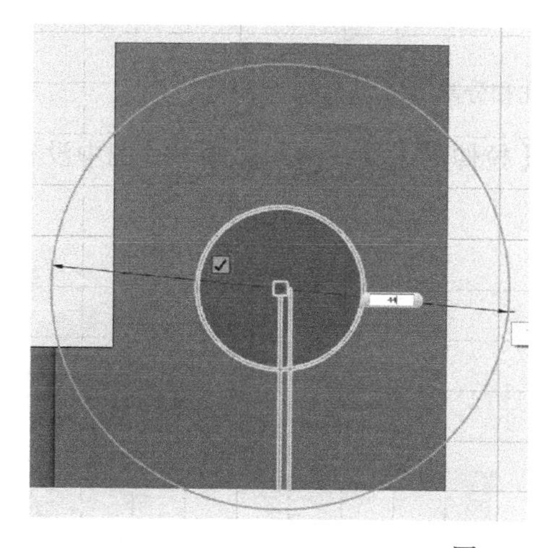

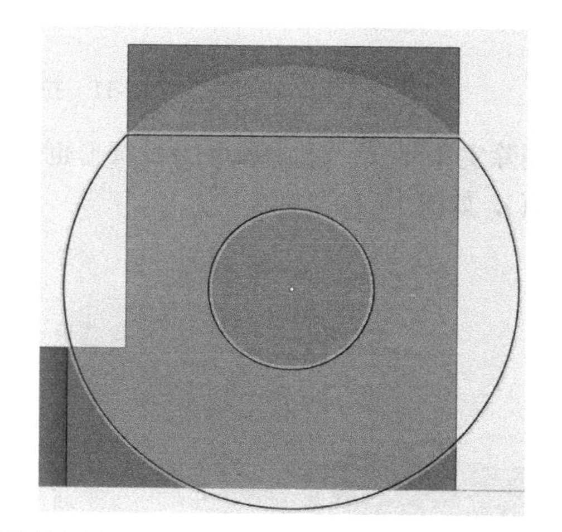

图 19-9 绘制大圆

然后使用【修剪】工具，将多余的线条修剪掉，如图 19-10 所示。

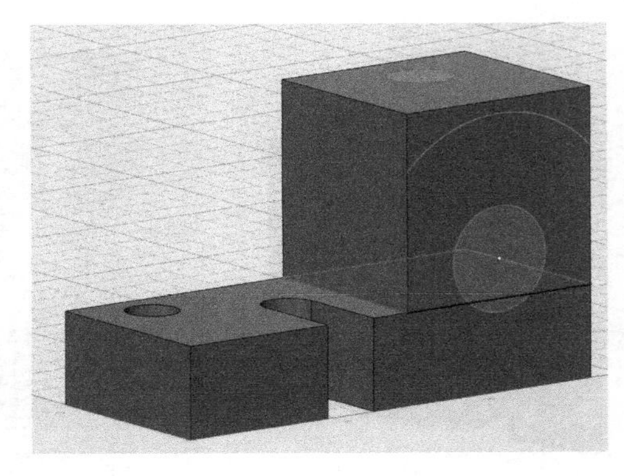

图 19-10 修剪掉多余的线条

5）对于 Φ16 的圆形，使用【拉伸】工具，拉伸切除一个圆孔。然后使用【分割实体】工具，把圆弧作为分割工具，分割模型，如图 19-11 所示。虽然也会把左边的凸台分割为两部分，但最后再合并起来即可。

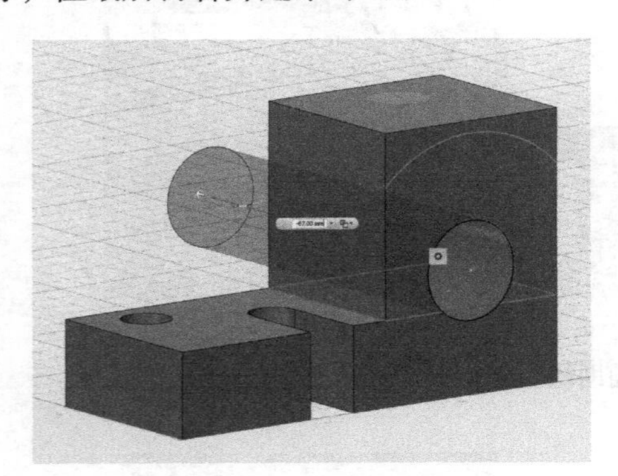

图 19-11 拉伸圆孔和分割实体

删除实体部分。对顶部 Φ10 的圆形也使用【拉伸】工具，向下拉伸 16（图中没有显示该数值），如图 19-12 所示。

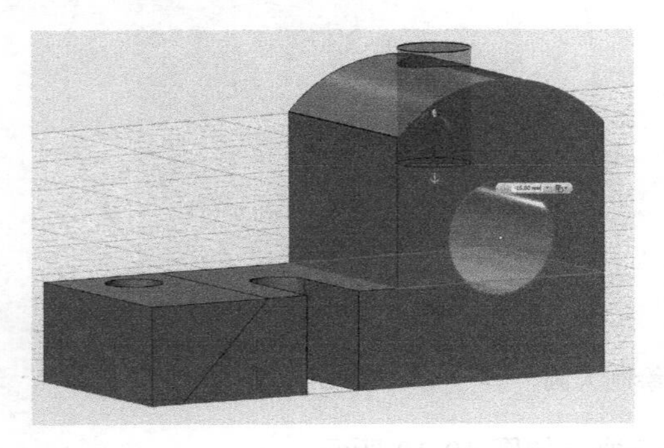
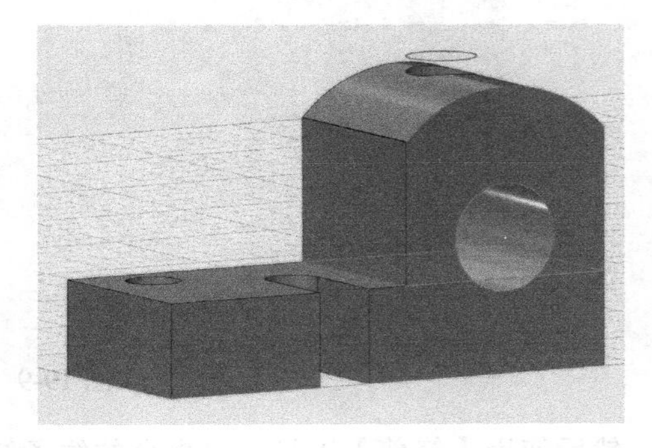

图 19-12 拉伸上面 Φ10 的圆孔

合并左边的部分，隐藏草图的显示，就得到如图 19-13 所示的结果。

图 19-13　最终得到的模型

通过下面的示例 2，我们练习【扫掠】工具的用法。

1）先观察这个模型的主体，如图 19-14 所示。它是由轮廓截面绕着椭圆扫掠，然后切除一部分。

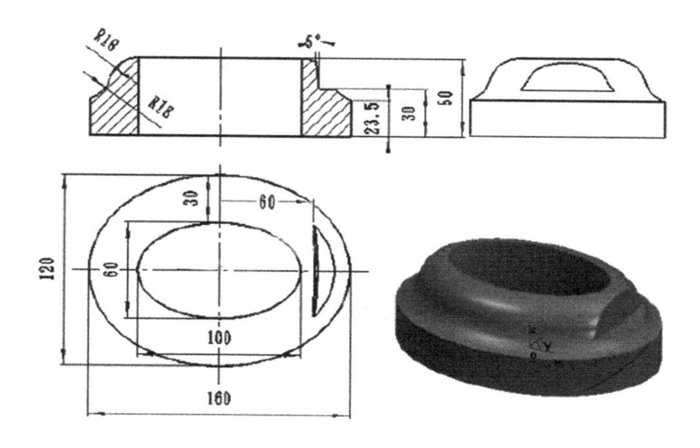

图 19-14　机械设计示例 2

2）切换到下视图，绘制一个长轴为 80、短轴为 60 的椭圆。接着绘制一个同心的长轴为 50、短轴为 30 的椭圆。在椭圆的长轴轴线旁边，绘制一个与栅格上的水平线两侧对称的矩形，如图 19-15 所示。后面要旋转它，作为绘图的参考。

把参考矩形旋转 90°，切换到主视图，使用【草图矩形】工具，单击一下参考矩形，栅格会贴到矩形上，绘制一个 30 × 50 的矩形，依次绘制扫掠轮廓。观察剖面图，旋转轮廓实际由两个 R18 的圆弧相切，构成曲线，这是该例最麻烦的部分。先在矩形的右上端点向下画出一条长度为 18 的直线，后面以此定圆心绘制圆，如图 19-16 所示。

然后捕捉这根直线的端点，绘制 Φ36 的圆形。在矩形的左下角绘制一条长度为 23.5 的直线，如图 19-17 所示。

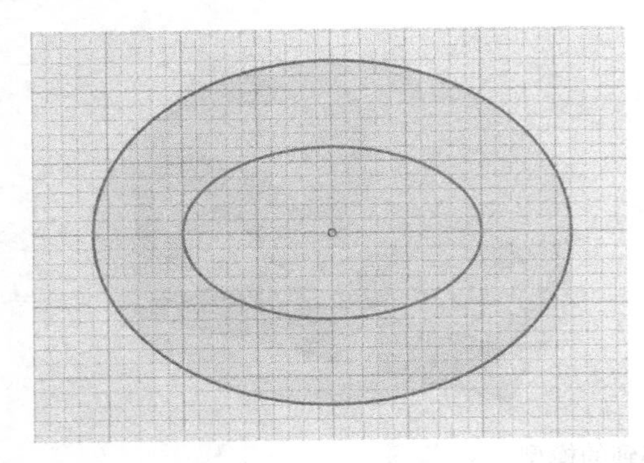
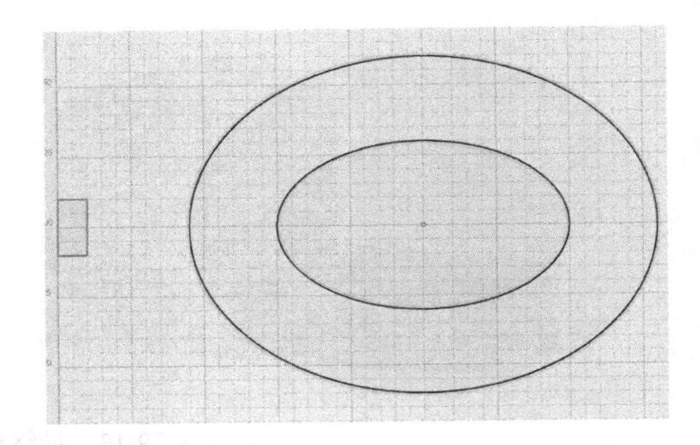

图 19-15　绘制两个椭圆与参考矩形

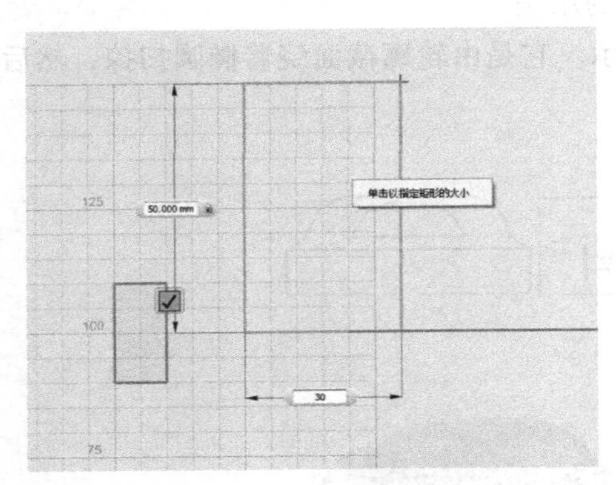

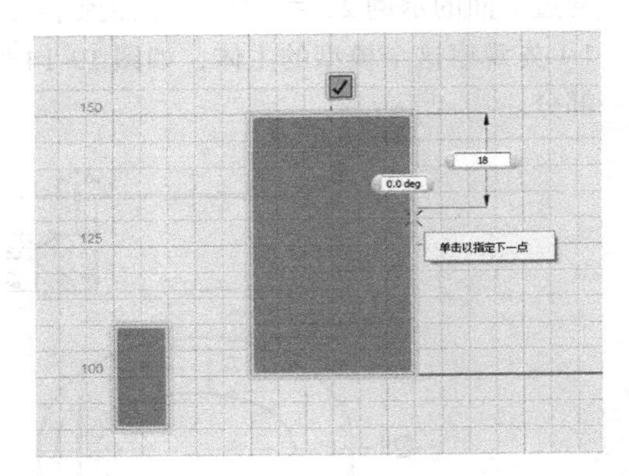

图 19-16　绘制矩形及直线

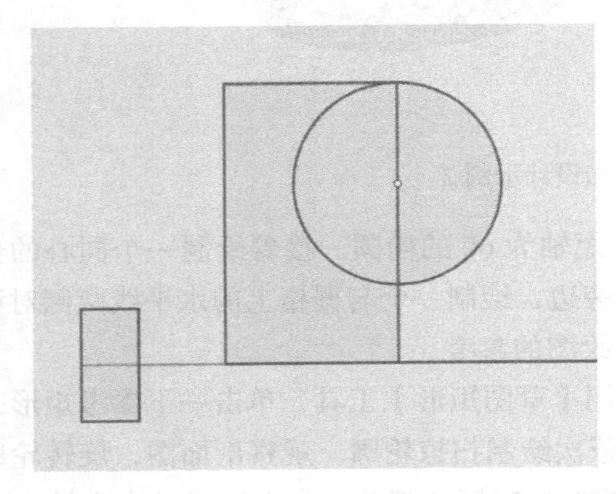
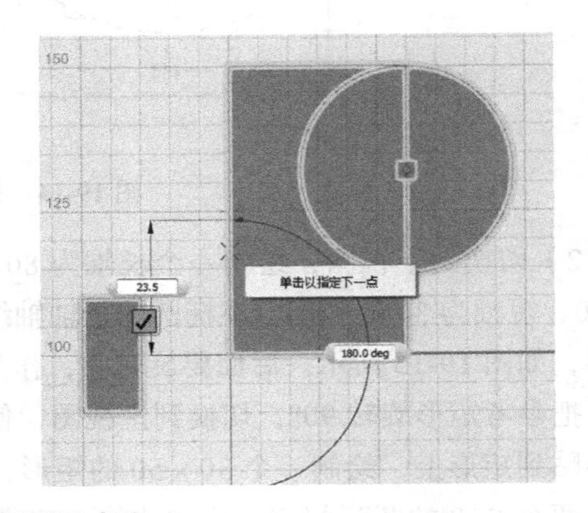

图 19-17　绘制圆形及直线

以这条直线的端点为圆心，绘制一个 Φ36 的圆形。然后，以右边圆的圆心为圆心，绘制一个 Φ72 的圆形，如图 19-18 的所示。

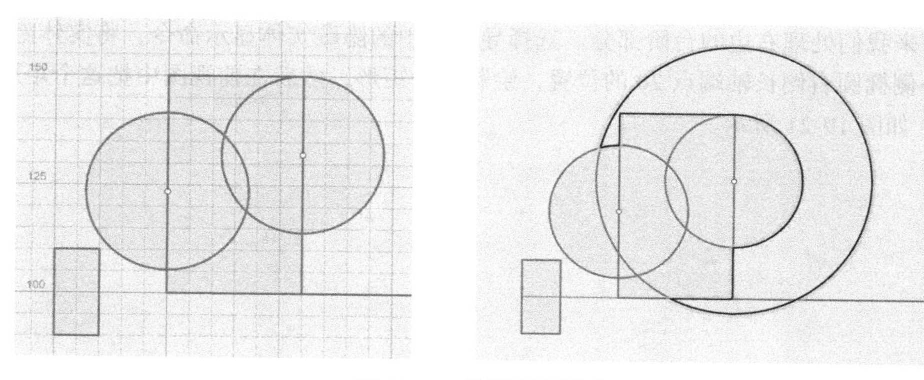

图 19-18 绘制两个圆形

再以大圆与左边圆的交点为圆心，绘制 Φ36 的圆形。这个圆将与右边的圆相切。这是有点复杂的，因为已知的条件是端点、半径和切点，经过一系列的推演才找到所要的圆心。用修剪工具把多余的线条全部修剪掉，就得到了扫掠轮廓，如图 19-19 所示。

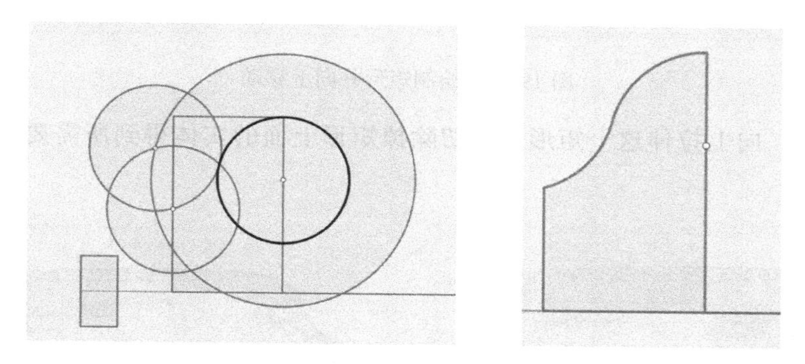

图 19-19 得到扫掠轮廓

向右平移该轮廓，因为轮廓的宽度正好是两个椭圆之间的宽度，程序恰好可以捕捉到正确的位置。使用【扫掠】工具单击这个轮廓，然后单击外面的椭圆，就生成了扫掠实体，如图 19-20 所示。

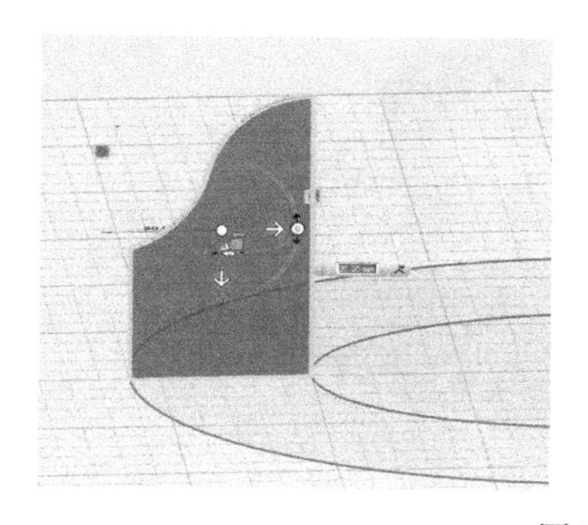
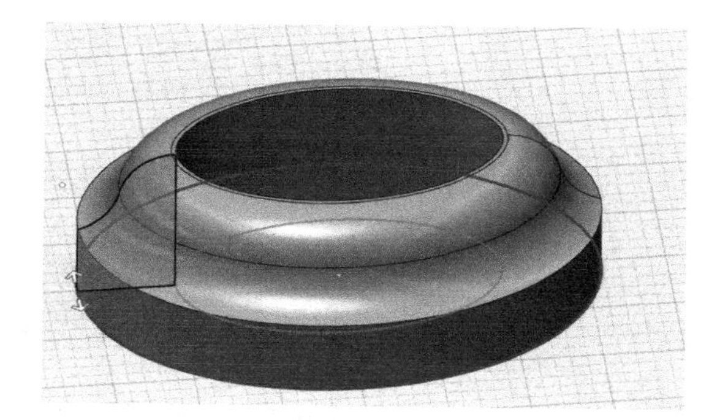

图 19-20 生成扫掠实体

接下来我们处理右边的台阶部分。选择导航栏中的隐藏实体显示命令，将实体隐藏掉。在距离外侧椭圆右侧长轴端点 20 的位置，绘制一个矩形，然后在前视图中把这个矩形向上移动 30，如图 19-21 所示。

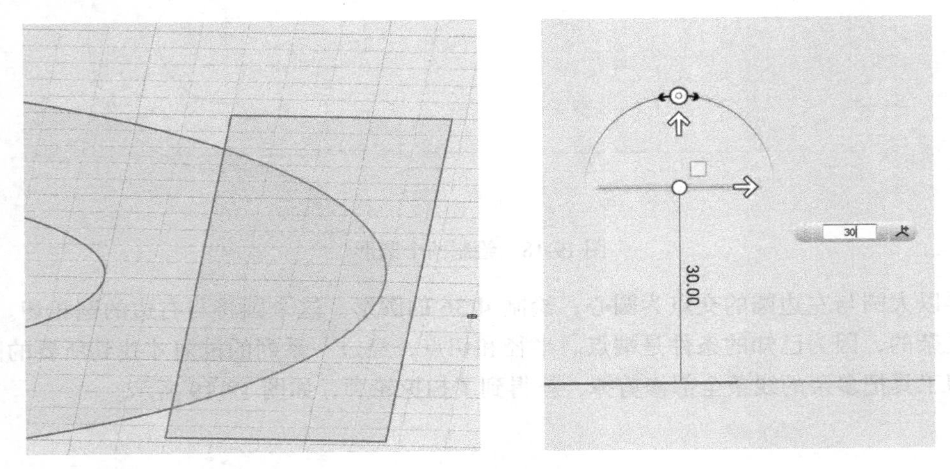

图 19-21 绘制矩形并向上移动

显示实体，向上拉伸这个矩形，会切除掉矩形上面的实体得到所需要的形状，如图 19-22 所示。

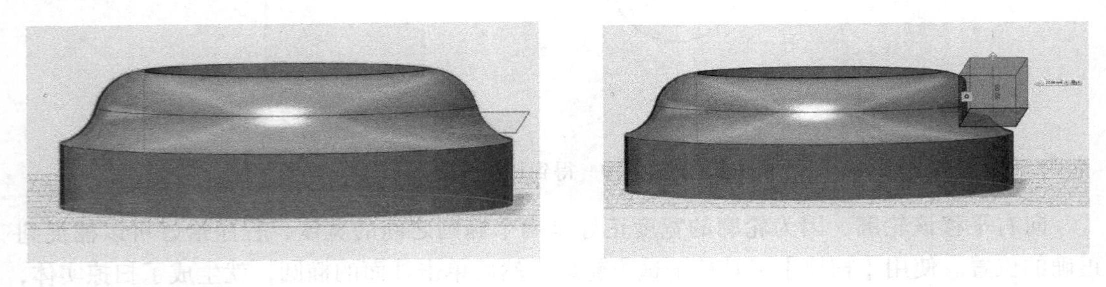

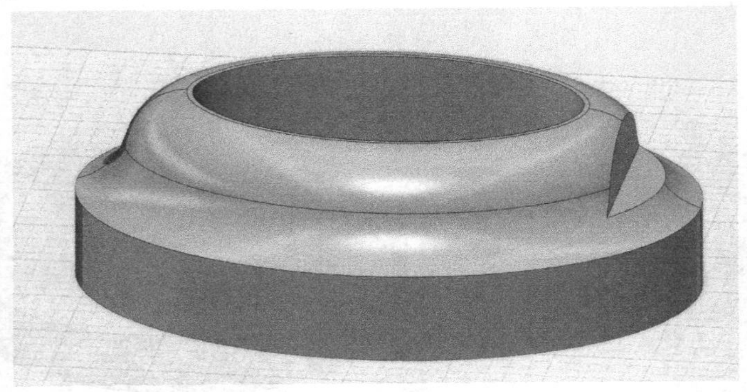

图 19-22 拉伸切除，得到需要的形状

通过上述两个制作机械模型的例子，给大家解释了 123D Design 制作模型的流程，即绘制 2D 草图与 3D 构建模型，这是标准的实体建模流程。绘制 2D 草图的能力是非常重要的，要掌握该项技能，平时需要多加练习。

考虑到初学者的接受能力，我们不再举更复杂的例子了。如果对构建零件模型感兴趣，可以找些建模习题多练习。对于初级的建模示例，123D Design 基本上都能构建出其模型。

19.2　小结

本章主要给出了应用 123D Design 制作简单机械模型的两个示例，目的是告诉大家该软件有着强大的设计能力。对于复杂一些的机械模型，它也能够完成设计任务，只不过需要更多的步骤和方法。只要多练习，就可以掌握该软件的更深入的应用。

从本章的两个示例可以看出，严格按尺寸标注精确绘图并不是件简单的事情，绘制 2D 草图是 CAD 实体建模的重要基础。毕竟隔行如隔山，专业制图人员都接受过严格的制图训练，要突破这个瓶颈，3D 打印爱好者需要自行学习机械制图相关的知识，不断提高自己的专业水平。